高等财经院校“十四五”精品系列教材

互联网＋经管学科数学基础

微积分

（第四版）

微积分课程组　编

中国财经出版传媒集团

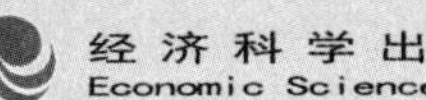
经济科学出版社
Economic Science Press

图书在版编目（CIP）数据

微积分/微积分课程组编．——4版．——北京：经济科学出版社，2023.6

高等财经院校“十四五”精品系列教材

ISBN 978-7-5218-4766-6

Ⅰ.①微… Ⅱ.①微… Ⅲ.①微积分-高等学校-教材 Ⅳ.①O172

中国国家版本馆CIP数据核字（2023）第083013号

责任编辑：宋 涛
责任校对：刘 昕
责任印制：范 艳

微 积 分
（第四版）
微积分课程组 编
经济科学出版社出版、发行 新华书店经销
社址：北京市海淀区阜成路甲28号 邮编：100142
总编部电话：010-88191217 发行部电话：010-88191522
网址：www.esp.com.cn
电子邮箱：esp@esp.com.cn
天猫网店：经济科学出版社旗舰店
网址：http://jjkxcbs.tmall.com
中煤（北京）印务有限公司印装
787×1092 16开 27.75印张 540000字
2023年6月第4版 2023年6月第1次印刷
印数：0001—7000册
ISBN 978-7-5218-4766-6 定价：49.00元
（图书出现印装问题，本社负责调换。电话：010-88191545）

前　言（第四版）

本教材于2011年3月初版，历经多年教学实践的检验，得到了广大任课教师的认可。本版教材紧紧围绕新时代立德树人的根本任务，基于经管类专业微积分课程的教学实践研究成果，以及教师和学生的实际需要，在本书第三版的基础上修订而成的。本次修订完成的主要工作如下：

1. 调整规范框架结构。补充调整必要的节题后的导语，导语力求语言通俗易懂、内容承上启下，做到既牵引全文又引领读者思路。

2. 重构了关于极限及极限思想方法的阐述，更易于学生阅读和理解。

3. 增加了偏导数的经济意义，突出经管类微积分教材的特点。

4. 补充调整部分例题、习题。一方面，增加的例题、习题是一些激发思维的问题和具有真实背景的实例，目的是进一步提高读者分析问题和解决问题的能力，增强学生将数学应用到解决经济管理方面问题的意识和能力。另一方面，我们结合教学实际，调整了习题七中偏难的习题。

5. 丰富了与教材纸质内容相关的数字化资源。增加的数字资源主要是典型例题和习题微视频，目的是进一步提升学生的学习效果。

6. 注意与中学数学的衔接。将常用的初等代数公式及中学数学教材中删去的微积分所必备的基本三角公式、极坐标系等作为附录置于教材正文之后，以方便读者查阅学习。

本教材是省级一流本科课程优化建设的成果之一。本次修订，文字编写部分由黄秋灵、脱秋菊、郭磊、周玉珠执笔完成，新增数字资源由黄秋灵、宋浩规划设计，黄秋灵、脱秋菊、宋浩、谭香、时玉敏共同完成微视频讲课，视频录制整理由宋浩副教授完成。刘贵基教授、刘太琳教授对第四版的修订给予了指导，并提出了积极的建议。在修订过程中，参考和借鉴了国内外有关资料，得到了同行专家的帮助和经济科学出版社的大力支持，在此谨致以诚挚的谢意。

限于编者水平，书中难免有错误及不足之处，殷切希望广大读者批评指正。

编　者

2023年4月

前　言（第三版）

随着网络世界的日新月异和智能手机在高校学生中的普及，学生获取知识的途径和方式也在发生着巨大的变化，传统的单一课堂教学模式受到冲击。为了与时俱进，我们在第二版微积分教材的基础上，增加了与教材纸质内容相关的数字化资源，使得新版教材更适合当前教与学的需要。

本次修订遵循教材的纸质内容与数字化资源一体化设计的原则，旨在提升教学效果的同时，为读者提供思考和探索的空间，增强读者对教材的体验感和参与感。本次修订完成的主要工作如下：

1. 录制了微积分若干重点和难点的微课视频。每个微课对相应的知识点进行15分钟左右的讲解，读者在有互联网的前提下的任何时候和任何地点都可以通过扫描二维码在电脑或者智能手机上来观看微课视频，以更好地帮助学生在课下进行课前预习、课后加深理解该知识点。

2. 丰富了数学史与数学文化的教育内容与形式。针对教材第二版中以脚注的形式介绍的微积分有关概念和理论的产生发展过程、数学思想方法及数学家的学术成就，我们深入挖掘其人文教育价值，制作了内容更为详尽的音频数字资源，读者可通过扫描二维码听音频。目的是引发读者对微积分学习的好奇心，增加教材阅读的趣味，并利用科学家的事迹和坚韧不拔的精神来激励鞭策自己，勇于创新。

3. 更正了第二版中出现的一些错误和不妥之处。

本套高等财经院校“十三五”精品课程系列教材基于互联网的经管学科数学基础，包括《微积分》《线性代数》《概率论与数理统计》，是省级精品课程优化升级建设的成果之一，由山东财经大学陈晓兰、安起光任总主编。本教材由刘太琳、孟宪萌、黄秋灵任主编，郭磊、脱秋菊、周玉珠任副主编。本次修订由黄秋灵负责完成，刘纪芹、丁伟华、宋春燕、谭香、时玉敏、王淑勤、王海燕参与了微课视频建设，音频的文本主要由周玉珠收集整理完成，视频音频录制剪辑整理工作由宋浩副教授完成。刘贵基教授对第三版的修订给予了指导，并提出了积极的建议。在修订过程中，参考和借鉴了国内外有关资料，得到了同行专家的帮助和经济科学出版社的大力支持，在此谨致以诚挚的谢意。

限于编者水平，书中难免有错误和不足之处，殷切希望广大读者批评指正。

编　者

2017 年 7 月

前　言（第二版）

本书是原山东经济学院立项建设的高等财经院校精品课程系列教材——《微积分》的修订版，系根据编者多年的教学与实践经验，按照继承与改革的精神，根据教育部高等学校数学教学指导委员会制订的“经济管理类数学基础课程教学基本要求”和最新颁布的《全国硕士研究生入学统一考试数学考试大纲》的要求修订而成。在修订中，我们保留了本书第一版的结构严谨、语言准确、解析详细、易于阅读等优点和特色，同时汲取了国内外同类教材的精华，着重调整优化了章节习题的配置，使得新版教材更适合教与学的需要。与第一版相比，本次修订主要体现在以下几个方面：

1. 注意到与后续经管类专业课程的衔接，进一步丰富了数学在经济、管理分析中的应用以及经济管理数学模型等相关内容。

2. 强化问题探究教学法的思想，在重要概念引入时，力求从概念产生的实际背景出发，按照“提出问题—讨论问题—解决问题”的方式来展开，以提高学生学习的兴趣，有助于培养学生分析和解决问题的能力。

3. 习题的配备在本书第一版的基础上做了较大的调整。习题配置遵循重视基础、覆盖面广、难易有层次的原则，同时注重应用和解决问题能力的训练。我们在每节后都配置基础练习题，使读者能较好地理解和掌握本节的基本内容、基本理论和基本计算方法；在每章后配置综合性的习题，章后习题题型多样，其中带“*”的为历年考研真题，可供学有余力或有志报考硕士研究生的读者使用。

4. 为了便于学生自主学习，使学生更好地阅读外文教材和查阅外文资料，在第一版的基础上又调整补充了一些教材中基本概念的英文表述。

本书适合作为高等学校经济类、管理类各专业微积分课程的教材，也可供报考经济学、管理学门类硕士研究生的读者参考。讲授全书约需118学时，还可根据专业需要和不同的教学要求删减部分内容，分别供90学时、72学时讲授使用。

本教材由刘贵基、刘太琳任主编，刘纪芹、黄秋灵、脱秋菊、郭磊任副主编，全书由刘贵基教授审定和统稿。在修订过程中，得到了许多同行专家的帮助指导和经济科学出版社的大力支持，在此谨致以诚挚的谢意。

限于编者水平，书中难免有错误和不足之处，殷切希望广大读者批评指正。

编　者

2013年6月

前　言（第一版）

微积分是高等学校经济类、管理类各本科专业的学科基础课。它是一门研究变化的科学，其发展与应用几乎影响了现代生活的所有领域。微积分与大部分科学分支关系密切，几乎所有现代技术，如建筑、航空等都以微积分学作为基本数学工具。微积分学这门学科在数学发展中的地位是十分重要的，可以说它是继欧氏几何后，全部数学中的最大的一个创造。正如恩格斯曾指出的："在一切理论成就中，未必再有什么像17世纪下半叶微积分的发明那样被看作人类精神的最高胜利了。"通过本课程的学习，使学生获得微积分、级数和常微分方程的基本知识、基本理论和基本运算技能，为后续课程奠定必要的数学基础，并在逻辑思维能力、空间想象能力以及实际计算能力方面得到显著的提高。由于微积分是一种数学思想，它的发展历史曲折跌宕，撼人心灵，因此该课程又是培养大学生的正确人生观、科学的方法论以及对大学生进行文化熏陶的极好素材。

本教材是根据教育部颁布财经类专业核心课程《经济数学基础》教学大纲的内容和要求、教学改革的需要以及教学实际情况编写而成的，在教材体系、内容的安排和例题、习题的选择等方面都汲取了国内外优秀教材的优点，也汇集了编者多年的教学经验。

本教材具有以下特点：

1. 本教材结构严谨，语言准确，解析详细，易于学生阅读。在引入概念时，注意了概念产生的实际背景，尽量以提出问题、讨论问题、解决问题的方式来展开教材，使读者也知其所以然。

2. 教材内容的深度和广度合理。既注意了适应目前的教学实际和本课程的基本要求，又兼顾到报考硕士研究生学生的需求，例题、习题的配备注意层次，以满足不同读者的要求。

3. 针对高素质创新性应用型人才培养的需要，教材中增加了数学在经济分析中的应用以及经济数学模型等相关内容，以便于培养学生具有初步的数学建模思想以及将数学应用于经济的能力。

4. 教材中适量融入数学史与数学文化的教育，介绍了有关概念和理论的发展历史及有关数学家的学术成就，以激发学生去思考，去发现，去创新。

本书适合作为高等学校经济类、管理类各专业该课程的教材，也适合报考经济学和管理学门类硕士研究生的读者参考。讲授全书共需118课时，还可根据专业需要和不同的教学要求删减部分内容，分别供90课时、72课时讲授使用。

本教材由刘贵基、姜庆华、李勇主编，全书由刘贵基统稿和定稿。参加编写的人员还有孙杰、宋春燕、李秀红、王淑勤、黄秋灵、周玉珠、董新梅、孙向勇、宋浩。在编写过程中，参考和借鉴了国内外有关资料，并得到了许多同行专家的帮助指导和经济科学出版社的大力支持，在此谨致以诚挚的谢意。

限于编者水平，书中难免有错误和不足之处，殷切希望广大读者批评指正。

编　者

2011年3月

目　录

第1章 函数与极限

函数是微积分学的研究对象，极限方法是研究函数的基本方法，而连续是函数变化的一个重要性态，它们是微积分的基础．本章介绍函数、极限和函数的连续性等基本概念，以及它们的一些性质．

§1.1 集　　合

集合[①]是现代数学中一个重要的概念，可以说几乎全部现代数学就是建立在集合这一概念的基础之上的．

1.1.1 集合的概念

所谓**集合**(set)就是按照某些规定能够识别的一些确定对象或事物的全体．构成集合的每一个对象或事物称为集合的**元素**．例如，一间教室里的学生构成一个集合，方程 $x^3-2x^2-5x+6=0$ 根的全体为一个集合，一直线上所有点的全体为一个集合．

通常用大写拉丁字母 $A,B,C,\cdots$ 表示集合，用小写拉丁字母 $a,b,c,\cdots$ 表示集合的元素．若 a 是集合 A 的元素，就说 a 属于 A，记作 $a\in A$；若 a 不是集合 A 的元素，就说 a 不属于 A，记作 $a\overline{\in}A$ 或 $a\notin A$. 一个集合，若它只含有限个元素，则称为**有限集**，否则称为**无限集**．

集合一般有两种表示法：列举法和描述法．所谓列举法就是把集合的元素都列举出来，并写在括号$\{\quad\}$中．例如，A 是由 1,3,5,7,9 这五个数组成的集合，可表示成

集合与康托尔

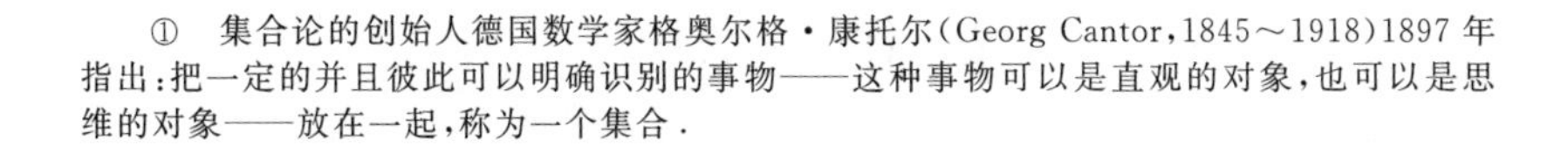
① 集合论的创始人德国数学家格奥尔格·康托尔(Georg Cantor，1845～1918)1897 年指出：把一定的并且彼此可以明确识别的事物——这种事物可以是直观的对象，也可以是思维的对象——放在一起，称为一个集合．

$$A=\{1,3,5,7,9\}.$$

所谓描述法就是给出集合元素的特征，一般用

$$A=\{a \mid a \text{ 具有的特征}\}$$

来表示具有某种特征的全体元素 a 构成的集合．例如，由 1，3，5，7，9 这五个数构成的集合 A，也可表示成

$$A=\{2n-1 \mid n<6, n \text{ 为自然数}\}.$$

以后用到的集合主要是数集，即元素都是数的集合．如果没有特别声明，以后提到的数都是实数．

习惯上，全体自然数的集合记作 N. 全体整数的集合记作 Z. 全体有理数的集合记作 Q. 全体实数集合记作 R，R^+、R^-、R^* 分别为全体正实数、负实数、除 0 以外的实数的集合．

设 A 和 B 是两个集合，若集合 A 的元素都是集合 B 的元素，则称 A 是 B 的**子集**(subset)，记作 $A\subset B$ 或 $B\supset A$，读作 A 包含于 B 或 B 包含 A.

若集合 A 与集合 B 互为子集，即 $A\subset B$ 且 $B\subset A$，则称 A 与 B **相等**，记作 $A=B$.

不含任何元素的集合称为**空集**，记作 $\varnothing$. 例如，集合

$$\{x \mid x \in R, x^2+1=0\}$$

就是一个空集，因为适合条件 $x^2+1=0$ 的实数是不存在的．规定空集是任何集合的子集．

1.1.2 集合的运算

设 A 和 B 是两个集合，由所有属于 A 或者属于 B 的元素组成的集合称为 A 与 B 的**并**，记作 $A\cup B$；由所有既属于 A 又属于 B 的元素组成的集合称为 A 与 B 的**交**，记作 $A\cap B$；由所有属于 A 而不属于 B 的元素组成的集合称为 A 与 B 的**差**，记作 $A-B$. 有时，我们研究某个问题限定在一个大的集合 $\boldsymbol{\Omega}$ 中进行，所研究的其他集合 A 都是 $\boldsymbol{\Omega}$ 的子集．此时，我们称集合 $\boldsymbol{\Omega}$ 为**全集**，并把差 $\boldsymbol{\Omega}-A$ 特别称为 A 的**余集**或**补集**，记作 $\overline{A}$. 例如，在实数集 R 中，集合 $A=\{x \mid 0\leqslant x\leqslant 1\}$ 的余集

$$\overline{A}=\{x \mid x<0 \text{ 或 } x>1\}.$$

集合的并、交、余运算满足如下运算律：

交换律　$A\cup B=B\cup A$，$A\cap B=B\cap A$；

结合律　$(A\cup B)\cup C=A\cup(B\cup C)$，$(A\cap B)\cap C=A\cap(B\cap C)$；

分配律　$A\cap(B\cup C)=(A\cap B)\cup(A\cap C)$，

$A\cup(B\cap C)=(A\cup B)\cap(A\cup C)$；

对偶律　$\overline{A\cup B}=\overline{A}\cap\overline{B}$，$\overline{A\cap B}=\overline{A}\cup\overline{B}$.

以上这些运算律都容易根据集合相等的定义验证．

在两个集合之间还可以定义直积或笛卡尔[①]乘积．设 A、B 是任意两个集合，则 A 与 B 的**直积**，记作 $A\times B$，定义为如下的由有序对 (a,b) 组成的集合：

$$A\times B=\{(a,b)\mid a\in A,b\in B\}$$

例如，$R\times R=\{(x,y)\mid x\in R,y\in R\}$ 即为 xOy 面上全体点的集合，$R\times R$ 常记作 R^2.

1.1.3　区间

区间是在微积分中最常用的一类数集．设 a 和 b 都是实数，且 $a<b$，数集 $\{x\mid a<x<b\}$ 称为以 a、b 为端点的**开区间**(open interval)，记作 (a,b)．即

$$(a,b)=\{x\mid a<x<b\}.$$

数集 $\{x\mid a\leqslant x\leqslant b\}$ 称为以 a、b 为端点的**闭区间**(closed interval)，记作 $[a,b]$．即

$$[a,b]=\{x\mid a\leqslant x\leqslant b\}.$$

数集 $\{x\mid a\leqslant x<b\}$、$\{x\mid a<x\leqslant b\}$ 称为以 a、b 为端点的**半开区间**，分别记作 $[a,b)$、$(a,b]$．即

$$[a,b)=\{x\mid a\leqslant x<b\},$$
$$(a,b]=\{x\mid a<x\leqslant b\}.$$

以上这些区间都称为**有限区间**．数 $b-a$ 称为这些区间的长度．此外还有所谓**无限区间**．例如，

$$(a,+\infty)=\{x\mid x>a\},$$
$$(-\infty,b]=\{x\mid x\leqslant b\}.$$

注意，这里的 $+\infty$(读作正无穷大)、$-\infty$(读作负无穷大)以及 ∞(读作无穷大)只是一种记号，既不能把它们视为实数，也不能对它们进行运算．

全体实数的集合 R 也可记作 $(-\infty,+\infty)$，它也是无限区间．

邻域也是一个经常用到的集合，以点 a 为中心的任何开区间称为点 a 的**邻域**(neighborhood)，记作 $U(a)$.

设 $\delta\in R^+$，则开区间 $(a-\delta,a+\delta)$ 就是点 a 的一个邻域，这个邻域称为点 a 的 **δ 邻域**，记作 $U(a,\delta)$．即

$$U(a,\delta)=\{x\mid a-\delta<x<a+\delta\}$$

点 a 称为邻域的中心，δ 称为邻域的半径(见图 1-1).

笛卡尔

① 笛卡尔(Descartes，1596～1650)，近代数学的奠基人，法国数学家、哲学家、物理学家、生理学家．笛卡尔在数学上的杰出贡献是将代数和几何巧妙地联系在一起，从而创造了解析几何这门数学学科．

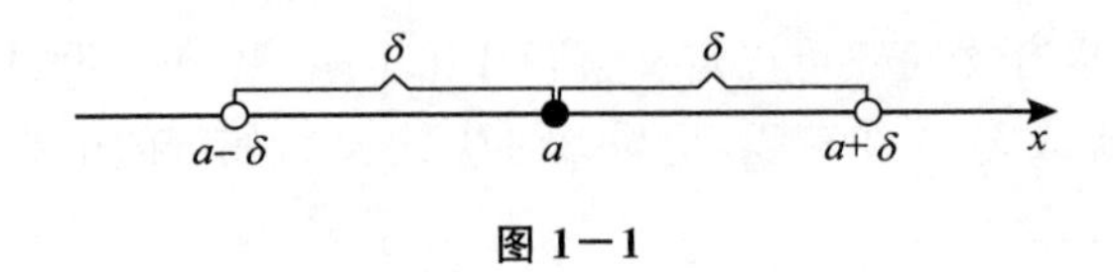

图 1—1

由于$\{x|a-\delta<x<a+\delta\}=\{x||x-a|<\delta\}$，因此

$$U(a,\delta)=\{x||x-a|<\delta\}.$$

在微积分中还常常用到集合

$$\{x|0<|x-a|<\delta\}$$

这是在点 a 的 δ 邻域内去掉中心 a 所得到的集合，称为点 a 的**去心 δ 邻域**，记作 $\mathring{U}(a,\delta)$．即

$$\mathring{U}(a,\delta)=\{x|0<|x-a|<\delta\}.$$

为了方便，我们把开区间$(a-\delta,a)$称为点 a 的**左 δ 邻域**，把开区间$(a,a+\delta)$称为点 a 的**右 δ 邻域**．

练习 1.1

1. 设全集 $\Omega=\{0,1,2,3,4\}$，$A=\{0,1,2,3\}$，$B=\{2,3,4\}$，求 $A\cap B$，$\overline{A}\cup\overline{B}$.

2. 设集合 $\mathrm{A}=(-\infty,-9)\cup(9,+\infty)$，$\mathrm{B}=[-15,5]$，写出集合 $\mathrm{A}\cup\mathrm{B}$，$\mathrm{A}\cap\mathrm{B}$，$\mathrm{A}-\mathrm{B}$及 $\mathrm{A}-(\mathrm{A}-\mathrm{B})$的区间表示．

3. 已知集合 $M=\{(x,y)|4x+y=6\}$，$N=\{(x,y)|3x+2y=7\}$，求$M\cap N$.

4. 已知集合 $A=\{x|x^2-x-2=0\}$，$B=\{x|ax-1=0\}$，若 $A\cap B=B$，求 a 的值.

5. 用区间表示下列点集，并在数轴上表示出来．

(1)$A=\{x||x+3|<2\}$；(2)$B=\{x|1<|x-2|<3\}$.

§1.2 函　数

在现实世界中，一切事物都在一定的空间中运动着．17 世纪初，数学家首先从对运动的研究中引出了函数这个数学中的最基本概念．在那以后的 200 多年里，这个概念在几乎所有的科学研究中占据了中心位置．

1.2.1 常量与变量

在人们观察研究自然现象和社会现象的过程中，经常会涉及一些量，其中一些量在观察过程中始终保持一固定数值，称为**常量**，通常用字母 $a,b,c,\cdots$ 表示；另一些量在观察过程中会不断变化，也就是可以取不同的数值,称为**变量**,通常用字母 $x,y,z,\cdots$ 表示．变量 x 可取的值之集合 X 称为变量的变化范围或取值范围,记作 $x\in X$.

如果将变量看作是可以在一非空数集内任意取值的量,则常量可看作是在单元素集合中取值的变量,因而常量可看成是变量的特例．

1.2.2 函数的概念

在同一个问题中,往往同时有几个变量,这些变量的变化也不是孤立的,而是相互联系并遵循着一定的变化规律．下面的例子就属于这种情形．

例 1 温度自动仪所记录的某地某天 24 小时气温变化曲线(见图 1－2)描述了当天气温 T 随时间 t 的变化情形．

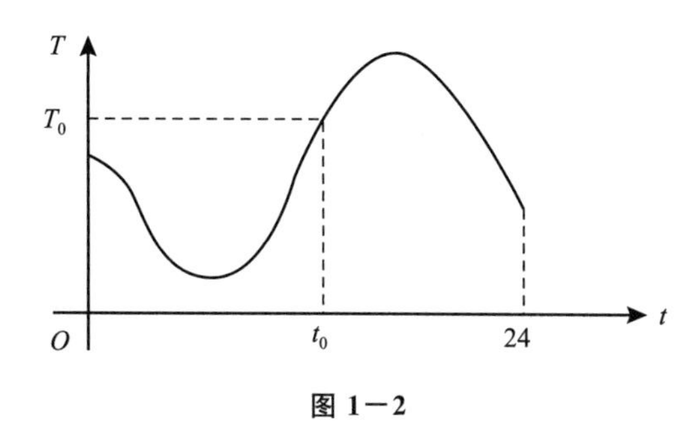

图 1－2

对任何时刻 $t_0\in[0,24]$,可按图 1－2 上的曲线确定出一个对应的气温 T_0.

例 2 某商品的单位成本为 8 元,P 为销售单价,若公司已售出该商品 50 件,问公司可获得多少利润? 此问题中,单位成本和销售量为常量,而销售价与利润为变量,销售价高则利润多,销售价低则利润少．利润 L 与销售价 P 之间有关系:

$$L=50(P-8)\qquad(P>0)$$

当销售价 P 在区间 $(0,+\infty)$ 内任意取定一个数值时,由上式就可以唯一确定利润 L 的相应数值．

我们抽去上面例子中所考虑量的实际意义,它表达了两个变量之间的相依关系,这种相依关系给出了一种对应法则,根据这一法则,当其中一个变量在其变化范围内任意取定一个数值时,另一个变量就有确定的值与之对应．两个变量间的这种对应关系就是函数概念的实质．

函数与欧拉

定义 1.2.1[①] 设 x,y 是两个变量,D 是一个给定的非空实数集,

---

① 函数(function)一词起用于 1692 年,最早见于莱布尼兹(Leibniz)的著作．记号 $f(x)$ 则是由瑞士数学家欧拉(Euler)于 1724 年首次使用的．

$x\in D$，f 是变量 x 与 y 之间的对应关系．如果对于 D 内的变量 x 的每一个值，按照 f 在 R 内能确定唯一的变量 y 的值与之对应，则称 f 是定义在 D 上的**函数**(function)，也称变量 y 是变量 x 的函数，记作

$$y=f(x),x\in D$$

其中，变量 x 称为**自变量**，变量 y 称为**因变量**，数集 D 称为函数的**定义域**(domain)．当定义域是区间时，则将该区间称为定义区间．因变量 y 与自变量 x 之间的这种对应关系，通常称为**函数关系**．

如果 $x_0\in D$，则称函数在 x_0 点有定义；如果 $x_0\overline{\in} D$，则称函数在 x_0 点没有定义．对于 $x_0\in D$，按照 f 与之相应的因变量 y 的值，称为函数在 x_0 点的函数值，记作 $f(x_0)$或 $y|_{x=x_0}$．当自变量 x 取遍 D 内的各个数值时，对应的函数值全体构成的集合，称为函数的**值域**(range)，记作 R_f．即

$$R_f=\{y|y=f(x),x\in D\}.$$

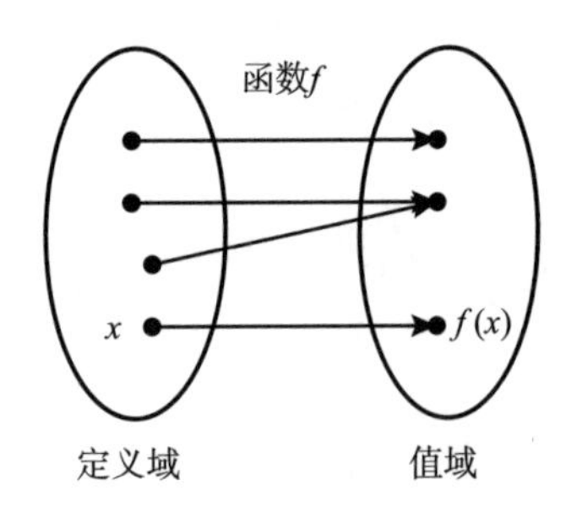

图 1－3

图 1－3 简明地标注了函数的定义域、值域及对应关系等．

函数 $y=f(x)$，$x\in D$ 中表示对应关系的记号 f 也可用其他字母．例如，用“F”“φ”“h”“g”等，甚至有时用 $y=y(x)$，$x\in D$ 表示函数，此时等号右边的 y 表示对应关系．如果在同一个问题中讨论到几个不同的函数，则必须用不同的记号分别表示这些函数，以示区别．

关于函数的定义域，在实际问题中应根据问题的实际意义具体确定，而在纯数学问题中，常常是只给出函数变量间的对应关系，而没有指明定义域，这时我们认为其定义域就是按对应关系因变量有确定值与之对应的自变量 x 所能取的一切实数值构成的集合．例如，函数 $y=\dfrac{1}{\sqrt{1-x^2}}$的定义域是$(-1,1)$，函数 $y=\dfrac{1}{\ln(x-5)}$的定义域是$(5,6)\cup(6,+\infty)$．

设函数 $y=f(x)$，$x\in D$，以 D 内的每一点 x 为横坐标及相应函数值 $f(x)$为纵坐标就在 xOy 平面上确定一点 $P(x,f(x))$，当 x 在 D 内变动时，点 P 便在坐标面上移动，所有这些点集合$\{P(x,y)|x\in D,y=f(x)\}$，称为函数 $y=f(x)$，$x\in D$ 的**图形**(见图 1－4)．

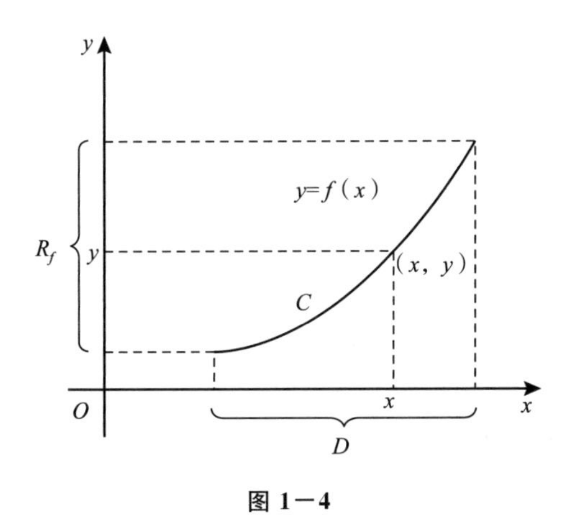

图 1－4

需要指出，函数的实质是指定义域 D 上的对应关系 f，即确定函数的要素是定义域 D 与对应关系 f. 因此，常用记号“$f(x)$，$x\in D$”，或“$f(x)$”“$y=f(x)$”等来表示定义在 D 上的函数，同时可得出对于两个函数，若它们的定义域和对应关系分别相同，则这两个函数相同，否则就是不同的.

例如，函数 $f(x)\equiv 1$ 与函数 $g(x)=\sin^2 x+\cos^2 x$，它们的定义域都是$R=(-\infty,+\infty)$，且对 R 中的任一点 x，两者都对应着相同的实数 1，即有相同的对应关系，因此，它们是相同的函数. 但对于函数 $f(x)=\ln x^2$ 与 $g(x)=2\ln x$，由于定义域不同，所以它们是不同的函数.

注 在函数 $y=f(x)$，$x\in D$ 中 $f(x)$表示将对应关系 f 作用于 x. 这里 x 可指 D 中的一个点，也可指与 D 中某个点相当的数学表达式.

例 3 设 $f(x)=\dfrac{x}{1+x}$，求 $f(2)$，$f\left(\dfrac{1}{x}\right)$，$f[f(x)]$.

解 由$f(x)=\dfrac{x}{1+x}$，得

$$f(2)=\frac{2}{1+2}=\frac{2}{3},$$

$$f\left(\frac{1}{x}\right)=\frac{\frac{1}{x}}{1+\frac{1}{x}}=\frac{1}{1+x},$$

$$f[f(x)]=\frac{f(x)}{1+f(x)}=\frac{\frac{x}{1+x}}{1+\frac{x}{1+x}}=\frac{x}{1+2x}.$$

例 4 设 $f(x+1)=x^2-x$，求 $f(x)$.

解 令 $x+1=t$，则 $x=t-1$. 于是

$$f(t)=(t-1)^2-(t-1)=t^2-3t+2,$$

所以 $f(x)=x^2-3x+2$.

1.2.3 函数的表示法

函数的表示法是指描述因变量与自变量之间对应关系的方法,常用的表示法有解析法、列表法和图像法.

1. 解析法(公式法)

即用解析表达式来表达自变量与因变量之间的对应关系. 如

(1) $y=x^2-5x+6$

(2) $y^3-4x^2=7$

(3) $y=\ln(1+x^2)$

都是解析法表示的函数,它将是我们今后表示函数的主要形式,解析法表示函数的优点是便于运算和分析.

需要特别指出的是,用解析法表示函数,不一定总是用一个式子表示,也可以在其定义域的不同部分用不同的式子表示一个函数. 例如,某市对居民用水实施阶梯水价制度,收费标准为:年用水量不超过 144m^3,到户水价为 4.2 元/m^3;年用水量为 144~288(含)m^3,超过 144m^3 的部分到户水价为 5.6 元/m^3;年用水量为 288m^3 以上,超过 288m^3 的部分到户水价为 9.8 元/m^3. 用 x,y 分别表示一户的年用水量与应缴水费,则

$$y=\begin{cases}4.2x, & 0\leqslant x\leqslant 144,\\ 604.8+5.6\times(x-144), & 144<x\leqslant 288,\\ 1411.2+9.8\times(x-288), & x>288.\end{cases}$$

此函数的定义域为 $[0,+\infty)$.

这种在函数定义域的不同部分,因变量与自变量之间的对应关系用不同的式子表示的函数,称为**分段函数**.

又如绝对值函数

$$y=|x|=\begin{cases}x, & x\geqslant 0\\ -x, & x<0.\end{cases}$$

取整函数

$$y=[x],$$

其中 $[x]$ 表示不超过 x 的最大整数(见图 1-5),例如,$\left[\dfrac{5}{7}\right]=0$,$[-0.2]=-1$,都是分段函数.

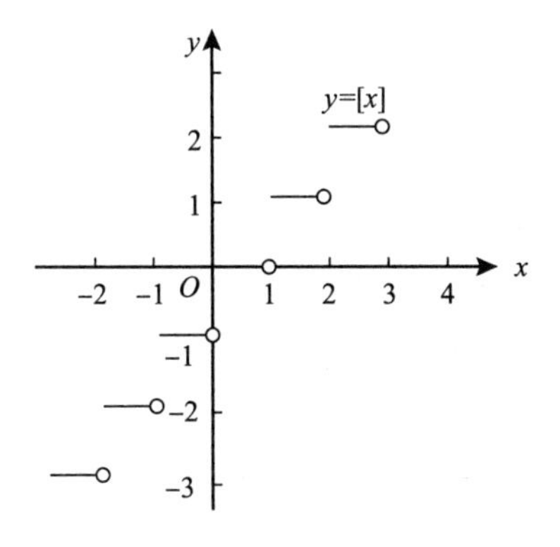

图 1—5

例 1　已知 $f(x)=\begin{cases}x+2, & 0\leqslant x\leqslant 2\\ x^2, & 2<x\leqslant 4\end{cases}$，求 $f(1)$，$f(3)$，$f(x-1)$.

解　$f(1)=(x+2)\big|_{x=1}=1+2=3$,

$f(3)=x^2\big|_{x=3}=3^2=9$,

$$f(x-1)=\begin{cases}(x-1)+2, & 0\leqslant x-1\leqslant 2\\ (x-1)^2, & 2<x-1\leqslant 4\end{cases},$$

即

$$f(x-1)=\begin{cases}x+1, & 1\leqslant x\leqslant 3\\ x^2-2x+1, & 3<x\leqslant 5\end{cases}.$$

例 2　将函数 $f(x)=5-|3-x|$ 写成分段函数的形式.

解　因为 $|3-x|=\begin{cases}3-x, & x\leqslant 3\\ x-3, & x>3\end{cases}$,

所以，$f(x)=5-|3-x|=\begin{cases}2+x, & x\leqslant 3\\ 8-x, & x>3\end{cases}$.

2. 列表法

即把自变量的不同取值与对应的函数值列于一表格中，对应关系由表格给出．我们所用的各种数学表——平方表、开方表、三角函数表与对数表等，都是用列表法表示函数的例子．在统计学中，研究社会经济现象也常用这种列表法．例如，某企业上半年月销售收入如下：

月份 t	1	2	3	4	5	6
销售收入 s(万元)	390	420	460	410	385	420

此表确定了 s 是 t 的函数，其定义域为$\{1,2,3,4,5,6\}$.

列表法的优点是简单明了，便于应用，但也应看到它所给出的变量间的对应关系有时是不全面的.

3. 图像法

即用图形来表达自变量与因变量之间的对应关系. 如 1.2.2 小节中例 1,得到的两个变量之间的对应关系是某个坐标系中的一条曲线,这就是用图像法表示函数. 在这类问题中,通常很难找到一个解析式来准确地表示两个变量间的关系. 当然,有时虽然可以用解析式来表示函数,但为了使变量之间的对应关系更直观形象,也常用图示曲线来表示函数.

函数的 3 种表示法各有优缺点,在具体应用时,常常是 3 种方法配合使用,在微积分的研究中或者在分析社会经济现象时,经常把函数的图形画出来帮助分析问题.

1.2.4 几种特殊类型的函数

1. 周期函数

定义 1.2.2 设函数 $f(x)$的定义域为 D,如果存在非零常数 T,使得对于任意 $x\in D$,有

$$f(x+T)=f(x)$$

恒成立,则称此函数为**周期函数**(periodic function). 满足上述等式的最小正数 T 称为函数的**周期**.

例如,$y=\sin x$,$y=\cos x$,$y=\tan x$ 与 $y=\cot x$ 都是周期函数. $\sin x$,$\cos x$ 的周期为 2π,$\tan x$,$\cot x$ 的周期为 π. 容易证明:若 $y=f(x)$是以 T 为周期的周期函数,则 $y=f(ax)$($a>0$,常数)就是以$\frac{T}{a}$为周期的周期函数. 例如,$y=\sin 2x$ 的周期为$\frac{2\pi}{2}=\pi$.

2. 奇函数与偶函数

定义 1.2.3 设函数 $y=f(x)$的定义域 D 关于原点对称,如果对所有的$x\in D$,恒有 $f(-x)=f(x)$,则称 $f(x)$为**偶函数**(even function);如果对所有的$x\in D$,恒有 $f(-x)=-f(x)$,则称 $f(x)$为**奇函数**(odd function).

在几何上,对于偶函数,由于在 x 处与 $-x$ 处函数值相等,故其图形关于 y 轴对称(见图 1−6). 对于奇函数,由于 x 与 $-x$ 处的函数值互为相反数,故其图形关于原点中心对称(见图 1−7).

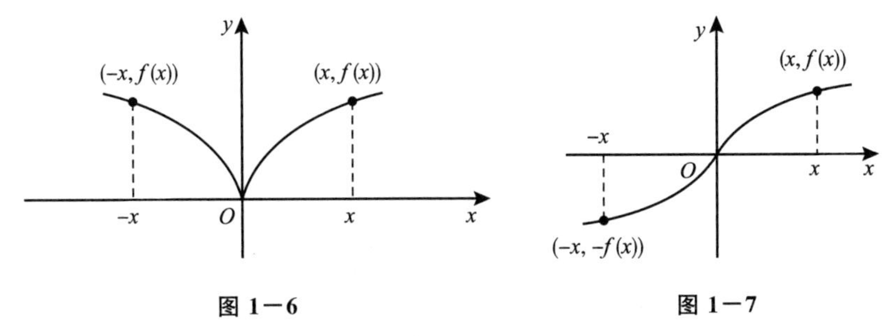

图 1—6　　　　图 1—7

例如，$y=x^2$，$y=\cos x$，$y=\dfrac{1}{2}(a^x+a^{-x})$都是偶函数．$y=x^3$，$y=\sin x$，$y=\dfrac{1}{2}(a^x-a^{-x})$，$y=\ln\dfrac{1-x}{1+x}$都是奇函数．

3. 单调函数

定义 1.2.4　设 $y=f(x)$在某区间 I 上有定义，若对于任意的 $x_1,x_2\in I$，当$x_1<x_2$ 时，恒有

$$f(x_1)<f(x_2)\ (f(x_1)>f(x_2))$$

则称 $f(x)$在 I 上**单调增加**(**单调减少**)．

单调增加、单调减少的函数统称为**单调函数**(monotonic function)．使函数 $f(x)$ 单调的区间称为**单调区间**．

在几何上，单调增加的函数，它的图形是随着 x 的增加而上升的曲线；单调减少的函数，它的图形是随着 x 的增加而下降的曲线(见图 1—8)．

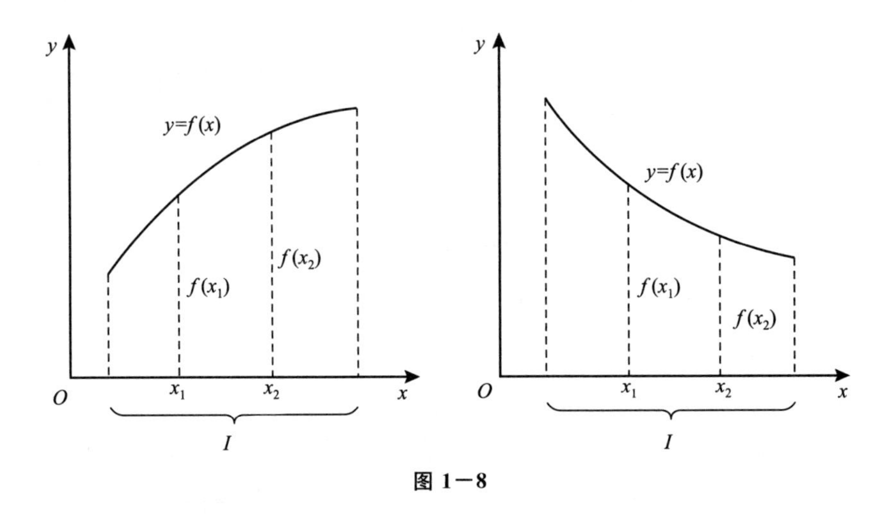

图 1—8

例如，函数 $f(x)=x^2$ 在区间$[0,+\infty)$上是单调增加的，在区间$(-\infty,0]$上是单调减少的，在$(-\infty,+\infty)$内是不单调的．

4. 有界函数

定义 1.2.5　设函数 $f(x)$在数集 X 上有定义，如果存在一个正数

M，使对于任意的 $x\in X$，恒有

$$|f(x)|\leqslant M$$

成立，则称 $f(x)$ 在 X 上**有界**（bounded）．否则，称 $f(x)$ 在 X 上**无界**．这就是说，若对任意给定的正数 M，总存在 $x_0\in X$，使得 $|f(x_0)|>M$，则函数 $f(x)$ 在 X 上无界．

函数有界的定义也可以这样表述：如果存在常数 M_1 和 M_2，使得对任意 $x\in X$，都有 $M_1\leqslant f(x)\leqslant M_2$，就称函数 $f(x)$ 在 X 上有界，并分别称 M_1 和 M_2 为 $f(x)$ 在 X 上的一个下界和一个上界．

在几何上，数集 X 上的有界函数 $f(x)$ 的图形介于两条水平直线之间．

例如，函数 $y=\sin\frac{1}{x}$ 在 $(-\infty,0)\cup(0,+\infty)$ 内有界．因为，对任意的 $x\in(-\infty,0)\cup(0,+\infty)$，恒有 $\left|\sin\frac{1}{x}\right|\leqslant 1$．函数 $y=\frac{1}{x}$ 在 $(0,2)$ 内无界，但在 $[1,+\infty)$ 内有界．函数 $f(x)=1+x^2$ 在其定义域 $(-\infty,+\infty)$ 内无界，但在任意点 x_0 的 δ 邻域内都是有界的．

1.2.5 反函数

1. 反函数

在函数 $y=f(x)$ 中，x 为自变量，y 是因变量．然而在同一过程中存在着函数关系的两个变量究竟哪一个是自变量，哪一个是因变量，并不是绝对的，要视问题的具体要求而定．例如，在商品销售中，已知某商品的价格为 P，如果想从该商品的销售量 Q 来确定其销售收入 R，则 Q 是自变量，R 是因变量，且

$$R=PQ \tag{1}$$

相反地，如果要从该商品的销售收入 R 确定销售量 Q，则这时 R 是自变量，Q 为因变量，且

$$Q=\frac{R}{P} \tag{2}$$

我们称函数式(2)是式(1)的反函数．

定义 1.2.6 设函数 $y=f(x)$ 在数集 X 上有定义，$Z=\{y\mid y=f(x),x\in X\}$．如果对 Z 内变量 y 的每一个值，都可通过关系式 $y=f(x)$ 在 X 内确定唯一的变量 x 的值与之对应，则变量 x 是变量 y 的函数，称这个函数为函数 $y=f(x)$ 的**反函数**（inverse function），记作

$$x=f^{-1}(y),\ y\in Z.$$

这时，我们也说函数 $y=f(x)$ 在 X 上有反函数．

习惯上用 x 表示自变量，y 表示因变量．又 $x=f^{-1}(y)$ 与 $y=$

$f^{-1}(x)$是同一函数，所以我们通常将 $y=f(x)$的反函数写成 $y=f^{-1}(x)$.

由定义也容易看到，函数 $y=f(x)$也是函数 $x=f^{-1}(y)$的反函数，或说它们是互为反函数，而且前者的定义域与后者的值域相同，前者的值域与后者的定义域相同.

函数 $y=f(x)$与 $y=f^{-1}(x)$的图形关于直线 $y=x$ 对称，见图 1—9.

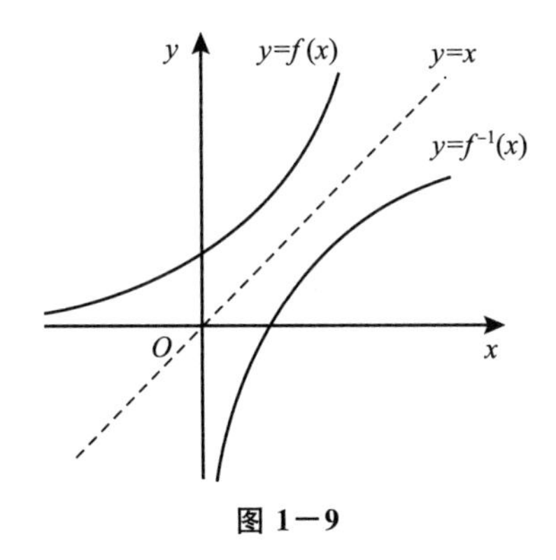

图 1—9

例 1　函数 $y=kx+c$，$y=x^3$，$y=\frac{1}{x}$，$y=a^x$ 的反函数分别为

$$x=\frac{y-c}{k},x=\sqrt[3]{y},x=\frac{1}{y},x=\log_a y$$

按习惯可分别写作

$$y=\frac{x-c}{k},y=\sqrt[3]{x},y=\frac{1}{x},y=\log_a x.$$

必须注意，不是每个函数在其定义域上都有反函数. 例如，函数 $y=x^2$ 在$(-\infty,+\infty)$上没有反函数. 但函数 $y=x^2$ 在$[0,+\infty)$上有反函数 $y=\sqrt{x}$，而在$(-\infty,0]$上有反函数 $y=-\sqrt{x}$. 又如，$y=\sin x$ 在$(-\infty,+\infty)$上没有反函数，但在$\left[-\frac{\pi}{2},\frac{\pi}{2}\right]$上有反函数 $y=\arcsin x$. 函数 $y=f(x)$有反函数的充分必要条件为 f 是一一对应的. 因此，单调函数一定有反函数，并且其反函数也是单调函数.

1.2.6　初等函数

1. 基本初等函数

常量函数、幂函数、指数函数、对数函数、三角函数、反三角函数统称为**基本初等函数**. 下面对这些函数作一些简要的说明.

(1)常量函数 $y=c$(c 为常数)

定义域为$(-\infty,+\infty)$，图形为平行于 x 轴截距为 c 的直线，见图 1—10.

(2)幂函数 $y=x^a$(a 为实数)

它的定义域随 a 而异,但不论 a 为何值,$y=x^a$ 在$(0,+\infty)$内总有定义,而且图形都经过$(1,1)$点.

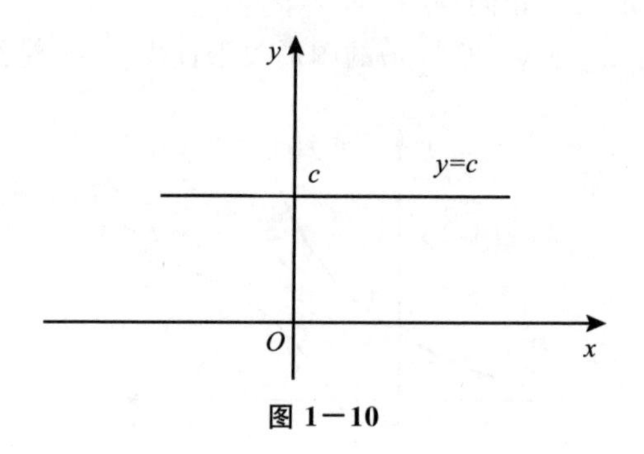

图 1—10

如 $y=x^2$,$y=x^{\frac{2}{3}}$,定义域为$(-\infty,+\infty)$,图形关于 y 轴对称,见图 1—11. $y=x^3$,$y=x^{\frac{1}{3}}$,定义域为$(-\infty,+\infty)$,图形关于原点对称,见图 1—12.

$y=x^{-1}$,定义域为$(-\infty,0)\cup(0,+\infty)$,图形关于原点对称,见图 1—13. $y=x^{\frac{1}{2}}$,定义域为$[0,+\infty)$,见图 1—14.

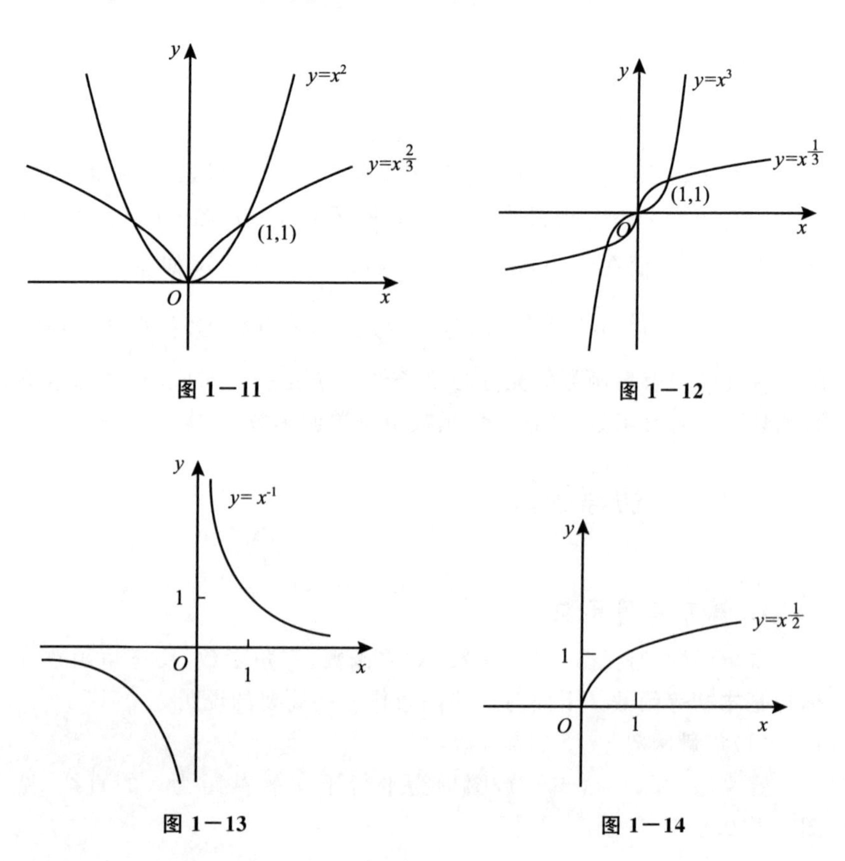

图 1—11

图 1—12

图 1—13

图 1—14

(3)指数函数 $y=a^x$　$(a>0,a\neq1)$

定义域为$(-\infty,+\infty)$,值域为$(0,+\infty)$,通过$(0,1)$点,当 $a>1$ 时,函数单调增加,当 $0<a<1$ 时,函数单调减少,见图 1－15.

(4)对数函数 $y=\log_a x$　$(a>0,a\neq1)$

定义域为$(0,+\infty)$,过$(1,0)$点.当 $a>1$ 时,函数单调增加;当 $0<a<1$ 时,函数单调减少.特别地,当 $a=\mathrm{e}$ 时,称以 e 为底的对数函数为**自然对数函数**,记作 $y=\ln x$,见图 1－16.

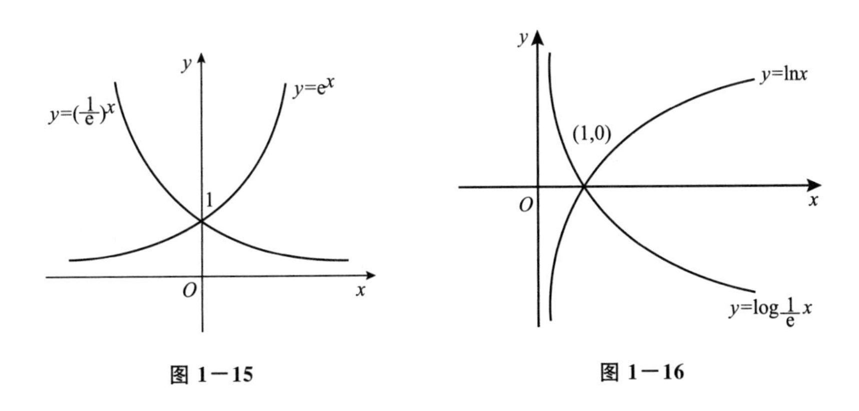

图 1－15　　　　图 1－16

(5)三角函数 $y=\sin x, y=\cos x, y=\tan x, y=\cot x$

$y=\sin x$ 和 $y=\cos x$ 的定义域均为$(-\infty,+\infty)$,均以 2π 为周期,都是有界函数.$y=\sin x$ 为奇函数,$y=\cos x$ 为偶函数,见图 1－17.

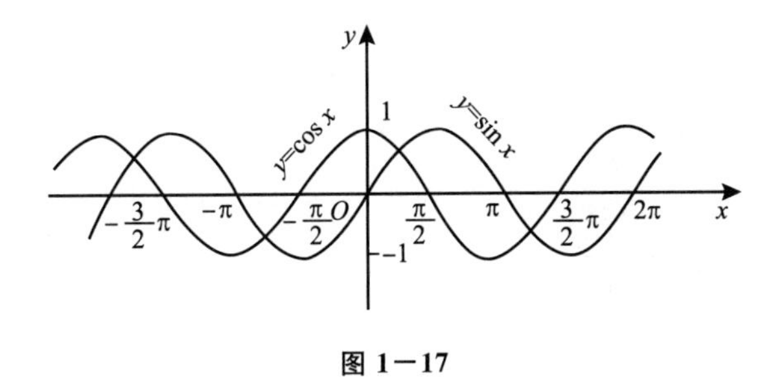

图 1－17

$y=\tan x$ 的定义域为 $x\neq k\pi+\dfrac{\pi}{2}(k=0,\pm1,\pm2,\cdots)$的一切实数.$y=\cot x$的定义域为 $x\neq k\pi\ (k=0,\pm1,\pm2,\cdots)$的一切实数.$y=\tan x$ 与 $y=\cot x$ 均以 π 为周期,都是奇函数,见图 1－18、图 1－19.

(6)反三角函数 $y=\arcsin x$　　$y=\arccos x$

$y=\arctan x$　　$y=\operatorname{arccot} x$

$y=\arcsin x$ 是正弦函数 $y=\sin x$ 在 $\left[-\dfrac{\pi}{2},\dfrac{\pi}{2}\right]$上的反函数,称为**反正弦函数**.其定义域为$[-1,1]$,值域为$\left[-\dfrac{\pi}{2},\dfrac{\pi}{2}\right]$,在定义域内单调

增加．其图形如图 1－20 中的实线所示．

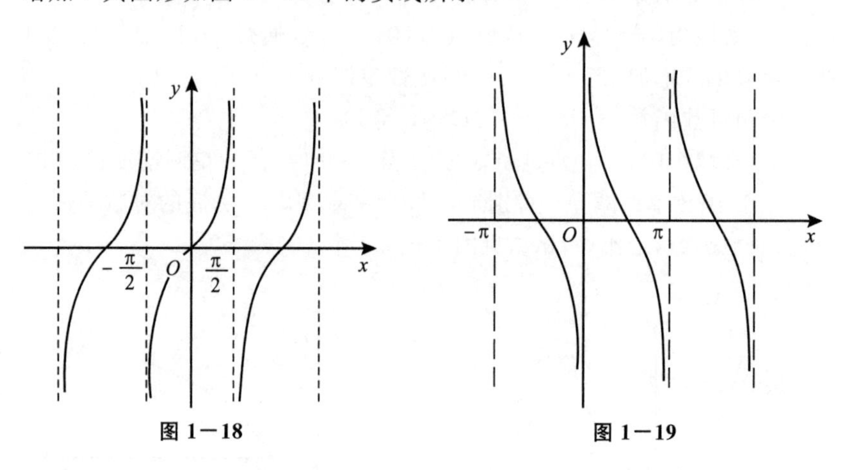

图 1－18　　图 1－19

$y=\arccos x$ 是余弦函数 $y=\cos x$ 在$[0,\pi]$上的反函数，叫作**反余弦函数**．其定义域为$[-1,1]$，值域为$[0,\pi]$，在定义域上单调减少．其图形如图 1－21 中的实线所示．

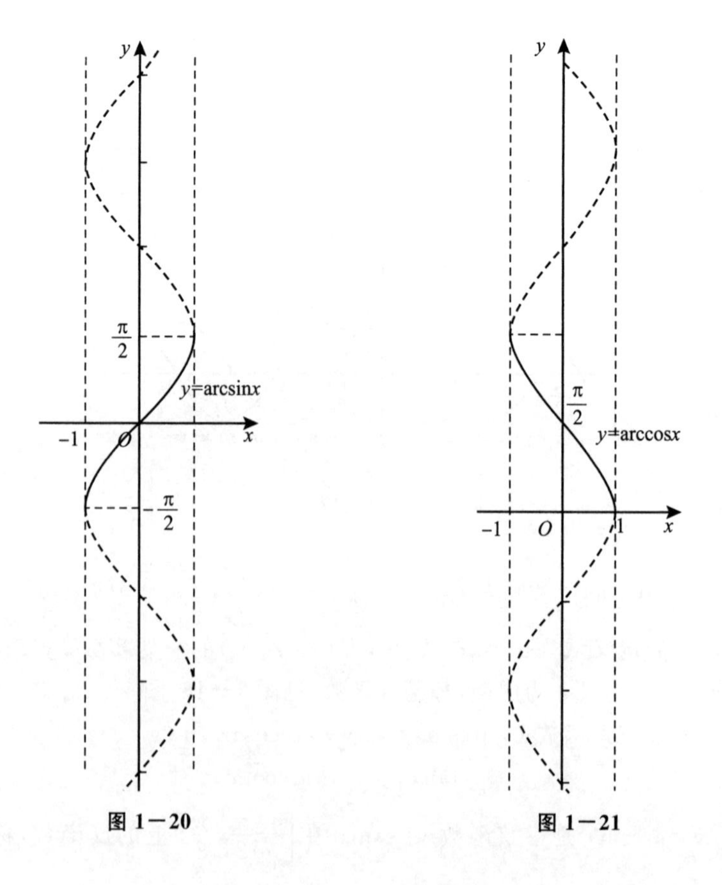

图 1－20　　图 1－21

$y=\arctan x$ 是正切函数 $y=\tan x$ 在$\left(-\frac{\pi}{2},\frac{\pi}{2}\right)$内的反函数，叫作

反正切函数．其定义域为$(-\infty,+\infty)$，值域为$\left(-\frac{\pi}{2},\frac{\pi}{2}\right)$，在定义域内单调增加．其图形如图1－22中的实线所示．

$y=\operatorname{arccot}x$是余切函数$y=\cot x$在$(0,\pi)$内的反函数，称为**反余切函数**．其定义域为$(-\infty,+\infty)$，值域为$(0,\pi)$，在定义域内单调减少．其图形如图1－23中的实线所示．

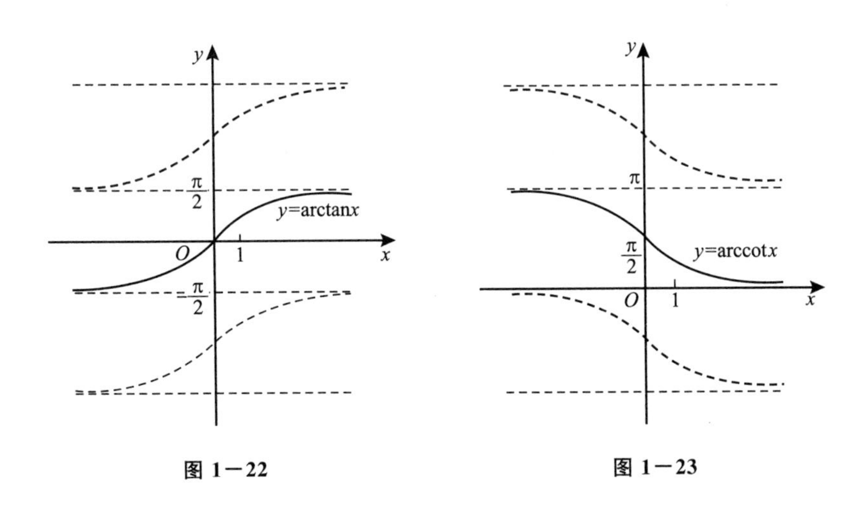

图1－22　　图1－23

2. 复合函数

定义1.2.7　设函数$y=f(u)$，$u\in D_f$，而$u=\varphi(x)$，$x\in D_\varphi$，$u\in R_\varphi$．若$R_\varphi\cap D_f$非空，则称$y=f[\varphi(x)]$为由$y=f(u)$与$u=\varphi(x)$复合而成的**复合函数**(composite function)．这里x为自变量，y为因变量，而u称为中间变量．常用$f\circ\varphi$来记这个复合函数，即有$(f\circ\varphi)(x)=f[\varphi(x)]$．

求函数的复合函数的运算，称为函数的**复合运算**．

例1　由$y=\ln u$，$u=\sin x$复合而成的复合函数为$y=\ln\sin x$，其定义域为

$$D=\{x\,|\,2k\pi<x<(2k+1)\pi,k=0,\pm1,\pm2,\cdots\}$$

必须注意，不是任何两个函数都能够复合成一个复合函数的．例如，$y=\sqrt{u-3}$，$u=\sin x$就不能复合成一个复合函数．另外，复合函数也可以由两个以上的函数经过复合而成．例如，由$y=\sqrt{u}$，$u=\cot v$，$v=\frac{x}{2}$复合而成的复合函数为$y=\sqrt{\cot\frac{x}{2}}$，这里u，v都是中间变量．

利用复合函数的概念，可以将一个较复杂的函数看成由几个简单函数复合而成，这样更便于对函数进行研究．例如，函数$y=e^{\sqrt{x^2+1}}$可以看成由

$$y=\mathrm{e}^u, u=\sqrt{v}, v=x^2+1$$

三个函数复合而成．

3. 初等函数

由基本初等函数经过有限次四则运算和有限次复合运算而成的并可用一个式子表示的函数，称为**初等函数**(elementary function)．例如

$$y=\ln\cos x, y=x^2 3^x+\ln\sqrt{\frac{2x+1}{x-1}}$$

等都是初等函数．分段函数一般不是初等函数，但可借助初等函数来研究分段函数．

练习 1.2

1. 在下列各式中，哪些确定了 y 是 x 的函数 $y=f(x)$？

(1) $x^2+y^2=1$　　(2) $xy+y+x=1, x\neq -1$

(3) $x=\sqrt{2y+1}$　　(4) $x=\dfrac{y}{y+1}$

2. 在图 1－24 中，哪些是函数 $y=f(x)$ 的图像？

(1)
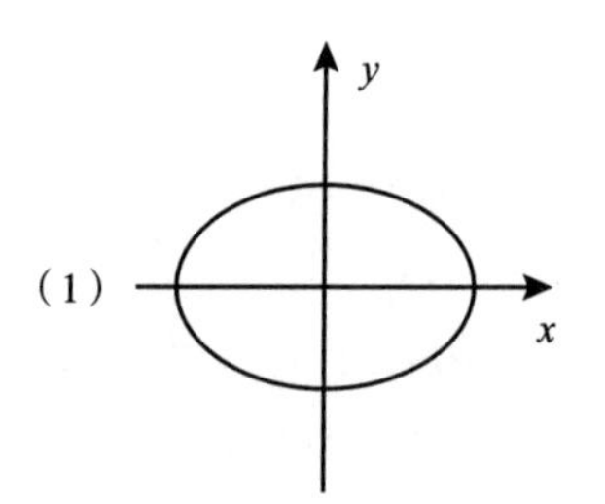

(2)
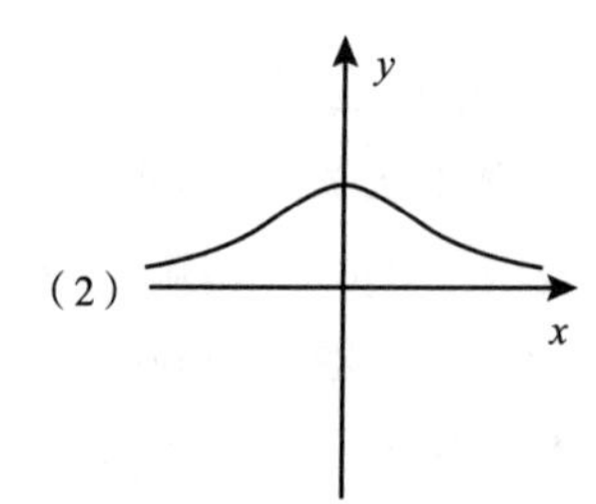

(3)
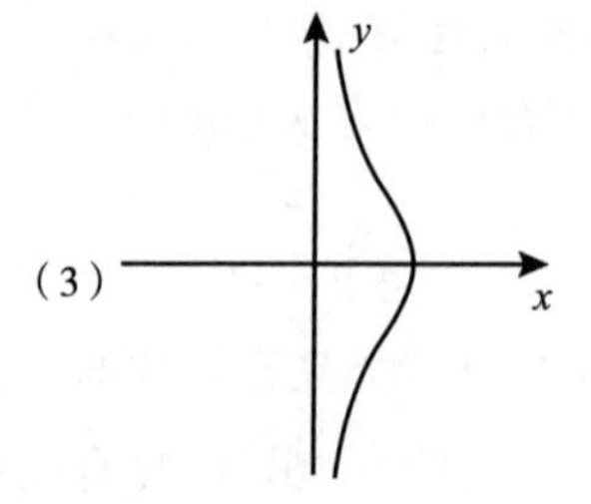

(4)
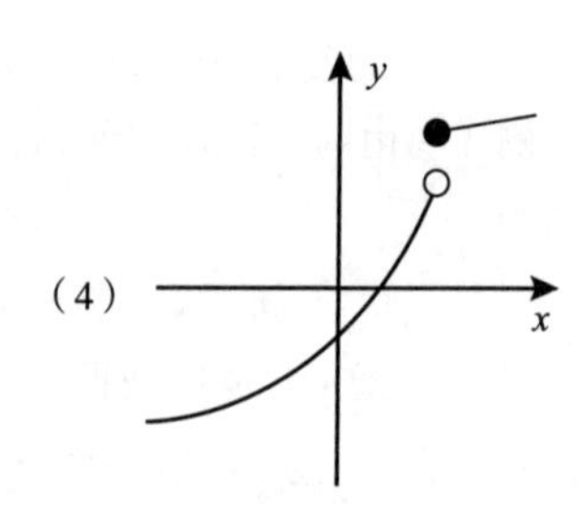

图 1－24

3. 下列各题中，函数是否相同，为什么？

(1) $y=x$ 与 $y=\sqrt{x}$　　(2) $y=1$ 与 $y=\sec^2 x-\tan^2 x$

(3) $y=\dfrac{x+1}{x^2-1}$ 与 $y=\dfrac{1}{x-1}$　　(4) $y=4x+5$ 与 $u=4v+5$

4. 确定下列函数的定义域.

(1) $y=\sqrt{3-x}+\arctan\frac{1}{x}$　　(2) $y=\lg(x-1)+\frac{\sin x}{\sqrt{x+1}}$

(3) $y=\sqrt{\frac{x-2}{x^2-2x-3}}$　　(4) $y=\begin{cases}\arcsin\frac{1}{x}, & x>1\\ 0, & x=1\\ \sqrt{1-x}, & x<1\end{cases}$

习题选讲

5. 下表确定了 y 是 x 的函数:

x	0	1	4	9	16
y	-1	0	1	2	3

试写出函数的定义域,并分别用公式法和图像法表示该函数.

6. (1)设函数 $f\left(\frac{1}{x}\right)=\frac{5}{x}+2x^2$,求 $f(x)$,$f(x^2+1)$.

(2)设函数 $\varphi(x+1)=\begin{cases}x^2, 0\leqslant x\leqslant 1\\ 2x, 1<x\leqslant 2\end{cases}$,求 $\varphi(x)$.

7. 求下列函数的反函数.

(1) $y=\frac{x+2}{x-2}$　　(2) $y=1+\ln(x-1)$

(3) $y=\arcsin\frac{3}{2}x$

8. 下列函数可以看作由哪些简单函数复合而成?

(1) $y=(2x+3)^5$　　(2) $y=\sin x^n$

(3) $y=\sin^5 3x$　　(4) $y=\left(\arcsin\frac{x}{2}\right)^2$

(5) $y=e^{-\frac{1}{x}}$　　(6) $y=\frac{1}{\sqrt{a^2+x^2}}$

§1.3　函数关系的建立与经济学中常用函数

1.3.1　函数关系的建立

应用数学方法解决实际问题,首先要找出问题中变量间的函数关系,即建立该问题的数学模型.为此需要明确问题中的自变量与因变量,再根据题意得出因变量用自变量表示的解析式,然后确定自变量的取值范围——定义域．应用问题中的函数定义域，除函数的解析式外还要考虑变量在实际问题中的含义．

一般来说，找出一个描述实际问题的函数是困难的，常常需要多方面的知识．下面，我们仅仅通过几个简单实例来介绍如何建立函数关系．

例 1 设有一块边长为 a 的正方形薄板，将它的四角剪去边长相等的小正方形制作一只无盖盒子，试将盒子的体积表示成小正方形边长的函数(见图 1－25)．

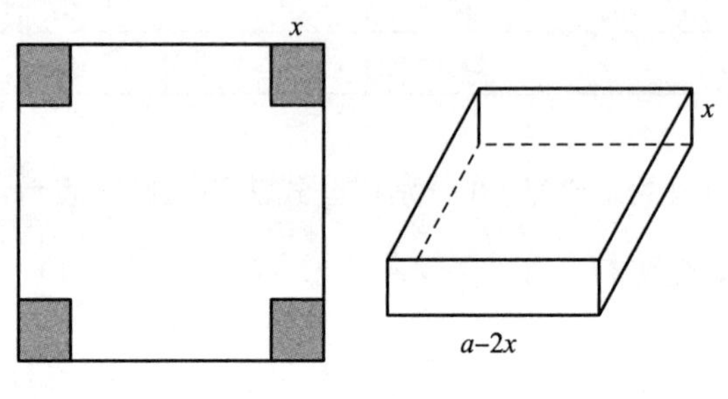

图 1－25

解 设剪去的小正方形的边长为 x，盒子的体积为 V，则盒子的底面积为$(a-2x)^2$，高为 x，因此所求的函数关系为

$$V=x(a-2x)^2, x\in\left(0,\frac{a}{2}\right).$$

例 2 某批发商每次以 160 元/台的价格将 500 台电扇批发给零售商，在这个基础上零售商每次多进 100 台电扇，则批发价相应降低 2 元，批发商最大批发量为每次 1000 台，试将电扇批发价格 P 表示为批发量的函数，并求零售商每次进 800 台电扇时的批发价格．

解 由题意可看出，所求函数的定义域为$[500,1000]$．已知每次多进 100 台，价格减少 2 元，设每次进电扇 x 台，则每次批发价减少$\frac{2}{100}(x-500)$元/台，即所求函数为

$$P=160-\frac{2}{100}(x-500)=160-\frac{2x-1000}{100}=170-\frac{x}{50}$$

当 $x=800$ 时，

$$P=170-\frac{800}{50}=154(\text{元/台})$$

即每次进 800 台电扇时的批发价格为 154 元/台．

例 3 我国于 1993 年 10 月 31 日发布的《中华人民共和国个人所得税法》规定月收入超过 800 元(即个人所得税的起征点)的部分为应纳税所得额．随着人民生活水平的提高，从 2007 年 1 月 1 日起，个人所得所的起征点由 800 元调为 1600 元；从 2008 年 3 月 1 日起，个人所

得所的起征点由 1600 元改为 2000 元；自 2011 年 1 月 1 日起，个人所得的起征点由 2000 元上调至 3500 元；从 2019 年 1 月 1 日起，个人所得的起征点调至 5000 元(见表 1－1 仅保留了原表中前 4 级的税率).

表 1－1

级数	全月应纳税所得额	税率(%)
1	不超过 3000 元的部分	3
2	超过 3000 元至 12000 元的部分	10
3	超过 12000 元至 25000 元的部分	20
4	超过 25000 元至 35000 元的部分	25

若某单位现有员工的月收入都不超过 38500 元，试建立该单位员工月收入与纳税金额间的函数关系．若某人月收入为 8650 元，问其每月应缴所得税税额是多少？

解　设某人月收入为 x 元，应缴纳所得税为 y 元．

当 $0\leqslant x\leqslant 5000$ 时，$y=0$；

当 $5000<x\leqslant 8000$ 时，$y=(x-5000)\times 3\%$；

当 $8000<x\leqslant 17000$ 时，$y=(8000-5000)\times 3\%+(x-8000)\times 10\% =90+(x-8000)\times 10\%$；

依次类推，得函数关系为

$$y=\begin{cases}0, & 0\leqslant x\leqslant 5000\\ 0.03\times(x-5000), & 5000<x\leqslant 8000\\ 0.1\times(x-8000)+90, & 8000<x\leqslant 17000\\ 0.2\times(x-17000)+990, & 17000<x\leqslant 30000\\ 0.25\times(x-30000)+3590, & 30000<x\leqslant 40000\end{cases}.$$

若某人月收入为 8650 元，则应使用公式 $y=0.1\times(x-8000)+90$ 求值，所缴税为 $y|_{x=8650}=0.1\times 650+90=155$(元).

1.3.2　经济学中常用函数

在经济分析和经济研究中常用下面几种函数．

1. 需求函数

在经济学中，需求量是指在一定价格水平下，消费者愿意购买，且有支付能力的购买量．商品的需求量一般受该商品的价格、购买者的收入及其他商品价格等因素的影响．如果我们简单地把该商品价格之外的因素都看作是不变的，那么就可以把该商品的价格 P 看作自变量，把该商品的需求量 Q 看作是价格 P 的函数，记作

$$Q=f(P)$$

称为**需求函数**．同时，$Q=f(P)$的反函数 $P=f^{-1}(Q)$也称为需求函数．需求函数一般是价格的减函数，即随着价格上升，需求量下降．

根据统计数据，常用下面这些简单的初等函数来近似表示需求函数：

线性函数 $Q=-aP+b$，其中 $a,b>0$；

幂函数 $Q=kP^{-a}$，其中 $k>0,a>0$；

指数函数 $Q=ae^{-bP}$，其中，$a,b>0$.

例 1 设某商品需求函数为

$$Q=-aP+b,\quad 其中\ a,b>0$$

讨论 $P=0$ 时的需求量和 $Q=0$ 时的价格．

解 当 $P=0$ 时，$Q=b$，它表示当价格为零时，消费者对商品的需求量为 b，b 也就是市场对该商品的饱和需求量．当 $Q=0$ 时，$P=\frac{b}{a}$，它表示价格上涨到$\frac{b}{a}$时，没有人愿意购买该产品．

2. 供给函数

在经济学中，供给是指生产者在各种可能的价格水平上，对某种商品愿意并能够出售的数量．供给一般与商品的价格、生产中的投入成本、技术状况、卖者对其他商品和劳务价格的预测等因素有关．供给函数是讨论在其他因素不变的条件下商品的价格与相应的供给量的关系．即把供应商品的价格 P 作为自变量，而把相应的供给量 Q 作为因变量．供给函数一般表示为

$$Q=g(P).$$

供给函数一般是价格的增函数，即随着价格的上升，供给量增加．

根据统计数据，常用下面这些简单的初等函数来近似表示供给函数：

线性函数 $Q=aP+b$，其中 $a>0$；

幂函数 $Q=kP^{a}$，其中 $k,a>0$；

指数函数 $Q=ae^{bP}$，其中 $a,b>0$.

例 2 设某工厂生产一种产品，经市场统计预测，得该产品的需求函数为

$$Q=f(P)$$

供给函数为

$$Q=g(P)$$

在同一个坐标系中作出需求曲线 D 和供给曲线 S(见图 1－26)，曲线 D 和曲线 S 的交点(P_0,Q_0)就是供需平衡点，P_0 称之为**均衡价格**．

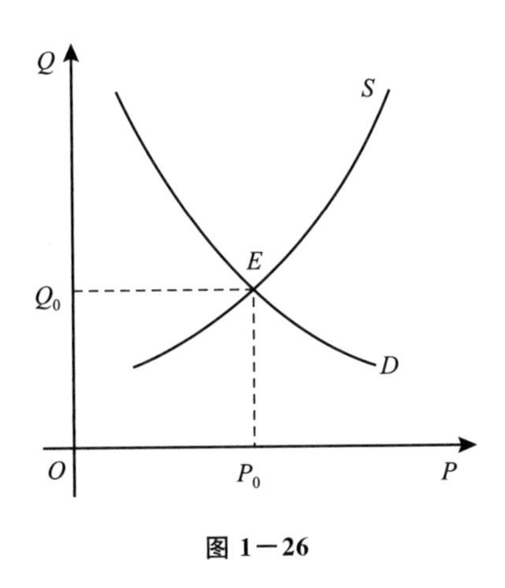

图 1－26

3. 总收益函数

总收益是指生产者出售一定数量的产品所得到的全部收入．收益与产品的价格及销售数量有关．当产品的单位售价为 P，售量为 Q 时，总收益函数为

$$R=PQ$$

为处理方便，常常假定产销平衡，其含义是供应量、需求量、销量是统一的．这时，若已知该商品的需求函数 $Q=f(P)$，则总收益函数可以表示为

$$R(Q)=QP=Qf^{-1}(Q)$$

也可表示为

$$R(P)=QP=Pf(P).$$

4. 总成本函数

总成本是指生产一定数量的产品所耗费的经济资源或费用的总和．根据成本与产量的关系，一般总成本可分为固定成本与可变成本两部分．固定成本是指与产量无关的成本，如设备维修费、场地租赁费等，用 C_0 表示．可变成本随产量的变化而变化，如原材料费、动力费等，记作 $C_1(Q)$（Q 为产量）．从而，总成本 $C(Q)$ 为

$$C(Q)=C_0+C_1(Q).$$

5. 总利润函数

总利润是指销售一定量产品所获得的全部利润．总利润等于总收益减去总成本，所以总利润函数可表示为

$$L(Q)=R(Q)-C(Q).$$

例 3　已知某产品价格为 P，需求函数为 $Q=50-5P$，成本函数为 $C=50+2Q$，求产量 Q 为多少时利润 L 最大？最大利润是多少？

解 已知需求函数为

$$Q=50-5P$$

故 $P=10-\frac{Q}{5}$，于是收益函数

$$R=P\cdot Q=10Q-\frac{Q^2}{5}$$

这样，利润函数

$$L=R(Q)-C(Q)=8Q-\frac{Q^2}{5}-50$$

$$=-\frac{1}{5}(Q-20)^2+30$$

因此当 $Q=20$ 时取得最大利润，最大利润为 30.

由上面的讨论可见，由于实际问题的需求，我们不仅需要建立变量之间的函数关系，而且需要对这些函数的性质作进一步的研究．例如，求产品的最大利润等．在后面的几章中，我们将介绍解决这些问题的一些数学工具．

练习 1.3

1. 一汽车租赁公司出租某种汽车的收费标准为：每天的基本租金为 200 元，另外每千米收费为 15 元．

(1)试建立每天的租车费与行车路程 x 千米之间的函数关系；

(2)若某人某天付了 400 元租车费，问他开了多少千米？

2. 已知需求函数 $Q_d=\frac{100}{3}-\frac{2}{3}P$，供给函数为 $Q_s=-20+10P$，求相应的市场均衡价格 P_0.

3. 某种仪器每台售价为 500 元时，每月可销售 2000 台，每台售价降为 450 元时，每月可增销 400 台．试求该仪器的线性需求函数．

4. 设某商品的需求函数为 $Q=1000-5P$，试求该商品的收入函数 $R(Q)$，并求销量为 200 件时的总收入．

5. 某饭店现有高级客房 60 套，目前租金每天每套 200 元则基本客满，若提高租金，预计每套租金每提高 10 元均有一套房间会空出来，试问租金定为多少时，饭店房租收入最大？收入多少元？这时饭店将空出多少套高级客房？

6. 某厂生产某种产品 1000 吨，定价为 130 元/吨，当销售量在 700 吨以内时，按原定价出售，超过 700 吨的部分按原定价的九折出售，又生产该种产品 x 吨的费用为 $C(x)=5x+200$(元)，试将销售总利润表示成销售量的函数．

7. 某厂商每月生产固定成本为 40000 元，每生产一件产品成本为 8 元．假设每件产品的销售价格为 12 元，Q(件)表示月产量．试求：(1)总成本函数 $C(Q)$；(2)总收益函数 $R(Q)$；(3)总利润函数 $L(Q)$；(4)月生产 8000 件产品和 12000 件产品时的利润．

§1.4　数列的极限

极限是指函数的自变量按某种方式无限变化时，相应函数值变化的趋势．实际问题中的很多量，无论是为了理解它们还是为了计算它们，都必须考查函数的自变量按一定方式变化时，根据相应函数值变化的趋势来得到结果，这种解决问题的思路办法就是所谓的极限的思想方法①.

极限的思想方法早就已经有了．约263年，我国数学家刘徽②利用圆内接正多边形的面积来推算圆面积的方法——割圆术，就是极限思想方法的应用．极限的思想和分析方法广泛地应用于自然科学、工程技术及经济社会研究的各个领域，在解决实际问题中逐渐形成的这种极限方法，已成为微积分的基本方法，微积分的许多概念都是建立在极限的基础上．因此正确理解极限的概念，掌握并灵活运用极限运算是学好微积分的基础．

本节研究一种特殊的函数——数列$\{x_n\}$，当下标n(自变量)按从小到大依次无限增大取值时，x_n(函数值)的变化趋势，即数列$\{x_n\}$的极限.

1.4.1　数列极限的定义

极限的思想方法

1. 数列

一个定义域为全体正整数集合N^+的函数

$$x_n=f(n),n\in N^+$$

称为整标函数，当自变量n按正整数1,2,3,…依次增大的顺序取值时，函数值按相应顺序排成一个序列

$$x_1,x_2,\cdots,x_n,\cdots$$

称为一个**无穷数列**(sequence)，简称为数列，记作$\{x_n\}$，或简记为x_n.

刘徽与《九章算术注》

数列$\{x_n\}$中的每一个数称为数列的**项**，第n个数x_n称为**第*n*项**，

① 在自然界中有很多量，无论是对它们的理解还是计算，都必须通过分析一个无限变化过程的变化趋势才能实现，这正是极限概念和极限方法产生的客观基础．极限的思想方法早就已经有了，例如，2500年前的古希腊人在计算一些不规则图形的面积时，实际上就采用了极限的方法．我国古代《庄子》一书的“天下篇”中就有“一尺之棰，日取其半，万世不竭”的话，《九章算术注》中也多次使用了极限的方法．

② 刘徽，我国魏晋时期的杰出数学家，中国古典数学理论的奠基者之一．

也叫**一般项**或**通项**．例如，下面的(1)～(5)都是数列的例子：

(1) $\left\{\frac{1}{n}\right\}$：$1,\frac{1}{2},\frac{1}{3},\cdots,\frac{1}{n},\cdots$

(2) $\left\{(-1)^n\frac{1}{n}\right\}$：$-1,\frac{1}{2},-\frac{1}{3},\cdots,(-1)^n\frac{1}{n},\cdots$

(3) $\left\{-\frac{1}{n}\right\}$：$-1,-\frac{1}{2},-\frac{1}{3},\cdots,-\frac{1}{n},\cdots$

(4) $\left\{\frac{1+(-1)^n}{2}\right\}$：$0,1,0,1,\cdots$

(5) $\{2n\}$：$2,4,6,\cdots,2n,\cdots$

对于数列$\{x_n\}$，若满足

$$x_1\leqslant x_2\leqslant\cdots\leqslant x_n\leqslant\cdots$$

则称数列$\{x_n\}$为**单调增加**数列；若满足

$$x_1\geqslant x_2\geqslant\cdots\geqslant x_n\geqslant\cdots$$

则称数列$\{x_n\}$为**单调减少**数列．例如，数列$\{2n\}$为单调增加数列，数列$\left\{\frac{1}{n}\right\}$为单调减少数列．单调增加数列与单调减少数列统称为**单调数列**(monotone sequence)．

对于数列$\{x_n\}$，若存在正数M，使对于一切n均有$|x_n|\leqslant M$成立，则称数列$\{x_n\}$为**有界**数列．否则，称数列$\{x_n\}$**无界**．若存在常数M，使得$x_n\leqslant M$(或$x_n\geqslant M$)，$n=1,2,\cdots$，则称数列$\{x_n\}$有上界(或有下界)．例如，数列$\left\{\frac{1}{n}\right\}$，$\left\{\frac{(-1)^n}{n}\right\}$，$\left\{\frac{1+(-1)^n}{2}\right\}$等都是有界数列，而数列$\{2n\}$为无界数列，但有下界．

2. 数列极限

关于数列$\{x_n\}$，我们研究的问题是当n无限增大时，x_n的变化趋势是怎样的？特别地，x_n是否无限地接近某个定数？

考察上面的数列(1)、(2)、(3)，它们的通项各不相同，其变化状态彼此各异，但这三个数列有一个共同的变化趋势，即随着项数n无限增大，数列的项x_n都无限地趋近于0．我们称数0是它们的极限．

一般地，设数列$\{x_n\}$，若当项数n无限增大时，数列的项x_n无限地趋近于一个常数a，则称数列$\{x_n\}$以a为极限，或者说a是数列$\{x_n\}$的极限．

上述数列极限的定义，是一个直观描述性定义．为寻求数列极限的精确定义，我们对"当项数n无限增大时，数列的项x_n无限地接近于a"作进一步分析．

以数列$\left\{1+(-1)^n\frac{1}{n}\right\}$为例，我们以横轴表示项数$n$，纵轴表示数列的项，把数列的前几项表示出来(见图1－27)．

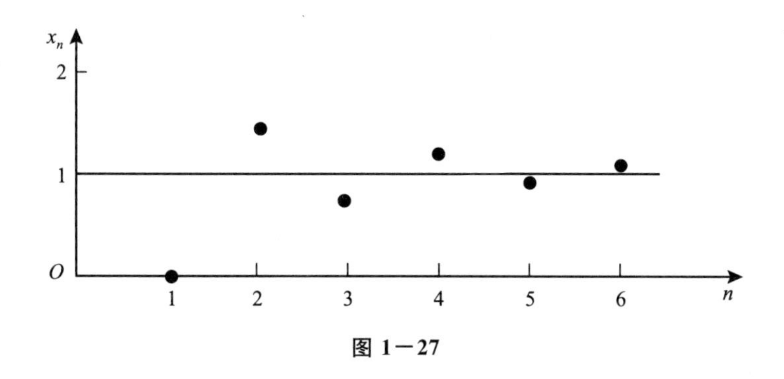

图 1－27

由图 1－27 可以看出，当 n 无限地增大时，$x_n=1+\frac{(-1)^n}{n}$ 无限地接近于 1. 即只要 n 充分大时，$|x_n-1|$ 可以充分小，也就说，对于预先任意给定的正数，在 n 无限增大的变化过程中，当 n 增大到一定程度时，就能使得这个程度以后所有数列的项 x_n 满足 $|x_n-1|$ 小于预先给定的任意正数．例如，对于预先给定的正数$\frac{1}{10}$，只要 $n>10$，即从第 11 项起以后的一切项 x_n 均满足 $|x_n-1|<\frac{1}{10}$. 这就是说，对$\frac{1}{10}$，存在正整数 10，当 $n>10$ 时，恒有 $|x_n-1|<\frac{1}{10}$成立．再如，对于$\frac{1}{100}$，只要 $n>100$，即从第 101 项起以后的一切项 x_n 均满足 $|x_n-1|<\frac{1}{100}$. 这就是说，对$\frac{1}{100}$，存在正整数 100，当 $n>100$ 时，恒有 $|x_n-1|<\frac{1}{100}$成立．类似地，对于$\frac{1}{10^5}$，存在正整数 10^5，当 $n>10^5$ 时，恒有 $|x_n-1|<\frac{1}{10^5}$成立．

从上面的分析我们可以得出，数列$\left\{1+\frac{(-1)^n}{n}\right\}$"当 n 无限增大时，数列的项 $x_n=1+\frac{(-1)^n}{n}$无限地接近于 1"的精确表达是"对于给定的任意正数 ε，总存在正整数 N，使得当 $n>N$ 时，恒有 $|x_n-1|<\varepsilon$ 成立".

一般地，有如下数列极限的分析定义．

定义 1.4.1 设数列 $\{x_n\}$，若存在常数 a，对于任意给定的正数 ε，总存在正整数 N，使得当 $n>N$ 时，恒有

$$|x_n-a|<\varepsilon \tag{1}$$

成立，则称**数列 $\{x_n\}$ 以 a 为极限**(limit)，或者称**数列 $\{x_n\}$ 收敛于 a**，记作

$$\lim_{n\to\infty}x_n=a \quad 或 \quad x_n\to a(n\to\infty) \tag{2}$$

如果不存在这样的常数 a，就说数列 $\{x_n\}$ 没有极限．或者说数列

$\{x_n\}$是发散的，习惯上也说$\lim\limits_{n\to\infty}x_n$ 不存在．例如，数列$\left\{1+\dfrac{(-1)^n}{n}\right\}$收敛于 1，而数列$\left\{\dfrac{1+(-1)^n}{2}\right\}$，$\{2n\}$都是发散的．

下面从几何上解释一下极限的定义．不等式(1)相当于

$$a-\varepsilon<x_n<a+\varepsilon \tag{3}$$

它表示 x_n 落在以 a 为中心以 ε 为半径的邻域内，于是数列$\{x_n\}$以 a 为极限的几何意义是：给定点 a 的一个不论多么小的邻域$(a-\varepsilon,a+\varepsilon)$，必存在一个充分大的正整数 N，数列$\{x_n\}$第 N 项以后的各项全部落在此邻域内，如图 1－28 所示．

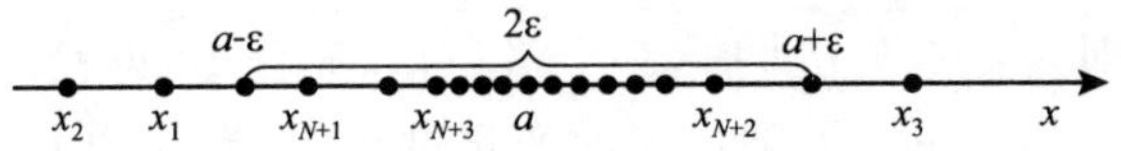

图 1－28

数列极限的定义并未直接提供如何去求数列的极限，但利用它可以证明一个数列是否以某数为极限．

例 1　证明数列$\left\{\dfrac{n}{n+1}\right\}$的极限是 1.

证　对任意的 $\varepsilon>0$，要使

$$\left|\frac{n}{n+1}-1\right|=\frac{1}{n+1}<\varepsilon$$

只要 $n>\dfrac{1}{\varepsilon}-1$ 即可．因此，取 $N=\left[\left|\dfrac{1}{\varepsilon}-1\right|\right]+1$，则当 $n>N$ 时，$\left|\dfrac{n}{n+1}-1\right|<\varepsilon$ 恒成立，所以

$$\lim_{n\to\infty}\frac{n}{n+1}=1.$$

例 2　设$|q|<1$，证明$\lim\limits_{n\to\infty}q^n=0$.

证　当 $q=0$ 时，上式显然成立．

当 $q\neq0$ 时，对任意的 $\varepsilon>0$(设 $\varepsilon<1$)，要使

$$|q^n-0|=|q|^n<\varepsilon$$

只要 $n>\dfrac{\lg\varepsilon}{\lg|q|}$ 即可．于是，对上述的 $\varepsilon>0$，取 $N=\left[\dfrac{\lg\varepsilon}{\lg|q|}\right]+1$，则当 $n>N$ 时，

$$|q^n-0|<\varepsilon$$

恒成立，所以

$$\lim_{n\to\infty}q^n=0\quad(|q|<1).$$

例 3　设 $\alpha>0$，证明$\lim\limits_{n\to\infty}\dfrac{1}{n^\alpha}=0$.

证　对任意 $\varepsilon>0$,要使

$$\left|\frac{1}{n^{\alpha}}-0\right|=\frac{1}{n^{\alpha}}<\varepsilon$$

只要 $n>\left(\frac{1}{\varepsilon}\right)^{\frac{1}{\alpha}}$ 即可．于是,对上述 ε,取 $N=\left[\left(\frac{1}{\varepsilon}\right)^{\frac{1}{\alpha}}\right]+1$,则当 $n>N$ 时,恒有 $\left|\frac{1}{n^{\alpha}}-0\right|<\varepsilon$ 成立,所以

$$\lim_{n\to\infty}\frac{1}{n^{\alpha}}=0 \quad (\alpha>0).$$

1.4.2　收敛数列的性质

下面四个定理都是有关收敛数列的性质．

定理 1.4.1　若数列 $\{x_n\}$ 收敛,则它的极限唯一．

证　用反证法．假设 $\lim\limits_{n\to\infty}x_n=a$,$\lim\limits_{n\to\infty}x_n=b$,且 $a\neq b$. 不妨设 $a<b$,令 $\varepsilon=\frac{b-a}{2}$,因 $\lim\limits_{n\to\infty}x_n=a$,故存在正整数 N_1,使当 $n>N_1$ 时,有

$$|x_n-a|<\frac{b-a}{2} \tag{1}$$

成立．同理,因 $\lim\limits_{n\to\infty}x_n=b$,故存在正整数 N_2,使当 $n>N_2$ 时,有

$$|x_n-b|<\frac{b-a}{2} \tag{2}$$

成立．令 $N=\max\{N_1,N_2\}$,则当 $n>N$ 时,有式(1)、式(2)都成立．但由式(1)有 $x_n<\frac{a+b}{2}$,由式(2)有 $x_n>\frac{a+b}{2}$,这是不可能的．所以 $a=b$.

定理 1.4.2　若数列 $\{x_n\}$ 收敛,则数列 $\{x_n\}$ 为有界数列．

证　设 $\lim\limits_{n\to\infty}x_n=a$,根据数列极限的定义,对于 $\varepsilon=1$,必存在正整数 N,使当 $n>N$ 时,有

$$|x_n-a|<1$$

成立．于是,当 $n>N$ 时,

$$|x_n|=|x_n-a+a|\leqslant|x_n-a|+|a|<|a|+1.$$

令 $M=\max\{|x_1|,|x_2|,\cdots,|x_N|,|a|+1\}$,则对一切 n,有

$$|x_n|\leqslant M$$

成立．这就证明了数列 $\{x_n\}$ 有界．

注　数列有界是数列收敛的必要条件,但不是充分条件,我们将在§1.8 中给出数列收敛的一个充分条件．

定理 1.4.3　若 $\lim\limits_{n\to\infty}x_n=a$,且 $a>0$(或 $a<0$),则存在正整数 N,使当 $n>N$ 时,有 $x_n>0$(或 $x_n<0$).

证 仅就 $a>0$ 的情形证明．由数列极限定义，对 $\varepsilon=\frac{a}{2}>0$，存在正整数 N，当 $n>N$ 时，有

$$|x_n-a|<\frac{a}{2}$$

从而

$$x_n>a-\frac{a}{2}=\frac{a}{2}>0.$$

定理证毕．

由定理 1.4.3 易知，若数列 $\{x_n\}$ 从某项起有 $x_n\geqslant 0$（或 $x_n\leqslant 0$），且 $\lim\limits_{n\to\infty}x_n=a$，则 $a\geqslant 0$（或 $a\leqslant 0$）.

本段最后，介绍子数列概念以及关于收敛的数列与其子数列间关系的一个定理．

设 $\{x_n\}$ 是一个数列，从 $\{x_n\}$ 中任意抽出无穷多项并保持这些项在数列 $\{x_n\}$ 中的先后次序，这样得到的一个数列称为数列 $\{x_n\}$ 的**子数列**．$\{x_n\}$ 的子数列常记为 $\{x_{k_n}\}$．注意子数列的项是从原数列中抽出的，可能会丢弃某些项不选，所以子数列的第 n 项 x_{k_n} 只能从原数列的第 n 或者以后的各项中选取，也就是说 $k_n\geqslant n$.

定理 1.4.4 若数列 $\{x_n\}$ 收敛于 a，则 $\{x_n\}$ 的任何子数列 $\{x_{k_n}\}$ 都收敛于 a.

证 因为 $\lim\limits_{n\to\infty}x_n=a$，所以，对任意的 $\varepsilon>0$，必存在正整数 N，当 $n>N$ 时，

$$|x_n-a|<\varepsilon$$

注意到，当 $n>N$ 时，$k_n>k_N\geqslant N$，所以

$$|x_{k_n}-a|<\varepsilon$$

即

$$\lim_{n\to\infty}x_{k_n}=a.$$

以后经常用定理 1.4.4 来断定一个数列不收敛．如果一个数列 $\{x_n\}$ 中有一个子数列不收敛，或者有两个子数列虽收敛但极限不相等，则该数列发散．例如，数列 $\left\{\frac{1+(-1)^n}{2}\right\}$，取 $k_n=2n-1$ 与 $k_n=2n$（$n=1,2,\cdots$），便可得到两个子数列：

$$0,0,0,\cdots,0,\cdots$$

$$1,1,1,\cdots,1,\cdots$$

两个子数列分别收敛于 0 和 1，所以数列 $\left\{\frac{1+(-1)^n}{2}\right\}$ 发散．

在判断某些数列的敛散性时，常会用到下面的结论：

数列 $\{x_n\}$ 收敛的充分必要条件是由奇数项构成的子数列 $\{x_{2n-1}\}$ 与偶数项构成的子数列 $\{x_{2n}\}$ 均收敛，且极限相等．利用此结论易知

数列

$$0,\frac{1}{2},0,\frac{1}{4},0,\frac{1}{8},\cdots$$

收敛,且极限为0.

练习 1.4

习题选讲

1. 指出下列数列是否是单调增加的以及是否有上界.

(1) $x_n=\frac{3n+1}{n+1}$　　(2) $x_n=\frac{(2n+3)!}{(n+1)!}$

(3) $x_n=\frac{2^n3^n}{n!}$　　(4) $x_n=2-\frac{2}{n}-\frac{1}{2^n}$

2. 观察下列数列的变化趋势,判别数列的敛散性. 如收敛,写出它们的极限.

(1) $x_n=\frac{1}{a^n}(a>1)$　　(2) $x_n=(-1)^{n-1}\frac{1}{n}$

(3) $x_n=(-1)^n-\frac{1}{n}$　　(4) $x_n=\sin\frac{n\pi}{2}$

(5) $x_n=\frac{n-1}{n+1}$　　(6) $x_n=2(-1)^n$

(7) $x_n=\cos\frac{1}{n}$　　(8) $x_n=\ln\frac{1}{n}$

(9) $x_n=\frac{n}{2^n}$　　(10) $x_n=\sqrt[n]{n}$

3. 判断下列数列是否收敛.

(1) $1,\frac{3}{2},\frac{1}{3},\frac{5}{4},\frac{1}{5},\frac{7}{6},\cdots$　　(2) $0,\frac{1}{2},0,\frac{1}{4},0,\frac{1}{6},0,\frac{1}{8},\cdots$

4. 用数列极限定义证明下列极限.

(1) $\lim\limits_{n\to\infty}\frac{2n+3}{n+1}=2$　　(2) $\lim\limits_{n\to\infty}\frac{1}{\sqrt{n}}=0$

5. 设数列$\{x_n\}$的一般项 $x_n=\frac{1}{n}\cos\frac{n\pi}{2}$. 试求$\lim\limits_{n\to\infty}x_n$. 对于$\varepsilon=0.001$,求出$N$,使当$n>N$时,$x_n$与其极限之差的绝对值小于$\varepsilon$.

§1.5 函数的极限

1.5.1 函数极限定义

由上节知,数列$\{x_n\}$以a为极限就是整标函数$x_n=f(n)$,$n\in N$,当自变量n取正整数且无限增大时,对应的函数值$f(n)$无限地接近于常数a. 本节我们撇开数列极限概念中的函数$f(n)$,$n\in N$及自变量变

化过程 $n\to\infty$ 的特殊性，研究一般函数在自变量的几种不同的变化过程中，对应函数值的变化趋势．

1. 自变量趋于正无穷大

设函数 $f(x)$，现在考虑自变量 x 的变化过程是取正值且无限增大（记作 $x\to+\infty$）．如果当 $x\to+\infty$ 时，对应的函数值 $f(x)$ 无限地接近于一确定常数 a，则称 a 是函数 $f(x)$ 在 $x\to+\infty$ 时的极限．这是一个直观描述定义，类似于数列极限的分析定义，当 $x\to+\infty$ 时函数 $f(x)$ 极限的分析定义如下．

定义 1.5.1 设函数 $y=f(x)$，如果存在常数 a，对于任意给定的正数 ε，总存在正数 X，使当 $x>X$ 时，有

$$|f(x)-a|<\varepsilon$$

成立，则称常数 a 为**函数 $f(x)$ 当 $x\to+\infty$ 时的极限**，记作

$$\lim_{x\to+\infty} f(x)=a \text{ 或 } f(x)\to a \quad (x\to+\infty)$$

如果这样的常数 a 不存在，则称当 $x\to+\infty$ 时，$f(x)$ 的极限不存在．

从几何上来说，$\lim\limits_{x\to+\infty} f(x)=a$ 的意义是，对于任意给定的 $\varepsilon>0$，总存在正数 X，当 $x\in(X,+\infty)$ 时，函数 $y=f(x)$ 图形就位于直线 $y=a-\varepsilon$ 与 $y=a+\varepsilon$ 之间，如图 1－29 所示．

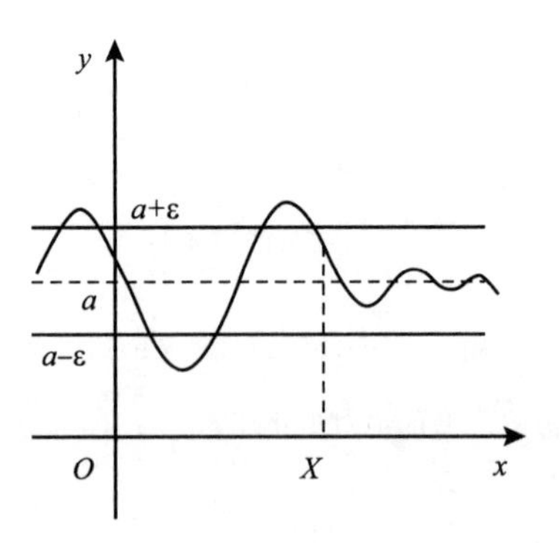

图 1－29

例 1 证明 $\lim\limits_{x\to+\infty}\left(\dfrac{1}{2}\right)^x=0$.

证 对于任意给定的 $\varepsilon>0$（设 $\varepsilon<1$），要使

$$|f(x)-0|=\left|\left(\frac{1}{2}\right)^x-0\right|=\left(\frac{1}{2}\right)^x<\varepsilon$$

只要 $2^x>\dfrac{1}{\varepsilon}$，即 $x>\dfrac{\lg\dfrac{1}{\varepsilon}}{\lg 2}$ 就可以了．因此，对上述 ε，取 $X=\dfrac{\lg\dfrac{1}{\varepsilon}}{\lg 2}$，则当 $x>X$ 时，有

$$|f(x)-0|=\left|\left(\frac{1}{2}\right)^{x}-0\right|<\varepsilon$$

成立．所以

$$\lim_{x\to+\infty}\left(\frac{1}{2}\right)^{x}=0.$$

2. 自变量趋于负无穷大

对于函数 $f(x)$，若自变量 x 取负值且绝对值无限增大(记作 $x\to-\infty$)，相应函数值 $f(x)$ 无限地接近于一个常数 a，则称 a 是函数 $f(x)$ 在 $x\to-\infty$ 时的极限，记作 $\lim\limits_{x\to-\infty}f(x)=a$ 或 $f(x)\to a(x\to-\infty)$. 类似地，只需将定义1.5.1中“$x>X$”改为“$x<-X$”即可得 $\lim\limits_{x\to-\infty}f(x)=a$ 的分析定义．

3. 自变量趋于无穷大

设函数 $f(x)$ 在 $(-\infty,-M)\cup(M,+\infty)$ 内有定义，其中 $M>0$. 如果 $\lim\limits_{x\to+\infty}f(x)=a$ 且 $\lim\limits_{x\to-\infty}f(x)=a$，则称 a 是函数 $f(x)$ 当 x 趋于无穷大(记作 $x\to\infty$)时的极限，记作 $\lim\limits_{x\to\infty}f(x)=a$ 或 $f(x)\to a(x\to\infty)$. 显然，只要将定义 1.5.1 中的“$x>X$”改为“$|x|>X$”就可得 $\lim\limits_{x\to\infty}f(x)=a$ 的分析定义．

以上所述表明，$\lim\limits_{x\to\infty}f(x)=a$ 的充分必要条件是 $\lim\limits_{x\to+\infty}f(x)=a$，且 $\lim\limits_{x\to-\infty}f(x)=a$.

例 2 证明 $\lim\limits_{x\to-\infty}\arctan x=-\frac{\pi}{2}$.

证 对任意给定的 $\varepsilon>0$，要使

$$\left|\arctan x-\left(-\frac{\pi}{2}\right)\right|<\varepsilon$$

即

$$\frac{\pi}{2}+\arctan x<\varepsilon$$

只要 $\arctan x<\varepsilon-\frac{\pi}{2}$，也就是 $x<\tan\left(\varepsilon-\frac{\pi}{2}\right)$ 即可．因此，对上述 ε，取 $X=\left|\tan\left(\varepsilon-\frac{\pi}{2}\right)\right|$，则当 $x<-X$ 时，有

$$\left|\arctan x-\left(-\frac{\pi}{2}\right)\right|<\varepsilon$$

成立，所以

$$\lim_{x\to-\infty}\arctan x=-\frac{\pi}{2}.$$

类似地，可证 $\lim\limits_{x\to+\infty}\arctan x=\frac{\pi}{2}$，从而可得 $\lim\limits_{x\to\infty}\arctan x$ 不存在．

例 3 证明 $\lim\limits_{x\to\infty}\frac{1}{x}=0$.

证 对任意给定的 $\varepsilon>0$，要使

$$\left|\frac{1}{x}-0\right|<\varepsilon$$

只要 $|x|>\frac{1}{\varepsilon}$ 即可．因此，对上述 ε，取 $X=\frac{1}{\varepsilon}$，则当 $|x|>X$ 时，有

$$\left|\frac{1}{x}-0\right|<\varepsilon$$

成立，所以 $\lim\limits_{x\to\infty}\frac{1}{x}=0$.

4. 自变量趋于有限值

现在讨论自变量 x 的变化过程是 x 无限地接近于某一确定的数 x_0（记作 $x\to x_0$）. 如果当 $x\to x_0$ 时，相应的函数值 $f(x)$ 无限地接近于 a，就说 a 是函数 $f(x)$ 在 $x\to x_0$ 时的极限，记作 $\lim\limits_{x\to x_0}f(x)=a$，这时也称函数 $f(x)$ 在 $x=x_0$ 点有极限．

这里，“当 $x\to x_0$ 时，$f(x)$ 无限地接近于 a”可表达为：对于预先给定任意正数 ε，当 x 与 x_0 充分靠近，即当 $|x-x_0|$ 充分小时，$f(x)$ 与 a 可以接近到任何预先要求的程度，即 $|f(x)-a|$ 可以小于预先给定的正数，也就是说，对于任意的 $\varepsilon>0$，存在 $\delta>0$，当 $0<|x-x_0|<\delta$ 时，有 $|f(x)-a|<\varepsilon$ 成立．

例如，函数 $f(x)=\frac{x^2-1}{x-1}$，其图形如图 1－30 所示．不难看出，当 $x\to1$ 时，相应函数值 $f(x)$ 无限地接近于 2，即 $\lim\limits_{x\to1}f(x)=2$. 这时，对于任意给定的 $\varepsilon>0$，当 x 进入 $(1-\varepsilon,1)\cup(1,1+\varepsilon)$，即取 $\delta=\varepsilon$，当 $0<|x-1|<\delta$ 时，就有 $|f(x)-2|<\varepsilon$（见图 1－30).

极限定义的产生与发展

由上面的说明，我们可得出函数 $f(x)$ 在 $x\to x_0$ 时的极限定义如下．

定义 1.5.2[①] 设函数 $f(x)$ 在点 x_0 的某去心邻域内有定义，如果存在常数 a，对于任意给定的 $\varepsilon>0$，总存在 $\delta>0$，使当 $0<|x-x_0|<\delta$ 时，有

① 尽管古代数学家已经有了极限的初步思想，但一直到 17 世纪下半叶极限的概念才被牛顿(I. Newten，1642—1727）明确提出来，而极限的精确定义则是由法国数学家柯西(A. L. Cauchy，1789—1857)和德国数学家魏尔斯特拉斯(K. Weierstrass，1815—1897）等首先给出的．柯西关于极限的定义是这样的：“如果一个变量相继所取的值趋近于一个确定值，以至于两者之间的差可以达到人们希望达到的任何小的程度，那么这个确定值就称为变量所取值的极限”，魏尔斯特拉斯在柯西等工作的基础上把极限定义表述成我们现在采用的极限定义的样子．

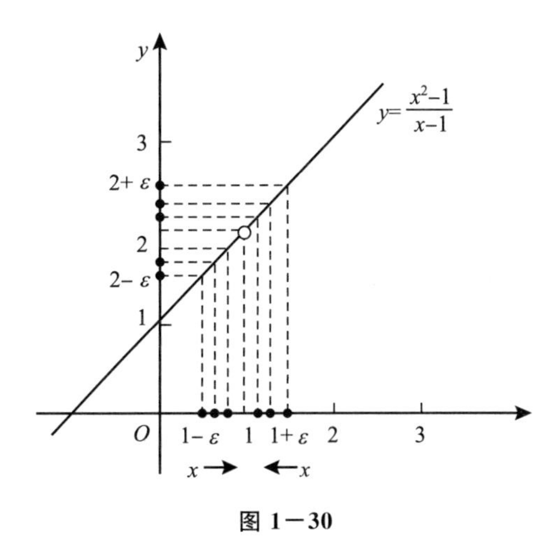

图 1－30

$$|f(x)-a|<\varepsilon$$

恒成立，则称 a 是**函数 $f(x)$ 当 $x\to x_0$ 时的极限**．这时也称 a 为函数 $f(x)$ 在 $x=x_0$ 点的极限．记作

$$\lim_{x\to x_0}f(x)=a \text{ 或 } f(x)\to a(x\to x_0)$$

如果这样的常数 a 不存在，就称当 $x\to x_0$ 时 $f(x)$ 的极限不存在．

需要说明的是，我们在定义中限定 $|x-x_0|>0$，即 $x\neq x_0$，这是由于我们考察的是 $f(x)$ 当 x 无限地接近 x_0 时的变化趋势，这种变化趋势与 $f(x)$ 在点 x_0 处是否有定义、取什么值都没有关系．

$\lim\limits_{x\to x_0}f(x)=a$ 的几何意义是：对于任给的 $\varepsilon>0$，作两直线 $y=a-\varepsilon$ 与 $y=a+\varepsilon$，总存在正数 δ，使得在区间 $(x_0-\delta,x_0)$ 与 $(x_0,x_0+\delta)$ 内，函数 $f(x)$ 的图形全部落在这两条直线之间，如图 1－31 所示．

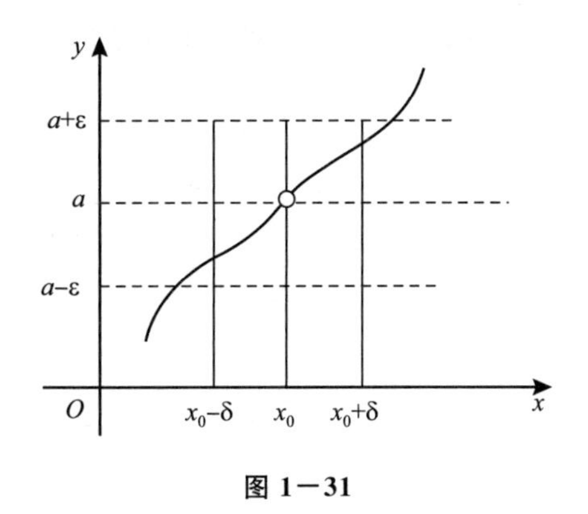

图 1－31

例 4　证明 $\lim\limits_{x\to 1}(2x+1)=3$.

证　对任给的 $\varepsilon>0$，要使

$$|(2x+1)-3|<\varepsilon$$

只要$|x-1|<\frac{\varepsilon}{2}$即可．所以，取$\delta=\frac{\varepsilon}{2}$，则当$0<|x-1|<\delta$时，有

$$|(2x+1)-3|<\varepsilon$$

恒成立．所以，$\lim\limits_{x\to 1}(2x+1)=3$.

例 5 证明$\lim\limits_{x\to x_0}x=x_0$.

证 对任给的$\varepsilon>0$，要使$|x-x_0|<\varepsilon$，只要取$\delta=\varepsilon$即可．

类似地，可以证明$\lim\limits_{x\to x_0}c=c$（$c$为常数）.

例 6 证明$\lim\limits_{x\to x_0}\cos x=\cos x_0$.

证 对于任给的$\varepsilon>0$，由于

$$\begin{aligned}|\cos x-\cos x_0|&=2\left|\sin\frac{x_0+x}{2}\sin\frac{x-x_0}{2}\right|\\&=2\left|\sin\frac{x+x_0}{2}\right|\left|\sin\frac{x-x_0}{2}\right|\\&\leqslant 2\,\frac{|x-x_0|}{2}=|x-x_0|\end{aligned}$$

取$\delta=\varepsilon$，则对上述$\varepsilon>0$，存在$\delta=\varepsilon$，当$0<|x-x_0|<\delta$时，有$|\cos x-\cos x_0|<\varepsilon$成立，所以$\lim\limits_{x\to x_0}\cos x=\cos x_0$.

因此，要使$|\cos x-\cos x_0|<\varepsilon$，只要$|x-x_0|<\varepsilon$即可．

上述$x\to x_0$时$f(x)$的极限概念中，x是既从x_0的左侧也从x_0的右侧趋于x_0的．但有时我们只能或只需考虑x从某一侧趋近于x_0时，$f(x)$的变化趋势．例如，对函数$y=\sqrt{x}$，如果要考察x趋近于0时函数的变化趋势，只能考虑x从点0的右侧趋近于0的情形．

定义 1.5.3 如果当x从x_0的左侧（$x<x_0$）趋近x_0（记作$x\to x_0^-$）时，$f(x)$无限趋近于某一确定常数a，即对于任给的$\varepsilon>0$，总存在$\delta>0$，使当$0<x_0-x<\delta$时，

$$|f(x)-a|<\varepsilon$$

恒成立，则称a为$f(x)$当$x\to x_0$时的**左极限**（left limit），也称a为函数$f(x)$在x_0点的左极限．记作

$$\lim_{x\to x_0^-}f(x)=a\text{ 或 }f(x_0-0)=a.$$

如果当x从x_0的右侧（$x>x_0$）趋近于x_0时，$f(x)$无限趋近于某一确定常数a，即对于任给的$\varepsilon>0$，总存在$\delta>0$，使当$0<x-x_0<\delta$时，

$$|f(x)-a|<\varepsilon$$

恒成立，则称a为$f(x)$当$x\to x_0$时的**右极限**（right limit），也称a为函数$f(x)$在x_0点的右极限．记作

$$\lim_{x\to x_0^+}f(x)=a\text{ 或 }f(x_0+0)=a.$$

根据 $x \to x_0$ 函数 $f(x)$的极限定义以及在 x_0 点处左极限和右极限定义，容易得出下面定理．

定理 1.5.1 $\lim\limits_{x \to x_0} f(x)=a$ 的充分必要条件是 $\lim\limits_{x \to x_0^-} f(x)=\lim\limits_{x \to x_0^+} f(x)=a$．

例 7 设 $f(x)=\begin{cases} x, & x \leqslant 1 \\ 2x+1, & x>1 \end{cases}$，判定极限$\lim\limits_{x \to 1} f(x)$是否存在．

解 由例 4 与例 5 的结果知

$$\lim_{x \to 1^-} f(x)=\lim_{x \to 1^-} x=1,$$

$$\lim_{x \to 1^+} f(x)=\lim_{x \to 1^+}(2x+1)=3.$$

因为 $\lim\limits_{x \to 1^-} f(x) \neq \lim\limits_{x \to 1^+} f(x)$，所以$\lim\limits_{x \to 1} f(x)$不存在．

1.5.2 函数极限的性质

在 1.4.2 小节中我们所讨论的收敛数列的性质，即是关于函数 $x_n=f(n)$ 当 $n \to \infty$ 时的极限性质，对于一般函数极限也有类似相应的性质，它们都可以根据函数极限的定义，运用类似于证明收敛数列性质的方法加以证明．由于一般函数极限的定义按自变量的变化过程不同有各种形式，为了表达和论证函数极限（包括$\lim\limits_{n \to \infty} f(n)$，即数列极限）的共有性质和运算法则，今后如不需特别指出，将用 $\lim f(x)$泛指函数极限的任何一种形式，且在同一命题中，考虑的是自变量 x 的同一变化过程．需要证明时，只对一种情形加以证明，对其他情形将证明过程略加修改即可得出．下面仅以"$\lim\limits_{x \to x_0} f(x)$"这种形式为代表给出关于函数极限性质的一些定理，并就其中的几个给出证明．

定理 1.5.2（唯一性） 若$\lim\limits_{x \to x_0} f(x)$存在，则它的极限唯一．

证 设$\lim\limits_{x \to x_0} f(x)=a$，$\lim\limits_{x \to x_0} f(x)=b$．下证 $a=b$．由定义 1.5.2 知，对于任意给定的 $\varepsilon>0$，分别存在 $\delta_1>0$，$\delta_2>0$，使当 $0<|x-x_0|<\delta_1$ 时，有

$$|f(x)-a|<\varepsilon \tag{1}$$

成立．当 $0<|x-x_0|<\delta_2$ 时，有

$$|f(x)-b|<\varepsilon \tag{2}$$

成立．令 $\delta=\min\{\delta_1, \delta_2\}$，则当 $0<|x-x_0|<\delta$ 时，式(1)、式(2)均成立．于是有

$$\begin{aligned} |a-b| &= |(f(x)-a)-(f(x)-b)| \\ &\leqslant |f(x)-a|+|f(x)-b|<2\varepsilon \end{aligned} \tag{3}$$

由 ε 的任意性知，式(3)只有当$|a-b|=0$ 时，即 $a=b$ 才能成立．

定理 1.5.3(局部有界性) 若$\lim\limits_{x\to x_0}f(x)$存在,则在点 x_0 的某去心邻域内,函数 $f(x)$有界.

证 设$\lim\limits_{x\to x_0}f(x)=a$,则对于 $\varepsilon=1$,存在 $\delta>0$,当 $x\in\mathring{U}(x_0,\delta)$时,有

$$|f(x)-a|<1$$

从而

$$\begin{aligned}|f(x)|&=|(f(x)-a)+a|\\&\leqslant|f(x)-a|+|a|<1+|a|\end{aligned}$$

这就是说,在 $\mathring{U}(x_0,\delta)$内,$f(x)$有界.

定理 1.5.4(局部保号性) 若$\lim\limits_{x\to x_0}f(x)=a$,且 $a>0$(或 $a<0$),则在点 x_0 的某去心邻域内,有 $f(x)>0$(或 $f(x)<0$).

证 仅就 $a>0$ 的情形证明.

因$\lim\limits_{x\to x_0}f(x)=a>0$,所以,对于 $\varepsilon=\dfrac{a}{2}$,存在 $\delta>0$,当 $x\in\mathring{U}(x_0,\delta)$时,有

$$|f(x)-a|<\frac{a}{2}$$

于是 $f(x)>a-\dfrac{a}{2}=\dfrac{a}{2}>0$.

推论 若在 x_0 的某去心邻域内 $f(x)\geqslant0$(或 $f(x)\leqslant0$),且$\lim\limits_{x\to x_0}f(x)=a$,则 $a\geqslant0$(或 $a\leqslant0$).

本段最后,我们给出函数极限与数列极限关系的一个定理.

定理 1.5.5 $\lim\limits_{x\to x_0}f(x)=a$ 的充分必要条件是对任意的数列$\{x_n\}$,$\lim\limits_{n\to\infty}x_n=x_0$,$x_n\neq x_0$,都有$\lim\limits_{n\to\infty}f(x_n)=a$.

证明从略.此定理称海因[①]定理或归结原则.

这个定理的意义在于把函数极限归结为数列的极限问题来处理.于是我们可根据归结原则以及数列极限的有关定理来证明本段前面的定理.此定理也常用来说明某些函数极限不存在.

推论 若两个数列$\{x_n^{(1)}\}$与$\{x_n^{(2)}\}$,$\lim\limits_{n\to\infty}x_n^{(1)}=x_0$,$x_n^{(1)}\neq x_0$;$\lim\limits_{n\to\infty}x_n^{(2)}=x_0$,$x_n^{(2)}\neq x_0$,有$\lim\limits_{n\to\infty}f(x_n^{(1)})=c$,$\lim\limits_{n\to\infty}f(x_n^{(2)})=d$,且 $c\neq d$,则$\lim\limits_{x\to x_0}f(x)$不存在.

海因

例 1 证明$\lim\limits_{x\to0}\sin\dfrac{1}{x}$不存在.

证 取 $x_n^{(1)}=\dfrac{1}{2n\pi+\dfrac{\pi}{2}}$,显然有$\lim\limits_{n\to\infty}\dfrac{1}{2n\pi+\dfrac{\pi}{2}}=0$,且 $x_n^{(1)}\neq0$.因

① 海因(Heine,1821—1881),德国数学家.

$f(x_n^{(1)})\equiv 1$，所以$\lim\limits_{n\to\infty}f(x_n^{(1)})=1$.

取 $x_n^{(2)}=\dfrac{1}{2n\pi}$，显然 $\lim\limits_{n\to\infty}x_n^{(2)}=0$，且 $x_n^{(2)}\neq 0$. 因 $f(x_n^{(2)})\equiv 0$，所以 $\lim\limits_{n\to\infty}f(x_n^{(2)})=0$.

根据推论知，$\lim\limits_{x\to 0}\sin\dfrac{1}{x}$不存在.

练习 1.5

1. 判断下述命题的真伪，并说明理由.

(1)若 $\lim\limits_{x\to x_0}f(x)=A$，则 $f(x_0)=A$.

(2)若 $f(x)>0$ 且 $\lim\limits_{x\to x_0}f(x)=A$，则 $A>0$.

(3)若 $\lim\limits_{x\to+\infty}f(x)=A$，则$\lim\limits_{n\to\infty}f(n)=A$.

(4)若 $f(x)$在 x_0 点无定义，则极限$\lim\limits_{x\to x_0}f(x)$一定不存在.

(5)若 $f(x)$在 x_0 点有定义，则极限$\lim\limits_{x\to x_0}f(x)$一定存在.

2. 观察判断下列函数的极限是否存在？如存在，写出其极限.

(1)$\lim\limits_{x\to 1}\dfrac{1}{x-1}$　　(2)$\lim\limits_{x\to+\infty}\dfrac{\cos x}{\sqrt{x}}$　　(3)$\lim\limits_{x\to 2}x^2$　　(4)$\lim\limits_{x\to\infty}\sin x$

3. 用极限的定义证明下列极限.

(1)$\lim\limits_{x\to 3}(3x-1)=8$　　(2)$\lim\limits_{x\to\infty}\dfrac{1}{x^2}=0$

4. 设 $f(x)=\begin{cases}x, & x<3\\ 3x-1, & x\geqslant 3\end{cases}$，作 $f(x)$的图形，并讨论当 $x\to 3$ 时，$f(x)$的左、右极限(利用第3题(1)的结果).

5. 函数 $f(x)$由图1－32给出，求下列函数值和极限：

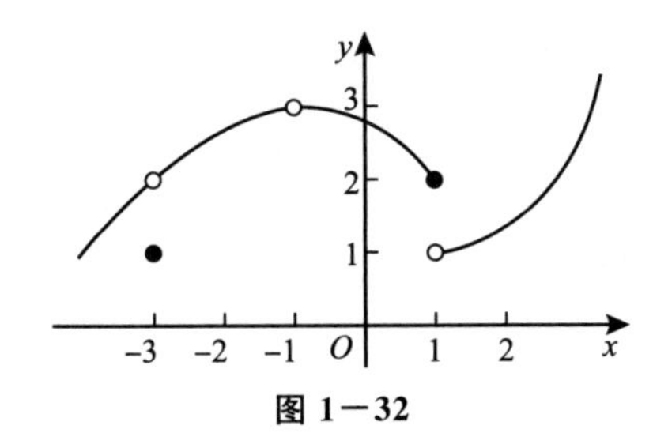

图 1－32

(1)$f(-3)$　　(2)$\lim\limits_{x\to-3}f(x)$

(3)$f(-1)$　　(4)$\lim\limits_{x\to-1}f(x)$

(5)$f(1)$　　(6)$\lim\limits_{x\to 1^-}f(x)$

(7)$\lim\limits_{x\to 1^+}f(x)$　　(8)$\lim\limits_{x\to 1}f(x)$

6. 证明函数 $f(x)=|x|$ 当 $x\to 0$ 时极限为 0.

7. 证明：$\lim\limits_{x\to 0}\dfrac{|x|}{x}$不存在.

习题选讲

§1.6 无穷小与无穷大

在极限的研究中，经常遇到两种特殊的函数：一种是在自变量的某变化过程中无限趋近于零，另一种是在或正或负两个方向上无限增大，不趋于任何定数．前者即无穷小，后者即无穷大．无穷小和无穷大在微积分中占有重要的地位．

1.6.1 无穷小

定义 1.6.1[①] 若函数在自变量的某变化过程中极限为 0，则称函数 $f(x)$ 在该变化过程中为**无穷小**(infinitesimal)．

例 1 因为 $\lim\limits_{x\to 0}x^2=0$，所以 $y=x^2$，当 $x\to 0$ 时为无穷小．

例 2 因为 $\lim\limits_{n\to\infty}\dfrac{1}{n}=0$，所以 $x_n=\dfrac{1}{n}$，当 $n\to\infty$ 时为无穷小．

例 3 因为 $\lim\limits_{x\to\infty}\dfrac{1}{x^2}=0$，所以 $y=\dfrac{1}{x^2}$，当 $x\to\infty$ 时为无穷小．

注 无穷小是一个以零为极限的函数，单说某函数为无穷小是没有意义的，必须指明自变量的变化过程．除了常数零可作为无穷小外，其他任何非零常数，即使其绝对值很小，都不是无穷小．

无穷小有以下性质．

定理 1.6.1 无穷小与有界函数的积是无穷小．

仅以自变量 $x\to x_0$ 时的情形来证明．

证 设 $f(x)$ 在 $\mathring{U}(x_0,r)$ 内有界，即存在常数 $M>0$，有

$$|f(x)|\leqslant M \qquad x\in\mathring{U}(x_0,r) \tag{1}$$

又设 $\lim\limits_{x\to x_0}\alpha(x)=0$，则对任意给定的 $\varepsilon>0$，存在 $\delta_1>0$，当 $x\in\mathring{U}(x_0,\delta_1)$ 时，有

$$|\alpha(x)-0|=|\alpha(x)|<\frac{\varepsilon}{M} \tag{2}$$

令 $\delta=\min\{r,\delta_1\}$，则当 $x\in\mathring{U}(x_0,\delta)$ 时，式(1)、式(2)均成立．从而

$$|f(x)\alpha(x)-0|=|f(x)\alpha(x)|=|f(x)||\alpha(x)|<M\cdot\frac{\varepsilon}{M}=\varepsilon$$

无穷小·牛顿·莱布尼兹

① 无穷小在建立微积分时具有基础性的地位，它几乎成了微积分基本概念的“灵魂”，所以早期的微积分常称为无穷小分析．在微积分的历史上，从牛顿、莱布尼兹创立微积分至19世纪20年代，对无穷小的认识与使用均存在着不合理的地方．直到1821年，柯西在他的《分析教程》中才对无穷小这一概念给出了明确的回答．

这说明$\lim\limits_{x \to x_0} f(x)\alpha(x)=0$，即 $f(x)\alpha(x)$当 $x \to x_0$ 时是无穷小．

推论　常数与无穷小的乘积仍是无穷小．

例 4　求$\lim\limits_{x \to 0} x\sin\dfrac{1}{x}$.

解　因为$\left|\sin\dfrac{1}{x}\right| \leqslant 1$，所以 $\sin\dfrac{1}{x}$在 $x=0$ 的任一去心邻域内是有界的．又$\lim\limits_{x \to 0} x=0$，即当 $x \to 0$ 时，x 为无穷小，由定理 1.6.1 可知，当 $x \to 0$ 时，$x\sin\dfrac{1}{x}$为无穷小，即$\lim\limits_{x \to 0} x\sin\dfrac{1}{x}=0$.

图 1－33 是函数 $y=x\sin\dfrac{1}{x}$的图形，从中可见，当 x 无限接近于 0 时，对应的函数值虽然交替变化地取正负值，但是无限地接近于 0.

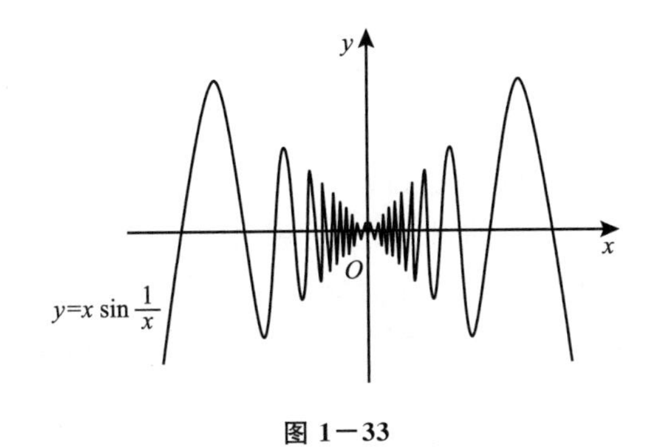

图 1－33

定理 1.6.2　$\lim f(x)=a$ 充分必要条件是 $f(x)=a+\alpha(x)$，其中 $\lim \alpha(x)=0$.

以自变量 $x \to x_0$ 的情形为例证明．

证　必要性　设$\lim\limits_{x \to x_0} f(x)=a$，则由极限定义，对于任意给定的 $\varepsilon>0$，总存在$\delta>0$，当 $0<|x-x_0|<\delta$ 时，有

$$|f(x)-a|<\varepsilon$$

成立．即

$$|(f(x)-a)-0|<\varepsilon$$

成立．令 $\alpha(x)=f(x)-a$，则 $\alpha(x)$当 $x \to x_0$ 时是无穷小，且 $f(x)=a+\alpha(x)$.

充分性　设 $f(x)=a+\alpha(x)$，其中$\lim\limits_{x \to x_0} \alpha(x)=0$. 由极限定义，对于任意给定的 $\varepsilon>0$，总存在 $\delta>0$，当 $0<|x-x_0|<\delta$ 时，有

$$|\alpha(x)-0|<\varepsilon$$

而 $\alpha(x)=f(x)-a$，于是

$$|f(x)-a|<\varepsilon$$

成立．这就说明了 a 是 $f(x)$ 当 $x \to x_0$ 时的极限．

1.6.2 无穷大

定义 1.6.2 若函数 $f(x)$ 在自变量的某变化过程中，相应的函数值的绝对值 $|f(x)|$ 可以无限地增大，则称函数 $f(x)$ 在这个变化过程中是**无穷大**(infinity)．

在自变量的某变化过程中为无穷大的函数 $f(x)$，按函数极限定义来说，极限是不存在的．但为了便于叙述函数的这一性态，我们也说函数的极限是“无穷大”，并记作

$$\lim f(x)=\infty.$$

例如，函数 $f(x)=2^x$ 在 $x\to+\infty$ 时是无穷大，函数 $f(n)=(-1)^n(2n+1)$，$n\in N$，在 $n\to\infty$ 时是无穷大．

关于无穷大的下面两个结论的直观性是明显的，不再证明．

(i)两个无穷大的乘积是无穷大；

(ii)无穷大与有界函数之和为无穷大．

需要指出，在自变量的同一变化过程中，两个无穷大的和、差与商以及无穷大与有界函数的积是没有确定结果的，须具体问题具体考虑．

无穷大与无穷小之间有十分密切的联系，下面定理描述了它们之间的关系．

定理 1.6.3 在自变量的同一变化过程中，

(i)若 $f(x)$ 为无穷大，则 $\dfrac{1}{f(x)}$ 为无穷小；

(ii)若 $f(x)$ 为无穷小，且 $f(x)\neq 0$，则 $\dfrac{1}{f(x)}$ 为无穷大．

由定理 1.6.3 可知，无穷大也可如下定义．

若函数 $\dfrac{1}{f(x)}$ 在自变量的某变化过程中为无穷小，则称函数 $f(x)$ 在该变化过程中为无穷大．

练习 1.6

1. 观察下列函数在给定变化过程中，哪些是无穷小？哪些是无穷大？

(1) $y=\tan x\ (x\to 0)$　　(2) $y=\ln(1+x)\ (x\to 0)$

(3) $y=\csc x\ (x\to 0)$　　(4) $y=\arctan x\ (x\to 0)$

(5) $y=\dfrac{2x}{x^2}\ (x\to 0)$　　(6) $y=0\ (x\to\infty)$

(7) $y=10^{-10}\ (x\to\infty)$　　(8) $y=x\sin x\ (x\to+\infty)$

2. 试举例说明两个无穷大之和未必是无穷大，两无穷大之差未必是无穷小，无穷大与有界函数之积未必是无穷大．

3. 下列函数在什么变化过程中是无穷小？在什么变化过程中是无穷大？

(1) $y=\frac{1}{x^2}$　　(2) $y=\frac{1}{(x-1)^2}$

(3) $y=\ln x$　　(4) $y=e^{\frac{1}{x}}$

4. 求下列极限.

(1) $\lim\limits_{x\to\infty}\frac{\arctan x}{x}$　　(2) $\lim\limits_{x\to 0}x^2\left(3\sin\frac{1}{x^2}-4\right)$

(3) $\lim\limits_{x\to\infty}\frac{\sin x}{x}$　　(4) $\lim\limits_{x\to 0}x\arctan\frac{1}{x}$

习题选讲

§1.7　极限的运算法则

本节我们将介绍极限的四则运算法则和复合函数的极限运算法则. 利用这些法则可求出一些函数的极限.

定理 1.7.1(四则运算法则)　若 $\lim f(x)=a$, $\lim g(x)=b$，则

(i)　$\lim[f(x)\pm g(x)]=\lim f(x)\pm\lim g(x)=a\pm b$;

(ii)　$\lim[f(x)g(x)]=\lim f(x)\cdot\lim g(x)=ab$;

(iii)　$\lim\frac{f(x)}{g(x)}=\frac{\lim f(x)}{\lim g(x)}=\frac{a}{b}(b\neq 0)$.

证　只给出(i)的证明. 设 $\lim\limits_{x\to x_0}f(x)=a$, $\lim\limits_{x\to x_0}g(x)=b$. 由极限定义知，对于任意给定的 $\varepsilon>0$，分别存在 $\delta_1>0$, $\delta_2>0$，当 $0<|x-x_0|<\delta_1$ 时，有

$$|f(x)-a|<\frac{\varepsilon}{2} \tag{1}$$

当 $0<|x-x_0|<\delta_2$ 时，有

$$|g(x)-b|<\frac{\varepsilon}{2} \tag{2}$$

取 $\delta=\min\{\delta_1,\delta_2\}$，则当 $0<|x-x_0|<\delta$ 时，式(1)、式(2)均成立. 因此，当 $0<|x-x_0|<\delta$ 时，有

$$\begin{aligned}|(f(x)\pm g(x))-(a\pm b)|&=|(f(x)-a)\pm(g(x)-b)|\\&\leqslant|f(x)-a|+|g(x)-b|\\&<\frac{\varepsilon}{2}+\frac{\varepsilon}{2}=\varepsilon\end{aligned}$$

由极限定义，得

$$\lim_{x\to x_0}[f(x)\pm g(x)]=\lim_{x\to x_0}f(x)\pm\lim_{x\to x_0}g(x)=a\pm b.$$

定理 1.7.1 中的(i)、(ii)可推广到有限个函数的情形.

推论 1　设 c 为常数，$\lim f(x)$ 存在，则

$$\lim cf(x)=c\lim f(x).$$

推论 2 若$\lim f(x)$存在，n 为正整数，则

$$\lim f(x)^n=[\lim f(x)]^n.$$

可以证明，如果 n 为正整数，则

$$\lim f(x)^{\frac{1}{n}}=[\lim f(x)]^{\frac{1}{n}}.$$

推论 2 可以推广到 n 为任何实数的情形．

利用函数极限的四则运算法则，我们可以从几个简单的已知函数极限出发，计算较复杂函数的极限．但在具体计算时，必须满足定理 1.7.1 条件，即参与运算的函数为有限个，且每个函数的极限都存在，而求商的极限时，还要求分母极限不为 0.

例 1 求$\lim\limits_{x\to 1}(2x^2-x+3)$.

解
$$\begin{aligned}\lim_{x\to 1}(2x^2-x+3)&=\lim_{x\to 1}2x^2-\lim_{x\to 1}x+\lim_{x\to 1}3\\&=2\lim_{x\to 1}x^2-1+3\\&=2(\lim_{x\to 1}x)^2+2\\&=2\times 1^2+2=4.\end{aligned}$$

例 2 求$\lim\limits_{x\to 2}\dfrac{3x-1}{x^2+6}$.

解 因为

$$\lim_{x\to 2}(x^2+6)=(\lim_{x\to 2}x)^2+\lim_{x\to 2}6=2^2+6=10\neq 0,$$

$$\lim_{x\to 2}(3x-1)=3\lim_{x\to 2}x-\lim_{x\to 2}1=3\times 2-1=5,$$

所以 $$\lim_{x\to 2}\frac{3x-1}{x^2+6}=\frac{\lim\limits_{x\to 2}(3x-1)}{\lim\limits_{x\to 2}(x^2+6)}=\frac{5}{10}=\frac{1}{2}.$$

由例 1、例 2 可以看出：当 $x\to x_0$ 时，多项式函数的极限以及分母极限不为零的有理分式函数的极限，恰为函数在 x_0 处的函数值．一般地，

(i)设多项式函数

$f(x)=a_0x^n+a_1x^{n-1}+\cdots+a_{n-1}x+a_n$，则

$$\lim_{x\to x_0}f(x)=f(x_0) \tag{3}$$

(ii)设有理分式函数$\dfrac{P(x)}{Q(x)}$，其中 $P(x)$、$Q(x)$都是多项式，且$\lim\limits_{x\to x_0}Q(x)=Q(x_0)\neq 0$，则

$$\lim_{x\to x_0}\frac{P(x)}{Q(x)}=\frac{P(x_0)}{Q(x_0)} \tag{4}$$

例 3 求$\lim\limits_{x\to 2}\dfrac{x+2}{x-2}$.

解 因为$\lim\limits_{x\to 2}(x-2)=0$，所以不能直接利用定理 1.7.1(iii)求此函数的极限．但

$$\lim_{x\to 2}(x+2)=4\neq 0,$$

所以$\lim\limits_{x\to 2}\dfrac{x-2}{x+2}=\dfrac{0}{4}=0.$

即当 $x\to 2$ 时，$\dfrac{x-2}{x+2}$为无穷小，因此有

$$\lim_{x\to 2}\frac{x+2}{x-2}=\infty.$$

例 4　求$\lim\limits_{x\to\infty}\dfrac{2x^2+3x+1}{5x^2+4x+3}$.

解　当 $x\to\infty$时，分子、分母都是无穷大，不能直接用定理 1.7.1 (ii). 先把分子、分母同除以 x^2，然后再求极限，得

$$\lim_{x\to\infty}\frac{2x^2+3x+1}{5x^2+4x+3}=\lim_{x\to\infty}\frac{2+\frac{3}{x}+\frac{1}{x^2}}{5+\frac{4}{x}+\frac{3}{x^2}}$$

$$=\frac{\lim\limits_{x\to\infty}\left(2+\frac{3}{x}+\frac{1}{x^2}\right)}{\lim\limits_{x\to\infty}\left(5+\frac{4}{x}+\frac{3}{x^2}\right)}=\frac{2}{5}.$$

例 5　求$\lim\limits_{x\to\infty}\dfrac{5x^2+4x-1}{3x^3-2}$.

解　分子、分母同除以 x^3，得

$$\lim_{x\to\infty}\frac{5x^2+4x-1}{3x^3-2}=\lim_{x\to\infty}\frac{\frac{5}{x}+\frac{4}{x^2}-\frac{1}{x^3}}{3-\frac{2}{x^3}}=\frac{0}{3}=0.$$

例 6　求$\lim\limits_{x\to\infty}\dfrac{3x^3-x+2}{2x^2+1}$.

解　分子、分母同除以 x^3，得

$$\lim_{x\to\infty}\frac{3x^3-x+2}{2x^2+1}=\lim_{x\to\infty}\frac{3-\frac{1}{x^2}+\frac{2}{x^3}}{\frac{2}{x}+\frac{1}{x^3}}=\infty.$$

总结例 4、例 5、例 6 的结果可得：

$$\lim_{x\to\infty}\frac{a_0x^s+a_1x^{s-1}+\cdots+a_{s-1}x+a_s}{b_0x^t+b_1x^{t-1}+\cdots+b_{t-1}x+b_t}=\begin{cases}\dfrac{a_0}{b_0} & s=t\\ 0 & s<t\\ \infty & s>t\end{cases}$$

其中 $a_i(i=0,1,2,\cdots,s)$，$b_j(j=0,1,2,\cdots,t)$为常数，且 $a_0\neq 0$，$b_0\neq 0$，s、t 为非负整数 .

例 7　求$\lim\limits_{x\to 1}\dfrac{x-1}{x^2-1}$.

解　因分母极限为零，故不能应用定理 1. 7. 1(iii)，但当 $x\to 1$ 时，$x\neq 1$，可约去分子分母中的公因式 $(x-1)$，所以

$$\lim_{x\to 1}\frac{x-1}{x^2-1}=\lim_{x\to 1}\frac{x-1}{(x-1)(x+1)}=\lim_{x\to 1}\frac{1}{x+1}=\frac{1}{2}.$$

例 8　求 $\lim\limits_{x\to 0}\frac{\sqrt{1+x}-1}{x}$.

解　
$$\begin{aligned}\lim_{x\to 0}\frac{\sqrt{1+x}-1}{x}&=\lim_{x\to 0}\frac{(\sqrt{1+x}-1)(\sqrt{1+x}+1)}{x(\sqrt{1+x}+1)}\\&=\lim_{x\to 0}\frac{x}{x(\sqrt{1+x}+1)}\\&=\lim_{x\to 0}\frac{1}{\sqrt{1+x}+1}=\frac{1}{2}.\end{aligned}$$

例 9　求 $\lim\limits_{n\to\infty}\left(\frac{1}{n^2}+\frac{2}{n^2}+\cdots+\frac{n}{n^2}\right)$.

解　当 $n\to\infty$ 时，上式不是有限项和的极限，故不能应用定理 1. 7. 1(i)，可先将函数变形后，再求极限 .

$$\begin{aligned}\lim_{n\to\infty}\left(\frac{1}{n^2}+\frac{2}{n^2}+\cdots+\frac{n}{n^2}\right)&=\lim_{n\to\infty}\frac{1+2+\cdots+n}{n^2}\\&=\lim_{n\to\infty}\frac{\frac{1}{2}(1+n)n}{n^2}\\&=\lim_{n\to\infty}\frac{n^2+n}{2n^2}=\frac{1}{2}.\end{aligned}$$

例 10　求 $\lim\limits_{x\to+\infty}(\sqrt{x^2+x+1}-\sqrt{x^2-x+1})$.

解　
$$\begin{aligned}&\lim_{x\to+\infty}(\sqrt{x^2+x+1}-\sqrt{x^2-x+1})\\&=\lim_{x\to+\infty}\frac{(\sqrt{x^2+x+1}-\sqrt{x^2-x+1})(\sqrt{x^2+x+1}+\sqrt{x^2-x+1})}{(\sqrt{x^2+x+1}+\sqrt{x^2-x+1})}\\&=\lim_{x\to+\infty}\frac{2x}{\sqrt{x^2+x+1}+\sqrt{x^2-x+1}}=1.\end{aligned}$$

例 11　求 $\lim\limits_{n\to\infty}\sqrt{n}(\sqrt{n+1}-\sqrt{n})$.

解　
$$\begin{aligned}&\lim_{n\to\infty}\sqrt{n}(\sqrt{n+1}-\sqrt{n})\\&=\lim_{n\to\infty}\sqrt{n}\frac{(\sqrt{n+1}-\sqrt{n})(\sqrt{n+1}+\sqrt{n})}{\sqrt{n+1}+\sqrt{n}}\\&=\lim_{n\to\infty}\frac{\sqrt{n}}{\sqrt{n+1}+\sqrt{n}}=\frac{1}{2}.\end{aligned}$$

例 12　若 $\lim\limits_{x\to 3}\frac{x^2-2x+k}{x-3}=4$，求 k 的值 .

解　因为 $\lim\limits_{x\to 3}(x-3)=0$，而 $\lim\limits_{x\to 3}\frac{x^2-2x+k}{x-3}$ 存在，故

$$\lim_{x\to 3}(x^2-2x+k)=0$$

即
$$9-6+k=0$$

所以，$k=-3$.

定理 1.7.2（复合函数极限的运算法则） 设 $y=f[\varphi(x)]$是函数$y=f(u)$与$u=\varphi(x)$的复合函数，若$\lim\limits_{x\to x_0}\varphi(x)=u_0$，$\lim\limits_{u\to u_0}f(u)=a$，且当$0<|x-x_0|<\delta$时$\varphi(x)\neq u_0$（$\delta$是某正数），则

$$\lim_{x\to x_0}f[\varphi(x)]=\lim_{u\to u_0}f(u)=a.$$

证明从略．

在定理1.7.2中，若把$\lim\limits_{x\to x_0}\varphi(x)=u_0$换成$\lim\limits_{x\to x_0}\varphi(x)=\infty$或$\lim\limits_{x\to\infty}\varphi(x)=\infty$，而把$\lim\limits_{u\to u_0}f(u)=a$换成$\lim\limits_{u\to\infty}f(u)=a$，可得类似定理．

练习 1.7

习题选讲

1．判断下述命题的真伪，并说明理由．

(1)若$\lim\limits_{x\to a}[f(x)+g(x)]$存在，则$\lim\limits_{x\to a}f(x)$与$\lim\limits_{x\to a}g(x)$存在．

(2)若$\lim\limits_{x\to a}[f(x)+g(x)]$及$\lim\limits_{x\to a}f(x)$都存在，则$\lim\limits_{x\to a}g(x)$存在．

(3)若$\lim\limits_{x\to a}[f(x)\cdot g(x)]$及$\lim\limits_{x\to a}f(x)$都存在，则$\lim\limits_{x\to a}g(x)$也存在．

(4)若$\lim\limits_{x\to a}[f(x)\cdot g(x)]$存在，则$\lim\limits_{x\to a}f(x)$与$\lim\limits_{x\to a}g(x)$都存在．

(5)若$\lim\limits_{n\to\infty}x_ny_n=0$，则$\lim\limits_{n\to\infty}x_n=0$或$\lim\limits_{n\to\infty}y_n=0$.

2．求下列极限．

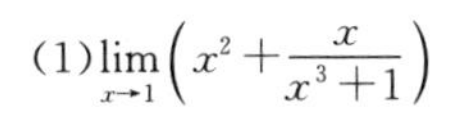

(1)$\lim\limits_{x\to 1}\left(x^2+\dfrac{x}{x^3+1}\right)$ (2)$\lim\limits_{x\to 3}\dfrac{x^2-9}{x^2-7x+12}$

(3)$\lim\limits_{x\to 4}\dfrac{\sqrt{1+2x}-3}{x-4}$ (4)$\lim\limits_{x\to -1}\left(\dfrac{1}{x+1}-\dfrac{3}{x^3+1}\right)$

(5)$\lim\limits_{x\to\infty}\dfrac{x+\cos x}{3x-\sin x}$ (6)$\lim\limits_{x\to\infty}\dfrac{(2x-1)^{30}}{(x+2)^{15}(2x-15)^{15}}$

3．求下列极限．

(1)$\lim\limits_{n\to\infty}\dfrac{\sqrt{n}-3}{n+9}$ (2)$\lim\limits_{n\to\infty}\dfrac{3^n+(-2)^n}{3^{n+1}+(-2)^{n+1}}$

(3)$\lim\limits_{n\to\infty}\left(\dfrac{1}{1\times 2}+\dfrac{1}{2\times 3}+\cdots+\dfrac{1}{n(n+1)}\right)$ (4)$\lim\limits_{n\to\infty}\dfrac{n\arctan n}{\sqrt{n^2+n}}$

4．设 $f(x)=\begin{cases}2x+1, & x\leqslant 0\\ x^2+1, & 0<x\leqslant 2\\ \dfrac{x^2+2x-2}{x^2+1}, & x>2\end{cases}$，试讨论 $f(x)$在 $x=0$ 及 $x=2$ 点处的极限，并求$\lim\limits_{x\to+\infty}f(x)$.

5．若$\lim\limits_{x\to 1}\dfrac{x^2+ax+b}{1-x}=5$，求$a$，$b$的值．

6．假定某种疾病流行t天后，感染的人数N由下式给出

$$N=\frac{1000000}{1+5000e^{-0.1t}},$$

问：

(1)从长远考虑，将有多少人感染上这种病？

(2)有可能某天会有 100 万人染上病吗？ 50 万人呢？ 25 万人呢？

§1.8 极限存在准则与两个重要极限

极限的运算法则是以参与运算的函数极限存在为前提条件的．一个函数的极限是否存在，除了直接根据定义判别外，还有一些便于使用的判别方法．下面介绍判别极限存在的两个准则，并利用这些准则给出两个十分重要的极限．

1.8.1 极限存在准则

定理 1.8.1(夹逼定理) 若函数 $f(x)$，$g(x)$，$h(x)$满足

(1)当 $x\in\mathring{U}(x_0,r)$时，有

$$g(x)\leqslant f(x)\leqslant h(x);$$

(2) $\lim\limits_{x\to x_0}g(x)=\lim\limits_{x\to x_0}h(x)=a$，

则 $\lim\limits_{x\to x_0}f(x)=a$.

证 因 $\lim\limits_{x\to x_0}g(x)=\lim\limits_{x\to x_0}h(x)=a$，由极限定义，对于任意给定 $\varepsilon>0$，分别存在$\delta_1>0$，$\delta_2>0$，当 $x\in\mathring{U}(x_0,\delta_1)$时，有

$$|g(x)-a|<\varepsilon$$

即

$$a-\varepsilon<g(x)<a+\varepsilon \tag{1}$$

当 $x\in U(\hat{x}_0,\delta_2)$时，有

$$|h(x)-a|<\varepsilon$$

即

$$a-\varepsilon<h(x)<a+\varepsilon \tag{2}$$

令 $\delta=\min\{\delta_1,\delta_2,r\}$，则当 $x\in\mathring{U}(x_0,\delta)$时，式(1)、式(2)同时成立，且$g(x)\leqslant f(x)\leqslant h(x)$，所以

$$a-\varepsilon<f(x)<a+\varepsilon$$

即

$$|f(x)-a|<\varepsilon$$

这就证明了 $\lim\limits_{x\to x_0}f(x)=a$.

对于自变量的其他变化过程的函数极限的情形，也有类似的结论，请读者自己完成．

例 1 利用夹逼定理求极限

$$\lim_{n\to\infty}\frac{2^n}{n!}.$$

解 由于

$$0<\frac{2^n}{n!}=\frac{2\times2\times\cdots\times2\times2}{1\times2\times\cdots\times(n-1)n}<\frac{2\times2}{1\times n}=\frac{4}{n}$$

又$\lim\limits_{n\to\infty}\frac{4}{n}=0$,故由夹逼定理可知,所求极限存在,且

$$\lim_{n\to\infty}\frac{2^n}{n!}=0.$$

定理 1.8.2　单调有界数列必有极限.

证明从略.

此定理也可叙述为单调增加有上界(或单调减少有下界)的数列必有极限.

例 2　设 $a>0$,$x_1=\sqrt{a}$,$x_n=\sqrt{a+x_{n-1}}$,$n=2,3,\cdots$,证明数列$\{x_n\}$极限存在,并求其极限.

证　因为$\sqrt{a}<\sqrt{a+\sqrt{a}}$,所以 $x_1<x_2$;假设 $x_{n-1}<x_n$,则 $a+x_{n-1}<a+x_n$,从而$\sqrt{a+x_{n-1}}<\sqrt{a+x_n}$,即有 $x_n<x_{n+1}$. 所以数列$\{x_n\}$是单调增加数列.

又当 $n=1$ 时,$x_1=\sqrt{a}<\sqrt{a}+1$;假设 $x_n<\sqrt{a}+1$,则 $x_{n+1}=\sqrt{a+x_n}<\sqrt{a+\sqrt{a}+1}<\sqrt{a+2\sqrt{a}+1}=\sqrt{a}+1$,即数列$\{x_n\}$有上界. 由定理1.8.2知,当$n\to\infty$时$\{x_n\}$极限一定存在.

设$\lim\limits_{n\to\infty}x_n=b$,由 $x_{n+1}=\sqrt{a+x_n}$,得

$$\lim_{n\to\infty}x_{n+1}=\lim_{n\to\infty}\sqrt{a+x_n}$$

即

$$b=\sqrt{a+b}$$

所以,$b=\frac{1+\sqrt{1+4a}}{2}$.

1.8.2　两个重要极限

作为极限存在准则的应用,我们讨论两个极限.

1. $\lim\limits_{x\to0}\frac{\sin x}{x}=1$

证　因为$\frac{\sin(-x)}{-x}=\frac{-\sin x}{-x}=\frac{\sin x}{x}$,所以当 x 改变符号时,$\frac{\sin x}{x}$的值不变,故只讨论 $x\to0^+$ 时的情形.

先证一个不等式:当 $0<x<\frac{\pi}{2}$时,$\sin x<x<\tan x$.

作单位圆(见图 1－34),取圆心角$\angle BOC=x\left(0<x<\frac{\pi}{2}\right)$,连接$BC$,过 C 点作圆的切线交OB 的延长线于A.

因为$\triangle BOC$的面积<扇形BOC的面积<$\triangle AOC$的面积，即

$$\frac{1}{2}\sin x<\frac{1}{2}x<\frac{1}{2}\tan x$$

故 $\sin x<x<\tan x \quad \left(0<x<\frac{\pi}{2}\right)$，

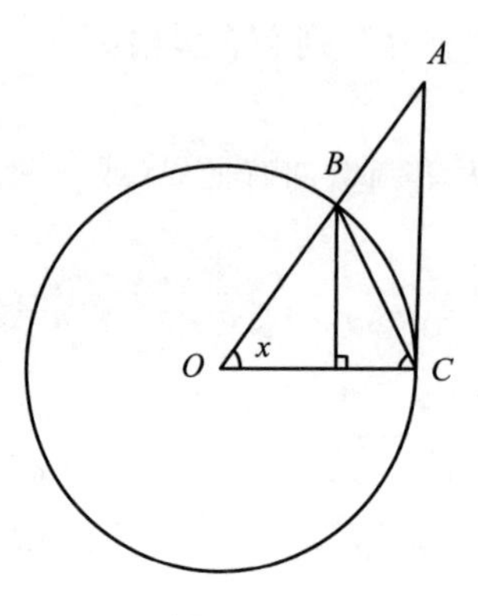

图 1—34

由此可得 $1<\frac{x}{\sin x}<\frac{1}{\cos x}$，从而

$$\cos x<\frac{\sin x}{x}<1$$

由 1.5.1 小节中的例 6 知，$\lim\limits_{x\to 0}\cos x=1$，根据定理 1.8.1 得

$$\lim_{x\to 0}\frac{\sin x}{x}=1.$$

另外，由上面证明可知，当$|x|<\frac{\pi}{2}$时，$|\sin x|\leqslant|x|$．由此易得$\lim\limits_{x\to 0}\sin x=0$.

表 1—2 列出了函数$\frac{\sin x}{x}$在x无限接近 0 时的一些函数值．

表 1—2

x	1	0.5	0.1	0.01	…	−0.01	−0.1	−0.5	−1
$\frac{\sin x}{x}$	0.841471	0.95885	0.99833	0.99998	…	0.99998	0.99833	0.95885	0.841471

从表 1—2 和图 1—35 可以看出，当$x\to 0$时，函数$\frac{\sin x}{x}\to 1$.

例 1 求$\lim\limits_{x\to 0}\frac{\tan x}{x}$.

解 $\lim\limits_{x\to 0}\frac{\tan x}{x}=\lim\limits_{x\to 0}\frac{\sin x}{x}\cdot\frac{1}{\cos x}=\lim\limits_{x\to 0}\frac{\sin x}{x}\cdot\lim\limits_{x\to 0}\frac{1}{\cos x}=1.$

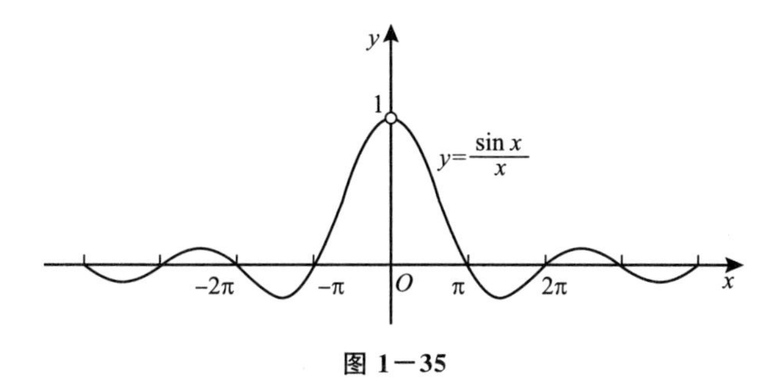

图 1－35

例 2　求$\lim\limits_{x\to 0}\frac{\sin\alpha x}{x}$　($\alpha\neq 0$,常数).

解　令 $\alpha x=u$,则当 $x\to 0$ 时 $u\to 0$,由复合函数极限运算法则可得

$$\lim_{x\to 0}\frac{\sin\alpha x}{x}=\alpha\lim_{x\to 0}\frac{\sin\alpha x}{\alpha x}=\alpha\lim_{u\to 0}\frac{\sin u}{u}=\alpha.$$

例 3　求$\lim\limits_{n\to\infty}n\sin\frac{2}{n}$.

解　令$\frac{2}{n}=u$,则当 $n\to\infty$时 $u\to 0$,由复合函数极限运算法则可得

$$\lim_{n\to\infty}n\sin\frac{2}{n}=2\lim_{n\to\infty}\frac{\sin\frac{2}{n}}{\frac{2}{n}}=2\lim_{u\to 0}\frac{\sin u}{u}=2.$$

例 4　求$\lim\limits_{x\to 0}\frac{1-\cos x}{x^2}$.

解　$$\lim_{x\to 0}\frac{1-\cos x}{x^2}=\lim_{x\to 0}\frac{2\sin^2\frac{x}{2}}{x^2}=\frac{1}{2}\lim_{x\to 0}\frac{\sin^2\frac{x}{2}}{\left(\frac{x}{2}\right)^2}$$

$$=\frac{1}{2}\lim_{x\to 0}\left(\frac{\sin\frac{x}{2}}{\frac{x}{2}}\right)^2=\frac{1}{2}\times 1^2=\frac{1}{2}.$$

例 5　求$\lim\limits_{x\to 0}\frac{\sin 3x}{\sin 5x}$.

解　$$\lim_{x\to 0}\frac{\sin 3x}{\sin 5x}=\lim_{x\to 0}\frac{\frac{\sin 3x}{x}}{\frac{\sin 5x}{x}}=\lim_{x\to 0}\frac{3\,\frac{\sin 3x}{3x}}{5\,\frac{\sin 5x}{5x}}=\frac{3}{5}.$$

例 6　求$\lim\limits_{x\to 0}\frac{2\arctan x}{3x}$.

解　令 $u=\arctan x$,则 $x=\tan u$,当 $x\to 0$ 时有 $u\to 0$,于是

$$\lim_{x\to 0}\frac{2\arctan x}{3x}=\lim_{u\to 0}\frac{2u}{3\tan u}=\frac{2}{3}.$$

2. $\lim\limits_{n\to\infty}\left(1+\dfrac{1}{n}\right)^n=e$

证　考虑数列$\left\{\left(1+\frac{1}{n}\right)^n\right\}$，我们先证明该数列极限存在．根据二项式定理，有

$$x_n=\left(1+\frac{1}{n}\right)^n=1+n\,\frac{1}{n}+\frac{n(n-1)}{2!}\,\frac{1}{n^2}+\frac{n(n-1)(n-2)}{3!}\,\frac{1}{n^3}+\cdots+\frac{n(n-1)\cdots2\cdot1}{n!}\,\frac{1}{n^n}$$
$$=1+1+\frac{1}{2!}\left(1-\frac{1}{n}\right)+\frac{1}{3!}\left(1-\frac{1}{n}\right)\left(1-\frac{2}{n}\right)+\cdots+\frac{1}{n!}\left(1-\frac{1}{n}\right)\left(1-\frac{2}{n}\right)\cdots\left(1-\frac{n-1}{n}\right)$$

$$x_{n+1}=\left(1+\frac{1}{n+1}\right)^{n+1}$$
$$=1+1+\frac{1}{2!}\left(1-\frac{1}{n+1}\right)+\frac{1}{3!}\left(1-\frac{1}{n+1}\right)\left(1-\frac{2}{n+1}\right)+\cdots+\frac{1}{n!}\left(1-\frac{1}{n+1}\right)\left(1-\frac{2}{n+1}\right)\cdots\left(1-\frac{n-1}{n+1}\right)+\frac{1}{(n+1)!}\left(1-\frac{1}{n+1}\right)\left(1-\frac{2}{n+1}\right)\cdots\left(1-\frac{n}{n+1}\right)$$

比较 x_n 与 x_{n+1}的展开式，不难看出，x_{n+1}的展开式比 x_n 的展开式多了一项$\frac{1}{(n+1)!}\left(1-\frac{1}{n+1}\right)\left(1-\frac{2}{n+1}\right)\cdots\left(1-\frac{n}{n+1}\right)$，此外，除展开式前两项相等外，$x_{n+1}$的展开式中每一项都大于 x_n 的对应项，因而必有 $x_n<x_{n+1}$，故数列$\left\{\left(1+\frac{1}{n}\right)^n\right\}$单调增加．

另外，由于
$$x_n=1+1+\frac{1}{2!}\left(1-\frac{1}{n}\right)+\frac{1}{3!}\left(1-\frac{1}{n}\right)\left(1-\frac{2}{n}\right)+\cdots+\frac{1}{n!}\left(1-\frac{1}{n}\right)\cdots\left(1-\frac{n-1}{n}\right)$$
$$<1+1+\frac{1}{2!}+\frac{1}{3!}+\cdots+\frac{1}{n!}$$
$$<1+1+\frac{1}{2}+\frac{1}{2^2}+\cdots+\frac{1}{2^{n-1}}$$
$$=1+\frac{1-\left(\frac{1}{2}\right)^n}{1-\frac{1}{2}}=3-\frac{1}{2^{n-1}}<3$$

因而，数列$\left\{\left(1+\frac{1}{n}\right)^n\right\}$是有界的．根据定理 1.8.2，该数列极限一定存在．这个极限是一个无理数，用字母 e 表示．即

$$\lim_{n\to\infty}\left(1+\frac{1}{n}\right)^n=\mathrm{e}$$

在 1.2.6 小节中讲到的自然对数 $y=\ln x$ 中的底 e 就是这个常数．经计算，e＝2.718281828459⋯．

数列$\left\{\left(1+\frac{1}{n}\right)^n\right\}$的图形如图 1－36 所示．

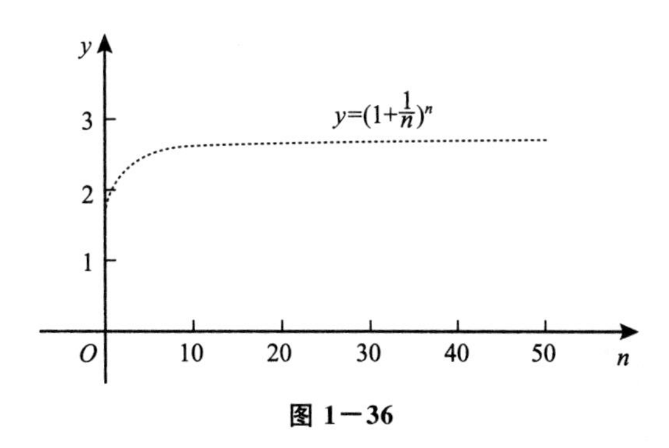

图 1－36

可以证明，当 x 取实数且 $x\to\infty$ 时，函数 $\left(1+\frac{1}{x}\right)^x$ 的极限也存在且等于 e，即

$$\lim_{x\to\infty}\left(1+\frac{1}{x}\right)^x=\mathrm{e}.$$

令 $\frac{1}{x}=t$，则当 $x\to\infty$ 时 $t\to0$，由复合函数的极限运算法则可将该极限换成另一等价形式：

$$\lim_{t\to0}(1+t)^{\frac{1}{t}}=\mathrm{e}.$$

例 7 求$\lim\limits_{x\to\infty}\left(1+\frac{2}{x}\right)^x$.

解 令 $t=\frac{2}{x}$，则 $x=\frac{2}{t}$，当 $x\to\infty$ 时 $t\to0$，于是

$$\lim_{x\to\infty}\left(1+\frac{2}{x}\right)^x=\lim_{t\to0}(1+t)^{\frac{2}{t}}=\lim_{t\to0}(1+t)^{\frac{1}{t}\cdot2}=\mathrm{e}^2.$$

为了书写的简明，根据这一重要极限的形式特点，还可以如下计算：

$$\lim_{x\to\infty}\left(1+\frac{2}{x}\right)^x=\lim_{x\to\infty}\left(1+\frac{1}{\frac{x}{2}}\right)^x=\lim_{x\to\infty}\left(1+\frac{1}{\frac{x}{2}}\right)^{\frac{x}{2}\cdot2}=\mathrm{e}^2.$$

例 8 求$\lim\limits_{x\to\infty}\left(1-\frac{1}{x}\right)^x$.

解 $\lim\limits_{x\to\infty}\left(1-\frac{1}{x}\right)^x=\lim\limits_{x\to\infty}\left(1+\frac{1}{-x}\right)^{-x(-1)}=\mathrm{e}^{-1}$.

例 9　求$\lim\limits_{x\to\infty}\left(\dfrac{x+2}{x-1}\right)^x$.

解　$$\lim_{x\to\infty}\left(\frac{x+2}{x-1}\right)^x=\lim_{x\to\infty}\frac{\left(1+\dfrac{2}{x}\right)^x}{\left(1-\dfrac{1}{x}\right)^x}=\frac{e^2}{e^{-1}}=e^3.$$

例 10　求$\lim\limits_{x\to\infty}\left(\dfrac{x}{x+1}\right)^{x-1}$.

解　$$\lim_{x\to\infty}\left(\frac{x}{x+1}\right)^{x-1}=\lim_{x\to\infty}\frac{\left(\dfrac{x}{x+1}\right)^x}{\dfrac{x}{x+1}}=\lim_{x\to\infty}\left(\frac{x}{x+1}\right)^x$$

$$=\lim_{x\to\infty}\frac{1}{\left(1+\dfrac{1}{x}\right)^x}=\frac{1}{e}.$$

例 11　求$\lim\limits_{x\to+\infty}\left(1-\dfrac{1}{x}\right)^{\sqrt{x}}$.

解　$$\lim_{x\to+\infty}\left(1-\frac{1}{x}\right)^{\sqrt{x}}=\lim_{x\to+\infty}\left(1-\frac{1}{\sqrt{x}}\right)^{\sqrt{x}}\left(1+\frac{1}{\sqrt{x}}\right)^{\sqrt{x}}=e^{-1}e=1.$$

3. 极限$\lim\limits_{x\to\infty}\left(1+\dfrac{1}{x}\right)^x$的现实意义

连续复利问题.

设有一项资金（又称本金）A_0 存入银行，年利率为 r，则该资金到第一年度末的本利和为

$$A_1=A_0(1+r).$$

以 A_1 为第二年度初的本金，则到第二年度末本利和为

$$A_2=A_0(1+r)^2.$$

依次继续下去，至第 t 年度末本利和为

$$A_t=A_0(1+r)^t.$$

如果将一年分为 m 期计息，年利率仍为 r，那么每期利率为$\dfrac{r}{m}$，第一年末的本利和为

$$A_m(1)=A_0\left(1+\frac{r}{m}\right)^m.$$

t 年末的本利和为

$$A_m(t)=A_0\left(1+\frac{r}{m}\right)^{mt}.$$

若期数无限增大，即令 $m\to\infty$，则表示利息随时计入本金，这样 t 年末本利和为

$$A_{(t)}=\lim_{m\to\infty}A_m(t)=\lim_{m\to\infty}A_0\left(1+\frac{r}{m}\right)^{mt}$$

$$=A_0\lim_{m\to\infty}\left(1+\frac{r}{m}\right)^{\frac{m}{r}rt}=A_0\mathrm{e}^{rt}.$$

这种计算利息的方法称为连续复利．$A(t)$称为本金 A_0 按年利率 r 进行连续复利到 t 年末期末价值．我们看到在计算 $A(t)$时，用到了第二个重要极限．现实中许多实际问题的研究，如人口增长、物体冷却、镭的衰变等，都要用到这一极限．

练习 1.8

习题选讲

1. 利用夹逼定理求极限$\lim\limits_{n\to\infty}\left(\frac{1}{\sqrt{n^2+1}}+\frac{1}{\sqrt{n^2+2}}+\cdots+\frac{1}{\sqrt{n^2+n}}\right)$.

2. 证明数列$\sqrt{2},\sqrt{2+\sqrt{2}},\sqrt{2+\sqrt{2+\sqrt{2}}},\cdots$的极限存在．

3. 求下列极限．

(1)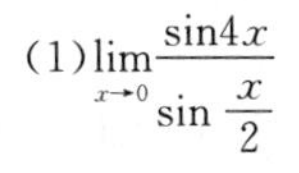$\lim\limits_{x\to0}\dfrac{\sin4x}{\sin\dfrac{x}{2}}$　　(2)$\lim\limits_{n\to\infty}2^n\sin\dfrac{x}{2^n}$

(3)$\lim\limits_{x\to1}\dfrac{\sin\dfrac{x-1}{3}}{x-1}$　　(4)$\lim\limits_{x\to0}\dfrac{x^2\sin\dfrac{1}{x}}{\sin x}$

4. 求下列极限．

(1)$\lim\limits_{x\to0}(1-2x)^{\frac{1}{x}+1}$　　(2)$\lim\limits_{x\to\infty}\left(\dfrac{x+1}{x-1}\right)^x$

(3)$\lim\limits_{x\to0}\left(\dfrac{2-x}{2}\right)^{\frac{1}{x}}$　　(4)$\lim\limits_{x\to0}\dfrac{1}{x}\ln(1+x+x^2)$

5. 已知$\lim\limits_{x\to\infty}\left(\dfrac{x+c}{x-c}\right)^x=3$，求 c.

6. 设一个储户将本金 100 元存入银行，存款年利率为 5%，若一年末计息一次，到一年底的本利和为多少？若一年分 n 期计息，每期利率按$\frac{1}{n}\times5\%$计算，且前一期本利和作为后一期的本金，求到一年底的本利和为多少？当 $n\to\infty$时，到一年底本利和为多少？储户从连续复利计息方法中可以得到多少好处？

§1.9　无穷小的比较

我们知道，无穷小以零为极限，但不同的无穷小趋于零的速度有快有慢．例如，当 $x\to0$ 时，易知 x^2 比 x 趋于零的速度快，反过来 x 比 x^2 趋于零的速度慢，而 $\sin x$ 与 $2x$ 趋于零的速度相仿．一般来说，通过考察两无穷小之比的极限存在或为无穷大便可对它们趋于零的速度作出判断，为此我们引入如下定义．

定义 1.9.1　设 $\lim f(x)=0,\lim g(x)=0$，且 $g(x)\neq0$.

(1)若 $\lim \frac{f(x)}{g(x)}=0$，则称 $f(x)$ 是比 $g(x)$ 高阶的无穷小，记作 $f(x)=o(g(x))$；

(2)若 $\lim \frac{f(x)}{g(x)}=\infty$，则称 $f(x)$ 是比 $g(x)$ 低阶的无穷小；

(3)若 $\lim \frac{f(x)}{g(x)}=c\neq 0$，则称 $f(x)$ 与 $g(x)$ 是同阶无穷小．特别地，当 $c=1$ 时，称 $f(x)$ 与 $g(x)$ 是等价无穷小，记作 $f(x)\sim g(x)$.

下面我们看一些例子．

因 $\lim\limits_{x\to 0}\frac{x^2}{x}=0$，所以当 $x\to 0$ 时，x^2 是比 x 高阶的无穷小，即 $x^2=o(x)(x\to 0)$；显然当 $x\to 0$ 时，x 是比 x^2 低阶的无穷小．

因 $\lim\limits_{x\to 3}\frac{x^2-9}{x-3}=6$，所以当 $x\to 3$ 时，x^2-9 与 $x-3$ 是同阶无穷小．

因 $\lim\limits_{x\to 0}\frac{\sin x}{x}=1$，所以当 $x\to 0$ 时，$\sin x$ 与 x 是等价无穷小，即 $\sin x\sim x\ (x\to 0)$．由 1.8.2 小节中的例子，我们还可得如下等价无穷小：当 $x\to 0$ 时，$\tan x\sim x$，$1-\cos x\sim\frac{1}{2}x^2$，$\arctan x\sim x$.

下面再给出一个例子．

例 1 证明：当 $x\to 0$ 时，

(1) $\ln(1+x)\sim x$；(2) $e^x-1\sim x$；(3) $\sqrt[n]{1+x}-1\sim\frac{1}{n}x$.

证 (1)因 $\lim\limits_{x\to 0}\frac{\ln(1+x)}{x}=\lim\limits_{x\to 0}\ln(1+x)^{\frac{1}{x}}=\ln e=1$，所以

$$\ln(1+x)\sim x\quad (x\to 0)$$

(2)令 $u=e^x-1$，即 $x=\ln(1+u)$，则当 $x\to 0$ 时，有 $u\to 0$，利用(1)的结果便得 $\lim\limits_{x\to 0}\frac{e^x-1}{x}=\lim\limits_{x\to 0}\frac{u}{\ln(1+u)}=1$．所以 $e^x-1\sim x\quad (x\to 0)$.

一般地，当 $x\to 0$ 时，$a^x-1\sim x\ln a$．请读者自己证明．

(3)因
$$\lim_{x\to 0}\frac{\sqrt[n]{1+x}-1}{\frac{1}{n}x}=\lim_{x\to 0}\frac{(\sqrt[n]{1+x})^n-1}{\frac{1}{n}x[\sqrt[n]{(1+x)^{n-1}}+\sqrt[n]{(1+x)^{n-2}}+\cdots+1]}$$
$$=\lim_{x\to 0}\frac{n}{\sqrt[n]{(1+x)^{n-1}}+\sqrt[n]{(1+x)^{n-2}}+\cdots+1}=1,$$

所以 $\sqrt[n]{1+x}-1\sim\frac{1}{n}x\quad (x\to 0)$.

一般地，当 $x\to 0$ 时，$(1+x)^\alpha-1\sim\alpha x\ (\alpha\neq 0)$.

记住这些等价无穷小是非常有益的．

定理 1.9.1 设 $f_1(x)\sim f_2(x)$，$g_1(x)\sim g_2(x)$，且 $\lim\frac{f_2(x)}{g_2(x)}$ 存在，则

$$\lim\frac{f_1(x)}{g_1(x)}=\lim\frac{f_2(x)}{g_2(x)}.$$

证
$$\begin{aligned}\lim\frac{f_1(x)}{g_1(x)}&=\lim\left(\frac{f_1(x)}{f_2(x)}\cdot\frac{f_2(x)}{g_2(x)}\cdot\frac{g_2(x)}{g_1(x)}\right)\\&=\lim\frac{f_1(x)}{f_2(x)}\cdot\lim\frac{f_2(x)}{g_2(x)}\cdot\lim\frac{g_2(x)}{g_1(x)}\\&=\lim\frac{f_2(x)}{g_2(x)}.\end{aligned}$$

定理 1.9.1 表明，求两个无穷小之比的极限时，分子及分母都可用其等价无穷小来代替．另外，若分子或分母为若干个因子的乘积，则可对其中的任意一个或几个无穷小因子作等价无穷小代换．因此，如果用来代替的无穷小选择适当的话，可以使计算简化．

例 2 求$\lim\limits_{x\to0}\frac{\sin2x}{x^3+3x}$.

解 因当 $x\to0$ 时，$\sin2x\sim2x$，所以

$$\lim_{x\to0}\frac{\sin2x}{x^3+3x}=\lim_{x\to0}\frac{2x}{x^3+3x}=\lim_{x\to0}\frac{2}{x^2+3}=\frac{2}{3}.$$

例 3 求$\lim\limits_{x\to0}\frac{(\mathrm{e}^x-1)\sin x}{1-\cos x}$.

解 因当 $x\to0$ 时，$\mathrm{e}^x-1\sim x$，$\sin x\sim x$，$1-\cos x\sim\frac{1}{2}x^2$，所以

$$\lim_{x\to0}\frac{(\mathrm{e}^x-1)\sin x}{1-\cos x}=\lim_{x\to0}\frac{x\cdot x}{\frac{1}{2}x^2}=2.$$

练习 1.9

1. 当 $x\to0$ 时，下列无穷小与 x 相比是什么阶的无穷小？

(1) $x+\tan2x$　　(2) $1-\cos x$

(3) $\ln(1+x)$　　(4) $\sin\sqrt{|x|}$

(5) $x+\sin x^2$　　(6) $\sqrt{1+x}-\sqrt{1-x}$

2. 证明：$\ln\frac{1-x}{1-\sqrt{x}}\sim\sqrt{x}\ (x\to0^+)$.

3. 设 $x\to0$ 时，$f(x)\sim x$，试证 $f(x)-x$ 是 x 的高阶无穷小量．

4. 若当 $x\to\infty$ 时，$\frac{1}{ax^2+bx+c}\sim\frac{1}{x+1}$，试求 a,b,c 的值．

5. 利用等价无穷小的代换性质，求下列极限．

(1) $\lim\limits_{x\to0}\frac{\sin(x^n)}{(\sin x)^m}$　(m,n 为正整数)

(2) $\lim\limits_{x\to0}\frac{\ln(1+x^n)}{\ln^m(1+x)}$　(m,n 为正整数)

(3) $\lim\limits_{x\to0}\frac{\tan x-\sin x}{\sin^3x}$　　(4) $\lim\limits_{x\to1}\frac{\arcsin(1-x)}{\ln x}$

习题选讲

(5) $\lim\limits_{x\to 1}\dfrac{1+\cos\pi x}{(x-1)^2}$　　　　(6) $\lim\limits_{x\to\infty}(e^{\frac{2}{x}}-1)x$

§1.10　函数的连续性

自然界中的现象，普遍有以下两种变化情况：一种是连续的变化情况，如温度计中的水银柱高度会随着温度的改变而连续地上升和下降；另一种变化情况是间断的或跳跃的，例如邮寄信件的邮费随邮件质量的增加而作阶梯式的增加等．这两种变化情况在函数关系上的反映，就是函数的连续与不连续问题．

1.10.1　函数的连续性

1. 改变量

定义 1.10.1　设变量 t 从它的初值 t_0 改变到终值 t_1，终值与初值之差 t_1-t_0 称为变量 t 的**改变量**或**增量**(increment)．记作 Δt，即 $\Delta t=t_1-t_0$．

注　改变量 Δt 可以是正的、负的，也可以是零．

对于函数 $y=f(x)$，当自变量 x 从 x_0 改变到 $x_0+\Delta x$ 时，函数值相应地由 $f(x_0)$ 改变到 $f(x_0+\Delta x)$，记 $\Delta y=f(x_0+\Delta x)-f(x_0)$．称 Δx 为自变量 x 在 x_0 点的改变量，Δy 为函数 $f(x)$ 在 x_0 点相应于自变量的改变量 Δx 的函数改变量．

例 1　设函数 $y=x^2$，当自变量 x 在 x_0 处取得改变量 Δx 时，求函数的相应改变量．

解
$$\begin{aligned}\Delta y&=f(x_0+\Delta x)-f(x_0)\\&=(x_0+\Delta x)^2-x_0^2=2x_0\Delta x+(\Delta x)^2.\end{aligned}$$

2. 函数在一点连续

数学中的连续与汉语语言中的“连续”意义相近，直观地说，“连续”就是不间断，函数在一点连续反映在几何上，就是函数曲线在相应点处不断开．

例如，设函数 $y=f(x)$，其图形如图 1－37 所示．

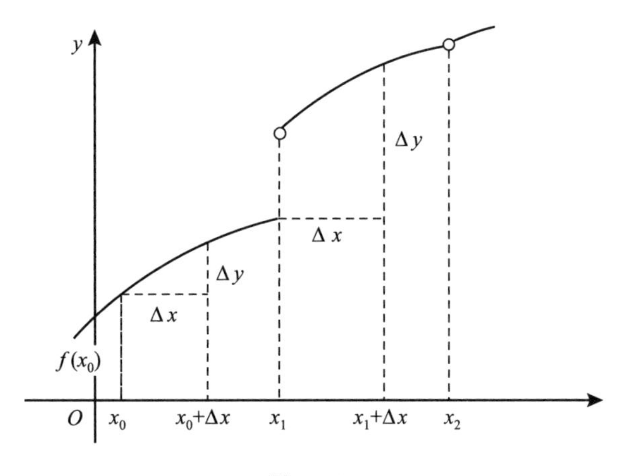

图 1－37

函数曲线 $y=f(x)$上在与 x_0 相应的点处不断开，因此我们说函数 $y=f(x)$在 x_0 点连续；函数曲线 $y=f(x)$上在与 x_1、x_2 相应点处断开，因此我们说函数$y=f(x)$在 x_1，x_2 点不连续．

在函数的连续点 x_0 处，当自变量 x 在 x_0 点取得微小改变量 Δx（即$|\Delta x|$很小）时，相应的函数的改变量 Δy 也很小（即$|\Delta y|$很小），且当 Δx 趋于 0 时，Δy 也趋于 0，即$\lim\limits_{\Delta x\to 0}\Delta y=0$；而不连续点 x_1 却没有这一特征（见图 1－37）．并且没有定义的点不可能是函数的连续点（见图 1－37 中点 x_2）．由此我们给出函数在一点连续的定义．

定义 1.10.2　设函数 $y=f(x)$在点 x_0 的某邻域内有定义，如果当自变量 x 在点 x_0 处取得的改变量 Δx 趋于 0 时，函数相应的改变量 Δy 也趋于 0，即

$$\lim_{\Delta x\to 0}\Delta y=\lim_{\Delta x\to 0}[f(x_0+\Delta x)-f(x_0)]=0 \tag{1}$$

则称函数 $f(x)$在点 x_0 处**连续**（continuous），并称点 x_0 是函数 $y=f(x)$的**连续点**．

函数在一点的连续性

对例 1 中的函数，由于

$$\lim_{\Delta x\to 0}\Delta y=\lim_{\Delta x\to 0}[2x_0\Delta x+(\Delta x)^2]=0,$$

所以 $y=x^2$ 在点 x_0 处连续．

在定义 1.10.2 中，令 $x=x_0+\Delta x$，则 $\Delta x=x-x_0$，$\Delta x\to 0$ 与 $x\to x_0$ 等价，所以

$$\lim_{\Delta x\to 0}\Delta y=\lim_{\Delta x\to 0}[f(x_0+\Delta x)-f(x_0)]=0$$

可改写为

$$\lim_{x\to x_0}[f(x)-f(x_0)]=0$$

即

$$\lim_{x\to x_0}f(x)=f(x_0).$$

于是，函数 $f(x)$ 在 x_0 点连续的定义又可叙述如下：

定义 1.10.3 设函数 $f(x)$ 在 x_0 的某邻域内有定义，如果

$$\lim_{x\to x_0}f(x)=f(x_0) \tag{2}$$

则称函数 $f(x)$ 在 x_0 处连续.

下面给出函数在一点左连续、右连续的概念.

定义 1.10.4 设 $f(x)$ 在 x_0 点某左邻域 $(x_0-\delta,x_0]$（$\delta>0$ 常数）内有定义，若

$$\lim_{x\to x_0^-}f(x)=f(x_0)$$

则称函数 $f(x)$ 在 x_0 点**左连续**.

类似地，可以给出函数 $y=f(x)$ 在 x_0 点右连续的定义. 显然，函数 $y=f(x)$ 在 x_0 点连续的充要条件是函数 $y=f(x)$ 在 x_0 点既左连续又右连续.

3. 函数在区间上连续

定义 1.10.5 若函数 $y=f(x)$ 在区间 I 上每一点都连续，则称函数 $y=f(x)$ 在区间 I 上连续，或者说函数 $y=f(x)$ 在区间 I 上是连续函数. 如果区间 I 包括端点，那么函数在右端点连续是指左连续，在左端点连续是指右连续.

例 2 试证 $y=\sin x$ 在 $(-\infty,+\infty)$ 内连续.

证 设 x_0 是 $(-\infty,+\infty)$ 内的任意一点，则当 x 在 x_0 处取改变量 Δx 时，函数的相应改变量为

$$\begin{aligned}\Delta y&=\sin(x_0+\Delta x)-\sin x_0\\&=2\cos\left(x_0+\frac{\Delta x}{2}\right)\sin\frac{\Delta x}{2}\\&=\frac{\sin\frac{\Delta x}{2}}{\frac{\Delta x}{2}}\left[\Delta x\cos\left(x_0+\frac{\Delta x}{2}\right)\right]\end{aligned}$$

由于 $\lim\limits_{\Delta x\to 0}\dfrac{\sin\frac{\Delta x}{2}}{\frac{\Delta x}{2}}=1$，$\cos\left(x_0+\dfrac{\Delta x}{2}\right)$ 为有界变量，所以

$$\lim_{\Delta x\to 0}\Delta y=\lim_{\Delta x\to 0}\frac{\sin\frac{\Delta x}{2}}{\frac{\Delta x}{2}}\cdot\lim_{\Delta x\to 0}\left[\Delta x\cos\left(x_0+\frac{\Delta x}{2}\right)\right]=1\times 0=0.$$

由此知 $y=\sin x$ 在 x_0 处连续. 而 x_0 为 $(-\infty,+\infty)$ 内的任一点，从而 $y=\sin x$ 在 $(-\infty,+\infty)$ 内连续.

例 3 证明 $y=x^n$（n 为正整数）在 $(-\infty,+\infty)$ 内连续.

证　设 x_0 为$(-\infty,+\infty)$内任意取定的一点，则根据§1.7中式(3)可得

$$\lim_{x\to x_0}x^n=x_0^n$$

由定义1.10.3知，$y=x^n$ 在 x_0 点连续．再由 x_0 的任意性知 $y=x^n$ 在$(-\infty,+\infty)$内连续．

1.10.2　函数的间断点

由函数 $f(x)$在点 x_0 处连续的定义1.10.3，可知函数 $f(x)$在 x_0 点连续须满足下面三个条件：

(1)函数 $f(x)$在 x_0 点有定义；

(2)极限$\lim\limits_{x\to x_0}f(x)$存在；

(3)$\lim\limits_{x\to x_0}f(x)=f(x_0)$.

如果函数 $f(x)$在 x_0 点不能满足上述所有三个条件，我们就称函数 $f(x)$在 x_0 点**不连续**，此时，称点 x_0 为 $f(x)$的**间断点**．

下面举例说明函数间断点的几种常见类型．

例1　$y=\dfrac{1}{x}$在 $x=0$ 处没有定义，所以点 $x=0$ 是函数 $y=\dfrac{1}{x}$的间断点．因$\lim\limits_{x\to 0}\dfrac{1}{x}=\infty$，我们称 $x=0$ 为函数的**无穷间断点**，见图1—38.

例2　$y=\begin{cases}\sin\dfrac{1}{x} & x\neq 0\\ 0 & x=0\end{cases}$，因为$\lim\limits_{x\to 0}\sin\dfrac{1}{x}$不存在，所以点 $x=0$ 为函数 $f(x)$的间断点．由于 $x\to 0$ 时，函数值在-1与1之间振荡，因而称$x=0$为函数的**振荡间断点**，见图1—39.

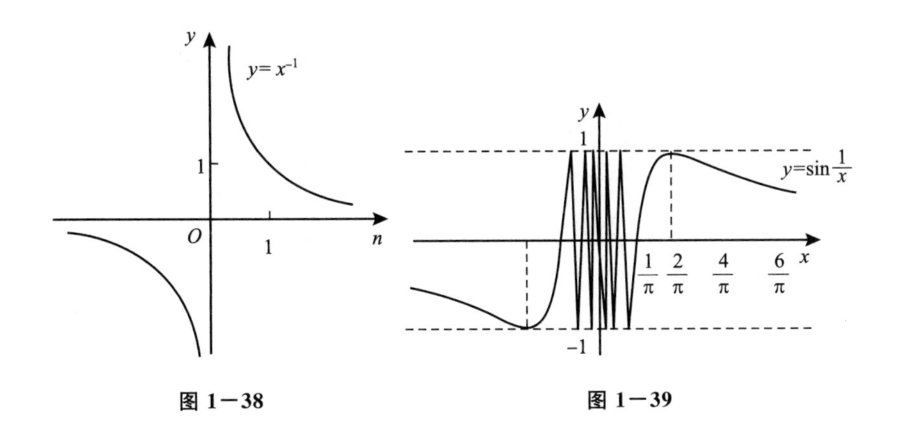

图1—38　　　　图1—39

例 3 $f(x)=\begin{cases}x-1, & x<0\\0, & x=0\\x+1, & x>0\end{cases}$，因为

$$\lim_{x\to0^-}f(x)=\lim_{x\to0^-}(x-1)=-1$$

$$\lim_{x\to0^+}f(x)=\lim_{x\to0^+}(x+1)=1$$

显然 $\lim\limits_{x\to0^-}f(x)\neq\lim\limits_{x\to0^+}f(x)$，故 $\lim\limits_{x\to0}f(x)$ 不存在，所以 $x=0$ 为函数的间断点．因函数 $f(x)$ 的图像在 $x=0$ 处产生了一个跳跃，我们称 $x=0$ 为函数的**跳跃间断点**，见图 1－40.

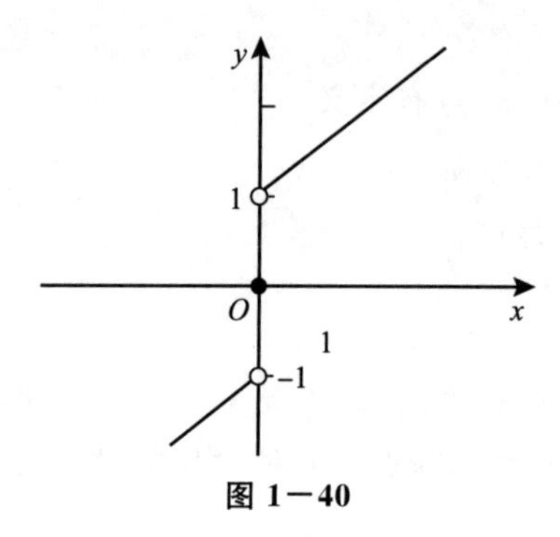

图 1－40

例 4 函数 $f(x)=\dfrac{1-x^2}{1-x}$ 在 $x=1$ 处没有定义，所以函数 $f(x)$ 在 $x=1$ 处间断．但这里

$$\lim_{x\to1}\frac{1-x^2}{1-x}=\lim_{x\to1}(1+x)=2$$

如果补充 $f(1)=2$，则所给函数 $f(x)$ 在 $x=1$ 处连续，所以称 $x=1$ 为函数 $f(x)$ 的**可去间断点**，见图 1－41.

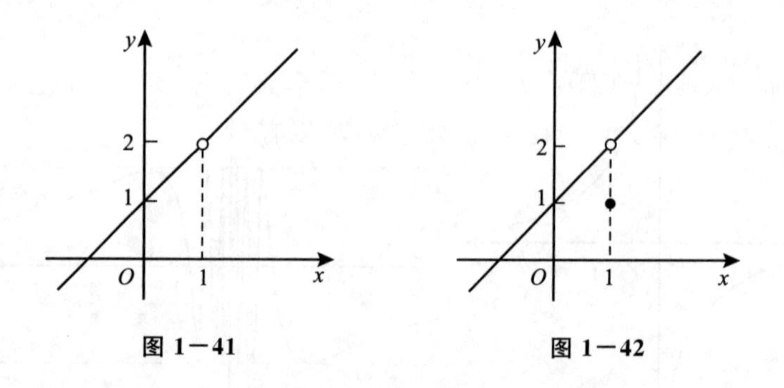

图 1－41　　图 1－42

例 5 $f(x)=\begin{cases}x+1, & x\neq1\\1, & x=1\end{cases}$，因为 $\lim\limits_{x\to1}f(x)=\lim\limits_{x\to1}(x+1)=2$，但 $f(1)=$

$1, \lim\limits_{x\to 1} f(x) \neq f(1)$，所以，点 $x=1$ 是函数 $f(x)$ 的间断点，见图 1－42. 但如果重新定义 $f(x)$ 在 $x=1$ 处的值 $f(1)=2$，则 $f(x)$ 在 $x=1$ 处连续．所以 $x=1$ 也称为函数 $f(x)$ 的可去间断点．

上面例 3、例 4、例 5 中的间断点的主要特征是在该点的左极限、右极限都存在，通常把具有这类特征的间断点统称为**第一类间断点**．不是第一类间断点的任何间断点称为**第二类间断点**．可见跳跃间断点、可去间断点为第一类间断点；无穷间断点、振荡间断点为第二类间断点．

例 6 考察 $y=\lim\limits_{n\to\infty}\dfrac{1}{1+x^n}(x\geqslant 0)$ 在 $x=1$ 点的连续性．若间断，判断其类型．

解 因为 $y=\lim\limits_{n\to\infty}\dfrac{1}{1+x^n}=\begin{cases}1 & 0\leqslant x<1\\ \dfrac{1}{2} & x=1\\ 0 & x>1\end{cases}$

对于 $x=1$，因

$$\lim_{x\to 1^-} f(x)=\lim_{x\to 1^-} 1=1$$

$$\lim_{x\to 1^+} f(x)=\lim_{x\to 1^+} 0=0$$

$$\lim_{x\to 1^-} f(x)\neq \lim_{x\to 1^+} f(x)$$

所以，$x=1$ 是 $f(x)$ 的间断点，属第一类．

1.10.3 初等函数的连续性

1. 连续函数的运算法则

定理 1.10.1(四则运算法则) 如果函数 $f(x)$、$g(x)$ 在 x_0 点都连续，则 $f(x)\pm g(x)$，$f(x)g(x)$，$\dfrac{f(x)}{g(x)}(g(x_0)\neq 0)$ 在点 x_0 处也连续．

证 只证明 $f(x)+g(x)$ 在点 x_0 处连续，其他情形可类似地证明．

因为 $f(x)$ 与 $g(x)$ 在点 x_0 处连续，所以有

$$\lim_{x\to x_0} f(x)=f(x_0),\ \lim_{x\to x_0} g(x)=g(x_0)$$

因此，根据极限的运算法则有

$$\lim_{x\to x_0}[f(x)+g(x)]=\lim_{x\to x_0} f(x)+\lim_{x\to x_0} g(x)=f(x_0)+g(x_0)$$

所以 $f(x)+g(x)$ 在点 x_0 处连续．

由 1.10.1 小节中例 3 的结论及定理 1.10.1 容易得到：

(i) 多项式函数 $y=a_0x^n+a_1x^{n-1}+\cdots+a_{n-1}x+a_n$ 在 $(-\infty,+\infty)$ 内连续．

(ii)有理分式函数 $y=\frac{a_0x^n+a_1x^{n-1}+\cdots+a_{n-1}x+a_n}{b_0x^m+b_1x^{m-1}+\cdots+b_{m-1}x+b_m}$除分母为零的点不连续外，在其他点都连续．

定理 1.10.2(复合函数的连续性) 如果函数 $u=\varphi(x)$在点 x_0 连续，$\varphi(x_0)=u_0$，而函数 $y=f(u)$在点 u_0 连续，那么复合函数 $y=f[\varphi(x)]$在 x_0 点连续．即

$$\lim_{x\to x_0}f[\varphi(x)]=f[\varphi(x_0)].$$

定理 1.10.2 的结论可以写成$\lim\limits_{x\to x_0}f[\varphi(x)]=f[\varphi(x_0)]=f[\lim\limits_{x\to x_0}\varphi(x)]$. 这表明在定理的条件下，函数符号 f 与极限号可以交换次序．由定理 1.7.2 知，只要$\lim\limits_{x\to x_0}\varphi(x)=u_0$，而 $f(u)$在 u_0 点连续，就有

$$\lim_{x\to x_0}f[\varphi(x)]=f[\lim_{x\to x_0}\varphi(x)]=f(u_0).$$

定理 1.10.3(反函数的连续性) 设函数 $y=f(x)$在某区间上连续，且单调增加(减少)，则它的反函数 $y=f^{-1}(x)$在对应区间上连续且单调增加(减少).

证明从略．

2. 初等函数的连续性

利用连续函数的定义与上述定理可得出如下结论：

(1)基本初等函数在其定义域内连续．

(2)初等函数在其定义区间上连续．

例 1 设 $f(x)=\begin{cases}a+x, & x\leqslant 0\\ x^2+1, & 0<x<1\\ \frac{b}{x}, & x\geqslant 1\end{cases}$，问当 a,b 为何值时，$f(x)$在其定义域内连续?

解 因为函数 $f(x)$在定义域的每一段上都是初等函数，所以，它只要在分段点 $x=0$ 与 $x=1$ 处连续，就在整个定义域内连续．

对于 $x=0$，$f(0)=a$，

$$\lim_{x\to 0^-}f(x)=\lim_{x\to 0^-}(a+x)=a,$$
$$\lim_{x\to 0^+}f(x)=\lim_{x\to 0^+}(x^2+1)=1,$$

可得，当 $a=1$ 时，$f(x)$在 $x=0$ 点连续．

对于 $x=1$，$f(1)=b$，

$$\lim_{x\to 1^-}f(x)=\lim_{x\to 1^-}(x^2+1)=2,$$
$$\lim_{x\to 1^+}f(x)=\lim_{x\to 1^+}\frac{b}{x}=b,$$

所以当 $b=2$ 时，$f(x)$在 $x=1$ 点连续．即当 $a=1$，$b=2$ 时，$f(x)$在其

定义域内连续.

例 2　设 $f(x)=\begin{cases}\dfrac{\sin 2x}{x}, & x<0 \\ (x+k)^2, & x\geqslant 0\end{cases}$ 在其定义域内连续,求 k 的值.

解　因 $f(x)$在定义域内连续,所以 $f(x)$必在 $x=0$ 处连续,因此

$$\lim_{x\to 0^-} f(x)=f(0)=\lim_{x\to 0^+} f(x).$$

而 $\lim\limits_{x\to 0^-} f(x)=\lim\limits_{x\to 0^-}\dfrac{\sin 2x}{x}=2$,$\lim\limits_{x\to 0^+} f(x)=\lim\limits_{x\to 0^+}(x+k)^2=k^2=f(0)$,所以 $k^2=2$,即$k=\pm\sqrt{2}$.

利用函数的连续性可以求某些极限.

例 3　求$\lim\limits_{x\to 0}\dfrac{\ln\sqrt{x^2+4}}{\sin(1+x^2)}$.

解　因为函数$\dfrac{\ln\sqrt{x^2+4}}{\sin(1+x^2)}$在 $x=0$ 处连续,所以

$$\lim_{x\to 0}\frac{\ln\sqrt{x^2+4}}{\sin(1+x^2)}=\frac{\ln\sqrt{0^2+4}}{\sin(1+0^2)}=\frac{\ln 2}{\sin 1}.$$

例 4　求$\lim\limits_{x\to 0}\dfrac{\ln(1+x)}{x}$.

解　令 $u=(1+x)^{\frac{1}{x}}$,$f(u)=\ln u$. 当 $x\to 0$ 时 $u\to \mathrm{e}$,$f(u)=\ln u$ 在 $u=\mathrm{e}$ 处连续,根据定理 1.7.2,得

$$\lim_{x\to 0}\frac{\ln(1+x)}{x}=\lim_{x\to 0}\ln(1+x)^{\frac{1}{x}}=\ln\left[\lim_{x\to 0}(1+x)^{\frac{1}{x}}\right]=\ln\mathrm{e}=1.$$

例 5　求$\lim\limits_{x\to 0}(1+2x)^{\frac{3}{\sin x}}$.

解　因$(1+2x)^{\frac{3}{\sin x}}=(1+2x)^{\frac{1}{2x}\cdot\frac{x}{\sin x}\cdot 6}=\mathrm{e}^{6\cdot\frac{x}{\sin x}\ln(1+2x)^{\frac{1}{2x}}}$

利用定理 1.7.2 及极限运算法则,有

$$\lim_{x\to 0}(1+2x)^{\frac{3}{\sin x}}=\mathrm{e}^{\lim\limits_{x\to 0}\left[6\cdot\frac{x}{\sin x}\cdot\ln(1+2x)^{\frac{1}{2x}}\right]}=\mathrm{e}^6.$$

一般地,对于形如 $u(x)^{v(x)}$ $(u(x)>0, u(x)\neq 1)$的函数,若

$$\lim u(x)=a>0, \lim v(x)=b,$$

则

$$\lim u(x)^{v(x)}=a^b.$$

1.10.4　闭区间上连续函数的性质

闭区间上的连续函数具有很多特殊性质,这些性质在理论和应用上都有重要意义.这些性质从几何直观上看是明显的,但证明却不容易.下面以定理的形式把这些重要性质叙述出来,而略去证明.

定理 1.10.4(有界性)　若$f(x)$在闭区间$[a,b]$上连续,则 $f(x)$在

$[a,b]$上有界（见图 1－43）.

一般来讲，开区间上的连续函数不一定有界．例如，函数 $y=\dfrac{1}{x}$在 $(0,1)$内无界．

定理 1.10.5（最值性） 若函数 $f(x)$在闭区间$[a,b]$上连续，则 $f(x)$在$[a,b]$上必能取得最大值和最小值．也就是说存在 $x_1,x_2\in[a,b]$，使 $f(x_1)=m,f(x_2)=M$，且对任意的 $x\in[a,b]$，都有 $m\leqslant f(x)\leqslant M$（见图 1－44）.

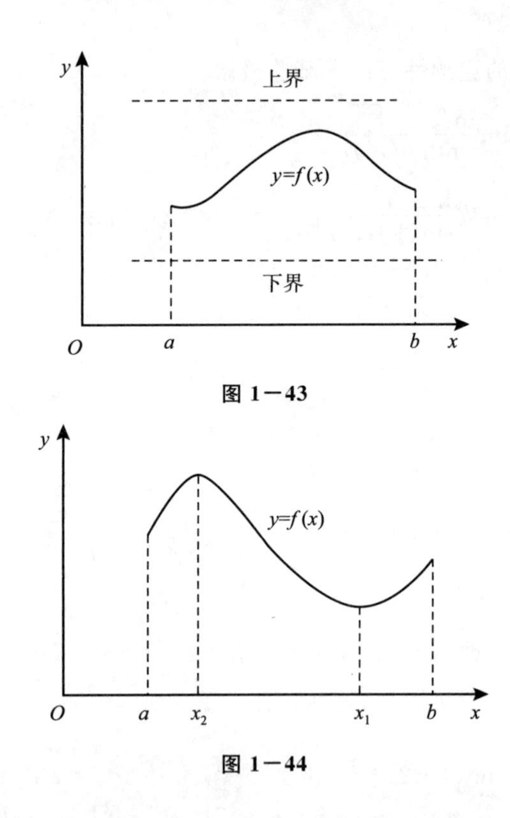

图 1－43

图 1－44

开区间上的连续函数，不一定具有此性质．例如函数 $y=x$ 在$(0,1)$内既无最大值也无最小值．

定理 1.10.6（介值性） 若函数$f(x)$在闭区间$[a,b]$上连续，m 和 M 分别为$f(x)$在$[a,b]$上的最小值与最大值，则对于任何介于 m 和 M 之间的数 c（即$m<c<M$），在(a,b)内至少存在一点 ξ，使得 $f(\xi)=c$（见图 1－45）.

推论（零点存在定理） 若函数 $f(x)$在闭区间$[a,b]$上连续，$f(a)f(b)<0$，则在(a,b)内至少存在一点 ξ，使得 $f(\xi)=0$（见图 1－46）.

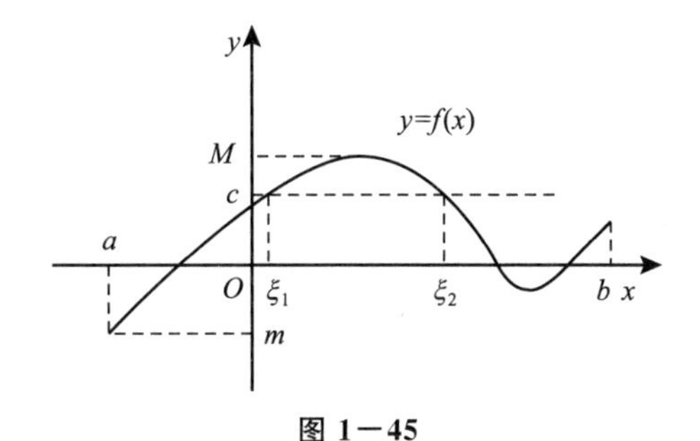

图 1－45

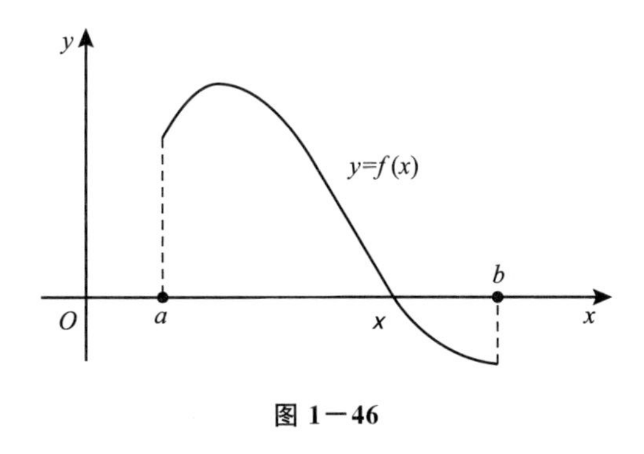

图 1－46

零点存在定理说明，如果 $f(x)$在$[a,b]$上满足条件，则方程 $f(x)=0$ 在(a,b)内至少存在一个实根．因此，可以用零点定理证明一个方程根的存在性及判断根的所在范围，而且还能得到方程近似根的计算方法．

例 1　验证方程 $x^3-6x+2=0$ 在区间$(-3,-2)$，$(0,1)$，$(2,3)$内各有一根，并指出在$(0,1)$内的根是在$\left(0,\frac{1}{2}\right)$与$\left(\frac{1}{2},1\right)$的哪个区间？

解　令 $f(x)=x^3-6x+2$，显然 $f(x)$在区间$[-3,-2]$，$[0,1]$，$[2,3]$上均连续，且

$$f(-3)=-7<0, f(-2)=6>0,$$
$$f(0)=2>0, f(1)=-3<0,$$
$$f(2)=-2<0, f(3)=11>0.$$

由零点存在定理可知，$f(x)$在区间$(-3,-2)$，$(0,1)$，$(2,3)$内至少各有一根，又三次代数方程最多有三个根，故方程 $x^3-6x+2=0$ 在区间$(-3,-2)$，$(0,1)$，$(2,3)$内各有一根．

因为 $f\left(\frac{1}{2}\right)=-\frac{7}{8}<0$，所以对 $f(x)$在区间$\left[0,\frac{1}{2}\right]$上应用零点存在定理，知方程 $f(x)=0$ 在区间$(0,1)$内的根只能在$\left(0,\frac{1}{2}\right)$内．

重复上述步骤，可进一步将方程的根所在范围缩小，这样可得到方程的近似根，且其误差可以任意地小．

例 2　证明方程 $x=a\sin x+b$ 至少有一个正根，并且它不超过 $a+b$，

其中$a>0$，$b>0$.

证 令 $f(x)=x-a\sin x-b$，则 $f(x)$在$[0,a+b]$上连续，且 $f(0)=-b<0$，$f(a+b)=a[1-\sin(a+b)]\geqslant 0$.

若 $f(a+b)=0$，则 $a+b$ 就是原方程的根，从而结论成立.

若 $f(a+b)>0$，则由零点存在定理可知，在$(0,a+b)$内至少存在一点 ξ，使$f(\xi)=0$. 从而结论也成立.

练习 1.10

1. 设函数 $f(x)$的图像见图 1－47，指出 $f(x)$在点 $x=-4,-2,0,2,4,6$ 处的连续情况.

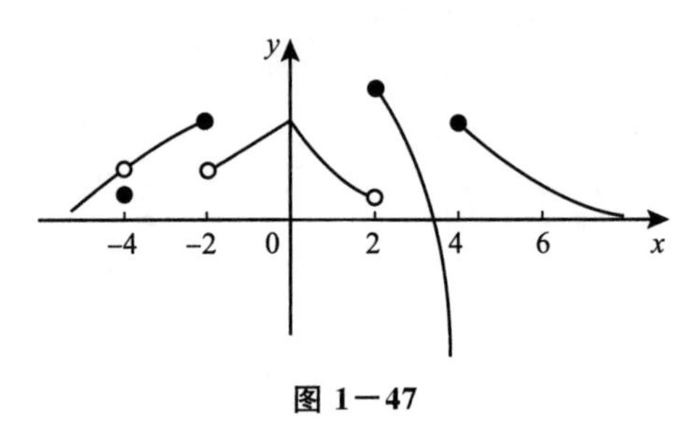

图 1－47

2. 判断函数 $f(x)=\begin{cases}\dfrac{\ln(1+x)}{x}, & -1<x<0\\ 2, & x=0\\ \dfrac{2\sin\frac{x}{2}}{x}, & x>0\end{cases}$ 在 $x=0$ 点的连续性.

3. 补充定义 $f(0)$，使 $f(x)$在 $x=0$ 处连续.

(1) $f(x)=\dfrac{\sqrt{1+x}-\sqrt{1-x}}{x}$　　(2) $f(x)=\sin x\cos\dfrac{1}{x}$

习题选讲

4. 设 $f(x)=\begin{cases}\dfrac{1}{x}\sin x, & x<0\\ a, & x=0\\ x\sin\dfrac{1}{x}+b, & x>0\end{cases}$，问 a，b 为何值时，$f(x)$在其定义域内连续.

5. 求下列函数的间断点，并说明间断点的类型.

(1) $f(x)=\dfrac{x^2+x-2}{x+2}$　　(2) $f(x)=\cos^2\dfrac{1}{x}$

(3) $f(x)=\begin{cases}x^2+1, & x\leqslant 1\\ \ln(x-1), & x>1\end{cases}$　　(4) $f(x)=\begin{cases}x^2\sin\dfrac{1}{x}, & x<0\\ 1, & x=0\\ e^{-\frac{1}{x}}+1, & x>0\end{cases}$

6. 求下列函数的连续区间.

(1) $f(x)=\ln(2-x)$　　(2) $f(x)=\sqrt{x-4}+\sqrt{6-x}$

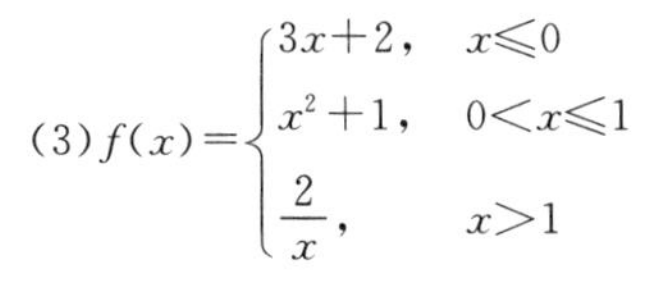

(3) $f(x)=\begin{cases}3x+2, & x\leqslant 0\\ x^2+1, & 0<x\leqslant 1\\ \dfrac{2}{x}, & x>1\end{cases}$

习题选讲

7. 求下列极限.

(1) $\lim\limits_{x\to 0}\sqrt{x^2-2x+3}$　　(2) $\lim\limits_{x\to\frac{\pi}{4}}(\cos 2x)^3$

(3) $\lim\limits_{t\to -1}\dfrac{\mathrm{e}^{-2t}-1}{t}$　　(4) $\lim\limits_{x\to\frac{\pi}{2}}\dfrac{\sin x}{x}$

(5) $\lim\limits_{x\to\infty}\cos\left[\ln\left(1+\dfrac{2x-1}{x^2}\right)\right]$　　(6) $\lim\limits_{x\to 0}f\left(\dfrac{\sin 2x}{x}\right)$，其中 $f(x)$ 连续，$f(2)=3$.

8. 验证方程 $e^{3x}-x=2$ 在 $(0,1)$ 内至少有一个根.

9. 设函数 $y=f(x)$ 在 $x=c$ 点连续，且 $f(c)>0$，证明存在点 c 的一个 δ 邻域 $(c-\delta,c+\delta)$，使 $f(x)>0$，$x\in(c-\delta,c+\delta)$.

习　题　一

习题选讲

1. 填空题.

(1) 当 $n\to\infty$ 时，$\sin^2\dfrac{1}{n}$ 与 $\dfrac{1}{n^k}$ 是等价无穷小，则 $k=$________.

(2)* 极限 $\lim\limits_{x\to\infty}\dfrac{3x^2+5}{5x+3}\sin\dfrac{2}{x}=$________.

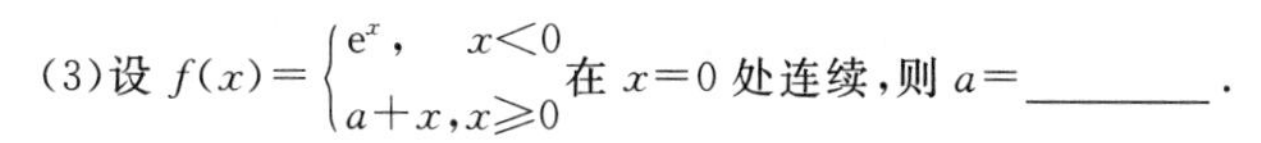

(3) 设 $f(x)=\begin{cases}\mathrm{e}^x, & x<0\\ a+x, & x\geqslant 0\end{cases}$ 在 $x=0$ 处连续，则 $a=$________.

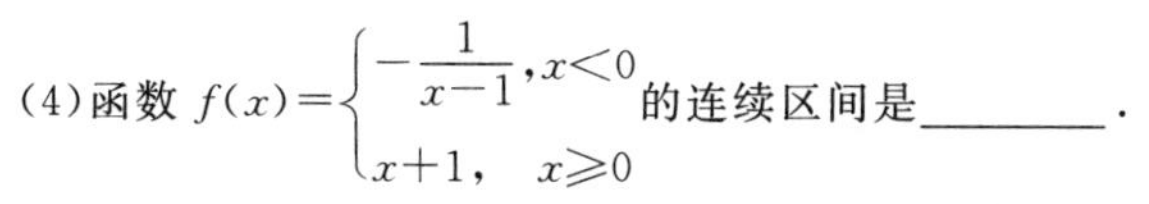

(4) 函数 $f(x)=\begin{cases}-\dfrac{1}{x-1}, & x<0\\ x+1, & x\geqslant 0\end{cases}$ 的连续区间是________.

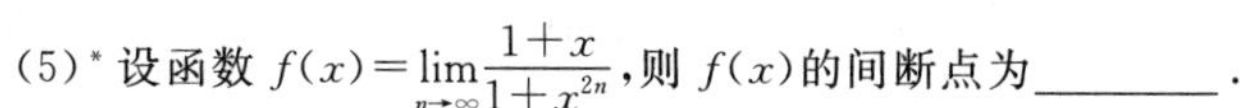

(5)* 设函数 $f(x)=\lim\limits_{n\to\infty}\dfrac{1+x}{1+x^{2n}}$，则 $f(x)$ 的间断点为________.

2. 选择题.

(1) 下列数列中，当 $n\to\infty$ 时极限为零的是(　　).

(a) $\sqrt{0.001},\sqrt[3]{0.001},\sqrt[4]{0.001},\cdots$　　(b) $x_n=(-1)^n\dfrac{n}{n+1}$

(c) $x_n=(-1)^n\dfrac{1}{n}$　　(d) $x_n=\begin{cases}\dfrac{1}{n}, & n\text{ 为奇数}\\ 1, & n\text{ 为偶数}\end{cases}$

(2) 设 $\{x_n\},\{y_n\}$ 的极限分别为 1 和 2，则数列 $x_1,y_1,x_2,y_2,x_3,y_3,\cdots$ 的极限是(　　).

(a) 1　　(b) 2　　(c) 3　　(d) 不存在

(3) 若 $f(x)>g(x)$，且 $\lim\limits_{x\to x_0}f(x)=A$，$\lim\limits_{x\to x_0}g(x)=B$，则(　　).

(a) $A>B$　　(b) $A\geqslant B$

(c) $|A|>|B|$　　(d) $|A|\geqslant|B|$

(4) 若 $\lim\limits_{x\to x_0}f(x)$ 存在，则(　　).

(a) $f(x)$ 在 x_0 的某去心邻域内有界　　(b) $f(x)$ 在 x_0 的任一邻域内有界

(c) $f(x)$在 x_0 的某邻域内无界　　　(d) $f(x)$在 x_0 的任一邻域内无界

(5)下列函数在给定变化过程中是无穷小的有（　　）.

(a) $2^{-x}-1(x\to 0)$　　　(b) $\dfrac{\sin x^2}{x}(x\to 0)$

(c) $\dfrac{x^2}{\sqrt{x^3+1}}(x\to +\infty)$　　　(d) $\dfrac{x^3}{x^4+1}(3+4\sin x)(x\to \infty)$

(6)当 $x\to 0$ 时，与 x 是等价无穷小的是（　　）.

(a) $\dfrac{\sin x}{\sqrt{x}}$　　　(b) $\ln(1+x)$

(c) $\sqrt{1+x}-\sqrt{1-x}$　　　(d) $1-\cos x$

(7)若$\lim\limits_{x\to a}f(x)=\infty$，$\lim\limits_{x\to a}g(x)=\infty$，则必有（　　）.

(a) $\lim\limits_{x\to a}[f(x)+g(x)]=\infty$　　　(b) $\lim\limits_{x\to a}[f(x)-g(x)]=0$

(c) $\lim\limits_{x\to a}\dfrac{1}{f(x)+g(x)}=0$　　　(d) $\lim\limits_{x\to a}kf(x)=\infty$（$k$ 为非零常数）

(8)数列有界是该数列有极限的（　　）.

(a)必要条件　　　(b)充分条件

(c)充要条件　　　(d)无关条件

习题选讲

(9) $f(x)$在点 x_0 处有定义是当 $x\to x_0$ 时，$f(x)$有极限的（　　）.

(a)必要条件　　　(b)充分条件

(c)充要条件　　　(d)无关条件

(10)设 $f(x)$在$[a,b]$上连续，则 $f(a)f(b)<0$ 是方程 $f(x)=0$ 在(a,b)内至少有一根的（　　）.

(a)必要条件　　　(b)充分条件

(c)充要条件　　　(d)无关条件

(11)设函数 $f(x)=\dfrac{x}{a+e^{bx}}$在$(-\infty,+\infty)$内连续，且 $\lim\limits_{x\to -\infty}f(x)=0$，则常数 a，b 满足（　　）.

(a) $a<0,b<0$　　　(b) $a>0,b<0$

(c) $a\leqslant 0,b>0$　　　(d) $a\geqslant 0,b<0$

3. 确定下列函数的定义域.

(1) $y=\dfrac{1}{\ln|x-5|}$　　　(2) $y=\arcsin\dfrac{x-1}{2}$

(3) $y=\ln\sin x$　　　(4) $y=\sqrt{x^2-4}+\ln x$

4. 设 $y=f(x)$的定义域为$[0,1]$，试求 $f(x^2)$，$f(\sin x)$，$f(x+2)$的定义域.

5. 设 $f(x)=\begin{cases}x+1, & x\leqslant 1\\ 2x+3, & x>1\end{cases}$，试求 $f(0)$，$f(-1)$，$f\left(\dfrac{3}{2}\right)$，$f\left(-\dfrac{3}{2}\right)$，$f(1+x)$，$f(1+\Delta x)-f(1)$，$f(1-\Delta x)-f(1)$.

6. 把函数 $y=5-|2x-1|$写成分段函数的形式，并作出图形.

7. 设函数 $f(x)=2x^2+6x-3$，求 $\varphi(x)=\dfrac{1}{2}[f(x)+f(-x)]$，$\psi(x)=\dfrac{1}{2}[f(x)-f(-x)]$，并指出 $\varphi(x)$及 $\psi(x)$的奇偶性.

8. 某工厂生产一台计算器的可变成本为 150 元，每天的固定成本为 20000

元，如果每台计算器的出厂价为 200 元，为了不亏本，该厂每天至少应生产多少台计算器？

9. 设某产品每次售 10000 件时，每件售价为 50 元，若每次多售 2000 件，则每件相应地降价 2 元．如果生产这种产品的固定成本为 60000 元，变动成本为每件 20 元，最低产量为 10000 件，求：(1)成本函数；(2)收益函数；(3)利润函数．

10. 某商品的成本函数(单位：元)为

$$C=81+3q$$

其中 q 为该商品的数量．试问：

(1)如果商品的售价为 12 元/件，该商品的保本点是多少？

(2)售价为 12 元/件时，售出 10 件商品时的利润为多少？

(3)该商品的售价为什么不应定为 2 元/件？

11. 设某商品的需求函数与供给函数分别为 $D(P)=\dfrac{5600}{P}$ 和 $S(P)=P-10$.

(1)找出均衡价格，并求此时的供给量与需求量；

(2)在同一坐标中画出供给与需求曲线；

(3)何时供给曲线过 P 轴，这一点的经济意义是什么？

12. 求下列极限．

(1) $\lim\limits_{n\to\infty}\dfrac{5n^2+2n}{4n^2+3n+1}$　　(2) $\lim\limits_{x\to\infty}\dfrac{3x^2+1}{4x^2+5x+7}$

(3) $\lim\limits_{x\to 1}\dfrac{x^2-1}{2x^2-x-1}$　　(4) $\lim\limits_{x\to 0}\dfrac{4x^3-2x^2+x}{3x^2+2x}$

(5) $\lim\limits_{x\to -1}\dfrac{\sqrt{x+5}-2}{x+1}$　　(6) $\lim\limits_{x\to 0}\dfrac{x^2}{1-\sqrt{1+x^2}}$

(7) $\lim\limits_{x\to -8}\dfrac{\sqrt{1-x}-3}{2+\sqrt[3]{x}}$　　(8) $\lim\limits_{x\to 1}\left(\dfrac{3}{1-x^3}-\dfrac{1}{1-x}\right)$

(9) $\lim\limits_{n\to\infty}\left(\sqrt{n+\sqrt{n}}-\sqrt{n-\sqrt{n}}\right)$　　(10) $\lim\limits_{n\to\infty}\dfrac{1+2+3+\cdots+(n-1)}{n^2}$

(11) $\lim\limits_{n\to\infty}\left(1+\dfrac{1}{3}+\dfrac{1}{9}+\cdots+\dfrac{1}{3^n}\right)$　　(12) $\lim\limits_{x\to\infty}\dfrac{x^2+1}{x^3+x}(3+\cos x)$

习题选讲

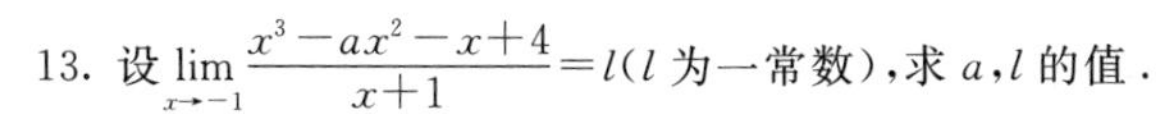

13. 设 $\lim\limits_{x\to -1}\dfrac{x^3-ax^2-x+4}{x+1}=l$($l$ 为一常数)，求 a,l 的值．

14. 若 $\lim\limits_{x\to\infty}\left[\dfrac{x^2+1}{x+1}-(ax+b)\right]=0$，求 a,b 的值．

15. 求下列极限．

(1) $\lim\limits_{x\to 0}\dfrac{\sin 2x}{\sin 3x}$　　(2) $\lim\limits_{n\to\infty} n\tan\dfrac{1}{n}$

(3) $\lim\limits_{x\to 0}\dfrac{2\arcsin x}{3x}$　　(4) $\lim\limits_{x\to 0}\dfrac{\tan 2x}{\sin 5x}$

(5) $\lim\limits_{x\to 1}\dfrac{\sin(x^2-1)}{x-1}$

16. 求下列极限．

(1) $\lim\limits_{x\to\infty}\left(1+\dfrac{3}{x}\right)^x$　　(2) $\lim\limits_{x\to\infty}\left(1-\dfrac{2}{x}\right)^{x-1}$

(3) $\lim\limits_{x\to\infty}\left(\dfrac{2x+1}{2x-1}\right)^x$　　(4) $\lim\limits_{x\to\infty}\left(1-\dfrac{1}{x^2}\right)^x$

(5)* $\lim\limits_{n\to\infty}\ln\left[\dfrac{n-2na+1}{n(1-2a)}\right]^n, a\neq\dfrac{1}{2}$

17. 利用等价无穷小的代换性质，求下列极限.

(1) $\lim\limits_{x\to 0}\dfrac{(\sin x^3)\tan x}{1-\cos x^2}$　　(2) $\lim\limits_{x\to 0}\dfrac{\sqrt{1+x\sin x}-1}{x\arctan x}$

(3) $\lim\limits_{x\to\infty}x(\mathrm{e}^{-\frac{1}{x}}-1)$　　(4) $\lim\limits_{x\to 0}\dfrac{\sin x-\tan x}{(\sqrt[3]{1+x^2}-1)(\sqrt{1+\sin x}-1)}$

18. 求下列函数的间断点，并说明间断点的类型.

(1) $y=\dfrac{x^2-1}{x^2-3x+2}$　　(2) $y=\begin{cases}\dfrac{1-x^2}{1-x}, & x\neq 1\\ 0, & x=1\end{cases}$

(3) $y=\cos\dfrac{1}{x}$　　(4) $y=\dfrac{\tan x}{x}$

19. k 为何值时，$f(x)$在其定义域内连续.

(1) $f(x)=\begin{cases}\dfrac{\sin 2x}{x}, & x<0\\ 3x^2-2x+k, & x\geqslant 0\end{cases}$

(2) $f(x)=\begin{cases}1+x\sin\dfrac{1}{x}, & x<0\\ (x+k)^2, & x\geqslant 0\end{cases}$

(3)* $f(x)=\begin{cases}x^2+1, & |x|\leqslant k\\ \dfrac{2}{|x|}, & x>k\end{cases}$

20. 求下列极限.

(1) $\lim\limits_{x\to+\infty}x[\ln(x+1)-\ln x]$

(2) $\lim\limits_{n\to\infty}n[\ln(n+2)-\ln n]$

(3) $\lim\limits_{x\to 0}\dfrac{\ln(1+2x)}{\sin 3x}$

(4) $\lim\limits_{x\to+\infty}[\sin(\ln(1+x))-\sin(\ln x)]$

(5) $\lim\limits_{x\to 0}\left[\dfrac{\lg(100+x)}{a^x+\arcsin x}\right]^{\frac{1}{2}}$

21. 设 $f(x)=\begin{cases}a+bx^2, & x\leqslant 0\\ \dfrac{\sin bx}{x}, & x>0\end{cases}$ 在 $x=0$ 点连续，问常数 a 与 b 的关系如何？

22. 设 $f(x)=\begin{cases}x, & x<1\\ a, & x\geqslant 1\end{cases}$，$g(x)=\begin{cases}b, & x<0\\ x+2, & x\geqslant 0\end{cases}$，确定 a,b 值使函数 $f(x)+g(x)$在$(-\infty,+\infty)$上连续.

23. 设 $f(x)=\mathrm{e}^x-2$，求证在$(0,2)$内至少有一点 x_0，使得 $\mathrm{e}^{x_0}-2=x_0$（提示：证方程 $\mathrm{e}^x-2-x=0$ 在$(0,2)$内有一实根）.

24. 设函数 $f(x)$在区间$[0,2a]$上连续，且 $f(0)=f(2a)$，证明：在$[0,a]$上至少存在一点 ξ，使$f(\xi)=f(\xi+a)$.

25. 设函数 $f(x)$在区间$[0,1]$上连续，且满足 $0\leqslant f(x)\leqslant 1$. 证明：在$[0,1]$上至少存在一点 c，使 $f(c)=c$.

26. 设函数 $f(x)$ 在区间 $[a,b]$ 上连续，且 $f(a)<a$，$f(b)>b$，证明：存在 $\xi\in(a,b)$，使 $f(\xi)=\xi$.

27. 一个登山运动员从早上 7:00 开始攀登某座山峰，在下午 7:00 到达山顶，第二天早上 7:00 再从山顶开始沿着上山的路下山，下午 7:00 到达山脚．试利用介值定理说明：这个运动员在这两天的某一相同时刻经过登山路线的同一地点．

第 2 章 导数与微分

微积分学包括微分学和积分学两个分支，导数和微分是微分学的两个最基本的概念，是研究函数性质的重要工具，在实际问题中有广泛的应用．本章介绍导数与微分的概念以及它们的计算方法．

§2.1 导数的概念

微积分学大致产生于17世纪下半叶，它的思想萌芽可追溯到古希腊时期，但它的创立，首先是为了解决17世纪所面临的许多科学问题．在各类学科对数学提出的种种要求中，下列三类问题导致了微分学的产生：

(1) 求变速运动的瞬时速度；

(2) 求曲线上一点处的切线；

(3) 求最大值和最小值．

这三类实际问题的现实原型在数学上都可归结为因变量相对于自变量变化而变化的快慢程度，即所谓**函数的变化率**问题．本节将在给出函数变化率的基础上，引出导数的概念，并讨论导数的意义及函数在一点可导与连续的关系．

2.1.1 函数的变化率

设函数 $y=f(x)$，$x\in D$，当自变量 x 由点 x_0 变化到 $x_0+\Delta x$ 时，相应的函数值由 $f(x_0)$ 变化到 $f(x_0+\Delta x)$，此时 $f(x_0+\Delta x)-f(x_0)$ 就是相应于自变量 x 改变量 Δx 的函数改变量，比值

$$\frac{f(x_0+\Delta x)-f(x_0)}{\Delta x}$$

称为函数 $y=f(x)$ 当自变量由 x_0 变化到 $x_0+\Delta x$ 时的**平均变化率**，也称为 $y=f(x)$ 在区间 $[x_0,x_0+\Delta x]$（或 $[x_0+\Delta x,x_0]$）上的平均变化

率．它反映了因变量 y 在以 x_0 和 $x_0+\Delta x$ 为端点的区间上的平均变化快慢程度．

如果当 $\Delta x \to 0$ 时，平均变化率的极限

$$\lim_{\Delta x \to 0} \frac{f(x_0+\Delta x)-f(x_0)}{\Delta x}$$

存在，则称此极限值为函数 $y=f(x)$ 在 $\boldsymbol{x_0}$ **点的变化率**．它反映了在 x_0 点处因变量 y 随自变量的变化而变化的快慢程度．

例 1 求函数 $f(x)=x^2-4x+7$ 在区间 $[3,5]$ 上的平均变化率．

解 令 $x_0=3, x_0+\Delta x=5$，则

$$f(x_0)=4, f(x_0+\Delta x)=12$$

于是平均变化率为

$$\frac{f(x_0+\Delta x)-f(x_0)}{\Delta x}=\frac{12-4}{5-3}=4.$$

例 2 表 2－1 给出了某城市从 1980 年到 1990 年交通死亡人数．

表 2－1

年份	人数
1980	146
1982	157
1984	179
1986	140
1988	146
1990	162

试求下列各时间段死亡人数平均每年增长多少？

(1)1988 ～ 1990　　(2)1986 ～ 1988

(3)1984 ～ 1988　　(4)1980 ～ 1988

解 (1) $\dfrac{162-146}{1990-1988}=\dfrac{16}{2}=8$；

(2) $\dfrac{146-140}{1988-1986}=\dfrac{6}{2}=3$；

(3) $\dfrac{146-179}{1988-1984}=\dfrac{-33}{4}=-8.25$；

(4) $\dfrac{146-146}{1988-1980}=\dfrac{0}{8}=0.$

由此例(4)可以看出：平均变化率不能很好地反映死亡人数的变化情况．

例 3 设某厂家生产 x 单位产品可获利润

$$L(x)=50x-x^2.$$

试求当产量由 10 单位增加到(1)20 单位；(2)15 单位；(3)11 单位时，生

产每单位产品平均增长多少利润？

解 (1) $\dfrac{L(20)-L(10)}{20-10}=\dfrac{600-400}{10}=20$；

(2) $\dfrac{L(15)-L(10)}{15-10}=\dfrac{525-400}{5}=25$；

(3) $\dfrac{L(11)-L(10)}{11-10}=\dfrac{429-400}{1}=29$.

例 4 设一质点作变速直线运动，方程为 $s=s(t)$. 试求质点在 $t=t_0$ 时刻的瞬时速度 $v(t_0)$.

解 当时间由 t_0 改变到 $t_0+\Delta t$ 时，质点在 Δt 这一段时间内所经过的距离为

$$\Delta s=s(t_0+\Delta t)-s(t_0),$$

那么，质点在 Δt 这段时间内的平均速度为

$$\bar{V}=\frac{\Delta s}{\Delta t}=\frac{s(t_0+\Delta t)-s(t_0)}{\Delta t}.$$

若质点作匀速直线运动，则质点在 Δt 这段时间内的平均速度 $\bar{V}$ 就是质点在任意时刻的速度，当然也就是质点在 t_0 时刻的速度. 但是，当质点作变速运动时，它的速度随时间而确定，当时间间隔 Δt 很小时，可以认为质点在时间区间 $[t_0,t_0+\Delta t]$ 内近似地作匀速直线运动，因此可以用 $\bar{V}$ 作为 $v(t_0)$ 的近似值. 显然，Δt 越小，这个近似程度越好，特别地，当 $\Delta t\to 0$ 时，$\bar{V}$ 将无限地接近于 $v(t_0)$，即

$$v(t_0)=\lim_{\Delta t\to 0}\bar{V}=\lim_{\Delta t\to 0}\frac{s(t_0+\Delta t)-s(t_0)}{\Delta t}.$$

可见 $v(t_0)$ 就是路程函数 $s=s(t)$ 在 $t=t_0$ 点的变化率.

例 5 求平面曲线 $y=f(x)$ 在点 $M(x_0,f(x_0))$ 处的切线斜率.

解 首先给出曲线在一点处切线的概念.

设有曲线 C 及 C 上的一点 M（见图 2－1）. 在点 M 外另取曲线 C 上一点 N，作割线 MN，当点 N 沿曲线 C 趋于 M 点时，割线 MN 就绕 M 点转动而趋于极限位置 MT，称直线 MT 为曲线 C 在点 M 处的**切线**.

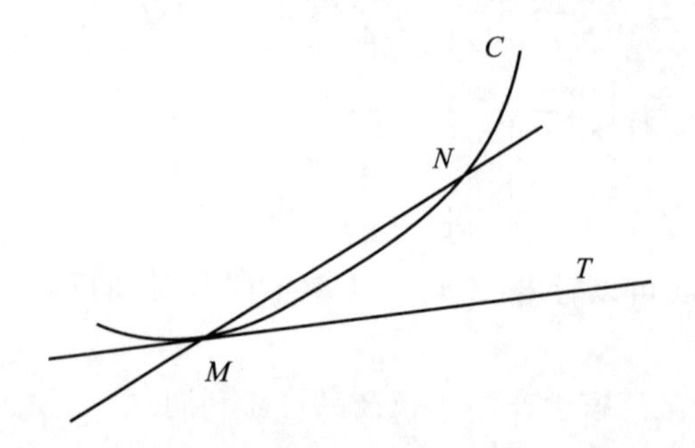

图 2－1

设曲线 $y=f(x)$ 及曲线上点 $M(x_0, f(x_0))$，如图 2－2 所示，MT 为曲线在点 M 处的切线，其与 x 轴正向夹角为 α，则切线 MT 的斜率为 $\tan\alpha$，在曲线 $y=f(x)$ 上另取一点 $N(x_0+\Delta x, f(x_0+\Delta x))$，于是割线 MN 的斜率为

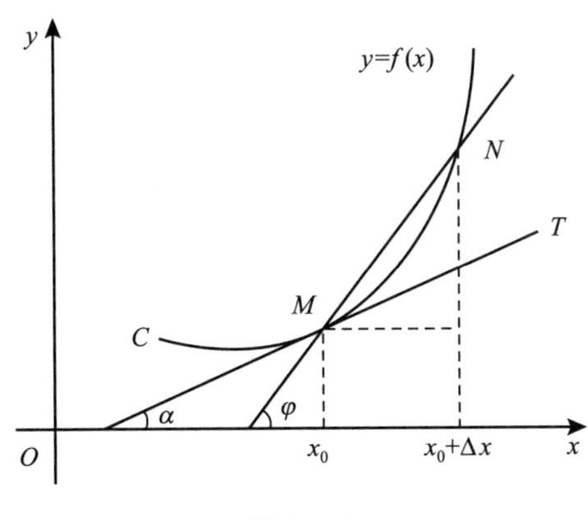

图 2－2

$$\tan\varphi=\frac{f(x_0+\Delta x)-f(x_0)}{\Delta x}$$

其中 φ 为割线 MN 与 x 轴正向的夹角，当点 N 沿曲线趋近点 M 时，即 Δx 越小，割线 MN 就绕 M 点转动而越接近其极限位置切线 MT，相应的割线的斜率 $\tan\varphi$ 也就越接近切线 MT 的斜率 $\tan\alpha$，特别地，当 $\Delta x \to 0$ 时，割线斜率 $\tan\varphi$ 将无限地接近切线斜率 $\tan\alpha$，即

$$\tan\alpha=\lim_{\Delta x\to 0}\tan\varphi=\lim_{\Delta x\to 0}\frac{f(x_0+\Delta x)-f(x_0)}{\Delta x}.$$

可见曲线 $y=f(x)$ 在点 $M(x_0, f(x_0))$ 处的切线斜率 $\tan\alpha$ 就是函数 $y=f(x)$ 在点 x_0 处的变化率．

在实际问题中，例如城市人口增长速度、国民经济发展速度、劳动生产率、产量和成本的增长速度，在自然科学、工程技术及经济研究等许多领域中，还有大量的有关变量的变化快慢程度问题，所有这些问题在数学上都归结为函数的变化率①．称函数在一点的变化率为函数在该点的导数．

变化率

① 各个领域常遇到的变化率不胜枚举．再如物理学中有速度、加速度、角速度、线密度、电流、功率、(放射性元素的) 衰变率等；化学中有扩散速度、反应速度等；生物学中有(种群) 出生率、死亡率、自然增长率等；经济学中有边际成本、边际利润、边际需求等；社会学中有信息的传播速度、时尚的推广速度等．

2.1.2 导数的定义

1. 函数在一点的导数与导函数

定义 2.1.1 设函数 $y=f(x)$ 在点 x_0 的某一邻域 $U(x_0)$ 内有定义，给自变量 x 在点 x_0 处的一个改变量 $\Delta x(\Delta x\neq 0, x_0+\Delta x\in U(x_0))$，函数 $f(x)$ 相应地有改变量

$$\Delta y=f(x_0+\Delta x)-f(x_0).$$

如果

$$\lim_{\Delta x\to 0}\frac{\Delta y}{\Delta x}=\lim_{\Delta x\to 0}\frac{f(x_0+\Delta x)-f(x_0)}{\Delta x}\tag{1}$$

存在，则称函数 $y=f(x)$ 对 x 在 x_0 点**可导**(differentiable)，并称此极限值为函数$y=f(x)$ 对 x 在点 x_0 的**导数**(derivative)，记作

$$f'(x_0)\quad 或\ y'\big|_{x=x_0}\quad 或\frac{\mathrm{d}y}{\mathrm{d}x}\Big|_{x=x_0}\quad 或\frac{\mathrm{d}f(x)}{\mathrm{d}x}\Big|_{x=x_0}.$$ ①

我们经常用到式(1)的两种等价形式：

$$\lim_{h\to 0}\frac{f(x_0+h)-f(x_0)}{h}\tag{2}$$

(在式(1)中，令 $h=\Delta x$，即得式(2))

和

$$\lim_{x\to x_0}\frac{f(x)-f(x_0)}{x-x_0}\tag{3}$$

(在式(1)中，令 $x=x_0+\Delta x$，即得式(3)).

导数

函数 $f(x)$ 在点 x_0 处可导有时也说成 $f(x)$ 在点 x_0 具有导数或导数存在.

如果式(1)或式(2)或式(3)极限不存在，则称函数 $y=f(x)$ 在 x_0 点不可导，或者说 $y=f(x)$ 在 x_0 点导数不存在.

定义 2.1.2 如果函数 $y=f(x)$ 在开区间 I 内每一点对 x 可导，则称函数 $f(x)$ 在开区间 I 内可导.

导数记号

设函数 $y=f(x)$ 在区间 I 内可导，这时对于任意 $x\in I$ 都有唯一确定的导数 $f'(x)$ 与之对应，这样就得到一个定义在区间 I 上的函数，称这个函数为函数 $y=f(x)$ 在区间 I 上对 x 的**导函数**，简称为导数，记作

$$f'(x)\quad 或\ y'\ 或\frac{\mathrm{d}y}{\mathrm{d}x}\ 或\frac{\mathrm{d}f(x)}{\mathrm{d}x}.$$

---

① 导数记号$\frac{\mathrm{d}y}{\mathrm{d}x}$是由微积分的创始人之一德国数学家莱布尼兹(G. W. Leibniz，1646—1716)引进的.

设函数 $f(x)$ 在区间 I 上可导，由定义 2.1.1、定义 2.1.2 可知，函数在区间 I 上对 x 的导函数为

$$f'(x)=\lim_{\Delta x\to 0}\frac{f(x+\Delta x)-f(x)}{\Delta x},\qquad x\in I.$$

显然，函数 $f(x)$ 在点 x_0 处的导数 $f'(x_0)$ 就是其导函数 $f'(x)$ 在点 x_0 处的函数值.

2. 求导数举例

根据导数的定义，求函数 $y=f(x)$ 的导数可概括为以下几个步骤：

(1) 求相对于自变量改变量 Δx 的函数改变量

$$\Delta y=f(x+\Delta x)-f(x);$$

(2) 作比值 $$\frac{\Delta y}{\Delta x}=\frac{f(x+\Delta x)-f(x)}{\Delta x};$$

(3) 求极限 $$\lim_{\Delta x\to 0}\frac{f(x+\Delta x)-f(x)}{\Delta x};$$

则 $$f'(x)=\lim_{\Delta x\to 0}\frac{f(x+\Delta x)-f(x)}{\Delta x}.$$

例 1 设 $y=x^2$，求 y' 及 $y'|_{x=2}$.

解 $\Delta y=(x+\Delta x)^2-x^2=2x\Delta x+(\Delta x)^2$，

$$\frac{\Delta y}{\Delta x}=2x+\Delta x,$$

于是 $y'=\lim\limits_{\Delta x\to 0}\dfrac{\Delta y}{\Delta x}=\lim\limits_{\Delta x\to 0}(2x+\Delta x)=2x$，从而 $y'|_{x=2}=4$.

例 2 求 $y=c$(c 为常数) 的导数.

解 $\Delta y=c-c=0$，$\dfrac{\Delta y}{\Delta x}=0$，于是，

$$y'=\lim_{\Delta x\to 0}\frac{\Delta y}{\Delta x}=0,$$

即 $$(c)'=0.$$

这就是说，常数的导数等于零.

例 3 求函数 $f(x)=x^n$(n 为正整数) 的导数.

解
$$\begin{aligned}\Delta y&=f(x+\Delta x)-f(x)\\&=(x+\Delta x)^n-x^n\\&=\left[x^n+nx^{n-1}\Delta x+\frac{n(n-1)}{2}x^{n-2}(\Delta x)^2+\cdots+(\Delta x)^n\right]-x^n\\&=nx^{n-1}\Delta x+\frac{n(n-1)}{2}x^{n-2}(\Delta x)^2+\cdots+(\Delta x)^n,\end{aligned}$$

$$\frac{\Delta y}{\Delta x}=nx^{n-1}+\frac{n(n-1)}{2}x^{n-2}\Delta x+\cdots+(\Delta x)^{n-1},$$

于是 $$f'(x)=\lim_{\Delta x\to 0}\frac{\Delta y}{\Delta x}=nx^{n-1},$$

即 $$(x^n)'=nx^{n-1}.$$

可以证明:对任意实数 α,有

$$(x^\alpha)'=\alpha x^{\alpha-1}.$$

这就是幂函数的导数公式.利用这个公式可以很方便地求出幂函数的导数,例如

$$(x^3)'=3x^2,\qquad (\sqrt{x})'=\frac{1}{2\sqrt{x}},\qquad \left(\frac{1}{x}\right)'=-\frac{1}{x^2},\qquad (x)'=1.$$

例 4 求函数 $y=\sin x$ 的导数.

解 $$\Delta y=\sin(x+\Delta x)-\sin x=2\cos\left(x+\frac{\Delta x}{2}\right)\sin\frac{\Delta x}{2},$$

$$\frac{\Delta y}{\Delta x}=\frac{2\cos\left(x+\frac{\Delta x}{2}\right)\sin\frac{\Delta x}{2}}{\Delta x}=\cos\left(x+\frac{\Delta x}{2}\right)\frac{\sin\frac{\Delta x}{2}}{\frac{\Delta x}{2}},$$

于是 $$y'=\lim_{\Delta x\to 0}\frac{\Delta y}{\Delta x}=\lim_{\Delta x\to 0}\cos\left(x+\frac{\Delta x}{2}\right)\frac{\sin\frac{\Delta x}{2}}{\frac{\Delta x}{2}}$$

$$=\lim_{\Delta x\to 0}\cos\left(x+\frac{\Delta x}{2}\right)\lim_{\Delta x\to 0}\frac{\sin\frac{\Delta x}{2}}{\frac{\Delta x}{2}}=\cos x,$$

即 $$(\sin x)'=\cos x.$$

用类似的方法可求得

$$(\cos x)'=-\sin x.$$

例 5 求函数 $y=\log_a x(a>0,a\neq 1)$ 的导数.

解 $$\Delta y=\log_a(x+\Delta x)-\log_a x=\log_a\left(1+\frac{\Delta x}{x}\right),$$

$$\frac{\Delta y}{\Delta x}=\frac{\log_a\left(1+\frac{\Delta x}{x}\right)}{\Delta x}=\frac{1}{x}\frac{x}{\Delta x}\log_a\left(1+\frac{\Delta x}{x}\right)$$

$$=\frac{1}{x}\log_a\left(1+\frac{\Delta x}{x}\right)^{\frac{1}{\frac{\Delta x}{x}}},$$

于是 $$y'=\lim_{\Delta x\to 0}\frac{\Delta y}{\Delta x}=\lim_{\Delta x\to 0}\frac{1}{x}\log_a\left(1+\frac{\Delta x}{x}\right)^{\frac{1}{\frac{\Delta x}{x}}}=\frac{1}{x}\log_a \mathrm{e},$$

即 $$(\log_a x)'=\frac{1}{x}\log_a \mathrm{e}.$$

特别地,当 $a=\mathrm{e}$ 时,有

$$(\ln x)'=\frac{1}{x}.$$

例 6 求函数 $y = a^x (a > 0, a \neq 1)$ 的导数．

解 $\Delta y = a^{x+\Delta x} - a^x$，

$$\frac{\Delta y}{\Delta x} = \frac{a^{x+\Delta x} - a^x}{\Delta x},$$

于是
$$y' = \lim_{\Delta x \to 0} \frac{\Delta y}{\Delta x} = \lim_{\Delta x \to 0} \frac{a^{x+\Delta x} - a^x}{\Delta x}$$
$$= \lim_{\Delta x \to 0} \frac{a^x (a^{\Delta x} - 1)}{\Delta x} = a^x \lim_{\Delta x \to 0} \frac{a^{\Delta x} - 1}{\Delta x},$$

而
$$\lim_{\Delta x \to 0} \frac{a^{\Delta x} - 1}{\Delta x} \xlongequal{\text{令 } \Delta x = \log_a (1+t)} \lim_{t \to 0} \frac{t}{\log_a (1+t)}$$
$$= \lim_{t \to 0} \frac{1}{\log_a (1+t)^{\frac{1}{t}}} = \frac{1}{\log_a \mathrm{e}},$$

所以
$$y' = a^x \cdot \frac{1}{\log_a \mathrm{e}} = a^x \ln a,$$

即
$$(a^x)' = a^x \ln a.$$

特别地，当 $a = \mathrm{e}$ 时，有

$$(\mathrm{e}^x)' = \mathrm{e}^x.$$

2.1.3 导数的意义

按照函数的实际意义，函数的导数可以有各种解释，例如

1) 视 $y = f(t)$ 为物体的直线运动方程，则导数 $f'(t)$ 为物体在时刻 t 的瞬时速度；

2) 视 $y = f(x)$ 为平面曲线方程，则导数 $f'(x)$ 为曲线上点 $(x, f(x))$ 处的切线斜率．以后还会看到导数的其他解释．一般地，函数 $y = f(x)$ 的导数 $f'(x)$ 表示 y 随 x 变化的变化率．

由于导数的这些解释，使得导数在各种各样的问题中有着极其广泛的应用．例如，平面曲线 $y = f(x)$ 在点 (x_0, y_0) 处的切线方程为

$$y - y_0 = f'(x_0)(x - x_0)$$

法线方程为

$$y - y_0 = -\frac{1}{f'(x_0)}(x - x_0) \quad (f'(x_0) \neq 0)$$

例 1 求曲线 $y = x^3$ 在点 $(1,1)$ 处的切线方程和法线方程．

解 曲线 $y = x^3$ 在点 $(1,1)$ 处的切线斜率为

$$y' \big|_{x=1} = 3x^2 \big|_{x=1} = 3,$$

于是，曲线在点 $(1,1)$ 处的切线方程为

$$y - 1 = 3(x - 1),$$

即
$$3x - y - 2 = 0.$$

曲线在点 $(1,1)$ 处的法线方程为

$$y-1=-\frac{1}{3}(x-1),$$

即
$$x+3y-4=0.$$

2.1.4 左、右导数

定义 2.1.3 设函数 $y=f(x)$ 在 $(x_0-\delta,x_0]$ 内有定义($\delta>0$),当自变量 x 在 x_0 处取得改变量 $\Delta x(\Delta x<0)$ 时,函数 $y=f(x)$ 取得改变量 $\Delta y=f(x_0+\Delta x)-f(x_0)$,如果极限

$$\lim_{\Delta x\to 0^-}\frac{\Delta y}{\Delta x}=\lim_{\Delta x\to 0^-}\frac{f(x_0+\Delta x)-f(x_0)}{\Delta x}$$

存在,则称函数 $y=f(x)$ 对 x 在 x_0 点**左可导**(left derivable),并称此极限值为 $y=f(x)$ 在点 x_0 处的**左导数**(left derivative),记作 $f'_-(x_0)$.

类似地可定义函数 $y=f(x)$ 在点 x_0 处右可导及右导数,记作 $f'_+(x_0)$. 总之,有

$$f'_-(x_0)=\lim_{\Delta x\to 0^-}\frac{f(x_0+\Delta x)-f(x_0)}{\Delta x}$$

$$f'_+(x_0)=\lim_{\Delta x\to 0^+}\frac{f(x_0+\Delta x)-f(x_0)}{\Delta x}$$

左导数、右导数统称为**单侧导数**.

函数 $f(x)$ 在 $[a,b]$ 上可导是指 $f(x)$ 在开区间 (a,b) 内可导,且 $f'_-(b),f'_+(a)$ 都存在.

由函数在一点存在极限的充要条件知,函数 $y=f(x)$ 在 x_0 点可导的充要条件是函数 $y=f(x)$ 在 x_0 点左、右导数存在且相等.

例 1 研究函数 $f(x)=|x|$ 在 $x=0$ 处的可导性. 函数图形如图 2－3 所示.

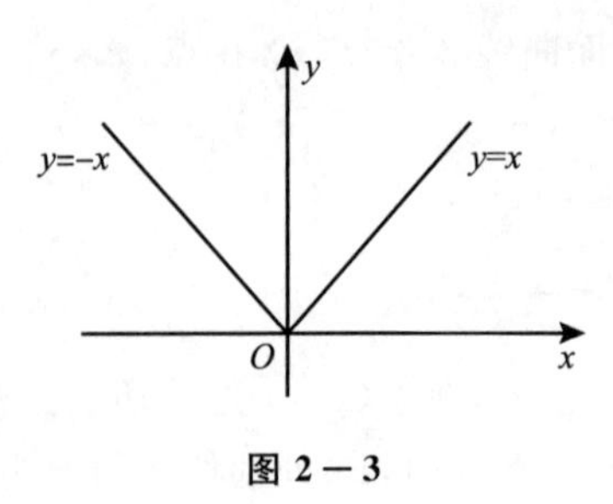

图 2－3

解 $f(x)=|x|=\begin{cases}x, & x\geqslant 0\\ -x, & x<0\end{cases}$,

$$f'_+(0)=\lim_{\Delta x\to 0^+}\frac{f(\Delta x)-f(0)}{\Delta x}$$

$$= \lim_{\Delta x \to 0^+} \frac{\Delta x}{\Delta x} = 1,$$

$$f'_-(0) = \lim_{\Delta x \to 0^-} \frac{f(\Delta x) - f(0)}{\Delta x} = \lim_{\Delta x \to 0^-} \frac{-\Delta x}{\Delta x} = -1.$$

显然，$f'_+(0) \neq f'_-(0)$，所以 $f'(0)$ 不存在．

2.1.5 函数的可导性与连续性的关系

定理 2.1.1 若函数 $y = f(x)$ 在点 x_0 处可导，则 $f(x)$ 在点 x_0 处连续．

证 因为函数 $y = f(x)$ 在点 x_0 处可导，所以有

$$\lim_{\Delta x \to 0} \frac{\Delta y}{\Delta x} = f'(x_0).$$

由

$$\Delta y = \frac{\Delta y}{\Delta x} \cdot \Delta x,$$

得 $\lim\limits_{\Delta x \to 0} \Delta y = \lim\limits_{\Delta x \to 0} \frac{\Delta y}{\Delta x} \cdot \Delta x = \lim\limits_{\Delta x \to 0} \frac{\Delta y}{\Delta x} \cdot \lim\limits_{\Delta x \to 0} \Delta x = f'(x_0) \cdot 0 = 0,$

即函数 $y = f(x)$ 在点 x_0 处连续．

注 连续是可导的必要条件，但不是充分条件，即可导一定连续，但连续不一定可导[①]．例如，函数 $y = |x|$，在 $x = 0$ 点连续，但不可导．

例 1 考察 $y = f(x) = \sqrt[3]{x}$ 在 $x = 0$ 处的连续性与可导性．

解 在 $x = 0$ 处，$f(x)$ 连续是显然的，但不可导．

这是因为

$$\frac{f(0 + \Delta x) - f(0)}{\Delta x} = \frac{\sqrt[3]{\Delta x} - 0}{\Delta x} = \frac{1}{\sqrt[3]{(\Delta x)^2}},$$

而

$$\lim_{\Delta x \to 0} \frac{f(0 + \Delta x) - f(0)}{\Delta x} = \lim_{\Delta x \to 0} \frac{1}{\sqrt[3]{(\Delta x)^2}} = +\infty.$$

这事实在图形中表现为曲线 $y = \sqrt[3]{x}$ 在点 $(0,0)$ 具有垂直于 x 轴的切线 $x = 0$（见图 2－4）．

由定理 2.1.1 可知，如果函数在某一点不连续，则它在这一点必不可导．例如，函数

$$f(x) = \begin{cases} x - 1, & x \leqslant 0 \\ 2x, & x > 0 \end{cases}$$

在 $x = 0$ 处不连续，所以在 $x = 0$ 处不可导．

连续与可导的关系

① 在 19 世纪 70 年代以前数学家们都相信连续函数一定是可导的，仅仅有时除掉个别的孤立点，甚至许多数学家还给出“连续必可微”的“证明”．但事实上存在处处连续而处处不可导的函数．

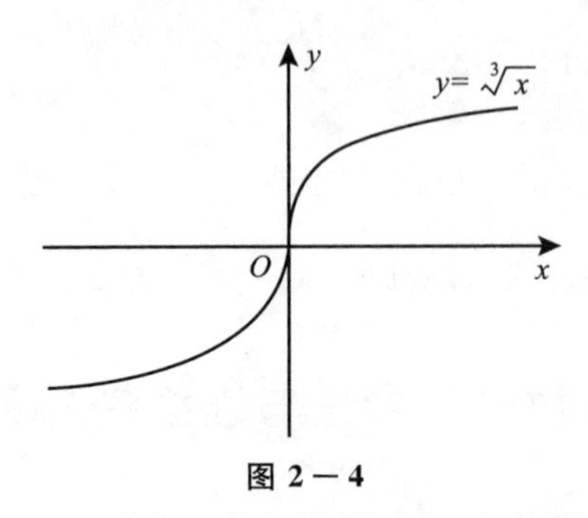

图 2－4

练习 2.1

1. 设 L 表示生产 x 单位产品的利润，且 $L(x)=50x-x^2$. 求：(1) 当产量由 20 单位增加到 30 单位时，平均每单位产品增加利润多少？(2) 当产量由 20 单位增加到 21 单位时，平均单位产品增加利润多少？(3) 当产量为 20 单位时利润率为多少？

2. 证明 $(\cos x)'=-\sin x$.

3.(1) 求曲线 $y=e^x$ 在点(0,1) 处的切线方程与法线方程．

(2) 已知物体按规律 $S=t^3$(m) 作直线运动，求该物体在 $t=2$(s) 时的瞬时速度．

习题选讲

4. 设函数 $f(x)$ 在 $x=a$ 处可导，求：

(1) $\lim\limits_{\Delta x\to 0}\dfrac{f(a)-f(a-\Delta x)}{\Delta x}$　　(2) $\lim\limits_{\Delta x\to 0}\dfrac{f(a+\Delta x)-f(a-\Delta x)}{\Delta x}$

(3) $\lim\limits_{\Delta x\to 0}\dfrac{f(a+2\Delta x)-f(a)}{\Delta x}$　　(4) $\lim\limits_{h\to 0}\dfrac{f(a+5h)-f(a-3h)}{2h}$

5. 函数 $f(x)=\begin{cases}x^2+1, & 0\leqslant x<1\\ 3x-1, & x\geqslant 1\end{cases}$ 在点 $x=1$ 处是否可导，为什么？

6. 利用导数求下列极限．

(1) $\lim\limits_{h\to 0}\dfrac{(1+h)^{10}-1}{h}$　　(2) $\lim\limits_{h\to 0}\dfrac{\sin(\pi+h)}{h}$

(3) $\lim\limits_{x\to 3}\dfrac{2^x-8}{x-3}$

7. 设函数 $f(x)$ 如图 2－5 所示，粗略画出导函数 $f'(x)$ 的图形．

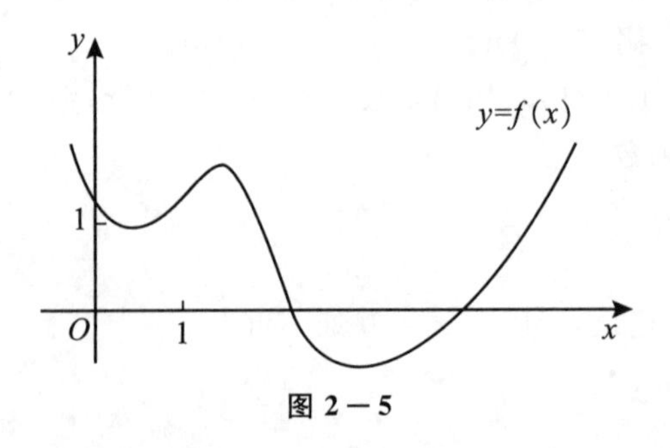

图 2－5

8. 指出图 2－6 中的函数在 a、b、c、d 点是否连续？是否可导？

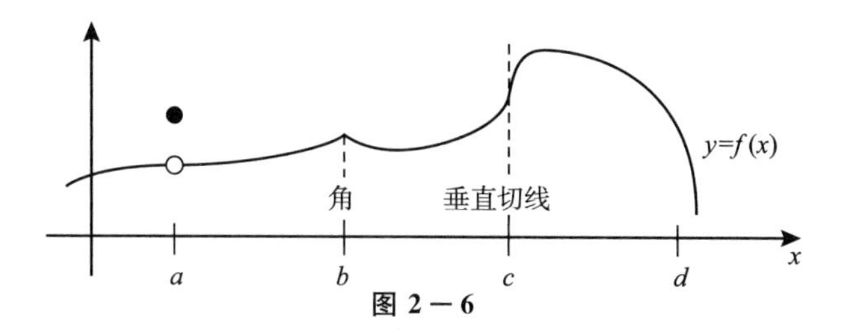

图 2－6

§2.2　求导法则

导数的定义不仅阐明了导数概念的实质，也提供了一种求导方法，但如果对每一个函数都直接按定义去求它的导数，那将是极为复杂和困难的．本节将介绍求导数的几个基本法则，利用这些法则和已经求出的基本初等函数的导数公式，就可以大大简化函数导数的计算．

2.2.1　函数和、差、积、商的求导法则

1. 代数和的导数

若 $u=u(x)$，$v=v(x)$ 在点 x 可导，则 $y=u(x)\pm v(x)$ 在点 x 可导，且

$$y'=(u(x)\pm v(x))'=u'(x)\pm v'(x).$$

证　对应于自变量在点 x 处的改变量 Δx，记 $u(x)$，$v(x)$，y 的改变量分别为 Δu，Δv，Δy，则

$$\begin{aligned}\Delta y&=[u(x+\Delta x)\pm v(x+\Delta x)]-[u(x)\pm v(x)]\\&=[u(x+\Delta x)-u(x)]\pm[v(x+\Delta x)-v(x)]\\&=\Delta u\pm\Delta v,\end{aligned}$$

所以

$$y'=\lim_{\Delta x\to 0}\frac{\Delta y}{\Delta x}=\lim_{\Delta x\to 0}\frac{\Delta u}{\Delta x}\pm\lim_{\Delta x\to 0}\frac{\Delta v}{\Delta x}=u'(x)\pm v'(x).$$

此法则可推广到任意有限个函数的代数和的情形：

设 $u_1(x)$，$u_2(x)$，…，$u_n(x)$ 是 x 的可导函数，则

$$(u_1(x)\pm u_2(x)\pm\cdots\pm u_n(x))'=u_1'(x)\pm u_2'(x)\pm\cdots\pm u_n'(x).$$

例 1　设 $y=x+\sin x-\ln x$，求 y'．

解　$y'=(x+\sin x-\ln x)'=x'+(\sin x)'-(\ln x)'=1+\cos x-\dfrac{1}{x}.$

例 2　设 $y=\dfrac{1-x^3}{\sqrt{x}}$，求 y'．

解　由于 $y=\frac{1-x^3}{\sqrt{x}}=\frac{1}{\sqrt{x}}-\frac{x^3}{\sqrt{x}}=x^{-\frac{1}{2}}-x^{\frac{5}{2}}$，于是

$$y'=(x^{-\frac{1}{2}})'-(x^{\frac{5}{2}})'=-\frac{1}{2}x^{-\frac{3}{2}}-\frac{5}{2}x^{\frac{3}{2}}=-\frac{1}{2\sqrt{x^3}}-\frac{5}{2}\sqrt{x^3}.$$

2. 乘积的导数

若函数 $u(x),v(x)$ 在点 x 可导，则 $y=u(x)v(x)$ 在点 x 可导，且

$$y'=(u(x)v(x))'=u'(x)v(x)+u(x)v'(x).$$

证　沿用以上改变量记号，有

$$\begin{aligned}\Delta y&=u(x+\Delta x)v(x+\Delta x)-u(x)v(x)\\&=[u(x+\Delta x)v(x+\Delta x)-u(x)v(x+\Delta x)]\\&\quad+[u(x)v(x+\Delta x)-u(x)v(x)]\\&=\Delta u\cdot v(x+\Delta x)+u(x)\cdot\Delta v,\end{aligned}$$

从而

$$\begin{aligned}y'&=\lim_{\Delta x\to 0}\frac{\Delta y}{\Delta x}=\lim_{\Delta x\to 0}\frac{\Delta u}{\Delta x}\cdot v(x+\Delta x)+\lim_{\Delta x\to 0}\frac{\Delta v}{\Delta x}\cdot u(x)\\&=\lim_{\Delta x\to 0}\frac{\Delta u}{\Delta x}\cdot\lim_{\Delta x\to 0}v(x+\Delta x)+u(x)\lim_{\Delta x\to 0}\frac{\Delta v}{\Delta x}\\&=u'(x)v(x)+u(x)v'(x).\end{aligned}$$

其中，$\lim\limits_{\Delta x\to 0}v(x+\Delta x)=v(x)$ 是因为 $v'(x)$ 存在，故 $v(x)$ 在点 x 连续．

特别地，如果 $v(x)=c$（c 为常数），此时有

$$(cu(x))=cu'(x).$$

积的求导法则也可推广到任意有限个函数之积的情形，即

$$\begin{aligned}&(u_1(x)u_2(x)\cdots u_n(x))'\\&=u_1'(x)u_2(x)\cdots u_n(x)+u_1(x)u_2'(x)\cdots u_n(x)\\&\quad+\cdots+u_1(x)u_2(x)\cdots u_n'(x).\end{aligned}$$

特别地，当 $u_1(x)=u_2(x)=\cdots=u_n(x)=f(x)$ 时，有

$$(f^n(x))'=nf^{n-1}(x)f'(x).$$

例 3　已知 $y=\sqrt{x}\sin x$，求 y'.

解　
$$\begin{aligned}y'&=(\sqrt{x}\sin x)'\\&=(\sqrt{x})'\sin x+\sqrt{x}(\sin x)'\\&=\frac{1}{2\sqrt{x}}\sin x+\sqrt{x}\cos x.\end{aligned}$$

例 4　设 $y=x^2\cos x\ln x$，求 y'.

解　
$$\begin{aligned}y'&=(x^2)'\cos x\ln x+x^2(\cos x)'\ln x+x^2\cos x(\ln x)'\\&=2x\cos x\ln x+x^2(-\sin x)\ln x+x^2\cos x\cdot\frac{1}{x}\\&=x(2\cos x\ln x-x\sin x\ln x+\cos x).\end{aligned}$$

3. 商的导数

若函数 $u(x)$, $v(x)$ 在点 x 处可导,且 $v(x) \neq 0$,则 $y = \dfrac{u(x)}{v(x)}$ 在点 x 处可导,且

$$y' = \left(\frac{u(x)}{v(x)}\right)' = \frac{u'(x)v(x) - u(x)v'(x)}{v^2(x)}.$$

证 仍用以上改变量记号,有

$$\begin{aligned}\Delta y &= \frac{u(x+\Delta x)}{v(x+\Delta x)} - \frac{u(x)}{v(x)} \\ &= \frac{u(x+\Delta x)v(x) - u(x)v(x+\Delta x)}{v(x+\Delta x)v(x)} \\ &= \frac{[u(x+\Delta x) - u(x)]v(x) - u(x)[v(x+\Delta x) - v(x)]}{v(x+\Delta x)v(x)} \\ &= \frac{\Delta u \cdot v(x) - u(x)\Delta v}{v(x+\Delta x)v(x)}\end{aligned}$$

则

$$\begin{aligned}y' &= \lim_{\Delta x \to 0} \frac{\Delta y}{\Delta x} \\ &= \frac{\lim\limits_{\Delta x \to 0} \dfrac{\Delta u}{\Delta x} \cdot v(x) - u(x) \lim\limits_{\Delta x \to 0} \dfrac{\Delta v}{\Delta x}}{v(x) \lim\limits_{\Delta x \to 0} v(x+\Delta x)} \\ &= \frac{u'(x)v(x) - u(x)v'(x)}{v^2(x)}.\end{aligned}$$

特别地,当 $u(x) = c$(c 为常数)时,有

$$\left(\frac{c}{v(x)}\right)' = -c\,\frac{v'(x)}{v^2(x)}.$$

例 5 设 $y = \tan x$,求 y'.

解
$$\begin{aligned}y' &= (\tan x)' = \left(\frac{\sin x}{\cos x}\right)' \\ &= \frac{(\sin x)'\cos x - \sin x(\cos x)'}{\cos^2 x} \\ &= \frac{\cos^2 x + \sin^2 x}{\cos^2 x} = \frac{1}{\cos^2 x} = \sec^2 x,\end{aligned}$$

即

$$(\tan x)' = \sec^2 x.$$

类似地,可得

$$(\cot x)' = -\csc^2 x.$$

例 6 设 $y = \sec x$,求 y'.

解 $y' = (\sec x)' = \left(\dfrac{1}{\cos x}\right)' = -\dfrac{(\cos x)'}{\cos^2 x} = \dfrac{\sin x}{\cos^2 x} = \sec x \cdot \tan x$,

即

$$(\sec x)' = \sec x \cdot \tan x.$$

类似地,可得

$$(\csc x)' = -\csc x \cdot \cot x.$$

2.2.2 反函数的求导法则

设函数 $y = f(x)$ 的反函数是 $x = \varphi(y)$.

定理 2.2.1 设函数 $y = f(x)$ 在某区间 I 内是单调的连续函数，如果在 I 内某点 x 处函数 $f(x)$ 可导，且在这点的导数 $f'(x)$ 不等于零，则其反函数 $x = \varphi(y)$ 在对应的点 $y(y = f(x))$ 处可导，并且

$$\varphi'(y) = \frac{1}{f'(x)} \tag{1}$$

证 用 Δy 表示反函数 $x = \varphi(y)$ 自变量的改变量，Δx 表示因变量 x 的改变量，则

$$\Delta x = \varphi(y + \Delta y) - \varphi(y)$$
$$\Delta y = f(x + \Delta x) - f(x)$$

由于 $y = f(x)$ 单调，当 $\Delta y \neq 0$ 时，必有 $\Delta x \neq 0$. 又因为 $y = f(x)$ 连续，所以 $x = \varphi(y)$ 也连续 . 因此，当 $\Delta y \to 0$ 时，有 $\Delta x \to 0$. 从而

$$\lim_{\Delta y \to 0} \frac{\Delta x}{\Delta y} = \lim_{\Delta x \to 0} \frac{\Delta x}{\Delta y} = \lim_{\Delta x \to 0} \frac{1}{\frac{\Delta y}{\Delta x}} = \frac{1}{f'(x)},$$

即 $x = \varphi(y)$ 在点 y 处可导，且 $\varphi'(y) = \dfrac{1}{f'(x)}$.

式(1) 表明：两个互为反函数的函数，它们的导数互为倒数 .

式(1) 也可表为如下形式

$$\frac{dx}{dy} = \frac{1}{\frac{dy}{dx}} \quad 或 \quad \frac{dy}{dx} = \frac{1}{\frac{dx}{dy}}.$$

例 1 试用反函数的求导法则求指数函数 $y = a^x (a > 0, 且 a \neq 1)$ 的导数 .

解 $y = a^x$ 的反函数为 $x = \log_a y (0 < y < +\infty)$. 于是由式(1) 知

$$(a^x)' = \frac{1}{(\log_a y)'} = \frac{1}{\frac{1}{y\ln a}} = y\ln a = a^x \ln a,$$

即

$$(a^x)' = a^x \ln a.$$

例 2 求 $y = \arcsin x$ 的导数$(-1 < x < 1)$.

解 $y = \arcsin x$ 的反函数为 $x = \sin y\left(-\frac{\pi}{2} < y < \frac{\pi}{2}\right)$. 由式(1) 知

$$(\arcsin x)' = \frac{1}{(\sin y)'} = \frac{1}{\cos y}$$
$$= \frac{1}{\sqrt{1 - \sin^2 y}} = \frac{1}{\sqrt{1 - x^2}},$$

即 $$(\arcsin x)' = \frac{1}{\sqrt{1-x^2}} \quad (-1 < x < 1).$$

类似地,可得

$$(\arccos x)' = -\frac{1}{\sqrt{1-x^2}} \quad (-1 < x < 1)$$

$$(\arctan x)' = \frac{1}{1+x^2} \quad (-\infty < x < +\infty)$$

$$(\operatorname{arccot} x)' = -\frac{1}{1+x^2} \quad (-\infty < x < +\infty)$$

2.2.3 复合函数的求导法则

定理 2.2.2 若 $u = \varphi(x)$ 在点 x 可导,而 $y = f(u)$ 在对应的点 $u = \varphi(x)$ 可导,则复合函数 $y = f[\varphi(x)]$ 在点 x 可导,并且

$$(f[\varphi(x)])' = f'(u) \cdot \varphi'(x) \tag{1}$$

即 $$\frac{\mathrm{d}y}{\mathrm{d}x} = \frac{\mathrm{d}y}{\mathrm{d}u} \cdot \frac{\mathrm{d}u}{\mathrm{d}x}$$

证 设自变量在点 x 处取得改变量 Δx,u 取得相应的改变量 Δu,y 取得相应的改变量 Δy,则

$$\Delta u = \varphi(x + \Delta x) - \varphi(x)$$

$$\Delta y = f(u + \Delta u) - f(u)$$

当 $\Delta u \neq 0$ 时,则有

$$\frac{\Delta y}{\Delta x} = \frac{\Delta y}{\Delta u} \cdot \frac{\Delta u}{\Delta x}$$

因为 $u = \varphi(x)$ 可导,则必连续,所以当 $\Delta x \to 0$ 时,$\Delta u \to 0$. 因此

$$\lim_{\Delta x \to 0} \frac{\Delta y}{\Delta x} = \lim_{\Delta x \to 0} \frac{\Delta y}{\Delta u} \cdot \lim_{\Delta x \to 0} \frac{\Delta u}{\Delta x} = \lim_{\Delta u \to 0} \frac{\Delta y}{\Delta u} \cdot \lim_{\Delta x \to 0} \frac{\Delta u}{\Delta x},$$

即 $$\frac{\mathrm{d}y}{\mathrm{d}x} = f'(u)\varphi'(x).$$

或写作

$$\frac{\mathrm{d}y}{\mathrm{d}x} = \frac{\mathrm{d}y}{\mathrm{d}u} \cdot \frac{\mathrm{d}u}{\mathrm{d}x}.$$

当 $\Delta u = 0$ 时,可以证明式(1)仍然成立.

复合函数的求导法则又称为**链式法则**. 它表明,复合函数对自变量的导数等于复合函数对中间变量的导数乘以中间变量对自变量的导数.

例 1 设 $y = \ln\sin x$,求$\frac{\mathrm{d}y}{\mathrm{d}x}$.

解 令 $u = \sin x$,则 $y = \ln u$,于是

$$\frac{dy}{dx}=\frac{dy}{du}\cdot\frac{du}{dx}=\frac{1}{u}\cos x=\frac{\cos x}{\sin x}=\cot x.$$

例 2　设 $y=(1+2x+3x^2)^5$，求 $\left.\frac{dy}{dx}\right|_{x=0}$.

解　令 $u=1+2x+3x^2$，则

$$\frac{dy}{dx}=\frac{dy}{du}\cdot\frac{du}{dx}=5u^4\cdot(2+6x)$$
$$=10\times(1+3x)(1+2x+3x^2)^4,$$

于是 $$\left.\frac{dy}{dx}\right|_{x=0}=10.$$

从以上例子看出，在对复合函数求导时，首先要弄清所给函数由哪两个函数复合而成，然后用一次或几次复合函数求导法则，求出所给函数的导数．

熟练之后，计算时不必将中间变量写出．需要指出的是，当对复合函数的复合关系比较清楚时，就可按下面方式计算复合函数的导数．

例 3　设 $y=\cos nx$，求 y'.

解　$y'=(\cos nx)'=(-\sin nx)\cdot(nx)'=-n\sin nx.$

例 4　设 $y=\frac{x}{2}\sqrt{a^2-x^2}$，求 y'.

解　$$y'=\frac{1}{2}[x'\cdot\sqrt{a^2-x^2}+x\cdot(\sqrt{a^2-x^2})']$$
$$=\frac{1}{2}\left[\sqrt{a^2-x^2}+x\cdot\frac{1}{2\sqrt{a^2-x^2}}\cdot(a^2-x^2)'\right]$$
$$=\frac{1}{2}\left[\sqrt{a^2-x^2}+\frac{x}{2\sqrt{a^2-x^2}}(-2x)\right]$$
$$=\frac{a^2-2x^2}{2\sqrt{a^2-x^2}}.$$

例 5　设 $y=\ln\cos x^2$，求 $\frac{dy}{dx}$.

解　$$\frac{dy}{dx}=(\ln\cos x^2)'=\frac{1}{\cos x^2}(\cos x^2)'$$
$$=\frac{1}{\cos x^2}(-\sin x^2)(x^2)'=-2x\tan x^2.$$

例 6　设 $y=e^{\sin^2\frac{1}{x}}$，求 $\frac{dy}{dx}$.

解　$$\frac{dy}{dx}=e^{\sin^2\frac{1}{x}}\cdot\left(\sin^2\frac{1}{x}\right)'=e^{\sin^2\frac{1}{x}}\cdot2\sin\frac{1}{x}\cdot\left(\sin\frac{1}{x}\right)'$$
$$=e^{\sin^2\frac{1}{x}}\cdot2\sin\frac{1}{x}\cdot\cos\frac{1}{x}\cdot\left(\frac{1}{x}\right)'$$
$$=e^{\sin^2\frac{1}{x}}\cdot2\sin\frac{1}{x}\cdot\cos\frac{1}{x}\cdot\left(-\frac{1}{x^2}\right)$$

$$=-\frac{1}{x^2}\cdot\sin\frac{2}{x}\cdot e^{\sin^2\frac{1}{x}}.$$

例 7 证明幂函数的导数公式 $x^\alpha=\alpha x^{\alpha-1}$.

证 因为 $x^\alpha=e^{\ln x^\alpha}=e^{\alpha\ln x}$,所以

$$(x^\alpha)'=(e^{\alpha\ln x})'=e^{\alpha\ln x}\cdot(\alpha\ln x)'=x^\alpha\cdot\alpha\cdot\frac{1}{x}=\alpha x^{\alpha-1}.$$

至此,我们已经给出了全部基本初等函数的导数公式,函数的四则运算的求导法则及反函数、复合函数的求导法则,从而解决了所有初等函数的求导问题. 为方便查阅,现将基本初等函数的导数公式和求导法则集中列在下面.

1. 基本初等函数的导数公式

(1) $(c)'=0$ (c 为常数)

(2) $(x^\alpha)'=\alpha x^{\alpha-1}$ (α 为实数)

(3) $(\log_a x)'=\frac{1}{x\ln a}$ ($a>0$ 且 $a\neq1$)

$(\ln x)'=\frac{1}{x}$

(4) $(a^x)'=a^x\ln a$ ($a>0$ 且 $a\neq1$)

$(e^x)'=e^x$

(5) $(\sin x)'=\cos x$

(6) $(\cos x)'=-\sin x$

(7) $(\tan x)'=\sec^2x=\frac{1}{\cos^2x}$

(8) $(\cot x)'=-\csc^2x=-\frac{1}{\sin^2x}$

(9) $(\sec x)'=\sec x\cdot\tan x$

(10) $(\csc x)'=-\csc x\cdot\cot x$

(11) $(\arcsin x)'=\frac{1}{\sqrt{1-x^2}}$ ($-1<x<1$)

(12) $(\arccos x)'=-\frac{1}{\sqrt{1-x^2}}$ ($-1<x<1$)

(13) $(\arctan x)'=\frac{1}{1+x^2}$

(14) $(\text{arccot}\,x)'=-\frac{1}{1+x^2}$

2. 求导法则

函数和、差、积、商的求导法则

(1) $(u\pm v)'=u'\pm v'$

(2) $(uv)' = u'v + uv'$

$(cu)' = cu'$ （c 为常数）

(3) $\left(\dfrac{u}{v}\right)' = \dfrac{u'v - uv'}{v^2}$ （其中 $v \neq 0$）

反函数求导法则

设 $y = f(x)$ 的反函数为 $x = f^{-1}(y)$，则

$$[f^{-1}(y)]' = \frac{1}{f'(x)}.$$

复合函数求导法则

设 $y = f(u)$，$u = \varphi(x)$，且 $f(u)$、$\varphi(x)$ 都可导，则复合函数 $y = f[\varphi(x)]$ 的导数为

$$\frac{\mathrm{d}y}{\mathrm{d}x} = \frac{\mathrm{d}y}{\mathrm{d}u} \cdot \frac{\mathrm{d}u}{\mathrm{d}x} \quad 或 \quad \frac{\mathrm{d}y}{\mathrm{d}x} = f'(u)\varphi'(x) \quad 或 \quad y'_x = y'_u u'_x.$$

下面再举几个综合运用这些法则和导数公式的例子．

例 8 设 $y = \ln[\sin(10 + 2x^2)]$，求 y'.

解 $$y' = \frac{1}{\sin(10 + 2x^2)}[\sin(10 + 2x^2)]'$$
$$= \frac{\cos(10 + 2x^2)}{\sin(10 + 2x^2)}(10 + 2x^2)'$$
$$= 4x\cot(10 + 2x^2).$$

例 9 设 $f(x) = \begin{cases} x, & x < 0 \\ xe^x, & x \geqslant 0 \end{cases}$，求 $f'(x)$.

解 当 $x < 0$ 时，$f'(x) = 1$.

当 $x > 0$ 时，$f'(x) = (xe^x)' = e^x + xe^x$.

下面研究 $f(x)$ 在 $x = 0$ 处的可导性．

$$\lim_{x \to 0^+} \frac{f(x) - f(0)}{x - 0} = \lim_{x \to 0^+} \frac{xe^x - 0}{x} = 1，即\ f'_+(0) = 1,$$

$$\lim_{x \to 0^-} \frac{f(x) - f(0)}{x - 0} = \lim_{x \to 0^-} \frac{x - 0}{x - 0} = 1，即\ f'_-(0) = 1.$$

由 $f'_-(0) = f'_+(0) = 1$，得 $f'(0) = 1$.

所以，$f'(x) = \begin{cases} 1, & x < 0 \\ e^x + xe^x, & x \geqslant 0 \end{cases}$.

求分段函数的导数时，在每一段内的导数可按一般求导法则求之，但在分段点处要用左、右导数的定义．

例 10 设 $f(u)$ 可导，求 $[f(e^x)]'$，$\{f[(x + a)^n]\}'$.

解 $$[f(e^x)]' = f'(e^x)(e^x)' = e^x f'(e^x),$$
$$\{f[(x + a)^n]\}' = f'[(x + a)^n][(x + a)^n]'$$
$$= n(x + a)^{n-1} f'[(x + a)^n].$$

应注意导数符号“$'$”在不同位置表示对不同变量求导数，如 $f'(e^x)$ 表示对 e^x 求导；$[f(e^x)]'$ 表示对 x 求导．

练习 2.2

1. 求下列函数的导数.

(1) $y = x^3 - 2x + 1$

(2) $y = \sqrt{x} - \dfrac{2}{x} + 3$

(3) $y = \sin x - \cos x$

(4) $y = \log_2 x + \ln x$

(5) $y = x^2 \ln x$

(6) $y = \dfrac{x+1}{x-1}$

(7) $y = (\sqrt{x}+1)\left(\dfrac{1}{\sqrt{x}} - 1\right)$

(8) $y = \dfrac{1-\cos x}{1+\cos x}$

习题选讲

2. 计算下列函数在指定点处的导数.

(1) $y = x\sin x + \dfrac{1}{2}\cos x$,求$\left.\dfrac{\mathrm{d}y}{\mathrm{d}x}\right|_{x=\frac{\pi}{4}}$;

(2) $y = \dfrac{3}{5-x} + \dfrac{x^2}{5}$,求 $y'(0)$.

3. 求下列函数的导数.

(1) $y = 3^{\sin x}$

(2) $y = \ln\tan\dfrac{x}{4}$

(3) $y = a^{a^x}$

(4) $y = \ln\sqrt{x} + \sqrt{\ln x}$

(5) $y = \ln\ln\ln x$

(6) $y = (1-5x)^{20}$

4. 设 $f(x)$ 为可导函数,求$\dfrac{\mathrm{d}y}{\mathrm{d}x}$.

(1) $y = f(x^2)$

(2) $y = f(\mathrm{e}^x)\cdot \mathrm{e}^{f(x)}$

5. 设 $f(x) = \begin{cases} x-1, & x \leqslant 0 \\ 2x^2 - 1, & 0 < x \leqslant 1 \\ 4x - 3, & x > 1 \end{cases}$,求 $f'(x)$.

6. 已知 $f\left(\dfrac{1}{x}\right) = \dfrac{x}{1+x}$,求 $f'(x)$.

7. 当 a 为何值时,曲线 $y = ax^2$ 与 $y = \ln x$ 相切.

8. 两汽车从同一地点出发,一辆以 30km/h 速度向北行驶,另一辆以 40km/h 速度向西行驶,求 5 小时后,两车距离的变化速度.

9. 证明:(1) 可导的偶函数的导数是奇函数;

(2) 可导的奇函数的导数是偶函数;

(3) 可导的周期函数的导数是有相同周期的周期函数.

§2.3 隐函数的导数和由参数方程确定的函数的导数

2.3.1 隐函数的求导法

函数 $y = f(x)$ 表示出了两个变量 y 与 x 之间的对应关系,这种对应关系可以用各种不同的方式表达．如果因变量 y 已经写成自变量 x 的明显表达式，例如 $y=\sin x$，$y=\ln x+\sqrt{1-x^2}$，则称用这种方式表达的函数为 y 是 x 的**显函数**．如果因变量 y 与自变量 x 之间的对应关系是由未解出因变量的方程 $F(x,y)=0$ 给出，例如 $x+y^3=1$，$y^5+2y-x-3x^7=0$，则称用这种方式表达的函数为 y 是 x 的**隐函数**．

由方程 $F(x,y)=0$ 确定的隐函数 $y=f(x)$，要求其对 x 的导数，有些可先化为显函数，再用前面所讲的方法求导．例如由方程 $x+y^3=1$ 所确定的隐函数化成显函数即为 $y=\sqrt[3]{1-x}$，但有些隐函数不易或不能化为显函数，例如 $y-x-\frac{1}{2}\sin y=0$. 那么对于由方程 $F(x,y)=0$ 所确定的隐函数 $y=f(x)$，如何求它对自变量 x 的导数 y'_x 呢?具体做法是:把方程 $F(x,y)=0$ 中的 y 看作是由方程所确定的隐函数(从而 y 的函数就是以 y 为中间变量的 x 的复合函数)，这时将方程两边对自变量 x 求导，就得到一个含有 x、y、y' 的等式，从中解出 y' 即可．

例 1　求由方程 $\mathrm{e}^y+xy-\mathrm{e}=0$ 所确定的函数 $y=f(x)$ 的导数．

解　将方程两边对 x 求导，注意 e^y 是 x 的复合函数，有

$$\mathrm{e}^y y'+y+xy'=0,$$

由此解出　$y'=-\dfrac{y}{x+\mathrm{e}^y}$.

注　$-\dfrac{y}{x+\mathrm{e}^y}$ 中的 y 仍是 x 的函数，不必把它写成 $f(x)$ 的形式．

例 2　函数 $y=f(x)$ 是由方程 $y=x\ln y$ 所确定的，求 $\dfrac{\mathrm{d}y}{\mathrm{d}x}$.

解　将方程 $y=x\ln y$ 两边对 x 求导，得

$$y'=\ln y+x\frac{1}{y}y',$$

由此解出，$y'=\dfrac{y\ln y}{y-x}$.

例 3　求曲线 $x^2+xy+y^2=4$ 在点$(2,-2)$处的切线方程．

解　曲线上点$(2,-2)$处的切线斜率 k 即为由方程 $x^2+xy+y^2=4$ 所确定函数 $y=f(x)$ 在 $x=2$ 点导数．

将方程 $x^2+xy+y^2=4$ 两边对 x 求导，得

$$2x+y+xy'+2yy'=0,$$

由此解出

$$y'=-\frac{2x+y}{x+2y},$$

于是　$k=y'\Big|_{\substack{x=2\\y=-2}}=1$.

所以曲线上点$(2,-2)$处的切线方程为

$$y-(-2)=1\times(x-2),$$

即 $y = x - 4$.

在某些场合,利用所谓**对数求导法**比用通常的方法简便些．这种方法是先将函数 $y = f(x)$ 两边取自然对数

$$\ln y = \ln f(x)$$

然后利用隐函数求导法求导的方法．

对数求导法对于函数 $y = [f(x)]^{g(x)}$(称**幂指函数**)及由乘法、除法、乘方、开方构成的复杂形式的函数求导特别方便．

例 4 设 $y = x^{\sin x}$,求 y'.

解 将 $y = x^{\sin x}$ 两边取自然对数,得

$$\ln y = \sin x \cdot \ln x$$

两边对 x 求导,得

$$\frac{1}{y}y' = \cos x \cdot \ln x + \frac{\sin x}{x}$$

于是

$$y' = y\left(\cos x \cdot \ln x + \frac{\sin x}{x}\right) = x^{\sin x}\left(\cos x \cdot \ln x + \frac{\sin x}{x}\right).$$

幂指函数也可以按如下方法求导:

$$y = x^{\sin x} = e^{\sin x \ln x}$$

于是 $y' = e^{\sin x \ln x}(\sin x \ln x)'$

$$= e^{\sin x \ln x}\left(\cos x \ln x + \frac{\sin x}{x}\right)$$

$$= x^{\sin x}\left(\cos x \cdot \ln x + \frac{\sin x}{x}\right).$$

例 5 求函数 $y = \dfrac{(x+5)^2 \sqrt[3]{x-4}}{(x+2)^5 \sqrt{x+4}}$ 的导数．

解 将方程两边取自然对数,得

$$\ln y = 2\ln(x+5) + \frac{1}{3}\ln(x-4) - 5\ln(x+2) - \frac{1}{2}\ln(x+4)$$

上式两边对 x 求导,得

$$\frac{1}{y}y' = \frac{2}{x+5} + \frac{1}{3(x-4)} - \frac{5}{x+2} - \frac{1}{2(x+4)}$$

于是 $$y' = \frac{(x+5)^2 \sqrt[3]{(x-4)}}{(x+2)^5 \sqrt{(x+4)}}\left(\frac{2}{x+5} + \frac{1}{3(x-4)} - \frac{5}{x+2} - \frac{1}{2(x+4)}\right).$$

请读者利用对数求导法证明

$$(x^{\alpha})' = \alpha x^{\alpha-1} \quad (\alpha \text{ 为任意实数}).$$

2.3.2 由参数方程确定的函数的导数

在一些问题中,变量 x 和 y 之间的函数关系是通过参数方程

$$\begin{cases} x = \varphi(t) \\ y = \psi(t) \end{cases} \tag{1}$$

表示出来的．下面研究由式(1)所确定的函数 y 对 x 的导数．

如果 $x = \varphi(t)$ 具有单调连续反函数 $t = \varphi^{-1}(x)$，且 $x = \varphi(t)$，$y = \psi(t)$ 都可导，且 $\varphi'(t) \neq 0$，则由复合函数求导公式和反函数求导公式知 $y = \psi(\varphi^{-1}(x))$ 对 x 的导数为

$$\frac{\mathrm{d}y}{\mathrm{d}x} = \frac{\mathrm{d}y}{\mathrm{d}t} \cdot \frac{\mathrm{d}t}{\mathrm{d}x} = \frac{\mathrm{d}y}{\mathrm{d}t} \cdot \frac{1}{\frac{\mathrm{d}x}{\mathrm{d}t}} = \frac{\frac{\mathrm{d}y}{\mathrm{d}t}}{\frac{\mathrm{d}x}{\mathrm{d}t}} = \frac{\psi'(t)}{\varphi'(t)}.$$

于是由参数方程(1)所确定的函数的导数公式为

$$\frac{\mathrm{d}y}{\mathrm{d}x} = \frac{\frac{\mathrm{d}y}{\mathrm{d}t}}{\frac{\mathrm{d}x}{\mathrm{d}t}} = \frac{\psi'(t)}{\varphi'(t)}.$$

例 1　已知椭圆的参数方程为 $\begin{cases} x = a\cos t \\ y = b\sin t \end{cases}$，求椭圆在 $t = \frac{\pi}{4}$ 相应点处的切线方程．

解　当 $t = \frac{\pi}{4}$ 时，椭圆上相应点 M_0 的坐标为 $\left(\frac{\sqrt{2}}{2}a, \frac{\sqrt{2}}{2}b\right)$，曲线在 M_0 点的切线斜率为

$$k = \left.\frac{\mathrm{d}y}{\mathrm{d}x}\right|_{t=\frac{\pi}{4}} = \left.\frac{(b\sin t)'}{(a\cos t)'}\right|_{t=\frac{\pi}{4}} = \left.\frac{b\cos t}{-a\sin t}\right|_{t=\frac{\pi}{4}} = -\frac{b}{a}.$$

于是，过椭圆上点 M_0 处的切线方程为

$$y - \frac{\sqrt{2}}{2}b = -\frac{b}{a}\left(x - \frac{\sqrt{2}}{2}a\right)$$

即
$$bx + ay - \sqrt{2}ab = 0.$$

2.3.3　相关变化率

设 $x = x(t)$ 及 $y = y(t)$ 都是可导函数，而变量 x 与 y 之间存在某种关系，从而变化率 $\frac{\mathrm{d}x}{\mathrm{d}t}$ 与 $\frac{\mathrm{d}y}{\mathrm{d}t}$ 间也存在一定关系．这两个相互依赖的变化率称为**相关变化率**．相关变化率问题就是研究这两个变化率之间的关系，以便从其中一个变化率，求出另一个变化率．

例 1　设球半径 R 以 2 厘米 / 秒的速度等速增加，求当球半径 $R = 10$ 厘米时，其体积 V 增加的速度．

解　已知球的体积 V 是半径 R 的函数 $V = \frac{4}{3}\pi R^3$，R 是时间 t 的

函数，$\frac{\mathrm{d}R}{\mathrm{d}t}=2$，由复合函数求导公式得

$$\frac{\mathrm{d}V}{\mathrm{d}t}=\frac{\mathrm{d}V}{\mathrm{d}R}\cdot\frac{\mathrm{d}R}{\mathrm{d}t}=\left(\frac{4}{3}\pi R^3\right)'\cdot 2=8\pi R^2,$$

$$\left.\frac{\mathrm{d}V}{\mathrm{d}t}\right|_{R=10}=800\pi.$$

即当 $R=10$ 厘米时，体积 V 的增加速度为 800π(厘米^3/秒).

练习 2.3

习题选讲

1. 求下列方程所确定的隐函数的导数$\frac{\mathrm{d}y}{\mathrm{d}x}$.

(1)$xy=\mathrm{e}^{x+y}$　　　　(2)$\cos(xy)=x+y$

(3)$y^2\cos x=\sin 3y$　　　　(4)$x^3+y^3-3xy=0$

2. 求曲线 $x^3+y^3-3xy=0$ 在点$(\sqrt[3]{2},\sqrt[3]{4})$ 处的切线方程和法线方程.

3. 用对数求导法求下列函数的导数.

(1)$y=x^{\frac{1}{x}}$　　　　(2)$y=(\ln x)^x$

(3)$y=x\sqrt{\frac{1-x}{1+x}}$　　　　(4)$y=(x-1)(x-2)^2\cdots(x-n)^n$

4. 求下列参数方程所确定的函数的导数$\frac{\mathrm{d}y}{\mathrm{d}x}$.

(1)$\begin{cases}x=at^2\\y=bt^3\end{cases}$　(其中 $a\neq 0$)

(2)$\begin{cases}x=\mathrm{e}^t\cos t\\y=\mathrm{e}^t\sin t\end{cases}$

5. 设函数 y 是由方程 $xy-\ln y=1$ 所定义，试证 y 满足关系式 $y^2+(xy-1)\frac{\mathrm{d}y}{\mathrm{d}x}=0$.

6. 一气球在离开观察员 500m 处离地往上升，上升速度是 140m/min. 当气球高度为 500m 时，观察员视线的仰角的增加率是多少？

§2.4　高阶导数

在有些问题中，需要对某个函数多次求导. 例如，物体的运动方程为 $s=s(t)$，则物体在时刻 t 的瞬时速度 $v(t)$ 就是 s 对 t 的导数，即 $v(t)=s'(x)$，而物体在时刻 t 的加速度 $a(t)$ 就是 $v(t)=s'(t)$ 对时间 t 的导数，即 $a(t)=[s'(t)]'$. 它称为路程函数 $s(t)$ 对 t 的二阶导数.

一般地，如果 $y=f(x)$ 的导数 $y'=f'(x)$ 在点 x 处仍可导，我们把 $y'=f'(x)$ 对 x 的导数叫作函数 $y=f(x)$ 对 x 的二阶导数，记作 y''

或 $f''(x)$，$\frac{d^2y}{dx^2}$，即

$$y''=f''(x)=\frac{d^2y}{dx^2}=(f'(x))'.$$

类似地，二阶导数 $y''=f''(x)$ 的导数称作 $y=f(x)$ 的三阶导数，记作 y'''，$f'''(x)$ 或$\frac{d^3y}{dx^3}$，即

$$y'''=f'''(x)=\frac{d^3y}{dx^3}=(f''(x))'.$$

一般地，定义 $y=f(x)$ 的$(n-1)$阶导数的导数为它的**n阶导数**. 当 $n\geqslant 4$ 时，记作 $y^{(n)}$，$f^{(n)}(x)$，$\frac{d^ny}{dx^n}$，即

$$y^{(n)}=f^{(n)}(x)=\frac{d^ny}{dx^n}=(f^{(n-1)}(x))'.$$

二阶及二阶以上的导数统称为**高阶导数**. 把 $y=f(x)$ 的导数 $f'(x)$ 叫作 $y=f(x)$ 的一阶导数.

函数 $y=f(x)$ 具有 n 阶导数，也常说成函数 $f(x)$ 为 n 阶可导函数.

函数 $y=f(x)$ 的各高阶导数在 $x=x_0$ 处的值记为

$$f''(x_0),f'''(x_0),\cdots,f^{(n)}(x_0)$$

或
$$y''\big|_{x=x_0},y'''\big|_{x=x_0},\cdots,y^{(n)}\big|_{x=x_0}.$$

由以上所述可知，求高阶导数时，只需反复地应用计算一阶导数的方法就可以了.

例 1 设 $y=x^3\ln x$，求 y'''.

解 $y'=3x^2\ln x+x^2$，

$y''=6x\ln x+3x+2x=6x\ln x+5x$，

$y'''=6\ln x+6+5=6\ln x+11$.

例 2 设 $f(x)=(x+10)^6$，求 $f''(0)$.

解 $f'(x)=6(x+10)^5$，$f''(x)=30(x+10)^4$，
所以 $f''(0)=30\times10^4=3\times10^5$.

例 3 由方程 $x^2+y^2=r^2$ 确定 y 是 x 的函数，求$\frac{d^2y}{dx^2}$.

解 两端对 x 求导，得

$$2x+2yy'=0,$$

$$y'=-\frac{x}{y}.$$

下面把 y' 对 x 求导，注意 y 是 x 的函数：

$$\frac{d^2y}{dx^2}=(y')'=\left(-\frac{x}{y}\right)'=-\frac{x'y-xy'}{y^2}$$

$$=-\frac{y-xy'}{y^2}=-\frac{y-x\left(-\frac{x}{y}\right)}{y^2}$$

$$= -\frac{x^2 + y^2}{y^3} = -\frac{r^2}{y^3}.$$

例 4 摆线是一个圆沿一条直线滚动时，圆上一定点所形成的轨迹．半径为 a 的圆上定点 M，其初始位置为坐标原点 O 的摆线(见图 2－7)的参数方程为

$$x = a(t - \sin t), y = a(1 - \cos t).$$

求函数 $y = y(x)$ 的二阶导数．

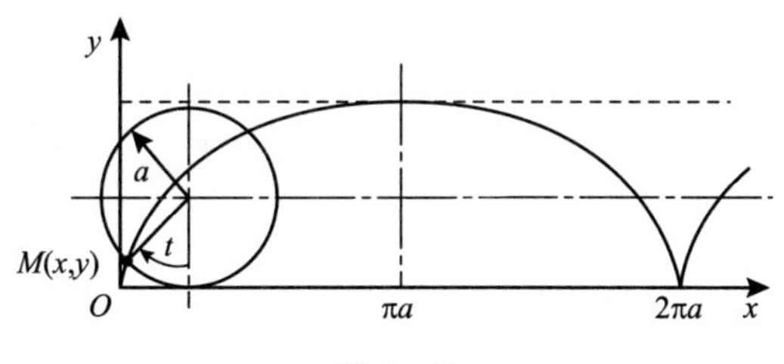

图 2－7

解 $$\frac{dy}{dx} = \frac{\frac{dy}{dt}}{\frac{dx}{dt}} = \frac{a\sin t}{a - a\cos t} = \frac{\sin t}{1 - \cos t} \quad (t \neq 2n\pi, n \in \mathbf{Z}),$$

$$\frac{d^2 y}{dx^2} = \frac{d}{dx}\left(\frac{dy}{dx}\right) = \frac{d}{dx}\left(\frac{\sin t}{1 - \cos t}\right) = \frac{d}{dt}\left(\frac{\sin t}{1 - \cos t}\right)\frac{1}{\frac{dx}{dt}}$$

$$= -\frac{1}{1 - \cos t} \cdot \frac{1}{a(1 - \cos t)}$$

$$= -\frac{1}{a(1 - \cos t)^2} \quad (t \neq 2n\pi, n \in \mathbf{Z}).$$

下面介绍几个初等函数的 n 阶导数．

例 5 设 $y = x^4$，求 $y^{(n)}$．

解 $y' = 4x^3, y'' = 12x^2, y''' = 24x, y^{(4)} = 24,$

$y^{(5)} = y^{(6)} = \cdots = 0.$

例 6 设 $y = e^x$，求 $y^{(n)}$．

解 $y' = e^x, y'' = e^x, y''' = e^x, \cdots$，有 $y^{(n)} = e^x$．

例 7 设 $y = \ln x$，求 $y^{(n)}$．

解 $y' = \frac{1}{x}, y'' = -\frac{1}{x^2}, y''' = \frac{1 \cdot 2}{x^3}, \cdots,$

一般地，可得

$$y^{(n)} = (-1)^{n-1} \frac{(n-1)!}{x^n}$$

即
$$(\ln x)^{(n)} = (-1)^{n-1} \frac{(n-1)!}{x^n}.$$

例 8 求 $y = \sin x$ 的 n 阶导数．

解 $y' = \cos x = \sin\left(x + \frac{\pi}{2}\right)$,

$y'' = -\sin x = \sin\left(x + 2 \cdot \frac{\pi}{2}\right)$,

$y''' = -\cos x = \sin\left(x + 3 \cdot \frac{\pi}{2}\right)$,

$y^{(4)} = \sin x = \sin\left(x + 4 \cdot \frac{\pi}{2}\right)$,

……

得 $$(\sin x)^{(n)} = \sin\left(x + \frac{n\pi}{2}\right).$$

类似地，$(\cos x)^{(n)} = \cos\left(x + \frac{n\pi}{2}\right)$.

对于高阶导数，有如下运算法则：

若 $u = u(x)$，$v = v(x)$ 都 n 阶可导，则

(1) $(u \pm v)^{(n)} = u^{(n)} \pm v^{(n)}$

(2) $(cu)^{(n)} = cu^{(n)}$ （c 为常数）

(3) $(uv)^{(n)} = \sum_{i=0}^{n} C_n^i u^{(n-i)} v^{(i)}$ （其中 $u^{(0)} = u$，$v^{(0)} = v$）

证明从略．

例 9 设 $y = e^x \sin x$，求 $y^{(n)}$.

解
$$\begin{aligned} y^{(n)} &= (e^x)^{(n)} \sin x + C_n^1 (e^x)^{(n-1)} (\sin x)' + \cdots \\ &\quad + C_n^i (e^x)^{(n-i)} (\sin x)^{(i)} + \cdots + e^x (\sin x)^{(n)} \\ &= e^x \sin x + n e^x \sin\left(x + \frac{\pi}{2}\right) + \cdots \\ &\quad + C_n^i e^x \sin\left(x + \frac{\pi}{2} i\right) + \cdots + e^x \sin\left(x + \frac{\pi}{2} n\right). \end{aligned}$$

练习 2.4

1. 求下列函数的二阶导数．

(1) $y = x\cos x$　　(2) $y = xe^{x^2}$

(3) $y = e^{-\sin x}$　　(4) $y = \ln(x + \sqrt{1 + x^2})$

2. 已知 $xy - \sin(\pi y^2) = 0$，求 $y''\Big|_{\substack{x=0 \\ y=-1}}$.

3. 设 y 的 $n-2$ 阶导数 $y^{(n-2)} = \frac{x}{\ln x}$，求 $y^{(n)}$.

4. 求下列函数指定阶的导数．

(1) $y = e^x \cos x$，求 $y^{(40)}$.　　(2) $y = x^2 \sin 2x$，求 $y^{(50)}$.

5. 求下列函数的 n 阶导数．

(1) $y = a^x$　　(2) $y = \frac{1}{x(1+x)}$

(3) $y = x\ln x$　　(4) $y = \sin^2 x$

习题选讲

§2.5　微　分

在许多实际问题中，我们经常遇到当自变量有一个微小的改变量时，需要计算函数相应的改变量．一般来说，直接去计算函数的改变量是比较困难的，为了这个问题的解决，本节介绍微分学中另一个重要概念 —— 微分．

2.5.1　微分的定义

我们先讨论一个具体问题：一块正方形的金属薄片受温度变化的影响，其边长从 x_0 变化到 $x_0+\Delta x$（见图 2－8）．问此薄片的面积改变了多少？

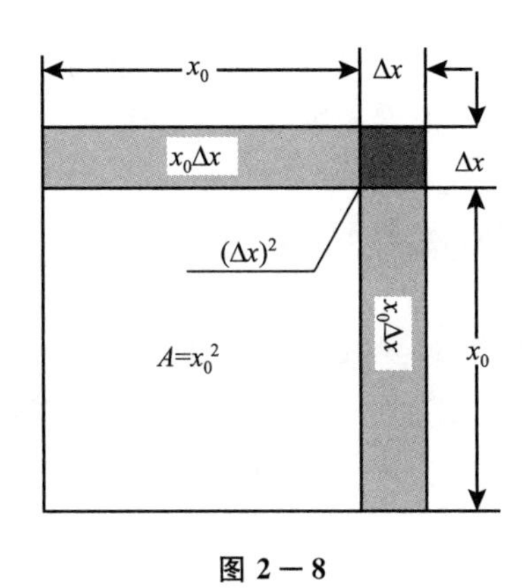

图 2－8

此薄片在温度变化前后的面积分别为

$$S(x_0)=x_0^2, S(x_0+\Delta x)=(x_0+\Delta x)^2$$

所以，受温度变化的影响，薄片面积的改变量是

$$\begin{aligned}\Delta S &= S(x_0+\Delta x)-S(x_0)\\ &=(x_0+\Delta x)^2-x_0^2\\ &=2x_0\Delta x+(\Delta x)^2\end{aligned}$$

可以看出，ΔS 由两部分组成：第一部分 $2x_0\Delta x$（图中阴影部分的面积）是 Δx 的线性函数，当 $|\Delta x|$ 很小时，它是 ΔS 的主要部分，称为 ΔS 的线性主部；第二部分 $(\Delta x)^2$（图中黑色小正方形的面积）当 $\Delta x\to 0$ 时，是 Δx 的高阶无穷小，即 $(\Delta x)^2=o(\Delta x)(\Delta x\to 0)$．由此可见，如果边长的改变很微小，即 $|\Delta x|$ 很小时，面积的改变量 ΔS 可以近似地用第一部

分来代替．由于第一部分是 Δx 的线性函数，而且 $|\Delta x|$ 越小，近似程度也越好，这无疑给近似计算带来很大的方便．

一元函数的微分

还有其他许多具体问题中出现的函数 $y=f(x)$，都具有这样的特征：与自变量的增量 Δx 相对应的函数增量 $\Delta y=f(x_0+\Delta x)-f(x_0)$，可以表达为 Δx 的线性函数 $A\Delta x$（其中 A 不依赖于 Δx）与 Δx 的高阶无穷小 $o(\Delta x)$ 两部分之和．因此，我们引进下面的概念．

定义 2.5.1　设函数 $y=f(x)$ 在 x_0 的某个邻域内有定义，当自变量在 x_0 处取得增量 Δx（点 $x_0+\Delta x$ 仍在该邻域内）时，如果相应的函数的增量 $\Delta y=f(x_0+\Delta x)-f(x_0)$ 可以表示为

$$\Delta y=A\Delta x+o(\Delta x) \tag{1}$$

其中 A 是与 x_0 有关的而不依赖于 Δx 的常数，$o(\Delta x)$ 是比 Δx 高阶的无穷小量（当 $\Delta x\to 0$ 时），那么称**函数 $y=f(x)$ 在点 x_0 是可微的**，$A\Delta x$ 称为函数 $y=f(x)$ 在点 x_0 相应于自变量的增量 Δx 的**微分**（differential），记为 $\mathrm{d}y$，即

$$\mathrm{d}y=A\Delta x.$$

由微分定义知，微分是自变量改变量的线性函数，通常称为函数改变量的线性主部，当 $\Delta x\to 0$ 时，Δy 与 $\mathrm{d}y$ 之差是 Δx 的高阶无穷小．

如果式(1)不成立，则称函数 $y=f(x)$ 在 x_0 点不可微或微分不存在.

下面我们讨论的问题是函数 $y=f(x)$ 在一点 x_0 可微的条件，以及如何求微分 $\mathrm{d}y$?

定理 2.5.1　函数 $y=f(x)$ 在点 x_0 可微的充分必要条件是函数 $f(x)$ 在点 x_0 可导，并且当 $y=f(x)$ 在点 x_0 可微时，有

$$\mathrm{d}y=f'(x_0)\Delta x \tag{2}$$

证　充分性　设 $y=f(x)$ 在点 x_0 可导，则

$$\lim_{\Delta x\to 0}\frac{\Delta y}{\Delta x}=f'(x_0)$$

由定理 1.6.2 得
$$\frac{\Delta y}{\Delta x}=f'(x_0)+\alpha$$

其中 $\lim\limits_{\Delta x\to 0}\alpha=0$. 由此又有

$$\Delta y=f'(x_0)\Delta x+\alpha\Delta x$$

因 $\lim\limits_{\Delta x\to 0}\dfrac{\alpha\Delta x}{\Delta x}=\lim\limits_{\Delta x\to 0}\alpha=0$，即 $\alpha\Delta x=o(\Delta x)(\Delta x\to 0)$，且 $f'(x_0)$ 不依赖于 Δx，所以 $y=f(x)$ 在点 x_0 可微，且 $\mathrm{d}y=f'(x_0)\Delta x$.

必要性　设 $y=f(x)$ 在点 x_0 可微，则式(1)两边除以 Δx，得

$$\frac{\Delta y}{\Delta x}=A+\frac{o(\Delta x)}{\Delta x}$$

于是 $\lim\limits_{\Delta x\to 0}\dfrac{\Delta y}{\Delta x}=\lim\limits_{\Delta x\to 0}\left(A+\dfrac{o(\Delta x)}{\Delta x}\right)=A$，故 $y=f(x)$ 在点 x_0 可导，且

$f'(x_0) = A$.

由定理 2.5.1 知，函数可微必可导，可导必可微，函数的可导性与可微性是等价的．

如果函数 $y = f(x)$ 在区间 I 内每一点处都可微，就称 $f(x)$ 是 I 内的可微函数．函数 $f(x)$ 在 I 内任意一点 x 处的微分就称为函数的微分，也记为 $\mathrm{d}y$，即

$$\mathrm{d}y = f'(x)\Delta x \tag{3}$$

通常把自变量 x 的增量 Δx 称为自变量的微分，记为 $\mathrm{d}x$，即 $\mathrm{d}x = \Delta x$. 于是函数的微分又可以记为

$$\mathrm{d}y = f'(x)\mathrm{d}x \tag{3'}$$

在上式两端除以自变量的微分 $\mathrm{d}x$，就得

$$\frac{\mathrm{d}y}{\mathrm{d}x} = f'(x)$$

即函数的微分与自变量的微分之商就等于函数的导数，因此导数也称为**微商**．在此之前我们把$\frac{\mathrm{d}y}{\mathrm{d}x}$看作是导数的整体记号，现在由于分别赋予 $\mathrm{d}y$ 和 $\mathrm{d}x$ 各自独立的含义，于是也可以把它看作分式了．

例 1　设函数 $f(x) = x^2$，求(1) 函数在 $x = 2$ 点的微分；(2) 函数在 $x = 2$ 点，当 $\Delta x = 0.01$ 时，函数的改变量及微分值．

解　(1) 函数的微分

$$\mathrm{d}y = 2x\Delta x$$

于是，函数在 $x = 2$ 点的微分 $\mathrm{d}y\big|_{x=2} = 4\Delta x$.

(2) 函数在 $x = 2$ 点，当 $\Delta x = 0.01$ 时，函数改变量为

$$\begin{aligned}\Delta y &= f(2+0.01) - f(2)\\ &= (2.01)^2 - 2^2 = 0.0401.\end{aligned}$$

函数的微分值为 $\mathrm{d}y\big|_{\substack{x=2\\ \Delta x=0.01}} = 4 \times 0.01 = 0.04$.

例 2　设函数 $y = \ln x + 5$，求 $\mathrm{d}y$.

解　$\mathrm{d}y = y'_x\Delta x = (\ln x + 5)'\Delta x = \dfrac{1}{x}\Delta x = \dfrac{1}{x}\mathrm{d}x$.

2.5.2　微分的几何意义

为了对微分有比较直观的了解，下面来说明微分的几何意义．

在直角坐标系中，函数 $y = f(x)$ 代表一条曲线，如图 2－9. 在曲线上取一定点 $M(x_0, y_0)$，过点 M 作曲线的切线 MT，则切线斜率为 $f'(x_0) = \tan\alpha$. 当自变量在点 x_0 处有改变量 Δx 时，就得到曲线上另一点 $M'(x_0 + \Delta x, y_0 + \Delta y)$. 由图 2－9 知：

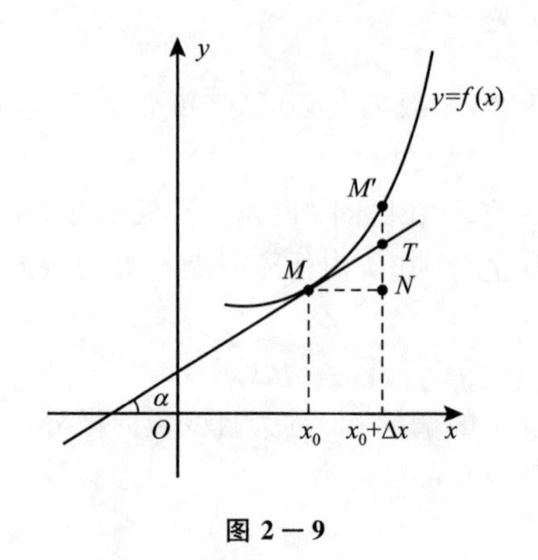

图 2－9

$$MN = \Delta x, NM' = \Delta y,$$
$$NT = MN \cdot \tan\alpha = f'(x_0)\Delta x = \mathrm{d}y$$

可见，函数 $y = f(x)$ 在 x_0 处相应于自变量改变量 Δx 的微分 $\mathrm{d}y$ 在几何上表示曲线 $y = f(x)$ 在点 $M(x_0, y_0)$ 处的切线上点的纵坐标的改变量．图 2－9 中线段 TM' 为 Δy 与 $\mathrm{d}y$ 之差，当 $|\Delta x|$ 很小时，$|\Delta y - \mathrm{d}y|$ 比 $|\Delta x|$ 要小得多．因此，曲线 $y = f(x)$ 在点 $M(x_0, y_0)$ 附近的局部范围内可以用它在这一点处的切线近似地替代．

2.5.3　微分公式与运算法则

由微分和导数的关系 $\mathrm{d}y = f'(x)\mathrm{d}x$ 可知，计算函数 $f(x)$ 的微分，即是求出函数的导数 $f'(x)$ 与自变量的微分 $\mathrm{d}x$ 之积，所以由基本初等函数的导数公式和导数的运算法则，可以建立基本初等函数的微分公式和微分的运算法则．由于求函数微分问题可归结为求函数的导数问题，故将求函数导数与微分的方法称为**微分法**．

1. 基本初等函数的微分公式

(1) $\mathrm{d}c = 0$　（c 为常数）

(2) $\mathrm{d}x^\alpha = \alpha x^{\alpha-1}\mathrm{d}x$　（α 为实数）

(3) $\mathrm{d}a^x = a^x \ln a \mathrm{d}x$　$(a > 0, a \neq 1)$

(4) $\mathrm{d}\mathrm{e}^x = \mathrm{e}^x \mathrm{d}x$

(5) $\mathrm{d}\log_a x = \dfrac{1}{x}\log_a \mathrm{e}\mathrm{d}x$　$(a > 0, a \neq 1)$

(6) $\mathrm{d}\ln x = \dfrac{1}{x}\mathrm{d}x$

(7) $\mathrm{d}\sin x = \cos x \mathrm{d}x$

(8) $\mathrm{d}\cos x = -\sin x \mathrm{d}x$

(9) $\mathrm{d}\tan x = \sec^2 x\mathrm{d}x$

(10) $\mathrm{d}\cot x = -\csc^2 x\mathrm{d}x$

(11) $\mathrm{d}\sec x = \sec x\tan x\mathrm{d}x$

(12) $\mathrm{d}\csc x = -\csc x\cot x\mathrm{d}x$

(13) $\mathrm{d}\arcsin x = \dfrac{1}{\sqrt{1-x^2}}\mathrm{d}x$

(14) $\mathrm{d}\arccos x = -\dfrac{1}{\sqrt{1-x^2}}\mathrm{d}x$

(15) $\mathrm{d}\arctan x = \dfrac{1}{1+x^2}\mathrm{d}x$

(16) $\mathrm{d}\operatorname{arccot} x = -\dfrac{1}{1+x^2}\mathrm{d}x$

2. 微分的四则运算法则

设 $u(x)$、$v(x)$ 可导，则

(1) $\mathrm{d}(u \pm v) = \mathrm{d}u \pm \mathrm{d}v$

(2) $\mathrm{d}(uv) = v\mathrm{d}u + u\mathrm{d}v$

(3) $\mathrm{d}(cu) = c\mathrm{d}u$（$c$ 为常数）

(4) $\mathrm{d}\left(\dfrac{u}{v}\right) = \dfrac{v\mathrm{d}u - u\mathrm{d}v}{v^2}$

利用微分表达式(3′)，可以证明上述微分运算法则，请读者自证．

例 1　求函数 $y = x^2 + \ln x - 3^x$ 的微分．

解　$$\begin{aligned}\mathrm{d}y &= \mathrm{d}(x^2 + \ln x - 3^x)\\ &= \mathrm{d}x^2 + \mathrm{d}\ln x - \mathrm{d}3^x\\ &= 2x\mathrm{d}x + \frac{1}{x}\mathrm{d}x - 3^x\ln 3\mathrm{d}x\\ &= \left(2x + \frac{1}{x} - 3^x\ln 3\right)\mathrm{d}x.\end{aligned}$$

例 2　求函数 $y = x^3\mathrm{e}^x\sin x$ 的微分．

解　$$\begin{aligned}\mathrm{d}y &= \mathrm{d}(x^3\mathrm{e}^x\sin x)\\ &= \mathrm{e}^x\sin x\mathrm{d}x^3 + x^3\sin x\mathrm{d}\mathrm{e}^x + x^3\mathrm{e}^x\mathrm{d}\sin x\\ &= \mathrm{e}^x\sin x \cdot 3x^2\mathrm{d}x + x^3\sin x \cdot \mathrm{e}^x\mathrm{d}x + x^3\mathrm{e}^x\cos x\mathrm{d}x\\ &= x^2\mathrm{e}^x(3\sin x + x\sin x + x\cos x)\mathrm{d}x.\end{aligned}$$

例 3　求函数 $y = \dfrac{x^2+1}{x+1}$ 的微分．

解　$$\begin{aligned}\mathrm{d}y &= \mathrm{d}\left(\frac{x^2+1}{x+1}\right) = \mathrm{d}\left(x - 1 + \frac{2}{x+1}\right)\\ &= \mathrm{d}x + \mathrm{d}\left(\frac{2}{x+1}\right) = \mathrm{d}x - \frac{2}{(x+1)^2}\mathrm{d}x\end{aligned}$$

$$= \frac{x^2+2x-1}{(x+1)^2}dx.$$

3. 一阶微分形式的不变性

设函数 $y=f(u)$ 对 u 可导，

(i) 如果 u 为自变量，则 $dy=y'_u du=f'(u)du$；

(ii) 如果 u 不是自变量，且 $u=\varphi(x)$，$\varphi'(x)$ 存在，即 $y=f[\varphi(x)]$，则

$$dy=y'_x dx=f'(u)\varphi'(x)dx$$

而 $du=\varphi'(x)dx$，故

$$dy=f'(u)du.$$

比较(i)、(ii) 可知，不论 u 是自变量还是另一个变量的可导函数，函数 $y=f(u)$ 的微分形式总可写成 $dy=f'(u)du$，这一性质称为**一阶微分形式的不变性**．应用此性质可以方便地求复合函数的微分，即在基本初等函数的微分公式中将 x 换成 $u=\varphi(x)$ 仍正确．

例 4 求函数 $y=e^{\sin^2 x}$ 的微分．

解 $dy=de^{\sin^2 x}=e^{\sin^2 x}d\sin^2 x=e^{\sin^2 x}2\sin x d\sin x$

$$=e^{\sin^2 x}2\sin x\cos x dx=e^{\sin^2 x}\sin 2x dx.$$

例 5 求函数 $y=\ln(x+\sqrt{1+x^2})$ 的微分．

解 $dy=d\ln(x+\sqrt{1+x^2})$

$$=\frac{1}{x+\sqrt{1+x^2}}d(x+\sqrt{1+x^2})$$

$$=\frac{1}{x+\sqrt{1+x^2}}(dx+d\sqrt{1+x^2})$$

$$=\frac{1}{x+\sqrt{1+x^2}}\left[dx+\frac{1}{2\sqrt{1+x^2}}d(1+x^2)\right]$$

$$=\frac{1}{x+\sqrt{1+x^2}}\left(dx+\frac{1}{2\sqrt{1+x^2}}\cdot 2x dx\right)$$

$$=\frac{1}{\sqrt{1+x^2}}dx.$$

例 6 设 $y=f(x)$ 是由方程 $x^2+2xy-y^2=2x$ 所确定的函数，求 dy 及 $\frac{dy}{dx}$.

解 对等式两边取微分，有

$$d(x^2+2xy-y^2)=d(2x),$$

即

$$dx^2+2d(xy)-dy^2=2dx,$$

$$2xdx+2(xdy+ydx)-2ydy=2dx,$$

于是

$$(2x-2y)dy=(2-2x-2y)dx,$$

$$dy=\frac{1-x-y}{x-y}dx,$$

从而
$$\frac{dy}{dx} = \frac{1 - x - y}{x - y}.$$

2.5.4　微分的应用

1. 近似计算

设函数 $y = f(x)$ 在点 x_0 可导，则
$$f(x_0 + \Delta x) - f(x_0) = f'(x_0)\Delta x + o(\Delta x)$$
当 $f'(x_0) \neq 0$，且 $|\Delta x|$ 很小时，就有
$$f(x_0 + \Delta x) - f(x_0) \approx f'(x_0)\Delta x \tag{1}$$
此为求函数 $y = f(x)$ 在 x_0 点相应于自变量改变量 Δx 的函数改变量的近似计算公式．式(1)可改写为
$$f(x_0 + \Delta x) \approx f(x_0) + f'(x_0)\Delta x \tag{2}$$
此为求函数在一点函数值的近似计算公式．

在式(2)中，记 $x = x_0 + \Delta x$，就有
$$f(x) \approx f(x_0) + f'(x_0)(x - x_0) \tag{2'}$$
式(2′)的右端是 x 的一次多项式，称为 $f(x)$ 在 x_0 处的线性逼近或一次近似，其误差 $|f(x) - [f(x_0) + f'(x_0)\Delta x]|$ 是 $|\Delta x|$ 的高阶无穷小.

例 1　设函数 $f(x) = 2x^2 - 3x$，求当 $x_0 = 5$，$\Delta x = 0.2$，$\Delta x = 1$ 的函数改变量 Δy 的精确值，并用式(1)求 Δy 的近似值．

解　函数在 $x_0 = 5$ 点相应于自变量改变量 Δx 的函数改变量 Δy 及微分 dy 分别为
$$\begin{aligned}\Delta y &= f(5 + \Delta x) - f(5) \\ &= [2(5 + \Delta x)^2 - 3(5 + \Delta x)] - [2 \times 25 - 3 \times 5] \\ &= 17\Delta x + 2(\Delta x)^2, \\ dy &= (4x_0 - 3)\Delta x = 17\Delta x.\end{aligned}$$
于是
$$\begin{aligned}&\Delta y|_{\Delta x = 0.2} = 17 \times 0.2 + 2 \times 0.04 = 3.48, \\ &\Delta y \approx dy|_{\Delta x = 0.2} = 17 \times 0.2 = 3.4, \\ &\Delta y|_{\Delta x = 1} = 17 \times 1 + 2 \times 1 = 19, \\ &\Delta y \approx dy|_{\Delta x = 1} = 17 \times 1 = 17.\end{aligned}$$
由此例可以看出，$|\Delta x|$ 越小，用 dy 作为 Δy 的近似值的近似程度越好；求 dy 的计算量比求 Δy 的计算量要少得多．

例 2　一个外径为20cm的球壳，厚度为0.05cm，试求球壳体积的近似值．

解　设半径为 r 的球体体积为 V，则
$$V = \frac{4}{3}\pi r^3.$$

球壳体积为

$$\frac{4}{3}\pi r^3\Big|_{r=10}-\frac{4}{3}\pi r^3\Big|_{r=9.95}\ (\text{cm}^3),$$

即函数 $V=\frac{4}{3}\pi r^3$ 在 $r_0=10$，相应于 $\Delta r=-0.05$ 的函数改变量 ΔV 的绝对值 $|\Delta V|$，而

$$\begin{aligned}\Delta V\approx \mathrm{d}V\Big|_{\substack{r_0=10\\ \Delta r=-0.05}}&=4\pi r_0^2\Delta r\Big|_{\substack{r_0=10\\ \Delta r=-0.05}}\\ &=-20\pi\approx-62.83(\text{cm}^3),\end{aligned}$$

于是球壳体积近似等于 62.83cm^3.

例 3 计算 $\sqrt[3]{1.02}$ 的近似值.

解 令函数 $f(x)=\sqrt[3]{x}$，有 $f'(x)=\frac{1}{3\sqrt[3]{x^2}}$，问题即为求函数 $f(x)=\sqrt[3]{x}$ 在 $x=1.02$ 处函数值的近似值. 令 $x_0=1$，$\Delta x=0.02$，应用式(2) 得

$$\begin{aligned}\sqrt[3]{1.02}=f(x_0+\Delta x)&\approx f(x_0)+f'(x_0)\Delta x\\ &=f(1)+f'(1)\times 0.02\\ &=\sqrt[3]{1}+\frac{1}{3\sqrt[3]{1^2}}\times 0.02\\ &\approx 1.0067.\end{aligned}$$

在式(2) 中，若 $x_0=0$，并令 $\Delta x=x$，则当 $|x|$ 很小时，有

$$f(x)\approx f(0)+f'(0)x \tag{3}$$

利用式(3) 可求函数 $f(x)$ 在点 $x=0$ 附近点的函数值的近似值.

由式(3) 可以推出一些常用的近似公式(当 $|x|$ 很小时)：

(1) $\sqrt[n]{1\pm x}\approx 1\pm\frac{x}{n}$　　(2) $\sin x\approx x$

(3) $\tan x\approx x$　　(4) $\mathrm{e}^x\approx 1+x$

(5) $\ln(1+x)\approx x$　　(6) $\frac{1}{1+x}\approx 1-x$

(7) $\arcsin x\approx x$　　(8) $\arctan x\approx x$

例 4 计算(1) $\sqrt[3]{997}$；(2) $\ln 1.03$ 的近似值.

解 (1) $\sqrt[3]{997}=\sqrt[3]{1000-3}=10\sqrt[3]{1-0.003}$. 由 $\sqrt[n]{1\pm x}\approx 1\pm\frac{x}{n}$，得

$$\sqrt[3]{1-0.003}\approx 1-\frac{0.003}{3}=0.999,$$

于是 $\sqrt[3]{997}\approx 9.99$.

(2) $\ln 1.03=\ln(1+0.03)$. 由 $\ln(1+x)\approx x$，得

$$\ln 1.03=\ln(1+0.03)\approx 0.03.$$

2. 误差估计

在实际工作中，常常需要计算一些由公式 $y=f(x)$ 所确定的量．由于测量仪器的精度、测量的条件和测量的方法等各种因素的影响，我们所得到的数据 x 往往带有误差（称之为**直接误差**），而根据这些带有误差的数据 x 计算出的 y 也会有误差（称之为**间接误差**）．下面讨论怎样利用微分来对间接误差进行估计．

设某一个量的真实数值（以后称之为真值）为 A，它的近似值为 a，则称 $|A-a|$ 为 a 的**绝对误差**，而 $\frac{|A-a|}{|a|}$ 为 a 的**相对误差**．一般来说，在实际问题中所涉及的量，它的真值虽然存在，但往往无法知道，所以绝对误差与相对误差也就无法求得．但是根据测量仪器的精度等因素，有时能够确定出绝对误差的上界 δ_A（称之为绝对误差限，通常称为绝对误差）及相对误差上界 $\frac{\delta_A}{|a|}$（称之为相对误差限，通常称为相对误差）．这样一来，当我们根据直接测量值 x 按公式 $y=f(x)$ 计算 y 值时，如果已知 x 的绝对误差为 δ_x，即

$$|\Delta x|\leqslant\delta_x,$$

那么，当 $y'\neq 0$ 时，y 的误差

$$|\Delta y|=|f(x+\Delta x)-f(x)|\approx|\mathrm{d}y|=|y'||\Delta x|\leqslant|y'|\delta_x,$$

即 y 的绝对误差约为

$$\delta_y=|y'|\delta_x,$$

而 y 的相对误差约为

$$\frac{\delta_y}{|y|}=\left|\frac{y'}{y}\right|\delta_x.$$

例 5　设圆半径 r 的测量值为 100mm，绝对误差为 0.5mm，求圆面积的绝对误差与相对误差．

解　半径为 r 的圆的面积 $S=\pi r^2$，于是圆面积 S 的绝对误差为

$$\delta_S=|S'_r|\delta_r=2\pi r\delta_r=2\pi\times 100\times 0.5=314.16(\mathrm{mm}^2).$$

圆面积 S 的相对误差为

$$\frac{\delta_S}{|S|}=\left|\frac{S'_r}{S}\right|\delta_r=\frac{2\pi r}{\pi r^2}\delta_r=\frac{2}{100}\times 0.5=1\%.$$

练习 2.5

1. 已知函数 $f(x)=x^2-x$，计算在 $x=2$ 处当 Δx 分别等于 1，0.1，0.01 时的 Δy 与 $\mathrm{d}y$．由计算结果能否得出：当 $|\Delta x|$ 越小时，两者越接近．

2. 求下列函数的微分．

(1) $y=\ln\sqrt{1-x^2}$　　(2) $y=\frac{1}{x}+2\sqrt{x}$

习题选讲

(3) $y = x^2 e^{2x}$　　　　(4) $y = \arctan\dfrac{1-x^2}{1+x^2}$

3. 设 $e^{xy} = 2x + y^3$,求 dy 和 $\dfrac{dy}{dx}$.

4. 求近似值.

(1) $\sin 29°$　　　　(2) $\sqrt{0.96}$

(3) $e^{0.01}$　　　　(4) $\ln 1.01$

5. 一正方体的棱长为10m,如果棱长增加0.1m,求此正方体体积增加的精确值与近似值.

6. 设测得一正方形的边长为2.4m,其绝对误差为0.05m,求正方形面积,并估计绝对误差与相对误差.

习　题　二

习题选讲

1. 填空题.

(1) 曲线 $y = x^3 - 3x$ 上切线平行 x 轴的点为________.

(2)* 设函数 $f(x) = (e^x - 1)(e^{2x} - 2)\cdots(e^{nx} - n)$,其中 n 为正整数,则 $f'(0) =$ ________.

(3) 设 $f(x) = \begin{cases} \dfrac{1-e^{-x^2}}{x}, & x \neq 0 \\ 0, & x = 0 \end{cases}$,则 $f'(0) =$ ________.

(4) 设对于任意的 x,都有 $f(-x) = -f(x)$,若 $f'(-x_0) = -k \neq 0$,则 $f'(x_0) =$ ________.

(5) 若 $f(u)$ 可导,且 $y = f(e^x)$,则 $dy =$ ________.

2. 选择题.

(1) 设 $f(x)$ 在 $x = a$ 的某邻域内有定义,则 $f(x)$ 在 $x = a$ 处可导的一个充分条件是(　　).

(a) $\lim\limits_{h\to+\infty} h\left[f\left(a+\dfrac{1}{h}\right) - f(a)\right]$ 存在

(b) $\lim\limits_{h\to 0} \dfrac{f(a+2h) - f(a+h)}{h}$ 存在

(c) $\lim\limits_{h\to 0} \dfrac{f(a+h) - f(a-h)}{2h}$ 存在

(d) $\lim\limits_{h\to 0} \dfrac{f(a) - f(a-h)}{h}$ 存在

(2) 若 $y = f(x)$ 在点 x_0 处连续且 $f'(x_0) = \infty$,则在曲线 $y = f(x)$ 上点 $(x_0, f(x_0))$ 处(　　).

(a) 切线不存在　　　　(b) 切线方程为 $y - f(x) = 0$

(c) 切线方程为 $x = x_0$　　　　(d) 切线方程为 $y - f(x_0) = f'(x_0)(x - x_0)$

(3) 若 $\lim\limits_{x\to a} \dfrac{f(x) - f(a)}{x - a} = A$,$A$ 为常数,则有(　　).

(a) $f(x)$ 在点 $x = a$ 处连续　　　　(b) $f(x)$ 在点 $x = a$ 处可导

(c) $\lim\limits_{x\to a} f(x)$ 存在　　　　(d) $f(x) - f(a) = A(x-a) + o(x-a)$

(4) 函数 $f(x) = \begin{cases} x, & x < 0 \\ xe^x, & x \geqslant 0 \end{cases}$ 在 $x = 0$ 处(　　).

(a) 连续　　(b) 可导　　(c) 可微　　(d) 不可导

(5) 设 $f(x)=\begin{cases}\sqrt{|x|}\sin\dfrac{1}{x^2}, & x\neq 0\\ 0, & x=0\end{cases}$,则 $f(x)$ 在点 $x=0$ 处(　　).

习题选讲

(a) 极限不存在　　(b) 极限存在但不连续

(c) 连续但不可导　　(d) 可导

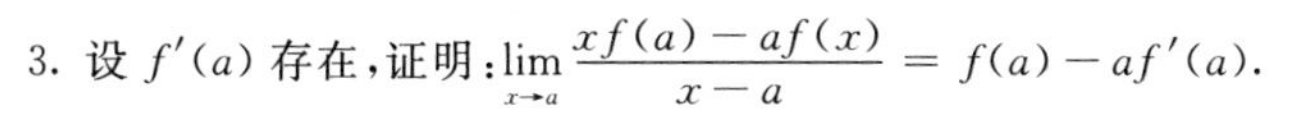

3. 设 $f'(a)$ 存在,证明:$\lim\limits_{x\to a}\dfrac{xf(a)-af(x)}{x-a}=f(a)-af'(a)$.

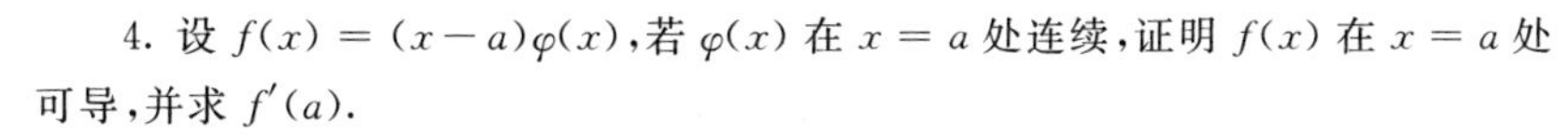

4. 设 $f(x)=(x-a)\varphi(x)$,若 $\varphi(x)$ 在 $x=a$ 处连续,证明 $f(x)$ 在 $x=a$ 处可导,并求 $f'(a)$.

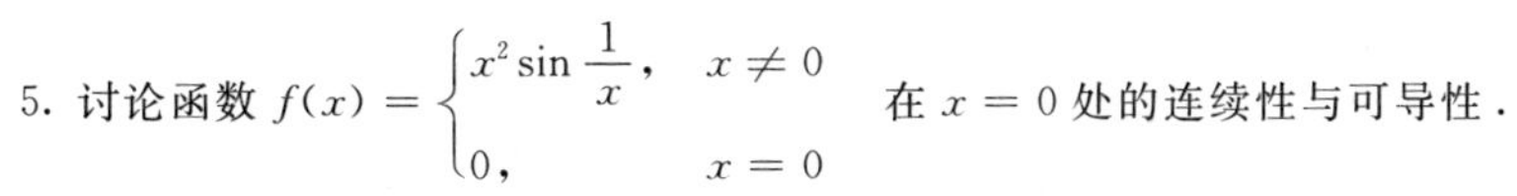

5. 讨论函数 $f(x)=\begin{cases}x^2\sin\dfrac{1}{x}, & x\neq 0\\ 0, & x=0\end{cases}$ 在 $x=0$ 处的连续性与可导性.

6. 设函数 $f(x)=\begin{cases}x^2, & x\leqslant 1\\ ax+b, & x>1\end{cases}$,问当 a,b 取何值时,$f(x)$ 在 $x=1$ 处连续且可导.

7. 设函数 $y=f(x)$ 在 $x=0$ 点连续,且 $\lim\limits_{x\to 0}\dfrac{f(x)+3}{x}=2$,问函数 $f(x)$ 在 $x=0$ 点是否可导?若可导,求 $f'(0)$.

8*. 已知 $f(x)$ 在 $x=0$ 处可导,且 $f(0)=0$,求 $\lim\limits_{x\to 0}\dfrac{x^2f(x)-2f(x^3)}{x^3}$.

9*. 设 $f(x)$ 为可导函数,且满足条件 $\lim\limits_{x\to 0}\dfrac{f(1)-f(1-x)}{2x}=-1$,求过曲线 $y=f(x)$ 上点 $(1,f(1))$ 处的切线方程.

10. 求下列函数的导数.

(1) $f(x)=\sqrt{x\sqrt{x}}+x^{\frac{3}{2}}+\dfrac{1}{x\sqrt[3]{x}}$　　(2) $f(x)=\dfrac{\sqrt{x}+x^2e^x+x}{x^2}$

(3) $f(x)=x^2\sin x$　　(4) $f(x)=x^2a^x\ln x$

(5) $f(x)=a^x\operatorname{arccot}x$　　(6) $f(x)=x^2\tan x+x\ln x$

(7) $f(x)=\dfrac{\sin x-\cos x}{\sin x+\cos x}$　　(8) $f(x)=\dfrac{x^2+1}{3(x^2-1)}$

(9) $y=x\tan x\ln x$　　(10) $y=x\sec x$

(11) $y=x^2e^x\cos x$　　(12) $y=\dfrac{2\ln x+x^3}{3\ln x+x^2}$

(13) $y=(2^x+3^x)^2$　　(14) $y=\left(\sin\dfrac{x}{2}+\cos\dfrac{x}{2}\right)^2$

11. 求下列函数的导数.

(1) $y=\sin\sqrt{x}$　　(2) $y=\ln(a^2-x^2)$(a 为常数)

(3) $y=xe^{-x^2}$　　(4) $y=\dfrac{x}{\sqrt{1-x^2}}$

(5) $y=\sec^2x+\csc^2x$　　(6) $y=\arctan\dfrac{1}{x}$

(7) $y=\arcsin\dfrac{x}{2}$　　(8) $y=\ln\tan\dfrac{x}{2}$

(9) $y=\ln(x+\sqrt{x^2-1})$　　(10) $y=x\sqrt{1-x^2}+\arccos x$

(11) $y = \sqrt[3]{1-2x^2}$　　(12) $y = e^{\arctan\sqrt{x}}$

(13) $y = e^{-3x}\cos 3x$　　(14) $y = \sin^n x\cos^n x$

(15) $y = \dfrac{x}{2}(\sin\ln x - \cos\ln x)$　　(16) $y = x\arctan x - \dfrac{1}{2}\ln(1+x^2)$

12. 设 $f(x)$ 导数存在.

(1) $y = x^x + e^{x^2}$，求 y'.　　(2) $y = f\left(\arcsin\dfrac{1}{x}\right)$，求 $\dfrac{dy}{dx}$.

(3) $y = f(e^x + x^e)$，求 $\dfrac{dy}{dx}$.　　(4) $y = f(\sin^2 x) + f(\cos^2 x)$，求 $\left.\dfrac{dy}{dx}\right|_{x=\frac{\pi}{4}}$.

13. 设函数 $f(x)$ 为可导的奇函数，且曲线 $y = f(x)$ 在点 $(x_0, f(x_0))$ 处的法线与直线 $2x+3y-1=0$ 平行，求 $f'(-x_0)$.

14*. (1) 已知 $y = f\left(\dfrac{3x-2}{3x+2}\right)$，$f'(x) = \arctan x^2$，求 $\left.\dfrac{dy}{dx}\right|_{x=0}$.

(2) 设函数 $f(x) = \begin{cases} \ln\sqrt{x}, x \geqslant 1 \\ 2x-1, x<1 \end{cases}$，$y = f(f(x))$，求 $\left.\dfrac{dy}{dx}\right|_{x=0}$.

习题选讲

15. 求下列隐函数的导数 $\dfrac{dy}{dx}$.

(1) $y = x\ln y$　　(2) $y = 1 + xe^y$

(3) $x^2 + y^2 - xy = 1$　　(4) $\sin(xy) - 2\ln(y-x) = 2x$

(5) $x^y = y^x$　　(6) $y = 1 + x\sin y$

16. 利用对数求导法求下列函数的导数.

(1) $y = \dfrac{x^2}{1-x}\cdot\sqrt[3]{\dfrac{3-x}{(3+x)^2}}$　　(2) $y = x^{a^x}$

(3) $y = x^{x^x}$　　(4) $y = (\sin x)^{\cos x}$

(5) $y = x(\sin x)^{x^2}$　　(6) $y = \dfrac{(\ln x)^x}{x^{\ln x}}$

17. 求下列函数的二阶导数 y''.

(1) $y = \ln(1+x^2)$　　(2) $y = e^x\cos x$

(3) $y^2 = 2x$　　(4) $y = \tan(x+y)$

(5) $\arctan\dfrac{y}{x} = \ln\sqrt{x^2+y^2}$　　(6) $\begin{cases} x = 3e^{-t} \\ y = 2e^t \end{cases}$

(7) $\begin{cases} x = f'(t) \\ y = tf'(t) - f(t) \end{cases}$，$f''(t)$ 存在且不为零.

18. 设 $f''(x)$ 存在，求下列函数的二阶导数.

(1) $y = f(e^{-x})$　　(2) $y = \ln[f(x)]$

19. 求下列函数的 n 阶导数.

(1) $y = \ln(1+x)$　　(2) $y = e^{-x}$

(3) $y = (1+x)^m$　　(4) $y = xe^x$

20. 求下列函数的微分.

(1) $y = e^x\sin^2 x$　　(2) $y = \arctan e^x$

(3) $y = \arcsin(x^2-1)$　　(4) $xy = 4$

(5) $y = \sec\dfrac{x}{2}$　　(6) $y = \dfrac{x}{1-x^2}$

(7) $y^2 = x + \arccos y$　　　　(8) $\frac{x^2}{a^2} + \frac{y^2}{b^2} = 1$

21. 设 $y = f(x)$，且 $f'(x^2) = \frac{1}{x^2}$，求 $\mathrm{d}y$.

22. 测量球的半径 r，其相对误差为何值时，才能保证球的体积由公式

$$V = \frac{4}{3}\pi r^3$$

计算后相对误差不超过 3%.

23. 假设某商品的销售量 S 是广告费 x（单位：千元）的函数：

$$S(x) = 500x - x^2.$$

估计广告费从 100 千元增加到 101 千元时，销售量增加多少？

第3章 微分中值定理与导数的应用

微分中值定理是微分学的理论基础，它把函数与函数的导数联系起来，使得我们能够用导数来研究函数以及曲线的某些性态，并利用这些知识解决一些实际问题．

本章的主要内容有微分中值定理、洛必达法则、函数性态研究、函数作图及导数在经济中的应用．

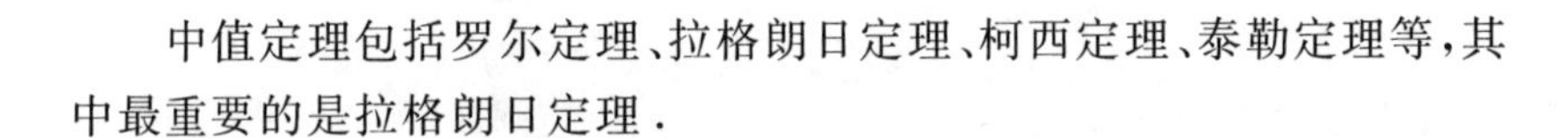

§3.1 中值定理

罗尔定理

中值定理包括罗尔定理、拉格朗日定理、柯西定理、泰勒定理等，其中最重要的是拉格朗日定理．

3.1.1 罗尔[1]定理

定理 3.1.1 若函数 $f(x)$ 满足

(1) 在闭区间 $[a,b]$ 上连续；

(2) 在开区间 (a,b) 内可导；

(3) 在区间两端点的函数值相等，即 $f(a)=f(b)$，则至少存在一点 $\xi\in(a,b)$，使得 $f'(\xi)=0$.

从几何上看，罗尔定理指出，一条连续曲线 $y=f(x)$ 弧 $\overset{\frown}{AB}$，除端点外处处具有不垂直于 x 轴的切线，且两个端点 A、B 处纵坐标相等，则在弧 $\overset{\frown}{AB}$ 上至少有一点 $C(\xi,f(\xi))$，使得过 C 点的切线平行于 x 轴，如图 3－1 所示．

罗尔

① 罗尔(M. Rolle，1652－1719)，法国数学家．罗尔于 1691 年在题为《任意方程的一个解法的证明》的论文中指出：在多项式方程 $f(x)=0$ 的两个相邻的实根之间，方程 $f'(x)=0$ 至少有一个根．1846 年，尤斯托・伯拉维提斯(Glilsto Bellavitis) 将这一结论推广到可微函数，并把此结论命名为罗尔定理．

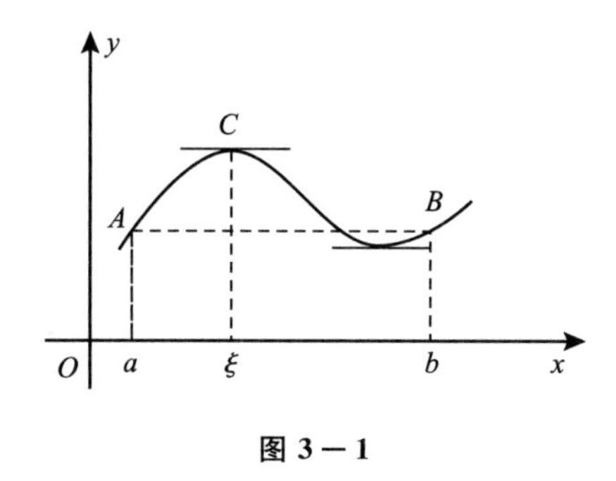

图 3—1

证　由条件(1) 及闭区间上连续函数的性质知：$f(x)$ 在$[a,b]$上必取得最大值 M 和最小值 m. 此时，只可能有下述两种情形：

(1)$M=m$. 由于 $m\leqslant f(x)\leqslant M$，故 $f(x)$ 在$[a,b]$上恒等于常数 M，此时，$f'(x)$ 在(a,b) 内处为 0. 因此，任取 $\xi\in(a,b)$，有 $f'(\xi)=0$.

(2)$m\neq M$，即 $m<M$. 由于 $f(a)=f(b)$，所以 M 和 m 二者至少有一个不等于区间端点的函数值. 不妨设 $M\neq f(a)$，那么，在(a,b) 内至少存在一点 ξ，使 $f(\xi)=M$. 下面证明 $f'(\xi)=0$.

由于 $f(\xi)=M$ 是 $f(x)$ 在$[a,b]$上的最大值，因此，不论 Δx 是正还是负，只要 $\xi+\Delta x$ 在$[a,b]$上，总有

$$f(\xi+\Delta x)\leqslant f(\xi),$$

即
$$f(\xi+\Delta x)-f(\xi)\leqslant 0.$$

又由条件(2) 知，$f'(\xi)$ 存在，所以

$$f'(\xi)=f'_{+}(\xi)=\lim_{\Delta x\to 0^{+}}\frac{f(\xi+\Delta x)-f(\xi)}{\Delta x}\leqslant 0,$$

$$f'(\xi)=f'_{-}(\xi)=\lim_{\Delta x\to 0^{-}}\frac{f(\xi+\Delta x)-f(\xi)}{\Delta x}\geqslant 0,$$

于是 $f'(\xi)=0$.

注　罗尔定理中的三个条件，有一个不满足，则定理的结论就可能不再成立. 如在图 3—2 中，均不存在 $\xi\in(a,b)$，使 $f'(\xi)=0$.

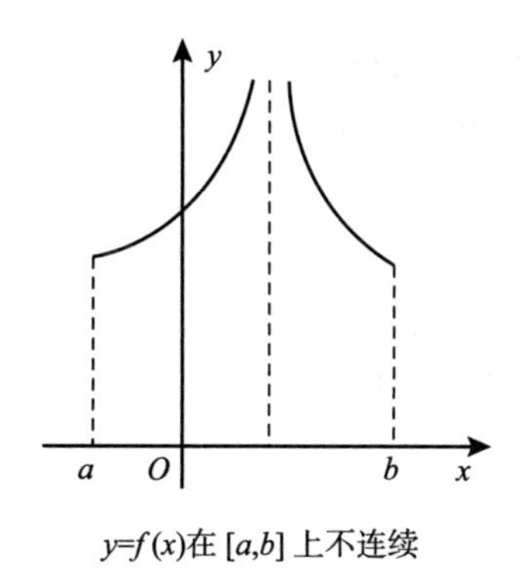

$y=f(x)$在 $[a,b]$ 上不连续

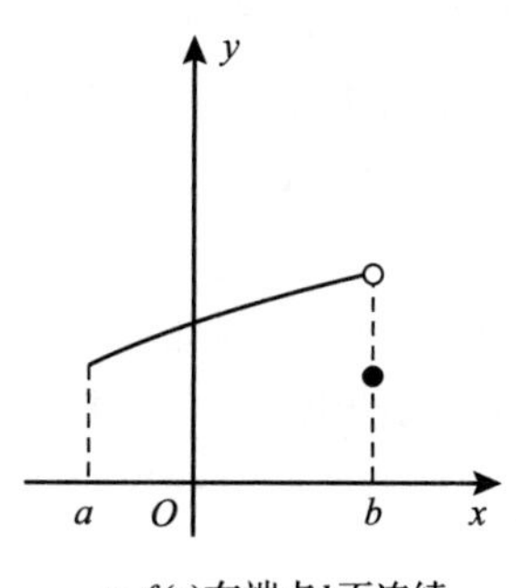

$y=f(x)$在端点b不连续

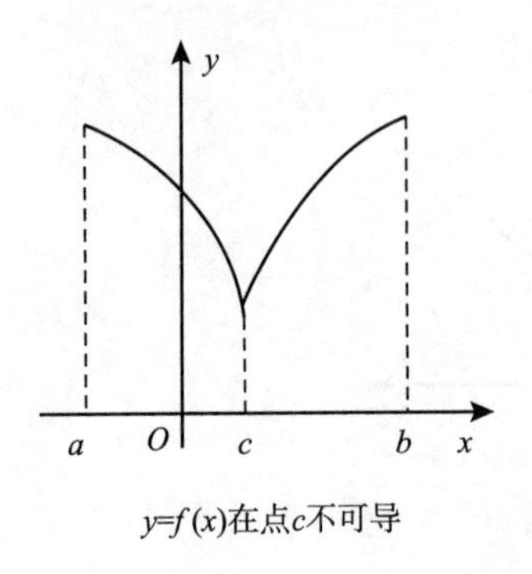

$y=f(x)$在点c不可导

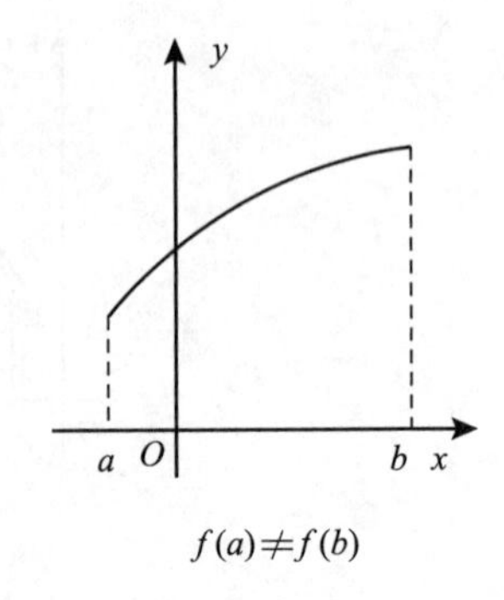

$f(a)\neq f(b)$

图 3－2

例 1 设 $P_n(x)$ 为 n 次多项式，$P_n'(x)=0$ 没有实根，试证明 $P_n(x)=0$ 最多只有一个实根．

证 假设 $P_n(x)=0$ 有两个实根，设为 x_1 和 x_2，不妨设 $x_1<x_2$．由于 $P_n(x)$ 在$[x_1,x_2]$上连续，在(x_1,x_2)内可导，且 $P_n(x_1)=P_n(x_2)=0$．由罗尔定理知，至少存在一点 $\xi\in(x_1,x_2)$ 使 $P_n'(\xi)=0$．这说明 ξ 是方程$P_n'(x)=0$ 的根，这与题设矛盾．这就证明了若 $P_n(x)=0$ 有实根，那么实根的个数不能多于一个．

3.1.2 拉格朗日[①]定理

定理 3.1.2 若函数 $f(x)$ 满足

(1) 在闭区间$[a,b]$上连续；

(2) 在开区间(a,b)内可导，则至少存在一点 $\xi\in(a,b)$，使得

$$f'(\xi)=\frac{f(b)-f(a)}{b-a}. \tag{1}$$

如图 3－3 所示，在曲线弧$\overset{\frown}{AB}$上，点 C 处的切线的斜率为 $f'(\xi)$，而弦 AB 的斜率为$\frac{f(b)-f(a)}{b-a}$．所以，从几何上看，拉格朗日定理指出：两个端点分别为 A、B 的一条连续且除端点外处处有不垂直于 x 轴的切线的曲线 $y=f(x)$，在该曲线上至少有一点 C，使得过点 C 处的切线平行于弦 AB．

从图 3－1 可看出，在罗尔定理中，由于 $f(a)=f(b)$，弦 AB 是平行于 x 轴的，因此点 C 处的切线实际上也平行于弦 AB．由此可见，罗尔定理是拉格朗日定理当 $f(a)=f(b)$ 时的特殊情形．

拉格朗日

① 拉格朗日（J-L. Lagrange，1736－1813），法国数学家、力学家、天文学家．

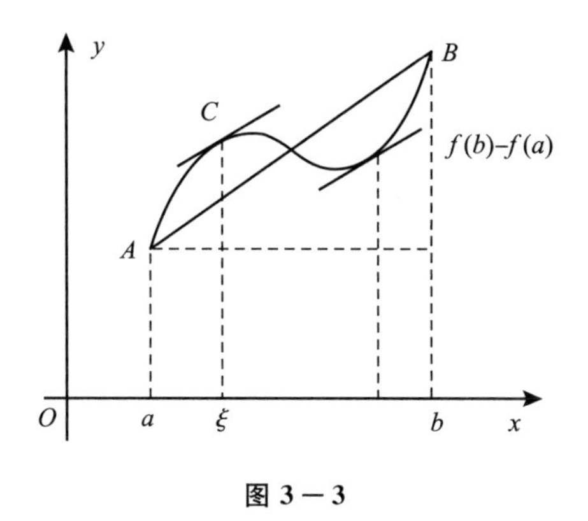

图 3－3

证　从拉格朗日定理与罗尔定理的关系，自然想到利用罗尔定理来证明拉格朗日定理．引进辅助函数

$$\varphi(x)=f(x)-f(a)-\frac{f(b)-f(a)}{b-a}(x-a)$$

（在图 3－3 中，它表示曲线弧$\overset{\frown}{AB}$上点的纵坐标与弦 AB 上点的纵坐标之差．）

容易验证，$\varphi(x)$ 在$[a,b]$上满足罗尔定理的条件，由罗尔定理，在(a,b) 内至少有一点 ξ，使得 $\varphi'(\xi)=0$，即

$$\varphi'(\xi)=f'(\xi)-\frac{f(b)-f(a)}{b-a}=0,$$

所以
$$f'(\xi)=\frac{f(b)-f(a)}{b-a}.$$

显然，式(1) 对于$b<a$也成立．式(1) 称为**拉格朗日中值公式**．式(1) 有如下的等价形式：

$$f(b)-f(a)=f'(\xi)(b-a),\xi\text{ 介于 }a,b\text{ 之间} \tag{2}$$

$$f(b)=f(a)+f'[a+\theta(b-a)](b-a)\quad(0<\theta<1) \tag{3}$$

如果令 $a=x_0,b=x_0+\Delta x$，式(3) 又可写为

$$f(x_0+\Delta x)=f(x_0)+f'(x_0+\theta\Delta x)\Delta x\quad(0<\theta<1) \tag{4}$$

由拉格朗日定理可得以下两个重要推论．

推论 1　若 $f(x)$ 在区间 I 上每一点的导数都为0，则 $f(x)$ 在区间 I 上是一个常数．

证　在区间 I 上任取两点 x_1,x_2，并设 $x_1<x_2$，则在$[x_1,x_2]$上 $f(x)$ 满足拉格朗日定理条件，所以有

$$f(x_2)-f(x_1)=f'(\xi)(x_2-x_1)\quad\xi\in(x_1,x_2),$$

而由条件知 $f'(\xi)=0$，所以 $f(x_1)=f(x_2)$．

因为 x_1,x_2 是区间 I 上任意两点，所以 $f(x)$ 在区间 I 上是一个常数.

推论 2　若两个函数 $f(x),g(x)$ 在区间 I 上每一点的导数都相

等,即$f'(x)=g'(x)$,$x\in I$,则在区间I上这两个函数至多只相差一个常数,即$f(x)=g(x)+c$(c为常数).

由推论1容易推证推论2.

例1 验证拉格朗日定理对函数$f(x)=\ln x$在区间$[1,\mathrm{e}]$上成立.

解 函数$f(x)=\ln x$在$[1,\mathrm{e}]$上连续,在$(1,\mathrm{e})$内可导,故满足拉格朗日定理条件.令

$$f'(x)=\frac{\ln\mathrm{e}-\ln 1}{\mathrm{e}-1}=\frac{1}{\mathrm{e}-1}$$

即
$$f'(x)=\frac{1}{x}=\frac{1}{\mathrm{e}-1}$$

可得
$$x=\mathrm{e}-1\in(1,\mathrm{e})$$

即存在$\xi=\mathrm{e}-1\in(1,\mathrm{e})$,使得$f'(\xi)=\dfrac{f(\mathrm{e})-f(1)}{\mathrm{e}-1}=\dfrac{1}{\mathrm{e}-1}$,即拉格朗日定理结论成立.

例2 证明:当$x>0$时,$\dfrac{x}{x+1}<\ln(1+x)<x$.

证 设$f(x)=\ln(1+x)$,显然$f(x)$在$[0,x]$上满足拉格朗日定理条件,所以有

$$f(x)-f(0)=f'(\xi)(x-0)\quad \xi\in(0,x),$$

由于$f(0)=0$,$f'(x)=\dfrac{1}{1+x}$,因此上式即为

$$\ln(1+x)=\frac{x}{1+\xi}\quad \xi\in(0,x),$$

又$0<\xi<x$,所以

$$\frac{x}{x+1}<\frac{x}{1+\xi}<x,$$

即
$$\frac{x}{x+1}<\ln(1+x)<x\quad(x>0).$$

图3-4中的三条曲线反映了上述关系式.

例3 证明:当$0<x<\pi$时,$\dfrac{\sin x}{x}>\cos x$.

证 由于$\dfrac{\sin x}{x}=\dfrac{\sin x-\sin 0}{x-0}$,在区间$[0,x]$($0<x<\pi$)上对函数$\sin x$应用拉格朗日定理,则存在$\xi\in(0,x)$,使得

$$\frac{\sin x}{x}=\frac{\sin x-\sin 0}{x-0}=(\sin x)'\big|_{x=\xi}=\cos\xi>\cos x.$$

图3-5中两曲线反映了上述关系.

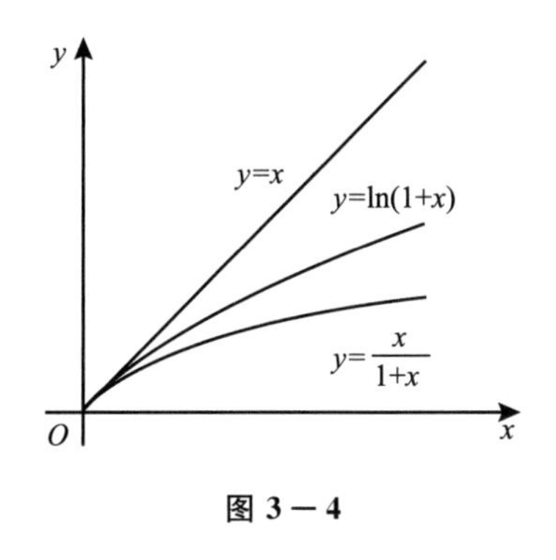

图 3－4

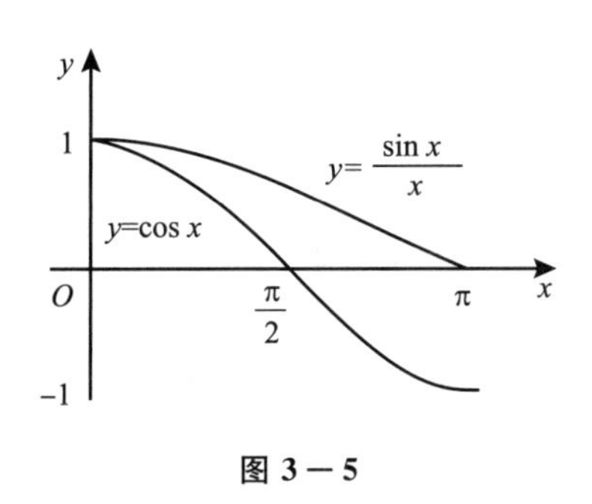

图 3－5

3.1.3　柯西[①]定理

定理 3.1.3　若 $f(x)$, $g(x)$ 满足

(1) 在闭区间 $[a,b]$ 上连续;

(2) 在开区间 (a,b) 内可导,且在 (a,b) 内每一点有 $g'(x) \neq 0$,则至少存在一点 $\xi \in (a,b)$,使得

$$\frac{f(b)-f(a)}{g(b)-g(a)} = \frac{f'(\xi)}{g'(\xi)}. \tag{1}$$

证明从略.

注　在柯西定理中,当 $g(x) = x$ 时,即得拉格朗日定理. 可见拉格朗日定理是柯西定理的一个特殊情形.

3.1.4　泰勒[②]定理

无论是进行近似计算还是理论分析,我们总希望用一些简单的函数来近似表示比较复杂的函数. 多项式是比较简单的一种函数,它只包括加、乘两种运算,最适于由计算机计算. 因此,我们常用多项式来近似表达函数.

柯西

在 2.5.4 小节中,我们已经知道当 $f'(x_0) \neq 0$,并且 $|x - x_0|$ 很小时,有如下近似等式

$$f(x) \approx f(x_0) + f'(x_0)(x - x_0)$$

上式就是用一次多项式来近似表达一个函数,这种近似表达有两点不足:一是精确度不高,它所产生的误差仅是关于 $(x - x_0)$ 的高阶无穷小;二是用它来作近似计算时,不能具体估计出误差的大小. 因此,我们设想用高次多项式来近似表达函数以提高精确度,同时还能给出误

泰勒

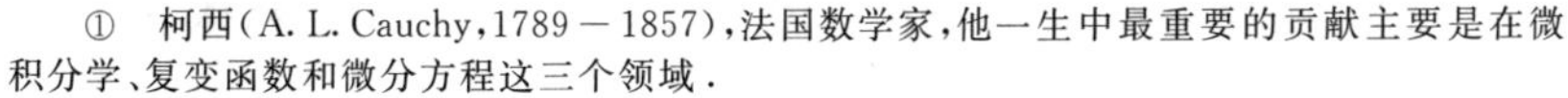

① 柯西(A. L. Cauchy, 1789－1857),法国数学家,他一生中最重要的贡献主要是在微积分学、复变函数和微分方程这三个领域.

② 泰勒(B. Taylor, 1685－1737),英国数学家,其最大的功绩是在 1715 年发表了函数展成级数的一般公式,即被称为泰勒级数,这是近世数学发展的一大基础.

差公式．于是提出如下问题：对于函数 $f(x)$，(1) 在什么条件下能用 n 次多项式来近似表达函数 $f(x)$？(2) 如何求出这个 n 次多项式？(3) 用这个多项式近似代替函数 $f(x)$ 所产生的误差为多少？

下面的泰勒定理就回答了这些问题．

定理 3.1.4 若函数 $f(x)$ 在含有 x_0 的某个开区间 (a,b) 内具有直到 $n+1$ 阶导数，则在区间 (a,b) 上，$f(x)$ 可以表示为 $(x-x_0)$ 的一个 n 次多项式与一个余项 $R_n(x)$ 的和，即

$$f(x)=f(x_0)+f'(x_0)(x-x_0)+\frac{f''(x_0)}{2!}(x-x_0)^2+\cdots+\frac{f^{(n)}(x_0)}{n!}(x-x_0)^n+R_n(x)\quad x\in(a,b) \tag{1}$$

其中

$$R_n(x)=\frac{f^{(n+1)}(\xi)}{(n+1)!}(x-x_0)^{n+1} \tag{2}$$

这里 ξ 在 x 及 x_0 之间．

式(1) 称为 $f(x)$ 按 $(x-x_0)$ 的幂展开的带有拉格朗日型余项的 n 阶**泰勒公式**，而余项 $R_n(x)$ 的表达式(2) 称为**拉格朗日型余项**．

当 $n=0$ 时，式(1) 就是拉格朗日中值公式：

$f(x)=f(x_0)+f'(\xi)(x-x_0)$，($\xi$ 介于 x_0 与 x 之间)

因此，泰勒定理是拉格朗日定理的推广．

由定理 3.1.4 可知，用多项式

$$P_n(x)=f(x_0)+f'(x_0)(x-x_0)+\frac{f''(x_0)}{2!}(x-x_0)^2+\cdots+\frac{f^{(n)}(x_0)}{n!}(x-x_0)^n. \tag{3}$$

近似表达函数 $f(x)$ 时，其误差为 $|R_n(x)|$．若对于某一固定 n，当 $x\in(a,b)$ 时，$|f^{(n+1)}(x)|\leqslant M(M>0$，常数，则有误差估计

$$|R_n(x)|\leqslant\frac{M}{(n+1)!}|x-x_0|^{n+1} \tag{4}$$

这时，当 $x\to x_0$ 时，$|R_n(x)|$ 是比 $(x-x_0)^n$ 高阶的无穷小．至此，我们提出的问题圆满地得到解决．式(3) 中的 $P_n(x)$ 称为 $f(x)$ 在 x_0 处关于 $(x-x_0)$ 的 n 阶泰勒多项式．

马克劳林

在式(1) 中，若 $x_0=0$，则 ξ 在 0 与 x 之间．令 $\xi=\theta x(0<\theta<1)$，则可得

$$f(x)=f(0)+f'(0)x+\frac{f''(0)}{2!}x^2+\cdots+\frac{f^{(n)}(0)}{n!}x^n+\frac{f^{(n+1)}(\theta x)}{(n+1)!}x^{n+1}\quad(0<\theta<1). \tag{5}$$

式(5) 称为函数 $f(x)$ 的带有拉格朗日型余项的 n 阶**马克劳林**[①]**公式**．

① 马克劳林(C. Maclallrin, 1698－1746)，英国数学家．

由式(5)可得在点0附近用多项式表示 $f(x)$ 的近似表达式

$$f(x) \approx f(0) + f'(0)x + \frac{f''(0)}{2!}x^2 + \cdots + \frac{f^{(n)}(0)}{n!}x^n \qquad (6)$$

误差估计式(4)相应地为

$$|R_n(x)| \leqslant \frac{M}{(n+1)!}|x|^{n+1}. \qquad (7)$$

与泰勒多项式相应，式(6)右端的多项式称为 $f(x)$ 的 n 阶马克劳林多项式.

例1 写出 $f(x) = e^x$ 的 n 阶马克劳林公式.

解 因为 $f(x) = f'(x) = f''(x) = \cdots = f^{(n)}(x) = e^x$，所以

$$f(0) = f'(0) = \cdots f^{(n)}(0) = 1,$$

把这些值代入式(5)，并且注意到 $f^{(n+1)}(\theta x) = e^{\theta x}$，便得

$$e^x = 1 + x + \frac{x^2}{2!} + \cdots + \frac{x^n}{n!} + \frac{e^{\theta x}}{(n+1)!}x^{n+1}$$

这样，用多项式近似表示 e^x 的公式为

$$e^x \approx 1 + x + \frac{x^2}{2!} + \cdots + \frac{x^n}{n!},$$

此时，所产生的误差为

$$|R_n(x)| = \left|\frac{e^{\theta x}}{(n+1)!}x^{n+1}\right| < \frac{e^{|x|}}{(n+1)!}|x|^{n+1}.$$

若取 $x = 1$，则得到 e 的近似式为

$$e \approx 1 + \frac{1}{1!} + \frac{1}{2!} + \cdots + \frac{1}{n!},$$

其误差

$$|R_n| < \frac{e}{(n+1)!} < \frac{3}{(n+1)!}.$$

当 $n = 10$ 时，可算出 $e \approx 2.718282$，其误差不超过 10^{-6}.

函数 $y = e^x$ 及其马克劳林多项式 $P_n(x)(n = 1,2,3,4)$ 的图形都画在图3－6中. 可见 $P_n(x)$ 的图形随着 n 的增大而变得与 e^x 的图形贴近起来.

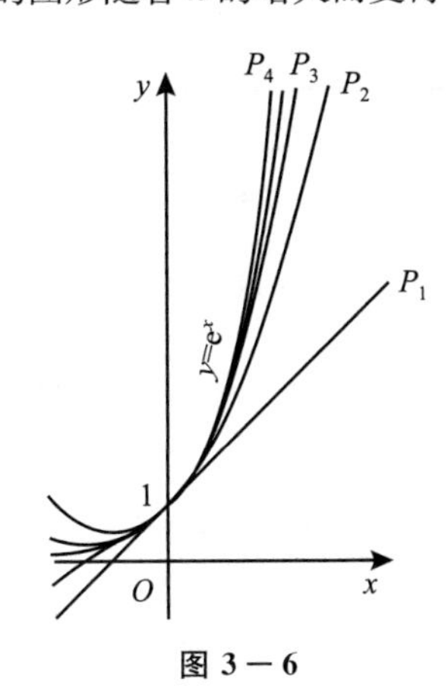

图3－6

例 2 求出函数 $f(x)=\sin x$ 的 n 阶马克劳林公式.

解 因为 $f^{(n)}(x)=\sin\left(x+n\dfrac{\pi}{2}\right)\quad(n=0,1,2,\cdots)$，所以

$$f^{(n)}(0)=\begin{cases}0, & \text{当 } n=2m,\\ (-1)^m, & \text{当 } n=2m+1,\end{cases}\qquad m=0,1,2,\cdots$$

于是由式(5)得到

$$\sin x=x-\frac{1}{3!}x^3+\frac{1}{5!}x^5-\cdots+\frac{(-1)^{m-1}}{(2m-1)!}x^{2m-1}+R_{2m}(x),$$

其中 $R_{2m}(x)=\dfrac{\sin\left[\theta x+(2m+1)\dfrac{\pi}{2}\right]}{(2m+1)!}x^{2m+1}\ (0<\theta<1)$.

如果取 $m=1$，则得到近似公式

$$\sin x\approx x,$$

这时误差为

$$|R_2(x)|=\left|\frac{\sin\left(\theta x+\dfrac{3\pi}{2}\right)}{3!}x^3\right|\leqslant\frac{|x|^3}{6}\ (0<\theta<1).$$

如果 m 分别取 2 与 3，则可以得到 $\sin x$ 的 3 次与 5 次近似多项式（即马克劳林多项式）

$$\sin x\approx x-\frac{1}{3!}x^3,\ \sin x\approx x-\frac{1}{3!}x^3+\frac{1}{5!}x^5,$$

这时的误差分别不超过 $\dfrac{1}{5!}|x|^5$ 和 $\dfrac{1}{7!}|x|^7$.

正弦函数 $\sin x$ 和以上三个近似多项式的图形见图 3－7.

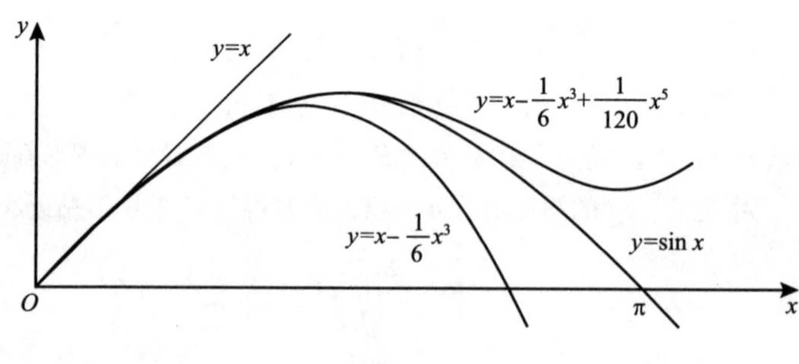

图 3－7

习题选讲

练习 3.1

1. 验证下列函数在指定区间上是否满足罗尔定理条件. 若满足，求出定理中的数值 ξ.

(1) $f(x)=\dfrac{1}{1+x^2}$，$[-2,2]$　　(2) $f(x)=x\sqrt{3-x}$，$[0,3]$.

(3) $f(x)=|x|$，$[-1,1]$　　(4) $f(x)=\dfrac{1+x^2}{x}$，$[-2,2]$

2. 验证下列函数在指定区间上满足拉格朗日定理条件，并求出定理中的数值 ξ.

(1) $f(x)=x^3,[0,1]$　　　　(2) $f(x)=\ln x,[1,2]$

3. 对于函数 $f(x)=\sin x$ 和 $g(x)=1+\cos x$ 在区间 $\left[0,\frac{\pi}{2}\right]$ 上验证柯西中值定理的正确性．

4. 不用求出函数 $f(x)=(x-1)(x-2)(x-3)(x-4)$ 的导数，说明方程 $f'(x)=0$ 有几个实根，并指出它们所在的区间．

习题选讲

5. 设 $f(x)$ 在 $[0,a]$ 上连续，在 $(0,a)$ 内可导，且 $f(a)=0$，证明：存在一点 $\xi\in(0,a)$，使 $f(\xi)+\xi f'(\xi)=0$.

6. 设函数 $f(x)$ 在 $[1,\mathrm{e}]$ 上连续，$0<f(x)<1$，在 $(1,\mathrm{e})$ 内可导，且 $f'(x)\neq\frac{1}{x}$. 证明方程 $f(x)-\ln x=0$ 在 $(1,\mathrm{e})$ 内有且仅有一个实根.

7. 用拉格朗日定理证明：(1) 当 $x>1$ 时，$\mathrm{e}^x>\mathrm{e}x$；(2) $|\sin a-\sin b|\leqslant|a-b|$.

8. 证明恒等式：$\arcsin x+\arccos x=\frac{\pi}{2}(-1\leqslant x\leqslant 1)$.

9. 汽车在行驶过程中，下午2点时速度为30km/h，下午2点10分时其速度增至50km/h，试说明在这10分钟内的哪一时刻其加速度恰为120km/h^2.

10. 求函数 $f(x)=\sqrt{x}$ 按 $(x-4)$ 展开的带有拉格朗日型余项的三阶泰勒公式.

11. 应用三阶泰勒公式求下面各数的近似值，并估计误差.

(1) $\sqrt[3]{30}$　　　　(2) $\sin 18°$

§3.2　洛必达[①]法则

洛必达法则

如果 $\lim f(x)=0,\lim g(x)=0$ 或 $\lim f(x)=\infty,\lim g(x)=\infty$，则极限 $\lim\frac{f(x)}{g(x)}$ 可能存在，也可能不存在．因此，称这些类型函数的极限为**不定式**，分别记为 $\frac{0}{0}$ 或 $\frac{\infty}{\infty}$. 求不定式的极限，称为不定式的定值，洛必达法则是一个非常有效的定值方法．本节就介绍洛必达法则，并讨论各种类型的不定式的定值问题．

3.2.1　$\frac{0}{0}$ 型不定式

洛必达

如 $\lim\limits_{x\to 0}\frac{\sin x}{x},\lim\limits_{x\to\infty}\frac{\frac{1}{x}\sin x}{\mathrm{e}^{-x^2}}$ 都是 $\frac{0}{0}$ 型不定式．对于 $\frac{0}{0}$ 型不定式，我们有

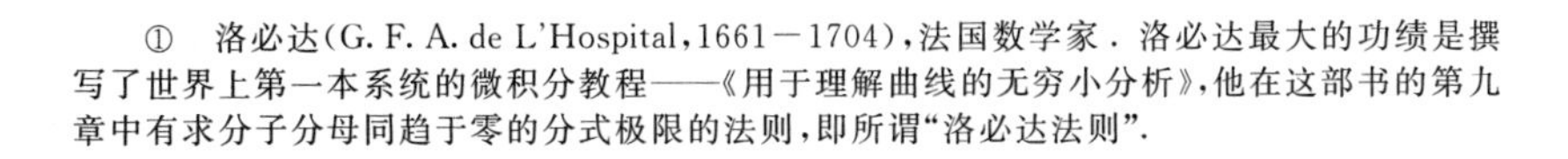

① 洛必达(G. F. A. de L'Hospital，1661－1704)，法国数学家．洛必达最大的功绩是撰写了世界上第一本系统的微积分教程——《用于理解曲线的无穷小分析》，他在这部书的第九章中有求分子分母同趋于零的分式极限的法则，即所谓"洛必达法则".

定理 3.2.1(洛必达法则 Ⅰ) 若函数 $f(x)$，$g(x)$ 满足

(1) $\lim\limits_{x \to x_0} f(x) = \lim\limits_{x \to x_0} g(x) = 0$；

(2) 在点 x_0 的某邻域内(x_0 点可除外)可导，且有 $g'(x) \neq 0$；

(3) $\lim\limits_{x \to x_0} \dfrac{f'(x)}{g'(x)} = a$(或 ∞)，则

$$\lim_{x \to x_0} \frac{f(x)}{g(x)} = \lim_{x \to x_0} \frac{f'(x)}{g'(x)} = a(\text{或 } \infty).$$

这就是说，对于 $\dfrac{0}{0}$ 型不定式 $\lim\limits_{x \to x_0} \dfrac{f(x)}{g(x)}$，当 $\lim\limits_{x \to x_0} \dfrac{f'(x)}{g'(x)} = a$ 时，有 $\lim\limits_{x \to x_0} \dfrac{f(x)}{g(x)} = \lim\limits_{x \to x_0} \dfrac{f'(x)}{g'(x)} = a$；当 $\lim\limits_{x \to x_0} \dfrac{f'(x)}{g'(x)} = \infty$ 时，有 $\lim\limits_{x \to x_0} \dfrac{f(x)}{g(x)} = \lim\limits_{x \to x_0} \dfrac{f'(x)}{g'(x)} = \infty$.

证 因为 $\lim\limits_{x \to x_0} \dfrac{f(x)}{g(x)}$ 与 $f(x)$、$g(x)$ 在 x_0 处有无定义及取值情况无关，所以我们假定 $f(x_0) = g(x_0) = 0$，于是由条件(1)、条件(2)知，$f(x)$ 与 $g(x)$ 在点 x_0 的某邻域内连续．设 x 为邻域内任一点，不妨设 $x > x_0$，则在 $[x_0, x]$ 上 $f(x)$ 与 $g(x)$ 满足柯西定理全部条件，因此有

$$\frac{f(x)}{g(x)} = \frac{f(x) - f(x_0)}{g(x) - g(x_0)} = \frac{f'(\xi)}{g'(\xi)} \qquad \xi \in (x_0, x)$$

注意到，当 $x \to x_0$ 时，$\xi \to x_0$，于是

$$\lim_{x \to x_0} \frac{f(x)}{g(x)} = \lim_{\xi \to x_0} \frac{f'(\xi)}{g'(\xi)} = \lim_{x \to x_0} \frac{f'(x)}{g'(x)} = a(\text{或 } \infty).$$

注 (1) 对于自变量的其他变化过程的 $\dfrac{0}{0}$ 型不定式，也有类似的洛必达法则．如对于 $x \to \infty$ 的 $\dfrac{0}{0}$ 型不定式有：

若函数 $f(x)$、$g(x)$ 满足

1) $\lim\limits_{x \to \infty} f(x) = \lim\limits_{x \to \infty} g(x) = 0$；

2) 存在 $M > 0$，使得当 $|x| > M$ 时，$f(x)$、$g(x)$ 都可导，且 $g'(x) \neq 0$；

3) $\lim\limits_{x \to \infty} \dfrac{f'(x)}{g'(x)} = a$(或 ∞)，则 $\lim\limits_{x \to \infty} \dfrac{f(x)}{g(x)} = a$(或 ∞).

(2) 若 $\lim\limits_{x \to x_0} \dfrac{f'(x)}{g'(x)}$ 仍是 $\dfrac{0}{0}$ 型不定式，且 $f'(x)$、$g'(x)$ 又满足定理 3.2.1 的条件，则有

$$\lim_{x \to x_0} \frac{f(x)}{g(x)} = \lim_{x \to x_0} \frac{f'(x)}{g'(x)} = \lim_{x \to x_0} \frac{f''(x)}{g''(x)},$$

并且可以依次类推．

例 1 求 $\lim\limits_{x \to 0} \dfrac{x - \sin x}{x^3}$.

解 $\lim\limits_{x\to 0}\dfrac{x-\sin x}{x^3}=\lim\limits_{x\to 0}\dfrac{1-\cos x}{3x^2}=\lim\limits_{x\to 0}\dfrac{\sin x}{6x}=\dfrac{1}{6}\lim\limits_{x\to 0}\dfrac{\sin x}{x}=\dfrac{1}{6}$.

例 2 求$\lim\limits_{x\to 1}\dfrac{x^3-3x+2}{x^3-x^2-x+1}$.

解 $\lim\limits_{x\to 1}\dfrac{x^3-3x+2}{x^3-x^2-x+1}=\lim\limits_{x\to 1}\dfrac{3x^2-3}{3x^2-2x-1}=\lim\limits_{x\to 1}\dfrac{6x}{6x-2}=\dfrac{3}{2}$.

例 3 求$\lim\limits_{x\to 0}\dfrac{\ln(1+x)}{x^2}$.

解 $\lim\limits_{x\to 0}\dfrac{\ln(1+x)}{x^2}=\lim\limits_{x\to 0}\dfrac{\dfrac{1}{1+x}}{2x}=\lim\limits_{x\to 0}\dfrac{1}{2x(1+x)}=\infty$.

例 4 求$\lim\limits_{x\to +\infty}\dfrac{\dfrac{\pi}{2}-\arctan x}{\dfrac{1}{x}}$.

解 $\lim\limits_{x\to +\infty}\dfrac{\dfrac{\pi}{2}-\arctan x}{\dfrac{1}{x}}=\lim\limits_{x\to +\infty}\dfrac{-\dfrac{1}{1+x^2}}{-\dfrac{1}{x^2}}=\lim\limits_{x\to +\infty}\dfrac{x^2}{1+x^2}=1$.

3.2.2 $\dfrac{\infty}{\infty}$型不定式

如$\lim\limits_{x\to +\infty}\dfrac{x^4}{e^x}$、$\lim\limits_{x\to 0^+}\dfrac{\ln x}{\dfrac{1}{x}}$都是$\dfrac{\infty}{\infty}$型不定式．对于$\dfrac{\infty}{\infty}$型不定式，我们有

定理 3.2.2（洛必达法则 Ⅱ） 若函数 $f(x)$、$g(x)$ 满足：

(1) $\lim\limits_{x\to x_0}f(x)=\infty$，$\lim\limits_{x\to x_0}g(x)=\infty$；

(2) 在点 x_0 的某个去心邻域内可导，且 $g'(x)\neq 0$；

(3) $\lim\limits_{x\to x_0}\dfrac{f'(x)}{g'(x)}=a$（或 ∞），则

$$\lim_{x\to x_0}\frac{f(x)}{g(x)}=\lim_{x\to x_0}\frac{f'(x)}{g'(x)}=a\text{（或 }\infty\text{）}.$$

证明从略．

洛必达法则（Ⅱ）有同洛必达法则（Ⅰ）一样的注释．

例 1 求$\lim\limits_{x\to +\infty}\dfrac{\ln x}{\sqrt{x}}$.

解 $\lim\limits_{x\to +\infty}\dfrac{\ln x}{\sqrt{x}}=\lim\limits_{x\to +\infty}\dfrac{\dfrac{1}{x}}{\dfrac{1}{2\sqrt{x}}}=\lim\limits_{x\to +\infty}\dfrac{2}{\sqrt{x}}=0$.

一般地，对于任何实数 $\alpha>0$，有$\lim\limits_{x\to +\infty}\dfrac{\ln x}{x^\alpha}=0$.

例 2 求 $\lim\limits_{x\to+\infty}\frac{x^n}{e^{\lambda x}}$($n$ 为正整数,$\lambda>0$).

解 相继应用洛必达法则 n 次,有

$$\lim_{x\to+\infty}\frac{x^n}{e^{\lambda x}}=\lim_{x\to+\infty}\frac{nx^{n-1}}{\lambda e^{\lambda x}}=\cdots=\lim_{x\to+\infty}\frac{n!}{\lambda^n e^{\lambda x}}=0.$$

本例中若 n 不是正整数而是任何正数,则极限仍为零.请读者自证.

对数函数 $\ln x$,幂函数 $x^\alpha(\alpha>0)$,指数函数 e^x 均为当 $x\to+\infty$ 时的无穷大,但从例 1、例 2 可以看出,这三个函数增大的“速度”是不一样的,幂函数增大的“速度”比对数函数快得多,而指数函数增大的“速度”又比幂函数快得多.所以,在描述一个量增长得非常快时,常常说它是“指数型”增长.

例 3 求 $\lim\limits_{x\to0^+}\frac{\ln\tan x}{\ln\tan 2x}$.

解 $$\lim_{x\to0^+}\frac{\ln\tan x}{\ln\tan 2x}=\lim_{x\to0^+}\frac{\frac{\sec^2x}{\tan x}}{\frac{2\sec^2 2x}{\tan 2x}}=\lim_{x\to0^+}\cos 2x=1.$$

由以上各例可知,洛必达法则是不定式定值的一个有效方法,但必须注意,只有 $\frac{0}{0}$ 型和 $\frac{\infty}{\infty}$ 型不定式才可考虑使用洛必达法则.同时,最好能与其他求极限的方法结合使用,如能化简时应尽可能先化简,可应用重要极限或等价无穷小的替代时,应尽可能应用,这样可以使运算简捷.此外,需特别指出的是,对于 $\frac{0}{0}$ 型或 $\frac{\infty}{\infty}$ 型不定式 $\lim\frac{f(x)}{g(x)}$,当 $\lim\frac{f'(x)}{g'(x)}$ 不存在也不是 ∞ 时,不能断言 $\lim\frac{f(x)}{g(x)}$ 不存在,此时需另寻方法求极限 $\lim\frac{f(x)}{g(x)}$.

例 4 求 $\lim\limits_{x\to0}\frac{x-\sin x}{x^2\sin x}$.

解 如果直接用洛必达法则,那么分母的导数(尤其是高阶导数)较繁.如果先作等价无穷小代换,那么运算就方便得多.由于当 $x\to0$ 时 $\sin x\sim x$,故

$$\lim_{x\to0}\frac{x-\sin x}{x^2\sin x}=\lim_{x\to0}\frac{x-\sin x}{x^3}=\frac{1}{6}.$$

最后一步利用了 3.2.1 小节中的例 1.

例 5 验证极限 $\lim\limits_{x\to\infty}\frac{x+\sin x}{x}$ 存在,但不能用洛必达法则得出.

解 显然,$\lim\limits_{x\to\infty}\frac{x+\sin x}{x}=1+\lim\limits_{x\to\infty}\frac{\sin x}{x}=1+0=1$. 此极限属 $\frac{\infty}{\infty}$

型不定式，定理 3.2.2 的条件(1) 是满足的，但是由于$\frac{(x+\sin x)'}{(x)'}=\frac{1+\cos x}{1}$，当$x\to\infty$时极限不存在，也不是无穷大，所以定理 3.2.2 的条件(2) 不满足，从而不能应用定理 3.2.2，即所给极限不能应用洛必达法则求得．

3.2.3　其他类型的不定式

除了$\frac{0}{0}$型和$\frac{\infty}{\infty}$型这两种以商的形式出现的不定式外，还有其他 3 种形式共 5 种类型的不定式．

乘积形式的不定式 $\lim f(x)g(x)$，其中 $\lim f(x)=0$，$\lim g(x)=\infty$，记为$0\cdot\infty$；

和差形式的不定式 $\lim[f(x)\pm g(x)]$，其中 $\lim f(x)=\infty$，$\lim g(x)=\infty$，记为 $\infty\pm\infty$；

幂指形式的不定式 $\lim f(x)^{g(x)}$，有以下三种类型：(1)$\lim f(x)=0$，$\lim g(x)=0$，记为 0^0；(2)$\lim f(x)=1$，$\lim g(x)=\infty$，记为 1^∞；(3)$\lim f(x)=\infty$，$\lim g(x)=0$，记为 ∞^0．

洛必达法则也可以应用于这些类型的不定式的定值．其方法是先把它们如同下面所示的那样化成$\frac{0}{0}$型或$\frac{\infty}{\infty}$型不定式，然后再分别使用洛必达法则．

设 $\lim f(x)g(x)$ 为 $0\cdot\infty$ 型不定式，则

$$\lim f(x)g(x)=\lim\frac{f(x)}{\frac{1}{g(x)}}$$

是$\frac{0}{0}$型，或 $\lim f(x)g(x)=\lim\frac{g(x)}{\frac{1}{f(x)}}$ 是$\frac{\infty}{\infty}$型．

设 $\lim[f(x)\pm g(x)]$ 为 $\infty\pm\infty$ 型不定式，则 $\lim[f(x)\pm g(x)]=\lim\left[\frac{1}{\frac{1}{f(x)}}\pm\frac{1}{\frac{1}{g(x)}}\right]=\lim\frac{\frac{1}{g(x)}\pm\frac{1}{f(x)}}{\frac{1}{f(x)}\cdot\frac{1}{g(x)}}$ 是$\frac{0}{0}$型．在实际计算时，对于 $\infty\pm\infty$ 型不定式，有时只要经过通分就可以化为$\frac{0}{0}$型．

设 $\lim f(x)^{g(x)}$ 为 0^0 型不定式或 1^∞ 型不定式或 ∞^0 型不定式，则

$$\lim f(x)^{g(x)}=\lim e^{g(x)\ln f(x)}=e^{\lim g(x)\ln f(x)}$$

而 $\lim g(x)\ln f(x)$ 为 $0\cdot\infty$ 型不定式．可将其化为$\frac{0}{0}$型、$\frac{\infty}{\infty}$型不定式．

例 1 求$\lim\limits_{x\to 0}x^2 e^{\frac{1}{x^2}}$ $(0\cdot\infty)$.

解 $$\lim_{x\to 0}x^2 e^{\frac{1}{x^2}}=\lim_{x\to 0}\frac{e^{\frac{1}{x^2}}}{\frac{1}{x^2}}=\lim_{x\to 0}\frac{e^{\frac{1}{x^2}}\left(-\frac{2}{x^3}\right)}{-\frac{2}{x^3}}=\lim_{x\to 0}e^{\frac{1}{x^2}}=+\infty.$$

例 2 求$\lim\limits_{x\to\frac{\pi}{2}}(\sec x-\tan x)$ $(\infty-\infty)$.

解 $$\lim_{x\to\frac{\pi}{2}}(\sec x-\tan x)=\lim_{x\to\frac{\pi}{2}}\left(\frac{1-\sin x}{\cos x}\right)=\lim_{x\to\frac{\pi}{2}}\left(\frac{-\cos x}{-\sin x}\right)=0.$$

例 3 求$\lim\limits_{x\to 0^+}x^x$ (0^0).

解 因$\lim\limits_{x\to 0^+}x^x=\lim\limits_{x\to 0^+}e^{x\ln x}=e^{\lim\limits_{x\to 0^+}x\ln x}$，

而 $$\lim_{x\to 0^+}x\ln x\quad(0\cdot\infty)$$

$$=\lim_{x\to 0^+}\frac{\ln x}{\frac{1}{x}}=\lim_{x\to 0^+}\frac{\frac{1}{x}}{-\frac{1}{x^2}}=\lim_{x\to 0^+}(-x)=0,$$

所以$\lim\limits_{x\to 0^+}x^x=e^0=1$.

练习 3.2

1. 求下列极限.

(1) $\lim\limits_{x\to 0}\dfrac{\ln(1+x)}{x}$　　(2) $\lim\limits_{x\to 1}\dfrac{x^3-3x^2+2}{x^3-x^2-x+1}$

(3) $\lim\limits_{x\to 1}\dfrac{\ln x}{x-1}$　　(4) $\lim\limits_{x\to+\infty}\dfrac{\ln\left(1+\frac{1}{x}\right)}{\frac{\pi}{2}-\arctan x}$

(5) $\lim\limits_{x\to 1}\dfrac{x^3-1+\ln x}{e^x-e}$　　(6) $\lim\limits_{x\to 0}\dfrac{\tan x-x}{x-\sin x}$

(7) $\lim\limits_{x\to 0}\dfrac{e^x-\sin x-1}{1-\sqrt{1-x^2}}$　　(8) $\lim\limits_{x\to 0}\dfrac{e^x-e^{-x}-2x}{x-\sin x}$

2. 求下列极限.

(1) $\lim\limits_{x\to+\infty}\dfrac{x^4+e^x}{xe^x}$　　(2) $\lim\limits_{x\to 0^+}\dfrac{\ln(\tan 6x)}{\ln(\tan 2x)}$

(3) $\lim\limits_{x\to\frac{\pi}{2}}\dfrac{\tan x}{\tan 3x}$　　(4) $\lim\limits_{x\to 1^-}\ln x\ln(1-x)$

3. 求下列极限.

(1) $\lim\limits_{x\to 0}\left(\dfrac{1}{\sin x}-\dfrac{1}{x}\right)$　　(2) $\lim\limits_{x\to 0}\left(\dfrac{1}{x}-\dfrac{1}{e^x-1}\right)$

(3) $\lim\limits_{x\to\infty}x\sin\dfrac{1}{x}$　　(4) $\lim\limits_{x\to 0}(1+\sin x)^{\frac{1}{x}}$

(5) $\lim\limits_{x\to 0^+}x^{\sin x}$　　(6) $\lim\limits_{x\to 0^+}\left(\ln\dfrac{1}{x}\right)^x$

习题选讲

(7) $\lim\limits_{x\to 0}x^6 e^{x^{-6}}$　　　(8) $\lim\limits_{x\to 0}\left(\frac{\sin x}{x}\right)^{\frac{1}{1-\cos x}}$

习题选讲

4. 验证极限$\lim\limits_{x\to 0}\frac{x^2\sin\frac{1}{x}}{\sin x}$存在,但不能用洛比达法则.

5. 设$f(x)$在$x=0$点的某邻域内有一阶连续的导数,且$f(0)=1,f(x)>0$,求$\lim\limits_{x\to 0}(f(x))^{\frac{1}{x}}$.

§3.3　函数单调性与曲线凸凹性的判别法

3.3.1　函数单调性的判别法

一个函数在区间上递增(或递减),其图形的特点是沿x轴正方向曲线是上升(或下降)的,而曲线的升降是与切线的斜率密切相关的,从图3－8可以看出,当切线斜率为正时,曲线上升,函数递增;当切线斜率为负时,曲线下降,函数递减.由于导数是曲线切线的斜率,因此我们可以利用导数来判别函数的增减性.

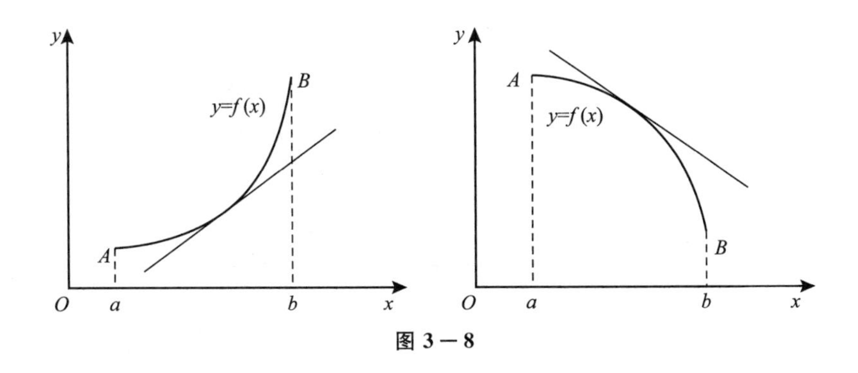

图3－8

定理3.3.1　设函数$f(x)$在区间$[a,b]$上连续,在区间(a,b)内可导,且其导函数$f'(x)$不变号.

(1) 若$f'(x)>0$,则函数$f(x)$在$[a,b]$内单调增加;

(2) 若$f'(x)<0$,则函数$f(x)$在$[a,b]$内单调减少.

证　任取$x_1,x_2\in[a,b]$且$x_1<x_2$,则在$[x_1,x_2]$上函数$f(x)$满足拉格朗日定理条件,于是有

$$f(x_2)-f(x_1)=f'(\xi)(x_2-x_1)\quad x_1<\xi<x_2$$

(1) 若$x\in(a,b),f'(x)>0$,则$f'(\xi)>0$.于是

$$f(x_2) > f(x_1)$$

即函数 $f(x)$ 在$[a,b]$内单调增加．

(2) 若 $x \in (a,b)$，$f'(x) < 0$，则 $f'(\xi) < 0$. 于是

$$f(x_2) < f(x_1)$$

即函数 $f(x)$ 在$[a,b]$内单调减少．

显然，若将定理中的区间$[a,b]$换成其他各种类型的区间，定理结论仍成立．

注 若在(a,b)内 $f'(x) \geqslant 0$（或 $f'(x) \leqslant 0$），但等号仅在个别点成立，则函数$f(x)$在$[a,b]$内仍是单调增加（或单调减少）的．

例 1 判定函数 $y = x - \sin x$ 在$[0,2\pi]$上的单调性．

解 因为在$(0,2\pi)$内有

$$y' = 1 - \cos x > 0,$$

所以函数 $y = x - \sin x$ 在$[0,2\pi]$上增加（见图 3－9）.

例 2 讨论函数 $y = \mathrm{e}^x - x - 1$ 的单调性．

解 函数的定义域是$(-\infty,+\infty)$，且

$$y' = \mathrm{e}^x - 1$$

在$(-\infty,0)$内，$y' < 0$，所以函数 $y = \mathrm{e}^x - x - 1$ 在$(-\infty,0]$上单调减少；在$(0,+\infty)$内，$y' > 0$，所以函数 $y = \mathrm{e}^x - x - 1$ 在$[0,+\infty)$上单调增加（见图 3－10）.

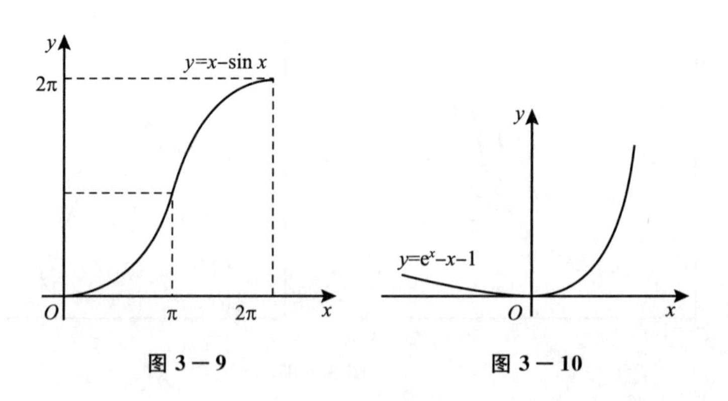

图 3－9 **图 3－10**

例 3 讨论函数 $y = \sqrt[3]{x^2}$ 的单调性．

解 函数的定义域为$(-\infty,+\infty)$.

当 $x \neq 0$ 时，函数的导数为 $y' = \dfrac{2}{3\sqrt[3]{x}}$.

当 $x = 0$ 时，函数的导数不存在．在$(-\infty,0)$内，$y' < 0$，所以函数 $y = \sqrt[3]{x^2}$ 在$(-\infty,0]$上单调减少．在$(0,+\infty)$内，$y' > 0$，所以函数 $y = \sqrt[3]{x^2}$ 在$[0,+\infty)$上单调增加（见图 3－11）.

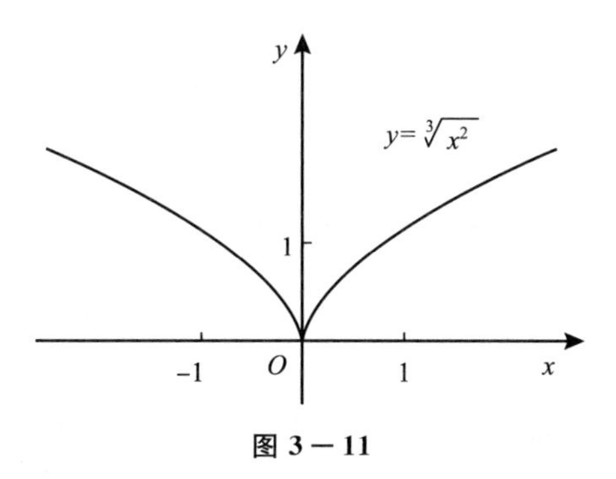

图 3－11

由例2、例3可以看出，有些函数 $y=f(x)$ 在其定义域不同范围内，有时单调增加，有时单调减少，而单调区间分界点或是导数 $f'(x)$ 为零的点（称为函数 $f(x)$ 的**驻点**）（如例2中，点 $x=0$）或是函数的导数不存在的点（如例3中，点$x=0$），因此用驻点及 $f'(x)$ 不存在点来划分函数 $f(x)$ 的定义域区间，就能保证函数的导数 $f'(x)$ 在各个部分区间内保持固定的符号，从而函数 $f(x)$ 在每个部分区间上单调．

例4 确定函数 $f(x)=x^3-3x$ 的增减区间．

解 函数 $f(x)$ 的定义域为$(-\infty,+\infty)$．因 $f'(x)=3x^2-3$，所以没有导数不存在的点．令 $f'(x)=0$，得驻点 $x_1=-1,x_2=1$．这样定义域被分成三个区间$(-\infty,-1)$、$(-1,1)$、$(1,+\infty)$，在这三个区间上分别讨论 $f(x)$ 的增减性，结果如表3－1所示（表中"↑"及"↓"分别表示函数在相应区间上单调增加和单调减少）：

表 3－1

x	$(-\infty,-1)$	-1	$(-1,1)$	1	$(1,+\infty)$
$f'(x)$	$+$	0	$-$	0	$+$
$f(x)$	↑		↓		↑

可见，函数 $f(x)$ 在$(-\infty,-1)$、$(1,+\infty)$ 上单调增加，在$(-1,1)$ 上单调减少．

例5 讨论函数 $f(x)=x-\dfrac{3}{2}x^{\frac{2}{3}}$ 的单调性．

解 函数 $f(x)$ 的定义域是$(-\infty,+\infty)$，由于

$$f'(x)=1-x^{-\frac{1}{3}}=1-\frac{1}{\sqrt[3]{x}}$$

所以，当 $x=0$ 时，$f'(x)$ 不存在．令 $f'(x)=0$，得驻点 $x=1$．这样定义域被分成三个区间$(-\infty,0)$、$(0,1)$、$(1,+\infty)$．在这三个区间上讨论函数的单调性，其结果如表3－2所示：

表 3－2

x	$(-\infty,0)$	0	$(0,1)$	1	$(1,+\infty)$
$f'(x)$	$+$	不存在	$-$	0	$+$
$f(x)$	$\uparrow$		$\downarrow$		$\uparrow$

可见，函数 $f(x)$ 在 $(-\infty,0)$、$(1,+\infty)$ 上单调增加，在 $(0,1)$ 上单调减少.

函数的单调性常可用来证明不等式，下面举例说明.

例 6　证明：当 $x>1$ 时，$2\sqrt{x}>3-\dfrac{1}{x}$.

证　令 $f(x)=2\sqrt{x}-\left(3-\dfrac{1}{x}\right)$，则

$$f'(x)=\frac{1}{\sqrt{x}}-\frac{1}{x^2}=\frac{1}{x^2}(x\sqrt{x}-1).$$

因为 $f(x)$ 在 $[1,+\infty)$ 上连续，并且在 $(1,+\infty)$ 内 $f'(x)>0$，因此，$f(x)$ 在 $[1,+\infty)$ 上单调增加，从而当 $x>1$ 时，$f(x)>f(1)=0$. 这就得到

$$2\sqrt{x}>3-\frac{1}{x}\quad(x>1).$$

图 3－12 是函数 $y=2\sqrt{x}$ 与 $y=3-\dfrac{1}{x}$ 的图形 $(x>1)$.

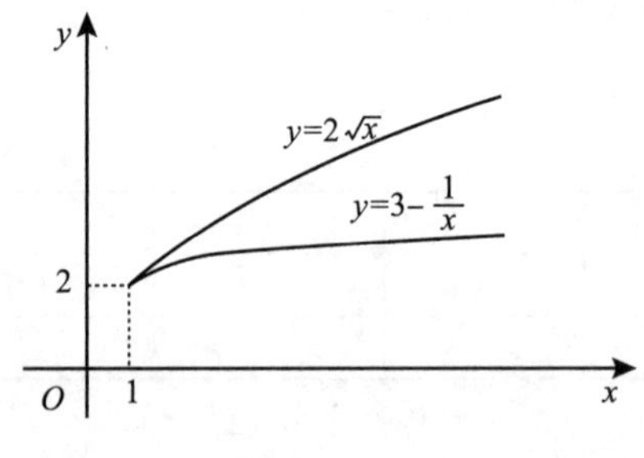

图 3－12

曲线凸凹性的判别

3.3.2　曲线凸凹性的判别法

函数的单调性反映在图形上，就是曲线的上升或下降，但是，曲线在上升或下降的过程中，还有一个弯曲方向的问题. 曲线的凸凹性就是曲线的弯曲方向.

先观察图 3－13(a) 中的曲线，我们注意到它是凹的，这时如果在该曲线上任取两点，那么连接这两点的弦总位于这两点间的弧段的上方. 图 3－13(b) 中的曲线，它是凸的，这时如果在该曲线上任取两点，那么连接这两点的弦总是位于这两点间的弧段的下方.

因此曲线的凸凹性可以用连接曲线弧上任意两点的弦的中点与曲线弧上相应点的位置关系来描述．

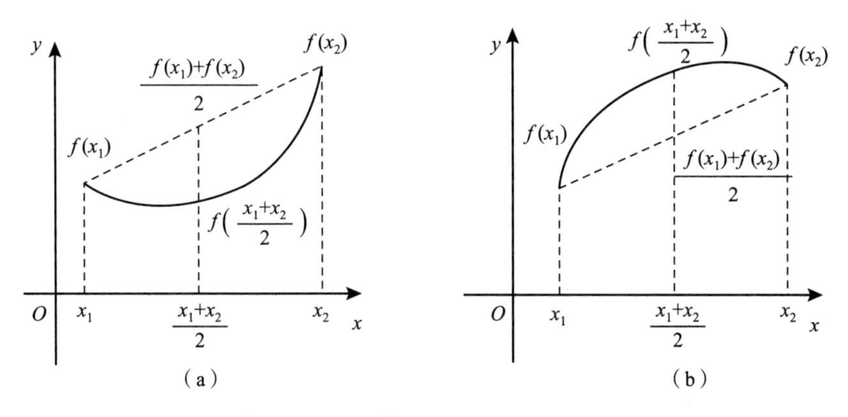

图 3－13

定义 3.3.1　设函数 $f(x)$ 在区间 I 内连续．如果对任意的 $x_1, x_2 \in I(x_1 \neq x_2)$，有

$$f\left(\frac{x_1+x_2}{2}\right)<\frac{f(x_1)+f(x_2)}{2} \tag{1}$$

则称 $f(x)$ 在 I 上的图形是**凹的**（或**向上凹**）；如果对任意的 $x_1, x_2 \in I$，有

$$f\left(\frac{x_1+x_2}{2}\right)>\frac{f(x_1)+f(x_2)}{2} \tag{2}$$

则称 $f(x)$ 在 I 上的图形是**凸的**（或**向下凹**）．

显然，如果曲线 $f(x)$ 在区间 I 上是凸（凹）的，则 $-f(x)$ 在区间 I 上是凹（凸）的．

如何判别曲线 $y=f(x)$ 在某一区间 I 上的凸凹性呢？由图 3－14 可直观看到，当曲线 $y=f(x)$ 在区间 I 上是凹的时，曲线上切线的斜率随着 x 的增大而增大，即 $f'(x)$ 是增函数；当曲线 $y=f(x)$ 在区间 I 是凸的时，曲线上切线的斜率随着 x 的增大而减小，即 $f'(x)$ 是减函数．于是有下述判断曲线凸凹性的定理．

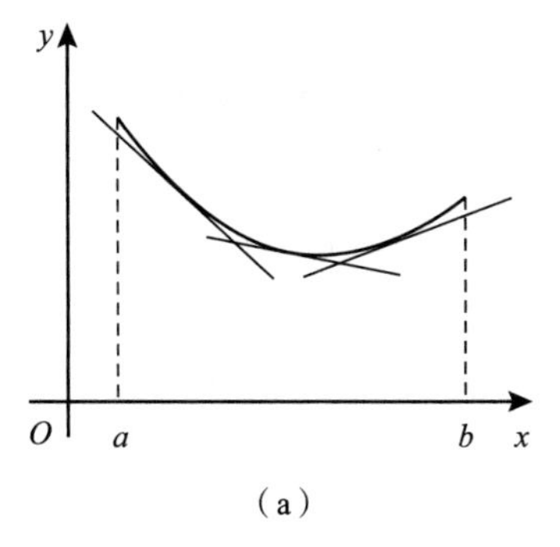

（a）

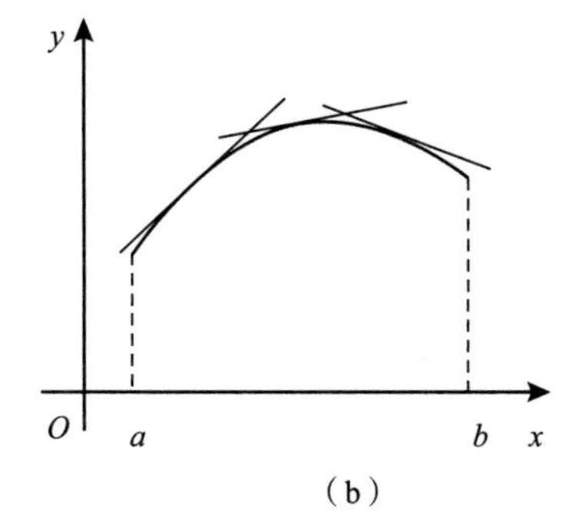

（b）

图 3－14

定理 3.3.2 设函数 $f(x)$ 在区间 I 内二阶导数存在，那么

(1) 若在 I 内，$f''(x)>0$，则曲线 $f(x)$ 在 I 上是凹的；

(2) 若在 I 内，$f''(x)<0$，则曲线 $f(x)$ 在 I 上是凸的.

证 (1) 设 $f''(x)>0$，在 I 内任取两点 x_1、x_2，不妨设 $x_1<x_2$，记 $x_0=\dfrac{x_1+x_2}{2}$，由拉格朗日定理，得

$$f(x_0)-f(x_1)=f'(\xi_1)(x_0-x_1) \quad x_1<\xi_1<x_0$$
$$f(x_2)-f(x_0)=f'(\xi_2)(x_2-x_0) \quad x_0<\xi_2<x_2$$

两式相减，得

$$\begin{aligned}&2f(x_0)-[f(x_1)+f(x_2)]\\ &=\frac{1}{2}(x_2-x_1)[f'(\xi_1)-f'(\xi_2)]\\ &=-\frac{1}{2}(x_2-x_1)f''(\eta)(\xi_2-\xi_1) \quad \xi_1<\eta<\xi_2\end{aligned}$$

因为 $f''(\eta)>0$，所以

$$2f(x_0)<f(x_1)+f(x_2),$$

即
$$f\left(\frac{x_1+x_2}{2}\right)<\frac{f(x_1)+f(x_2)}{2}.$$

所以曲线 $f(x)$ 在 I 上是凹的.

类似地可证(2).

注 如果函数 $y=f(x)$ 的二阶导数 $f''(x)$ 在区间 I 内除个别点为零外，它的符号恒正（负），则曲线 $y=f(x)$ 在区间 I 上仍是凹（凸）的.

例 1 判别曲线 $y=\ln x$ 在 $(0,+\infty)$ 上的凸凹性.

解 因为 $y''=-\dfrac{1}{x^2}<0, x\in(0,+\infty)$，所以曲线 $y=\ln x$ 在 $(0,+\infty)$ 上是凸的.

例 2 讨论下列曲线的凸凹性：(1) $y=x^3$；(2) $y=\sqrt[3]{x}$.

解 这两个函数的定义域均为 $(-\infty,+\infty)$.

(1) $y'=3x^2, y''=6x$.

在 $(-\infty,0)$ 内，$y''<0$，所以曲线 $y=x^3$ 在 $(-\infty,0)$ 内是凸的；在 $(0,+\infty)$ 内，$y''>0$，所以曲线 $y=x^3$ 在 $(0,+\infty)$ 内是凹的（见图 3－15(a)）.

(2) 当 $x\neq 0$ 时，$y'=\dfrac{1}{3\sqrt[3]{x^2}}, y''=-\dfrac{2}{9\sqrt[3]{x^5}}$，在点 $x=0$ 处，$y=\sqrt[3]{x}$ 的二阶导数不存在. 在 $(-\infty,0)$ 内，$y''>0$；在 $(0,+\infty)$ 内，$y''<0$，所以曲线 $y=\sqrt[3]{x}$ 在 $(-\infty,0)$ 内是凹的，在 $(0,+\infty)$ 内是凸的（见图 3－15(b)）.

由以上例子我们看到，有些函数图形在其定义域的不同部分其凸

凹性不同，但只要用使得 $f''(x)=0$ 的点与二阶导数不存在点来划分区间，则 $f''(x)$ 在各部分区间内保持固定的符号，从而曲线 $y=f(x)$ 在每个部分区间上保持一定的凸凹性．

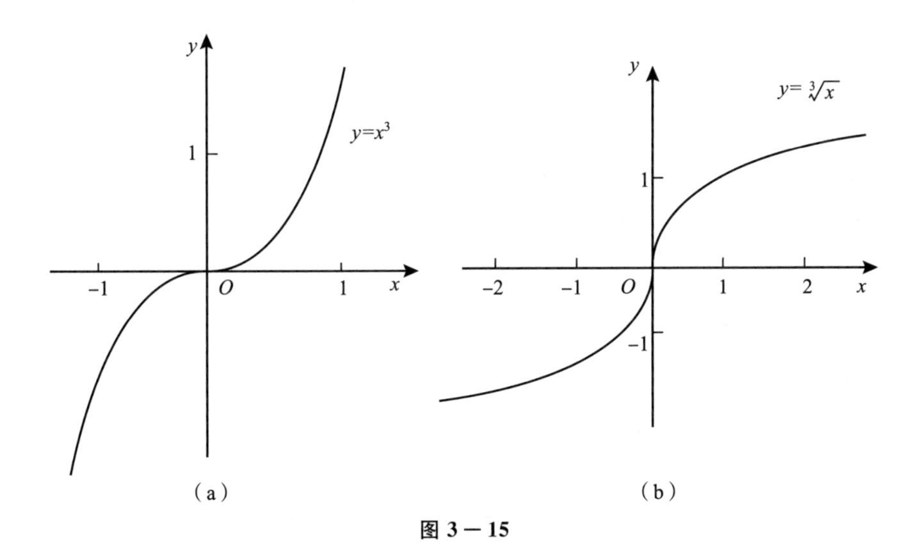

（a）　　　　（b）

图 3－15

如果函数 $y=f(x)$ 的图形在经过点 $(x_0, f(x_0))$ 时改变了凸凹性，那么称点 $(x_0, f(x_0))$ 是曲线 $y=f(x)$ 的一个**拐点**．

在例 2 中，点 $(0,0)$ 分别是曲线 $y=x^3$ 和 $y=\sqrt[3]{x}$ 的拐点．

定理 3.3.3　设曲线 $y=f(x)$，若点 $(x_0, f(x_0))$ 为曲线 $y=f(x)$ 的拐点，则 $f''(x_0)=0$ 或 $f''(x_0)$ 不存在．

这个定理告诉我们，若曲线 $y=f(x)$ 在点 $(x_0, f(x_0))$ 处不满足 $f''(x_0)=0$ 或 $f''(x_0)$ 不存在，则点 $(x_0, f(x_0))$ 必不是曲线的拐点．

注　定理 3.3.3 的逆定理不成立．例如曲线 $y=x^4$，有 $y''|_{x=0}=0$，但点 $(0,0)$ 不是曲线的拐点．再如，曲线 $y=x^{\frac{2}{3}}$，有 $y''|_{x=0}$ 不存在，但点 $(0,0)$ 不是曲线的拐点．

综上所述，对于曲线 $y=f(x)$，只有与函数 $y=f(x)$ 的二阶导数为零的点及二阶导数不存在点相对应的曲线上的点，才可能是曲线的拐点．假设函数 $y=f(x)$ 在点 x_0 附近二阶可导，且 $f''(x_0)=0$ 或 $f''(x_0)$ 不存在，若 $f''(x)$ 在 x_0 点左右符号相反，则曲线 $y=f(x)$ 在经过点 $(x_0, f(x_0))$ 前后凸凹向不同，从而 $(x_0, f(x_0))$ 是曲线 $y=f(x)$ 的拐点，否则 $(x_0, f(x_0))$ 就不是曲线 $y=f(x)$ 的拐点．因此，为了确定曲线 $y=f(x)$ 的凸凹区间及拐点可按如下步骤进行：

（1）确定函数 $y=f(x)$ 的定义域；

（2）求 $f''(x)$，确定 $f''(x)$ 为零的点及 $f''(x)$ 不存在的点；

（3）以二阶导数为零的点及二阶导数不存在点分定义域为若干小

区间．讨论各小区间上 $f''(x)$ 的符号，从而确定曲线的凸凹区间及拐点．

例 3 求曲线 $y=xe^{-x}$ 的凸凹区间及拐点．

解 函数 $y=xe^{-x}$ 的定义域为$(-\infty,+\infty)$．由

$$y'=e^{-x}(1-x),y''=e^{-x}(x-2)$$

可知，函数没有二阶导数不存在的点．令 $y''=0$，得 $x=2$．以点 $x=2$ 把定义域$(-\infty,+\infty)$分成两个区间$(-\infty,2)$、$(2,+\infty)$，在这两个区间上讨论$f''(x)$的符号，其结果如表 3－3(表中"∩"及"∪"分别表示曲线在相应区间上是凸的和凹的)所示：

表 3－3

x	$(-\infty,2)$	2	$(2,+\infty)$
y''	－	0	＋
y	∩	$(2,2e^{-2})$ 拐点	∪

可见，曲线 $y=xe^{-x}$ 在$(-\infty,2)$上是凸的，在$(2,+\infty)$上是凹的，点$(2,2e^{-2})$是曲线的拐点(见图 3－16)．

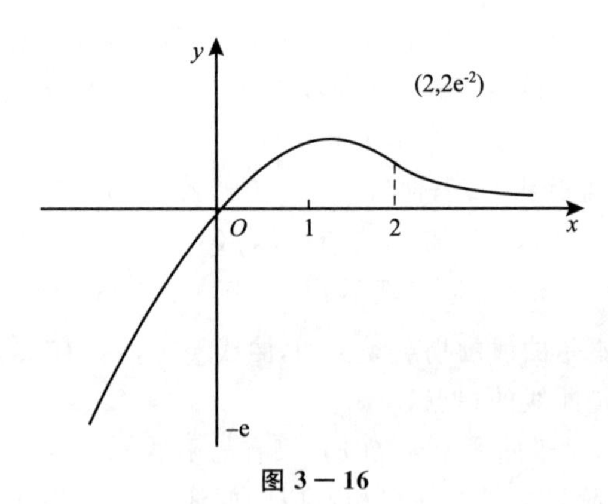

图 3－16

例 4 讨论曲线 $f(x)=(x-1)x^{\frac{5}{3}}$ 的凸凹区间及拐点．

解 函数 $f(x)=(x-1)x^{\frac{5}{3}}$ 的定义域为$(-\infty,+\infty)$．由

$$f'(x)=\frac{8}{3}x^{\frac{5}{3}}-\frac{5}{3}x^{\frac{2}{3}},f''(x)=\frac{10}{9}\times\frac{4x-1}{\sqrt[3]{x}}$$

可知，在 $x=0$ 点 $f''(x)$ 不存在．令 $f''(x)=0$，得 $x=\frac{1}{4}$．以点 $x=0,\frac{1}{4}$ 把定义域分成三个区间$(-\infty,0)$、$\left(0,\frac{1}{4}\right)$、$\left(\frac{1}{4},+\infty\right)$．在这三个

区间上讨论 $f''(x)$ 的符号，其结果如表 3－4 所示：

表 3－4

x	$(-\infty,0)$	0	$\left(0,\frac{1}{4}\right)$	$\frac{1}{4}$	$\left(\frac{1}{4},+\infty\right)$
$f''(x)$	+	不存在	−	0	+
$f(x)$	∪	(0,0) 拐点	∩	$\left(\frac{1}{4},-\frac{3\sqrt[3]{4}}{64}\right)$ 拐点	∪

可见，曲线在 $(-\infty,0)$、$\left(\frac{1}{4},+\infty\right)$ 上是凹的，在 $\left(0,\frac{1}{4}\right)$ 上是凸的，点 $(0,0)$、$\left(\frac{1}{4},-\frac{3\sqrt[3]{4}}{64}\right)$ 是曲线的拐点．

函数曲线的凸凹性也可以用来证明一些不等式．

例 5　证明：$\frac{e^a+e^b}{2}>e^{\frac{a+b}{2}}\quad(a\neq b)$．

证　令 $f(x)=e^x$，因 $f''(x)=e^x>0,x\in(-\infty,+\infty)$，所以曲线 $f(x)=e^x$ 在 $(-\infty,+\infty)$ 上是凹的．故对任意 $a,b(a\neq b)$ 有

$$f\left(\frac{a+b}{2}\right)<\frac{f(a)+f(b)}{2},$$

即

$$\frac{e^a+e^b}{2}>e^{\frac{a+b}{2}}.$$

练习 3.3

1. 求下列函数的增减区间．

(1) $f(x)=2x^3-6x^2-18x-7$　　(2) $f(x)=2x+\frac{8}{x}\quad(x>0)$

(3) $f(x)=2x^2-\ln x$　　(4) $f(x)=e^x-x-1$

习题选讲

2. 利用函数单调性证明下列不等式．

(1) 当 $x>0$ 时，$x>\ln(1+x)$；

(2) 当 $0<x<\frac{\pi}{2}$ 时，$\sin x+\tan x>2x$；

(3) 当 $x>4$ 时，$2^x>x^2$．

3. 求下列函数图形的凸凹区间及拐点．

(1) $y=\ln(1+x^2)$

(2) $f(x)=\sin x\left(-\frac{\pi}{2}<x<\frac{\pi}{2}\right)$

(3) $f(x)=\frac{3}{2}x^4-3x^3+\frac{1}{2}x+1$

(4) $f(x)=\frac{1}{\sqrt{2\pi}}e^{-\frac{x^2}{2}}$

(5) $f(x)=x^4$

习题选讲

4. 问 a,b 为何值时，点(1,3)为曲线 $y=ax^3+bx^2$ 的拐点？

5. 利用函数图形的凹凸性，证明下列不等式．

(1) $\frac{1}{2}(x^n+y^n)>\left(\frac{x+y}{2}\right)^n \quad (x>0,y>0,x\neq y,n>1)$；

(2) $x\ln x+y\ln y>(x+y)\ln\frac{x+y}{2} \quad (x>0,y>0,x\neq y)$．

6. 证明方程 $x^5+x-1=0$ 只有一个正根．

§3.4 函数的极值和最值

3.4.1 函数的极值及其求法

定义 3.4.1 设函数 $f(x)$ 在点 x_0 的某邻域 $U(x_0)$ 内有定义，若对任意 $x\in\mathring{U}(x_0)$ 有

$$f(x)<f(x_0) \qquad (\text{或 } f(x)>f(x_0))$$

则称 $f(x_0)$ 为函数 $f(x)$ 的**极大值**(或**极小值**)(local maximum(minimum))，点 x_0 称为函数 $f(x)$ 的**极大值点(或极小值点)**．

函数的极大值与极小值统称为**极值**，极大值点与极小值点统称为**极值点**．

需要指出的是，由于极值只与函数在一点某个邻域内的函数值有关，因此它是函数 $f(x)$ 的一个局部性质．对同一个函数来说，它可以有许多极大值和极小值，同时极大值未必大于每一个极小值，如图 3－17 中所示函数 $f(x)$，$f(x_2)$、$f(x_5)$ 是极小值，$f(x_1)$、$f(x_4)$ 是极大值，而 $f(x_1)<f(x_5)$．

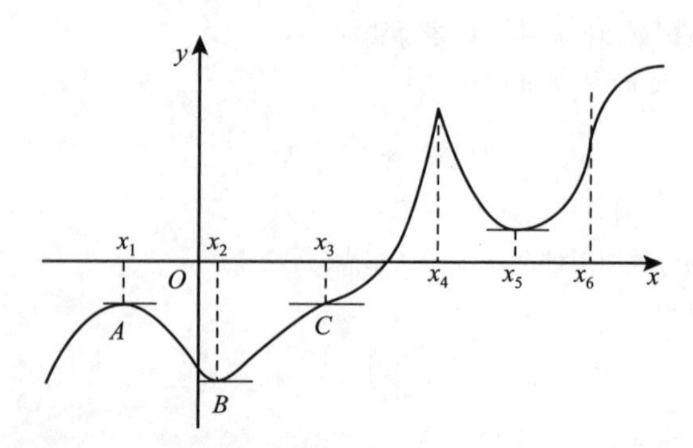

图 3－17

关于函数在可导点取得极值,我们有下面的费马[①]定理.

定理 3.4.1 若函数 $f(x)$ 在 x_0 点可导,且在 x_0 点处取得极值,则 $f'(x_0)=0$.

证 不妨设 $f(x_0)$ 为极大值.由极大值定义知,在 x_0 的某邻域内,有

$$f(x_0)>f(x_0+\Delta x),$$

即

$$f(x_0+\Delta x)-f(x_0)<0.$$

于是 当 $\Delta x>0$ 时,$\dfrac{f(x_0+\Delta x)-f(x_0)}{\Delta x}<0$,

当 $\Delta x<0$ 时,$\dfrac{f(x_0+\Delta x)-f(x_0)}{\Delta x}>0$.

因为 $f'(x_0)$ 存在,所以

$$f'(x_0)=f'_+(x_0)=\lim_{\Delta x\to 0^+}\frac{f(x_0+\Delta x)-f(x_0)}{\Delta x}\leqslant 0,$$

$$f'(x_0)=f'_-(x_0)=\lim_{\Delta x\to 0^-}\frac{f(x_0+\Delta x)-f(x_0)}{\Delta x}\geqslant 0.$$

于是 $f'(x_0)=0$.

同理可证 $f(x_0)$ 为极小值情形.

这个定理告诉我们:可导函数的极值点必定是它的驻点.但应注意,函数的驻点却不一定是极值点.例如,函数 $f(x)=x^3$,$x=0$ 是它的驻点但不是极值点.此外,函数导数不存在点也可能是它的极值点.例如,$f(x)=|x|$ 在点 $x=0$ 处不可导,但该点是函数的极小值点.

综上所述,极值点一定是驻点或导数不存在的点,但驻点、导数不存在的点未必是极值点(如图 3-17 中,点 x_3 为驻点,点 x_6 为不可导点,它们都不是极值点),称它们为可疑极值点.那么,如何判定函数的可疑极值点究竟是否是极值点?如果是的话,究竟是极大值点还是极小值点?下面给出两个判定极值的充分条件.

定理 3.4.2 设函数 $y=f(x)$ 在点 x_0 的某邻域 $(x_0-\delta,x_0+\delta)$ 内连续,在此邻域内(点 x_0 可除外)可导,且 $f'(x_0)=0$ 或 $f'(x_0)$ 不存在.

(1) 若当 $x\in(x_0-\delta,x_0)$ 时,$f'(x)>0$;而当 $x\in(x_0,x_0+\delta)$ 时,$f'(x)<0$,则 $f(x_0)$ 为函数的极大值.

(2) 若当 $x\in(x_0-\delta,x_0)$ 时,$f'(x)<0$;而当 $x\in(x_0,x_0+\delta)$ 时,$f'(x)>0$,则 $f(x_0)$ 为函数的极小值.

(3) 若当 $x\in\mathring{U}(x_0,\delta)$ 时,$f'(x)$ 不变号,则 $f(x_0)$ 不是极值.

费马

证 就情形(1)而言,根据函数单调性的判定法,可知函数 $f(x)$ 在 $(x_0-\delta,x_0]$ 内增加,而在 $[x_0,x_0+\delta)$ 内减少,故当 $x\in\mathring{U}(x_0,\delta)$ 时,总有

① 费马(P. de Fermat,1601-1665),法国数学家.

$f(x) < f(x_0)$. 所以，$f(x_0)$ 是 $f(x)$ 的一个极大值[见图 3－18(a)].

类似地可以证明情形(2)(见图 3－18(b)) 与(3)[见图 3－18(c)、(d)].

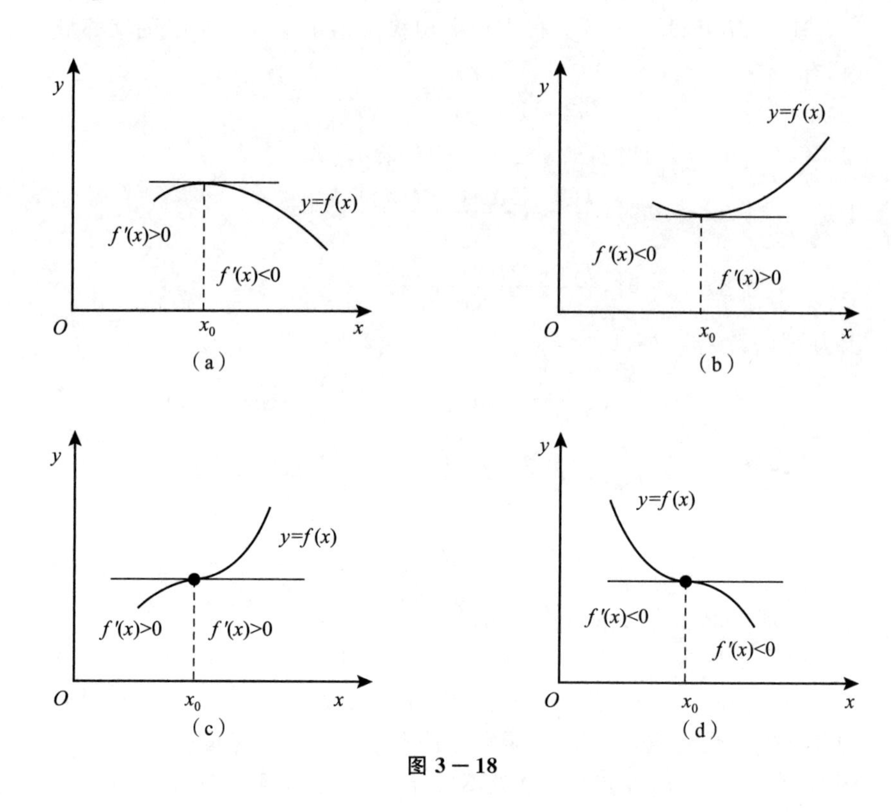

图 3－18

综上所述，为了确定函数 $y = f(x)$ 的可能存在的极值可按如下步骤进行：

(1) 确定函数 $f(x)$ 的定义域. 求出 $f(x)$ 的驻点及导数不存在点，它们可能是极值点.

(2) 考察 $f'(x)$ 在可能极值点左右的符号，根据定理 3.4.2 确定极值点.

(3) 求出各极值点处的函数值. 在极大值点处的函数值为 $f(x)$ 的极大值，在极小值点处的函数值为 $f(x)$ 的极小值.

例 1 求函数 $f(x) = (x-1)^2(x+1)^3$ 的极值.

解 函数 $f(x)$ 的定义域为$(-\infty, +\infty)$. 由

$$f'(x) = (x-1)(x+1)^2(5x-1)$$

可知，没有导数不存在点. 令 $f'(x) = 0$，得驻点 $x_1 = -1$、$x_2 = \frac{1}{5}$、$x_3 = 1$，它们将定义域分成四个小区间$(-\infty, -1)$、$(-1, \frac{1}{5})$、$(\frac{1}{5}, 1)$、$(1, +\infty)$. 列表讨论这些点左右 $f'(x)$ 的符号(见表 3－5)：

表 3－5

x	$(-\infty,-1)$	-1	$\left(-1,\frac{1}{5}\right)$	$\frac{1}{5}$	$\left(\frac{1}{5},1\right)$	1	$(1,+\infty)$
$f'(x)$	$+$	0	$+$	0	$-$	0	$+$
$f(x)$	↑	0 非极值	↑	$\frac{3456}{3125}$ 极大值	↓	0 极小值	↑

可见，函数 $f(x)$ 在 $x=\frac{1}{5}$ 处取得极大值 $f(\frac{1}{5})=\frac{3456}{3125}$，在 $x=1$ 处取得极小值$f(1)=0$(见图 3－19).

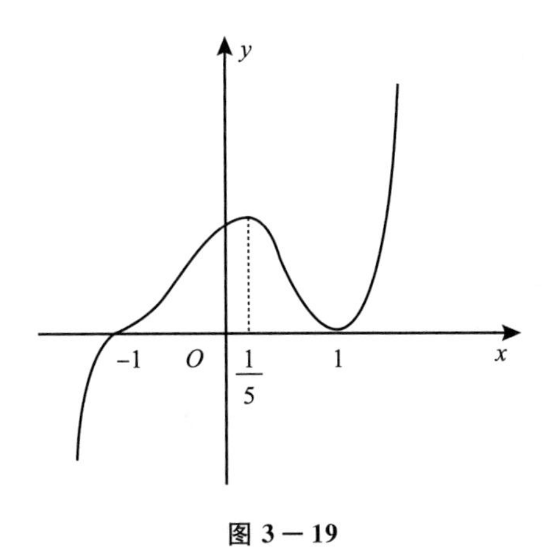

图 3－19

例 2 求函数 $f(x)=x-\frac{3}{2}x^{\frac{2}{3}}$ 的极值.

解 函数 $f(x)$ 的定义域为$(-\infty,+\infty)$. 由

$$f'(x)=1-\frac{1}{\sqrt[3]{x}}$$

可知，$f(x)$ 在 $x=0$ 点不可导. 令 $f'(x)=0$，得驻点 $x=1$. 这些点将定义域分成三个区间$(-\infty,0)$、$(0,1)$、$(1,+\infty)$. 列表讨论这些点左右 $f'(x)$ 的符号(见表 3－6)：

表 3－6

x	$(-\infty,0)$	0	$(0,1)$	1	$(1,+\infty)$
$f'(x)$	$+$	不存在	$-$	0	$+$
$f(x)$	↑	0 极大值	↓	$-\frac{1}{2}$ 极小值	↑

可见，函数 $f(x)$ 在 $x=0$ 点取得极大值 $f(0)=0$，在 $x=1$ 点取得极小值 $f(1)=-\frac{1}{2}$（见图 3－20）.

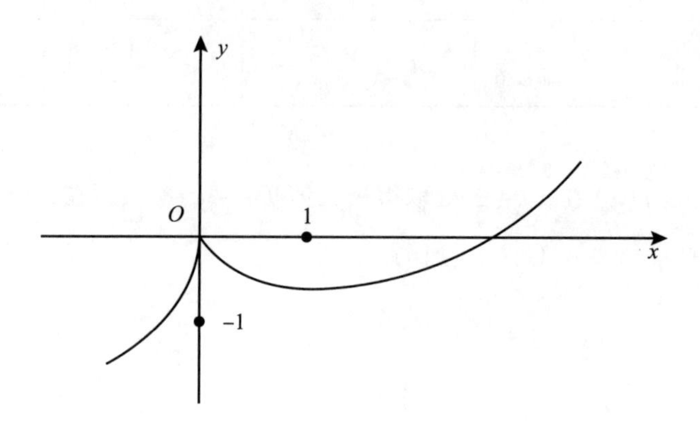

图 3－20

当函数 $f(x)$ 在驻点处的二阶导数存在且不等于零时，特别地，当 $f'(x)$ 的符号不易直接判定时，我们也可以利用下面的定理来判定函数的极值 .

定理 3.4.3 设函数 $f(x)$ 在点 x_0 处具有二阶导数，且 $f'(x_0)=0, f''(x_0)\neq 0$.

(1) 若 $f''(x_0)<0$，则 $f(x_0)$ 为函数的极大值；

(2) 若 $f''(x_0)>0$，则 $f(x_0)$ 为函数的极小值 .

证 在情形(1) 中，由于 $f''(x_0)<0$，注意到 $f'(x_0)=0$，有

$$f''(x_0)=\lim_{x\to x_0}\frac{f'(x)-f'(x_0)}{x-x_0}=\lim_{x\to x_0}\frac{f'(x)}{x-x_0}<0$$

由函数极限的保号性质知，在点 x_0 的某去心邻域 $\mathring{U}(x_0,\delta)$ 内，有

$$\frac{f'(x)}{x-x_0}<0$$

由上式易见，当 $x\in(x_0-\delta,x_0)$ 时，$f'(x)>0$；当 $x\in(x_0,x_0+\delta)$ 时，$f'(x)<0$，所以 $f(x_0)$ 为极大值 .

类似地可证情形(2).

定理 3.4.3 告诉我们，如果函数 $f(x)$ 在驻点 x_0 处的二阶导数 $f''(x_0)\neq 0$，那么驻点 x_0 必定是极值点，并且可以由 $f''(x_0)$ 的符号来判定 $f(x_0)$ 是极大值还是极小值 . 但是要注意，定理 3.4.3 没有就 $f''(x_0)=0$ 的情形进行讨论，事实上，当 x_0 是驻点而且 $f''(x_0)=0$ 时，$f(x_0)$ 可能是极大值，也可能是极小值，甚至可能不是极值 . 例如，$f(x)=-x^4$、$g(x)=x^4$、$h(x)=x^3$ 这三个函数在 $x=0$ 处就分别属于这三种情况 . 因此，当 x_0 是函数 $f(x)$ 的驻点时，如果 $f''(x_0)=0$(或者二阶导数在 x_0 处不存在)，那么我们还得用定理3.4.2来判定驻点是

否为极值点.

例3 求函数 $f(x)=(x^2-1)^3+1$ 的极值.

解
$$f'(x)=6x(x^2-1)^2,$$
$$f''(x)=6(x^2-1)(5x^2-1),$$
令 $f'(x)=0$,得驻点 $x=-1,0,1$.

又 $f''(0)=6>0$,由定理3.4.3知,$f(x)$ 在 $x=0$ 取极小值,极小值为 $f(0)=0$.

由于 $f''(1)=f''(-1)=0$,所以用定理3.4.2判定.在点 $x=-1$ 的某邻域内,当 $x<-1$ 时,$f'(x)<0$,当 $x>-1$ 时,$f'(x)<0$,所以 $f(x)$ 在 $x=-1$ 处无极值.

同理,$f(x)$ 在 $x=1$ 处也无极值(见图3-21).

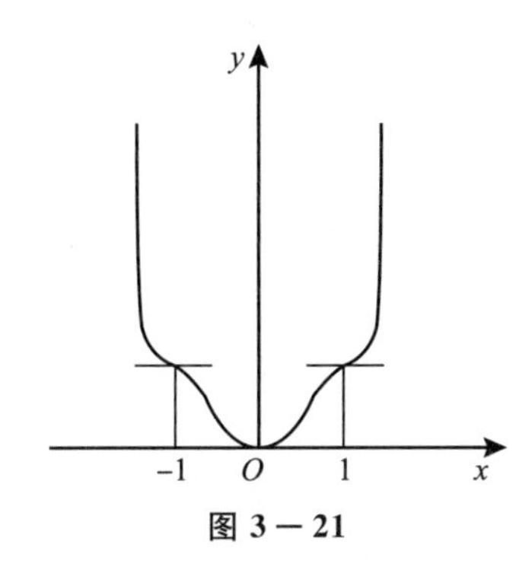

图3-21

3.4.2 函数的最值及其求法

在工农业生产、经济管理和经济核算中,常常要解决在一定条件下,怎样使投入最少、产出最多、成本最低、效益最高、利润最大等问题,这些问题在数学上往往可归结为求某一函数在一区间上的最大值或最小值的问题.

1. 最值的概念

定义3.4.2 设函数 $f(x)$ 在区间 I 上有定义,$x_0\in I$.若对任意 $x\in I$,有
$$f(x_0)\geqslant f(x)\quad (\text{或 } f(x_0)\leqslant f(x))$$
则称 $f(x_0)$ 为函数 $f(x)$ 在区间 I 上的**最大值**(或**最小值**),而点 x_0 称为函数 $f(x)$ 在区间 I 上的**最大值点**(或**最小值点**).

最大值、最小值统称为**最值**,最大值点、最小值点统称为**最值点**.

函数的最值与极值是两个完全不同的概念.极值是函数在一点的某个邻域内的最大值或最小值,具有局部性;最值是函数在所考察区间

上的所有函数值中的最大者或最小者，具有全局性．如图 3－22 所示函数 $f(x)$，$f(x_1)$、$f(x_3)$ 为函数在区间$[a,b]$上的极大值，$f(x_2)$ 为函数在区间$[a,b]$上的极小值，$f(a)$、$f(x_3)$ 分别为函数在区间$[a,b]$上的最小值与最大值．

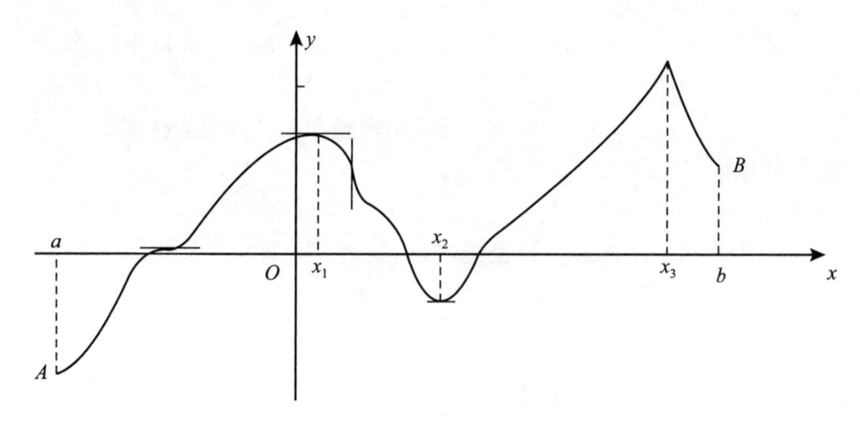

图 3－22

2. 最值的求法

对于闭区间$[a,b]$上的连续函数 $f(x)$，由闭区间上连续函数的性质知，$f(x)$ 在区间$[a,b]$上一定有最大值与最小值．它们或者在$[a,b]$的端点达到，或者在$[a,b]$的内部(a,b)达到．若最值在(a,b)内达到，则一定是极值，而极值点又只可能是驻点或导数不存在的点．因此，求闭区间$[a,b]$上连续函数 $f(x)$ 的最值，只需计算函数在$[a,b]$内的所有驻点、导数不存在点，以及区间端点 a、b 处的函数值，然后加以比较，其中最大者就是 $f(x)$ 在$[a,b]$上的最大值，最小者就是 $f(x)$ 在$[a,b]$上的最小值．

例 1　求函数 $f(x)=2x^3+3x^2-12x+14$ 在$[-3,4]$上的最大值与最小值．

解　由 $f'(x)=6x^2+6x-12=6(x+2)(x-1)$ 可知，函数 $f(x)$ 无不可导点．令 $f'(x)=0$，得驻点 $x_1=-2$，$x_2=1$. 这时 $f(-3)=23$，$f(-2)=34$，$f(1)=7$，$f(4)=142$. 比较可得 $f(x)$ 在$[-3,4]$上的最大值为 $f(4)=142$，最小值为$f(1)=7$.

在下述情形下，最值的计算可以更简单．

(i) 连续函数 $f(x)$ 在$[a,b]$单调，则函数的最值一定在区间端点达到(见图 3－23).

(ii) 可导函数 $f(x)$ 在区间 I 内仅有一个极值点 x_0，则当 $f(x_0)$ 为极大值时，$f(x_0)$ 就是 $f(x)$ 在区间 I 上的最大值[见图 3－24(a)]；当 $f(x_0)$ 为极小值时，$f(x_0)$ 就是 $f(x)$ 在区间 I 上的最小值[见图 3－24(b)].

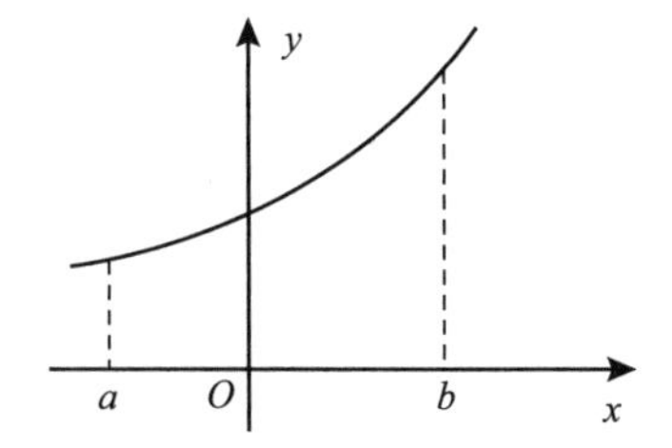

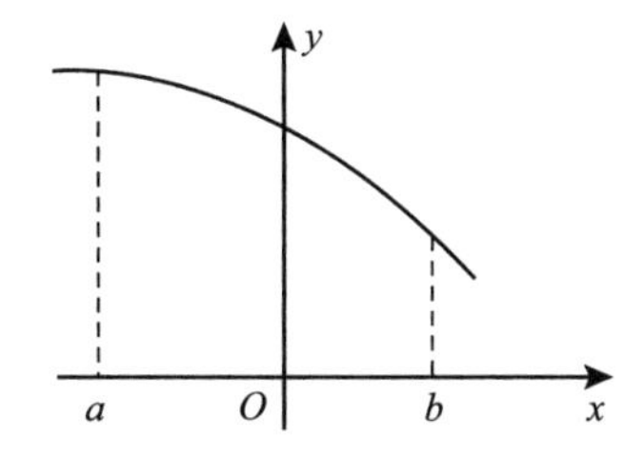

图 3－23

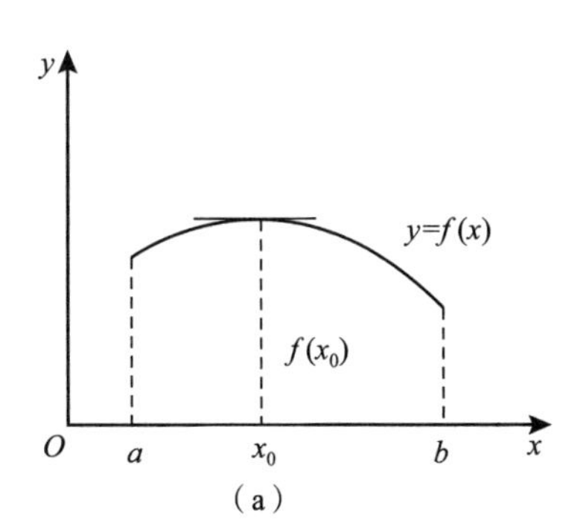

(a)

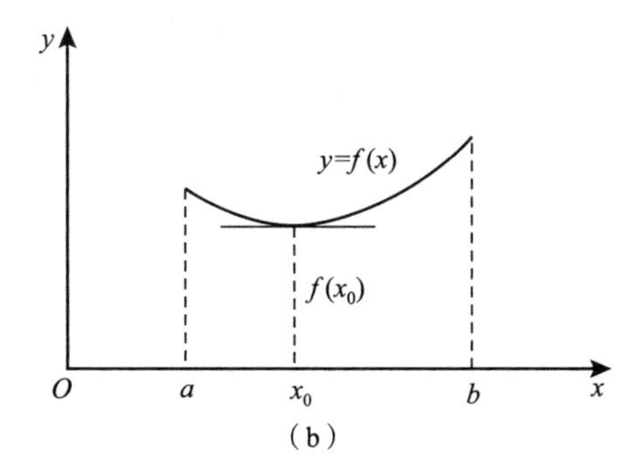

(b)

图 3－24

还要指出，在实际问题中，往往根据问题的性质就可以断定可导函数确有最大值或最小值，而且一定在所考察区间内取得，这时如果函数 $f(x)$ 在定义区间内部仅有一个驻点 x_0，那么不必讨论 $f(x_0)$ 是不是极值，就可以判定 $f(x_0)$ 是最大值或最小值.

例 2　求函数 $f(x)=x+\dfrac{1}{x}$ 在 $(0,+\infty)$ 上的最小值.

解　由 $f'(x)=1-\dfrac{1}{x^2}$ 可知，$f(x)$ 在 $(0,+\infty)$ 上可导. 令 $f'(x)=0$，得驻点 $x=1\in(0,+\infty)$. 而

$$f''(x)=\frac{2}{x^3},f''(1)=2>0,$$

这说明 $f(1)=2$ 是 $f(x)$ 在 $(0,+\infty)$ 上的唯一极值，且是极小值，从而 $f(1)=2$ 是 $f(x)$ 在 $(0,+\infty)$ 上的最小值.

练习 3.4

1. 求下列函数的极值.

(1) $f(x)=(x-1)^2(x+1)^3$

(2) $f(x)=\dfrac{3}{2}(x-2)^{\frac{2}{3}}-x$

(3) $f(x)=\dfrac{2x}{1+x^2}$

习题选讲

(4) $f(x)=\dfrac{1}{x^2+2x-3}$

2. 证明:如果函数 $f(x)=ax^3+bx^2+cx+d$ 满足条件 $b^2-3ac<0$,则 $f(x)$ 没有极值.

习题选讲

3. 求下列函数的最值.

(1) $f(x)=(x-1)(x-2)^2 \qquad x\in[0,3]$

(2) $f(x)=4x^2+\dfrac{1}{x} \qquad x\in(0,+\infty)$

(3) $f(x)=e^x+e^{-x}$

4. 欲做一个容积为 300m^3 的无盖圆柱形蓄水池,已知池底单位造价为周围单位造价的 2 倍. 问蓄水池应怎样设计,才能使造价最低?

5. 某企业生产 Q 件产品的成本函数为 $C(Q)=0.001Q^2+40Q+1000$,问生产多少件产品可使得平均成本最低?

6. 试问 a 取何值时,函数 $f(x)=a\sin x+\dfrac{1}{3}\sin 3x$ 在 $x=\dfrac{\pi}{3}$ 处取得极值,并求此极值.

7. 设 $f(x)$ 有二阶导数,且 $f'(0)=0$, $\lim\limits_{x\to 0}\dfrac{f''(x)}{|x|}=1$,证明:$f(0)$ 是 $f(x)$ 的极小值.

§3.5 函数作图

对于一个函数,若能作出其图形,就能从直观上了解该函数的性态特征,并可从其图形上清楚地看出因变量与自变量之间的相互依赖关系. 本节中,我们将借助函数的一阶导数确定函数图形的上升或下降及极值位置、二阶导数确定函数图形的弯曲方向及拐点,由此,比较准确地画出函数图形.

3.5.1 曲线的渐近线

我们知道有些函数的定义域和值域都是有限区间,其图形仅局限于一定的范围之内,有些函数的定义域或值域是无穷区间,其图形向无穷远处延伸,如双曲线、抛物线等. 为了把握曲线向无穷远处延伸的趋势,我们先讨论曲线的渐近线问题.

定义 3.5.1 设曲线 $y=f(x)$,它的一支沿某一方向伸展至无穷远. 若曲线上的动点 P 沿着曲线无限地远离原点时,点 P 到某条直线 L 的距离趋于零,则称直线 L 为曲线 $y=f(x)$ 的一条**渐近线**(见图 3-25).

渐近线分水平渐近线、垂直渐近线和斜渐近线 3 种.

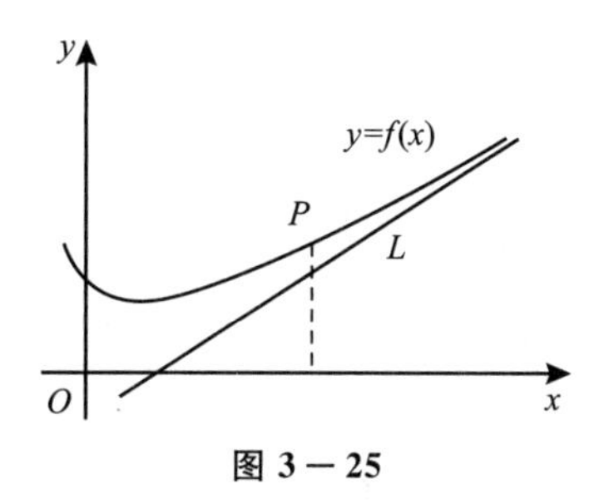

图 3－25

1. 水平渐近线

设曲线 $y=f(x)$ 的定义域包含无穷区间.

(1) 若 $\lim\limits_{x\to-\infty}f(x)=b_1$,则曲线 $y=f(x)$ 向左无限伸展以 $y=b_1$ 为水平渐近线;

(2) 若 $\lim\limits_{x\to+\infty}f(x)=b_2$,则曲线 $y=f(x)$ 向右无限伸展以 $y=b_2$ 为水平渐近线;

(3) 若 $\lim\limits_{x\to\infty}f(x)=b$,则曲线 $y=f(x)$ 向左右无限伸展以 $y=b$ 为水平渐近线.

例 1　求曲线 $y=\dfrac{1}{x-1}$ 的水平渐近线.

解　因为

$$\lim_{x\to\infty}\frac{1}{x-1}=0,$$

所以,曲线向左、右伸展都以 $y=0$ 为水平渐近线(见图 3－26).

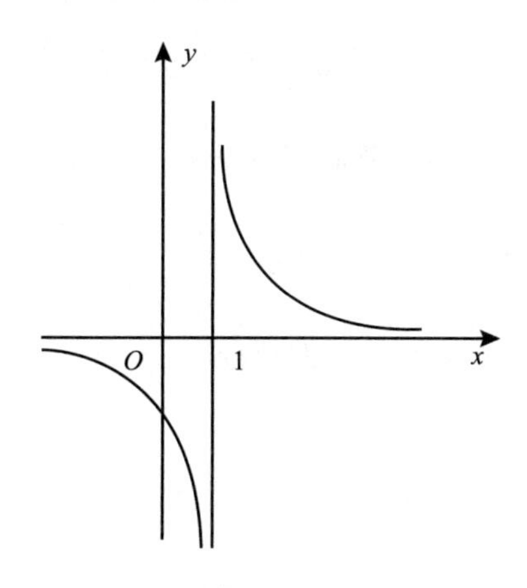

图 3－26

例 2　求曲线 $y=\arctan x$ 的水平渐近线.

解　因为

$$\lim_{x\to+\infty}\arctan x=\frac{\pi}{2},$$

所以，曲线 $y=\arctan x$ 向右伸展以 $y=\frac{\pi}{2}$ 为水平渐近线．又因为

$$\lim_{x\to-\infty}\arctan x=-\frac{\pi}{2},$$

所以，曲线 $y=\arctan x$ 向左伸展以 $y=-\frac{\pi}{2}$ 为水平渐近线（见图 3－27）．

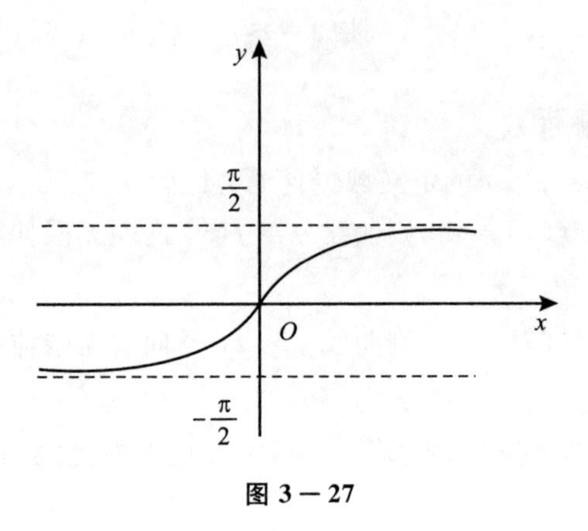

图 3－27

2. 垂直渐近线

设函数 $y=f(x)$ 在 $x=c$ 点间断，若

$$\lim_{x\to c^+}f(x)=\infty \text{ 或} \lim_{x\to c^-}f(x)=\infty$$

则直线 $x=c$ 为曲线 $y=f(x)$ 的一条渐近线，称为垂直渐近线．

例 3 求曲线 $y=\frac{1}{1-x^2}$ 的垂直渐近线．

解 函数 $y=\frac{1}{1-x^2}$ 有间断点 $x=\pm 1$，且

$$\lim_{x\to 1}\frac{1}{1-x^2}=\infty,\lim_{x\to -1}\frac{1}{1-x^2}=\infty$$

所以，直线 $x=-1$ 及 $x=1$ 是曲线 $y=\frac{1}{1-x^2}$ 的垂直渐近线（见图 3－28）．

3. 斜渐近线

设函数 $y=f(x)$ 定义域包含无穷区间，若

$$\lim_{x\to+\infty}\frac{f(x)}{x}=a_1,\lim_{x\to+\infty}[f(x)-a_1x]=b_1,$$

则曲线向右方伸展有斜渐近线 $y=a_1x+b_1$；若

$$\lim_{x\to-\infty}\frac{f(x)}{x}=a_2,\lim_{x\to-\infty}[f(x)-a_2x]=b_2,$$

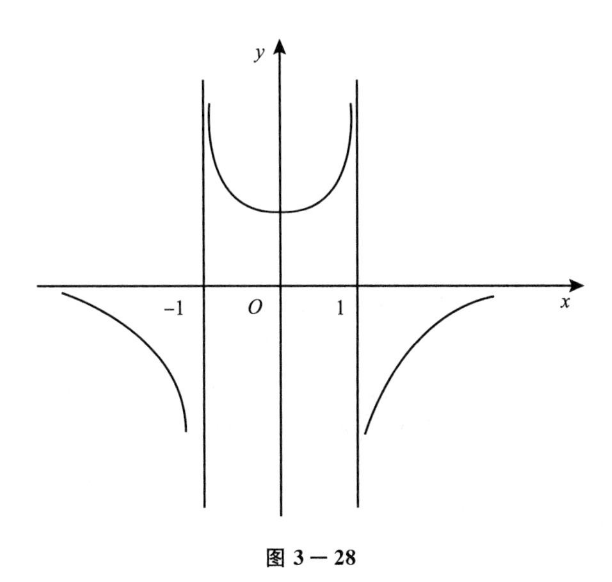

图 3－28

则曲线向左方伸展有斜渐近线 $y = a_2 x_2 + b_2$；若

$$\lim_{x \to \infty} \frac{f(x)}{x} = a, \lim_{x \to \infty}[f(x) - ax] = b,$$

则曲线向左右伸展有斜渐近线 $y = ax + b$.

例 4　求曲线 $f(x) = \dfrac{x^3}{x^2 + 2x - 3}$ 的渐近线.

解　(1) 因为 $\lim\limits_{x \to \pm\infty} f(x) = \infty$，所以曲线没有水平渐近线；

(2) 点 $x = -3, 1$ 为函数 $f(x) = \dfrac{x^3}{x^2 + 2x - 3}$ 的间断点，且

$$\lim_{x \to -3} f(x) = \infty, \lim_{x \to 1} f(x) = \infty,$$

所以曲线有两条垂直渐近线 $x = -3, x = 1$.

(3) 因 $\lim\limits_{x \to \infty} \dfrac{f(x)}{x} = \lim\limits_{x \to \infty} \dfrac{x^2}{x^2 + 2x - 3} = 1$，即 $a = 1$. 而

$$\lim_{x \to \infty}[f(x) - ax] = \lim_{x \to \infty}\left[\frac{x^3}{x^2 + 2x - 3} - x\right] = -2,$$

即 $b = -2$. 所以，曲线有斜渐近线 $y = x - 2$.

3.5.2　函数的微分法作图

利用导数研究函数的各种性态，并据此描绘函数图形的方法，称为**微分法作图**，其一般步骤如下：

(1) 求出函数的定义域及不连续点，确定图形的范围及与坐标轴相交情况；

(2) 讨论函数的奇偶性、周期性，确定图形的对称性和周期；

(3) 讨论曲线的渐近线，确定图形伸展至无穷远处时的形态；

(4) 求出使 $f'(x)=0$ 与 $f''(x)=0$ 的点及 $f'(x)$ 与 $f''(x)$ 不存在的点，列表讨论确定函数的极值、图形的升降、凸向及拐点；

(5) 描出曲线上已求得的几个特殊点（与极值点相应曲线的点、拐点及曲线与坐标轴的交点），必要时再补充一些点，并按(1)、(2)、(3)、(4) 已得到的信息逐段绘图．

例 1　作函数 $f(x)=e^{-x^2}$ 的图形．

解　(1) $f(x)=e^{-x^2}$ 的定义域为 $(-\infty,+\infty)$．函数图形与 y 轴交于点 $(0,1)$．由于 $f(x)>0, x\in R$，所以图形在 x 轴上方；

(2) 函数 $f(x)=e^{-x^2}$ 为偶函数，它的图形关于 y 轴对称；

(3) 由 $\lim\limits_{x\to\infty}e^{-x^2}=0$ 可知，直线 $y=0$ 为函数图形的水平渐近线；

(4) 由 $f'(x)=-2xe^{-x^2}, f''(x)=4\left(x^2-\dfrac{1}{2}\right)e^{-x^2}$

可知，当 $x=0$ 时，$f'(x)=0$；当 $x=\pm\dfrac{\sqrt{2}}{2}$ 时，$f''(x)=0$．列表 3－7 讨论如下：

表 3－7

x	$\left(-\infty,-\frac{\sqrt{2}}{2}\right)$	$-\frac{\sqrt{2}}{2}$	$\left(-\frac{\sqrt{2}}{2},0\right)$	0	$\left(0,\frac{\sqrt{2}}{2}\right)$	$\frac{\sqrt{2}}{2}$	$\left(\frac{\sqrt{2}}{2},+\infty\right)$
$f'(x)$	+	+	+	0	−	−	−
$f''(x)$	+	0	−	−	−	0	+
$f(x)$	↑∪	$\left(-\frac{\sqrt{2}}{2},e^{-\frac{1}{2}}\right)$ 拐点	↑∩	1 极大值	↓∩	$\left(\frac{\sqrt{2}}{2},e^{-\frac{1}{2}}\right)$ 拐点	↓∪

(5) 描出点 $(0,1)$、$\left(\pm\dfrac{\sqrt{2}}{2},e^{-\frac{1}{2}}\right)$．根据上面已得到的结果，即可作出图形（见图 3－29）．

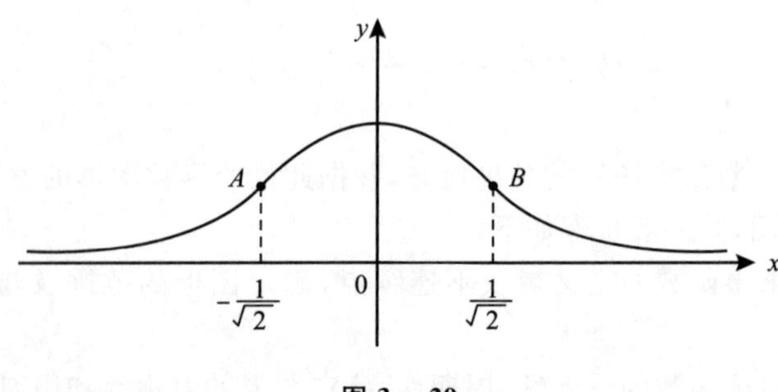

图 3－29

例 2　作函数 $y=\dfrac{(x-1)^3}{(x+1)^2}$ 的图形．

解　(1) 定义域为$(-\infty,-1)\cup(-1,+\infty)$，$x=-1$ 为无穷间断点，函数图形与坐标轴的交点为$(0,-1)$，$(1,0)$．

(2) 由 $\lim\limits_{x\to-1}y=\infty$ 知，$x=-1$ 是垂直渐近线；

由
$$a=\lim_{x\to\infty}\frac{y}{x}=\lim_{x\to\infty}\frac{(x-1)^3}{x(x+1)^2}=1,$$

$$b=\lim_{x\to\infty}\left[\frac{(x-1)^3}{(x+1)^2}-x\right]=\lim_{x\to\infty}\frac{-5x^2+2x-1}{x^2+2x+1}=-5,$$

知，$y=x-5$ 是斜渐近线．

(3) 由 $y'=\dfrac{(x-1)^2(x+5)}{(x+1)^3}$，$y''=\dfrac{24(x-1)}{(x+1)^4}$

得，当 $x=-1$ 时，y'、y'' 不存在．

令 $y'=0$，得 $x_1=-5$，$x_2=1$；令 $y''=0$，得 $x_3=1$．

列表 3－8 讨论如下：

表 3－8

x	$(-\infty,-5)$	-5	$(-5,-1)$	-1	$(-1,1)$	1	$(1,+\infty)$
y'	$+$	0	$-$	不存在	$+$	0	$+$
y''	$-$	$-$	$-$	不存在	$-$	0	$+$
y	$\uparrow\cap$	-13.5 极大值	$\cap\downarrow$	间断	$\uparrow\cap$	$(1,0)$ 拐点	$\uparrow\cup$

(4) 画出两条渐近线，并描出点$(0,-1)$、$(1,0)$、$(-5,-13.5)$，根据上面已得到的结果，即可作出函数图形(见图 3－30)．

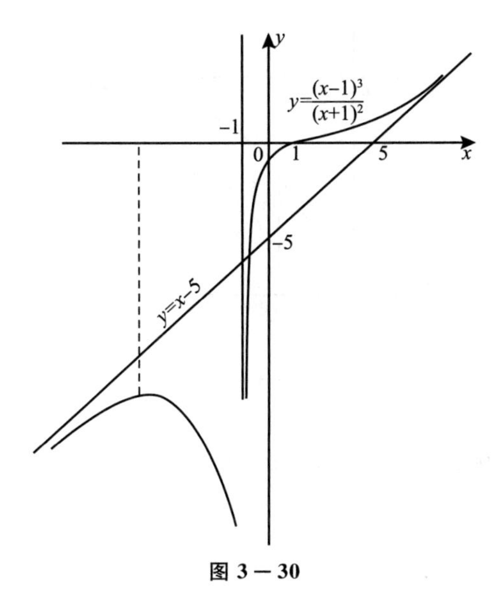

图 3－30

例 3 作函数 $y=\dfrac{c}{1+b\mathrm{e}^{-ax}}$($a,b,c$ 均大于 0) 的图形．

解 (1) 定义域为 $(-\infty,+\infty)$，函数图形与 y 轴交于点 $\left(0,\dfrac{c}{1+b}\right)$，由于 $f(x)>0,x\in R$，所以图形在 x 轴上方．

(2) 因为 $\lim\limits_{x\to+\infty}\dfrac{c}{1+b\mathrm{e}^{-ax}}=c$，$\lim\limits_{x\to-\infty}\dfrac{c}{1+b\mathrm{e}^{-ax}}=0$，所以 $y=0,y=c$ 为函数图形的两条水平渐近线．

(3) 由 $y'=\dfrac{abc\,\mathrm{e}^{-ax}}{(1+b\mathrm{e}^{-ax})^2}>0$ 知，y 单调递增，无极值．

$$
\begin{aligned}
y''&=\frac{abc[-a\mathrm{e}^{-ax}(1+b\mathrm{e}^{-ax})^2+2(1+b\mathrm{e}^{-ax})ab\mathrm{e}^{-ax}\mathrm{e}^{-ax}]}{(1+b\mathrm{e}^{-ax})^4}\\
&=\frac{a^2bc\,\mathrm{e}^{-ax}(-1-b\mathrm{e}^{-ax}+2b\mathrm{e}^{-ax})}{(1+b\mathrm{e}^{-ax})^3}\\
&=\frac{a^2bc\,\mathrm{e}^{-ax}(b\mathrm{e}^{-ax}-1)}{(1+b\mathrm{e}^{-ax})^3}
\end{aligned}
$$

令 $y''=0$，得 $x=\dfrac{\ln b}{a}$. 当 $x<\dfrac{\ln b}{a}$ 时，$y''>0$，曲线凹；当 $x>\dfrac{\ln b}{a}$ 时，$y''<0$，曲线凸．而当 $x=\dfrac{\ln b}{a}$ 时，$y=\dfrac{c}{2}$，所以函数图形的拐点为 $\left(\dfrac{\ln b}{a},\dfrac{c}{2}\right)$.

(4) 画出两条渐近线，描出点 $\left(0,\dfrac{c}{1+b}\right)$，$\left(\dfrac{\ln b}{a},\dfrac{c}{2}\right)$. 根据上面已得到的作出函数图形(见图 3－31).

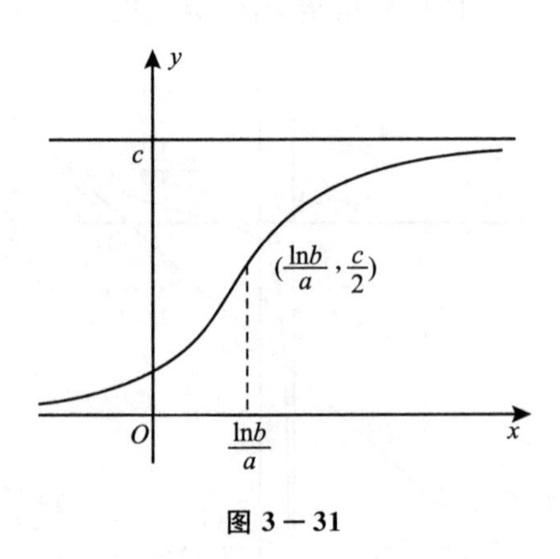

图 3－31

这条曲线称为逻辑斯蒂(Logistic) 曲线，是实际应用中的一条重要曲线．

练习 3.5

1. 求下列曲线的渐近线.

(1) $y=\frac{1}{(x-1)^2}-2$　　(2) $y=\frac{\ln x}{x}$

(3) $y=\frac{1}{1+e^{-x}}$　　(4) $y=\frac{(x-3)^2}{4(x-1)}$

习题选讲

2. 作下列函数的图形.

(1) $y=\frac{1}{x^2+2x-3}$　　(2) $y=\frac{1}{1+e^{-x}}$

3. 设 $f(x)$ 是连续函数,且 $f(0)=f(2)=0$. 若 $y'=f'(x)$ 的图形如图 3－32 所示,试指出 $f(x)$ 的单调区间、极值点、凸凹区间及拐点,并画出函数 $y=f(x)$ 的图形.

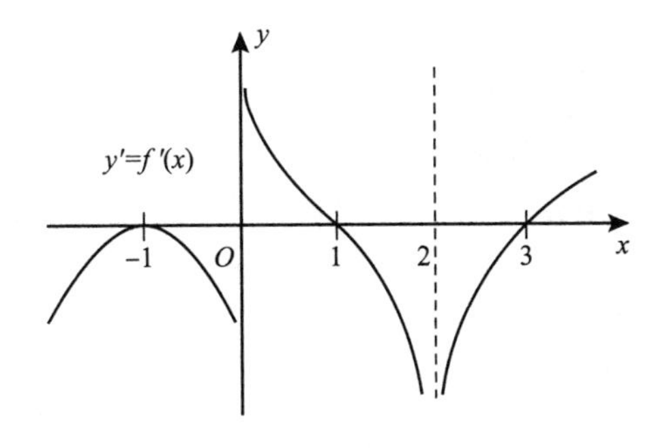

图 3－32

4. 试画出图 3－33 所示函数 $y=f(x)$ 的导函数 $y'=f'(x)$ 的图形.

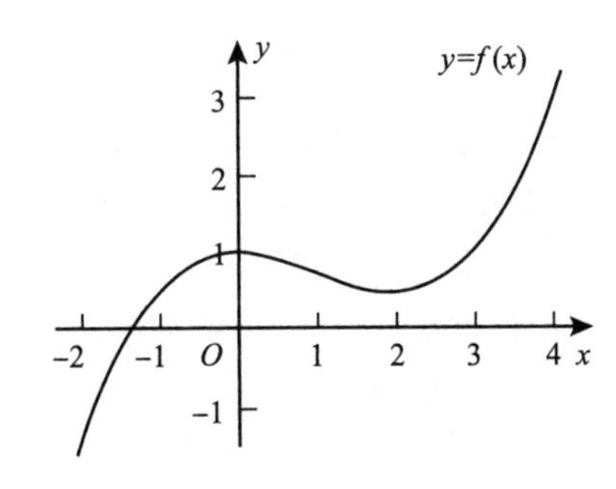

图 3－33

§3.6　导数在经济中的应用

本节介绍导数在经济分析中的两个应用 —— 边际分析与弹性分析,并举例说明函数极值在经济管理中的应用.

3.6.1 边际分析

在经济学中，习惯上用平均和边际两个概念描述一个量对于另一个量的变化．平均变化和边际变化的经济概念相当于在某区间上函数的平均变化率和函数的瞬时变化率(即导数)．于是我们有如下定义．

定义 3.6.1 设函数 $y=f(x)$ 可导，称导数 $f'(x)$ 为 $f(x)$ 的**边际函数**．函数 $f(x)$ 在 $x=x_0$ 点的导数 $f'(x_0)$，称为 $f(x)$ 在 x_0 点处的**边际函数值**．

设在 $x=x_0$ 点处，x 从 x_0 改变一个单位，y 的相应改变量为 $\Delta y\big|_{\substack{x=x_0\\ \Delta x=1}}$．当 x 改变的"单位"很小时，或 x 的"一个单位"与 x 值相对来比很小时，则有

$$\Delta y\big|_{\substack{x=x_0\\ \Delta x=1}}\approx \mathrm{d}y\big|_{\substack{x=x_0\\ \Delta x=1}}=f'(x)\Delta x\big|_{\substack{x=x_0\\ \Delta x=1}}=f'(x_0).$$

(当 $\Delta x=-1$ 时，标志着 x 由 x_0 减少一个单位)．

这说明，边际函数值 $f'(x_0)$ 近似等于函数 $f(x)$ 在 $x=x_0$ 处当 x 产生一个单位的改变时，相应的函数改变量．在经济学中解释边际函数值的具体意义时略去"近似"二字．

例 1 设函数 $y=2x^2$，试求函数在点 $x=5$ 的边际函数值．

解 由于 $y'=4x$，所以在点 $x=5$ 的边际函数值为 $y'\big|_{x=5}=20$，它表示当 $x=5$ 时，x 改变一个单位，y 改变(近似)20 个单位(增加或减少 20 个单位)．

1．边际成本

设某产品的总成本函数 $C=C(Q)$，其中 Q 为产量，则生产 Q 单位产品的**边际成本**为 $C'(Q)$．在经济学中，$C'(Q)$ 解释为当生产水平达到 Q 个单位前最后增加的那个单位产品所增加的成本或在生产 Q 单位生产水平上再增加一个单位产品时成本的增加量．

不难看出，$\overline{C}(Q)=\dfrac{C(Q)}{Q}$ 是产量为 Q 单位时，每一个单位产品的平均成本，也就是说 $\overline{C}(Q)$ 表示由开始生产到产量为 Q 时这段生产过程中，每增加单位产量，总成本平均增加的数量．

一般情况下，总成本 $C(Q)$ 是由固定成本 C_0(常数) 与可变成本 $K(Q)$ 组成．即

$$C(Q)=C_0+K(Q)$$

则边际成本

$$C'(Q)=\frac{\mathrm{d}}{\mathrm{d}Q}[C_0+K(Q)]=K'(Q)$$

可见,边际成本与固定成本无关.

例 2　已知某商品的总成本函数为

$$C(Q)=\frac{1}{5}Q+3$$

求边际成本函数,并解释其经济意义.

解　边际成本函数为

$$C'(Q)=\left(\frac{1}{5}Q+3\right)'=\frac{1}{5}$$

边际成本为常数,这说明在产量为任何水平时,每增加一个单位产品总成本都增加$\frac{1}{5}$.

例 3　设某产品的成本函数为

$$C(Q)=\frac{1}{2}Q^2+24Q+8500$$

求:(1) 边际成本函数;(2) 当$Q=50$时的总成本、平均成本、边际成本,并解释后者的经济意义.

解　(1) 边际成本函数为

$$C'(Q)=\left(\frac{1}{2}Q^2+24Q+8500\right)'=Q+24$$

可见,边际成本是产量Q的函数,这说明在不同产量水平,每增加一个单位产品,总成本的增加额不同.

(2) 当$Q=50$时,

总成本$C(50)=\frac{1}{2}\times 2500+24\times 50+8500=10950$,

平均成本$\frac{C(50)}{50}=\frac{10950}{50}=219$,

边际成本$C'(50)=74$.

这表示生产第50个或第51个单位产品时所花费的成本为74.

2. 边际收益

设某产品的总收益函数为$R=R(Q)$,Q为销售量,则销售Q个单位产品的**边际收益**为$R'(Q)$. 在经济学中,$R'(Q)$解释为当销售水平达到Q个单位时,多销售一个单位产品或少销售一个单位产品所增加的或减少的收益.

设产品的需求函数为$P=P(Q)$,P为价格,Q为销售量,则总收益函数为$R=QP(Q)$. 于是边际收益函数为

$$R'(Q)=P(Q)+QP'(Q).$$

可见,若销售价格与销售量无关,即价格$P=P(Q)$是常数,则边际收益等于价格. 一般情况,由于$P=P(Q)$是减函数,对任何销售量$Q(Q>0)$

都有 $QP'(Q)<0$，所以边际收益 $R'(Q)$ 总小于价格 $P=P(Q)$.

平均收益函数为

$$\overline{R}=\frac{R(Q)}{Q}=P(Q)$$

即价格 $P(Q)$ 可看作从销售量 Q 上获得的平均收益.

例 4 设某产品的需求函数为 $P=100-Q$，成本函数为

$$C(Q)=40+111Q-7Q^2+\frac{1}{3}Q^3$$

试求产量为 $Q=10$ 时的边际收益与边际成本.

解 总收益函数为

$$R(Q)=P\cdot Q=100Q-Q^2$$

所以，边际收益函数为 $R'(Q)=100-2Q$，于是 $R'(10)=80$. 又边际成本函数 $C'(Q)=111-14Q+Q^2$，于是 $C'(10)=71$. 即产量为 $Q=10$ 时的边际收益为 80，边际成本为 71，这表明，当产量为 10 时，再增加一单位产量，收益将增加 80，成本将增加 71，这时再增加产量是有利的.

一般地，如果边际收益大于边际成本，即 $R'(Q)>C'(Q)$，则增加产量是有利的；反之，如果边际收益小于边际成本，即 $R'(Q)<C'(Q)$，则增加产量就不合算了. 由此可知，企业的最优产量是边际收益等于边际成本的产量.

3. 边际利润

设生产某产品的总利润函数为 $L=L(Q)$，Q 是产量，则生产 Q 单位产品的**边际利润**为

$$L'=L'(Q).$$

它表示在生产水平达到 Q 时，再增加一单位产品所增加或减少的利润.

设总收益函数为 $R(Q)$，总成本函数为 $C(Q)$，则总利润函数为

$$L(Q)=R(Q)-C(Q)$$

于是边际利润函数为

$$L'(Q)=R'(Q)-C'(Q).$$

例 5 某厂每周生产 Q(单位：百件)，总成本 C(单位：万元)是产量 Q 的函数

$$C(Q)=Q^2+12Q+100.$$

若每百件产品销售价格为 40 万元，试写出利润函数及边际利润为零的每周产量.

解 总利润函数为

$$\begin{aligned}L(Q)&=R(Q)-C(Q)\\&=40Q-(Q^2+12Q+100)\\&=-Q^2+28Q-100.\end{aligned}$$

边际利润函数为 $L'(Q)=-2Q+28$，令 $L'(Q)=0$，得 $Q=14$ 百件．即每周产量为14百件时，边际利润为0．此时

$$R'(Q)\big|_{Q=14}=40,$$
$$C'(Q)\big|_{Q=14}=[2Q+12]\big|_{Q=14}=40.$$

3.6.2 弹性分析

弹性分析

1．弹 性

设 $y=f(x)$，当自变量 x 从 x_0 点改变到 $x_0+\Delta x$ 时（Δx 称为自变量 x 的绝对改变量），函数值从 $y_0=f(x_0)$ 改变到 $f(x_0+\Delta x)$（$\Delta y=f(x_0+\Delta x)-f(x_0)$ 称为 y 的绝对改变量），则 $\dfrac{\Delta x}{x_0}$ 称为自变量 x 在 x_0 点的相对改变量，$\dfrac{\Delta y}{y_0}$ 为 y 的相对改变量．

例 1 设函数 $y=x^2$．当 x 从8增加到10时，相应 y 从64增加到100，则变量 x 与 y 的绝对改变量分别为 $\Delta x=2$，$\Delta y=36$，相对改变量分别为

$$\frac{\Delta x}{x_0}=\frac{2}{8}=25\%,$$
$$\frac{\Delta y}{y_0}=\frac{36}{64}=56.25\%.$$

这表示当 x 从8增加到10时，x 增加了25%，y 相应地增加了56.25%．而

$$\frac{\Delta y}{y_0}\Big/\frac{\Delta x}{x_0}=\frac{56.25\%}{25\%}=2.25$$

这表明在区间(8,10)内，从 $x=8$ 时起，x 增加1%，则相应的 y 便增加2.25%．

研究自变量的相对变化引起的因变量的相对变化常常是有意义的．我们把因变量 y 的相对变化与自变量 x 的相对变化之比称为 y 对 x 的弹性．弹性有弧弹性和点弹性两种类型．

定义 3.6.2 设函数 $y=f(x)$ 在点 $x=x_0$ 处可导，y 的相对改变量 $\dfrac{\Delta y}{y_0}=\dfrac{f(x_0+\Delta x)-f(x_0)}{f(x_0)}$ 与自变量的相对改变量 $\dfrac{\Delta x}{x_0}$ 之比 $\dfrac{\Delta y}{y_0}\Big/\dfrac{\Delta x}{x_0}$，称为函数 $f(x)$ 在点 x_0 与 $x_0+\Delta x$ **两点间的弹性**（或称为点 x_0 与 $x_0+\Delta x$ 之间的弧弹性）．而

$$\lim_{\Delta x\to 0}\frac{\Delta y}{y_0}\Big/\frac{\Delta x}{x_0}$$

称为函数 $f(x)$ 在 $x=x_0$ **点的弹性**（或称为点弹性），记作

$$\frac{Ey}{Ex}\Big|_{x=x_0} \quad 或 \quad \frac{Ef(x_0)}{Ex}.$$

由定义可知

$$\frac{Ey}{Ex}\Big|_{x=x_0}=\lim_{\Delta x\to 0}\frac{\Delta y}{y_0}\Big/\frac{\Delta x}{x_0}=\lim_{\Delta x\to 0}\frac{\Delta y}{\Delta x}\cdot\frac{x_0}{y_0}=f'(x_0)\frac{x_0}{f(x_0)}.$$

一般地，设函数 $y=f(x)$ 在区间 (a,b) 内可导，且 $f(x)\neq 0$，则称 $\frac{Ey}{Ex}=f'(x)\frac{x}{f(x)}$ 为函数 $y=f(x)$ 在区间 (a,b) 内的点弹性函数，简称为**弹性函数**.

函数 $y=f(x)$ 在点 x_0 的弹性 $\frac{Ef(x_0)}{Ex}$ 表示当自变量在点 x_0 处产生 1% 的改变，y(近似地) 改变 $\frac{Ef(x_0)}{Ex}\%$，即函数在一点的弹性反映了因变量 y 对自变量 x 变化的反应敏感度.

例 2　求函数 $y=3x+2$ 的弹性函数及 $\frac{Ey}{Ex}\Big|_{x=3}$.

解　$\frac{Ey}{Ex}=y'\frac{x}{y}=\frac{3x}{3x+2}$，

$$\frac{Ey}{Ex}\Big|_{x=3}=\frac{3\times 3}{3\times 3+2}=\frac{9}{11}.$$

2. 需求的价格弹性和总收益

定义 3.6.3　设商品的需求函数 $Q=f(P)$，称

$$\frac{EQ}{EP}\Big|_{P=P_0}=f'(P_0)\frac{P_0}{f(P_0)}$$

为该商品在 $P=P_0$ 处的需求对价格的弹性，简称为**需求价格弹性**.

一般地，设某商品的需求函数为 $Q=f(P)$，则称

$$\eta=f'(P)\frac{P}{f(P)}$$

为该商品的需求价格弹性函数.

由于需求函数 $Q=f(P)$ 为价格的减函数，即 $f'(P)<0$，因此需求价格弹性 η 为负值，这表明：当某商品的价格增加(或减少)1% 时，其需求量将减少(或增加)$|\eta|\%$. 因此，在经济学中，比较商品的需求价格弹性的大小时，是指弹性的绝对值 $|\eta|$. 当我们说某商品的需求价格弹性大时，是指其绝对值大. 一般来说，生活必需品弹性较小，而奢侈品弹性较大.

需求的价格弹性 η 反映了商品需求量 Q 对价格 P 变动反应的灵敏程度，当 $\eta<-1$ 时，称该商品的需求量对价格**富有弹性**，此时价格变化将引起需求量的较大的变化；当 $\eta=-1$ 时，称该商品具有**单位弹性**，此时价格上升的百分数与需求下降的百分数相同；当 $-1<\eta<0$ 时，称该商品的需求量对价格**缺乏弹性**，此时价格变化对需求量的影响不大.

例 3　已知某商品的需求函数为 $Q=\mathrm{e}^{-\frac{P}{5}}$，求

(1) 需求价格弹性函数；

(2) 当 $P=3$、5、6 时的需求价格弹性，并说明其经济意义．

解 (1) $\eta=\frac{EQ}{EP}=Q'(P)\frac{P}{Q(P)}=-\frac{1}{5}\mathrm{e}^{-\frac{P}{5}}\cdot\frac{P}{\mathrm{e}^{-\frac{P}{5}}}=-\frac{1}{5}P.$

(2) $\eta|_{P=3}=-\frac{3}{5}=-0.6,$

$\eta|_{P=5}=-\frac{1}{5}\times 5=-1,$

$\eta|_{P=6}=-\frac{1}{5}\times 6=-1.2.$

$\eta|_{P=3}=-0.6$，此时需求变动幅度小于价格变动幅度，即当 $P=3$ 时，价格上涨 1%，需求将减少 0.6%．

$\eta|_{P=5}=-1$，说明当 $P=5$ 时，价格上涨 1%，需求减少 1%．

$\eta|_{P=6}=-1.2$，此时需求变动幅度大于价格变动幅度，即当 $P=6$ 时，价格上涨 1%，需求将减少 1.2%．

在商品经济中，商品经营者关心的是提价或降价对总收益的影响．利用需求价格弹性可以分析价格变动如何影响总收益．

设某商品的需求函数为 $Q=f(P)$，则总收益函数为

$$R=QP=Pf(P)$$

又因需求价格弹性为

$$\eta=\frac{\mathrm{d}Q}{\mathrm{d}P}\cdot\frac{P}{Q}$$

于是 $P\mathrm{d}Q=\eta Q\mathrm{d}P$. 所以，当价格 P 有微小变化 ΔP 时，总收益的改变量

$$\begin{aligned}\Delta R\approx \mathrm{d}(QP)&=Q\mathrm{d}P+P\mathrm{d}Q=Q\mathrm{d}P+\eta Q\mathrm{d}P\\&=(1+\eta)Q\mathrm{d}P=(1+\eta)Q\Delta P\end{aligned}$$

(1) 当 $\eta<-1$ 时，降价($\Delta P<0$)可使总收益增加($\Delta R>0$)，即薄利多销多收益，提价($\Delta P>0$)将使总收益减少($\Delta R<0$).

(2) 当 $\eta=-1$ 时，提价或降价对总收益没有影响．

(3) 当 $-1<\eta<0$ 时，降价($\Delta P<0$)可使总收益减少($\Delta R<0$)；提价($\Delta P>0$)将使总收益增加($\Delta R>0$).

综上所述，对需求量对价格富有弹性的商品，降价会使总收益增加，提价反而使总收益减少；对具有单位弹性的商品，提价和降价不影响总收益；对需求量对价格缺乏弹性的商品，提价会使总收益增加，降价会使总收益减少．

例 4 某商品的需求函数为 $Q=10-\frac{P}{2}$，求

(1) 需求价格弹性函数；

(2) 当 $P=3$ 时的需求价格弹性；

(3) 在 $P=3$ 时，若价格上涨 1%，其总收益是增加，还是减少？它将

变化百分之几？

解 （1）需求价格弹性函数为

$$\eta = Q'(P) \cdot \frac{P}{Q(P)} = -\frac{1}{2} \times \frac{P}{10-\frac{P}{2}} = \frac{P}{P-20}.$$

（2）当 $P=3$ 时的需求价格弹性为

$$\eta|_{P=3} = \frac{P}{P-20}\bigg|_{P=3} = -\frac{3}{17}.$$

（3）在 $P=3$ 时，$-1<\eta|_{P=3}<0$，故当价格上涨 1% 时，其总收益增加 .

下面求总收益 R 增加的百分比 . 按题意，即求在 $P=3$ 时，总收益对价格的弹性 .

由于总收益

$$R = PQ = 10P - \frac{P^2}{2},$$

于是总收益的价格弹性函数为

$$\frac{ER}{EP} = R'(P) \cdot \frac{P}{R(P)} = (10-P)\frac{P}{10P-\frac{P^2}{2}} = \frac{2(10-P)}{20-P}.$$

从而在 $P=3$ 时总收益的价格弹性为

$$\frac{ER}{EP}\bigg|_{P=3} = \frac{2(10-P)}{20-P}\bigg|_{P=3} \approx 0.82,$$

所以在 $P=3$ 时，若价格上涨 1%，其总收益约增加 0.82%.

3.6.3 函数极值在经济管理中的应用举例

例 1 设某产品的成本函数为

$$C = 100 + \frac{Q^2}{4}$$

其中 C 为成本，Q 为产量 . 问当产量 Q 为多少时，平均成本最小？并求使平均成本最小的生产水平处的边际成本和最小平均成本 .

解 平均成本函数为

$$\overline{C} = \frac{C}{Q} = \frac{100}{Q} + \frac{Q}{4},$$

于是 $\overline{C}' = -\frac{100}{Q^2} + \frac{1}{4}, \overline{C}'' = \frac{200}{Q^3}.$

令 $\overline{C}'=0$，得 $Q=20$，而 $\overline{C}''(20)>0$. 所以，$Q=20$ 时，平均成本最小 .

当 $Q=20$ 时的边际成本为

$$C'(20) = \left(100+\frac{Q^2}{4}\right)'\bigg|_{Q=20} = \frac{Q}{2}\bigg|_{Q=20} = 10.$$

最小平均成本 $\bar{C}(20)=\left(\frac{100}{Q}+\frac{Q}{4}\right)\Big|_{Q=20}=10$. 可见，$\bar{C}(20)=C'(20)$.

一般地，我们有：在平均成本等于边际成本的生产水平处平均成本取得最小值.

例 2　某厂每批生产某种商品 x 个单位的费用为

$$C(x)=5x+200(\text{元})$$

得到的收益为

$$R(x)=10x-0.01x^2(\text{元})$$

问每批生产多少个单位时，才能使利润最大？并求相应的边际收益、边际成本.

解　总利润函数为

$$L(x)=R(x)-C(x),$$

从而 $L'(x)=R'(x)-C'(x)=10-0.02x-5=5-0.02x$. 令 $L'(x)=0$，得 $x=250$，而 $L''(250)=-0.02<0$. 所以当 $x=250$ 时，利润最大. 此时边际收益、边际成本分别为

$$R'(x)\big|_{x=250}=5,C'(x)\big|_{x=250}=5,$$

且 $R''(250)=-0.02, C''(250)=0$. 可见，$R'(250)=C'(250), R''(250)<C''(250)$.

一般地，设生产 x 单位产品的总收益为 $R(x)$、总成本为 $C(x)$，则总利润为 $L(x)=R(x)-C(x)$，由极值理论有 $L(x)$ 在使 $L'(x)=0$，即 $R'(x)=C'(x)$，且 $L''(x)<0$，即 $R''(x)<C''(x)$ 的产量 x 处取得最大值 —— 此为**最大利润原则**.

例 3　一商店每天按批发价每件3元买进一批商品销售，若零售价定为每件4元，估计可卖出120件，若每件售价每降低0.1元，则可多卖出20件. 问应向批发店买进多少件，每件售价多少时，方可获得最大利润？最大利润是多少元？

解　设利润为 L，进货量为 x 件，售价为 P 元 / 件，则

$$L=x(P-3).$$

由假设可得

$$x-120=\frac{20}{-0.1}(P-4),$$

即　$x=920-200P$，所以

$$L(P)=(920-200P)(P-3)=-200P^2+1520P-2760.$$

于是 $L'(P)=-400P+1520$. 令 $L'(P)=0$，得 $P=3.8$，而 $L''(3.8)=-400<0$. 故当 $P=3.8$ 时，利润有最大值 $L(3.8)=128$ 元. 所以应购进该商品160件，每件售价3.8元，可获得最大利润.

例 4　某厂生产某种产品，其年销售量为1000000件，每批生产需

增加准备费 1000 元，而每件的库存费为 0.05 元，如果年销售率是均匀的(即商品库存量为批量的一半). 问应分几批生产，能使生产准备费及库存费和最小?

解 设总费用为 C，共分 x 批生产，则

生产准备为 $1000x$，

库存费为 $\frac{1000000}{2x}\times 0.05=\frac{25000}{x}$，

于是总费用为

$$C(x)=1000x+\frac{25000}{x}.$$

由 $C'(x)=1000-\frac{25000}{x^2}$，令 $C'(x)=0$，得 $x=5$.

又 $C''(5)=\frac{50000}{x^3}\Big|_{x=5}=400>0$，故当 $x=5$ 时，$C(x)\big|_{x=5}$ 是最小值，即分 5 批生产能使生产准备费和库存费和最小.

下面讨论一个“经济订购量”问题. 企业为了完成一定的生产任务，必须要保证生产正常进行所必需的材料，但是在总需求量一定的条件下，订购批量大、订购次数少，订购费用就小，而保管费用就要相应增加；反之，订购费用大，保管费用少. 因此就有一个如何确定订购批量使总费用最少的问题.

假设某企业某种物资的年需求量为 D，单价为 P. 平均一次订购费用为 A，年保管费用率为 I，订购批量为 Q，进货周期为 T(并假设物资的库存量下降到零时，随即订购、到货，库存量由零恢复到最高库存量，且对物资的需求率是一常数)，则年总费用 C 由三部分组成：

(1) 年订货费用. 因按假设每次订货费用为 A，全年共订购次数为 $\frac{D}{Q}$，所以订购费用为 $\frac{AD}{Q}$.

(2) 年保管费用. 因每一进货周期 T 内都是初始库存量最大，到每个周期末库存量为零，所以全年每周期均库存量为 $\frac{Q}{2}$，因此，保管费用为 $\frac{Q}{2}PI$.

(3) 一年所购物资的费用 DP.

于是，全年总费用 C 为

$$C=\frac{AD}{Q}+\frac{1}{2}QPI+DP$$

由 $C'=-\frac{AD}{Q^2}+\frac{1}{2}PI$，令 $C'=0$ 得

最优订购批量 $Q^*=\sqrt{\frac{2AD}{PI}}$

最优订购次数 $N=\dfrac{D}{Q^*}=\sqrt{\dfrac{PID}{2A}}$

最优进货周期 $T=\dfrac{365}{N}$ 天(每年按 365 天计算)

最小总费用
$$C_{\min}=AD\sqrt{\frac{PI}{2AD}}+\frac{1}{2}PI\sqrt{\frac{2AD}{PI}}+DP=\sqrt{2PDIA}+DP.$$

在经济学中,把最优订购批量 Q^* 称为**经济订购批量**,在经济订购批量处,满足订购费用和保管费用相等,并使两者与年购物资费用 DP 之和即总费用最小(见图 3－34).

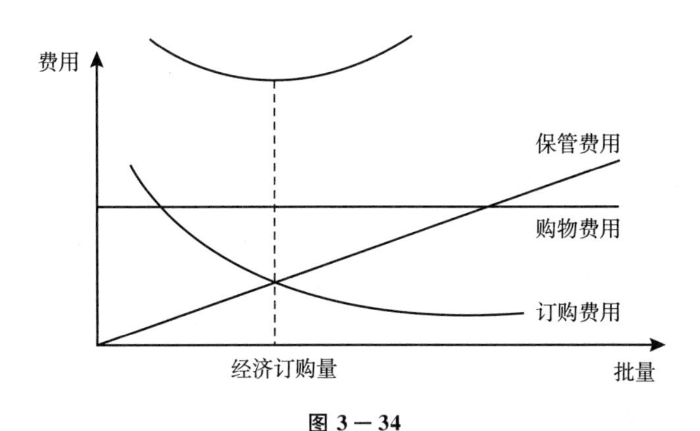

图 3－34

注　因常数 DP 在 C 对 Q 求导时为零,所以 C 的表达式中的这一项对确定 Q^* 值不起作用. 实际上我们要确定的是每次订购的数量,而总费用中的购物费用 DP 与批量 Q 无关. 因此问题相当于确定使总订购费与保管费

$$\frac{AD}{Q}+\frac{1}{2}QPI$$

为最小的批量 Q^*.

练习 3.6

1. 设某产品的成本函数和收益函数分别为 $C(x)=5x+200$,$R(x)=20x-0.01x^2$,其中 x 表示产量. 求:(1) 边际成本函数;(2) 边际收益函数;(3) 利润函数、边际利润函数及利润最大时的产量.

2. 某企业生产某种产品的总成本函数为

$$C(x)=100+6x+\frac{x^2}{4}.$$

求:(1) 当产量 $x=10$ 时的总成本、边际成本、平均成本各为多少?(2) 产量为多少时,平均成本达到最小?最小平均成本是多少?

习题选讲

3. 设某商品的总成本函数为 $C=50+2Q$，需求函数为 $P=20-\frac{Q}{2}$，其中 P 为价格，Q 为产量．求总利润最大时的产量及最大利润．

4. 某商品的需求量 Q 对价格 P 的需求函数为 $Q=50-\frac{P}{5}$，求：(1) 需求弹性；(2) 当 $P=10$ 时的需求弹性，并说明其经济意义；(3) 当 $P=40$ 时，若价格上涨 1%，收益怎样变化？变化多少？(4) P 为何值时，总收益达到最大？

5. 某厂生产某种商品，年销量为 10000 件，每批的生产准备费为 1000 元，每件商品的年库存费为 5 元．假设销售是均匀的，问分几批生产，可使生产准备费与库存费之和最小．

习 题 三

1. 填空题．

(1) 若 $\lim\limits_{x\to 0}\left(\frac{1}{x}-\left(\frac{1}{x}-a\right)\mathrm{e}^x\right)=1$，则 $a=$__________．

(2) 函数 $y=x-\arctan x$ 的单调递增区间为__________，拐点为__________．

(3) 糖果厂每周的销售量为 Q 千袋，每千袋价格为 2000 元，总成本函数为 $C(Q)=100Q^2+1300Q+1000$（元），则该糖果厂不盈不亏时的销售量为________，取得最大利润时的销售量为________．

(4) 曲线 $y=\mathrm{e}^{\frac{1}{x^2}}\arctan\frac{x^2+x-1}{(x+1)(x-2)}$ 的水平渐近线是__________，垂直渐近线是__________．

(5)* 设某商品的需求函数为 $Q=160-2p$，其中 Q，p 分别表示需求量和价格，如果该商品需求弹性的绝对值等于 1，则商品的价格 $p=$__________．

习题选讲

2. 选择题．

(1) 函数 $f(x)$ 在 $[a,b]$ 上连续，在 (a,b) 内可导，$a<x_1<x_2<b$，则至少存在一点 ξ，使（　）成立．

(a) $f(a)-f(b)=f'(\xi)(a-b)\quad \xi\in(a,b)$

(b) $f(x_2)-f(x_1)=f'(\xi)(x_2-x_1)\quad \xi\in(a,b)$

(c) $f(b)-f(a)=f'(\xi)(b-a)\quad \xi\in(x_1,x_2)$

(d) $f(x_2)-f(x_1)=f'(\xi)(x_2-x_1)\quad \xi\in(x_1,x_2)$

(2) 若 $f(-x)=f(x)$，在 $(-\infty,0)$ 内 $f'(x)>0$，$f''(x)<0$，则 $f(x)$ 在 $(0,+\infty)$ 内有（　）．

(a) $f'(x)>0$，$f''(x)<0$　　(b) $f'(x)>0$，$f''(x)>0$

(c) $f'(x)<0$，$f''(x)<0$　　(d) $f'(x)<0$，$f''(x)>0$

(3) 函数 $y=f(x)$ 在点 $x=x_0$ 处取得极大值，则必有（　）．

(a) $f'(x_0)=0$　　(b) $f''(x_0)<0$

(c) $f'(x_0)=0$ 且 $f''(x_0)<0$　　(d) $f'(x_0)=0$ 或不存在

(4) 已知函数 $y=f(x)$ 对一切 x 满足 $xf''(x)+x^2f'(x)=\mathrm{e}^x-1$，若 $f'(x_0)=0$ $(x_0\neq 0)$，则（　）．

(a) $f(x_0)$ 是 $f(x)$ 的极大值　　(b) $f(x_0)$ 是 $f(x)$ 的极小值

(c) $f(x_0)$ 不是 $f(x)$ 的极值　　(d) 不能判定 $f(x_0)$ 是否为 $f(x)$ 的极值

(5) 函数 $y=f(x)$ 有二阶导数，$f''(x_0)=0$ 是 $f(x)$ 的图形在 x_0 有拐点的(　　)条件．

(a) 充要　　(b) 充分　　(c) 必要　　(d) 无关

3. 若函数 $f(x)$ 在 (a,b) 内二阶可导，且 $f(x_1)=f(x_2)=f(x_3)(a<x_1<x_2<x_3<b)$，证明：在 (x_1,x_3) 内至少存在一点 ξ，使得 $f''(\xi)=0$.

4. 设 $\delta>0$，证明：(1) 若函数 $f(x)$ 在 $[x_0,x_0+\delta]$ 上连续，在 $(x_0,x_0+\delta)$ 内可导，且当 $x\to x_0^+$ 时 $f'(x)\to A$，则 $f'_+(x_0)=A$；

(2) 若函数 $f(x)$ 在 $(x_0-\delta,x_0]$ 上连续，在 $(x_0-\delta,x_0)$ 内可导，且 $x\to x_0^-$ 时 $f'(x)\to B$，则 $f'_-(x_0)=B$.

5. 设某产品的销售量 S 和广告费 x（单位：万元）之间有关系

$$S(x)=10000+5000x-25x^2-x^3.$$

问：当广告费用在什么范围内销售量是增加的？

6. 某企业生产某产品，固定成本为2万元，每生产1百台成本增加1万元，总收益函数为

$$R(x)=\begin{cases}4x-\dfrac{1}{2}x^2, & 0\leqslant x\leqslant 4\\ 8, & x>4\end{cases}$$

问：年产量为多少台时，总利润达到最大？最大利润是多少？

7*. 证明：当 $0<a<b<\pi$ 时，$b\sin b+2\cos b+\pi b>a\sin a+2\cos a+\pi a$.

8. 求出使不等式 $\arctan x+\dfrac{x^3}{3}<x$ 成立的最大范围．

9. 证明下列恒等式．

(1) $2\arctan x+\arcsin\dfrac{2x}{1+x^2}=\pi\quad(x\geqslant 1)$；

(2) $\arcsin\sqrt{1-x^2}+\arctan\dfrac{x}{\sqrt{1-x^2}}=\dfrac{\pi}{2}\quad(x\in[0,1))$.

10*. 求下列极限．

(1) $\lim\limits_{x\to 0}\left(\dfrac{1+x}{1-\mathrm{e}^{-x}}-\dfrac{1}{x}\right)$　　(2) $\lim\limits_{x\to 0}\dfrac{1}{x^2}\ln\dfrac{\sin x}{x}$

(3) $\lim\limits_{x\to 0}\dfrac{\mathrm{e}-\mathrm{e}^{\cos x}}{\sqrt[3]{1+x^2}-1}$　　(4) $\lim\limits_{x\to 0}\left(\dfrac{1}{\sin^2 x}-\dfrac{\cos^2 x}{x^2}\right)$.

习题选讲

11. 设 $f(x)$ 具有二阶导数，在 $x=0$ 的某去心邻域内 $f(x)\neq 0$，并且 $\lim\limits_{x\to 0}\dfrac{f(x)}{x}=0$，$f''(0)=4$. 求 $\lim\limits_{x\to 0}\left[1+\dfrac{f(x)}{x}\right]^{\frac{1}{x}}$.

12. 讨论曲线 $y=\dfrac{1}{9}x^2+\sqrt[3]{x}$ 的凹凸性及拐点．

13. 求曲线 $y=\dfrac{1}{x}+\ln(1+\mathrm{e}^x)$ 的渐近线．

14. 设某产品的需求函数为 $Q=Q(p)$，其对应的价格 p 的弹性 $\xi_p=-0.2$，问当需求为10000件时，价格增加1元会使产品收益增加多少元？

15*. 设 $f(x)$ 的导数在 $x=a$ 处连续，又 $\lim\limits_{x\to a}\dfrac{f'(x)}{x-a}=-1$，证明 $f(a)$ 是极

大值.

16. 设某商品的单价为 p 时,售出的商品数量 Q 可以表示为 $Q=\frac{a}{p+b}-c$,其中 a,b,c 均为正数,且 $a>bc$. 问:(1) p 在什么范围时,相应的销售额增加或减少?(2) 要使销售额最大,商品单价 p 应取何值?最大销售额是多少?

第 4 章
不定积分

在微分学中，我们已解决了求已知函数导数(或微分)的问题，但是，在科学技术和经济管理中，常常需要解决相反的问题，即要寻求一个可导函数，使它的导数等于已知函数，这是积分学的基本问题之一——求不定积分.

本章将介绍原函数和不定积分的概念、性质，并讨论不定积分的计算方法.

§4.1　不定积分的概念与性质

在第 2 章中，我们学过当已知变速直线运动物体的路程函数 $s=s(t)$ 时，则物体在时刻 t 的瞬时速度为 $v(t)=s'(t)$. 它的反问题是已知运动物体在任意时刻 t 的瞬时速度 $v=v(t)$，求出路程函数 $s(t)$. 也就是说，已知一个函数的导数，求出这个函数，这就是引出了原函数与不定积分的概念.

4.1.1　原函数与不定积分的概念

1. 原函数

定义 4.1.1　设函数 $f(x)$ 在区间 I 上有定义，若存在一个可导函数 $F(x)$，使得在区间 I 上有

$$F'(x)=f(x) \quad 或 \quad \mathrm{d}F(x)=f(x)\mathrm{d}x$$

则称函数 $F(x)$ 是 $f(x)$ 在区间 I 上的一个**原函数**(primitive function).

例如，当 $x\in(-\infty,+\infty)$ 时，有

$$(x^2)'=2x$$

所以 x^2 是 $2x$ 在区间 $(-\infty,+\infty)$ 上的一个原函数. 易见，$x^2+\sqrt{2}$，x^2-3 等都是 $2x$ 在区间 $(-\infty,+\infty)$ 上的原函数.

又如，当 $x\in(-\infty,+\infty)$ 时，有

$$(\sin x)' = \cos x,$$

所以 $\sin x$ 是 $\cos x$ 在$(-\infty, +\infty)$ 上的一个原函数．易见，$\sin x + 3$，$\sin x - \sqrt{2}$ 等也是 $\cos x$ 在$(-\infty, +\infty)$ 上的原函数．

定理 4.1.1 若 $F(x)$ 是 $f(x)$ 的一个原函数，则 $F(x)+c$（c 为任意常数）仍是$f(x)$ 的原函数，而且 $f(x)$ 的任一原函数都可以表示成 $F(x)+c$ 的形式．

证 因$[F(x)+c]' = F'(x) = f(x)$，所以 $F(x)+c$ 是 $f(x)$ 的原函数．

设 $G(x)$ 是 $f(x)$ 的任意一个原函数，这时有

$$[G(x)-F(x)]' = G'(x)-F'(x) = f(x)-f(x) = 0,$$

由拉格朗日定理的推论 2 知

$$G(x)-F(x) = c,$$

即

$$G(x) = F(x)+c.$$

定理证毕．

由此定理可得，如果 $F(x)$ 是 $f(x)$ 的一个原函数，则 $F(x)+c$（c 为任意常数）就表示了 $f(x)$ 的所有原函数．

需要指出，并不是任何一个函数都存在原函数．但我们有结论：在某区间上连续的函数一定存在原函数（此结论将在 §5.2 中给出证明）．从而，初等函数在其定义区间上有原函数．

2. 不定积分定义

定义 4.1.2 函数 $f(x)$ 的全体原函数，称为 $f(x)$ 的**不定积分**(indefinite integral)，记作

$$\int f(x)\mathrm{d}x$$

其中$\int$ 称为**积分号**，x 称为**积分变量**，$f(x)$ 称为**被积函数**，$f(x)\mathrm{d}x$ 称为**被积表达式**．

根据定理 4.1.1，如果 $F(x)$ 是 $f(x)$ 的一个原函数，则

$$\int f(x)\mathrm{d}x = F(x)+c.$$

这里，c 可取一切实数值，称它为**积分常数**．

因此，求一个函数 $f(x)$ 的不定积分问题，就归结为求它的一个原函数问题．

例 1 求$\int x^2\mathrm{d}x$.

解 由于$\left(\frac{x^3}{3}\right)' = x^2$，所以$\frac{x^3}{3}$ 是 x^2 的一个原函数，因此

$$\int x^2\mathrm{d}x = \frac{1}{3}x^3 + c.$$

例 2　求$\int \frac{dx}{\sqrt{1-x^2}}$.

解　由于$(\arcsin x)' = \frac{1}{\sqrt{1-x^2}}$,所以 $\arcsin x$ 是$\frac{1}{\sqrt{1-x^2}}$的一个原函数,因此

$$\int \frac{dx}{\sqrt{1-x^2}} = \arcsin x + c.$$

例 3　求$\int \frac{1}{x}dx$.

解　在$(0,+\infty)$上,由于$(\ln x)' = \frac{1}{x}$,所以 $\ln x$ 是$\frac{1}{x}$在$(0,+\infty)$上的一个原函数,因此在$(0,+\infty)$上有

$$\int \frac{1}{x}dx = \ln x + c.$$

在$(-\infty,0)$上,由于$[\ln(-x)]' = \frac{1}{-x}(-1) = \frac{1}{x}$,所以 $\ln(-x)$ 是$\frac{1}{x}$在$(-\infty,0)$上的一个原函数,因此在$(-\infty,0)$上有

$$\int \frac{1}{x}dx = \ln(-x) + c.$$

于是有

$$\int \frac{1}{x}dx = \ln|x| + c, x \in (-\infty,0)\text{或}(0,+\infty).$$

3. 不定积分的几何意义

函数 $f(x)$ 的每一个原函数在直角坐标系 xOy 中的图形称为$f(x)$的一条**积分曲线**,$f(x)$ 的所有积分曲线的全体,称为 $f(x)$ 的**积分曲线簇**. 因此,$f(x)$ 的不定积分$\int f(x)dx$在几何上表示函数$f(x)$的积分曲线簇. 这簇曲线的特点是:它们在横坐标相同的点处的切线是彼此平行的(由此,如果已知 $f(x)$ 的一条积分曲线,那么把这条曲线沿 y 轴方向平行移动,就可以得到$f(x)$的一切积分曲线),并且对于平面上任意 $P(x_0, y_0)$一定有唯一的一条积分曲线通过(见图4—1).

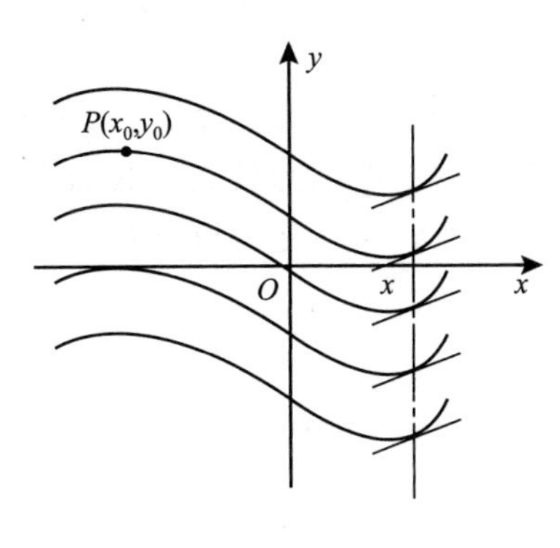

图 4—1

例 4　求经过点(2,5),而切线斜率为 $2x$ 的曲线方程.

解　由$\int 2x dx = x^2 + c$,得斜率

为 $2x$ 的曲线簇 $y=x^2+c$. 将 $x=2, y=5$ 代入，得 $c=1$. 所求曲线为

$$y=x^2+1.$$

4.1.2 不定积分的性质

性质 1 （1） $\left[\int f(x)\mathrm{d}x\right]'=f(x)$ 或 $\mathrm{d}\left[\int f(x)\mathrm{d}x\right]=f(x)\mathrm{d}x$

（2） $\int f'(x)\mathrm{d}x=f(x)+c$ 或 $\int \mathrm{d}f(x)=f(x)+c$

这个性质表明：求不定积分（简称积分运算）与求导（或微分）互为逆运算．函数先积分后微分，两种运算可以互相抵消；函数先微分后积分，两种运算互相抵消后，还相差一个常数．

性质 2 被积函数中不为 0 的常数因子，可提到积分号外面，即

$$\int kf(x)\mathrm{d}x=k\int f(x)\mathrm{d}x,$$

其中 k 为常数，且 $k\neq 0$.

证 将等式右端求导数，得

$$\left[k\int f(x)\mathrm{d}x\right]'=k\left[\int f(x)\mathrm{d}x\right]'=kf(x),$$

可知，$k\int f(x)\mathrm{d}x$ 是 $kf(x)$ 的原函数（不定积分）.

性质 3 有限个函数代数和的不定积分，等于各个函数不定积分的代数和，即

$$\int[f_1(x)\pm f_2(x)\pm\cdots\pm f_n(x)]\mathrm{d}x$$
$$=\int f_1(x)\mathrm{d}x\pm\int f_2(x)\mathrm{d}x\pm\cdots\pm\int f_n(x)\mathrm{d}x.$$

证明与性质 2 类似，请读者自证．

4.1.3 基本积分公式

因为求不定积分是求导数的逆运算，所以由基本导数公式可得到相应的基本积分公式．我们把这些基本的积分公式列成下面的表，这个表通常叫作基本积分表（c 为任意常数）.

（1） $\int 0\mathrm{d}x=c$

（2） $\int x^\alpha\mathrm{d}x=\dfrac{1}{\alpha+1}x^{\alpha+1}+c \quad (\alpha\neq -1)$

（3） $\int \dfrac{1}{x}\mathrm{d}x=\ln|x|+c$

(4)　$\int a^x \mathrm{d}x = \frac{1}{\ln a} a^x + c$

(5)　$\int \mathrm{e}^x \mathrm{d}x = \mathrm{e}^x + c$

(6)　$\int \sin x \mathrm{d}x = -\cos x + c$

(7)　$\int \cos x \mathrm{d}x = \sin x + c$

(8)　$\int \sec^2 x \mathrm{d}x = \tan x + c$

(9)　$\int \csc^2 x \mathrm{d}x = -\cot x + c$

(10)　$\int \frac{\mathrm{d}x}{\sqrt{1-x^2}} = \arcsin x + c$

(11)　$\int \frac{\mathrm{d}x}{1+x^2} = \arctan x + c$

(12)　$\int \sec x \tan x \mathrm{d}x = \sec x + c$

(13)　$\int \csc x \cot x \mathrm{d}x = -\csc x + c$

这些公式是计算不定积分的基础,应熟记.

下面运用不定积分的性质和基本积分公式,求一些简单函数的不定积分.

例1　求$\int (2x^2 - 3x + 5)\mathrm{d}x$.

解　$\int (2x^2 - 3x + 5)\mathrm{d}x$

$$= \int 2x^2 \mathrm{d}x - \int 3x \mathrm{d}x + \int 5 \mathrm{d}x$$

$$= \frac{2}{2+1}x^{2+1} - \frac{3}{1+1}x^{1+1} + 5x + c$$

$$= \frac{2}{3}x^3 - \frac{3}{2}x^2 + 5x + c.$$

其中每一项积分都有一个常数,但常数之和仍是常数,所以只用一个常数c表示.

例2　求$\int \frac{(1-x)^2}{x\sqrt{x}}\mathrm{d}x$.

解　$\int \frac{(1-x)^2}{x\sqrt{x}}\mathrm{d}x = \int \frac{1-2x+x^2}{x\sqrt{x}}\mathrm{d}x$

$$= \int \frac{\mathrm{d}x}{x\sqrt{x}} - \int \frac{2x}{x\sqrt{x}}\mathrm{d}x + \int \frac{x^2}{x\sqrt{x}}\mathrm{d}x$$

$$= \int x^{-\frac{3}{2}} \mathrm{d}x - 2\int x^{-\frac{1}{2}} \mathrm{d}x + \int x^{\frac{1}{2}} \mathrm{d}x$$

$$= \frac{1}{-\frac{3}{2}+1}x^{-\frac{3}{2}+1} - \frac{2}{-\frac{1}{2}+1}x^{-\frac{1}{2}+1} + \frac{1}{\frac{1}{2}+1}x^{\frac{1}{2}+1} + c$$

$$= -2x^{-\frac{1}{2}} - 4x^{\frac{1}{2}} + \frac{2}{3}x^{\frac{3}{2}} + c.$$

此题将被积函数先拆为几个幂函数的代数和，然后分别用幂函数积分公式求不定积分．

例 3　求$\int \frac{x^4}{1+x^2}dx$.

解　$$\int \frac{x^4}{1+x^2}dx = \int \frac{x^4-1+1}{1+x^2}dx$$

$$= \int \frac{(x^2+1)(x^2-1)+1}{1+x^2}dx = \int (x^2-1+\frac{1}{1+x^2})dx$$

$$= \int x^2dx - \int dx + \int \frac{1}{1+x^2}dx = \frac{x^3}{3} - x + \arctan x + c.$$

将分式函数经适当代数变形后拆成若干项，再逐项积分，这种变形方法较常见．

例 4　求$\int \cos^2 \frac{x}{2}dx$.

解　$$\int \cos^2 \frac{x}{2}dx = \int \frac{1+\cos x}{2}dx = \frac{1}{2}\int dx + \frac{1}{2}\int \cos x dx$$

$$= \frac{1}{2}x + \frac{1}{2}\sin x + c.$$

例 5　求$\int \tan^2 x dx$.

解　$$\int \tan^2 x dx = \int (\sec^2 x - 1)dx = \int \sec^2 x dx - \int dx$$

$$= \tan x - x + c.$$

例 4、例 5 都是先用三角恒等式变形，然后再积分．

注　由于求导运算与积分运算互逆，所以，如果对积分的结果求导，其导数恰等于被积函数，那么积分的结果是正确的．

4.1.4　不定积分的应用

以下是不定积分在经济中应用的一些例子．

例 1　已知某产品的总成本变化率为$C'(x) = 50x - x^2$. 如果固定成本为$C_0 = 100$，求总成本函数$C(x)$、平均成本函数$\overline{C}(x)$.

解　总成本函数

$$C(x) = \int (50x - x^2)dx = 25x^2 - \frac{1}{3}x^3 + c,$$

由固定成本$C_0 = 100$，即当$x = 0$时，$C(0) = 100$，得$c = 100$. 所以总

成本函数为

$$C(x)=25x^2-\frac{1}{3}x^3+100.$$

于是平均成本函数为

$$\overline{C}(x)=\frac{C(x)}{x}=25x-\frac{1}{3}x^2+\frac{100}{x}.$$

例 2　设某商品的边际收益函数为 $R'(x)=12-8x+x^2$，其中 x 为需求量，试求总收益函数和需求函数．

解　总收益函数为

$$\begin{aligned}R(x)&=\int R'(x)\mathrm{d}x\\&=\int(12-8x+x^2)\mathrm{d}x\\&=12x-4x^2+\frac{1}{3}x^3+c,\end{aligned}$$

显然当 $x=0$ 时，$R(0)=0$，由此可确定 $c=0$. 于是得总收益函数

$$R(x)=12x-4x^2+\frac{1}{3}x^3.$$

从而需求函数为

$$P(x)=\frac{R(x)}{x}=12-4x+\frac{1}{3}x^2=\frac{(6-x)^2}{3}.$$

例 3　假设某城市人口增长率 $P'(t)=3000+500t^{\frac{1}{4}}$，这里 t 是时间，单位为年．已知现在人口数为 92500，试预测 5 年后的人口数．

解　人口数 P 是时间 t 的函数 $P(t)$：

$$\begin{aligned}P(t)&=\int P'(t)\mathrm{d}t=\int(3000+500t^{\frac{1}{4}})\mathrm{d}t\\&=3000t+400t^{\frac{5}{4}}+c,\end{aligned}$$

当 $t=0$ 时，$P(0)=92500$，于是 $c=92500$. 所以

$$P(t)=3000t+400t^{\frac{5}{4}}+92500$$

5 年后人口数为 $P(5)=3000\times5+400\times5^{\frac{5}{4}}+92500\approx110490$.

练习 4.1

1. 解下列问题．

(1) 已知函数 $y=f(x)$ 的导数等于 $x+2$，且 $f(2)=5$，试求这个函数．

(2) 已知在曲线上任一点的切线斜率为 $\cos x$，且曲线经过点 $(\frac{\pi}{2},1)$，试求此曲线的方程．

(3) 已知某产品产量 $P(t)$ 的变化率为 $f(t)=2t+3$，其中 t 表示时间，又知 $P(0)=0$，求 $P(t)$.

(4) 设某商品的需求量 Q 是价格 P 的函数，该商品的最大需求量为 1000(即当

习题选讲

$P=0$ 时,$Q=1000$). 已知需求量的变化率为 $Q'(P)=-1000\ln 3\cdot\left(\frac{1}{3}\right)^{P}$,求需求函数 $Q=f(P)$.

2. 在下列各式等号右端的空白处填入适当的系数,使等式成立.

(1) $\mathrm{d}x=$ ____ $\mathrm{d}(ax+b)(a\neq 0)$;

(2) $\dfrac{\mathrm{d}x}{\sqrt{x}}=$ ____ $\mathrm{d}(\sqrt{x})$;

(3) $x\mathrm{d}x=$ ____ $\mathrm{d}(kx^2+b)(k\neq 0)$;

(4) $x^3\mathrm{d}x=$ ____ $\mathrm{d}(3x^4-2)$;

(5) $\mathrm{e}^{ax}\mathrm{d}x=$ ____ $\mathrm{d}(\mathrm{e}^{ax}+b)(a\neq 0)$;

(6) $\cos\left(\frac{3}{2}x\right)\mathrm{d}x=$ ____ $\mathrm{d}\left[\sin\left(\frac{3}{2}x\right)\right]$;

(7) $\dfrac{\mathrm{d}x}{x}=$ ____ $\mathrm{d}(a-b\ln x)(b\neq 0)$;

(8) $\dfrac{\mathrm{d}x}{1+9x^2}=$ ____ $\mathrm{d}(\arctan 3x)$;

(9) $\dfrac{\mathrm{d}x}{\sqrt{1-x^2}}=$ ____ $\mathrm{d}(1-\arcsin x)$;

(10) $\dfrac{x\mathrm{d}x}{\sqrt{1-x^2}}=$ ____ $\mathrm{d}(\sqrt{1-x^2})$;

(11) $x\mathrm{e}^{x^2}\mathrm{d}x=$ ____ $\mathrm{d}\mathrm{e}^{x^2}$;

(12) $\dfrac{\ln x}{x}\mathrm{d}x=$ ____ $\mathrm{d}(\ln x)^2$;

(13) $x\sqrt{1-x^2}\mathrm{d}x=$ ____ $\mathrm{d}(1-x^2)^{\frac{3}{2}}$;

(14) $\dfrac{\sin\sqrt{x}}{\sqrt{x}}\mathrm{d}x=$ ____ $\mathrm{d}\cos\sqrt{x}$.

3. 求下列不定积分.

(1) $\int\left(\sqrt{x}+\frac{1}{\sqrt{x}}\right)\mathrm{d}x$　　(2) $\int(2^x+x^2)\mathrm{d}x$

(3) $\int(3+\sqrt[3]{x})x\mathrm{d}x$　　(4) $\int\frac{x^2}{x^2+1}\mathrm{d}x$

(5) $\int\sqrt{x\sqrt{x\sqrt{x}}}\mathrm{d}x$　　(6) $\int(\mathrm{e}^x-\sin^2x-\cos^2x)\mathrm{d}x$

(7) $\int\frac{\mathrm{e}^{2t}-1}{\mathrm{e}^t-1}\mathrm{d}t$　　(8) $\int\frac{\cos 2x}{\cos x-\sin x}\mathrm{d}x$

(9) $\int\sin^2\frac{t}{2}\mathrm{d}t$

4. (1) 设 $f(x)=\int 5\mathrm{e}^{3x}\cos 2x\mathrm{d}x$,求 $f'(0)$.

(2) 设 $f'(\ln x)=1+x$,求 $f(x)$.

§4.2 积分法

求一个函数不定积分的第一步就是将该函数与基本积分公式表中

那些被积函数进行比较，如果与某个被积函数一致，那么它的不定积分也就知道了；如果不一致，那么可利用函数的恒等变换及积分的性质将该函数化成能用基本积分公式求出不定积分的那些被积函数形式．但在很多情况下，我们需要掌握其他的一些方法，才能求出更多的初等函数的不定积分．本节将介绍两种最常见的积分法——换元积分法与分部积分法．

4.2.1 换元积分法

1. 第一换元积分法

设所求不定积分为$\int g(x)\mathrm{d}x$，而 $g(x) = f[\varphi(x)]\varphi'(x)$，且$\int f(x)\mathrm{d}x = F(x)+c$，则

$$\int g(x)\mathrm{d}x = \int f[\varphi(x)]\varphi'(x)\mathrm{d}x = F[\varphi(x)]+c \tag{1}$$

要证式(1) 成立，只要证$\{F[\varphi(x)]\}' = g(x)$ 即可．

事实上，$\{F[\varphi(x)]\}' = F'[\varphi(x)]\varphi'(x) = f[\varphi(x)]\varphi'(x) = g(x)$.

式(1) 给出的求不定积分的方法，称为不定积分的**第一换元法**．使用这种方法的关键是在已知$\int f(x)\mathrm{d}x = F(x)+c$ 的前提下，将所求不定积分$\int g(x)\mathrm{d}x$ 的被积表达式凑成 $f[\varphi(x)]\mathrm{d}\varphi(x)$ 形式，故通常也把第一换元法称为“凑微分”法．

用公式(1) 求不定积分的具体过程如下：

$$\int g(x)\mathrm{d}x = \int f[\varphi(x)]\varphi'(x)\mathrm{d}x = \int f[\varphi(x)]\mathrm{d}\varphi(x)$$

$$\xlongequal{\text{令 } u=\varphi(x)} \int f(u)\mathrm{d}u = F(u)+c$$

$$\xlongequal{\text{回代 } u=\varphi(x)} F[\varphi(x)]+c.$$

需要指出的是，不定积分$\int f(x)\mathrm{d}x$ 中的记号 $\mathrm{d}x$ 不仅仅是整个不定积分记号中不可分离的一个符号，它可以当作变量 x 的微分来对待，从而就有了 $f[\varphi(x)]\varphi'(x)\mathrm{d}x = f[\varphi(x)]\mathrm{d}\varphi(x)$.

例 1 求$\int 3\cos 3x\mathrm{d}x$.

解 由于 $3\cos 3x\mathrm{d}x = \cos 3x\mathrm{d}(3x)$，于是

$$\int 3\cos 3x\mathrm{d}x = \int \cos 3x\mathrm{d}(3x) \xlongequal{\text{令 } u=3x} \int \cos u\mathrm{d}u$$

$$= \sin u + c \xlongequal{\text{回代 } u = 3x} \sin 3x + c.$$

例 2 求$\int \frac{dx}{3x+2}$.

解 $\int \frac{dx}{3x+2} = \frac{1}{3}\int \frac{1}{3x+2}d(3x+2)$

$$\xlongequal{\text{令 } u = 3x+2} \frac{1}{3}\int \frac{1}{u}du$$

$$= \frac{1}{3}\ln|u| + c \xlongequal{\text{回代 } u = 3x+2} \frac{1}{3}\ln|3x+2| + c.$$

例 3 求$\int x\sqrt{1-x^2}dx$.

解 $\int x\sqrt{1-x^2}dx = -\frac{1}{2}\int (1-x^2)^{\frac{1}{2}}d(1-x^2)$

$$\xlongequal{\text{令 } u = 1-x^2} -\frac{1}{2}\int u^{\frac{1}{2}}du = -\frac{1}{3}u^{\frac{3}{2}} + c$$

$$\xlongequal{\text{回代 } u = 1-x^2} -\frac{1}{3}(1-x^2)^{\frac{3}{2}} + c.$$

当运算熟练以后，可以不必把换元这一步写出来，而采用以下的表达方式：

例 4 求$\int xe^{x^2}dx$.

解 $\int xe^{x^2}dx = \frac{1}{2}\int e^{x^2}d(x^2) = \frac{1}{2}e^{x^2} + c.$

在此例中，实际上已经用了变量代换 $u = x^2$，并在求出积分 $\frac{1}{2}\int e^u du$ 后又代回了 $u = x^2$，只是没有把这些步骤写出来而已．

例 5 求$\int \sin x \cos x dx$.

解 $\int \sin x \cos x dx = \int \sin x d\sin x = \frac{1}{2}\sin^2 x + c.$

此题还可用三角函数恒等式整理后再求：

$$\int \sin x \cos x dx = \frac{1}{2}\int \sin 2x dx = \frac{1}{4}\int \sin 2x d(2x)$$

$$= -\frac{1}{4}\cos 2x + c.$$

由此例可以看出，由于具体做法不同，可以得出形式上不同的结果．

例 6 求$\int \frac{dx}{x(1+\ln x)}$.

解 $\int \frac{dx}{x(1+\ln x)} = \int \frac{1}{1+\ln x}d(1+\ln x) = \ln|1+\ln x| + c.$

例 7 求$\int e^x\sqrt{1-e^x}dx$.

解 $\int e^x\sqrt{1-e^x}dx=-\int\sqrt{1-e^x}d(1-e^x)$

$$=-\frac{2}{3}(1-e^x)^{\frac{3}{2}}+c.$$

例 8 求$\int\frac{\tan^3 x}{\cos^2 x}dx$.

解 $\int\frac{\tan^3 x}{\cos^2 x}dx=\int\tan^3 x d\tan x=\frac{1}{4}\tan^4 x+c.$

例 9 求$\int\frac{dx}{a^2+x^2}$.

解 $\int\frac{dx}{a^2+x^2}=\int\frac{1}{a^2}\frac{dx}{1+\left(\frac{x}{a}\right)^2}$

$$=\frac{1}{a}\int\frac{1}{1+\left(\frac{x}{a}\right)^2}d\left(\frac{x}{a}\right)=\frac{1}{a}\arctan\frac{x}{a}+c.$$

类似可得$\int\frac{dx}{\sqrt{a^2-x^2}}=\arcsin\frac{x}{a}+c\quad(a>0)$.

例 10 求$\int\frac{1}{x^2-a^2}dx$.

解 由于$\frac{1}{x^2-a^2}=\frac{1}{2a}\left(\frac{1}{x-a}-\frac{1}{x+a}\right)$,所以

$$\begin{aligned}\int\frac{dx}{x^2-a^2}&=\frac{1}{2a}\int\left(\frac{1}{x-a}-\frac{1}{x+a}\right)dx\\&=\frac{1}{2a}\left(\int\frac{dx}{x-a}-\int\frac{dx}{x+a}\right)\\&=\frac{1}{2a}\left(\int\frac{1}{x-a}d(x-a)-\int\frac{1}{x+a}d(x+a)\right)\\&=\frac{1}{2a}(\ln|x-a|-\ln|x+a|)+c\\&=\frac{1}{2a}\ln\left|\frac{x-a}{x+a}\right|+c.\end{aligned}$$

例 11 求$\int\tan x dx$.

解 $\int\tan x dx=\int\frac{\sin x}{\cos x}dx=-\int\frac{1}{\cos x}d(\cos x)=-\ln|\cos x|+c.$

类似可得$\int\cot x dx=\ln|\sin x|+c$.

例 12 求$\int\csc x dx$.

解 $\int\csc x dx=\int\frac{1}{\sin x}dx=\int\frac{dx}{2\sin\frac{x}{2}\cdot\cos\frac{x}{2}}$

$$= \int \frac{\mathrm{d}\left(\frac{x}{2}\right)}{\tan\frac{x}{2} \cdot \cos^2\frac{x}{2}} = \int \frac{\mathrm{d}\tan\frac{x}{2}}{\tan\frac{x}{2}} = \ln\left|\tan\frac{x}{2}\right| + c.$$

因为 $\tan\frac{x}{2} = \frac{\sin\frac{x}{2}}{\cos\frac{x}{2}} = \frac{2\sin^2\frac{x}{2}}{\sin x} = \frac{1-\cos x}{\sin x} = \csc x - \cot x$，所以上述不定积分又可写成

$$\int \csc x \mathrm{d}x = \ln|\csc x - \cot x| + c.$$

例 13 求 $\int \sec x \mathrm{d}x$.

解 $\int \sec x \mathrm{d}x = \int \frac{\mathrm{d}x}{\cos x} = \int \frac{\mathrm{d}\left(x+\frac{\pi}{2}\right)}{\sin\left(x+\frac{\pi}{2}\right)}$

$$= \ln\left|\csc\left(x+\frac{\pi}{2}\right) - \cot\left(x+\frac{\pi}{2}\right)\right| + c$$

$$= \ln|\sec x + \tan x| + c.$$

例 14 求 $\int \sin^3 x \mathrm{d}x$.

解 $\int \sin^3 x \mathrm{d}x = \int \sin^2 x \mathrm{d}(-\cos x) = -\int (1-\cos^2 x)\mathrm{d}\cos x$

$$= -\int \mathrm{d}\cos x + \int \cos^2 x \mathrm{d}\cos x = -\cos x + \frac{1}{3}\cos^3 x + c.$$

当被积函数是 $\sin^{2n+1}x$ 或 $\cos^{2n+1}x$ 时，可分出一个因子与 $\mathrm{d}x$ 凑微分，然后积分.

例 15 求 $\int \cos^2 x \mathrm{d}x$.

解 $\int \cos^2 x \mathrm{d}x = \int \frac{1+\cos 2x}{2}\mathrm{d}x = \frac{1}{2}\left(\int \mathrm{d}x + \int \cos 2x \mathrm{d}x\right)$

$$= \frac{1}{2}x + \frac{1}{4}\int \cos 2x \mathrm{d}(2x) = \frac{1}{2}x + \frac{1}{4}\sin 2x + c.$$

当被积函数为 $\sin^{2n}x$ 或 $\cos^{2n}x$ 时，可利用倍角公式降幂，然后积分.

例 16 求 $\int \sin^2 x \cos^3 x \mathrm{d}x$

解 $\int \sin^2 x \cos^3 x \mathrm{d}x = \int \sin^2 x \cos^2 x \cos x \mathrm{d}x$

$$= \int \sin^2 x(1-\sin^2 x)\mathrm{d}(\sin x)$$

$$= \int (\sin^2 x - \sin^4 x)\mathrm{d}(\sin x)$$

$$= \frac{1}{3}\sin^3 x - \frac{1}{5}\sin^5 x + c.$$

例 17 求$\int \sin x\cos 3x\mathrm{d}x$.

解 $\int \sin x\cos 3x\mathrm{d}x = \frac{1}{2}\int(\sin 4x - \sin 2x)\mathrm{d}x$

$$= \frac{1}{2}\int \sin 4x\mathrm{d}x - \frac{1}{2}\int \sin 2x\mathrm{d}x$$

$$= \frac{1}{8}\int \sin 4x\mathrm{d}(4x) - \frac{1}{4}\int \sin 2x\mathrm{d}(2x)$$

$$= -\frac{1}{8}\cos 4x + \frac{1}{4}\cos 2x + c.$$

当被积函数是 $\sin mx\cos nx$;$\sin mx\sin nx$ 或 $\cos mx\cos nx(m \neq n)$ 时,可利用积化和差公式变形,然后积分.

2. 第二换元积分法

定理 4.2.1 设 $x = \varphi(t)$ 是单调可导函数,且 $\varphi'(t) \neq 0$,又 $\int f[\varphi(t)]\varphi'(t)\mathrm{d}t = F(t) + c$,则

$$\int f(x)\mathrm{d}x = F[\varphi^{-1}(x)] + c. \tag{2}$$

证 因为 $x = \varphi(t)$ 单调可导,且 $\varphi'(t) \neq 0$,则由反函数求导法则知其反函数 $t = \varphi^{-1}(x)$ 也可导,且有$\frac{\mathrm{d}t}{\mathrm{d}x} = \frac{1}{\varphi'(t)}$. 应用复合函数求导法则,有

$$\{F[\varphi^{-1}(x)]\}' = \frac{\mathrm{d}F}{\mathrm{d}t}\cdot\frac{\mathrm{d}t}{\mathrm{d}x} = F'(t)\cdot\frac{1}{\varphi'(t)}$$

$$= f[\varphi(t)]\varphi'(t)\cdot\frac{1}{\varphi'(t)} = f[\varphi(t)] = f(x),$$

即 $F[\varphi^{-1}(x)]$是 $f(x)$ 的原函数,故

$$\int f(x)\mathrm{d}x = F[\varphi^{-1}(x)] + c.$$

式(2) 给出的求不定积分的方法叫不定积分的第二换元法. 使用这种方法求不定积分$\int f(x)\mathrm{d}x$ 的关键是作代换 $x = \varphi(t)$,使得代换后积分$\int f[\varphi(t)]\varphi'(t)\mathrm{d}t$ 易计算.

用公式(2) 求不定积分的过程如下:

$$\int f(x)\mathrm{d}x \xlongequal{\text{令 } x = \varphi(t)} \int f[\varphi(t)]\varphi'(t)\mathrm{d}t$$

$$= F(t) + c \xlongequal{\text{回代 } t = \varphi^{-1}(x)} F[\varphi^{-1}(x)] + c.$$

下面举例说明换元公式(2) 的应用.

例 18 求$\int\frac{\mathrm{d}x}{x\sqrt{2x-3}}$.

解 设$\sqrt{2x-3}=t$,则$x=\frac{t^2+3}{2}$,$\mathrm{d}x=t\mathrm{d}t$,于是

$$\int\frac{\mathrm{d}x}{x\sqrt{2x-3}}=\int\frac{2}{t^2+3}\mathrm{d}t=\frac{2}{3}\int\frac{\mathrm{d}t}{1+\left(\frac{t}{\sqrt{3}}\right)^2}$$

$$=\frac{2\sqrt{3}}{3}\int\frac{\mathrm{d}\left(\frac{t}{\sqrt{3}}\right)}{1+\left(\frac{t}{\sqrt{3}}\right)^2}=\frac{2}{\sqrt{3}}\arctan\left(\frac{t}{\sqrt{3}}\right)+c$$

$$=\frac{2}{\sqrt{3}}\arctan\sqrt{\frac{2x-3}{3}}+c.$$

例 19 求$\int\frac{\mathrm{d}x}{\sqrt{x}+\sqrt[3]{x}}$.

解 令$\sqrt[6]{x}=t$,则$x=t^6$,$\mathrm{d}x=6t^5\mathrm{d}t$,于是

$$\int\frac{\mathrm{d}x}{\sqrt{x}+\sqrt[3]{x}}=\int\frac{6t^5}{t^3+t^2}\mathrm{d}t=\int\frac{6t^3}{1+t}\mathrm{d}t$$

$$=6\int\frac{t^3+1-1}{1+t}\mathrm{d}t=6\int\left(t^2-t+1-\frac{1}{1+t}\right)\mathrm{d}t$$

$$=6\left(\frac{t^3}{3}-\frac{t^2}{2}+t-\ln|1+t|\right)+c$$

$$=6\left[\frac{\sqrt{x}}{3}-\frac{\sqrt[3]{x}}{2}+\sqrt[6]{x}-\ln(1+\sqrt[6]{x})\right]+c.$$

例 20 求$\int\sqrt{a^2-x^2}\mathrm{d}x\quad(a>0)$.

解 令$x=a\sin t\quad\left(-\frac{\pi}{2}<t<\frac{\pi}{2}\right)$,则

$$\sqrt{a^2-x^2}=a\cos t,\mathrm{d}x=a\cos t\mathrm{d}t,$$

于是 $$\int\sqrt{a^2-x^2}\mathrm{d}x=\int a\cos t\cdot a\cos t\mathrm{d}t=a^2\int\cos^2t\mathrm{d}t.$$

利用例 15 的结果,得

$$\int\sqrt{a^2-x^2}\mathrm{d}x=a^2\left(\frac{t}{2}+\frac{1}{4}\sin 2t\right)+c$$

$$=\frac{a^2}{2}t+\frac{a^2}{2}\sin t\cdot\cos t+c$$

由于$x=a\sin t\quad\left(-\frac{\pi}{2}<t<\frac{\pi}{2}\right)$,所以

$$\cos t=\sqrt{1-\sin^2t}=\sqrt{1-\left(\frac{x}{a}\right)^2}=\frac{\sqrt{a^2-x^2}}{a},$$

所以

$$\int \sqrt{a^2-x^2}\mathrm{d}x = \frac{a^2}{2}\arcsin\frac{x}{a} + \frac{a^2}{2}\cdot\frac{x}{a}\cdot\frac{\sqrt{a^2-x^2}}{a} + c$$

$$= \frac{a^2}{2}\arcsin\frac{x}{a} + \frac{x}{2}\sqrt{a^2-x^2} + c.$$

例 21　求$\int \frac{1}{\sqrt{x^2+a^2}}\mathrm{d}x(a>0)$.

解　令 $x = a\tan t \quad \left(-\frac{\pi}{2} < t < \frac{\pi}{2}\right)$,则

$$\sqrt{x^2+a^2} = a\sec t, \mathrm{d}x = a\sec^2 t\mathrm{d}t.$$

于是　$\int \frac{\mathrm{d}x}{\sqrt{x^2+a^2}} = \int \frac{a\sec^2 t}{a\sec t}\mathrm{d}t = \int \sec t\mathrm{d}t$. 利用例 13 的结果,得

$$\int \frac{\mathrm{d}x}{\sqrt{x^2+a^2}} = \ln|\sec t + \tan t| + c_1.$$

为了把 $\sec t$ 及 $\tan t$ 换成x 的函数,可以根据 $\tan t = \frac{x}{a}$ 作辅助三角形(见图 4－2),有

$$\sec t = \frac{\sqrt{x^2+a^2}}{a}$$

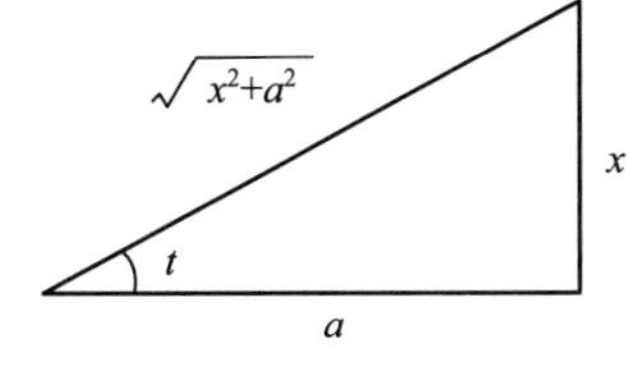

图 4－2

且 $\sec t + \tan t > 0$,因此

$$\int \frac{\mathrm{d}x}{\sqrt{x^2+a^2}}$$

$$= \ln\left|\frac{x}{a} + \frac{\sqrt{x^2+a^2}}{a}\right| + c_1 = \ln(x + \sqrt{x^2+a^2}) - \ln a + c_1$$

$$= \ln(x + \sqrt{x^2+a^2}) + c, \text{其中 } c = c_1 - \ln a.$$

例 22　求$\int \frac{\mathrm{d}x}{\sqrt{x^2-a^2}} \quad (a>0)$.

解　因被积函数的定义域为 $x>a$ 和 $x<-a$,因此我们分别求其不定积分.

当 $x>a$ 时,令 $x = a\sec t \quad (0<t<\frac{\pi}{2})$,则

$$\sqrt{x^2-a^2} = a\tan t, \mathrm{d}x = a\sec t\cdot\tan t\mathrm{d}t.$$

于是　$\int \frac{\mathrm{d}x}{\sqrt{x^2-a^2}} = \int \frac{a\sec t\cdot\tan t}{a\tan t}\mathrm{d}t = \int \sec t\mathrm{d}t$

$$= \ln|\sec t + \tan t| + c_1.$$

下面根据 $\sec t = \frac{x}{a}$ 作辅助三角形（见图 4－3），得

$$\tan t = \frac{\sqrt{x^2 - a^2}}{a}$$

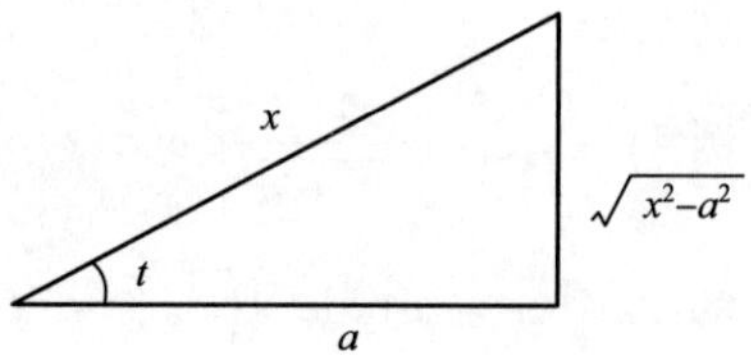

图 4－3

因此 $\int \frac{dx}{\sqrt{x^2 - a^2}}$

$$= \ln\left(\frac{x}{a} + \frac{\sqrt{x^2 - a^2}}{a}\right) + c_1$$

$$= \ln(x + \sqrt{x^2 - a^2}) - \ln a + c_1$$

$$= \ln(x + \sqrt{x^2 - a^2}) + c, \text{其中 } c = c_1 - \ln a.$$

当 $x < -a$ 时，令 $x = -u$，那么 $u > a$，由上面的结果，有

$$\int \frac{dx}{\sqrt{x^2 - a^2}} = -\int \frac{du}{\sqrt{u^2 - a^2}}$$

$$= -\ln(u + \sqrt{u^2 - a^2}) + c_2$$

$$= -\ln(-x + \sqrt{x^2 - a^2}) + c_2$$

$$= \ln \frac{-(x + \sqrt{x^2 - a^2})}{a^2} + c_2$$

$$= \ln\left[-(x + \sqrt{x^2 - a^2})\right] + c,$$

其中 $c = c_2 - 2\ln a$.

将 $x > a$ 及 $x < -a$ 的结果合起来，可写作

$$\int \frac{dx}{\sqrt{x^2 - a^2}} = \ln\left|x + \sqrt{x^2 - a^2}\right| + c.$$

由以上各例可以看出，第二换元法是一种十分有效的积分方法，但又是一种较难掌握的方法，主要困难在于，变换 $x = \varphi(t)$ 要选择恰当，否则很可能使变换后的不定积分更难以计算．一般地，所求不定积分的被积函数含有根式，若用第二换元法求积分，通常作一个消去根式的代换，这样会使之变成容易计算的积分．需要指出的是，不定积分的计算方法大多是尝试性的，在很多情况下，即使被积函数不含根式，采用第二换元法来计算也很方便．

例 23 $\int \frac{x^3}{(x-1)^{100}} dx$.

解 令 $x - 1 = t$，即 $x = t + 1$，则 $dx = dt$，于是

$$\int \frac{x^3}{(x-1)^{100}}dx$$
$$=\int \frac{(t+1)^3}{t^{100}}dt$$
$$=\int \frac{t^3+3t^2+3t+1}{t^{100}}dt$$
$$=\int \left(\frac{1}{t^{97}}+\frac{3}{t^{98}}+\frac{3}{t^{99}}+\frac{1}{t^{100}}\right)dt$$
$$=-\frac{1}{96}t^{-96}+3\times\left(-\frac{1}{97}\right)t^{-97}+3\times\left(-\frac{1}{98}\right)t^{-98}+\left(-\frac{1}{99}\right)t^{-99}+c$$
$$=-\frac{1}{96(x-1)^{96}}-\frac{3}{97(x-1)^{97}}-\frac{3}{98(x-1)^{98}}-\frac{1}{99(x-1)^{99}}+c.$$

前面所讲例题中，有几个积分以后常会遇到，所以它们通常也被当作公式使用．这样，我们在基本积分公式表中再添加以下几个公式：

(14) $\int \frac{dx}{x^2-a^2}=\frac{1}{2a}\ln\left|\frac{x-a}{x+a}\right|+c$

(15) $\int \frac{dx}{a^2+x^2}=\frac{1}{a}\arctan\frac{x}{a}+c$

(16) $\int \frac{dx}{\sqrt{a^2-x^2}}=\arcsin\frac{x}{a}+c$

(17) $\int \tan x dx=-\ln|\cos x|+c$

(18) $\int \cot x dx=\ln|\sin x|+c$

(19) $\int \sec x dx=\ln|\sec x+\tan x|+c$

(20) $\int \csc x dx=\ln|\csc x-\cot x|+c$

(21) $\int \frac{dx}{\sqrt{x^2\pm a^2}}=\ln\left|x+\sqrt{x^2\pm a^2}\right|+c$

例 24 求$\int \frac{dx}{\sqrt{4x^2+9}}$.

解 $\int \frac{dx}{\sqrt{4x^2+9}}=\int \frac{dx}{\sqrt{(2x)^2+3^2}}=\frac{1}{2}\int \frac{d(2x)}{\sqrt{(2x)^2+3^2}}$，于是利用公式(21)，得

$$\int \frac{1}{\sqrt{4x^2+9}}dx=\frac{1}{2}\ln\left|2x+\sqrt{4x^2+9}\right|+c.$$

换元积分法是计算不定积分的很重要的一种方法，且技巧性较强．第一换元积分法是将所求不定积分$\int g(x)dx$ 的被积函数凑成 $f[\varphi(x)]\varphi'(x)$ 的形式，通过变换 $u=\varphi(x)$，将积分$\int f[\varphi(x)]\varphi'(x)dx$

化为积分$\int f(u)\mathrm{d}u$来计算，此时$\int f(u)\mathrm{d}u$比$\int f[\varphi(x)]\varphi'(x)\mathrm{d}x$容易计算．而第二换元法是将所求不定积分$\int f(x)\mathrm{d}x$通过变量代换$x=\varphi(t)$化为$\int f[\varphi(t)]\varphi'(t)\mathrm{d}t$，此时$\int f[\varphi(t)]\varphi'(t)\mathrm{d}t$容易计算．

4.2.2 分部积分法

换元积分法在计算不定积分时起了很重要的作用，但是仍然有很多积分问题用换元积分法不能解决，例如$\int x\sin x\mathrm{d}x$、$\int \ln x\mathrm{d}x$等类型的积分．下面将介绍另一种常用的积分法——分部积分法．

设$u=u(x)$，$v=v(x)$有连续的导函数，由函数乘积的导数公式得：

$$(uv)'=u'v+uv',$$

即

$$uv'=(uv)'-vu'.$$

于是uv'对x的积分为

$$\int uv'\mathrm{d}x=\int[(uv)'-vu']\mathrm{d}x=\int(uv)'\mathrm{d}x-\int vu'\mathrm{d}x$$
$$=uv-\int vu'\mathrm{d}x,$$

即

$$\int u\mathrm{d}v=uv-\int v\mathrm{d}u.$$

这就是分部积分公式，应用分部积分公式求不定积分的方法，称为不定积分的**分部积分法**．由分部积分公式可以看出：分部积分公式把求积分$\int u\mathrm{d}v$（即$\int uv'\mathrm{d}x$）的问题转化成求积分$\int v\mathrm{d}u$（即$\int vu'\mathrm{d}x$）的问题．因此，若求$\int u\mathrm{d}v$有困难，而求$\int v\mathrm{d}u$比较容易时，就应采用分部积分法．

注　在使用分部积分公式时，必须把被积表达式化成“$u\mathrm{d}v$”的形式，u、$\mathrm{d}v$的选择应使得积分$\int v\mathrm{d}u$比$\int u\mathrm{d}v$易计算．

下面通过例题来说明如何运用分部积分公式求不定积分．

例1　求$\int x\sin x\mathrm{d}x$.

解　怎样选取u与$\mathrm{d}v$呢？这里我们先设$u=x$，$\mathrm{d}v=\sin x\mathrm{d}x$，则

$$\mathrm{d}u=\mathrm{d}x, v=-\cos x,$$

于是

$$\int x\sin x\mathrm{d}x=\int x\mathrm{d}(-\cos x)=x(-\cos x)-\int(-\cos x)\mathrm{d}x$$
$$=-x\cos x+\int\cos x\mathrm{d}x=-x\cos x+\sin x+c.$$

在此例中，若取$u=\sin x$，$\mathrm{d}v=x\mathrm{d}x$，则$\mathrm{d}u=\cos x\mathrm{d}x$，$v=\frac{x^2}{2}$，就有

$$\int x\sin x\mathrm{d}x=\frac{x^2}{2}\sin x-\int\frac{x^2}{2}\cos x\mathrm{d}x,$$

此时，不定积分$\int\frac{x^2}{2}\cos x\mathrm{d}x$比$\int x\sin x\mathrm{d}x$更难求得．由此可见，$u$与$\mathrm{d}v$的正确选择是成功应用分部积分公式的关键．

例2　求$\int x\mathrm{e}^x\mathrm{d}x$.

解　令$u=x,\mathrm{d}v=\mathrm{e}^x\mathrm{d}x$，则$\mathrm{d}u=\mathrm{d}x,v=\mathrm{e}^x$，于是

$$\int x\mathrm{e}^x\mathrm{d}x=\int x\mathrm{d}(\mathrm{e}^x)=x\mathrm{e}^x-\int\mathrm{e}^x\mathrm{d}x=x\mathrm{e}^x-\mathrm{e}^x+c=\mathrm{e}^x(x-1)+c.$$

以上两例说明，被积函数为多项式与三角函数乘积或多项式与指数函数乘积时，选多项式为u.

例3　求$\int x\ln x\mathrm{d}x$.

解　令$u=\ln x,\mathrm{d}v=x\mathrm{d}x$，则$\mathrm{d}u=\frac{1}{x}\mathrm{d}x,v=\frac{x^2}{2}$，于是

$$\begin{aligned}\int x\ln x\mathrm{d}x&=\frac{x^2}{2}\ln x-\int\frac{x^2}{2}\cdot\frac{1}{x}\mathrm{d}x=\frac{x^2}{2}\ln x-\frac{1}{2}\int x\mathrm{d}x\\&=\frac{x^2}{2}\ln x-\frac{x^2}{4}+c.\end{aligned}$$

例4　求$\int x\arctan x\mathrm{d}x$.

解　令$u=\arctan x,\mathrm{d}v=x\mathrm{d}x$，则$\mathrm{d}u=\frac{1}{1+x^2}\mathrm{d}x,v=\frac{x^2}{2}$，于是

$$\begin{aligned}\int x\arctan x\mathrm{d}x&=\frac{x^2}{2}\arctan x-\int\frac{x^2}{2}\cdot\frac{1}{1+x^2}\mathrm{d}x\\&=\frac{x^2}{2}\arctan x-\frac{1}{2}\int\frac{x^2+1-1}{1+x^2}\mathrm{d}x\\&=\frac{x^2}{2}\arctan x-\frac{1}{2}\int\left(1-\frac{1}{1+x^2}\right)\mathrm{d}x\\&=\frac{x^2}{2}\arctan x-\frac{1}{2}x+\frac{1}{2}\arctan x+c\\&=\frac{1}{2}(x^2+1)\arctan x-\frac{1}{2}x+c.\end{aligned}$$

例3、例4说明被积函数是多项式与对数函数乘积或多项式与反三角函数乘积时，应选对数函数或反三角函数为u.

例5　求$\int\ln x\mathrm{d}x$.

解　令$u=\ln x,\mathrm{d}v=\mathrm{d}x$，则$\mathrm{d}u=\frac{1}{x}\mathrm{d}x,v=x$，于是

$$\int\ln x\mathrm{d}x=x\ln x-\int x\cdot\frac{1}{x}\mathrm{d}x=x\ln x-x+c.$$

此题结果可作为公式记住．

计算熟练以后,可以不必列出 u 与 v 来. 对于某些不定积分,有的需要使用两次或两次以上的分部积分公式.

例 6 求$\int x^2 e^x dx$.

解 $$\int x^2 e^x dx = \int x^2 de^x = x^2 e^x - \int e^x \cdot 2x dx$$
$$= x^2 e^x - 2\int x de^x = x^2 e^x - 2xe^x + 2\int e^x dx$$
$$= x^2 e^x - 2xe^x + 2e^x + c = (x^2 - 2x + 2)e^x + c.$$

使用分部积分法,有时可以得到一个所求不定积分的方程,这样就可以从中解出所求的不定积分.

例 7 求$\int e^x \cos x dx$.

解 $$\int e^x \cos x dx = \int \cos x de^x = e^x \cos x + \int e^x \sin x dx$$
$$= e^x \cos x + \int \sin x de^x = e^x \cos x + e^x \sin x$$
$$- \int e^x \cos x dx,$$

即 $$\int e^x \cos x dx = (\cos x + \sin x)e^x - \int e^x \cos x dx,$$

于是 $$\int e^x \cos x dx = \frac{1}{2}(\cos x + \sin x)e^x + c.$$

用同样方法可求得
$$\int e^x \sin x dx = \frac{1}{2}(\sin x - \cos x)e^x + c.$$

练习 4.2

1. 求下列不定积分.

(1)$\int (2-x)^{\frac{5}{2}} dx$　　(2)$\int \frac{dx}{(3x+7)^8}$

(3)$\int (2x-9)^{99} dx$　　(4)$\int e^{-x} dx$

(5)$\int \frac{2x}{1+x^2} dx$　　(6)$\int \frac{e^{\frac{1}{x}}}{x^2} dx$

(7)$\int \frac{\sin\sqrt{t}}{\sqrt{t}} dt$　　(8)$\int \frac{(\ln x)^3}{x} dx$

(9)$\int \frac{dt}{1+2t}$　　(10)$\int \frac{2x-1}{x^2-x+3} dx$

(11)$\int \frac{dx}{x\ln x}$　　(12)$\int \frac{e^x}{1+e^{2x}} dx$

(13)$\int \frac{dx}{4+9x^2}$　　(14)$\int \frac{dx}{\sqrt{4-9x^2}}$

习题选讲

(15) $\int \cos \frac{2}{3}x\mathrm{d}x$　　(16) $\int \mathrm{e}^{\sin x}\cos x\mathrm{d}x$

(17) $\int \mathrm{e}^{x}\cos\mathrm{e}^{x}\mathrm{d}x$　　(18) $\int \sin^{3}x\cos^{2}x\mathrm{d}x$

(19) $\int \sin^{4}x\mathrm{d}x$　　(20) $\int \sin 3x\sin 2x\mathrm{d}x$

习题选讲

2. 求下列不定积分.

(1) $\int x\sqrt{x+1}\mathrm{d}x$　　(2) $\int x\sqrt[4]{2x+3}\mathrm{d}x$

(3) $\int \frac{1}{x\sqrt{x^{2}-1}}\mathrm{d}x\quad(x>1)$　　(4) $\int \frac{\sqrt{x^{2}-9}}{x}\mathrm{d}x\quad(x>3)$

(5) $\int \frac{x^{2}}{\sqrt{16-x^{2}}}\mathrm{d}x$　　(6) $\int \frac{1}{\sqrt{9x^{2}-4}}\mathrm{d}x$

(7) $\int \frac{1}{\sqrt{x}+\sqrt[4]{x}}\mathrm{d}x$

3. 求下列不定积分.

(1) $\int \arcsin x\mathrm{d}x$　　(2) $\int \arctan x\mathrm{d}x$

(3) $\int x\cos\frac{x}{2}\mathrm{d}x$　　(4) $\int \mathrm{e}^{-x}\cos x\mathrm{d}x$

(5) $\int t^{2}\mathrm{e}^{-t}\mathrm{d}t$　　(6) $\int x\ln(x-1)\mathrm{d}x$

(7) $\int \frac{\ln\ln x}{x}\mathrm{d}x$　　(8) $\int x^{n}\ln x\mathrm{d}x$

(9) $\int \frac{x\mathrm{d}x}{\cos^{2}x}$

4. (1) 已知 $\frac{\sin x}{x}$ 是 $f(x)$ 的原函数,求 $\int xf'(x)\mathrm{d}x$.

(2) 设 $f(x)=\frac{\mathrm{e}^{x}}{x}$,求 $\int xf''(x)\mathrm{d}x$.

§4.3　有理函数的积分

求不定积分往往依赖于特殊的技巧,但有理函数的积分,在某些条件下,都可按一定的程序计算出来.

有理函数(或称有理分式)是指由两个实系数多项式 $P(x)$ 与 $Q(x)$ 的商 $\frac{P(x)}{Q(x)}$ 所表示的函数,即

$$\frac{P(x)}{Q(x)}=\frac{a_{0}x^{n}+a_{1}x^{n-1}+\cdots+a_{n-1}x+a_{n}}{b_{0}x^{m}+b_{1}x^{m-1}+\cdots+b_{m-1}x+b_{m}}\tag{1}$$

其中 m 为正整数,n 为非负整数,且 $a_{0}\neq 0,b_{0}\neq 0$. 我们总假定 $P(x)$ 与 $Q(x)$ 没有公因式.

当 $m > n$ 时，式(1) 称为真分式．

当 $m \leqslant n$ 时，式(1) 称为假分式．

下面来说明不定积分 $\int \frac{P(x)}{Q(x)}\mathrm{d}x$ 的求法．

首先，利用多项式除法，我们总可以将一个假分式化成一个多项式和一个真分式和的形式，因多项式的积分容易求得，所以我们只讨论有理真分式的积分．

下设 $\frac{P(x)}{Q(x)}$ 为真分式，它的不定积分可如下求出：

将多项式 $Q(x)$ 在实数范围内分解成一次因式和二次因式的乘积：

$$Q(x) = b_0(x-a)^{\alpha}\cdots(x-b)^{\beta}(x^2+px+q)^{\lambda}\cdots(x^2+rx+s)^{\mu} \tag{2}$$

其中 $p^2-4q<0,\cdots,r^2-4s<0$；且 $\alpha,\cdots,\beta,\lambda,\cdots,\mu$ 等都是正整数．

再按 $Q(x)$ 的分解结果式(2)，将真分式 $\frac{P(x)}{Q(x)}$ 分解为如下部分分式之和

$$\begin{aligned}\frac{P(x)}{Q(x)} = &\frac{A_1}{(x-a)^{\alpha}} + \frac{A_2}{(x-a)^{\alpha-1}} + \cdots + \frac{A_{\alpha}}{x-a} + \cdots \\ &+ \frac{B_1}{(x-b)^{\beta}} + \frac{B_2}{(x-b)^{\beta-1}} + \cdots + \frac{B_{\beta}}{x-b} \\ &+ \frac{M_1x+N_1}{(x^2+px+q)^{\lambda}} + \frac{M_2x+N_2}{(x^2+px+q)^{\lambda-1}} \\ &+ \cdots + \frac{M_{\lambda}x+N_{\lambda}}{x^2+px+q} + \cdots \\ &+ \frac{R_1x+S_1}{(x^2+rx+s)^{\mu}} + \frac{R_2x+S_2}{(x^2+rx+s)^{\mu-1}} \\ &+ \cdots + \frac{R_{\mu}x+S_{\mu}}{x^2+rx+s}.\end{aligned}$$

其中 $A_i,\cdots,B_i,M_i,N_i,\cdots,R_i$ 及 S_i 等都是常数．

最后对部分分式进行逐项积分．

下面通过具体例题来说明上述方法．

例 1　求 $\int \frac{2x-1}{x^2-5x+6}\mathrm{d}x$.

解　因为 $x^2-5x+6=(x-2)(x-3)$，所以被积函数可以分解为两个部分分式的和，设

$$\frac{2x-1}{x^2-5x+6} = \frac{2x-1}{(x-2)(x-3)} = \frac{A}{x-3} + \frac{B}{x-2},$$

其中 A、B 是待定常数．A、B 的确定方法如下：

上式去分母，两端同乘以 $(x-2)(x-3)$，得

$$2x-1 = A(x-2) + B(x-3), \tag{3}$$

整理得 $$2x-1=(A+B)x-(2A+3B)$$
这是一个恒等式，所以等式两端 x 的同次幂的系数必须相等，于是有

$$\begin{cases}A+B=2\\2A+3B=1\end{cases}$$

解这个方程组，得 $A=5, B=-3$.

所以 $$\frac{2x-1}{x^2-5x+6}=\frac{5}{x-3}-\frac{3}{x-2}.$$

于是 $$\begin{aligned}\int\frac{2x-1}{x^2-5x+6}\mathrm{d}x&=\int\left(\frac{5}{x-3}-\frac{3}{x-2}\right)\mathrm{d}x\\&=5\int\frac{1}{x-3}\mathrm{d}x-3\int\frac{1}{x-2}\mathrm{d}x\\&=5\ln|x-3|-3\ln|x-2|+c.\end{aligned}$$

此例中用来确定 A、B 的方法，称为**待定系数法**．另外，求待定常数，还可将两端消去分母后，给 x 以适当的值代入恒等式，从而得出一组线性方程，解此方程，即可求出待定常数．这里以上例说明一下．

在式(3)中，令 $x=2$，得 $B=-3$；令 $x=3$，得 $A=5$. 与原题中的结果相同．

例 2　求 $\int\frac{x^2+1}{(x+2)(x+1)^2}\mathrm{d}x$.

解　先将被积函数分解为部分分式

设 $$\frac{x^2+1}{(x+2)(x+1)^2}=\frac{A}{x+2}+\frac{B}{x+1}+\frac{C}{(x+1)^2},$$

去分母，得

$$x^2+1=A(x+1)^2+B(x+2)(x+1)+C(x+2).$$

令 $x=-2$，得 $A=5$，

令 $x=-1$，得 $C=2$，

令 $x=0$，得 $1=A+2B+2C$，所以 $B=-4$.

因此 $$\frac{x^2+1}{(x+2)(x+1)^2}=\frac{5}{x+2}-\frac{4}{x+1}+\frac{2}{(x+1)^2}.$$

于是 $$\begin{aligned}&\int\frac{x^2+1}{(x+2)(x+1)^2}\mathrm{d}x\\&=5\int\frac{\mathrm{d}x}{x+2}-4\int\frac{\mathrm{d}x}{x+1}+2\int\frac{\mathrm{d}x}{(x+1)^2}\\&=5\ln|x+2|-4\ln|x+1|-\frac{2}{x+1}+c.\end{aligned}$$

例 3　求 $\int\frac{\mathrm{d}x}{x^2-2x+5}$.

解　因为被积函数的二次三项式中，判别式 $(-2)^2-4\times5<0$，所以它不可能在实数域中分解因式，因而不能用前面例题的方法来做．此时可将分母配方后直接用公式，即

$$\int \frac{dx}{x^2-2x+5} = \int \frac{dx}{(x-1)^2+4} = \int \frac{d(x-1)}{(x-1)^2+2^2}$$
$$= \frac{1}{2}\arctan\frac{x-1}{2}+c.$$

注 对于形如$\int \frac{dx}{ax^2+bx+c}$的不定积分，可以根据判别式$b^2-4ac$的符号来确定求解方法．

(1)$b^2-4ac<0$，配方后代公式；

(2)$b^2-4ac>0$，分解为部分分式后，再计算；

(3)$b^2-4ac=0$，凑微分．

例 4 求$\int \frac{x-2}{x^2+2x+3}dx$.

解 被积函数分母为二次式且判别式$2^2-4\times 3<0$，所以在实数范围内不能分解因式．我们观察到分子是一次式$x-2$，而分母的导数也是一个一次式：$(x^2+2x+3)'=2x+2$，所以，可以把分子拆成两部分之和：一部分是分母的导数乘上一个常数因子；另一部分是常数．

即 $x-2=\left[\frac{1}{2}(2x+2)-1\right]-2=\frac{1}{2}(2x+2)-3.$

于是
$$\int \frac{x-2}{x^2+2x+3}dx = \int \frac{\frac{1}{2}(2x+2)-3}{x^2+2x+3}dx$$
$$= \frac{1}{2}\int \frac{2x+2}{x^2+2x+3}dx - 3\int \frac{dx}{x^2+2x+3}$$
$$= \frac{1}{2}\int \frac{d(x^2+2x+3)}{x^2+2x+3} - 3\int \frac{d(x+1)}{(x+1)^2+(\sqrt{2})^2}$$
$$= \frac{1}{2}\ln(x^2+2x+3) - \frac{3}{\sqrt{2}}\arctan\frac{x+1}{\sqrt{2}}+c.$$

例 5 求$\int \frac{1}{(1+2x)(1+x^2)}dx$.

解 先将被积函数分解为部分分式

设 $\frac{1}{(1+2x)(1+x^2)} = \frac{A}{1+2x} + \frac{Bx+C}{1+x^2}$,

去分母，得
$$1=A(1+x^2)+(Bx+C)(1+2x),$$
整理得 $1=(A+2B)x^2+(B+2C)x+(A+C)$,

比较此恒等式，有
$$\begin{cases} A+2B=0 \\ B+2C=0 \\ A+C=1 \end{cases}$$

解得 $A=\frac{4}{5}, B=-\frac{2}{5}, C=\frac{1}{5}$,

于是 $$\frac{1}{(1+2x)(1+x^2)}=\frac{\frac{4}{5}}{1+2x}+\frac{-\frac{2}{5}x+\frac{1}{5}}{1+x^2}.$$

所以 $$\int\frac{dx}{(1+2x)(1+x^2)}$$

$$=\frac{1}{5}\int\left(\frac{4}{1+2x}+\frac{-2x+1}{1+x^2}\right)dx$$

$$=\frac{2}{5}\int\frac{2}{1+2x}dx-\frac{1}{5}\int\frac{2x}{1+x^2}dx+\frac{1}{5}\int\frac{1}{1+x^2}dx$$

$$=\frac{2}{5}\int\frac{d(1+2x)}{1+2x}-\frac{1}{5}\int\frac{1}{1+x^2}d(1+x^2)+\frac{1}{5}\int\frac{1}{1+x^2}dx$$

$$=\frac{2}{5}\ln|1+2x|-\frac{1}{5}\ln(1+x^2)+\frac{1}{5}\arctan x+c.$$

上面讨论的有理函数积分法，在理论上是普遍可用的．但是必须指出，这个方法具体用起来，计算是比较麻烦的．因此，一般说来，有理函数求积分时，如果计算较麻烦，最好先试试有无其他更简便的方法．

例 6 求$\int\frac{x^3}{(x+1)^4}dx$.

解 此题是有理函数积分，但利用换元法计算较简单．

令 $x+1=t$，则 $x=t-1$，$dx=dt$，于是

$$\int\frac{x^3}{(x+1)^4}dx=\int\frac{(t-1)^3}{t^4}dt$$

$$=\int\frac{t^3-3t^2+3t-1}{t^4}dt$$

$$=\int(\frac{1}{t}-3t^{-2}+3t^{-3}-t^{-4})dt$$

$$=\ln|t|+3t^{-1}-\frac{3}{2}t^{-2}+\frac{1}{3}t^{-3}+c$$

$$=\ln|x+1|+\frac{3}{x+1}-\frac{3}{2(x+1)^2}+\frac{1}{3(x+1)^3}+c.$$

本章讨论了求不定积分的几种基本方法．需要指出的是，求不定积分，通常是指用初等函数来表示该不定积分．但是，许多初等函数的不定积分，在初等函数的范围内求不出来，例如

$$\int e^{-x^2}dx,\int\frac{\sin x}{x}dx,\int\frac{1}{\ln x}dx,\int\sin x^2dx,\int\sqrt{1+x^3}dx$$

等．这不是因为积分方法不够，而是由于被积函数的原函数不是初等函数的缘故．我们称这种函数是不可求积的．

习题选讲

练习 4.3

求下列不定积分．

(1) $\int\frac{x^3}{x+3}dx$ (2) $\int\frac{1}{x(x^2+1)}dx$

(3) $\int \frac{3x^4+3x^2+1}{x^2+1}dx$　　(4) $\int \frac{1}{x^3+1}dx$

习　题　四

1. 填空题.

(1) 若 $f(x)$ 可微，则 $d\int f'(x)dx=$ ________.

(2) 若 $\int \frac{f(x)}{1+x^2}dx=-\ln(x^2+1)+c$，则 $f(x)=$ ________.

(3) 若 $\int f(x)dx=F(x)+c$，则 $\int f(ax^2+b)xdx=$ ________.

(4) 设 $f'(e^x)=1+x$，则 $f(x)=$ ________.

(5) 设 $f(x)$ 的一个原函数为 $\frac{\sin x}{x}$，则 $\int x^3f'(x)dx=$ ________.

习题选讲

2. 选择题.

(1) 在区间 (a,b) 内，如果 $f'(x)=\varphi'(x)$，则一定有（　）.

(a) $f(x)=\varphi(x)$　　(b) $f(x)=\varphi(x)+c$

(c) $\left[\int f(x)dx\right]'=\left[\int \varphi(x)dx\right]'$　　(d) $\int df(x)=\int d\varphi(x)$

(2) 设 $f(x)=e^{-x}$，则 $\int \frac{f'(\ln x)}{x}dx=$（　）.

(a) $-\frac{1}{x}+c$　　(b) $-\ln x+c$　　(c) $\frac{1}{x}+c$　　(d) $\ln x+c$

(3) 设 $\int f(x)dx=\frac{1}{x}e^{-x}+c$，则 $\int xf(2x^2+1)dx=$（　）.

(a) $xe^{-(2x^2+1)}+c$　　(b) $\frac{1}{2x^2+1}e^{-(2x^2+1)}+c$

(c) $\frac{1}{4}\cdot\frac{1}{2x^2+1}e^{2x^2+1}+c$　　(d) $\frac{1}{4}\cdot\frac{1}{2x^2+1}e^{-(2x^2+1)}+c$

(4) 若 $\int f(x)dx=F(x)+c$，且 $x=t^2$，则 $\int f(t)dt=$（　）.

(a) $F(t)+c$　　(b) $F(t^2)+c$　　(c) $F(x)+c$　　(d) $2tF(t^2)+c$

(5) 设 $f(x)$ 是连续函数，$F(x)$ 是 $f(x)$ 的原函数，则（　）.

(a) 当 $f(x)$ 是奇函数时，$F(x)$ 必是偶函数

(b) 当 $f(x)$ 是偶函数时，$F(x)$ 必是奇函数

(c) 当 $f(x)$ 是周期函数时，$F(x)$ 必是周期函数

(d) 当 $f(x)$ 是单调函数时，$F(x)$ 必是单调函数

3. 试求 $y''=6x^2$ 且通过点 $(0,2)$ 和 $(-1,3)$ 的曲线方程.

4. 已知某产品生产 Q 单位（百台）时的边际成本 $C'(Q)=2+0.4Q$，固定成本为3万元，若该产品的销售价格 $P=10-\frac{Q}{5}$，且产品可以全部售出，试求：(1) 总成本函数；(2) 产量为多少时，总利润最大？最大利润为多少？

5. 求下列不定积分.

(1) $\int \frac{(x+1)^3}{x^3}dx$　　(2) $\int 3^x7^{2x}dx$

(3) $\int(1+x^2)^3\mathrm{d}x$　　(4) $\int\frac{x^2+\sqrt[3]{x}+2}{\sqrt{x}}\mathrm{d}x$

(5) $\int\frac{x^4+x^2+1}{x^2+1}\mathrm{d}x$　　(6) $\int\frac{2^x+5^x}{20^x}\mathrm{d}x$

(7) $\int\frac{\mathrm{d}x}{x^2(1+x^2)}$　　(8) $\int\frac{\cos 2x}{\cos^2 x\sin^2 x}\mathrm{d}x$

(9) $\int\cot^2 u\mathrm{d}u$

6. 求下列不定积分．

(1) $\int\frac{x}{\sqrt{2-3x^2}}\mathrm{d}x$　　(2) $\int u\sqrt{u^2-5}\mathrm{d}u$

(3) $\int\frac{\mathrm{d}x}{\sin x\cos x}$　　(4) $\int\frac{x^2}{\sqrt[3]{(x^3-5)^2}}\mathrm{d}x$

(5) $\int\frac{\mathrm{d}x}{x\ln x\ln(\ln x)}$　　(6) $\int\frac{\mathrm{e}^x}{1+\mathrm{e}^x}\mathrm{d}x$

(7) $\int\frac{x-1}{x^2+1}\mathrm{d}x$　　(8) $\int\frac{\mathrm{d}x}{4x^2+4x+5}$

(9) $\int\frac{\mathrm{d}x}{4-9x^2}$　　(10) $\int\frac{\mathrm{d}x}{x^2-x-6}$

(11) $\int\frac{\mathrm{d}x}{\sin^2 x+2\cos^2 x}$　　(12) $\int\frac{x+x^3}{1+x^4}\mathrm{d}x$

(13) $\int\frac{1-x}{\sqrt{9-4x^2}}\mathrm{d}x$　　(14) $\int\frac{\mathrm{d}x}{\sqrt{5-2x-x^2}}$

(15) $\int\frac{\sin^3 x}{\cos^5 x}\mathrm{d}x$　　(16) $\int\sin^2 3x\mathrm{d}x$

(17) $\int\cos^5 x\mathrm{d}x$　　(18) $\int\sin^2 x\cos^5 x\mathrm{d}x$

(19) $\int\tan^4 x\mathrm{d}x$

习题选讲

7. 求下列不定积分

(1) $\int\frac{3\sqrt{x}}{x(\sqrt{x}+\sqrt[3]{x})}\mathrm{d}x$　　(2) $\int\frac{\mathrm{d}x}{\sqrt{x}(1+\sqrt[3]{x})}$

(3) $\int\frac{1}{1+\mathrm{e}^x}\mathrm{d}x$　　(4) $\int\frac{1}{\sqrt{1+\mathrm{e}^x}}\mathrm{d}x$

(5) $\int(a^2+x^2)^{-\frac{3}{2}}\mathrm{d}x$　　(6) $\int\frac{\mathrm{d}x}{\sqrt{9x^2-6x+7}}$

8. 求下列不定积分．

(1) $\int x^2\arctan x\mathrm{d}x$　　(2) $\int\sin(\ln x)\mathrm{d}x$

(3) $\int x\sin x\cos x\mathrm{d}x$　　(4) $\int\frac{\sin^2 x}{\mathrm{e}^x}\mathrm{d}x$

(5) $\int x(1+x^2)\mathrm{e}^{x^2}\mathrm{d}x$　　(6) $\int\frac{x\cos x}{\sin^3 x}\mathrm{d}x$

(7) $\int\ln(x+\sqrt{1+x^2})\mathrm{d}x$　　(8) $\int\sec^3 x\mathrm{d}x$

(9) $\int\frac{\arcsin\sqrt{x}}{\sqrt{1-x}}\mathrm{d}x$

9. 求下列不定积分 .

(1) $\int \frac{2x+3}{x^2+3x-10}\mathrm{d}x$　　(2) $\int \frac{x}{(x^2+1)(x^2+4)}\mathrm{d}x$

(3) $\int \frac{1}{(x^2+1)(x^2+x+1)}\mathrm{d}x$　　(4) $\int \frac{1}{x^4+1}\mathrm{d}x$

10. 求下列不定积分 .

(1) $\int \mathrm{e}^{\sqrt[3]{x}}\mathrm{d}x$　　(2) $\int \frac{x^3}{\sqrt{1+x^2}}\mathrm{d}x$

(3) $\int \frac{1}{1+\sin x}\mathrm{d}x$　　(4) $\int \frac{1}{1+\tan x}\mathrm{d}x$

(5) $\int \sqrt{\frac{1+x}{1-x}}\mathrm{d}x$　　(6) $\int \frac{x\mathrm{e}^x}{(x+1)^2}\mathrm{d}x$

(7) $\int \frac{1+\sin x}{1+\cos x}\mathrm{e}^x\mathrm{d}x$　　(8) $\int \frac{1}{\mathrm{e}^x-\mathrm{e}^{-x}}\mathrm{d}x$

(9) $\int \frac{\mathrm{d}x}{(1+\mathrm{e}^x)^2}$　　(10) $\int f'(ax+b)\mathrm{d}x$

(11) $\int xf''(x)\mathrm{d}x$

11. 设 $f'(\cos x+2)=\sin^2 x+\tan^2 x$，求 $f(x)$.

12. 设函数 $f(x)$ 满足 $\int xf(x)\mathrm{d}x=\arctan x+c$，求 $\int f(x)\mathrm{d}x$.

13. 设 $f(x)=\begin{cases}2x+1 & x<0\\ \mathrm{e}^x & x\geqslant 0\end{cases}$，求 $\int f(x)\mathrm{d}x$.

14. 设 $f(x)$ 是单调可导函数，$f^{-1}(x)$ 是其反函数，且 $\int f(x)\mathrm{d}x=F(x)+c$，求 $\int f^{-1}(x)\mathrm{d}x$.

第 5 章

定积分

本章将讨论积分学的另一个基本问题——定积分问题．我们先从几何、物理问题出发引出定积分的定义，然后讨论它的性质与计算方法，并在此基础上介绍定积分的应用，最后简要讲述广义积分．

§5.1 定积分的概念与性质

5.1.1 定积分问题举例

1. 曲边梯形的面积

定积分起源于求图形的面积和体积等实际问题．在初等数学中，我们已经学会计算矩形、梯形、三角形和圆等规则平面图形的面积，但是一般平面图形的面积如何计算呢？为此，首先介绍曲边梯形的概念及其面积的计算方法．

在直角坐标系 xOy 中，由连续曲线 $y=f(x)(\geqslant 0)$，直线 $x=a$，$x=b$ 以及 x 轴所围成的图形 $AabB$，叫作**曲边梯形**（见图 5－1），其中 x 轴上的区间 $[a,b]$ 称为其底边，曲线弧 $y=f(x)$ 称为其曲边．

我们知道，矩形面积等于底乘高，而曲边梯形在底边上各点处的高 $f(x)$ 是变动的，故其面积就不能按矩形面积公式来计算．然而，由于函数 $y=f(x)$ 在 $[a,b]$ 上是连续的，在 $[a,b]$ 的一个很小的子区间上，$f(x)$ 的变化是很小的，因此如果限制在一个很小的局部来看，曲边梯形接近于矩形．基于这一事实，我们有下面的曲边梯形面积的计算方法．

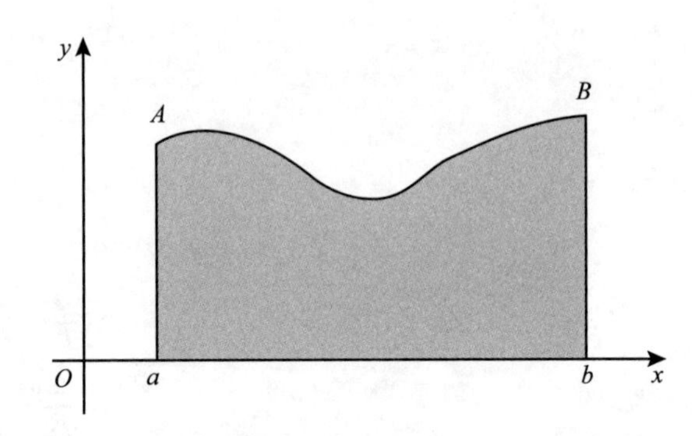

图 5－1

(1) 分割 —— 分曲边梯形为 n 个小曲边梯形．

用分点 $a = x_0 < x_1 < x_2 < \cdots < x_{n-1} < x_n = b$ 将区间$[a,b]$分成 n 个小区间$[x_0, x_1]$，$[x_1, x_2]$，…，$[x_{n-1}, x_n]$，这些小区间的长度分别为 $\Delta x_1 = x_1 - x_0$，$\Delta x_2 = x_2 - x_1$，…，$\Delta x_n = x_n - x_{n-1}$．

过每一个分点 $x_i (i = 1,2,\cdots,n-1)$ 作 x 轴的垂线，把曲边梯形 $AabB$ 分成 n 个小曲边梯形，如图 5－2 所示．用 S 表示曲边梯形 $AabB$ 的面积，ΔS_i 表示第 i 个小曲边梯形的面积，则有

$$S = \Delta S_1 + \Delta S_2 + \cdots + \Delta S_n = \sum_{i=1}^{n} \Delta S_i.$$

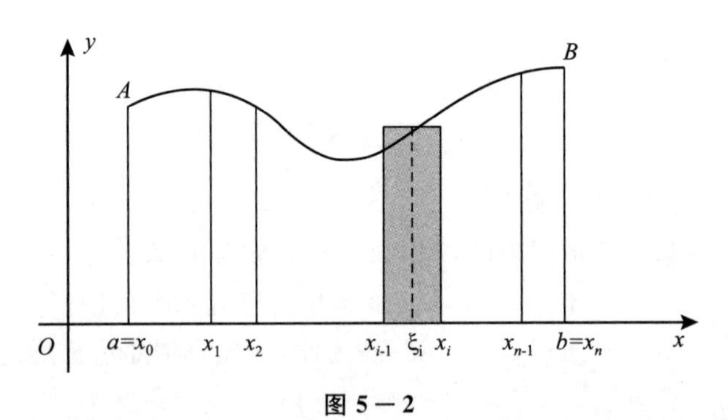

图 5－2

(2) 近似求和 —— 用小矩形面积之和近似代替曲边梯形的面积．

在每个小区间$[x_{i-1}, x_i]$内任取一点 $\xi_i (x_{i-1} \leqslant \xi_i \leqslant x_i)$，$i = 1,2,\cdots,n$，过点 ξ_i 作 x 轴的垂线与曲边交于点 $P_i(\xi_i, f(\xi_i))$，以 Δx_i 为底、$f(\xi_i)$ 为高作矩形，用这个矩形的面积 $f(\xi_i)\Delta x_i$ 作为相应小曲边梯形面积的近似值，即

$$\Delta S_i \approx f(\xi_i) \cdot \Delta x_i \qquad (i = 1,2,\cdots,n)$$

把这样得到的 n 个小矩形面积之和作为所求曲边梯形面积 S 的近似值，即

$$S \approx \sum_{i=1}^{n} f(\xi_i) \Delta x_i.$$

(3) 取极限 —— 由近似值过渡到精确值．

当$[a,b]$内插入的分点个数 n 越多，且每个小区间的长度 Δx_i 越短，即分割越细时，n 个小矩形的面积之和 $\sum\limits_{i=1}^{n} f(\xi_i)\Delta x_i$ 就越接近曲边梯形 $AabB$ 的面积 S．用 Δx 表示所有小区间中最大区间的长度，即 $\Delta x = \max\limits_{i}\{\Delta x_i\}$，当 $\Delta x \to 0$ 时，$\sum\limits_{i=1}^{n} f(\xi_i)\Delta x_i$ 的极限就是曲边梯形 $AabB$ 的面积 S，即

$$S = \lim_{\Delta x \to 0} \sum_{i=1}^{n} f(\xi_i)\Delta x_i.$$

2. 变速直线运动的路程

设物体作变速直线运动，其速度 $v = v(t)$ 随时间 t 而变化，现在来求该物体在时间区间$[a,b]$内运动的路程 S.

我们知道，对于作匀速直线运动的物体，有路程等于速度乘时间，但当物体作变速直线运动时，则不能按上述方法来计算路程．然而，由于速度 $v = v(t)$ 是连续变化的，在很短一段时间内，速度的变化将是很小的，物体的运动可近似地看作匀速的．我们可采取与求曲边梯形面积类似的思想来解决变速直线运动路程问题，即把时间区间$[a,b]$进行分割，在每一小时间区间上，把物体的运动近似地看作匀速运动，算出相应部分路程的近似值，求和得整个路程的近似值；最后通过对时间间隔无限细分的极限过程，这时所有部分路程近似值之和的极限，即是所求变速直线运动的路程．具体做法如下：

(1) 分割 —— 分整个路程为 n 个小段路程．

任意选取分点 $a = t_0 < t_1 < t_2 < \cdots < t_{n-1} < t_n = b$(见图 5－3)，

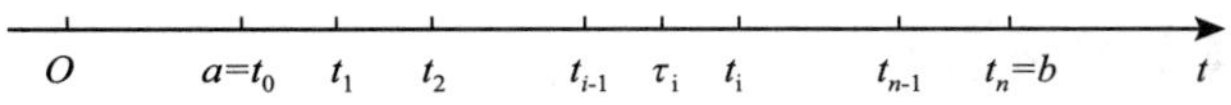

O　$a=t_0$　t_1　t_2　t_{i-1}　τ_i　t_i　t_{n-1}　$t_n=b$　t

图 5－3

把时间区间$[a,b]$分成 n 个小时间区间$[t_0,t_1]$，$[t_1,t_2]$，$\cdots$，$[t_{n-1},t_n]$，这些小区间的长度分别为 $\Delta t_1 = t_1 - t_0$，$\Delta t_2 = t_2 - t_1$，$\cdots$，$\Delta t_n = t_n - t_{n-1}$.

在第 i 个小时间区间$[t_{i-1},t_i]$内物体经过的路程记作 $\Delta S_i(i = 1,2,\cdots,n)$，则

$$S = \sum_{i=1}^{n} \Delta S_i.$$

(2) 近似求和 —— 用 n 个小段匀速运动的路程和作为路程 S 的近似值．

在每个小时间区间$[t_{i-1},t_i](i=1,2,\cdots,n)$上任取一时刻 $\tau_i(t_{i-1} \leqslant \tau_i \leqslant t_i)$(见图 5－3)，以速度 $v(\tau_i)$ 作为物体在$[t_{i-1},t_i]$上的速度，则在

$[t_{i-1},t_i]$上物体以速度$v(\tau_i)$运动所经过的路程为$v(\tau_i)\Delta t_i$,把$v(\tau_i)\Delta t_i$作为变速运动的物体在相应小区间$[t_{i-1},t_i]$上的路程ΔS_i的近似值,即

$$\Delta S_i \approx v(\tau_i)\Delta t_i \qquad i=1,2,\cdots,n.$$

把这n个小时间段内物体运动路程的近似值之和,作为物体在时间区间$[a,b]$上运动的路程S的近似值,即

$$S \approx \sum_{i=1}^{n} v(\tau_i)\Delta t_i.$$

(3) 取极限——由近似值过渡到精确值.

当$[a,b]$内插入的分点越多,每个小区间长度Δt_i越短,即分割越细时,和$\sum\limits_{i=1}^{n} v(\tau_i)\Delta t_i$与$S$越接近.用$\Delta t$表示小区间中最大区间的长度,即$\Delta t=\max\limits_{i}\{\Delta t_i\}$,当$\Delta t\to 0$时,$\sum\limits_{i=1}^{n} v(\tau_i)\Delta t_i$的极限就是物体在时间区间$[a,b]$上运动的路程$S$,即

$$S=\lim_{\Delta t\to 0}\sum_{i=1}^{n} v(\tau_i)\Delta t_i.$$

以上两个实际问题,一个是几何问题:求曲边梯形的面积;另一个是物理问题:求变速直线物体运动的路程.这两个问题的内容虽不相同,但解决问题的思想方法相同,即采取分割、近似求和、取极限的方法,最后都归结为同一种结构的和式的极限.采取这种思想方法①解决的问题还有许多,现抛开问题的实际内容,只从数量关系的共性上加以概括和抽象,便得到了定积分的概念.

定积分的思想方法

5.1.2 定积分的概念

1. 定积分的定义

定义 5.1.1② 设函数$f(x)$在区间$[a,b]$上有定义,在$[a,b]$内任意插入$n-1$个分点

$$a=x_0<x_1<x_2<\cdots<x_{n-1}<x_n=b,$$

将区间$[a,b]$分成n个小区间

$$[x_0,x_1],[x_1,x_2],\cdots,[x_{i-1},x_i],\cdots,[x_{n-1},x_n],$$

各个小区间的长度依次为

定积分定义与黎曼

① 这种解决问题的思想方法可以追溯到古希腊,古希腊人在丈量形状不规则的土地的面积时,把要丈量的土地先尽可能地分割成若干规则图形(例如矩形和三角形等),计算出每一小块规则图形的面积,然后将它们相加,并且忽略那些边边角角的不规则的小块,就得到土地面积的近似值.古希腊人这种丈量土地面积的方法就是积分思想的萌芽.

② 现在使用的定积分的定义是由德国数学家黎曼(G. F. B. Riemann,1826—1866)给出的.黎曼是传奇式的大数学家,他对微积分、复变函数、数学物理、数论和几何基础等学科都作出了重大贡献.

$\Delta x_1 = x_1 - x_0, \Delta x_2 = x_2 - x_1, \cdots, \Delta x_i = x_i - x_{i-1}, \cdots, \Delta x_n = x_n - x_{n-1}$
在每一个小区间$[x_{i-1}, x_i]$上任取一点ξ_i，作函数值$f(\xi_i)$与该小区间长度Δx_i的乘积$f(\xi_i)\Delta x_i (i = 1, 2, \cdots, n)$，并作和

$$S = \sum_{i=1}^{n} f(\xi_i)\Delta x_i \tag{1}$$

记$\Delta x = \max\{\Delta x_1, \Delta x_2, \cdots, \Delta x_n\}$，若当$\Delta x \to 0$时，$S$的极限存在，且此极限值与区间$[a,b]$的分法以及点$\xi_i$的取法无关，则称函数$f(x)$在$[a,b]$上**可积**，并称此极限值为函数$f(x)$在$[a,b]$上的**定积分**(definite integral)，记作$\int_a^b f(x)\mathrm{d}x$，即

$$\int_a^b f(x)\mathrm{d}x = \lim_{\Delta x \to 0} \sum_{i=1}^{n} f(\xi_i)\Delta x_i,$$

其中，$f(x)$称为**被积函数**，$f(x)\mathrm{d}x$称为**被积表达式**，x称为**积分变量**，$[a,b]$称为**积分区间**，a称为**积分下限**，b称为**积分上限**，而式(1)的S称为$f(x)$的一个**积分和**．

由定积分定义，在5.1.1小节中讨论的两个实际问题可分别表述如下：

(1) 由曲线$y = f(x)(\geqslant 0)$，x轴与直线$x = a$，$x = b$所围成的曲边梯形的面积S等于函数$y = f(x)$在区间$[a,b]$上的定积分，即

$$S = \int_a^b f(x)\mathrm{d}x.$$

(2) 以速度$v = v(t)$作直线运动的物体，从时刻$t = a$到时刻$t = b$所经过的路程S等于函数$v = v(t)$在区间$[a,b]$上的定积分，即

$$S = \int_a^b v(t)\mathrm{d}t.$$

注 (1) 由定义5.1.1知，定积分$\int_a^b f(x)\mathrm{d}x$是一个数值，它仅与被积函数$f(x)$和积分区间$[a,b]$有关，而与积分变量用什么字母无关，即

$$\int_a^b f(x)\mathrm{d}x = \int_a^b f(t)\mathrm{d}t.$$

(2) 若函数$f(x)$在$[a,b]$上可积，则$f(x)$在$[a,b]$上有界．否则，若$f(x)$在$[a,b]$上无界，则可适当选取点ξ_i，使积分和任意大，从而积分和的极限不存在．所以，可积函数一定是有界的．至于函数$f(x)$在区间$[a,b]$上满足什么条件才可积，我们有以下两个结论：

(i) 若函数$f(x)$在$[a,b]$上连续，则$f(x)$在$[a,b]$上可积．

(ii) 若函数$f(x)$在区间$[a,b]$上有界且只有有限个间断点，则$f(x)$在$[a,b]$上可积(其证明超出本书的范围，从略)．

2. 定积分的几何意义

由定积分的定义及5.1.1小节中曲边梯形面积的计算，容易知道

定积分有如下的几何意义：

设函数 $y=f(x)$ 在$[a,b]$上连续，且 $f(x)\geqslant 0$，则$\int_a^b f(x)\mathrm{d}x$ 表示由曲线 $y=f(x)$，直线 $x=a$，$x=b$ 以及 x 轴所围成的曲边梯形 $AabB$ 的面积（见图 5－4），即

$$S=\int_a^b f(x)\mathrm{d}x.$$

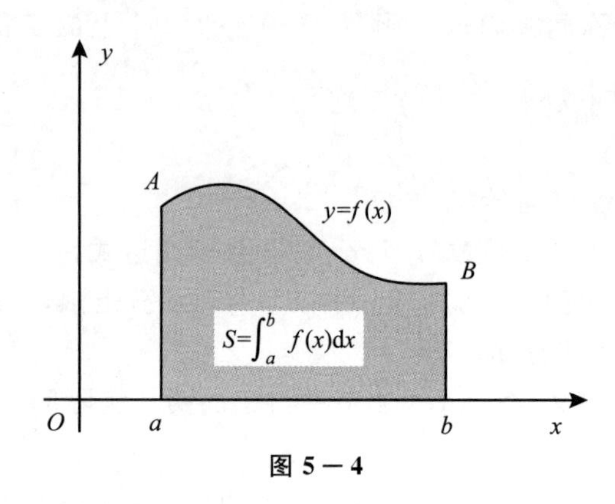

图 5－4

下面举一个按定义计算定积分的例子．

例 1　利用定积分的定义计算$\int_0^1 x^2\mathrm{d}x$，并说明其几何意义．

解　因为 $f(x)=x^2$ 在$[0,1]$上连续，而连续函数是可积的，所以积分与区间$[0,1]$的分法及点 ξ_i 的取法无关．因此，为了便于计算，不妨在区间$(0,1)$内插入$n-1$个分点：$\frac{1}{n},\frac{2}{n},\cdots,\frac{i-1}{n},\frac{i}{n},\cdots,\frac{n-1}{n}$，将$[0,1]$分成$n$个长度相等的小区间，每个小区间的长度 $\Delta x_i=\frac{1}{n}$，$i=1,2,\cdots,n$，且 $\Delta x=\max\limits_i\{\Delta x_i\}=\frac{1}{n}$. 如图 5－5 所示．

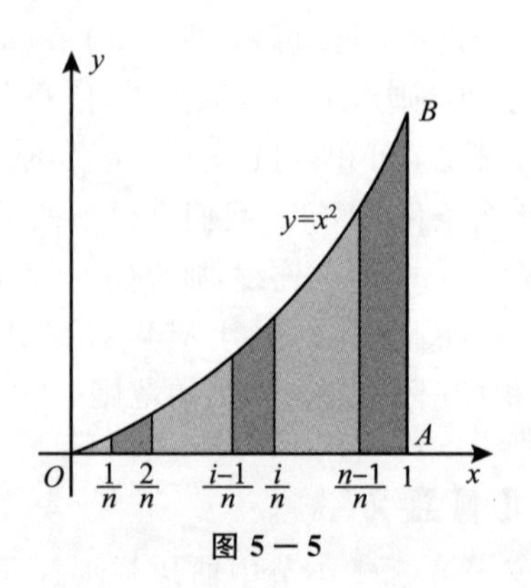

图 5－5

在每个小区间$\left[\frac{i-1}{n},\frac{i}{n}\right]$上取一点$\xi_i=\frac{i}{n}$，作和

$$\begin{aligned}\sum_{i=1}^{n} f(\xi_i)\Delta x_i &= \sum_{i=1}^{n}\left(\frac{i}{n}\right)^2\cdot\frac{1}{n}\\ &=\frac{1}{n^3}(1^2+2^2+\cdots+n^2)\\ &=\frac{n(n+1)(2n+1)}{6n^3},\end{aligned}$$

当$\Delta x\to 0$，即$n\to\infty$时，上式两端取极限即得

$$\int_0^1 x^2\mathrm{d}x=\lim_{\Delta x\to 0}\sum_{i=1}^{n} f(\xi_i)\Delta x_i=\lim_{n\to\infty}\frac{n(n+1)(2n+1)}{6n^3}=\frac{1}{3}.$$

它表示由抛物线$y=x^2$，直线$x=0$，$x=1$及x轴所围成的曲边三角形OAB的面积是$\frac{1}{3}$(见图5－5).

5.1.3　定积分的基本性质

在定积分的定义中，实际上假定了上限必须大于下限，为了计算和应用方便，我们对定积分的定义作以下两点补充规定：

(i) 当$a=b$时，$\int_a^b f(x)\mathrm{d}x=0$；　(1)

(ii) 当$a>b$时，$\int_a^b f(x)\mathrm{d}x=-\int_b^a f(x)\mathrm{d}x$.　(2)

这样规定后，不论a,b两者大小关系，定积分$\int_a^b f(x)\mathrm{d}x$都有意义了．

在下面的讨论中，总假设各性质中所列出的定积分存在，并且积分上下限的大小关系如不特别说明均不加限制．

性质1　$\int_a^b kf(x)\mathrm{d}x=k\int_a^b f(x)\mathrm{d}x$　(k为常数).　(3)

证　由定积分的定义

$$\begin{aligned}\int_a^b kf(x)\mathrm{d}x&=\lim_{\Delta x\to 0}\sum_{i=1}^{n} kf(\xi_i)\Delta x_i\\ &=k\lim_{\Delta x\to 0}\sum_{i=1}^{n} f(\xi_i)\Delta x_i=k\int_a^b f(x)\mathrm{d}x.\end{aligned}$$

性质2　$\int_a^b[f(x)\pm g(x)]\mathrm{d}x=\int_a^b f(x)\mathrm{d}x\pm\int_a^b g(x)\mathrm{d}x$.　(4)

证　$$\begin{aligned}\int_a^b[f(x)\pm g(x)]\mathrm{d}x&=\lim_{\Delta x\to 0}\sum_{i=1}^{n}[f(\xi_i)\pm g(\xi_i)]\Delta x_i\\ &=\lim_{\Delta x\to 0}\sum_{i=1}^{n} f(\xi_i)\Delta x_i\pm\lim_{\Delta x\to 0}\sum_{i=1}^{n} g(\xi_i)\Delta x_i\\ &=\int_a^b f(x)\mathrm{d}x\pm\int_a^b g(x)\mathrm{d}x.\end{aligned}$$

这个性质可以推广到有限多个函数的代数和的情况，即

$$\int_a^b [f_1(x) \pm f_2(x) \pm \cdots \pm f_n(x)]\mathrm{d}x$$
$$= \int_a^b f_1(x)\mathrm{d}x \pm \int_a^b f_2(x)\mathrm{d}x \pm \cdots \pm \int_a^b f_n(x)\mathrm{d}x.$$

性质 3　设 $a < c < b$，则

$$\int_a^b f(x)\mathrm{d}x = \int_a^c f(x)\mathrm{d}x + \int_c^b f(x)\mathrm{d}x. \tag{5}$$

证明从略.

这一性质一般称为定积分对积分区间的可加性.

注　不论 a、b、c 的相对位置如何，式(5)总成立. 例如，当 $a < b < c$ 时，由式(5)有

$$\int_a^c f(x)\mathrm{d}x = \int_a^b f(x)\mathrm{d}x + \int_b^c f(x)\mathrm{d}x,$$

移项，再由式(2)得

$$\int_a^b f(x)\mathrm{d}x = \int_a^c f(x)\mathrm{d}x - \int_b^c f(x)\mathrm{d}x = \int_a^c f(x)\mathrm{d}x + \int_c^b f(x)\mathrm{d}x.$$

性质 4　若 $f(x) \leqslant g(x)$，$x \in [a,b]$，则

$$\int_a^b f(x)\mathrm{d}x \leqslant \int_a^b g(x)\mathrm{d}x. \tag{6}$$

证　因为

$$\int_a^b g(x)\mathrm{d}x - \int_a^b f(x)\mathrm{d}x = \int_a^b [g(x) - f(x)]\mathrm{d}x$$
$$= \lim_{\Delta x \to 0} \sum_{i=1}^n [g(\xi_i) - f(\xi_i)]\Delta x_i$$

而 $f(x) \leqslant g(x)$，$x \in [a,b]$，故 $g(\xi_i) - f(\xi_i) \geqslant 0$，又 $\Delta x_i \geqslant 0 (i = 1, 2, \cdots, n)$，所以 $\sum_{i=1}^n [g(\xi_i) - f(\xi_i)]\Delta x_i \geqslant 0$，从而 $\lim_{\Delta x \to 0} \sum_{i=1}^n [g(\xi_i) - f(\xi_i)]\Delta x_i \geqslant 0$，即

$$\int_a^b g(x)\mathrm{d}x \geqslant \int_a^b f(x)\mathrm{d}x.$$

性质 5　若 $f(x) \equiv 1$，$x \in [a,b]$，则

$$\int_a^b f(x)\mathrm{d}x = b - a. \tag{7}$$

这个性质的证明请读者自己完成.

性质 6　设 M 与 m 分别为函数 $f(x)$ 在区间 $[a,b]$ 上的最大值与最小值，则

$$m(b-a) \leqslant \int_a^b f(x)\mathrm{d}x \leqslant M(b-a). \tag{8}$$

证　因为 $m \leqslant f(x) \leqslant M$，$x \in [a,b]$，由性质 4，得

$$\int_a^b m\,\mathrm{d}x \leqslant \int_a^b f(x)\mathrm{d}x \leqslant \int_a^b M\mathrm{d}x,$$

再由性质 1 及性质 5,得

$$m(b-a)\leqslant\int_a^b f(x)\mathrm{d}x\leqslant M(b-a).$$

利用此性质我们可以估计积分值的范围,故称此性质为**估值定理**.

性质6的几何意义:由曲线 $y=f(x)(\geqslant 0)$,$x=a$,$x=b$ 以及 x 轴所围成的曲边梯形的面积,介于以区间 $[a,b]$ 为底,以最小值 m 为高的矩形面积和以最大值 M 为高的矩形面积之间(见图 5-6).

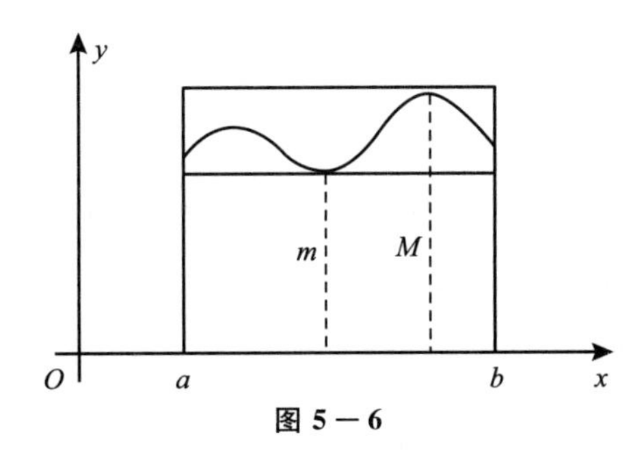

图 5-6

性质 7 (积分中值定理) 若函数 $f(x)$ 在区间 $[a,b]$ 上连续,则至少存在一点 $\xi\in[a,b]$,使

$$\int_a^b f(x)\mathrm{d}x=f(\xi)(b-a). \tag{9}$$

证 由于 $f(x)$ 在 $[a,b]$ 上连续,所以存在最大值 M 和最小值 m,有

$$m\leqslant f(x)\leqslant M, x\in[a,b].$$

由式(8),得

$$m\leqslant\frac{1}{b-a}\int_a^b f(x)\mathrm{d}x\leqslant M,$$

即 $\frac{1}{b-a}\int_a^b f(x)\mathrm{d}x$ 介于函数 $f(x)$ 的最小值 m 与最大值 M 之间,再由闭区间上连续函数的介值定理知,至少存在一点 $\xi\in[a,b]$ 使得

$$f(\xi)=\frac{1}{b-a}\int_a^b f(x)\mathrm{d}x,$$

即

$$\int_a^b f(x)\mathrm{d}x=f(\xi)(b-a).$$

性质 7 的几何意义是:由曲线 $y=f(x)(\geqslant 0)$,直线 $x=a$,$x=b$ 及 x 轴所围成的曲边梯形的面积等于与该曲边梯形同底,以某一点 ξ 的函数值 $f(\xi)$ 为高的矩形的面积. 如图 5-7 所示. 因此,$f(\xi)$ 称为曲边梯形的平均高度,并称 $f(\xi)=\frac{1}{b-a}\int_a^b f(x)\mathrm{d}x$ 为 $f(x)$ 在 $[a,b]$ 上的**平均值**.

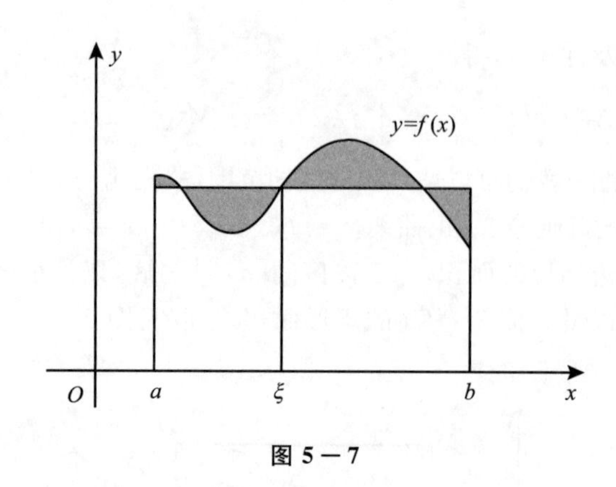

图 5－7

现在举例说明定积分的部分性质的运用．

例 1 比较定积分$\int_0^1 e^x dx$与$\int_0^1 e^{x^2} dx$的大小．

解 在区间[0,1]上，因$x \geqslant x^2$，而$y = e^x$是x的增函数，所以，在区间[0,1]上，有$e^x \geqslant e^{x^2}$，由性质 4 知

$$\int_0^1 e^x dx \geqslant \int_0^1 e^{x^2} dx.$$

例 2 估计定积分$I = \int_1^3 (x^2 + 2) dx$的值．

解 因为在区间[1,3]上，$f(x) = x^2 + 2$是单增函数，所以，最大值$M = f(3) = 11$，最小值$m = f(1) = 3$. 由估值定理得

$$3 \times (3 - 1) \leqslant \int_1^3 (x^2 + 2) dx \leqslant 11 \times (3 - 1),$$

即

$$6 \leqslant I = \int_1^3 (x^2 + 2) dx \leqslant 22.$$

例 3 由定积分的几何意义，确定函数$f(x) = \sqrt{4 - x^2}$在区间[－2,2]上的平均值．

解 所求平均值为

$$f(\xi) = \frac{1}{2 - (-2)} \int_{-2}^{2} \sqrt{4 - x^2} dx = \frac{1}{4} \int_{-2}^{2} \sqrt{4 - x^2} dx,$$

再由定积分的几何意义知，$\int_{-2}^{2} \sqrt{4 - x^2} dx$表示由曲线$y = \sqrt{4 - x^2}$，直线$x = -2$，$x = 2$及$x$轴围成图形的面积，正是以原点为圆心，半径$R = 2$的上半圆的面积，于是

$$\int_{-2}^{2} \sqrt{4 - x^2} dx = \frac{1}{2} \cdot \pi \cdot 2^2 = 2\pi.$$

所以$f(\xi) = \frac{1}{4} \cdot 2\pi = \frac{\pi}{2}$.

练习 5.1

1. 用定积分表示下列量．

(1) 由曲线 $y=\sqrt{x}$ 与直线 $y=x$ 所围成图形的面积；

(2) 设一汽车作直线运动，其速度为 $v=3t^2+2t(m/s)$，试表示汽车在[0,60]秒内所行驶的路程．

2. 利用定积分的几何意义求出下列积分．

习题选讲

(1) $\int_0^1 (x+1)\mathrm{d}x$　　(2) $\int_{-1}^2 |x|\mathrm{d}x$

(3) $\int_0^a \sqrt{a^2-x^2}\mathrm{d}x$　　(4) $\int_{-\pi}^{\pi} \sin x\mathrm{d}x$

3. 利用定积分的性质，比较积分值的大小．

(1) $\int_0^1 x^2\mathrm{d}x$ 和 $\int_0^1 x^3\mathrm{d}x$　　(2) $\int_1^2 x^2\mathrm{d}x$ 和 $\int_1^2 x^3\mathrm{d}x$

(3) $\int_1^2 \ln x\mathrm{d}x$ 和 $\int_1^2 (\ln x)^2\mathrm{d}x$　　(4) $\int_0^1 \mathrm{e}^x\mathrm{d}x$ 和 $\int_0^1 (1+x)\mathrm{d}x$

(5) $\int_0^{\frac{\pi}{4}} \sin x\mathrm{d}x$ 和 $\int_0^{\frac{\pi}{4}} \cos x\mathrm{d}x$　　(6) $\int_0^1 x\mathrm{d}x$ 和 $\int_0^1 \ln(1+x)\mathrm{d}x$

4. 利用定积分的性质，估计下列各定积分．

(1) $\int_1^4 (x^2+1)\mathrm{d}x$　　(2) $\int_{\frac{\pi}{4}}^{\frac{5\pi}{4}} (1+\sin^2 x)\mathrm{d}x$

(3) $\int_1^2 (2x^3-x^4)\mathrm{d}x$　　(4) $\int_{\frac{\pi}{4}}^{\frac{\pi}{2}} \frac{\sin x}{x}\mathrm{d}x$

5. 设函数 $f(x)$ 在区间$[a,b]$上可积，证明 $\left|\int_a^b f(x)\mathrm{d}x\right| \leqslant \int_a^b |f(x)|\mathrm{d}x$.

6. 设函数 $f(x)$ 及 $g(x)$ 在区间$[a,b]$上连续，证明：

(1) 若在$[a,b]$上，$f(x)\geqslant 0$，且 $f(x)\not\equiv 0$，则$\int_a^b f(x)\mathrm{d}x>0$；

(2) 若在$[a,b]$上，$f(x)\geqslant 0$，且$\int_a^b f(x)\mathrm{d}x=0$，则在$[a,b]$上，$f(x)\equiv 0$；

(3) 若在区间$[a,b]$上，$f(x)\leqslant g(x)$，且 $f(x)\not\equiv g(x)$，则$\int_a^b f(x)\mathrm{d}x<\int_a^b g(x)\mathrm{d}x$.

7. 设 $f(x)>0, f'(x)>0, f''(x)>0$，试利用函数的几何性质以及定积分的性质说明不等式

$$f(a)<\frac{1}{b-a}\int_a^b f(x)\mathrm{d}x<\frac{f(a)+f(b)}{2}$$

成立．

8. 设一汽车以递增的速度 $v(t)=t+2(m/s)$ 行驶，计算汽车行驶了 $4s$ 的路程及平均行驶速度．

§5.2　微积分基本定理

在5.1.2小节中，我们举过应用定积分的定义计算积分的例子．从那个例子可以看到，用求积分和极限的办法来计算定积分是相当麻烦甚至是不可能的．所以，需要寻求计算定积分的简便方法．本节要讲的

微积分基本定理揭示了定积分与不定积分之间的内在联系，对于简化定积分的计算，从而扩大定积分的使用价值起了重要作用．

我们先从实际问题中寻找解决问题的线索．为此，我们对变速直线运动中的位置函数 $s(t)$ 与速度函数 $v(t)$ 之间的联系作进一步的考察．设物体沿一数轴运动，并设时刻 t 时物体所在位置为 $s(t)$，速度为 $v(t)$（为了方便计，不妨设 $v(t) \geqslant 0$）．

由上一节可知，物体在时间间隔 $[a,b]$ 内经过的路程是速度函数 $v(t)$ 在区间 $[a,b]$ 上的定积分 $\int_a^b v(t)\mathrm{d}t$；但是，这段路程又可以表示为位置函数 $s(t)$ 在区间 $[a,b]$ 上的增量 $s(b)-s(a)$．所以，位置函数与速度函数之间应有关系

$$\int_a^b v(t)\mathrm{d}t = s(b)-s(a).$$

另外，我们已经知道 $s'(t)=v(t)$，即位置函数 $s(t)$ 是速度函数 $v(t)$ 的原函数．所以，上述关系式表示速度函数 $v(t)$ 在区间 $[a,b]$ 上的定积分等于 $v(t)$ 的原函数 $s(t)$ 在区间 $[a,b]$ 上的增量．

上述从变速直线运动的路程这个特殊问题中得出来的关系在一定条件下具有普遍性．即一般地，若函数 $f(x)$ 在 $[a,b]$ 上连续，则 $f(x)$ 在 $[a,b]$ 上的定积分 $\int_a^b f(x)\mathrm{d}x$ 等于 $f(x)$ 的原函数 $F(x)$ 在 $[a,b]$ 上的增量．下面我们来具体讨论之．

5.2.1 积分上限函数

设函数 $f(x)$ 在 $[a,b]$ 上可积，x 为区间 $[a,b]$ 上的任意一点，函数 $f(x)$ 在 $[a,x]$ 上也可积，则定积分 $\int_a^x f(t)\mathrm{d}t$ 就是定义在区间 $[a,b]$ 上的积分上限 x 的函数，称为**积分上限函数**，记作 $P(x)$，即

$$P(x)=\int_a^x f(t)\mathrm{d}t, x\in[a,b].$$

容易证明积分上限函数 $P(x)$ 是连续函数，且在 $f(x)$ 连续的条件下，$P(x)$ 有下面重要性质．

定理 5.2.1 如果函数 $f(x)$ 在区间 $[a,b]$ 上连续，则函数

$$P(x)=\int_a^x f(t)\mathrm{d}t, x\in[a,b] \tag{1}$$

在区间 $[a,b]$ 上可导，并且

$$P'(x)=f(x) \quad x\in[a,b].$$

证 当 $x\in(a,b)$ 时，令 $x+\Delta x\in(a,b)(\Delta x\neq 0)$，显然有

$$P(x+\Delta x)=\int_a^{x+\Delta x} f(t)\mathrm{d}t,$$

于是

$$P(x+\Delta x)-P(x)=\int_a^{x+\Delta x} f(t)\mathrm{d}t-\int_a^x f(t)\mathrm{d}t=\int_x^{x+\Delta x} f(t)\mathrm{d}t,$$

由定积分中值定理知，在 x 与 $x+\Delta x$ 之间必存在一点 ξ(见图 5—8)，使

$$\int_x^{x+\Delta x} f(t)\mathrm{d}t=f(\xi)\Delta x,$$

即

$$P(x+\Delta x)-P(x)=f(\xi)\Delta x,$$

于是

$$P'(x)=\lim_{\Delta x\to 0}\frac{P(x+\Delta x)-P(x)}{\Delta x}=\lim_{\Delta x\to 0} f(\xi).$$

因当 $\Delta x\to 0$ 时，必有 $\xi\to x$，又 $f(x)$ 在 x 处连续，所以

$$P'(x)=\lim_{\Delta x\to 0} f(\xi)=\lim_{\xi\to x} f(\xi)=f(x).$$

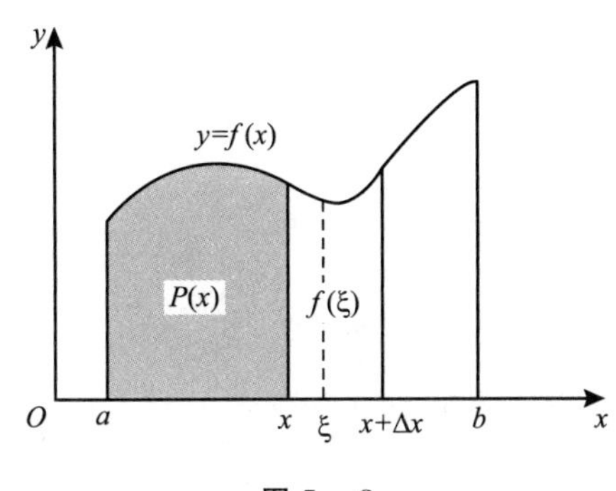

图 5—8

当 $x=a$ 时，取 $\Delta x>0$，以上 $\Delta x\to 0$ 改为 $\Delta x\to 0^+$ 就得 $P_+'(a)=f(a)$；当 $x=b$ 时，取 $\Delta x<0$，以上 $\Delta x\to 0$ 改为 $\Delta x\to 0^-$，就得 $P_-'(b)=f(b)$.

这就证明了 $P(x)$ 在$[a,b]$上可导，且 $P'(x)=f(x), x\in[a,b]$.

定理 5.2.1 有重要的理论意义和实用价值．一方面，定理告诉我们，区间$[a,b]$上的连续函数 $f(x)$ 一定有原函数，并且积分上限函数 $\int_a^x f(t)\mathrm{d}t$ 就是它的一个原函数．这就回答了在§4.1中，关于连续函数存在原函数的结论．另一方面，定理5.2.1还初步揭示了积分学中的定积分与原函数之间的联系．

例 1 设 $f(x)=\int_a^x \sin t^2\mathrm{d}t$，求 $f'(x)$.

解 $f'(x)=\left(\int_a^x \sin t^2\mathrm{d}t\right)'=\sin x^2$.

例 2 求 $\frac{\mathrm{d}}{\mathrm{d}x}\int_x^{-1} \mathrm{e}^{t^2-t}\mathrm{d}t$.

解 $\frac{d}{dx}\int_x^{-1} e^{t^2-t}dt = \frac{d}{dx}\left[-\int_{-1}^x e^{t^2-t}dt\right] = -e^{x^2-x}$.

例 3 求$\frac{d}{dx}\int_x^{x^2}\cos t dt$.

解
$$\frac{d}{dx}\int_x^{x^2}\cos t dt = \frac{d}{dx}\left[\int_x^0 \cos t dt + \int_0^{x^2}\cos t dt\right]$$
$$= -\frac{d}{dx}\int_0^x \cos t dt + \frac{d}{dx}\int_0^{x^2}\cos t dt$$
$$= -\cos x + \frac{d}{dx}\int_0^{x^2}\cos t dt.$$

下面求$\frac{d}{dx}\left[\int_0^{x^2}\cos t dt\right]$. 注意到$\int_0^{x^2}\cos t dt$是$x$的复合函数，令$x^2 = u$，则$\int_0^{x^2}\cos t dt = \int_0^u \cos t dt = P(u)$，根据复合函数求导公式，得
$$\frac{d}{dx}\int_0^{x^2}\cos t dt = \frac{d}{dx}[P(u)] = P'(u)\cdot\frac{du}{dx}$$
$$= \frac{d}{du}\left[\int_0^u \cos t dt\right]\cdot\frac{d(x^2)}{dx}$$
$$= \cos u\cdot 2x = 2x\cos x^2,$$
所以
$$\frac{d}{dx}\int_x^{x^2}\cos t dt = 2x\cos x^2 - \cos x.$$

方法熟练后，上述过程可简化如下：
$$\frac{d}{dx}\int_x^{x^2}\cos t dt = \cos x^2\cdot(x^2)' - \cos x\cdot x'$$
$$= 2x\cos x^2 - \cos x.$$

一般地，有下面公式：
$$\frac{d}{dx}\int_{\varphi(x)}^{\psi(x)} f(t)dt = f[\psi(x)]\psi'(x) - f[\varphi(x)]\varphi'(x) \qquad (2)$$
其中，函数$\varphi(x)$，$\psi(x)$都可微，$f(x)$连续．

例 4 求(1) $\lim\limits_{x\to 0}\frac{\int_0^x \arctan t dt}{x^2}$；(2) $\lim\limits_{x\to 0}\frac{\int_0^x\left[\int_0^{u^2}\arctan(1+t)dt\right]du}{x(1-\cos x)}$.

解 (1) 易知这是一个$\frac{0}{0}$型的不定式，我们利用洛必达法则来计算．
$$\lim_{x\to 0}\frac{\int_0^x \arctan t dt}{x^2} = \lim_{x\to 0}\frac{\arctan x}{2x} = \lim_{x\to 0}\frac{\frac{1}{1+x^2}}{2} = \frac{1}{2}.$$

(2) 应用洛比达法则，并注意到$\int_0^{u^2}\arctan(1+t)dt = f(u)$，则
$$\lim_{x\to 0}\frac{\int_0^x\left[\int_0^{u^2}\arctan(1+t)dt\right]du}{x(1-\cos x)} = \lim_{x\to 0}\frac{\int_0^{x^2}\arctan(1+t)dt}{1-\cos x + x\sin x}$$

$$= \lim_{x \to 0} \frac{2x \cdot \arctan(1+x^2)}{2\sin x + x\cos x}$$

$$= \lim_{x \to 0} \frac{2\arctan(1+x^2) + \dfrac{4x^2}{1+(1+x^2)^2}}{3\cos x - x\sin x} = \frac{\pi}{6}.$$

5.2.2　牛顿—莱布尼兹公式

现在,我们根据定理 5.2.1 来证明一个重要定理,它给出了用原函数计算定积分的公式.

定理 5.2.2 （**微积分基本定理**）设函数 $f(x)$ 在 $[a,b]$ 上连续,$F(x)$ 是 $f(x)$ 的一个原函数,则

$$\int_a^b f(x)\mathrm{d}x = F(b) - F(a). \tag{3}$$

证　由定理 5.2.1 知,$P(x) = \int_a^x f(t)\mathrm{d}t$ 是 $f(x)$ 的一个原函数.由于 $F(x)$ 是 $f(x)$ 的一个原函数,因而

$$P(x) = F(x) + c, x \in [a,b]$$

其中 c 为常数.

特别地,有 $P(b) = F(b) + c, P(a) = F(a) + c$.

由于 $P(a) = 0, c = -F(a)$,所以 $P(b) = F(b) - F(a)$,而 $P(b) = \int_a^b f(t)\mathrm{d}t = \int_a^b f(x)\mathrm{d}x$,所以

$$\int_a^b f(x)\mathrm{d}x = F(b) - F(a).$$

这就是式(3).

常用记号 $F(x)\Big|_a^b$ 表示 $F(b) - F(a)$,于是式(3) 又可写成

$$\int_a^b f(x)\mathrm{d}x = F(x)\Big|_a^b = F(b) - F(a).$$

式(3) 叫作**牛顿—莱布尼兹**(Newton—Leibniz) **公式**.它揭示了定积分与不定积分的内在联系,把计算定积分 $\int_a^b f(x)\mathrm{d}x$ 归结为求被积函数 $f(x)$ 的一个原函数 $F(x)$ 在区间 $[a,b]$ 端点的函数值的差 $F(b) - F(a)$.这样,把求定积分 $\int_a^b f(x)\mathrm{d}x$ 的问题化为求 $f(x)$ 的原函数的问题.

由于式(3) 揭示了定积分与不定积分之间的内在联系,故通常被称为**微积分基本公式**.

例 1　求下列定积分.

(1) $\int_0^{\frac{1}{2}} \mathrm{e}^{2x}\mathrm{d}x$　　　　(2) $\int_0^2 \frac{x}{\sqrt{1+x^2}}\mathrm{d}x$

解 (1) 因为 e^{2x} 的一个原函数为$\frac{1}{2}e^{2x}$，所以

$$\int_0^{\frac{1}{2}} e^{2x}dx = \frac{1}{2}e^{2x}\Big|_0^{\frac{1}{2}} = \frac{1}{2}(e-1).$$

$$(2)\int_0^2 \frac{x}{\sqrt{1+x^2}}dx = \frac{1}{2}\int_0^2 \frac{1}{\sqrt{1+x^2}}d(1+x^2)$$

$$= \frac{1}{2}\cdot 2\sqrt{1+x^2}\Big|_0^2 = \sqrt{5}-1.$$

例 2 计算$\int_{-1}^3 |2-x|dx$.

解 由于$|2-x| = \begin{cases} 2-x, & x\leqslant 2 \\ x-2, & x>2 \end{cases}$，于是

$$\int_{-1}^3 |2-x|dx = \int_{-1}^2 (2-x)dx + \int_2^3 (x-2)dx$$

$$= \left(2x-\frac{1}{2}x^2\right)\Big|_{-1}^2 + \left(\frac{1}{2}x^2-2x\right)\Big|_2^3$$

$$= 4\frac{1}{2}+\frac{1}{2} = 5.$$

例 3 设 $f(x) = \begin{cases} 2x, & 0\leqslant x\leqslant 1 \\ 2+x, & 1<x\leqslant 2 \end{cases}$，求函数 $P(x) = \int_0^x f(t)dt$ 在$[0,2]$上的表达式.

解 当 $0\leqslant x\leqslant 1$ 时，

$$P(x) = \int_0^x f(t)dt = \int_0^x 2tdt = t^2\Big|_0^x = x^2;$$

当 $1<x\leqslant 2$ 时，

$$P(x) = \int_0^x f(t)dt = \int_0^1 f(t)dt + \int_1^x f(t)dt$$

$$= \int_0^1 2tdt + \int_1^x (2+t)dt = t^2\Big|_0^1 + \left(2t+\frac{t^2}{2}\right)\Big|_1^x$$

$$= \frac{1}{2}x^2+2x-\frac{3}{2}.$$

所以 $P(x) = \begin{cases} x^2, & 0\leqslant x\leqslant 1 \\ \frac{1}{2}x^2+2x-\frac{3}{2}, & 1<x\leqslant 2. \end{cases}$

例 4 求 $F(x) = \int_0^x \frac{2t+1}{t^2+t+1}dt$ 在区间$[0,1]$上的最大值与最小值.

解 $F'(x) = \frac{2x+1}{x^2+x+1}$，由于 $F'(x)>0, x\in[0,1]$，所以函数 $F(x)$ 在$[0,1]$上单增，因此，最大值为 $F(1)$，最小值为 $F(0)$，且

$$F(1) = \int_0^1 \frac{2t+1}{t^2+t+1}dt = \ln(t^2+t+1)\Big|_0^1 = \ln 3, F(0) = 0.$$

练习 5.2

1. 求下列函数的导数$\dfrac{dy}{dx}$.

(1)$y=\int_0^x t^2\sqrt{1+t}\,dt$　　(2)$y=\int_x^{-1} te^{-t}\,dt$

(3)$y=\int_0^{x^2}\sqrt{1+t^2}\,dt$　　(4)$y=\int_{x^2}^{x^3}\dfrac{1}{\sqrt{1+t^4}}dt$

(5)$y=\int_{\sin x}^{\cos x}\cos(\pi t^2)\,dt$　　(6)$y=\int_{\sin^2 x}^{2}\dfrac{1}{1+t^2}dt$

习题选讲

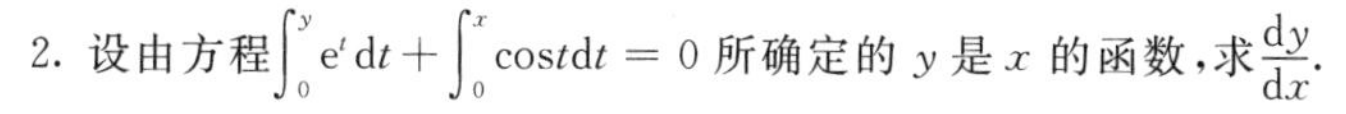

2. 设由方程$\int_0^y e^t dt+\int_0^x \cos t dt=0$所确定的 y 是 x 的函数,求$\dfrac{dy}{dx}$.

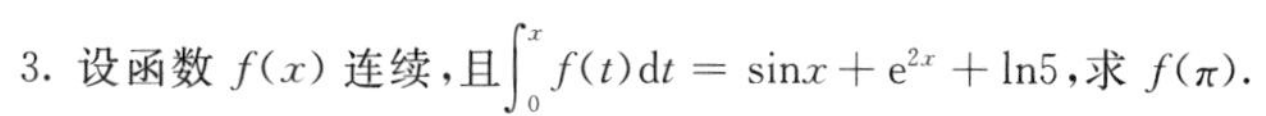

3. 设函数 $f(x)$ 连续,且$\int_0^x f(t)dt=\sin x+e^{2x}+\ln 5$,求 $f(\pi)$.

4. 求函数 $F(x)=\int_0^x te^{-t^2}dt$ 的极值.

5. 求下列极限.

(1) $\lim\limits_{x\to 0}\dfrac{1}{x}\int_0^x(1+\sin 2t)^{\frac{1}{t}}dt$　　(2) $\lim\limits_{x\to 0}\dfrac{\left(\int_0^x e^{t^2}dt\right)^2}{\int_0^x te^{2t^2}dt}$

(3) $\lim\limits_{x\to 0}\dfrac{1}{2x}\int_0^x\cos t^2 dt$　　(4) $\lim\limits_{x\to 0}\dfrac{\int_0^x \arcsin t dt}{x^2}$

6. 计算下列定积分.

(1)$\int_0^5\dfrac{x^3}{x^2+1}dx$　　(2)$\int_0^5\dfrac{2x^2+3x-5}{x+3}dx$

(3)$\int_1^2\dfrac{e^{\frac{1}{x}}}{x^2}dx$　　(4)$\int_1^e\dfrac{dx}{x(1+\ln x)}$

(5)$\int_0^1(e^x-1)^4e^x dx$　　(6)$\int_a^b|2x-(a+b)|dx\quad(a<b)$

(7)$\int_0^{2\pi}|\sin x|dx$　　(8)$\int_{-3}^2\min\{2,x^2\}dx$

(9)$\int_{-1}^1\max\{x,x^2\}dx$　　(10)$\int_0^{\pi}\sqrt{\sin^3 x-\sin^5 x}\,dx$

7. 设 $f(x)=\begin{cases}x^2, & x\leqslant 1\\ x-1, & x>1\end{cases}$,求$\int_0^2 f(x)dx$.

8. 汽油自一盛满55gal的油箱以$v(t)=1-\dfrac{t}{110}$(gal/h)速度渗出,试求:(1)第一小时渗出多少汽油?(2)汽油从油箱全部渗出需多少小时?

§5.3 定积分的换元积分法与分部积分法

由牛顿—莱布尼兹公式我们知道,连续函数的定积分计算与不定积分计算有密切的联系．在不定积分的计算中有换元积分法和分部积分法，因此，在一定条件下，我们可以在定积分的计算中应用换元法与分部积分法．下面就来讨论定积分的这两种计算方法．

5.3.1　定积分的换元积分法

定理 5.3.1　设函数 $f(x)$ 在 $[a,b]$ 上连续，若函数 $x=\varphi(t)$ 满足

(1) 当 $\alpha\leqslant t\leqslant\beta$ 时，有 $a\leqslant x=\varphi(t)\leqslant b$，且 $\varphi(\alpha)=a,\varphi(\beta)=b$，

(2) $\varphi(t)$ 在闭区间 $[\alpha,\beta]$ 上单调且有连续导数 $\varphi'(t)$，

则

$$\int_a^b f(x)\mathrm{d}x=\int_\alpha^\beta f[\varphi(t)]\varphi'(t)\mathrm{d}t. \tag{1}$$

式(1) 称为定积分的**换元公式**．

证　按定理条件，式(1) 两边的被积函数分别是 $[a,b]$ 和 $[\alpha,\beta]$ 上的连续函数，故式(1) 两端的定积分都可由牛顿—莱布尼兹公式计算．

设函数 $f(x)$ 的原函数为 $F(x)$，则有

$$\int f(x)\mathrm{d}x=F(x)+c \tag{2}$$

及

$$\int_a^b f(x)\mathrm{d}x=F(x)\Big|_a^b=F(b)-F(a). \tag{3}$$

在式(2) 中，令 $x=\varphi(t)$，得

$$\int f[\varphi(t)]\varphi'(t)\mathrm{d}t=F[\varphi(t)]+c,$$

从而有

$$\int_\alpha^\beta f[\varphi(t)]\varphi'(t)\mathrm{d}t=F[\varphi(t)]\Big|_\alpha^\beta=F[\varphi(\beta)]-F[\varphi(\alpha)],$$

又已知 $\varphi(\alpha)=a,\varphi(\beta)=b$，故上式为

$$\int_\alpha^\beta f[\varphi(t)]\varphi'(t)\mathrm{d}t=F(b)-F(a) \tag{4}$$

比较式(3)、式(4) 得

$$\int_a^b f(x)\mathrm{d}x=\int_\alpha^\beta f[\varphi(t)]\varphi'(t)\mathrm{d}t.$$

定理得证．

例 1　求 $\displaystyle\int_0^8\frac{\mathrm{d}x}{1+\sqrt[3]{x}}$.

解　令 $x=t^3$，则 $\mathrm{d}x=3t^2\mathrm{d}t$. 当 t 从 0 变到 2 时，x 从 0 变到 8，所以

$$\begin{aligned}\int_0^8\frac{\mathrm{d}x}{1+\sqrt[3]{x}}&=\int_0^2\frac{3t^2}{1+t}\mathrm{d}t\\&=3\int_0^2\left(t-1+\frac{1}{1+t}\right)\mathrm{d}t\end{aligned}$$

$$=3\left[\frac{1}{2}t^2-t+\ln(1+t)\right]\Big|_0^2=3\ln3.$$

例 2　求$\int_0^a\sqrt{a^2-x^2}\mathrm{d}x\quad(a>0)$.

解　令 $x=a\sin t(0\leqslant x\leqslant a)$，则 $\mathrm{d}x=a\cos t\mathrm{d}t$，当 t 从 0 变到$\frac{\pi}{2}$时，x 从 0 变到 a，所以

$$\begin{aligned}\int_0^a\sqrt{a^2-x^2}\mathrm{d}x&=\int_0^{\frac{\pi}{2}}a\cos t\cdot a\cos t\mathrm{d}t\\&=a^2\int_0^{\frac{\pi}{2}}\frac{1+\cos2t}{2}\mathrm{d}t\\&=\frac{a^2}{2}\left(t+\frac{1}{2}\sin2t\right)\Big|_0^{\frac{\pi}{2}}=\frac{1}{4}\pi a^2.\end{aligned}$$

请读者叙述$\int_0^a\sqrt{a^2-x^2}\mathrm{d}x=\frac{1}{4}\pi a^2$的几何意义.

例 3　(1) 设 $f(x)$ 是偶函数，证明

$$\int_{-a}^a f(x)\mathrm{d}x=2\int_0^a f(x)\mathrm{d}x.$$

(2) 设 $f(x)$ 是奇函数，证明

$$\int_{-a}^a f(x)\mathrm{d}x=0.$$

证　$$\int_{-a}^a f(x)\mathrm{d}x=\int_{-a}^0 f(x)\mathrm{d}x+\int_0^a f(x)\mathrm{d}x$$

对积分$\int_{-a}^0 f(x)\mathrm{d}x$作代换 $x=-t$，则 $\mathrm{d}x=-\mathrm{d}t$，当 $x=-a$ 时，$t=a$；当 $x=0$ 时，$t=0$. 于是

$$\int_{-a}^0 f(x)\mathrm{d}x=-\int_a^0 f(-t)\mathrm{d}t=\int_0^a f(-t)\mathrm{d}t=\int_0^a f(-x)\mathrm{d}x,$$

于是

$$\int_{-a}^a f(x)\mathrm{d}x=\int_0^a[f(-x)+f(x)]\mathrm{d}x.$$

(1) 若 $f(x)$ 是偶函数，即 $f(-x)=f(x)$，则

$$f(x)+f(-x)=2f(x),$$

从而

$$\int_{-a}^a f(x)\mathrm{d}x=2\int_0^a f(x)\mathrm{d}x.$$

(2) 若 $f(x)$ 是奇函数，即 $f(-x)=-f(x)$，则

$$f(x)+f(-x)=0,$$

从而

$$\int_{-a}^a f(x)\mathrm{d}x=0.$$

例 4　求$\int_{-1}^1\frac{\sin^3x+(\arctan x)^2}{1+x^2}\mathrm{d}x$.

解 因为区间$[-1,1]$关于原点对称，函数$\dfrac{\sin^3 x}{1+x^2}$为奇函数，$\dfrac{(\arctan x)^2}{1+x^2}$为偶函数，所以

$$\begin{aligned}\int_{-1}^{1}\frac{\sin^3 x+(\arctan x)^2}{1+x^2}\mathrm{d}x&=\int_{-1}^{1}\frac{\sin^3 x}{1+x^2}\mathrm{d}x+\int_{-1}^{1}\frac{(\arctan x)^2}{1+x^2}\mathrm{d}x\\&=2\int_{0}^{1}\frac{(\arctan x)^2}{1+x^2}\mathrm{d}x\\&=2\int_{0}^{1}(\arctan x)^2\mathrm{d}(\arctan x)\\&=\frac{2}{3}(\arctan x)^3\Big|_0^1=\frac{\pi^3}{96}.\end{aligned}$$

例5 设n是正整数，试证

$$\int_0^{\frac{\pi}{2}}\sin^n x\,\mathrm{d}x=\int_0^{\frac{\pi}{2}}\cos^n x\,\mathrm{d}x.$$

证 令$x=\dfrac{\pi}{2}-t$，则$\mathrm{d}x=-\mathrm{d}t$，当$x=0$时，$t=\dfrac{\pi}{2}$；当$x=\dfrac{\pi}{2}$时，$t=0$. 于是

$$\int_0^{\frac{\pi}{2}}\sin^n x\,\mathrm{d}x=-\int_{\frac{\pi}{2}}^{0}\sin^n\left(\frac{\pi}{2}-t\right)\mathrm{d}t=\int_0^{\frac{\pi}{2}}\cos^n t\,\mathrm{d}t=\int_0^{\frac{\pi}{2}}\cos^n x\,\mathrm{d}x.$$

例6 设$f(x)$连续，且$\int_0^x tf(x-t)\mathrm{d}t=1-\cos x$，求$\int_0^{\frac{\pi}{2}}f(x)\mathrm{d}x$.

解 令$x-t=u$，有$\mathrm{d}t=-\mathrm{d}u$，则

$$\begin{aligned}\int_0^x tf(x-t)\mathrm{d}t&=-\int_x^0(x-u)f(u)\mathrm{d}u\\&=\int_0^x xf(u)\mathrm{d}u-\int_0^x uf(u)\mathrm{d}u\\&=x\int_0^x f(u)\mathrm{d}u-\int_0^x uf(u)\mathrm{d}u,\end{aligned}$$

所以

$$x\int_0^x f(u)\mathrm{d}u-\int_0^x uf(u)\mathrm{d}u=1-\cos x.$$

上式两边对x求导，得

$$\int_0^x f(u)\mathrm{d}u+xf(x)-xf(x)=\sin x,$$

即

$$\int_0^x f(u)\mathrm{d}u=\sin x.$$

令$x=\dfrac{\pi}{2}$，则$\int_0^{\frac{\pi}{2}}f(u)\mathrm{d}u=\sin\dfrac{\pi}{2}=1$，即

$$\int_0^{\frac{\pi}{2}}f(x)\mathrm{d}x=1.$$

5.3.2 定积分的分部积分法

设函数 $u = u(x), v = v(x)$ 在区间 $[a, b]$ 上有连续的导函数,则

$$(uv)' = u'v + uv',$$
$$uv' = (uv)' - u'v.$$

从而

$$\int_a^b uv' \mathrm{d}x = (uv)\Big|_a^b - \int_a^b vu' \mathrm{d}x,$$

或

$$\int_a^b u \mathrm{d}v = (uv)\Big|_a^b - \int_a^b v \mathrm{d}u. \tag{1}$$

式(1) 称为定积分的**分部积分公式**.

例 1 求 $\int_1^5 \ln x \mathrm{d}x$.

解 令 $u = \ln x, \mathrm{d}v = \mathrm{d}x$,则

$$\int_1^5 \ln x \mathrm{d}x = x\ln x\Big|_1^5 - \int_1^5 x \mathrm{d}(\ln x)$$
$$= x\ln x\Big|_1^5 - \int_1^5 x \cdot \frac{1}{x} \mathrm{d}x$$
$$= x\ln x\Big|_1^5 - x\Big|_1^5 = 5\ln 5 - 4.$$

例 2 求 $\int_0^1 x^3 \mathrm{e}^{x^2} \mathrm{d}x$.

解 注意到 $2x\mathrm{e}^{x^2} \mathrm{d}x = \mathrm{d}(\mathrm{e}^{x^2})$,所以

$$\int_0^1 x^3 \mathrm{e}^{x^2} \mathrm{d}x = \frac{1}{2}\int_0^1 x^2 \mathrm{d}(\mathrm{e}^{x^2})$$
$$= \frac{1}{2}\left[x^2 \mathrm{e}^{x^2}\Big|_0^1 - \int_0^1 \mathrm{e}^{x^2} \mathrm{d}(x^2)\right]$$
$$= \frac{1}{2}\left[x^2 \mathrm{e}^{x^2}\Big|_0^1 - \mathrm{e}^{x^2}\Big|_0^1\right] = \frac{1}{2}.$$

例 3 设 $f(x) = \int_1^{x^2} \mathrm{e}^{-t^2} \mathrm{d}t$,求 $\int_0^1 xf(x) \mathrm{d}x$.

解 $\int_0^1 xf(x) \mathrm{d}x = \frac{1}{2}\int_0^1 f(x) \mathrm{d}(x^2)$

$$= \frac{1}{2}\left[x^2 f(x)\Big|_0^1 - \int_0^1 x^2 f'(x) \mathrm{d}x\right],$$

将 $f(1) = 0, f'(x) = 2x\mathrm{e}^{-x^4}$ 代入上式,得

$$\int_0^1 xf(x) \mathrm{d}x = \frac{1}{2}\left[0 - \int_0^1 2x^3 \mathrm{e}^{-x^4} \mathrm{d}x\right] = \frac{1}{4}\int_0^1 \mathrm{e}^{-x^4} \mathrm{d}(-x^4)$$
$$= \frac{1}{4}\mathrm{e}^{-x^4}\Big|_0^1 = \frac{1}{4}(\mathrm{e}^{-1} - 1).$$

例 4 设 $f(x)=\begin{cases} e^{x^2}\sin x & x<1 \\ x\ln x & x\geqslant 1 \end{cases}$,求$\int_1^4 f(x-2)\mathrm{d}x$.

解 令 $x-2=t$,则 $\mathrm{d}x=\mathrm{d}t$,当 $x=1$ 时,$t=-1$;当 $x=4$ 时,$t=2$. 再利用定积分的可加性,得

$$\int_1^4 f(x-2)\mathrm{d}x=\int_{-1}^2 f(t)\mathrm{d}t=\int_{-1}^1 e^{x^2}\sin x\mathrm{d}x+\int_1^2 x\ln x\mathrm{d}x,$$

注意到 $e^{x^2}\sin x$ 为奇函数,因此$\int_{-1}^1 e^{x^2}\sin x\mathrm{d}x=0$. 所以

$$\begin{aligned}\int_1^4 f(x-2)\mathrm{d}x&=\int_1^2 x\ln x\mathrm{d}x=\frac{1}{2}\int_1^2\ln x\mathrm{d}(x^2)\\&=\frac{1}{2}\left[x^2\ln x\Big|_1^2-\int_1^2 x^2\cdot\frac{1}{x}\mathrm{d}x\right]\\&=\frac{1}{2}\left[4\ln 2-\frac{3}{2}\right]=2\ln 2-\frac{3}{4}.\end{aligned}$$

练习 5.3

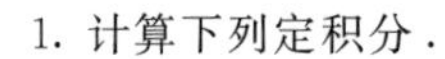

1. 计算下列定积分.

(1)$\int_1^5\frac{\sqrt{x-1}}{x}\mathrm{d}x$　　(2)$\int_0^2\frac{\mathrm{d}x}{\sqrt{x+1}+\sqrt{(x+1)^3}}$

(3)$\int_0^{\ln 2}\sqrt{e^x-1}\mathrm{d}x$　　(4)$\int_0^a x^2\sqrt{a^2-x^2}\mathrm{d}x$

(5)$\int_0^1\sqrt{(1-x^2)^3}\mathrm{d}x$　　(6)$\int_1^2\frac{1}{x\sqrt{x^2+1}}\mathrm{d}x$

(7)$\int_1^2\frac{\sqrt{x^2-1}}{x}\mathrm{d}x$　　(8)$\int_{-5}^5\frac{x^3\sin^2 x}{x^4+2x^2+1}\mathrm{d}x$

(9)$\int_{-1}^1 x[f(x)+f(-x)]\mathrm{d}x$　　(10)$\int_{-\sqrt{3}}^{\sqrt{3}}\frac{1}{\sqrt{x^2+1}}\mathrm{d}x$

习题选讲

2. 设 $f(x)=\begin{cases} xe^{-x^2}, & x\geqslant 0 \\ \frac{1}{1+\cos x}, & -1<x<0 \end{cases}$,求$\int_1^4 f(x-2)\mathrm{d}x$.

3. 设函数 $f(x)$ 在区间$[a,b]$上连续,且$\int_a^b f(x)\mathrm{d}x$已知,求$\int_a^b f(a+b-x)\mathrm{d}x$.

4. 设 $f(x)$ 是连续函数,$F(x)=\int_0^x f(t)\mathrm{d}t$,证明:(1) 若 $f(x)$ 为奇函数,则 $F(x)$ 为偶函数;(2) 若 $f(x)$ 为偶函数,则 $F(x)$ 为奇函数.

5. 设 $f(x)=\int_0^x e^{-\frac{1}{2}t^2}\mathrm{d}t$,求 $f(x)$ 的单调区间,并判断其奇偶性.

6. 计算下列积分.

(1)$\int_0^1\ln(1+x^2)\mathrm{d}x$　　(2)$\int_{\frac{1}{e}}^{e}|\ln x|\mathrm{d}x$

(3)$\int_0^1 xe^{-x}\mathrm{d}x$　　(4)$\int_0^{\frac{\pi}{2}}x^2\sin x\mathrm{d}x$

(5)$\int_0^{\frac{\pi}{2}}e^x\sin x\mathrm{d}x$　　(6)$\int_1^{e^{\frac{\pi}{2}}}\cos\ln x\mathrm{d}x$

(7) $\int_1^{e^2} \frac{1}{\sqrt{x}}(\ln x)^2 \mathrm{d}x$　　(8) $\int_0^{\frac{\pi}{4}} x\sec^2 x \mathrm{d}x$

(9) $\int_0^{\frac{\pi}{2}} e^{2x}\cos x \mathrm{d}x$　　(10) $\int_0^{\frac{1}{\sqrt{2}}} \arccos x \mathrm{d}x$

习题选讲

7. 设 $f(0)=1, f(2)=3, f'(2)=5$,求 $\int_0^2 xf''(x)\mathrm{d}x$.

8. 计算 $2\int_{-1}^1 \sqrt{1-x^2}\mathrm{d}x$,并利用此结果求下列积分.

(1) $\int_{-3}^3 \sqrt{9-x^2}\mathrm{d}x$　　(2) $\int_0^2 \sqrt{1-\frac{1}{4}x^2}\mathrm{d}x$

(3) $\int_{-2}^2 (x-3)\sqrt{4-x^2}\mathrm{d}x$.

9. 试指出下列各题计算中的错误.

(1) $\int_0^4 \frac{1}{1+\sqrt{x}}\mathrm{d}x \xlongequal{x=t^2} \int_0^4 \frac{2t}{1+t}\mathrm{d}t = \int_0^4 \left(2-\frac{2}{1+t}\right)\mathrm{d}t$

$$= [2t-2\ln(1+t)]\Big|_0^4 = 8-2\ln 5;$$

(2) $\int_0^1 \sqrt{1-x^2}\mathrm{d}x \xlongequal{x=\sin t} \int_\pi^{\frac{\pi}{2}} \sqrt{1-\sin^2 t}\mathrm{d}(\sin t) = \int_\pi^{\frac{\pi}{2}} \cos^2 t\mathrm{d}t = -\frac{\pi}{4}$;

(3) $\int_{-1}^1 \frac{\mathrm{d}x}{1+x^2} \xlongequal{x=\frac{1}{t}} \int_{-1}^1 \frac{\left(-\frac{1}{t^2}\right)}{1+\left(\frac{1}{t}\right)^2}\mathrm{d}t = -\int_{-1}^1 \frac{\mathrm{d}t}{1+t^2} = -\int_{-1}^1 \frac{\mathrm{d}x}{1+x^2}$,移项得 $\int_{-1}^1 \frac{\mathrm{d}x}{1+x^2} = 0$.

§5.4 定积分的应用

本节介绍定积分在求平面图形的面积、立体的体积及经济问题方面的应用.

5.4.1 平面图形的面积

我们知道,由连续曲线 $y=f(x)\geqslant 0$,直线 $x=a, x=b$ 以及 x 轴围成的曲边梯形的面积 S 的定积分表达式为

$$S=\int_a^b f(x)\mathrm{d}x.$$

应注意在上式中 $f(x)$ 是非负的,如果 $f(x)\leqslant 0$,则相应平面图形的面积 S 为

$$S=-\int_a^b f(x)\mathrm{d}x.$$

一般地,由任意连续曲线 $y=f(x)$,直线 $x=a, x=b$ 以及 x 轴围

成的图形的面积为

$$S=\int_{a}^{b}|f(x)|\mathrm{d}x. \tag{1}$$

例如，曲线 $y=f(x)$ 如图 5－9 所示（即 $f(x)$ 在$[a,b]$上有时取正值，有时取负值），相应图形的面积为

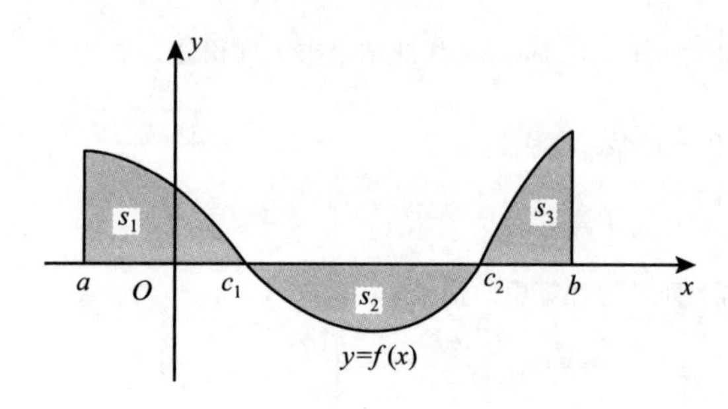

图 5－9

$$S=\int_{a}^{b}|f(x)|\mathrm{d}x=\int_{a}^{c_1}f(x)\mathrm{d}x-\int_{c_1}^{c_2}f(x)\mathrm{d}x+\int_{c_2}^{b}f(x)\mathrm{d}x.$$

类似地，由连续曲线 $x=\varphi(y)$，直线 $y=c$，$y=d$ 以及 y 轴所围成的平面图形的面积为

$$S=\int_{c}^{d}|\varphi(y)|\mathrm{d}y. \tag{2}$$

如果曲线 $x=\varphi(y)\geqslant 0$，如图 5－10，则

$$S=\int_{c}^{d}\varphi(y)\mathrm{d}y.$$

一般地，如果一平面图形是由连续曲线 $y=f(x)$，$y=g(x)$，直线 $x=a$，$x=b(a<b)$ 围成，并且在$[a,b]$上恒有 $f(x)\leqslant g(x)$，如图 5－11 所示，那么该平面图形的面积为

$$S=\int_{a}^{b}[g(x)-f(x)]\mathrm{d}x.$$

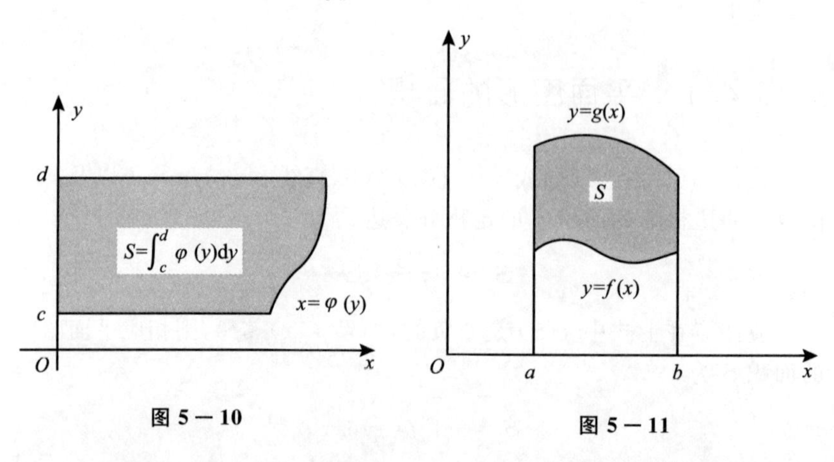

图 5－10　　图 5－11

如果在区间$[a,b]$上，不具有条件 $f(x)\leqslant g(x)$，则面积的计算公

式为

$$S=\int_a^b |g(x)-f(x)|\,\mathrm{d}x. \tag{3}$$

类似地，由两条连续曲线 $x=\varphi(y)$，$x=\psi(y)$ 及直线 $y=c$，$y=d$ $(c<d)$ 所围成的平面图形的面积为

$$S=\int_c^d |\psi(y)-\varphi(y)|\,\mathrm{d}y. \tag{4}$$

当 $\varphi(y)\leqslant\psi(y)$，$y\in[c,d]$ 时，如图 5－12，$S=\int_c^d[\psi(y)-\varphi(y)]\mathrm{d}y$.

例 1　求椭圆 $\frac{x^2}{a^2}+\frac{y^2}{b^2}=1$ 的面积(见图 5－13).

解　由图形的对称性，得

$$S=4S_1=4\int_0^a f(x)\,\mathrm{d}x,$$

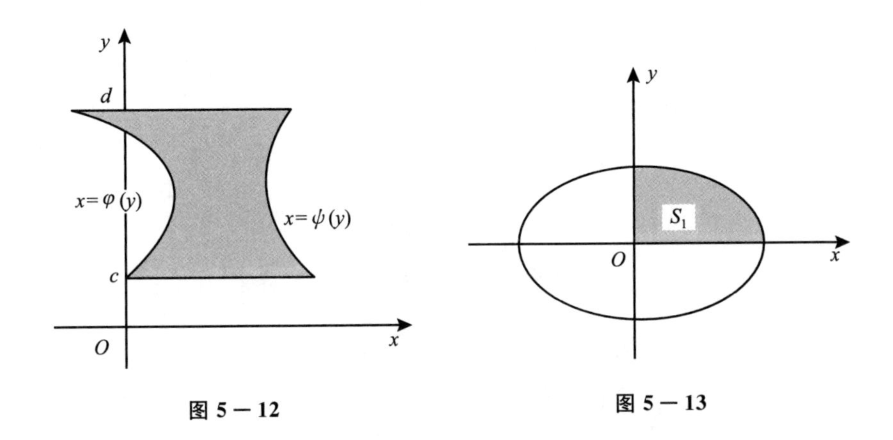

图 5－12　　　图 5－13

而 $f(x)=\frac{b}{a}\sqrt{a^2-x^2}$，所以

$$S=\frac{4b}{a}\int_0^a \sqrt{a^2-x^2}\,\mathrm{d}x.$$

利用5.3.1小节中的例2已算出的结果 $\int_0^a\sqrt{a^2-x^2}\,\mathrm{d}x=\frac{1}{4}\pi a^2$，得

$$S=\frac{4b}{a}\cdot\frac{1}{4}\pi a^2=\pi ab\text{(平方单位)}.$$

特别地，当 $a=b$ 时，我们得到圆的面积 $S=\pi a^2$.

例 2　求曲线 $y=\frac{1}{2}x^2$，$y=\frac{1}{1+x^2}$，直线 $x=-\sqrt{3}$，$x=\sqrt{3}$ 所围成的平面图形的面积(见图 5－14).

解　由于图形关于 y 轴对称，所以所求面积 S 是第一象限内两小块图形面积的两倍，注意到交点 P 的横坐标 $x=1$，于是

$$S=2\left[\int_0^1\left(\frac{1}{1+x^2}-\frac{x^2}{2}\right)dx+\int_1^{\sqrt{3}}\left(\frac{x^2}{2}-\frac{1}{1+x^2}\right)dx\right]$$

$$=2\left[\left(\arctan x-\frac{x^3}{6}\right)\Big|_0^1+\left(\frac{x^3}{6}-\arctan x\right)\Big|_1^{\sqrt{3}}\right]$$

$$=\frac{1}{3}(\pi+3\sqrt{3}-2)\approx 2.11\text{（平方单位）}.$$

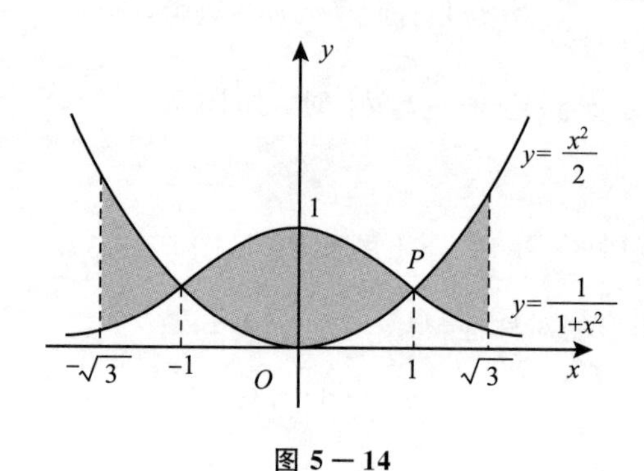

图 5－14

例 3　求抛物线 $y^2=2x$ 与直线 $y=x-4$ 所围成的平面图形的面积（见图 5－15）.

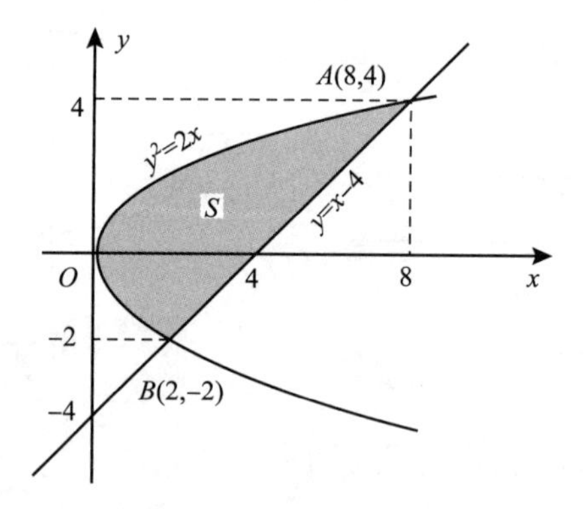

图 5－15

解　曲线 $y^2=2x$ 与 $y=x-4$ 的交点为 $A(8,4)$，$B(2,-2)$. 选取 y 为积分变量，这时

$$S=\int_{-2}^{4}\left[(y+4)-\frac{1}{2}y^2\right]dy=\left(\frac{1}{2}y^2+4y-\frac{1}{6}y^3\right)\Big|_{-2}^{4}=18\text{（平方单位）}.$$

此例如果选取 x 为积分变量，面积 S 的计算比较麻烦，请读者试之.

5.4.2　立体的体积

定积分是求某种总量的数学模型，在用定积分计算某个量时，关键是把所求量通过定积分表达出来,建立所求量的定积分表达式经常采用的方法是**微元分析法**,它使我们能把许多实际问题与定积分联系起来,因而具有极其重要的价值.现在,我们就先来介绍定积分的微元分析法,其大致步骤如下:

设所求量U是一个与某变量(设为x)的变化区间$[a,b]$有关的量,且关于区间$[a,b]$具有可加性,即若把$[a,b]$分成若干小区间,则U也相应地分成若干部分量,且U等于所有部分量之和.这时,我们就设想把$[a,b]$分成n个小区间,并取一个代表性的小区间记作$[x,x+\mathrm{d}x]$;然后求出相应于小区间$[x,x+\mathrm{d}x]$的部分量ΔU的近似值,如果ΔU能近似地表示为$[a,b]$上的一个连续函数在点x处的函数值$f(x)$与$\mathrm{d}x$的乘积,并且ΔU与$f(x)\mathrm{d}x$相差一个比$\mathrm{d}x$高阶的无穷小,就把$f(x)\mathrm{d}x$称为量U的**微元**,记作$\mathrm{d}U$,即

$$\mathrm{d}U=f(x)\mathrm{d}x.$$

以所求量U的微元$f(x)\mathrm{d}x$为被积表达式,在$[a,b]$上作积分,得所求量U的积分表达式

$$U=\int_a^b f(x)\mathrm{d}x.$$

需要指出的是,使用微元分析法的关键在于正确给出部分量ΔU的近似表达式$f(x)\mathrm{d}x$,即使得$f(x)\mathrm{d}x=\mathrm{d}U\approx\Delta U$.在通常情况下,要检验$\Delta U-f(x)\mathrm{d}x$是否为$\mathrm{d}x$的高阶无穷小并非易事,因此,在实际应用中要注意$\mathrm{d}U=f(x)\mathrm{d}x$的合理性.下面,我们利用微元分析法求两种立体的体积.至于较一般的几何体体积的求法将在§6.8中给出.

1. 平行截面面积已知的立体的体积

设有一立体,它被垂直于x轴的截面所截的面积$A(x)$为x的连续函数,$x\in[a,b]$,如图5-16所示.求该立体的体积V.

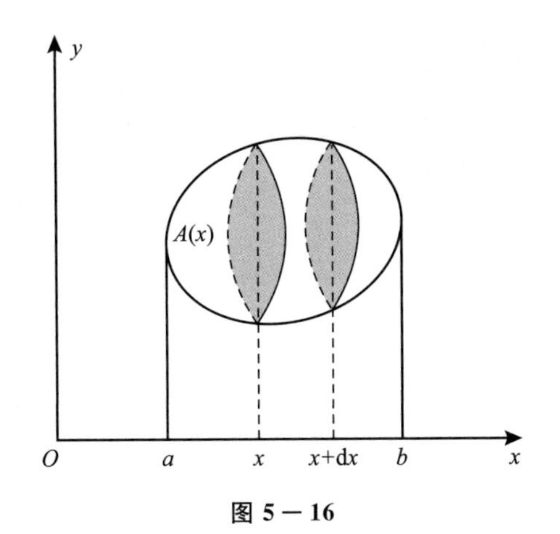

图5-16

过点 x 与 $x+\mathrm{d}x$ 处作两垂直于 x 轴的平面，所截下的立体的体积为 ΔV，因为 $\mathrm{d}x$ 很小，故视此小立体为柱体，已知其底面积为 $A(x)$，高为 $\mathrm{d}x$，所以有 $\Delta V \approx \mathrm{d}V = A(x)\mathrm{d}x$，利用定积分的微元分析法，该立体的体积为

$$V=\int_a^b A(x)\mathrm{d}x. \tag{1}$$

2. 旋转体的体积

旋转体是由一个平面图形绕这个平面内一条直线旋转一周而成的立体，它可作为上面讨论的立体的一种特殊情况．

我们现在来求由曲线 $y=f(x)(f(x)\geqslant 0)$，直线 $x=a, x=b(a<b)$ 及 x 轴所围成的平面图形绕 x 轴旋转一周而成的旋转体的体积（见图 5－17）.

由于该旋转体垂直于 x 轴的截面是圆面，所以，截面面积 $A(x)=\pi y^2=\pi f^2(x), x\in[a,b]$，利用式(1) 得到该旋转体的体积为

$$V_x=\pi\int_a^b f^2(x)\mathrm{d}x. \tag{2}$$

同理可得，由连续曲线 $x=\varphi(y)(\varphi(y)\geqslant 0)$，直线 $y=c, y=d(c<d)$ 及 y 轴所围成的平面图形绕 y 轴旋转所得旋转体（见图 5－18）的体积为

$$V_y=\pi\int_c^d \varphi^2(y)\mathrm{d}y. \tag{3}$$

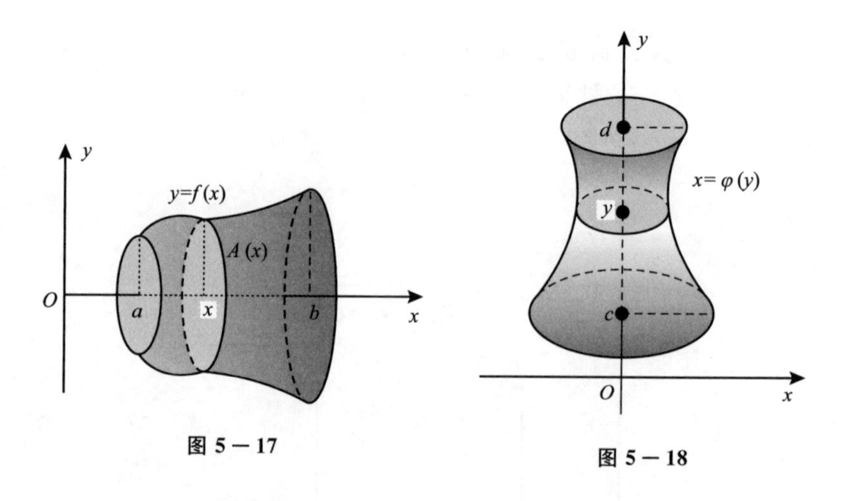

图 5－17　　图 5－18

例 1　求椭圆 $\dfrac{x^2}{a^2}+\dfrac{y^2}{b^2}=1$ 分别绕 x 轴与 y 轴旋转产生的旋转体的体积．

解　椭圆图形如图 5－19 所示，显然图形关于坐标轴对称，所以

$$V_x = 2\pi\int_0^a y^2 \mathrm{d}x = 2\pi\int_0^a \frac{b^2}{a^2}(a^2 - x^2)\mathrm{d}x$$

$$= \frac{2\pi b^2}{a^2}\left(a^2 x - \frac{1}{3}x^3\right)\Big|_0^a = \frac{4}{3}\pi ab^2.$$

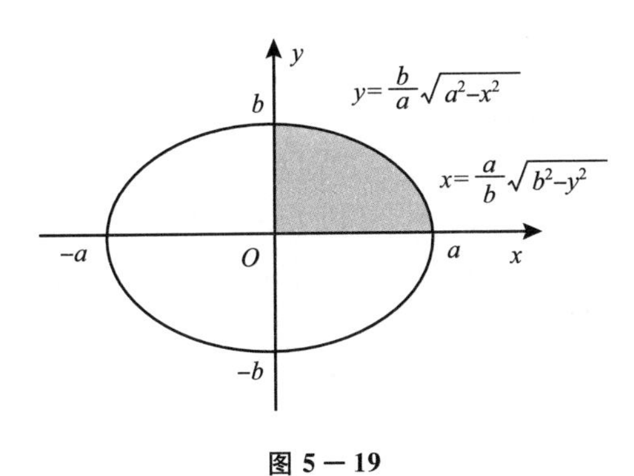

图 5－19

同理可得

$$V_y = 2\pi\int_0^b x^2 \mathrm{d}y = 2\pi\int_0^b \frac{a^2}{b^2}(b^2 - y^2)\mathrm{d}y = \frac{4}{3}\pi a^2 b.$$

特别地，当 $a = b$ 时，得球体体积 $V = \frac{4}{3}\pi a^3$.

例 2 求由直线 $x + y = 4$ 与曲线 $xy = 3$ 所围成的平面图形(见图 5－20)绕 x 轴旋转产生的旋转体的体积.

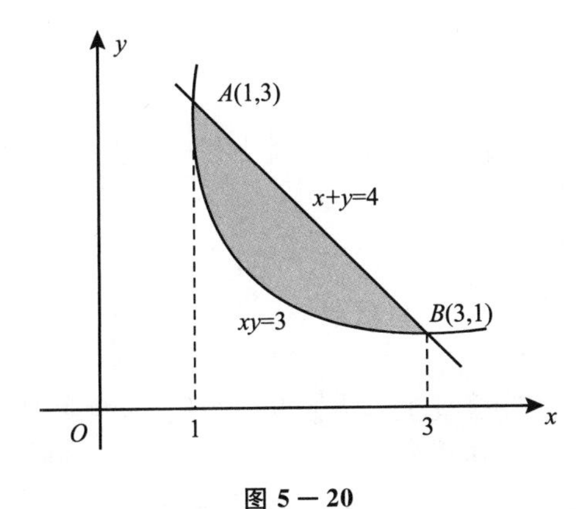

图 5－20

解 显然所求旋转体的体积等于由直线 $x + y = 4, x = 1, x = 3$ 及 x 轴围成图形绕 x 轴旋转所产生旋转体的体积减去由曲线 $xy = 3$，直线 $x = 1, x = 3$ 及 x 轴围成图形绕 x 轴旋转所产生旋转体的体积，故所求体积

$$V_x = \pi\int_1^3 (4 - x)^2 \mathrm{d}x - \pi\int_1^3 \left(\frac{3}{x}\right)^2 \mathrm{d}x$$

$$= \pi\left[-\frac{(4-x)^3}{3}\right]\Big|_1^3 + \pi\frac{9}{x}\Big|_1^3 = \frac{8}{3}\pi.$$

5.4.3 经济应用问题举例

1. 已知边际函数求原函数

例 1 设某产品在时刻 t 总产量的变化率为 $f(t) = 100 + 12t - 0.6t^2$（单位 / 小时），求从 $t = 2$ 到 $t = 4$ 这两小时的总产量．

解 因为总产量 $P(t)$ 是它的变化率的原函数，所以从 $t = 2$ 到 $t = 4$ 这两小时的总产量为

$$\int_2^4 f(t)\mathrm{d}t = \int_2^4 (100 + 12t - 0.6t^2)\mathrm{d}t$$

$$= (100t + 6t^2 - 0.2t^3)\Big|_2^4 = 260.8（单位）.$$

例 2 设某商品每天生产 x 单位时固定成本为 20 元，边际成本函数 $C'(x) = 0.4x + 2$（元 / 单位），求总成本函数 $C(x)$. 如果该商品规定的销售单价为 18 元，且产品可以全部售出，求总利润函数 $L(x)$，并求每天生产多少单位时才能获得最大利润？

解 因积分上限函数是被积函数的一个原函数，因此可变成本就是边际成本在 $[0,x]$ 上的定积分，又已知固定成本为 20 元，即 $C(0) = 20$，所以每天生产 x 单位时总成本函数为

$$C(x) = \int_0^x (0.4t + 2)\mathrm{d}t + C(0) = (0.2t^2 + 2t)\Big|_0^x + 20$$

$$= 0.2x^2 + 2x + 20.$$

设销售 x 单位商品得到的总收益为 $R(x)$，据题意有 $R(x) = 18x$. 所以，总利润函数为

$$L(x) = R(x) - C(x)$$

$$= 18x - (0.2x^2 + 2x + 20) = -0.2x^2 + 16x - 20.$$

由 $L'(x) = -0.4x + 16 = 0$，得 $x = 40$，而 $L''(40) = -0.4 < 0$，所以，每天生产 40 单位时才能获最大利润，最大利润为

$$L(40) = -0.2 \times 40^2 + 16 \times 40 - 20 = 300（元）.$$

例 3 已知生产某商品 x 单位时，边际收益函数为 $R'(x) = 200 - \frac{x}{50}$（元 / 单位），试求生产 x 单位时总收益 $R(x)$ 以及平均收益 $\overline{R}(x)$. 并求生产这种产品 2000 单位时的总收益和平均收益．

解 因为总收益是边际收益函数在 $[0,x]$ 上的定积分，所以生产 x 单位时的总收益为

$$R(x) = \int_0^x R'(t)\mathrm{d}t = \int_0^x \left(200 - \frac{t}{50}\right)\mathrm{d}t$$

$$= \left(200t - \frac{t^2}{100}\right)\Big|_0^x = 200x - \frac{x^2}{100},$$

则平均收益

$$\bar{R}(x) = \frac{R(x)}{x} = 200 - \frac{x}{100}.$$

当生产 2000 单位时,总收益为

$$R(2000) = 400000 - \frac{(2000)^2}{100} = 360000(\text{元}).$$

平均收益为

$$\bar{R}(2000) = 200 - \frac{2000}{100} = 180(\text{元}).$$

2. 已知贴现率求现金流量的贴现值

由于货币有时间价值,所以不同时间里的货币不能直接相加、减,那么应该如何处理呢?最常用的一种方法是现值法．所谓现值法就是把不同时间里的货币都换算成它的"现在"值．

设时间 t 为离散取值,$t=0,1,2,\cdots$,一般取年作为时间单位,投资额(以货币形式)记为 $P(0)$,年利率为 r,按复利计算,则 t 年后的货币额为

$$P(t) = P(0)(1+r)^t, t = 1,2,\cdots \tag{1}$$

从而有

$$P(0) = P(t)(1+r)^{-t}, t = 1,2,\cdots \tag{2}$$

式(2)中 $P(0)$ 就称为 t 年后的货币 $P(t)$ 之**现值**．

设时间 t 是连续取值的,以 $P(t)$ 表示时间 t 时的货币额,$P(0)$ 为投资额．若按年利率 r 作连续复利计算,$P(0)$ 在 t 年后的货币额为

$$P(t) = P(0)\mathrm{e}^{rt}. \tag{3}$$

从而,t 年后货币额为 $P(t)$ 的现值为

$$P(0) = P(t)\mathrm{e}^{-rt}. \tag{4}$$

投资的目的在于收益,由于总收益通常不是在投资周期之末一次进行,而是陆续的,比如说在每一年末都有收益,甚至在每时刻都有收益,这就称为收益流量(货币流量)．现在我们来计算一项投资的总收益．

离散型 设第 1 年末,第 2 年末,$\cdots$,第 n 年末的收益流量为 R_1,$R_2,\cdots,R_n$,年利率为 r,则 R_i 的现值分别为

$$R_1(1+r)^{-1}, R_2(1+r)^{-2}, \cdots, R_n(1+r)^{-n}.$$

n 年末该项投资的总收益现值为

$$R = \sum_{i=1}^{n} \frac{R_i}{(1+r)^i}. \tag{5}$$

连续型 设 t 时刻的收益流量为 $R(t)$,它指的是在时刻 t 时,单位

时间里的收益，则在一个很短的时间区间$[t,t+\mathrm{d}t]$内的收益的近似值是$R(t)\mathrm{d}t$. 若按年利率为r的连续复利计算，在$[t,t+\mathrm{d}t]$内收益的现值为$R(t)\mathrm{e}^{-rt}\mathrm{d}t$，按照定积分的微元法，那么，到$n$年末该项投资的总收益现值为

$$R=\int_0^n R(t)\mathrm{e}^{-rt}\mathrm{d}t. \tag{6}$$

特别地，当$R(t)=A$为常量时，叫作**等额货币流量**，也叫**均匀收益率**. 这时，式(5)、式(6)相应为

$$R=A\cdot\sum_{i=1}^{n}\frac{1}{(1+r)^i}=\frac{A}{r}\left[1-\frac{1}{(1+r)^n}\right] \tag{7}$$

和

$$R=A\int_0^n \mathrm{e}^{-rt}\mathrm{d}t=\frac{A}{r}(1-\mathrm{e}^{-rn}). \tag{8}$$

例 4　有一个大型投资项目，投资成本为$C=10000$(万元)，投资年利率为5%，每年的均匀收益流量$A=2000$(万元)，求该投资在20年末的纯收入的贴现值(按连续型计算).

解　由已知，$R(t)=2000$(万元)为常量，年利率$r=5\%$，由式(8)得，该项投资在20年末的总收益现值为

$$R=\int_0^{20}2000\mathrm{e}^{-0.05t}\mathrm{d}t=\frac{2000}{0.05}\cdot(-\mathrm{e}^{-0.05t})\Big|_0^{20}$$

$$=40000(1-\mathrm{e}^{-1})\approx 25285(\text{万元}),$$

所以，纯收益现值为

$$L=R-C=25285-10000=15285(\text{万元}).$$

例 5　若某商品房现售价为50万元，李某分期付款购买，10年付清，每年付款数相同，若年利率为4%，按连续复利计算，问李某每年应付款多少万元？

解　每年付款数额相同，设李某每年付款A万元，共付10年，而全部付款的总现值是已知的，即房屋的现售价50万元．由式(8)得

$$50=A\int_0^{10}\mathrm{e}^{-0.04t}\mathrm{d}t=\frac{A}{0.04}(-\mathrm{e}^{-0.04t})\Big|_0^{10}=\frac{A}{0.04}(1-\mathrm{e}^{-0.4}),$$

即

$$2=A(1-0.6703),A\approx 6.066(\text{万元}).$$

李某每年应付款6.066万元．

习题选讲

练习 5.4

1. 求由下列各曲线所围成的图形的面积．

(1)$y=\frac{1}{2}x^2$与$x^2+y^2=8$(两部分都要计算)；

(2)$y=\frac{1}{x}$与直线$y=x$及$x=2$；

(3)$y=x^3$与直线$x=0,y=1$；

(4) 在区间$\left[0,\frac{\pi}{2}\right]$上，$y=\sin x$与直线$x=0$，$y=1$；

习题选讲

(5) $y^2=x$与$x-y-2=0$；

(6) $y=\ln x$与直线$y=0$，$x=e$；

(7) $y=e^x$与$y=e^{-x}$及直线$x=1$.

2. 设$y=x^2$定义在$[0,1]$上，t为区间$[0,1]$上任一点．问t取何值时，图5－21中两阴影部分面积之和最小？

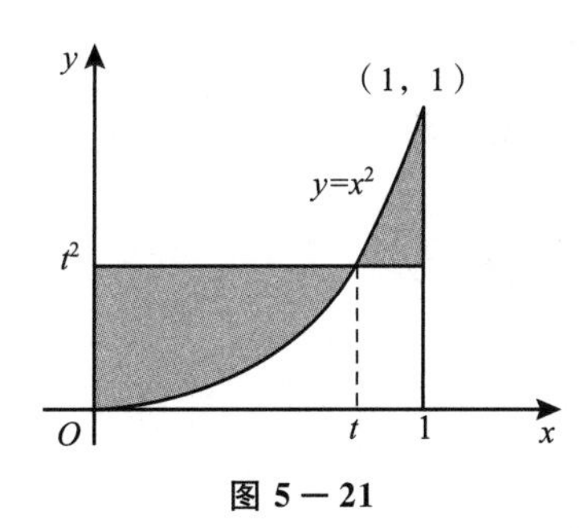

图5－21

3. 求下列曲线所围成的图形绕指定的轴旋转而形成的旋转体的体积．

(1) $y=x^2$，$x=y^2$，绕y轴；

(2) $y=x^3$，$y=0$，$x=2$，绕x轴和y轴；

(3) $y=x^2$，$y=0$，$x=1$，$x=2$，绕x轴和y轴；

(4) $x^2+(y-5)^2=16$，绕x轴；

(5) $y=\sin x(0\leqslant x\leqslant \pi)$，$y=0$，绕$y=1$.

4. 求曲线$y=\ln x$及过曲线上点$(e,1)$的切线和x轴所围成的图形绕x轴旋转所成旋转体的体积．

5. 已知某产品的月销售率为$f(t)=2t+5$，求该产品上半年的总销量为多少？

6. 中国人的收入正在逐年提高．据统计，深圳2002年的人均年收入为21914元(人民币)，假设这一人均收入以速度$v(t)=600(1.05)^t$(单位:元/年)增长，这里t是从2002年年底开始算起的年数，估算2011年深圳的人均年收入是多少？

7. 已知某产品的边际成本和边际收益分别为

$$C'(Q)=Q^2-4Q+6, R'(Q)=105-2Q.$$

且固定成本为100，其中Q为销售量．求销售量Q为多少时，总利润最大？最大利润为多少？

8. 某产品生产q个单位时的总收入R的变化率为

$$R'(q)=200-\frac{q}{100},$$

求:(1) 生产50个单位时的总收入；(2) 在生产100个单位的基础上，再生产100个单位时总收入的增加量．

9. 设某城市人口总数为F，已知F关于时间t(年)的变化率为

$$\frac{dF}{dt}=\frac{1}{\sqrt{t}}.$$

假设在计算的初始时间$(t=0)$，城市人口总数为100万人，试求t年中该城市

的人口总数．

§5.5 广义积分

前面所学的定积分，其积分区间是有限区间，被积函数是有界函数．但是，在一些实际问题中，我们常常遇到积分区间是无穷区间，或者被积函数是无界函数的积分，这就是本节要介绍的广义积分．

5.5.1 无穷限积分

现在考察由曲线 $y=\frac{1}{x^2}$，直线 $x=1$ 以及 x 轴所围成的无限区域的面积（见图 5－22）．

为了求得该图形的面积，我们作如下考虑，任取 $b\in(1,+\infty)$，则由 $y=\frac{1}{x^2}$，$x=1$，$x=b$ 及 x 轴所围成曲边梯形（见图 5－22 中阴影部分）的面积为

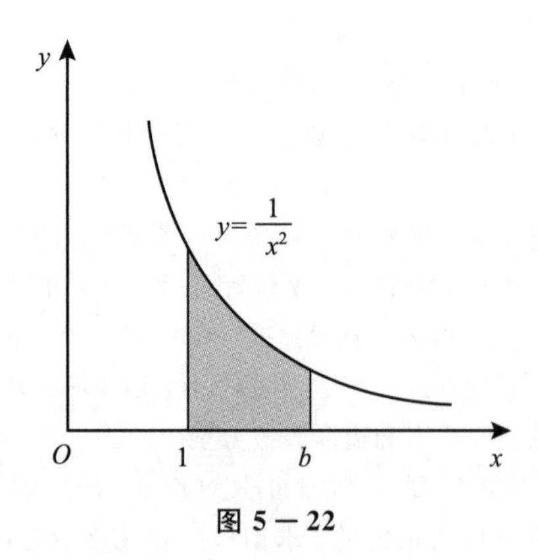

图 5－22

$$S_b=\int_1^b\frac{1}{x^2}\mathrm{d}x=-\frac{1}{x}\Big|_1^b=1-\frac{1}{b}.$$

显然，当直线 $x=b$ 越向右移动，S_b 越接近所求的面积．为此，令 $b\to+\infty$，S_b 的极限（若存在）就是所求图形的面积，即

$$S=\lim_{b\to+\infty}S_b=\lim_{b\to+\infty}\int_1^b\frac{1}{x^2}\mathrm{d}x=\lim_{b\to+\infty}\left(1-\frac{1}{b}\right)=1.$$

这里提出了一个定积分的上限无限增大的极限问题，为此我们引入下面的无穷限积分的概念．

1. 无穷限积分的定义

定义 5.5.1 设函数 $f(x)$ 在区间 $[a,+\infty)$ 上有定义，且对任实数 $b(b>a)$，$f(x)$ 在 $[a,b]$ 上可积，称记号 $\int_a^{+\infty} f(x)\mathrm{d}x$ 为 $f(x)$ 在区间 $[a,+\infty)$ 上的广义积分．若极限

$$\lim_{b\to+\infty}\int_a^b f(x)\mathrm{d}x \tag{1}$$

存在，则称广义积分 $\int_a^{+\infty} f(x)\mathrm{d}x$ 收敛，并把此极限值称为积分 $\int_a^{+\infty} f(x)\mathrm{d}x$ 的值，即有

$$\int_a^{+\infty} f(x)\mathrm{d}x = \lim_{b\to+\infty}\int_a^b f(x)\mathrm{d}x. \tag{2}$$

若式(1)表示的极限不存在，则称广义积分 $\int_a^{+\infty} f(x)\mathrm{d}x$ 发散．

类似地，我们也可以定义函数 $f(x)$ 在 $(-\infty,b]$、$(-\infty,+\infty)$ 上的积分．

设函数 $f(x)$ 在 $(-\infty,b]$ 上有定义，且对任意 $a(a<b)$，$f(x)$ 在 $[a,b]$ 上可积，称记号 $\int_{-\infty}^b f(x)\mathrm{d}x$ 为函数 $f(x)$ 在区间 $(-\infty,b]$ 上的广义积分．若极限

$$\lim_{a\to-\infty}\int_a^b f(x)\mathrm{d}x \tag{3}$$

存在，则称广义积分 $\int_{-\infty}^b f(x)\mathrm{d}x$ 收敛，并把此极限值称为积分 $\int_{-\infty}^b f(x)\mathrm{d}x$ 的值，即有

$$\int_{-\infty}^b f(x)\mathrm{d}x = \lim_{a\to-\infty}\int_a^b f(x)\mathrm{d}x. \tag{4}$$

若式(3)的极限不存在，则称广义积分 $\int_{-\infty}^b f(x)\mathrm{d}x$ 发散．

设函数 $f(x)$ 在 $(-\infty,+\infty)$ 上有定义，且在任何有限闭区间上可积，称记号 $\int_{-\infty}^{+\infty} f(x)\mathrm{d}x$ 为 $f(x)$ 在区间 $(-\infty,+\infty)$ 上广义积分．如果 $\int_{-\infty}^c f(x)\mathrm{d}x$ 与 $\int_c^{+\infty} f(x)\mathrm{d}x$ 都收敛，则称 $\int_{-\infty}^{+\infty} f(x)\mathrm{d}x$ 收敛，且定义其值为 $\int_{-\infty}^c f(x)\mathrm{d}x+\int_c^{+\infty} f(x)\mathrm{d}x$，即有

$$\int_{-\infty}^{+\infty} f(x)\mathrm{d}x = \int_{-\infty}^c f(x)\mathrm{d}x + \int_c^{+\infty} f(x)\mathrm{d}x \tag{5}$$

否则，就称广义积分 $\int_{-\infty}^{+\infty} f(x)\mathrm{d}x$ 发散．

上面 3 种广义积分因积分区间为无穷区间，故统称为**无穷限广义积分**，简称**无穷限积分**.

例 1 求$\int_0^{+\infty} \mathrm{e}^{-x}\mathrm{d}x$的值.

解 由式(2)，知

$$\int_0^{+\infty} \mathrm{e}^{-x}\mathrm{d}x = \lim_{b\to+\infty}\int_0^b \mathrm{e}^{-x}\mathrm{d}x$$
$$= \lim_{b\to+\infty}(-\mathrm{e}^{-x})\Big|_0^b = \lim_{b\to+\infty}(1-\mathrm{e}^{-b}) = 1.$$

例 2 求$\int_{-\infty}^0 x\mathrm{e}^{-x^2}\mathrm{d}x$的值.

解 由式(4)，知

$$\int_{-\infty}^0 x\mathrm{e}^{-x^2}\mathrm{d}x = \lim_{a\to-\infty}\int_a^0 x\mathrm{e}^{-x^2}\mathrm{d}x = -\frac{1}{2}\lim_{a\to-\infty}\int_a^0 \mathrm{e}^{-x^2}\mathrm{d}(-x^2)$$
$$= -\frac{1}{2}\lim_{a\to-\infty}\mathrm{e}^{-x^2}\Big|_a^0 = -\frac{1}{2}\lim_{a\to-\infty}(1-\mathrm{e}^{-a^2}) = -\frac{1}{2}.$$

为了书写方便，计算无穷限积分时，也可采用定积分的牛顿—莱布尼兹公式的记法，即若函数$f(x)$在$[a,+\infty)$连续，$F(x)$是$f(x)$的一个原函数，且$F(+\infty)=\lim\limits_{x\to+\infty}F(x)$存在，那么

$$\int_a^{+\infty} f(x)\mathrm{d}x = F(x)\Big|_a^{+\infty} = F(+\infty)-F(a).$$

对于积分$\int_{-\infty}^b f(x)\mathrm{d}x$与$\int_{-\infty}^{+\infty} f(x)\mathrm{d}x$，也有

$$\int_{-\infty}^b f(x)\mathrm{d}x = F(x)\Big|_{-\infty}^b = F(b)-F(-\infty),$$
$$\int_{-\infty}^{+\infty} f(x)\mathrm{d}x = F(x)\Big|_{-\infty}^{+\infty} = F(+\infty)-F(-\infty),$$

这里，$F(x)$是$f(x)$的一个原函数，$F(-\infty)=\lim\limits_{x\to-\infty}F(x)$.

例 3 求$\int_{-\infty}^{+\infty}\frac{\mathrm{d}x}{1+x^2}$的值.

解 由式(5)，知

$$\int_{-\infty}^{+\infty}\frac{\mathrm{d}x}{1+x^2} = \int_{-\infty}^0\frac{\mathrm{d}x}{1+x^2}+\int_0^{+\infty}\frac{\mathrm{d}x}{1+x^2},$$

而

$$\int_{-\infty}^0\frac{1}{1+x^2}\mathrm{d}x = \arctan x\Big|_{-\infty}^0 = 0-\left(-\frac{\pi}{2}\right) = \frac{\pi}{2},$$
$$\int_0^{+\infty}\frac{1}{1+x^2}\mathrm{d}x = \arctan x\Big|_0^{+\infty} = \frac{\pi}{2}-0 = \frac{\pi}{2},$$

所以

$$\int_{-\infty}^{+\infty}\frac{\mathrm{d}x}{1+x^2} = \pi.$$

例3更简练的做法是：$\int_{-\infty}^{+\infty}\frac{\mathrm{d}x}{1+x^2}=\arctan x\Big|_{-\infty}^{+\infty}=\frac{\pi}{2}-\left(-\frac{\pi}{2}\right)=\pi.$

这个积分值的几何意义是：夹在曲线 $y=\frac{1}{1+x^2}$ 和 x 轴之间的无限区域(见图 5－23) 的面积是有限值 π.

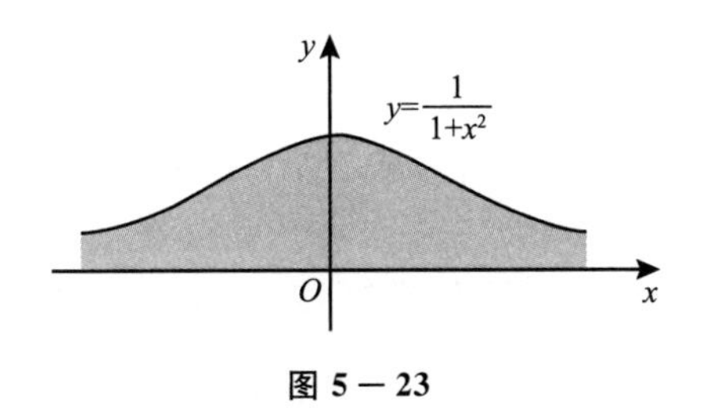

图 5－23

例 4 证明积分$\int_0^{+\infty}\cos x\mathrm{d}x$ 发散．

证 由于 $\int_0^{+\infty}\cos x\mathrm{d}x=\lim\limits_{b\to+\infty}\int_0^b\cos x\mathrm{d}x=\lim\limits_{b\to+\infty}(\sin x\Big|_0^b)=\lim\limits_{b\to+\infty}\sin b$，而 $\lim\limits_{b\to+\infty}\sin b$ 不存在，所以，积分$\int_0^{+\infty}\cos x\mathrm{d}x$ 发散．

例 5 讨论积分$\int_1^{+\infty}\frac{1}{x^p}\mathrm{d}x$ 的敛散性．

解 当 $p=1$ 时，有

$$\int_1^{+\infty}\frac{1}{x}\mathrm{d}x=\ln x\Big|_1^{+\infty}=+\infty;$$

当 $p\neq1$ 时，有

$$\int_1^{+\infty}\frac{1}{x^p}\mathrm{d}x=\frac{x^{1-p}}{1-p}\Big|_1^{+\infty}=\begin{cases}\frac{1}{p-1} & p>1\\ +\infty & p<1\end{cases}.$$

于是，积分$\int_1^{+\infty}\frac{\mathrm{d}x}{x^p}$，当 $p\leqslant1$ 时发散，当 $p>1$ 时收敛于$\frac{1}{p-1}$.

下面对于无穷限积分的讨论仅对$\int_a^{+\infty}f(x)\mathrm{d}x$ 型进行，所得结论不难推到$\int_{-\infty}^b f(x)\mathrm{d}x$ 型和$\int_{-\infty}^{+\infty}f(x)\mathrm{d}x$ 型．

2. 无穷限积分的性质

性质 1 若$\int_a^{+\infty}f(x)\mathrm{d}x$ 收敛，则$\int_a^{+\infty}kf(x)\mathrm{d}x$ 也收敛，且

$$\int_a^{+\infty}kf(x)\mathrm{d}x=k\int_a^{+\infty}f(x)\mathrm{d}x,$$

其中，k 为常数．

性质 2 若$\int_a^{+\infty} f(x)\mathrm{d}x$与$\int_a^{+\infty} g(x)\mathrm{d}x$都收敛，则$\int_a^{+\infty} [f(x) \pm g(x)]\mathrm{d}x$也收敛，且

$$\int_a^{+\infty}[f(x) \pm g(x)]\mathrm{d}x = \int_a^{+\infty} f(x)\mathrm{d}x \pm \int_a^{+\infty} g(x)\mathrm{d}x.$$

另外，无穷限积分的计算也有换元积分法和分部积分法．

例 6 求$\int_0^{+\infty} \mathrm{e}^{-x}\sin x\mathrm{d}x$.

解

$$\begin{aligned}\int_0^{+\infty} \mathrm{e}^{-x}\sin x\mathrm{d}x &= -\int_0^{+\infty} \mathrm{e}^{-x}\mathrm{d}(\cos x) \\ &= -\mathrm{e}^{-x}\cos x\Big|_0^{+\infty} - \int_0^{+\infty} \mathrm{e}^{-x}\cos x\mathrm{d}x \\ &= 1 - \int_0^{+\infty} \mathrm{e}^{-x}\mathrm{d}(\sin x) \\ &= 1 - \left[\mathrm{e}^{-x}\sin x\Big|_0^{+\infty} + \int_0^{+\infty} \sin x \cdot \mathrm{e}^{-x}\mathrm{d}x\right] \\ &= 1 - \int_0^{+\infty} \mathrm{e}^{-x}\sin x\mathrm{d}x,\end{aligned}$$

所以

$$\int_0^{+\infty} \mathrm{e}^{-x}\sin x\mathrm{d}x = \frac{1}{2}.$$

例 7 设 $f(x) = \begin{cases}\lambda \mathrm{e}^{-\lambda x}, & x > 0 \\ 0, & x \leqslant 0\end{cases}$，其中 $\lambda > 0$ 是常数，求$\int_{-\infty}^{+\infty} xf(x)\mathrm{d}x$.

解

$$\begin{aligned}\int_{-\infty}^{+\infty} xf(x)\mathrm{d}x &= \int_{-\infty}^{0} 0\mathrm{d}x + \int_0^{+\infty} x\lambda \mathrm{e}^{-\lambda x}\mathrm{d}x \\ &= -\int_0^{+\infty} x\mathrm{d}(\mathrm{e}^{-\lambda x}) \\ &= -x\mathrm{e}^{-\lambda x}\Big|_0^{+\infty} + \int_0^{+\infty} \mathrm{e}^{-\lambda x}\mathrm{d}x,\end{aligned}$$

由于$\lim\limits_{x\to+\infty} x\mathrm{e}^{-\lambda x} = \lim\limits_{x\to+\infty}\frac{x}{\mathrm{e}^{\lambda x}} = \lim\limits_{x\to+\infty}\frac{1}{\lambda \mathrm{e}^{\lambda x}} = 0$，所以

$$\int_{-\infty}^{+\infty} xf(x)\mathrm{d}x = 0 + \int_0^{+\infty} \mathrm{e}^{-\lambda x}\mathrm{d}x = -\frac{1}{\lambda}\mathrm{e}^{-\lambda x}\Big|_0^{+\infty} = \frac{1}{\lambda}.$$

3. 无穷限积分收敛的判定

定理 5.5.1 设$f(x) \geqslant 0$，$\int_a^{+\infty} f(x)\mathrm{d}x$收敛的充要条件为$P(x) = \int_a^x f(t)\mathrm{d}t$是有界函数．

读者自证．

定理 5.5.2 （比较判别法）设$0 \leqslant f(x) \leqslant g(x)$，则有

(1) 当$\int_a^{+\infty} g(x)\mathrm{d}x$收敛时,$\int_a^{+\infty} f(x)\mathrm{d}x$收敛;

(2) 当$\int_a^{+\infty} f(x)\mathrm{d}x$发散时,$\int_a^{+\infty} g(x)\mathrm{d}x$发散.

利用定理 5.5.1,容易证明定理 5.5.2.

例 8　证明$\int_0^{+\infty} \mathrm{e}^{-x^2}\mathrm{d}x$收敛.

证　由于$\int_0^{+\infty} \mathrm{e}^{-x^2}\mathrm{d}x=\int_0^1 \mathrm{e}^{-x^2}\mathrm{d}x+\int_1^{+\infty} \mathrm{e}^{-x^2}\mathrm{d}x$,而$\int_0^1 \mathrm{e}^{-x^2}\mathrm{d}x$的值是确定的.又当$x\geqslant 1$时,有$0\leqslant \mathrm{e}^{-x^2}\leqslant \mathrm{e}^{-x}$,而且

$$\int_1^{+\infty} \mathrm{e}^{-x}\mathrm{d}x=-\mathrm{e}^{-x}\Big|_1^{+\infty}=\mathrm{e}^{-1}.$$

由比较判别法知,$\int_1^{+\infty} \mathrm{e}^{-x^2}\mathrm{d}x$收敛,所以$\int_0^{+\infty} \mathrm{e}^{-x^2}\mathrm{d}x$收敛.

定义 5.5.2　若$\int_a^{+\infty} |f(x)|\mathrm{d}x$收敛,则称$\int_a^{+\infty} f(x)\mathrm{d}x$**绝对收敛**;若$\int_a^{+\infty} f(x)\mathrm{d}x$收敛,而$\int_a^{+\infty} |f(x)|\mathrm{d}x$发散,则称$\int_a^{+\infty} f(x)\mathrm{d}x$**条件收敛**.

定理 5.5.3　绝对收敛的无穷限积分必收敛.

证　因为

$$0\leqslant |f(x)|-f(x)\leqslant 2|f(x)|$$

且$\int_a^{+\infty} |f(x)|\mathrm{d}x$收敛,由定理 5.5.2 知$\int_a^{+\infty} [|f(x)|-f(x)]\mathrm{d}x$收敛.又

$$f(x)=|f(x)|-[|f(x)|-f(x)],$$

由性质 2 知,$\int_a^{+\infty} f(x)\mathrm{d}x$收敛.

例 9　判定$\int_1^{+\infty} \frac{\sin x}{x\sqrt{1+x^2}}\mathrm{d}x$的收敛性.

解　因为

$$\left|\frac{\sin x}{x\sqrt{1+x^2}}\right|\leqslant \frac{1}{x^2}\quad (x\geqslant 1)$$

而$\int_1^{+\infty} \frac{1}{x^2}\mathrm{d}x$收敛,由定理 5.5.2 知,$\int_1^{+\infty} \left|\frac{\sin x}{x\sqrt{1+x^2}}\right|\mathrm{d}x$收敛,即$\int_1^{+\infty} \frac{\sin x}{x\sqrt{1+x^2}}\mathrm{d}x$绝对收敛.

5.5.2　无界函数积分

广义积分的另一类型是被积函数在积分区间上有无穷间断点,这时被积函数在积分区间上无界.

我们考虑位于曲线 $y=\dfrac{1}{\sqrt{x}}$ 之下，x 轴之上，从 $x=0$ 到 $x=1$ 之间的无界区域的面积 S（见图5－24）. 首先我们求从 a 到1那部分（见图5－24中阴影部分）的面积：

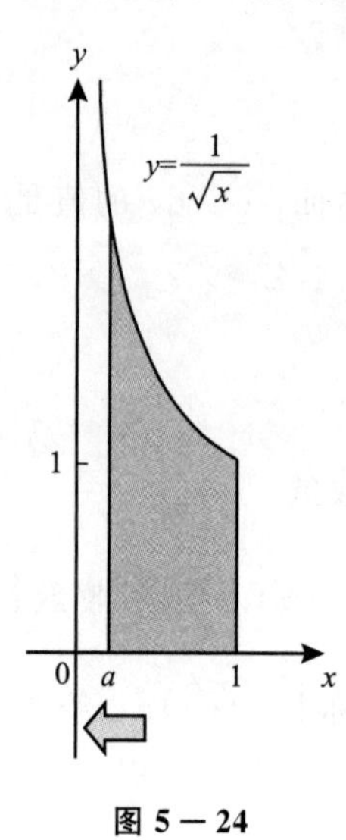

图 5－24

$$S_a=\int_a^1\frac{1}{\sqrt{x}}\mathrm{d}x=2\sqrt{x}\Big|_a^1=2-2\sqrt{a}.$$

显然，当 $a\to 0^+$ 时，S_a 的极限就应当是所求面积 S，即

$$S=\lim_{a\to 0^+}S_a=\lim_{a\to 0^+}\int_a^1\frac{1}{\sqrt{x}}\mathrm{d}x=\lim_{a\to 0^+}(2-2\sqrt{a})=2.$$

借用定积分的记号将 $\lim\limits_{a\to 0^+}\int_a^1\dfrac{1}{\sqrt{x}}\mathrm{d}x$ 记为 $\int_0^1\dfrac{1}{\sqrt{x}}\mathrm{d}x$，注意到函数 $y=\dfrac{1}{\sqrt{x}}$ 在区间 $(0,1]$ 上无界，$x=0$ 是其无穷间断点，这就提出了一个被积函数在积分区间上无界的积分问题．一般地，我们有如下定义．

定义 5.5.3 设函数 $f(x)$ 在区间 $(a,b]$ 的任一闭子区间上可积，且 $\lim\limits_{x\to a^+}f(x)=\infty$，称记号 $\int_a^b f(x)\mathrm{d}x$ 为函数 $f(x)$ 在 $(a,b]$ 上的广义积分．取 $a<t<b$，若极限

$$\lim_{t\to a^+}\int_t^b f(x)\mathrm{d}x \tag{1}$$

存在，则称广义积分 $\int_a^b f(x)\mathrm{d}x$ 收敛，并把此极限值称为广义积分 $\int_a^b f(x)\mathrm{d}x$ 的值，即有

$$\int_a^b f(x)\mathrm{d}x=\lim_{t\to a^+}\int_t^b f(x)\mathrm{d}x \tag{2}$$

若式(1)表示的极限不存在，则称广义积分 $\int_a^b f(x)\mathrm{d}x$ 发散．

定义5.5.3中的点 a，称为 $f(x)$ 的瑕点．一般地，如果函数 $f(x)$ 在点 x_0 的任一邻域内无界，则称 x_0 是 $f(x)$ 的**瑕点**．

类似地，有下述定义：

设函数 $f(x)$ 在区间 $[a,b)$ 上任一闭子区间上可积，b 为瑕点，则称记号 $\int_a^b f(x)\mathrm{d}x$ 为函数 $f(x)$ 在 $[a,b)$ 上的广义积分．取 $a<t<b$，若极限

$$\lim_{t\to b^-}\int_a^t f(x)\mathrm{d}x \tag{3}$$

存在，则称广义积分$\int_a^b f(x)\mathrm{d}x$收敛，并把此极限值称为广义积分$\int_a^b f(x)\mathrm{d}x$的值，即有

$$\int_a^b f(x)\mathrm{d}x = \lim_{t\to b^-}\int_a^t f(x)\mathrm{d}x \tag{4}$$

若式(3)表示的极限不存在，则称广义积分$\int_a^b f(x)\mathrm{d}x$发散．

设函数$f(x)$在区间$[a,b]$上除$x=c(a<c<b)$外有定义，且$f(x)$在不包含c点的任何闭子区间上可积．c为假点，那么当$\int_a^c f(x)\mathrm{d}x$和$\int_c^b f(x)\mathrm{d}x$都收敛时，称广义积分$\int_a^b f(x)\mathrm{d}x$收敛，且定义其值为

$$\int_a^b f(x)\mathrm{d}x = \int_a^c f(x)\mathrm{d}x + \int_c^b f(x)\mathrm{d}x \tag{5}$$

否则，称广义积分$\int_a^c f(x)\mathrm{d}x$发散．

上面的3种广义积分因被积函数在相应积分区间上无界，故称为无界函数广义积分，又称为**瑕积分**，它与无穷限积分具有相同的性质．

应注意的是，瑕积分与定积分的记号在形式上是相同的．因此，在计算中需特别注意．

例1　求$\int_0^1 \ln x\mathrm{d}x$.

解　$x=0$是瑕点，由定义有

$$\begin{aligned}\int_0^1 \ln x\mathrm{d}x &= \lim_{t\to 0^+}\int_t^1 \ln x\mathrm{d}x = \lim_{t\to 0^+}(x\ln x - x)\Big|_t^1 \\ &= \lim_{t\to 0^+}(-1 - t\ln t + t) = -1.\end{aligned}$$

其中，$\lim\limits_{t\to 0^+} t\ln t = 0$是用洛必达法则算出的．

瑕积分在计算形式上也可采用定积分的牛顿—莱布尼兹公式的记法．

设$F(x)$是$f(x)$在$(a,b]$上的一个原函数，a为$f(x)$的瑕点，若$\lim\limits_{x\to a^+}F(x)$存在，则广义积分

$$\int_a^b f(x)\mathrm{d}x = F(b) - \lim_{x\to a^+}F(x) = F(b) - F(a^+)$$

收敛；若$\lim\limits_{x\to a^+}F(x)$不存在，则广义积分$\int_a^b f(x)\mathrm{d}x$发散．

我们仍用记号$F(x)\Big|_a^b$来表示$F(b)-F(a^+)$，从而形式上仍有

$$\int_a^b f(x)\mathrm{d}x = F(x)\Big|_a^b$$

其他形式的瑕积分也可以类似表示．

例 2 计算

$$\int_0^a \frac{dx}{\sqrt{a^2-x^2}} \qquad (a>0).$$

解 点 $x=a$ 是瑕点，于是

$$\int_0^a \frac{dx}{\sqrt{a^2-x^2}} = \arcsin\frac{x}{a}\Big|_0^a = \lim_{x\to a^-}\arcsin\frac{x}{a}-0=\frac{\pi}{2}.$$

这个广义积分值的几何意义是：位于曲线 $y=\frac{1}{\sqrt{a^2-x^2}}$ 之下、x 轴之上、直线 $x=0$ 与 $x=a$ 之间的图形面积（见图 5－25）.

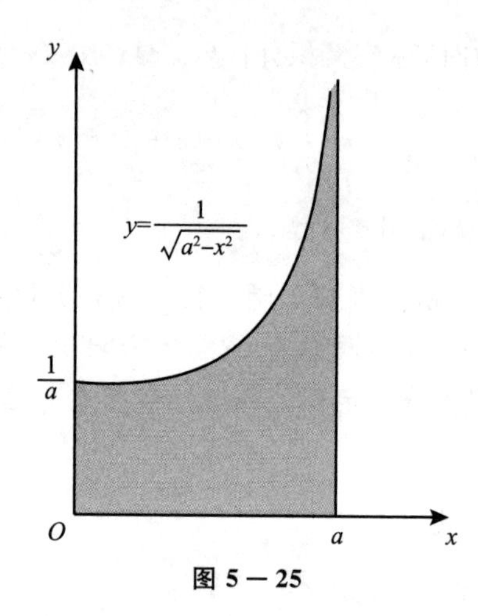

图 5－25

例 3 讨论广义积分 $\int_{-1}^1 \frac{dx}{x^2}$ 的收敛性．

解 点 $x=0$ 为瑕点，于是

$$\int_{-1}^1 \frac{1}{x^2}dx = \int_{-1}^0 \frac{1}{x^2}dx + \int_0^1 \frac{1}{x^2}dx$$

由于

$$\int_{-1}^0 \frac{dx}{x^2} = -\frac{1}{x}\Big|_{-1}^0 = \lim_{x\to 0^-}\left(-\frac{1}{x}\right)-1=+\infty,$$

即积分 $\int_{-1}^0 \frac{dx}{x^2}$ 发散，所以积分 $\int_{-1}^1 \frac{dx}{x^2}$ 发散．

例 4 证明广义积分 $\int_a^b \frac{dx}{(x-a)^q}$ 当 $0<q<1$ 时收敛；当 $q\geqslant 1$ 时发散．

证 当 $q=1$ 时，

$$\int_a^b \frac{dx}{(x-a)^q} = \int_a^b \frac{dx}{x-a} = \ln(x-a)\Big|_a^b$$
$$= \ln(b-a) - \lim_{x\to a^+}\ln(x-a) = +\infty.$$

当 $q \neq 1$ 时，

$$\int_a^b \frac{\mathrm{d}x}{(x-a)^q} = \frac{(x-a)^{1-q}}{1-q}\bigg|_a^b = \begin{cases} \dfrac{(b-a)^{1-q}}{1-q}, & 0 < q < 1, \\ +\infty, & q > 1. \end{cases}$$

因此，当 $0 < q < 1$ 时，广义积分收敛，其值为 $\dfrac{(b-a)^{1-q}}{1-q}$；当 $q \geqslant 1$ 时，广义积分发散．

5.5.3　Γ函数和β函数

1. Γ 函数

定义 5.5.4　广义积分

$$\Gamma(r) = \int_0^{+\infty} x^{r-1}\mathrm{e}^{-x}\mathrm{d}x \quad (r > 0) \tag{1}$$

是参变量 r 的函数，称为 **Γ 函数**．

可以证明式(1)右端的广义积分当 $r > 0$ 时是收敛的，说明 Γ 函数的定义域是 $r > 0$. 还可进一步证明，Γ 函数在其定义域内是连续函数．

Γ 函数有如下性质：

(i) $\Gamma(r+1) = r\Gamma(r) \quad (r > 0)$

(ii) $\Gamma(n+1) = n!$ （n 为正整数）

证　(i) 由定义，有

$$\begin{aligned}\Gamma(r+1) &= \int_0^{+\infty} x^r\mathrm{e}^{-x}\mathrm{d}x = -\int_0^{+\infty} x^r\mathrm{d}(\mathrm{e}^{-x}) \\ &= -x^r\mathrm{e}^{-x}\Big|_0^{+\infty} + \int_0^{+\infty} r\cdot x^{r-1}\mathrm{e}^{-x}\mathrm{d}x \\ &= r\int_0^{+\infty} x^{r-1}\mathrm{e}^{-x}\mathrm{d}x = r\Gamma(r).\end{aligned}$$

(ii) 由(i)得

$$\begin{aligned}\Gamma(n+1) = n\Gamma(n) &= n\cdot(n-1)\Gamma(n-1) = \cdots \\ &= n\cdot(n-1)\cdot\cdots\cdot 2\cdot 1\cdot\Gamma(1) \\ &= n!\Gamma(1),\end{aligned}$$

而

$$\Gamma(1) = \int_0^{+\infty}\mathrm{e}^{-x}\mathrm{d}x = -\mathrm{e}^{-x}\Big|_0^{+\infty} = 1,$$

所以

$$\Gamma(n+1) = n!.$$

例 1　计算(1) $\dfrac{\Gamma(2.5)}{\Gamma(0.5)}$，　　(2) $\displaystyle\int_0^{+\infty} x^5\mathrm{e}^{-x}\mathrm{d}x$.

解 (1) $\dfrac{\Gamma(2.5)}{\Gamma(0.5)}=\dfrac{1.5\Gamma(1.5)}{\Gamma(0.5)}=\dfrac{1.5\cdot 0.5\Gamma(0.5)}{\Gamma(0.5)}=0.75.$

(2) $\displaystyle\int_0^{+\infty}x^5\mathrm{e}^{-x}\mathrm{d}x=\Gamma(6)=5!=120.$

例 2 求 $\displaystyle\int_0^{+\infty}\frac{\lambda^r}{\Gamma(r)}x^{r-1}\mathrm{e}^{-\lambda x}\mathrm{d}x\quad(r>0,\lambda>0).$

解 令 $y=\lambda x$，则有

$$\int_0^{+\infty}\frac{\lambda^r}{\Gamma(r)}x^{r-1}\mathrm{e}^{-\lambda x}\mathrm{d}x=\frac{\lambda^r}{\Gamma(r)}\cdot\frac{1}{\lambda}\int_0^{+\infty}\left(\frac{y}{\lambda}\right)^{r-1}\mathrm{e}^{-y}\mathrm{d}y$$

$$=\frac{\lambda^r}{\Gamma(r)}\cdot\frac{1}{\lambda^r}\int_0^{+\infty}y^{r-1}\mathrm{e}^{-y}\mathrm{d}y=\frac{1}{\Gamma(r)}\cdot\Gamma(r)=1.$$

2. β 函数

定义 5.5.5 积分

$$\beta(p,q)=\int_0^1 x^{p-1}(1-x)^{q-1}\mathrm{d}x\quad(p>0,q>0)\tag{2}$$

是参变量 p,q 的函数，称为 **β 函数**.

式(2) 右端的积分当 $p<1,q<1$ 时是广义积分，可以证明当 $p>0,q>0$ 时是收敛的.

β 函数有如下性质：

(i) $\beta(p,q)=\beta(q,p)$

(ii) $\beta(p+1,q+1)=\dfrac{q}{p+q+1}\beta(p+1,q)$

(iii) $\beta(p,q)=\dfrac{\Gamma(p)\Gamma(q)}{\Gamma(p+q)}$

证明从略.

练习 5.5

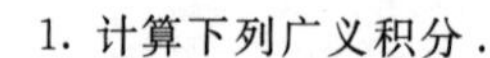

习题选讲

1. 计算下列广义积分.

(1) $\displaystyle\int_0^{+\infty}x\mathrm{e}^{-x}\mathrm{d}x$　　(2) $\displaystyle\int_1^{+\infty}\frac{\ln x}{x^2}\mathrm{d}x$

(3) $\displaystyle\int_0^{+\infty}\mathrm{e}^{-ax}\cos bx\,\mathrm{d}x\quad(a>0)$　　(4) $\displaystyle\int_2^{+\infty}\frac{1}{x\ln^2 x}\mathrm{d}x$

(5) $\displaystyle\int_1^{+\infty}\frac{1}{x\sqrt{1+x^2}}\mathrm{d}x$　　(6) $\displaystyle\int_{-\infty}^{+\infty}\frac{1}{x^2+2x+2}\mathrm{d}x$

(7) $\displaystyle\int_{-1}^{1}\frac{1}{\sqrt{1-x^2}}\mathrm{d}x$　　(8) $\displaystyle\int_1^{2}\frac{1}{(x-1)^\alpha}\mathrm{d}x\quad(\alpha>0)$

(9) $\displaystyle\int_0^{1}\frac{1}{\sqrt{1-x}}\mathrm{d}x$　　(10) $\displaystyle\int_{-a}^{a}\frac{1}{\sqrt{a^2-x^2}}\mathrm{d}x\quad(a>0)$

(11) $\displaystyle\int_0^{1}\ln x\,\mathrm{d}x$　　(12) $\displaystyle\int_0^{1}\ln\frac{1}{1-x^2}\mathrm{d}x$

2. 讨论广义积分 $\int_{e}^{+\infty}\frac{1}{x\ln^{k}x}\mathrm{d}x$ 的敛散性，k 为常数.

3. 下列计算是否正确?为什么?

习题选讲

(1) $\int_{-1}^{1}\frac{1}{x^{2}}\mathrm{d}x=-\frac{1}{x}\Big|_{-1}^{1}=-2$；(2) $\int_{-\infty}^{+\infty}\frac{x}{\sqrt{1+x^{2}}}\mathrm{d}x=0$（因为被积函数为奇函数）.

4. 在传染病流行期间人们被传染患病的速度可以近似地表示为 $r=1000te^{-0.5t}$（r 的单位：人 / 天），t 为传染病开始流行的天数，求共有多少人患病.

5. 求由曲线 $y=\mathrm{e}^{-x}$ 与直线 $y=0$ 之间位于第一象限内的平面图形绕 x 轴旋转而得的旋转体的体积.

习　题　五

1. 填空题.

(1) $I_1=\int_{0}^{1}\sqrt{1+x^{3}}\mathrm{d}x$ 与 $I_2=\int_{0}^{1}\sqrt{1+x^{4}}\mathrm{d}x$ 的大小关系是__________.

(2) $\int_{-\frac{\pi}{2}}^{\frac{\pi}{2}}\cos x\mathrm{e}^{\sin x}\mathrm{d}x=$__________.

(3) 设函数 $f(x)$ 连续，则 $\lim\limits_{x\to a}\frac{x}{x-a}\int_{a}^{x}f(x)\mathrm{d}x=$__________.

习题选讲

(4) 设 $f(x)=\begin{cases}x\mathrm{e}^{x^{2}}, & -\frac{1}{2}\leqslant x<\frac{1}{2}\\ -1, & x\geqslant\frac{1}{2}\end{cases}$，则 $\int_{\frac{1}{2}}^{2}f(x-1)\mathrm{d}x=$__________.

(5)* $\int_{-1}^{1}(|x|+x)\mathrm{e}^{-|x|}\mathrm{d}x=$__________.

2. 选择题.

(1) 下列等式中正确的有（　　）.

(a) $\frac{\mathrm{d}}{\mathrm{d}x}\int_{a}^{b}f(x)\mathrm{d}x=f(x)$　　(b) $\frac{\mathrm{d}}{\mathrm{d}x}\int f(x)\mathrm{d}x=f(x)$

(c) $\frac{\mathrm{d}}{\mathrm{d}x}\int_{a}^{x}f(x)\mathrm{d}x=f(x)$　　(d) $\int f'(x)\mathrm{d}x=f(x)$

(2) 设 $F(x)=\int_{x}^{x+2\pi}\mathrm{e}^{\sin t}\sin t\mathrm{d}t$，则 $F(x)$ 为（　　）.

(a) 正的常数　　(b) 负的常数

(c) 值为零　　(d) 非常数

(3) 设函数 $y=f(x)$ 具有三阶连续导数，其图形如图5－26所示. 那么，以下4个积分中，值小于零的积分是（　　）.

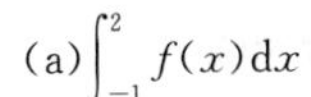

(a) $\int_{-1}^{2}f(x)\mathrm{d}x$　　(b) $\int_{-1}^{2}f'(x)\mathrm{d}x$

(c) $\int_{-1}^{2}f''(x)\mathrm{d}x$　　(d) $\int_{-1}^{2}f'''(x)\mathrm{d}x$

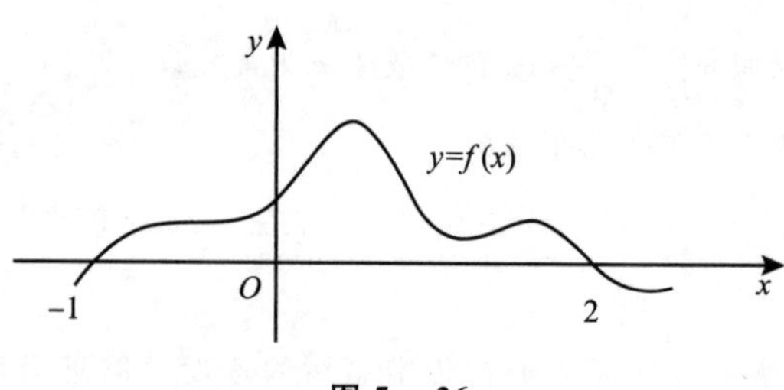

图 5－26

习题选讲

(4) 设 $f(x)$ 在 $[0,1]$ 上连续且单调递减，则函数 $F(t)=t\int_0^1[f(tx)-f(x)]\mathrm{d}x$ 在 $(0,1)$ 内(　　).

(a) 单调增加　　(b) 单调减少

(c) 有极小值　　(d) 有极大值

(5) 下列计算(　　)正确．

(a) $\int_{-\infty}^{+\infty}\frac{x}{1-x^2}\mathrm{d}x=0$

(b) $\int_{-\infty}^{+\infty}\sin x\mathrm{d}x=\lim\limits_{b\to+\infty}\int_{-b}^{b}\sin x\mathrm{d}x=\lim\limits_{b\to+\infty}(-\cos x\big|_{-b}^{b})=\lim\limits_{b\to+\infty}[\cos(-b)-\cos b]=0$

(c) $\int_{-1}^{1}\frac{1}{x^2}\mathrm{d}x=-\frac{1}{x}\Big|_{-1}^{1}=-2$

(d) $\int_0^{+\infty}x^{\frac{3}{2}}\mathrm{e}^{-x}\mathrm{d}x=\Gamma\left(\frac{5}{2}\right)=\frac{3}{2}\Gamma\left(\frac{3}{2}\right)=\frac{3}{2}\cdot\frac{1}{2}\Gamma\left(\frac{1}{2}\right)=\frac{3}{4}\sqrt{\pi}$

3. 利用定积分的几何意义，判别下列不等式是否成立．

(1) 在区间 $[a,b]$ 上，若 $f(x)>0, f'(x)>0, f''(x)<0$，则

$$(b-a)\frac{f(a)+f(b)}{2}<\int_a^b f(x)\mathrm{d}x<(b-a)f(b).$$

(2) 在区间 $[a,b]$ 上，若 $f(x)>0, f'(x)<0, f''(x)>0$，则

$$(b-a)f(b)<\int_a^b f(x)\mathrm{d}x<(b-a)\frac{f(a)+f(b)}{2}.$$

4. 用定积分求下列极限．

(1) $\lim\limits_{n\to\infty}\left(\frac{n}{n^2+1^2}+\frac{n}{n^2+2^2}+\cdots+\frac{n}{n^2+n^2}\right)$；

(2) $\lim\limits_{n\to\infty}\left(\frac{1}{\sqrt{n^2+n}}+\frac{1}{\sqrt{n^2+2n}}+\cdots+\frac{1}{\sqrt{n^2+n^2}}\right)$.

5. 利用积分中值定理证明：$\lim\limits_{n\to\infty}\int_0^{\frac{1}{2}}\frac{x^n}{1+x^2}\mathrm{d}x=0$.

6. 设 $f(x)=\begin{cases}x, & 0\leqslant x\leqslant 1\\ 2-x, & 1<x\leqslant 2\\ 0, & x<0 \text{ 或 } x>2\end{cases}$，求 $\Phi(x)=\int_0^x f(t)\mathrm{d}t$ 在 $(-\infty,+\infty)$ 内的表达式．

7. 设 $f(x)=\begin{cases}x^2, 0\leqslant x\leqslant 1\\ x, 1<x\leqslant 2\end{cases}$，求 $F(x)=\int_0^x f(t)\mathrm{d}t$ 在 $[0,2]$ 上的表达式，并讨论 $F(x)$ 在区间 $(0,2)$ 内的连续性．

8. 已知$\int_a^x f(t)\mathrm{d}t = 5x^3 + 40$，求 $f(x)$ 和 a.

9. 设 $f(x) = \dfrac{1}{1+x^2} + \sqrt{1-x^2}\int_0^1 f(x)\mathrm{d}x$，求$\int_0^1 f(x)\mathrm{d}x$.

习题选讲

10. 设 $f(x)$ 在$[a,b]$上连续，且 $f(x)>0$，证明：方程$\int_a^x f(t)\mathrm{d}t + \int_b^x \dfrac{\mathrm{d}t}{f(t)} = 0$在区间$[a,b]$内有且仅有一个实根.

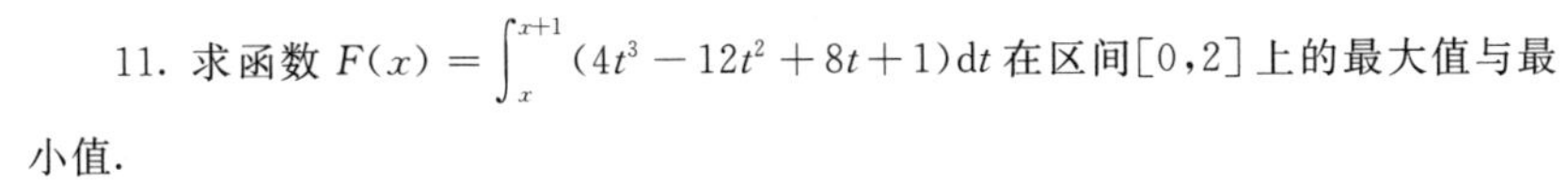

11. 求函数 $F(x) = \int_x^{x+1}(4t^3 - 12t^2 + 8t + 1)\mathrm{d}t$ 在区间$[0,2]$上的最大值与最小值.

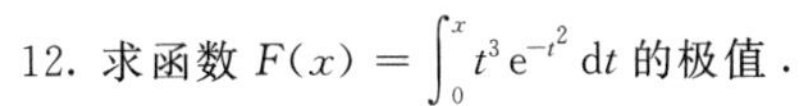

12. 求函数 $F(x) = \int_0^x t^3 \mathrm{e}^{-t^2}\mathrm{d}t$ 的极值.

13. 设连续函数 $f(x)$ 满足$\int_0^{2x} f\left(\dfrac{t}{2}\right)\mathrm{d}t = \mathrm{e}^{-x} - 1$，求$\int_0^1 f(x)\mathrm{d}x$.

14. 证明下列各等式.

(1)$\int_0^1 x^m(1-x)^n\mathrm{d}x = \int_0^1 x^n(1-x)^m\mathrm{d}x$

(2)$\int_0^a x^3 f(x^2)\mathrm{d}x = \dfrac{1}{2}\int_0^{a^2} xf(x)\mathrm{d}x \qquad (a>0)$

(3)$\int_x^1 \dfrac{1}{1+x^2}\mathrm{d}x = \int_1^{\frac{1}{x}} \dfrac{1}{1+x^2}\mathrm{d}x \qquad (x>0)$

(4)$\int_0^{\pi} \sin^n x\mathrm{d}x = 2\int_0^{\frac{\pi}{2}} \sin^n x\mathrm{d}x$

(5)$\int_0^{\pi} xf(\sin x)\mathrm{d}x = \dfrac{\pi}{2}\int_0^{\pi} f(\sin x)\mathrm{d}x$，由此计算$\int_0^{\pi} \dfrac{x\sin x}{1+\cos^2 x}\mathrm{d}x$.

15. 证明：若 $f(x)$ 在$(-\infty,+\infty)$上连续，并且是以 T 为周期的函数，则

$$\int_a^{a+T} f(x)\mathrm{d}x = \int_0^T f(x)\mathrm{d}x$$

对任意的 a 成立.

16. 设 $f'(0)=1, f'(2)=3, f''(2)=5$，求$\int_0^2 xf'''(x)\mathrm{d}x$.

17. 设 $f(2x+1) = x\mathrm{e}^x$，求$\int_3^5 f(x)\mathrm{d}x$.

18. 设$a<b$，证明不等式$\left[\int_a^b f(x)g(x)\mathrm{d}x\right]^2 \leqslant \left(\int_a^b f(x)^2\mathrm{d}x\right)\left(\int_a^b g(x)^2\mathrm{d}x\right)$.

19. 从点$(2,0)$引两条直线与曲线 $y=x^3$ 相切，求由这两条直线与曲线 $y=x^3$ 所围成图形的面积.

20. 求曲线 $y=\ln x$ 在区间$(2,6)$内的一点，使该点的切线与直线 $x=2, x=6$ 以及 $y=\ln x$ 所围成的平面图形面积最小.

21. 求曲线 $y = \dfrac{1}{2}x^3 + \dfrac{3}{4}x^2 - 3x$ 与 x 轴及该曲线的两个极值点间所围成图形的面积.

22. 一平面经过半径为R的圆柱体的底圆中心，并与底面相交成角α(见图5-27). 计算这个平面截圆柱体所得立体的体积.

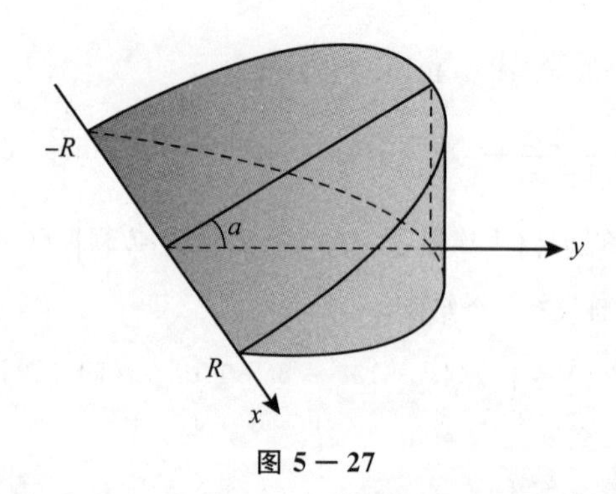

图 5－27

23. 一平面区域 D，如图 5－28 所示，试建立所求量的定积分表达式：(1) 区域D的面积；(2) 区域 D 绕 x 轴旋转所形成的旋转体体积；(3) 区域 D 绕 $x=a$ 轴旋转所形成的旋转体体积．

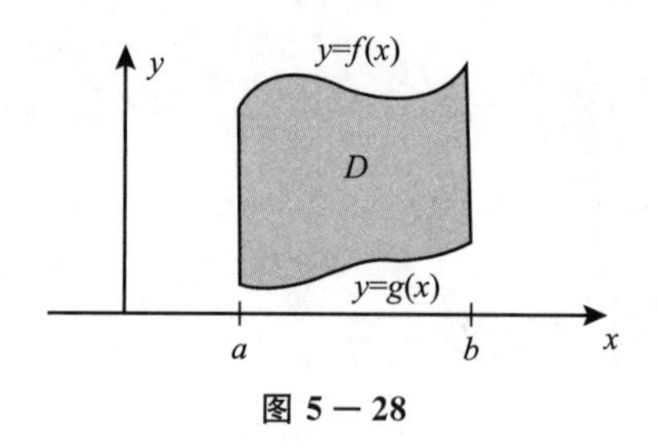

图 5－28

习题选讲

24.* 设 D_1 是由抛物线 $y=2x^2$ 和直线 $x=a, x=2$ 及 $y=0$ 所围成的平面区域；D_2 是由抛物线 $y=2x^2$ 和直线 $y=0, x=a$ 所围成的平面区域，其中 $0<a<2$. (1) 试求 D_1 绕 x 轴旋转而成的旋转体体积 V_1、D_2 绕 y 轴旋转而成的旋转体体积 V_2；(2) 当 a 为何值时，V_1+V_2 取得最大值？并求此最大值．

25. 设某产品的总产量 Q 对时间的变化率为

$$f(t)=100+10t-0.45t^2 \text{（吨 / 小时）}$$

(1) 将总产量 Q 表示为时间 t 的函数；

(2) 求从时刻 $t=4$ 小时到 $t=8$ 小时这段时间内总产量的增量．

26. 有一笔按 6.5% 的年利率的投资，在 16 年后得到 1200 万元，问当初的投资额应为多少？

27. 某投资项目的成本为 100 万元，在 10 年中每年可收益 25 万元，投资年利率为 5%，试求这 10 年中该项投资的纯收入的贴现值．

28. 判定下列广义积分的敛散性．

(1) $\int_2^{+\infty}\frac{1}{x\ln x}\mathrm{d}x$　　(2) $\int_0^{+\infty}x^2\mathrm{e}^{-x^2}\mathrm{d}x$

(3) $\int_1^{+\infty}\frac{\sin x}{x^2}\mathrm{d}x$　　(4) $\int_0^{\frac{\pi}{2}}\frac{1}{\sin x}\mathrm{d}x$

29. 计算：

(1) $\frac{\Gamma(7)}{2\Gamma(4)\Gamma(3)}$　　(2) $\int_0^{+\infty}x^2\mathrm{e}^{-2x^2}\mathrm{d}x$

(3)$\beta(1,1)$　　　　　　　　　　　　　(4)$\beta(2,2)$

30. 求 k 的值,使 $\lim\limits_{x\to+\infty}\left(\dfrac{x+k}{x-k}\right)^x=\int_{-\infty}^{k}te^{2t}\mathrm{d}t$ 成立.

习题选讲

31. 设 D 是位于曲线 $y=\sqrt{x}a^{-\frac{x}{2a}}\quad(a>1)$ 下方和 x 轴上方的无界区域.求区域 D 绕 x 轴旋转所成的旋转体体积.

32. 设 D 是第一象限中夹在曲线 $y=x^{-\frac{2}{3}}$,直线 x 轴,y 轴及 $x=1$ 之间的区域,试说明区域 D 的面积是有限的,区域 D 绕 x 轴旋转所得旋转体体积是无穷的.

第6章

多元函数微积分

前面，我们讨论的函数都是一元函数，即函数只有一个自变量，但在很多实际问题中往往涉及多方面的因素，反映到数学上，就是一个变量依赖于多个变量，这就引出了多元函数的概念及多元函数的微分与积分问题．

本章介绍多元函数微积分，它是前面各章介绍过的一元函数微积分的自然推广，主要内容有多元函数的基本概念、多元函数微分法、偏导数的应用及二重积分定义计算与应用．讨论中以二元函数为主，因为把一元函数的一些概念、理论和方法推广到二元函数时，会出现某些本质的差异，而如果进一步把二元函数的有关内容推广到二元以上的多元函数时，就没有原则上的差别．

§6.1　空间解析几何简介

为了研究多元函数，本节简要介绍一些空间解析几何的概念．

6.1.1　空间直角坐标系

我们知道，为了确定平面上任意一点的位置，需建立平面直角坐标系．现在，要确定空间任意一点的位置，相应地就要引进空间直角坐标系.

过空间一个定点 O，作三条相互垂直的直线 Ox、Oy、Oz，按右手系规定 Ox、Oy、Oz 的正方向，即将右手伸直，拇指向上为 Oz 的正方向，其余四指的指向为 Ox 的正方向，四指弯曲 $90°$ 后的指向为 Oy 的正方向．再规定一个单位长度．这样的三条直线就组成了一个空间直角坐标系，如图 6－1. 点 O 称为**坐标原点**，三条直线分别称为 x 轴、y 轴、z 轴，又统称为**坐标轴**. 每两条坐标轴确定一个平面,称为**坐标平面**. x 轴与 y 轴确定的平面称为 xOy 平面,y 轴与 z 轴确定的平面称为 yOz 平面,z 轴与 x 轴确定的平面称为 xOz 平面. 三个坐标平面将空间分为八个部分,称为八个**卦限**(见图 6－2).

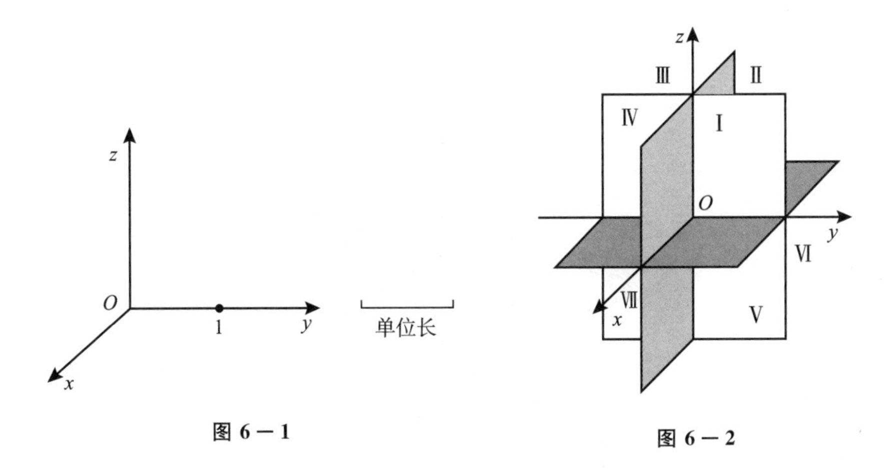

图 6－1　　**图 6－2**

设 M 为空间任意一点,过点 M 作三个平面分别垂直于 x 轴、y 轴、z 轴,它们与三个轴分别交于 P、Q、R 三点,如图 6－3. 设 $OP=a$,$OQ=b$,$OR=c$,则点 M 唯一确定一个三元有序数组 (a,b,c). 反过来,对于任意一个三元有序数组 (a,b,c),在 x 轴、y 轴、z 轴上分别取点 P、Q、R,使 $OP=a$,$OQ=b$,$OR=c$,过点 P、Q、R 分别作垂直于 x 轴、y 轴、z 轴的平面,这三个平面相交于一点 M,则由一个三元有序数组 (a,b,c) 唯一地确定了空间的一个点 M. 这样,空间一点 M 和三元有序数组 (a,b,c) 建立了一一对应关系,这组数 (a,b,c) 叫作点 M 的**坐标**,记作 $M(a,b,c)$.

显然,坐标原点 O 的坐标为 $(0,0,0)$,x 轴上点的坐标为 $(x,0,0)$,y 轴上点的坐标为 $(0,y,0)$,z 轴上点的坐标为 $(0,0,z)$.

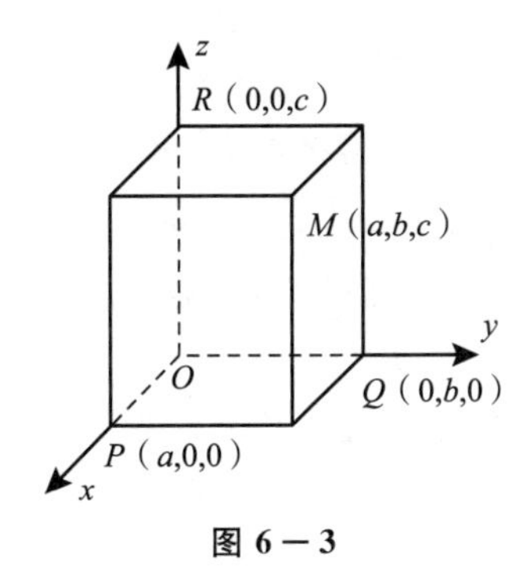

图 6－3

6.1.2 空间两点间的距离

设$M_1(x_1,y_1,z_1)$、$M_2(x_2,y_2,z_2)$为空间两点，过M_1、M_2各作三个分别垂直于坐标轴的平面，这六个平面围成了一个以线段M_1M_2为一条对角线的长方体，如图6－4所示．由图可知

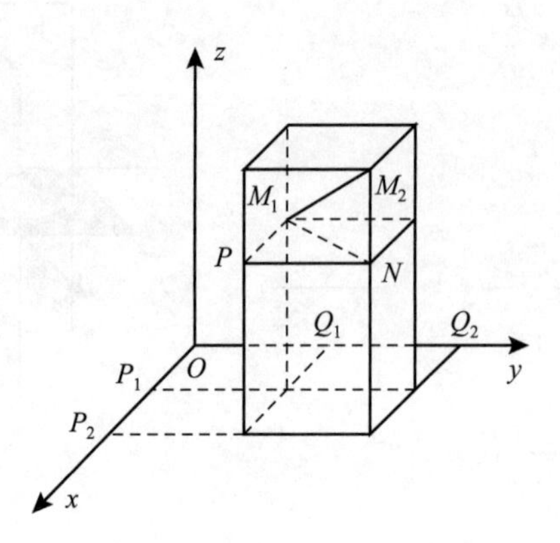

图6－4

$$
\begin{aligned}
|M_1M_2|^2 &= |M_2N|^2 + |M_1N|^2 \\
&= |M_2N|^2 + |M_1P|^2 + |PN|^2,
\end{aligned}
$$

设过点M_1、M_2分别作垂直于x轴的平面，交x轴于点P_1、P_2，则$OP_1=x_1$，$OP_2=x_2$，从而

$$|M_1P| = |P_1P_2| = |x_2 - x_1|.$$

同理可得：$|PN| = |y_2 - y_1|$，$|M_2N| = |z_2 - z_1|$．

所以

$$
\begin{aligned}
|M_1M_2|^2 &= |x_2 - x_1|^2 + |y_2 - y_1|^2 + |z_2 - z_1|^2 \\
&= (x_2 - x_1)^2 + (y_2 - y_1)^2 + (z_2 - z_1)^2.
\end{aligned}
$$

于是，空间两点M_1、M_2之间的距离公式为

$$|M_1M_2| = \sqrt{(x_2 - x_1)^2 + (y_2 - y_1)^2 + (z_2 - z_1)^2}. \tag{1}$$

特别地，点$M(x,y,z)$与坐标原点$O(0,0,0)$的距离公式为

$$|OM| = \sqrt{x^2 + y^2 + z^2}. \tag{2}$$

例1 已知空间中三个点的坐标$A(1,2,3)$，$B(-3,0,1)$，$C(-1,-1,-2)$，求$\triangle ABC$的各边边长．

解 由式(1)，三角形各边边长分别为

$$|AB| = \sqrt{(-3-1)^2 + (0-2)^2 + (1-3)^2} = \sqrt{24} = 2\sqrt{6},$$

$$|BC| = \sqrt{(-1+3)^2 + (-1-0)^2 + (-2-1)^2} = \sqrt{14},$$

$$|AC| = \sqrt{(-1-1)^2 + (-1-2)^2 + (-2-3)^2} = \sqrt{38}.$$

6.1.3 曲面方程

在空间解析几何中，把曲面 S 看作是空间点的几何轨迹，即曲面是具有某种性质的点的集合．在这曲面上的点就具有这种性质，不在这曲面上的点就不具有这种性质．若以 (x,y,z) 表示该曲面上任意一点的坐标，则 x,y,z 必满足一种确定的关系．这样，含有三个变量的方程 $F(x,y,z)=0$ 就与空间曲面建立了对应关系．为此，给出曲面方程的定义．

定义 6.1.1 若曲面 S 上任意一点的坐标满足方程 $F(x,y,z)=0$，而不在曲面 S 上的点的坐标都不满足方程 $F(x,y,z)=0$，则方程 $F(x,y,z)=0$ 称为曲面 S 的**方程**，而曲面 S 称为方程 $F(x,y,z)=0$ 的**图形**．如图 6－5 所示．

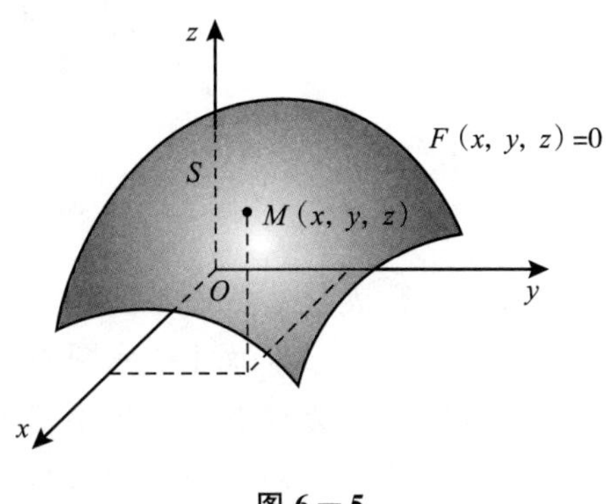

图 6－5

下面通过例子介绍几个常见曲面的方程，而把平面看作特殊的曲面．

例 1 求三个坐标平面方程．

解 显然 xOy 平面上的点都满足方程 $z=0$，而满足方程 $z=0$ 的点都在 xOy 平面上．由定义 6.1.1 知，xOy 平面方程为 $z=0$.

同理，yOz 平面方程为 $x=0$，xOz 平面方程为 $y=0$.

一般地，空间任意一个平面的方程为三元一次方程

$$Ax+By+Cz+D=0$$

其中，A,B,C,D 均为常数，且 A,B,C 不全为零．

例 2 求球心在点 $M_0(x_0,y_0,z_0)$，半径为 R 的球面方程．

解 设 $M(x,y,z)$ 是球面上任意一点，那么有 $|MM_0|=R$. 由 6.1.2 小节中距离公式(1)，得

$$\sqrt{(x-x_0)^2+(y-y_0)^2+(z-z_0)^2}=R,$$

故以点 $M_0(x_0,y_0,z_0)$ 为球心，半径为 R 的球面方程为

$$(x-x_0)^2+(y-y_0)^2+(z-z_0)^2=R^2.$$

当球心为原点 $O(0,0,0)$ 时，半径为 R 的球面方程为

$$x^2+y^2+z^2=R^2.$$

而 $z=\sqrt{R^2-x^2-y^2}$ 是球面的上半部，如图 6－6 所示．

$z=-\sqrt{R^2-x^2-y^2}$ 是球面的下半部，如图 6－7 所示．

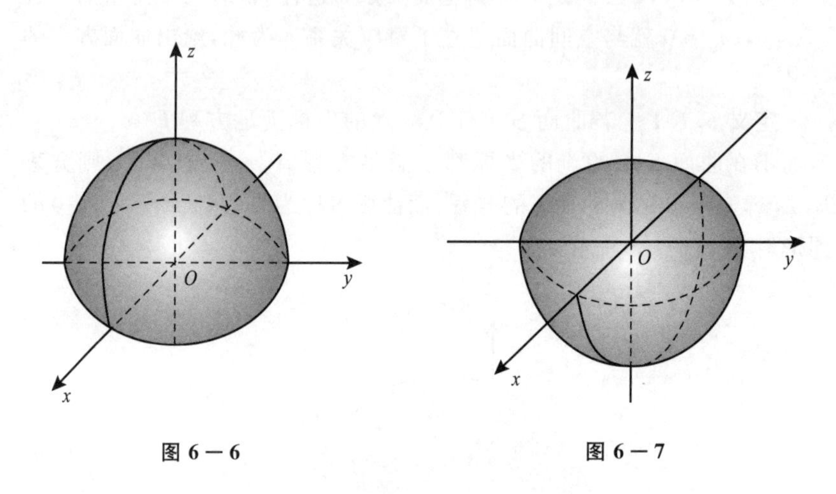

图 6－6　　　　图 6－7

例 3　方程 $x^2+y^2=R^2$ 表示怎样的曲面？

解　方程 $x^2+y^2=R^2$ 在 xOy 平面上表示圆心在原点 O，半径为 R 的圆．在空间直角坐标系中，该方程不含 z，即不论 z 取何值，只要 x 与 y 满足方程$x^2+y^2=R^2$，那么，这样的点就在曲面上，即凡是通过 xOy 面内圆 $x^2+y^2=R^2$ 上一点 $M(x,y,0)$，且平行于 z 轴的直线 l 都在这个曲面上．因此，这个曲面是由平行于 z 轴的直线 l 沿 xOy 平面上的圆 $x^2+y^2=R^2$ 移动而形成的．这个曲面叫作**圆柱面**，如图6－8 所示．xOy 面上的圆 $x^2+y^2=R^2$ 叫作圆柱面的**准线**，而平行于 z 轴的直线 l 叫作它的**母线**．

一般地，平行于定直线并沿定曲线 C 移动的直线 l 形成的轨迹叫作**柱面**．定曲线 C 叫作柱面的**准线**，动直线 l 叫作柱面的**母线**．而只含 x,y 的方程 $F(x,y)=0$，在空间直角坐标系中表示母线平行于 z 轴的柱面(见图 6－9)．其准线是 xOy 平面上的曲线 $C:F(x,y)=0$．例如，方程 $y^2=2px$ 在空间直角坐标系中表示抛物柱面(见图 6－10)．方程 $\frac{x^2}{a^2}-\frac{y^2}{b^2}=1$ 在空间直角坐标系中表示双曲柱面(见图 6－11)．

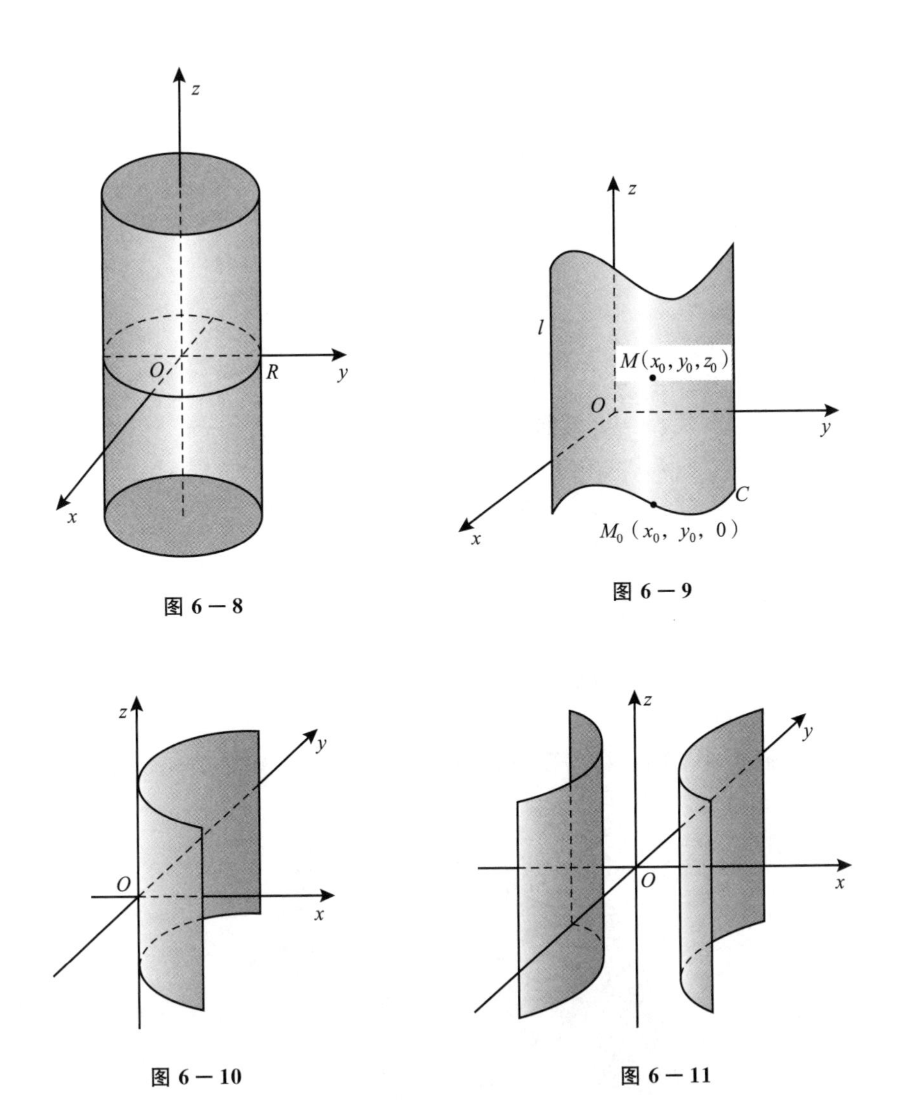

图 6—8

图 6—9

图 6—10

图 6—11

例 4　作 $z = x^2 + y^2$ 的图形.

解　用平面 $z = c$ 截曲面 $z = x^2 + y^2$,则截痕是 $x^2 + y^2 = c, z = c$.

当 $c = 0$ 时,由 $x^2 + y^2 = 0$ 得,$x = y = 0$,此时,只有点 $O(0,0,0)$ 满足方程.

当 $c > 0$ 时,其截痕为以点 $(0,0,c)$ 为圆心,以 $\sqrt{c}$ 为半径的圆,而且 c 越大,截痕的圆也越大.

当 $c < 0$ 时,平面 $z = c$ 与曲面无交点.

如果用平面 $x = a$ 或 $y = b$ 去截曲面,其截痕均为抛物线. 我们称 $z = x^2 + y^2$ 的图形为**旋转抛物面**. 如图 6—12 所示.

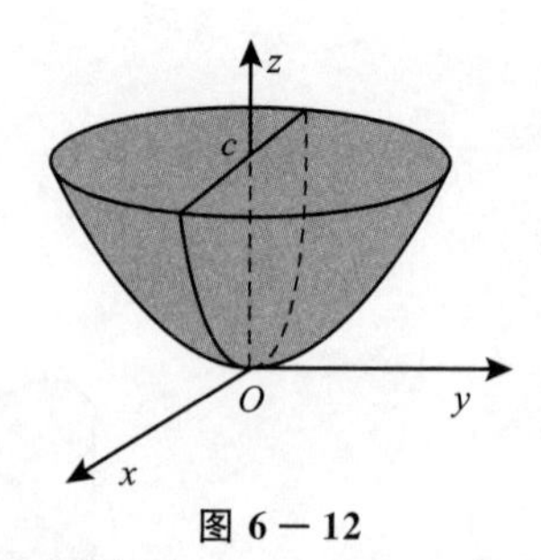

图 6－12

例 5　作 $z=y^2-x^2$ 的图形．

解　用平面 $z=c$ 截曲面 $z=y^2-x^2$，其截痕为 $y^2-x^2=c,z=c$. 当 $c=0$ 时，其截痕是两条相交于原点 $O(0,0,0)$ 的直线

$$y-x=0,z=0;y+x=0,z=0.$$

当 $c\neq 0$ 时，其截痕为双曲线．

用平面 $y=c$ 截该曲面，其截痕为抛物线

$$z=c^2-x^2,y=c.$$

用平面 $x=c$ 截该曲面，其截痕也是抛物线

$$z=y^2-c^2,x=c.$$

我们把这个曲面称为**双曲抛物面**，也叫**鞍面**．如图 6－13 所示．

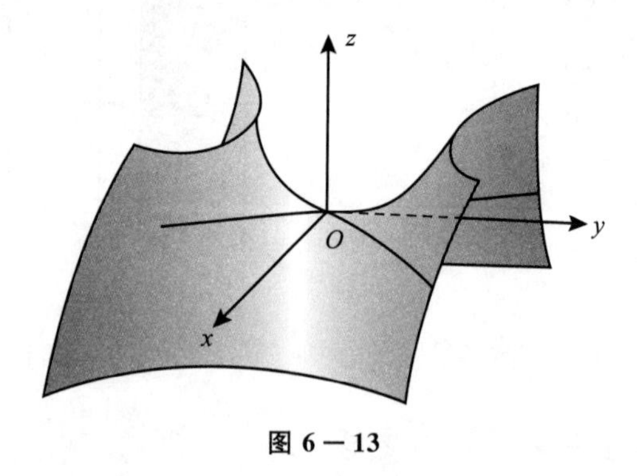

图 6－13

练习 6.1

1. 在空间直角坐标系中，各卦限中的点的坐标有什么特征？指出下列各点所在的卦限．

$A(1,-3,2)$；　$B(3,-2,-4)$；　$C(-1,-2,-3)$；　$D(-3,2,-1)$.

2. 在坐标面上和在坐标轴上的点的坐标各有什么特征？指出下列各点的位置．

$P(0,2,-5)$；　$Q(5,2,0)$；　$R(8,0,0)$；　$S(0,2,0)$.

3. 求点 (a,b,c) 关于 (1) 各坐标面；(2) 各坐标轴；(3) 坐标原点的对称点的坐标．

4. 自点 $P_0(x_0,y_0,z_0)$ 分别作各坐标面和各坐标轴的垂线，写出各垂足的坐标，进而求出 P_0 到各坐标面和各坐标轴的距离．

5. 过点 $P_0(x_0,y_0,z_0)$ 分别作平行于 z 轴的直线和平行于 xOy 面的平面，问在

它们上面的点的坐标各有什么特征？

6. 指出下列方程在空间直角坐标系下所表示的图形，并画出图形.

(1) $x=2$　　(2) $y=x+1$

(3) $\left(x-\frac{a}{2}\right)^2+y^2=\left(\frac{a}{2}\right)^2$　　(4) $\frac{x}{2}+\frac{y}{3}+\frac{z}{5}=1$

(5) $x^2+y^2+z^2-2x+4y+2z=0$

习题选讲

§6.2 多元函数的基本概念

为讨论多元函数的微分学与积分学，需先介绍多元函数、极限和连续这些基本概念.

6.2.1 邻域与平面区域

1. 邻域

设 $P_0(x_0,y_0)$ 是 xOy 平面上的一个点，δ 是一正数，与点 $P_0(x_0,y_0)$ 的距离小于 δ 的点 $P(x,y)$ 的全体，称为点 P_0 的 δ **邻域**，记为 $U(P_0,\delta)$，即

$$U(P_0,\delta)=\{(x,y)\mid\sqrt{(x-x_0)^2+(y-y_0)^2}<\delta\}$$

几何上，$U(P_0,\delta)$ 是 xOy 平面上以点 $P_0(x_0,y_0)$ 为圆心，δ 为半径的圆的内部点 $P(x,y)$ 的全体，如图 6－14 所示.

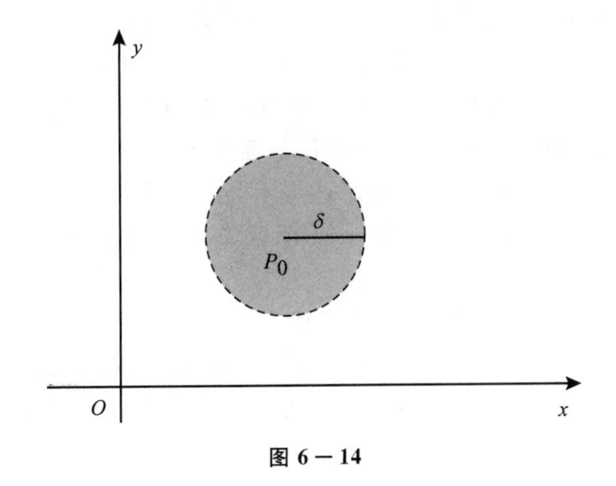

图 6－14

$U(P_0,\delta)$ 中除去点 $P_0(x_0,y_0)$ 后所剩部分，称为点 $P_0(x_0,y_0)$ 的去心 δ 邻域，记作 $\overset{o}{U}(P_0,\delta)$.

若不需要强调邻域半径δ，则用$U(P_0)$或$\mathring{U}(P_0)$表示点P_0的某个邻域或某个去心邻域．

2. 平面区域

设E是平面上的一个点集，P是平面上一点，如果存在点P的某一邻域$U(P)$，使$U(P)\subset E$，则称P为E的**内点**．如图6－15所示，P_1为E的内点．显然，E的内点属于E.

如果点P的任一邻域内既有属于E的点，也有不属于E的点，则称P为点集E的**边界点**．如图6－15所示，P_2为E的边界点．点集E的边界点的全体称为E的**边界**.

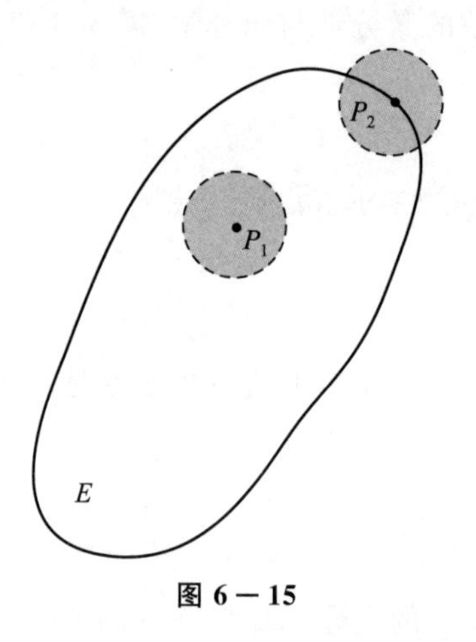

图6－15

如果点集E的点都是内点，则称E为**开集**．例如，$E=\{(x,y)\mid 1<x^2+y^2<4\}$是开集，其边界是圆周$x^2+y^2=1$和$x^2+y^2=4$.

设D是开集，如果对于D内任意两点，都可以用折线连接起来，且该折线上的点都属于D，则称开集D是**连通**的．连通的开集称为**区域**或**开区域**．如上例，$\{(x,y)\mid 1<x^2+y^2<4\}$是开区域．

开区域连同它的边界一起，称为**闭区域**．例如，$D=\{(x,y)\mid 1\leqslant x^2+y^2\leqslant 4\}$是闭区域．

对于点集E，如果存在正数M，使一切点$P\in E$与某一定点P_0间的距离$|P_0P|\leqslant M$成立，则称E为**有界点集**，否则称E为**无界点集**．例如，$D=\{(x,y)\mid 1\leqslant x^2+y^2\leqslant 4\}$是有界闭区域，而点集$D=\{(x,y)\mid x+y<0\}$是无界开区域．

上述所介绍的平面上点的邻域和平面区域的有关概念，可以推广到n维空间R^n上．

6.2.2 二元函数的概念

1. 二元函数的定义

定义6.2.1 设D是一个非空的二元有序数组的集合，f为一对应法则．如果对于每一有序数组$(x,y)\in D$，都有唯一确定变量z的值与之对应，则称这个对应法则f是定义在D上的**函数**，或称变量z是变量x、y的二元函数，记作

$$z=f(x,y)\qquad (x,y)\in D$$

其中x，y称为**自变量**，z称为**因变量**．集合D称为函数的**定义域**，记作D_f．对于$(x_0,y_0)\in D$，按照f与之对应的因变量z的值称为函数在点(x_0,y_0)处的函数值，记作$f(x_0,y_0)$或$z\Big|_{\substack{x=x_0\\y=y_0}}$．全体函数值的集合$\{z|z=f(x,y),(x,y)\in D\}$称为函数的**值域**，记作$R_f$．

由于二元有序数组与平面上的点一一对应，所以，定义6.2.1也可叙述为：

设D是平面上的一个点集，f为一对应法则，如果对于每个点$P(x,y)\in D$，都有唯一确定的值z与之对应，则称变量z是变量x，y的二元函数，记作$z=f(x,y)$．

与一元函数相类似，当我们用某个算式表达二元函数时，若不注明二元函数的定义域，其定义域是指使算式有意义的点的全体．二元函数的定义域是xOy平面上的点集，一般情况，这个点集是xOy平面上的平面区域．

例1 求二元函数$z=\sqrt{R^2-x^2-y^2}$的定义域．

解 要使$z=\sqrt{R^2-x^2-y^2}$有意义，点(x,y)应满足$R^2-x^2-y^2\geqslant 0$．所以，函数的定义域为

$$D_f=\{(x,y)|x^2+y^2\leqslant R^2\}.$$

该定义域是xOy平面上由圆周$x^2+y^2=R^2$围成的有界闭区域(见图6－16)．

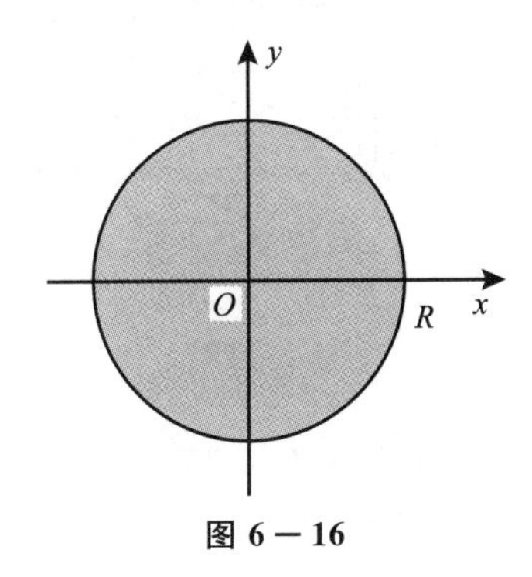

图6－16

例 2　求函数 $z=\ln(x+y)$ 的定义域．

解　要使 $z=\ln(x+y)$ 有意义，点 (x,y) 应满足 $x+y>0$．所以，函数的定义域为

$$D_f=\{(x,y)\mid x+y>0\}.$$

该定义域是 xOy 平面上，直线 $x+y=0$ 的右上方的平面部分，它是无界开区域（如图 6－17）．

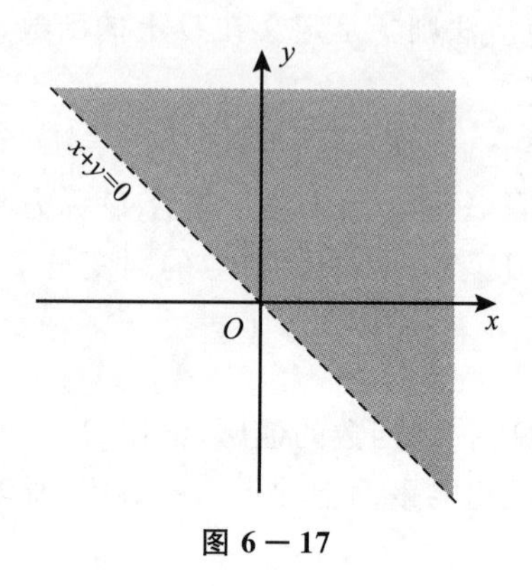

图 6－17

2. 二元函数的几何意义

设二元函数 $z=f(x,y)$ 的定义域为 D，给定 D 中一点 $P(x,y)$，就有一个实数 z 与之对应，从而三元数组 $(x,y,z)=(x,y,f(x,y))$ 就确定了空间一点 $M(x,y,z)$．当点 P 在 D 中移动，并经过 D 的所有点时，与之对应的动点 M 就是空间的一个点集：

$$\{(x,y,z)\mid z=f(x,y),(x,y)\in D\}$$

这个空间点集就称为二元函数 $z=f(x,y)$ 的图形，通常是张曲面．即二元函数 $z=f(x,y)$ 的图形是空间直角坐标系下的一张曲面，该曲面在 xOy 平面上的投影就是该函数的定义域（见图 6－18）．

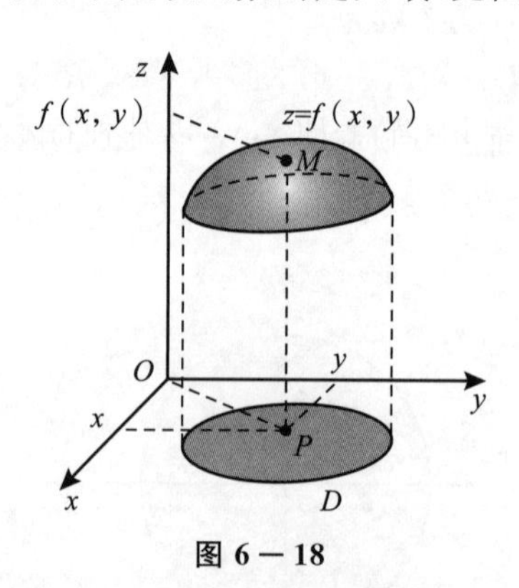

图 6－18

例如，由 §6.1 知，二元函数 $z=ax+by+c$ 的图形是一个平面；$z=x^2+y^2$ 的图形是旋转抛物面；$z=\sqrt{1-x^2-y^2}$ 的图形是以原点

$O(0,0,0)$ 为球心，半径为 1 的上半球面．

根据二元函数的定义，类似地可以定义三元函数 $u=f(x,y,z)$ 及三元以上函数．一般地将定义 6.2.1 中的二元有序数组换成 n 元有序数组，则可定义 n 元函数 $y=f(x_1,x_2,\cdots,x_n)$，这里 $x_1,x_2,\cdots,x_n$ 为自变量，y 为因变量．当 $n=1$ 时，便是一元函数；当 $n\geqslant 2$ 时，n 元函数统称为**多元函数**．

6.2.3　二元函数的极限

与一元函数极限概念类似，二元函数的极限也是反映函数值随自变量变化而变化的趋势．

定义 6.2.2　设函数 $z=f(x,y)$ 在点 $P_0(x_0,y_0)$ 某邻域内有定义（点 P_0 可除外），a 为常数，如果对于任意给定的正数 ε，总存在一个正数 δ，使当 $0<\rho=\sqrt{(x-x_0)^2+(y-y_0)^2}<\delta$ 时，恒有

$$|f(x,y)-a|<\varepsilon$$

成立，则称当 $(x,y)\to(x_0,y_0)$ 时，函数 $f(x,y)$ 以 a 为极限，记作

$$\lim_{(x,y)\to(x_0,y_0)} f(x,y)=a \quad \text{或} \quad f(x,y)\to a((x,y)\to(x_0,y_0))$$

也记作 $\lim\limits_{\substack{x\to x_0\\ y\to y_0}} f(x,y)=a$．

直观地说，对于二元函数 $z=f(x,y)$，如果在点 $P(x,y)$ 趋于点 $P_0(x_0,y_0)$ 的过程中，其函数值 $f(x,y)$ 无限地接近于一个确定的常数 a，我们就称常数 a 是函数 $z=f(x,y)$ 当 $(x,y)\to(x_0,y_0)$ 时的极限．

为了区别于一元函数的极限，我们把二元函数的这种极限叫作**二重极限**．仿此可以定义 n 元函数的极限．

这里应当指出，按照二重极限的定义，等式“$\lim\limits_{\substack{x\to x_0\\ y\to y_0}} f(x,y)=a$”成立，是指“点 $P(x,y)$ 以任何方式趋于点 $P_0(x_0,y_0)$（见图 6－19）时，$f(x,y)$ 都趋于 a”．因此，若点 $P(x,y)$ 以某种特定方式趋于点 $P_0(x_0,y_0)$ 时，函数 $f(x,y)$ 趋于定数 a，我们还不能由此断定函数的极限存在．而当点 $P(x,y)$ 以不同方式趋于 $P_0(x_0,y_0)$ 时，$f(x,y)$ 趋于不同的值，或当点 $P(x,y)$ 以某种方式趋于 $P_0(x_0,y_0)$ 时，$f(x,y)$ 的极限不存在，则可断定 $\lim\limits_{\substack{x\to x_0\\ y\to y_0}} f(x,y)$ 不存在．

例 1　考察函数 $f(x,y)=\begin{cases}\dfrac{xy}{x^2+y^2}, & x^2+y^2\neq 0\\ 0, & x^2+y^2=0\end{cases}$，当 $(x,y)\to(0,0)$ 时的极限．

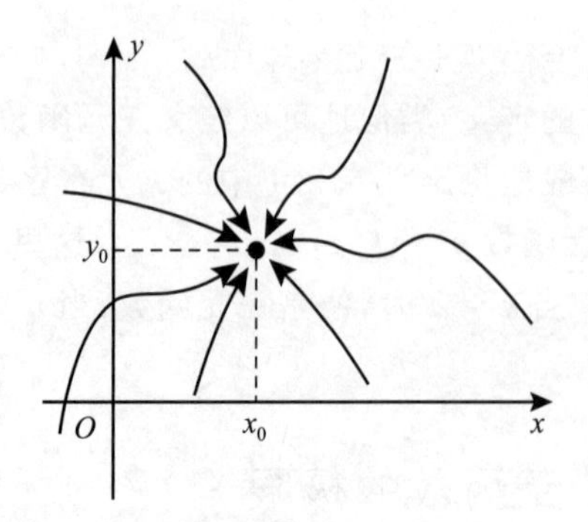

图 6－19

解　当点(x,y)沿x轴趋于点$(0,0)$时，此时$y=0$，有

$$\lim_{(x,0)\to(0,0)} f(x,0)=\lim_{x\to 0}0=0;$$

当点(x,y)沿直线$y=x$趋于点$(0,0)$时，有

$$\lim_{(x,y)\to(0,0)} f(x,y)\xlongequal{y=x}\lim_{x\to 0}\frac{x^2}{2x^2}=\frac{1}{2}.$$

由此可见，当点(x,y)沿不同方式趋于点$(0,0)$时，函数$f(x,y)$趋于不同的值，所以$\lim\limits_{(x,y)\to(0,0)} f(x,y)$不存在．

例 2　证明$\lim\limits_{\substack{x\to 2\\ y\to 3}}(x+2y)=8.$

证　因为$|(x+2y)-8|=|(x-2)+2(y-3)|$

$$\leqslant |x-2|+2|y-3|,$$

而$|x-2|\leqslant\sqrt{(x-2)^2+(y-3)^2}$，$|y-3|\leqslant\sqrt{(x-2)^2+(y-3)^2}$，所以，当$0<\rho=\sqrt{(x-2)^2+(y-3)^2}<\delta$时，有

$$\begin{aligned}|(x+2y)-8| &\leqslant |x-2|+2|y-3|\\ &\leqslant \rho+2\rho=3\rho<3\delta.\end{aligned}$$

于是，对于任意给定的正数ε，取$\delta=\dfrac{\varepsilon}{3}>0$，当$0<\rho<\delta$时，有

$$|(x+2y)-8|<3\delta=3\cdot\frac{\varepsilon}{3}=\varepsilon$$

成立．所以

$$\lim_{\substack{x\to 2\\ y\to 3}}(x+2y)=8.$$

二元函数的极限定义与一元函数极限的定义有完全相同的形式，这使得有关一元函数的极限运算法则都可以平行地推广到二元函数及更多元函数上来．对此这里不再赘述．

例 3　求下列极限：(1) $\lim\limits_{\substack{x\to 0\\ y\to 5}}\dfrac{x}{\sin xy}$，(2) $\lim\limits_{\substack{x\to 0\\ y\to 0}}\dfrac{xy^2}{x^2+y^2}$，(3) $\lim\limits_{\substack{x\to\infty\\ y\to\infty}}\dfrac{x+y}{x^2+y^2}$.

解　(1) 由$\lim\limits_{x\to 0}\dfrac{\sin x}{x}=1$，得

$$\lim_{\substack{x\to 0\\ y\to 5}}\frac{x}{\sin xy}=\lim_{\substack{x\to 0\\ y\to 5}}\frac{xy}{\sin xy}\cdot\frac{1}{y}$$

$$=\lim_{\substack{x\to 0\\ y\to 5}}\frac{xy}{\sin xy}\cdot\lim_{\substack{x\to 0\\ y\to 5}}\frac{1}{y}=1\times\frac{1}{5}=\frac{1}{5}.$$

(2) 由于当$(x,y)\neq(0,0)$时，$0\leqslant\frac{y^2}{x^2+y^2}\leqslant 1$，故当$(x,y)\to(0,0)$时，$\frac{y^2}{x^2+y^2}$有界，又$\lim\limits_{\substack{x\to 0\\ y\to 0}}x=0$. 于是，由无穷小的性质，可得当$(x,y)\to(0,0)$时，$\frac{xy^2}{x^2+y^2}$为无穷小，即$\lim\limits_{\substack{x\to 0\\ y\to 0}}\frac{xy^2}{x^2+y^2}=0$.

(3) 因为当$xy\neq 0$时，有

$$0\leqslant\left|\frac{x+y}{x^2+y^2}\right|\leqslant\frac{|x|+|y|}{x^2+y^2}\leqslant\frac{|x|+|y|}{2|x||y|}=\frac{1}{2|y|}+\frac{1}{2|x|}\to 0(x\to\infty,y\to\infty),$$

所以，$\lim\limits_{\substack{x\to\infty\\ y\to\infty}}\frac{x+y}{x^2+y^2}=0$.

6.2.4 二元函数的连续性

有了二元函数极限的概念，就可以定义二元函数在一点的连续性.

定义6.2.3 设函数$z=f(x,y)$在点$P_0(x_0,y_0)$的某邻域内有定义，若

$$\lim_{\substack{x\to x_0\\ y\to y_0}}f(x,y)=f(x_0,y_0),$$

则称函数$f(x,y)$在点(x_0,y_0)**连续**，点(x_0,y_0)叫作函数$f(x,y)$的**连续点**. 否则，称函数$f(x,y)$在点(x_0,y_0)处**间断**，点(x_0,y_0)叫作函数$f(x,y)$的**间断点**.

按定义6.2.3，函数$z=f(x,y)$在点(x_0,y_0)处连续，需满足以下三个条件：

(1) 函数$f(x,y)$在点(x_0,y_0)有定义；

(2) $\lim\limits_{\substack{x\to x_0\\ y\to y_0}}f(x,y)$存在；

(3) $\lim\limits_{\substack{x\to x_0\\ y\to y_0}}f(x,y)=f(x_0,y_0)$.

如6.2.3小节中例1，函数$f(x,y)$在$(0,0)$点间断；例2中函数$f(x,y)=x+2y$在点$(2,3)$处连续.

若函数$f(x,y)$在区域D内的每一点都连续，则称函数$f(x,y)$在区域D内连续.

以上关于二元函数的连续性概念，可以相应地推广到n元函数

上去.

根据多元函数的极限运算法则，可以证明二元连续函数的和、差、积仍为连续函数；在分母不为零处，二元连续函数的商是连续函数；二元连续函数的复合函数也是连续函数.

最后我们列举有界闭区域上的二元连续函数的几个性质，这些性质分别与闭区间上一元连续函数的性质相对应.

性质1 （**有界性**）若函数 $f(x,y)$ 在有界闭区域 D 上连续，则 $f(x,y)$ 在 D 上有界.

性质2 （**最值性**）若函数 $f(x,y)$ 在有界闭区域 D 上连续，则 $f(x,y)$ 在 D 上取得最大值和最小值.

性质3 （**介值性**）若函数 $f(x,y)$ 在有界闭区域 D 上连续，m 和 M 分别为函数 $f(x,y)$ 在 D 上的最小值和最大值，则对介于 m 和 M 之间的任一实数 c，至少存在一点 $(x_0,y_0)\in D$，使 $f(x_0,y_0)=c$.

练习 6.2

习题选讲

1. 求下列函数的定义域，并画出定义域的图形.

(1) $z=\ln(y^2-4x+8)$　　(2) $z=\sqrt{x-\sqrt{y}}$

(3) $z=\dfrac{1}{\sqrt{x^2+y^2}}$　　(4) $z=\sqrt{x^2+y^2-1}+\sqrt{4-x^2-y^2}$

(5) $z=e^{-(x^2+y^2)}$

(6) $u=\sqrt{R^2-x^2-y^2-z^2}+\sqrt{x^2+y^2+z^2-r^2}\quad (R>r)$

2. 根据已知条件，写出下列各函数的表达式.

(1) $f(x,y)=x^y+y^x$，求 $f(xy,x+y)$.

(2) $f(x,y)=\dfrac{x+y}{xy}$，求 $f(x+y,x-y)$.

(3) $f(x+y,\dfrac{y}{x})=x^2-y^2$，求 $f(x,y)$.

3. 证明下列极限不存在.

(1) $\lim\limits_{\substack{x\to 0\\ y\to 0}}\dfrac{x+y}{x-y}$　　(2) $\lim\limits_{\substack{x\to 0\\ y\to 0}}\dfrac{x^2y^2}{x^2y^2+(x-y)^2}$

4. 求下列各极限.

(1) $\lim\limits_{\substack{x\to 0\\ y\to 1}}\dfrac{1-x+xy}{x^2+y^2}$　　(2) $\lim\limits_{\substack{x\to 0\\ y\to 0}}\dfrac{2-\sqrt{xy+4}}{xy}$

(3) $\lim\limits_{\substack{x\to 0\\ y\to 0}}\dfrac{(2+x)\sin(x^2+y^2)}{x^2+y^2}$　　(4) $\lim\limits_{\substack{x\to 0\\ y\to 0}}\sqrt{x^2+y^2}\sin\dfrac{1}{x^2+y^2}$

5. 指出下列函数连续的区域.

(1) $f(x,y)=\dfrac{1}{x-y}$　　(2) $f(x,y)=\ln[(16-x^2-y^2)(x^2+y^2-4)]$

§6.3　偏　导　数

我们知道，一元函数的导数刻画了函数对于自变量的变化率，对多元函数同样需要讨论它的变化率．在本节里，我们研究多元函数关于其中一个自变量的变化率问题，即偏导数问题．

6.3.1　偏导数

1. 偏导数的定义

设函数 $z=f(x,y)$ 在点 (x_0,y_0) 的某邻域内有定义，当 x 从 x_0 取得改变量 $\Delta x(\Delta x\neq 0)$，而 $y=y_0$ 保持不变时，函数 z 的改变量

$$\Delta_x z=f(x_0+\Delta x,y_0)-f(x_0,y_0)$$

称为函数 $f(x,y)$ 在点 (x_0,y_0) 对于 x 的**偏改变量**或**偏增量**．

类似地，定义函数 $f(x,y)$ 在点 (x_0,y_0) 处对于 y 的偏改变量或偏增量为

$$\Delta_y z=f(x_0,y_0+\Delta y)-f(x_0,y_0).$$

定义 6.3.1　设函数 $z=f(x,y)$ 在点 (x_0,y_0) 的某邻域内有定义，如果极限

$$\lim_{\Delta x\to 0}\frac{\Delta_x z}{\Delta x}=\lim_{\Delta x\to 0}\frac{f(x_0+\Delta x,y_0)-f(x_0,y_0)}{\Delta x}$$

存在，则称此极限值为函数 $f(x,y)$ 在点 (x_0,y_0) 处对于 x 的**偏导数**(partial derivative)，记作

$$f'_x(x_0,y_0),\frac{\partial f(x_0,y_0)}{\partial x},\text{或}\left.\frac{\partial z}{\partial x}\right|_{\substack{x=x_0\\y=y_0}},\left.z'_x\right|_{\substack{x=x_0\\y=y_0}}.$$

如果极限

$$\lim_{\Delta y\to 0}\frac{\Delta_y z}{\Delta y}=\lim_{\Delta y\to 0}\frac{f(x_0,y_0+\Delta y)-f(x_0,y_0)}{\Delta y}$$

存在，则称此极限值为函数 $f(x,y)$ 在点 (x_0,y_0) 处对于 y 的偏导数，记作

$$f'_y(x_0,y_0),\frac{\partial f(x_0,y_0)}{\partial y},\text{或}\left.\frac{\partial z}{\partial y}\right|_{\substack{x=x_0\\y=y_0}},\left.z'_y\right|_{\substack{x=x_0\\y=y_0}}.$$

当函数 $z=f(x,y)$ 在点 (x_0,y_0) 同时存在对 x 与对 y 的偏导数时，我们说 $f(x,y)$ 在点 (x_0,y_0) **有偏导数或可偏导**．

如果函数 $z=f(x,y)$ 在平面区域 D 内每一点 (x,y) 处对 x 或 y 的偏导数都存在，则这个偏导数就是 x,y 的函数，称为函数 $f(x,y)$ 在 D 内对 x 或 y 的**偏导函数**，简称偏导数，记作

$$f'_x(x,y), \frac{\partial f(x,y)}{\partial x}, \text{或} \frac{\partial z}{\partial x}, z'_x,$$

$$f'_y(x,y), \frac{\partial f(x,y)}{\partial y}, \text{或} \frac{\partial z}{\partial y}, z'_y.$$

显然，函数 $f(x,y)$ 在点 (x_0, y_0) 对 x 的偏导数 $f'_x(x_0, y_0)$ 就是偏导函数 $f'_x(x,y)$ 在点 (x_0, y_0) 的函数值；$f(x,y)$ 在点 (x_0, y_0) 对 y 的偏导数 $f'_y(x_0, y_0)$ 就是偏导函数 $f'_y(x,y)$ 在点 (x_0, y_0) 的函数值.

由偏导数的定义可知，求 $f'_x(x,y)$ 时，是将 y 视为常量，$f(x,y)$ 对 x 求导；求 $f'_y(x,y)$ 时，是将 x 视为常量，$f(x,y)$ 对 y 求导．所以，求二元函数 $z=f(x,y)$ 的偏导数从方法上讲就是一元函数的求导问题.

例 1　求函数 $f(x,y)=x^3+2x^2y-y^3$ 在点 $(1,3)$ 处的偏导数．

解　把 y 看作常量，$f(x,y)$ 对 x 求导，得

$$f'_x(x,y)=3x^2+4xy,$$

把 x 看作常量，$f(x,y)$ 对 y 求导，得

$$f'_y(x,y)=2x^2-3y^2,$$

于是

$$f'_x(1,3)=(3x^2+4xy)\Big|_{\substack{x=1\\y=3}}=15,$$

$$f'_y(1,3)=(2x^2-3y^2)\Big|_{\substack{x=1\\y=3}}=-25.$$

例 2　求函数 $f(x,y)=\mathrm{e}^{xy}+x^2y$ 的偏导数．

解　$f'_x(x,y)=(\mathrm{e}^{xy})'_x+(x^2y)'_x=y\mathrm{e}^{xy}+2xy,$

$f'_y(x,y)=(\mathrm{e}^{xy})'_y+(x^2y)'_y=x\mathrm{e}^{xy}+x^2.$

例 3　设 $z=x^y(x>0, x\neq 1)$，求证：$\dfrac{x}{y}\dfrac{\partial z}{\partial x}+\dfrac{1}{\ln x}\dfrac{\partial z}{\partial y}=2z.$

证　因为

$$\frac{\partial z}{\partial x}=yx^{y-1}, \quad \frac{\partial z}{\partial y}=x^y\ln x$$

所以

$$\begin{aligned}\frac{x}{y}\frac{\partial z}{\partial x}+\frac{1}{\ln x}\frac{\partial z}{\partial y}&=\frac{x}{y}\cdot yx^{y-1}+\frac{1}{\ln x}\cdot x^y\ln x\\&=x^y+x^y=2z.\end{aligned}$$

偏导数的概念可以推广到二元以上的函数．

例 4　求三元函数 $u=\sin(x+y^2-\mathrm{e}^z)$ 的偏导数．

解　把 y,z 看作常量，得

$$\frac{\partial u}{\partial x}=\cos(x+y^2-\mathrm{e}^z),$$

把 x,z 看作常量，得

$$\begin{aligned}\frac{\partial u}{\partial y}&=\cos(x+y^2-\mathrm{e}^z)\cdot(x+y^2-\mathrm{e}^z)'_y\\&=2y\cos(x+y^2-\mathrm{e}^z),\end{aligned}$$

把 x,y 看作常量，得

$$\frac{\partial u}{\partial z}=\cos(x+y^2-e^z)\cdot(x+y^2-e^z)'_z$$
$$=-e^z\cos(x+y^2-e^z).$$

我们知道，如果一元函数 $y=f(x)$ 在点 x_0 处可导，那么 $f(x)$ 在点 x_0 处必连续．但对于多元函数来说，在某点偏导数存在，不能得出函数在该点连续．

例 5　求函数 $f(x,y)=\begin{cases}\dfrac{xy}{x^2+y^2} & x^2+y^2\neq 0\\ 0 & x^2+y^2=0\end{cases}$ 在点(0,0)处的偏导数．

解　$$f'_x(0,0)=\lim_{\Delta x\to 0}\frac{f(0+\Delta x,0)-f(0,0)}{\Delta x}=0,$$

$$f'_y(0,0)=\lim_{\Delta y\to 0}\frac{f(0,0+\Delta y)-f(0,0)}{\Delta y}=0.$$

函数 $f(x,y)$ 在点(0,0)处的偏导数存在，但由 6.2.3 小节中例 1 知，$f(x,y)$ 在点(0,0)处的极限不存在，从而 $f(x,y)$ 在(0,0)点不连续.

2. 偏导数的几何意义

设 $P_0(x_0,y_0,z_0)$ 为曲面 $z=f(x,y)$ 上一点，过 P_0 作平面 $y=y_0$，它与曲面的交线是 $y=y_0$ 平面上的曲线 $z=f(x,y_0)$，则偏导数 $f'_x(x_0,y_0)$ 就是一元函数 $f(x,y_0)$ 在 $x=x_0$ 处的导数，因而，$f'_x(x_0,y_0)$ 就表示曲线 $z=f(x,y_0)$ 在点 P_0 处的切线 T_x 对 x 轴的斜率(见图 6－20)．同样，偏导数 $f'_y(x_0,y_0)$ 表示曲面被平面 $x=x_0$ 所截得到的曲线 $z=f(x_0,y)$ 在点 P_0 处的切线 T_y 对 y 轴的斜率(见图 6－20).

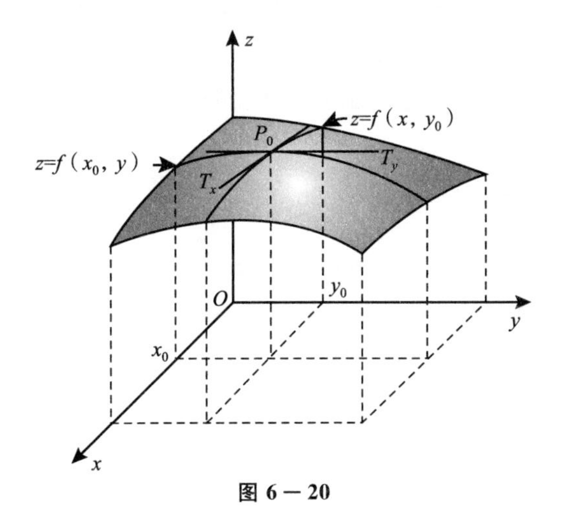

图 6－20

3. 偏导数的经济意义

我们以需求函数为例，讨论二元函数的偏导数的经济意义．

设有甲、乙两种商品，其价格分别为 p_1, p_2，需求量分别为 Q_1, Q_2，需求函数分别为

$$Q_1 = Q_1(p_1, p_2), Q_2 = Q_2(p_1, p_2).$$

类似于一元函数边际的概念，需求函数 Q_1, Q_2 关于 p_1, p_2 的四个偏导数$\frac{\partial Q_1}{\partial p_1}, \frac{\partial Q_1}{\partial p_2}, \frac{\partial Q_2}{\partial p_1}, \frac{\partial Q_2}{\partial p_2}$表示这两种商品的边际需求，其中$\frac{\partial Q_1}{\partial p_1}$是甲商品需求量 Q_1 关于自身价格 p_1 的边际需求，表示甲商品的价格 p_1 发生变化时，甲商品需求量 Q_1 的变化率；$\frac{\partial Q_1}{\partial p_2}$是甲商品需求量 Q_1 关于乙商品价格 p_2 的边际需求，表示乙商品的价格 p_2 发生变化时，甲商品需求量 Q_1 的变化率．同样也可以解释$\frac{\partial Q_2}{\partial p_1}$和$\frac{\partial Q_2}{\partial p_2}$的经济意义．

在正常情况下，若价格 p_1 提高，相应的需求量 Q_1 减少；若价格 p_2 提高，相应的需求量 Q_2 也减少，因此$\frac{\partial Q_1}{\partial p_1} < 0, \frac{\partial Q_2}{\partial p_2} < 0$.

当$\frac{\partial Q_1}{\partial p_2} > 0, \frac{\partial Q_2}{\partial p_1} > 0$时，说明若甲、乙两种商品中一种商品的价格提高，则另一种商品的需求量就相应地增加．这样性质的两种商品是相互竞争的．例如，牛肉与羊肉是相关商品，如果牛肉的价格不变而提高羊肉的价格，部分消费者就会从买羊肉转向买牛肉，从而牛肉的需求量将增加．

当$\frac{\partial Q_1}{\partial p_2} < 0, \frac{\partial Q_2}{\partial p_1} < 0$时，说明若甲、乙两种商品中一种商品的价格提高，则另一种商品的需求量就相应地减少．这样性质的两种商品是相互补充的．例如，钢笔与墨水这两种相关商品，如果钢笔的价格提高，不仅钢笔的需求量减少，相应墨水的需求量也将同时减少．

6.3.2 高阶偏导数

设二元函数 $z = f(x,y)$ 在区域 D 内具有偏导数 $f'_x(x,y), f'_y(x,y)$. 如果这两个函数对 x 和 y 的偏导数也存在，则称这些偏导数为函数 $f(x,y)$ 的**二阶偏导数**．按照函数 $z = f(x,y)$ 对变量求导次序不同，共有以下四种不同的二阶偏导数：

$$\frac{\partial}{\partial x}\left(\frac{\partial z}{\partial x}\right) = \frac{\partial^2 z}{\partial x^2} = z''_{xx} = f''_{xx}(x,y)$$

$$\frac{\partial}{\partial y}\left(\frac{\partial z}{\partial x}\right) = \frac{\partial^2 z}{\partial x \partial y} = z''_{xy} = f''_{xy}(x,y)$$

$$\frac{\partial}{\partial x}\left(\frac{\partial z}{\partial y}\right)=\frac{\partial^2 z}{\partial y\partial x}=z''_{yx}=f''_{yx}(x,y)$$

$$\frac{\partial}{\partial y}\left(\frac{\partial z}{\partial y}\right)=\frac{\partial^2 z}{\partial y^2}=z''_{yy}=f''_{yy}(x,y)$$

其中，$\frac{\partial^2 z}{\partial x\partial y}$ 与 $\frac{\partial^2 z}{\partial y\partial x}$ 称为**二阶混合偏导数**.

类似地，可以定义三阶，四阶，…… 以及 n 阶偏导数．例如，函数 $z=f(x,y)$ 对 x 的三阶偏导数是

$$\frac{\partial}{\partial x}\left(\frac{\partial^2 z}{\partial x^2}\right)=\frac{\partial^3 z}{\partial x^3},$$

函数 $z=f(x,y)$ 对 x 的二阶偏导数，再对 y 求一阶偏导数，便得三阶偏导数

$$\frac{\partial}{\partial y}\left(\frac{\partial^2 z}{\partial x^2}\right)=\frac{\partial^3 z}{\partial x^2\partial y}.$$

二阶以及二阶以上的偏导数统称为**高阶偏导数**.

例 1　设 $z=x^3y+x^2y^2-3xy^3$，求 $\frac{\partial^2 z}{\partial x^2}$，$\frac{\partial^2 z}{\partial x\partial y}$，$\frac{\partial^2 z}{\partial y\partial x}$，$\frac{\partial^2 z}{\partial y^2}$，$\frac{\partial^3 z}{\partial x^3}$，$\frac{\partial^3 z}{\partial x\partial y^2}$.

解　$\frac{\partial z}{\partial x}=3x^2y+2xy^2-3y^3$，

$\frac{\partial z}{\partial y}=x^3+2x^2y-9xy^2$，

$\frac{\partial^2 z}{\partial x^2}=(3x^2y+2xy^2-3y^3)'_x=6xy+2y^2$，

$\frac{\partial^2 z}{\partial x\partial y}=(3x^2y+2xy^2-3y^3)'_y=3x^2+4xy-9y^2$，

$\frac{\partial^2 z}{\partial y\partial x}=(x^3+2x^2y-9xy^2)'_x=3x^2+4xy-9y^2$，

$\frac{\partial^2 z}{\partial y^2}=(x^3+2x^2y-9xy^2)'_y=2x^2-18xy$，

$\frac{\partial^3 z}{\partial x^3}=(6xy+2y^2)'_x=6y$，

$\frac{\partial^3 z}{\partial x\partial y^2}=\frac{\partial}{\partial y}\left(\frac{\partial^2 z}{\partial x\partial y}\right)=(3x^2+4xy-9y^2)'_y=4x-18y.$

我们看到，在例 1 中两个二阶混合偏导数相等．事实上，有下述定理.

定理 6.3.1　如果函数 $z=f(x,y)$ 的两个二阶混合偏导数 $\frac{\partial^2 z}{\partial x\partial y}$ 及 $\frac{\partial^2 z}{\partial y\partial x}$ 在区域 D 内连续，则在该区域内

$$\frac{\partial^2 z}{\partial x \partial y} = \frac{\partial^2 z}{\partial y \partial x}.$$

换句话说，二阶混合偏导数在连续的条件下与求导的顺序无关．

证明从略．

二元函数的高阶偏导数及有关结论也可推广到三元以及三元以上函数．

例 2　证明 $u = z\arctan\dfrac{x}{y}$ 满足方程

$$\frac{\partial^2 u}{\partial x^2} + \frac{\partial^2 u}{\partial y^2} + \frac{\partial^2 u}{\partial z^2} = 0.$$

证

$$\frac{\partial u}{\partial x} = z \cdot \frac{1}{1+\left(\dfrac{x}{y}\right)^2} \cdot \left(\frac{x}{y}\right)_x' = \frac{yz}{x^2+y^2},$$

$$\frac{\partial u}{\partial y} = z \cdot \frac{1}{1+\left(\dfrac{x}{y}\right)^2} \cdot \left(\frac{x}{y}\right)_y' = -\frac{xz}{x^2+y^2},$$

$$\frac{\partial u}{\partial z} = \arctan\frac{x}{y},$$

$$\frac{\partial^2 u}{\partial x^2} = \left(\frac{yz}{x^2+y^2}\right)_x' = -\frac{2xyz}{(x^2+y^2)^2},$$

$$\frac{\partial^2 u}{\partial y^2} = \left(-\frac{xz}{x^2+y^2}\right)_y' = \frac{2xyz}{(x^2+y^2)^2},$$

$$\frac{\partial^2 u}{\partial z^2} = \left(\arctan\frac{x}{y}\right)_z' = 0,$$

所以

$$\frac{\partial^2 u}{\partial x^2} + \frac{\partial^2 u}{\partial y^2} + \frac{\partial^2 u}{\partial z^2} = 0.$$

练习 6.3

1. 求下列函数的偏导数．

(1) $z = x^3y - y^3x$　　(2) $z = \arctan\dfrac{y}{x}$

(3) $z = e^{xy}$　　(4) $z = xye^{\sin(xy)}$

(5) $u = \sqrt{x^2+y^2+z^2}$　　(6) $u = (xy)^z$

(7) $z = \dfrac{1}{x^2+y^2}e^{xy}$　　(8) $u = x^{y^z}$

习题选讲

2. 求下列函数在指定点的偏导数．

(1) $f(x,y) = e^{\sin x}\sin y$，求 $f_x'(0,0)$，$f_y'(0,0)$．

(2) $f(x,y) = \dfrac{x}{\sqrt{x^2+y^2}}$，求 $f_x'(-1,0)$，$f_y'(-1,0)$．

(3) $f(x,y,z) = \ln(xy+z)$，求 $f_x'(2,1,0)$，$f_y'(2,1,0)$，$f_z'(2,1,0)$．

3. 设 $f(x,y)=\begin{cases}\dfrac{x^3}{x^2+y^2} & x^2+y^2\neq 0\\ 0 & x^2+y^2=0\end{cases}$，求 $f'_x(0,0)$，$f'_y(0,0)$.

4. 求曲面 $36z=4x^2+9y^2$ 与平面 $x=3$ 的交线在点(3,2,2)处的切线斜率.

5. 求下列函数的高阶偏导数.

(1)$z=x^4+y^4-4x^2y^2$，求所有二阶偏导数.

(2)$z=e^x(\cos y+x\sin y)$，求所有二阶偏导数.

(3)$z=\arctan\dfrac{y}{x}$，求所有二阶偏导数.

(4)$z=\sin^2(ax+by)$，求所有二阶偏导数.

(5)$z=x\ln(xy)$，求$\dfrac{\partial^3 z}{\partial x^2\partial y}$，$\dfrac{\partial^3 z}{\partial x\partial y^2}$.

(6)$z=\ln(e^x+e^y)$，求$\dfrac{\partial^2 z}{\partial x^2}$，$\dfrac{\partial^2 z}{\partial x\partial y}$，$\dfrac{\partial^2 z}{\partial y^2}$.

6. 设 $u=\ln\sqrt{(x-a)^2+(y-b)^2}$，证明：$\dfrac{\partial^2 u}{\partial x^2}+\dfrac{\partial^2 u}{\partial y^2}=0$.

7. 已知两种商品的需求函数分别为线性函数

$$Q_1=a_1+b_1P_1+c_1P_2,Q_2=a_2+b_2P_1+c_2P_2$$

其中，Q_1，Q_2，P_1，P_2 分别为两种商品的需求量和价格. 如果这两种商品是相互竞争的或互补的，试问参数 b_1，c_1，b_2，c_2 需分别满足什么条件？

§6.4　全　微　分

在许多实际问题中，我们需要研究多元函数中各个自变量都取得增量时因变量所获得的增量，即所谓全增量的问题. 下面以二元函数为例进行讨论.

设函数 $z=f(x,y)$ 在点 $P(x_0,y_0)$ 某邻域内有定义，Δx，Δy 为自变量 x，y 在 x_0，y_0 分别取得改变量，称

$$f(x_0+\Delta x,y_0+\Delta y)-f(x_0,y_0)$$

为函数 $z=f(x,y)$ 在点(x_0,y_0)相应自变量改变量 Δx，Δy 的**全增量**，记作 Δz.

例如，设矩形的长和宽分别用 x，y 表示，则此矩形的面积 $S=xy$. 当矩形的长、宽各增加 Δx，Δy 时，那么该矩形面积的全增量为

$$\Delta S=(x+\Delta x)(y+\Delta y)-xy=y\Delta x+x\Delta y+\Delta x\Delta y. \quad (1)$$

一般来说，多元函数的全增量的计算是比较复杂的，但是从上面这个例子我们看到，式(1)右端包含两部分：一部分为 $y\Delta x+x\Delta y$(见图 6－21 中阴影部分面积)，它是关于 Δx，Δy 的线性函数，称为 ΔS 的线性主部；另一部分为 $\Delta x\Delta y$，当 $\Delta x\to 0$，$\Delta y\to 0$ 时，$\Delta x\Delta y$ 是比 $\rho=$

$\sqrt{(\Delta x)^2+(\Delta y)^2}$ 较高阶的无穷小．因此，当 $\Delta x, \Delta y$ 很小时，面积的全增量 ΔS 可用 $y\Delta x + x\Delta y$ 近似地表示，即

$$\Delta S \approx y\Delta x + x\Delta y.$$

其误差是比 ρ 较高阶的无穷小．这为我们求得 ΔS 的近似值带来方便．

这个例子启发我们研究对于一般的多元函数的全增量能否由自变量增量 $\Delta x, \Delta y$ 的线性函数来近似地表示，且其误差是比 ρ 较高阶的无穷小?这就是全微分的思想(见图 6－21)．

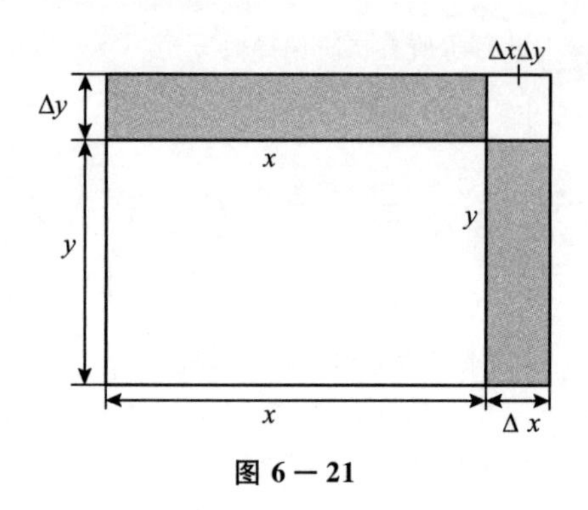

图 6－21

定义 6.4.1 设函数 $z = f(x,y)$ 在点 (x,y) 的某邻域内有定义，若自变量在点 (x,y) 处产生改变量 Δx、Δy，而函数 $z = f(x,y)$ 相应的全增量

$$\Delta z = f(x+\Delta x, y+\Delta y) - f(x,y)$$

可以表示为

$$\Delta z = A\Delta x + B\Delta y + o(\rho) \tag{2}$$

其中，A, B 是 x, y 的函数，与 Δx、Δy 无关，$\rho = \sqrt{(\Delta x)^2+(\Delta y)^2}$，则称函数 $z = f(x,y)$ 在点 (x,y) 处**可微**，而 $A\Delta x + B\Delta y$ 称为函数 $z = f(x,y)$ 在点 (x,y) 处的**全微分**(total differential)，记作 $\mathrm{d}z$ 或 $\mathrm{d}f(x,y)$，即

$$\mathrm{d}z = A\Delta x + B\Delta y \tag{3}$$

当函数 $z = f(x,y)$ 在某平面区域 D 内处处可微时，称 $z = f(x,y)$ 为 D 内可微函数．

下面，我们讨论函数 $z = f(x,y)$ 在点 (x,y) 处可微的条件．

定理 6.4.1(可微的必要条件) 若函数 $z = f(x,y)$ 在点 (x,y) 处可微，则函数在点 (x,y) 的偏导数 $f'_x(x,y)$，$f'_y(x,y)$ 存在，且函数 $z = f(x,y)$ 在点 (x,y) 处的全微分为

$$\mathrm{d}z = f'_x(x,y)\Delta x + f'_y(x,y)\Delta y. \tag{4}$$

证 由于 $z = f(x,y)$ 在点 (x,y) 处可微，由定义 6.4.1 知

$$\begin{aligned}\Delta z &= f(x+\Delta x, y+\Delta y) - f(x,y)\\ &= A\Delta x + B\Delta y + o(\rho)\end{aligned}$$

其中，$\rho=\sqrt{(\Delta x)^2+(\Delta y)^2}$.

在上式中令 $\Delta y=0$，这时 $\rho=|\Delta x|$，则可得

$$f(x+\Delta x,y)-f(x,y)=A\Delta x+o(|\Delta x|),$$

即
$$\Delta_x z=A\Delta x+o(|\Delta x|).$$

上式两边同时除以 Δx，并令 $\Delta x\to 0$，得

$$\lim_{\Delta x\to 0}\frac{\Delta_x z}{\Delta x}=A+\lim_{\Delta x\to 0}\frac{o(|\Delta x|)}{\Delta x}=A.$$

所以，偏导数 $f'_x(x,y)$ 存在，且 $f'_x(x,y)=A$. 同理可证偏导数 $f'_y(x,y)$ 存在，且 $f'_y(x,y)=B$. 故式(4)成立.

应该指出的是，当二元函数 $f(x,y)$ 在点 (x,y) 处的偏导数存在时，虽然能形式地写出 $f'_x(x,y)\Delta x+f'_y(x,y)\Delta y$，但它与 Δz 之差并不一定是较 ρ 高阶的无穷小，因此它不一定是函数的全微分，即偏导数存在只是可微的必要条件而不是充分条件. 这与一元函数的结论不同. 例如，函数

$$f(x,y)=\begin{cases}\dfrac{xy}{\sqrt{x^2+y^2}}, & x^2+y^2\neq 0\\ 0, & x^2+y^2=0\end{cases}$$

在点 $(0,0)$ 处，有

$$f'_x(0,0)=\lim_{\Delta x\to 0}\frac{f(\Delta x,0)-f(0,0)}{\Delta x}=0,$$

$$f'_y(0,0)=\lim_{\Delta y\to 0}\frac{f(0,\Delta y)-f(0,0)}{\Delta y}=0,$$

因此 $\Delta z-[f'_x(0,0)\Delta x+f'_y(0,0)\Delta y]=\dfrac{\Delta x\cdot\Delta y}{\sqrt{(\Delta x)^2+(\Delta y)^2}}$.

而

$$\lim_{\rho\to 0}\frac{\dfrac{\Delta x\cdot\Delta y}{\sqrt{(\Delta x)^2+(\Delta y)^2}}}{\rho}=\lim_{\rho\to 0}\frac{\Delta x\cdot\Delta y}{(\Delta x)^2+(\Delta y)^2}\text{ 不存在，}$$

所以 $\Delta z-[f'_x(0,0)\Delta x+f'_y(0,0)\Delta y]$ 不是 ρ 的高阶无穷小量. 因此，函数 $f(x,y)$ 在点 $(0,0)$ 处偏导数存在，但不可微.

定理 6.4.2（可微的充分条件） 若函数 $z=f(x,y)$ 在点 (x,y) 的某一邻域内有连续的偏导数 $f'_x(x,y)$，$f'_y(x,y)$，则函数 $f(x,y)$ 在点 (x,y) 处可微，且

$$\mathrm{d}z=f'_x(x,y)\mathrm{d}x+f'_y(x,y)\mathrm{d}y. \tag{5}$$

证 因为

$$\begin{aligned}\Delta z&=f(x+\Delta x,y+\Delta y)-f(x,y)\\&=[f(x+\Delta x,y+\Delta y)-f(x,y+\Delta y)]\\&\quad+[f(x,y+\Delta y)-f(x,y)],\end{aligned}$$

由一元函数的拉格朗日中值定理，得

$$f(x+\Delta x,y+\Delta y)-f(x,y+\Delta y)=f'_x(x+\theta_1\Delta x,y+\Delta y)\Delta x$$
$$f(x,y+\Delta y)-f(x,y)=f'_y(x,y+\theta_2\Delta y)\Delta y$$

其中 $0<\theta_1<1,0<\theta_2<1$. 所以

$$\Delta z=f'_x(x+\theta_1\Delta x,y+\Delta y)\Delta x+f'_y(x,y+\theta_2\Delta y)\Delta y.$$

又 $f'_x(x,y),f'_y(x,y)$ 在点 (x,y) 处连续，所以，当 $\Delta x\to 0,\Delta y\to 0$，即 $\rho=\sqrt{(\Delta x)^2+(\Delta y)^2}\to 0$ 时，有

$$\lim_{\rho\to 0}f'_x(x+\theta_1\Delta x,y+\Delta y)=f'_x(x,y),$$
$$\lim_{\rho\to 0}f'_y(x,y+\theta_2\Delta y)=f'_y(x,y),$$

于是

$$f'_x(x+\theta_1\Delta x,y+\Delta y)=f'_x(x,y)+\alpha,$$
$$f'_y(x,y+\theta_2\Delta y)=f'_y(x,y)+\beta,$$

其中，当 $\rho\to 0$ 时，$\alpha\to 0,\beta\to 0$. 所以

$$\begin{aligned}\Delta z&=[f'_x(x,y)+\alpha]\Delta x+[f'_y(x,y)+\beta]\Delta y\\&=f'_x(x,y)\Delta x+f'_y(x,y)\Delta y+\alpha\Delta x+\beta\Delta y.\end{aligned}$$

再由

$$\begin{aligned}0\leqslant\left|\frac{\alpha\Delta x+\beta\Delta y}{\rho}\right|&=\frac{|\alpha\Delta x+\beta\Delta y|}{\sqrt{(\Delta x)^2+(\Delta y)^2}}\\&\leqslant\frac{|\alpha|\cdot|\Delta x|}{\sqrt{(\Delta x)^2+(\Delta y)^2}}+\frac{|\beta|\cdot|\Delta y|}{\sqrt{(\Delta x)^2+(\Delta y)^2}}\\&\leqslant|\alpha|+|\beta|\end{aligned}$$

得 $\lim\limits_{\rho\to 0}\dfrac{\alpha\Delta x+\beta\Delta y}{\rho}=0$，即 $\alpha\Delta x+\beta\Delta y=o(\rho)$. 因此

$$\Delta z=f'_x(x,y)\Delta x+f'_y(x,y)\Delta y+o(\rho).$$

于是，$z=f(x,y)$ 在点 (x,y) 处可微，且

$$dz=f'_x(x,y)\Delta x+f'_y(x,y)\Delta y.$$

因为 $dx=\Delta x,dy=\Delta y$，所以函数 $z=f(x,y)$ 的全微分可记作

$$dz=f'_x(x,y)dx+f'_y(x,y)dy$$

即式(5)成立．

至此，请读者思考并给出多元函数可微、可偏导、连续三者之间的关系．

以上关于二元函数全微分的定义及可微的必要条件和充分条件，可以完全类似地推广到二元以上的多元函数．

设函数 $z=f(x,y)$ 在点 (x,y) 处的偏导数 $f'_x(x,y),f'_y(x,y)$ 存在，则当 y 保持不变，一元函数 $f(x,y)$ 在 x 点的微分 $f'_x(x,y)dx$ 称为函数 $f(x,y)$ 在点 (x,y) 处关于 x 的**偏微分**，记作 d_xz，即

$$d_xz=f'_x(x,y)dx.$$

当 x 保持不变，一元函数 $f(x,y)$ 在 y 点的微分 $f'_y(x,y)dy$ 称为函数

$f(x,y)$ 在点(x,y)处关于 y 的**偏微分**,记作 $d_y z$,即

$$d_y z = f'_y(x,y)dy.$$

于是,式(5)又可写成

$$dz = d_x z + d_y z$$

即二元函数的全微分等于它的两个偏微分之和. 这一结果称为二元函数的微分符合**叠加原理**. 叠加原理也适用于二元以上的函数. 例如,若三元函数 $u = f(x,y,z)$ 在点(x,y,z)处可微,则全微分等于其三个偏微分之和,即

$$du = f'_x(x,y,z)dx + f'_y(x,y,z)dy + f'_z(x,y,z)dz.$$

例 1　求函数 $f(x,y) = e^{xy}$ 在点$(1,2)$处的全微分.

解　因为

$$f'_x(x,y) = ye^{xy}, f'_y(x,y) = xe^{xy}$$
$$f'_x(1,2) = 2e^2, f'_y(1,2) = e^2$$

所以

$$dz = f'_x(1,2)dx + f'_y(1,2)dy = 2e^2dx + e^2dy.$$

例 2　求函数 $u = x^2 + \sin\dfrac{y}{2} + e^{xyz}$ 的全微分.

解　因为

$$\frac{\partial u}{\partial x} = 2x + yze^{xyz}, \quad \frac{\partial u}{\partial y} = \frac{1}{2}\cos\frac{y}{2} + xze^{xyz}, \frac{\partial u}{\partial z} = xye^{xyz},$$

所以

$$dz = \frac{\partial u}{\partial x}dx + \frac{\partial u}{\partial y}dy + \frac{\partial u}{\partial z}dz$$
$$= (2x + yze^{xyz})dx + \left(\frac{1}{2}\cos\frac{y}{2} + xze^{xyz}\right)dy + xye^{xyz}dz.$$

由以上讨论知,当函数 $z = f(x,y)$ 在点(x,y)可微时,有

$$\Delta z = f(x+\Delta x, y+\Delta y) - f(x,y)$$
$$= f'_x(x,y)\Delta x + f'_y(x,y)\Delta y + o(\rho)$$

其中 $\rho = \sqrt{(\Delta x)^2 + (\Delta y)^2}$. 当 $|\Delta x|$,$|\Delta y|$ 很小时,就有下面近似公式:

$$f(x+\Delta x, y+\Delta y) - f(x,y) \approx f'_x(x,y)\Delta x + f'_y(x,y)\Delta y \tag{6}$$

$$f(x+\Delta x, y+\Delta y) \approx f(x,y) + f'_x(x,y)\Delta x + f'_y(x,y)\Delta y \tag{7}$$

因此,可利用全微分进行近似计算.

例 3　计算$(1.04)^{2.02}$的近似值.

解　设函数 $f(x,y) = x^y$. 显然要计算的就是 $f(1.04,2.02)$ 的近似值. 取 $x = 1, y = 2, \Delta x = 0.04, \Delta y = 0.02$. 由于 $f(1,2) = 1$, $f'_x(1,2) = 2, f'_y(1,2) = 0$. 由式(7),得

$$f(1.04,2.02) \approx f(1,2)+f_x'(1,2)\Delta x+f_y'(1,2)\Delta y$$
$$=1+2\times 0.04+0\times 0.02=1.08.$$

即$(1.04)^{2.02}\approx 1.08$.

例 4 要造一个无盖的圆柱形水槽，其内半径为 2 米，高为 4 米，厚度0.01 米，求需用材料多少立方米？

解 底面半径为 r，高为 h 的圆柱体体积为 $V=\pi r^2 h$. 由于$\dfrac{\partial V}{\partial r}=2\pi rh$，$\dfrac{\partial V}{\partial h}=\pi r^2$. 所以，由式(6)，得

$$\Delta V \approx \mathrm{d}V=2\pi rh\Delta r+\pi r^2\Delta h.$$

由题设知，$r=2,h=4,\Delta r=\Delta h=0.01$，故

$$\Delta V \approx 2\pi\times 2\times 4\times 0.01+\pi\times 2^2\times 0.01=0.2\pi,$$

即所需材料约为 0.2π 立方米，与直接计算的 $\Delta V=0.200801\pi$ 立方米很接近．

练习 6.4

习题选讲

1. 求下列函数的全微分．

(1)$z=y\sin(x+y)$　　(2)$z=\mathrm{e}^{x^2+y^2}$

(3)$z=\ln\sqrt{x^2+y^2}$　　(4)$u=\ln(x^2+y^2+z^2)$

2. 求下列函数在指定点的全微分．

(1)$z=\dfrac{x}{\sqrt{x^2+y^2}}$ 在点(1,0) 和(0,1) 处．

(2)$z=\mathrm{e}^{xy}$ 在点(1,1) 处，且 $\Delta x=0.15,\Delta y=0.1$.

3. 求函数 $z=\dfrac{x}{y}$ 在 $x=2,y=1,\Delta x=0.1,\Delta y=-0.2$ 时的全增量 Δz 和全微分 $\mathrm{d}z$.

4. 计算下列近似值．

(1) $\sqrt{(1.02)^3+(1.97)^3}$　　(2)$\sin 29°\tan 46°$

5. 已知边长为 $x=6$m 与 $y=8$m 的矩形，如果 x 边增加 5cm 而 y 边减少 10cm，问这个矩形的对角线近似变化多少？

6. 用某种材料做一个开口长方体容器，其外形长 5m，宽 4m，高 3m，厚 20cm，求所需材料体积的近似值与精确值．

§6.5　多元复合函数求导法则和隐函数求导公式

在一元函数微分学中，复合函数的求导法则起着重要的作用，现在我们把它推广到多元复合函数的情形．

6.5.1 多元复合函数的求导法则

设函数 $z=f(u,v)$ 是变量 u、v 的函数，而 u、v 又是变量 x，y 的函数 $u=\varphi(x,y)$，$v=\psi(x,y)$，则 $z=f[\varphi(x,y),\psi(x,y)]$ 是 x，y 的复合函数．其变量间的相互依赖关系可用图 6－22 来表达．

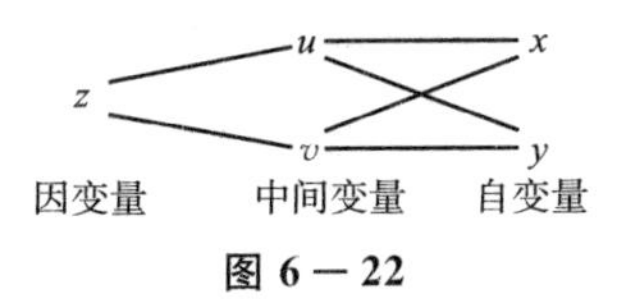

图 6－22

定理 6.5.1 如果函数 $u=\varphi(x,y)$ 及 $v=\psi(x,y)$ 在点 (x,y) 的偏导数 $\frac{\partial u}{\partial x}$，$\frac{\partial u}{\partial y}$ 及 $\frac{\partial v}{\partial x}$，$\frac{\partial v}{\partial y}$ 都存在，且在对应于 (x,y) 的点 (u,v) 处，函数 $z=f(u,v)$ 可微，则复合函数 $z=f[\varphi(x,y),\psi(x,y)]$ 对 x 及 y 的偏导数存在，且

$$\frac{\partial z}{\partial x}=\frac{\partial z}{\partial u}\cdot\frac{\partial u}{\partial x}+\frac{\partial z}{\partial v}\cdot\frac{\partial v}{\partial x} \tag{1}$$

$$\frac{\partial z}{\partial y}=\frac{\partial z}{\partial u}\cdot\frac{\partial u}{\partial y}+\frac{\partial z}{\partial v}\cdot\frac{\partial v}{\partial y} \tag{2}$$

证 设 x 取得改变量 $\Delta x(\Delta x\neq 0)$，而 y 保持不变，相应地 u，v 各取得偏增量 $\Delta_x u$，$\Delta_x v$，从而，函数 $z=f(u,v)$ 也得到偏增量 $\Delta_x z$. 由于 $f(u,v)$ 可微，所以

$$\Delta_x z=\frac{\partial z}{\partial u}\Delta_x u+\frac{\partial z}{\partial v}\Delta_x v+o(\rho)$$

其中，$\rho=\sqrt{(\Delta_x u)^2+(\Delta_x v)^2}$，且 $\lim\limits_{\rho\to 0}\frac{o(\rho)}{\rho}=0$.

在上式两边同除以 Δx，得

$$\frac{\Delta_x z}{\Delta x}=\frac{\partial z}{\partial u}\cdot\frac{\Delta_x u}{\Delta x}+\frac{\partial z}{\partial v}\cdot\frac{\Delta_x v}{\Delta x}+\frac{o(\rho)}{\Delta x} \tag{3}$$

因为 $u=\varphi(x,y)$，$v=\psi(x,y)$ 在 (x,y) 点的偏导数都存在，所以，当 $\Delta x\to 0$ 时，$\rho\to 0$，并且

$$\lim_{\Delta x\to 0}\frac{\Delta_x u}{\Delta x}=\frac{\partial u}{\partial x},\qquad \lim_{\Delta x\to 0}\frac{\Delta_x v}{\Delta x}=\frac{\partial v}{\partial x}$$

$$\begin{aligned}\lim_{\Delta x\to 0}\left|\frac{o(\rho)}{\Delta x}\right|&=\lim_{\Delta x\to 0}\left|\frac{o(\rho)}{\rho}\right|\cdot\left|\frac{\rho}{\Delta x}\right|\\&=\lim_{\Delta x\to 0}\left|\frac{o(\rho)}{\rho}\right|\cdot\lim_{\Delta x\to 0}\sqrt{\left(\frac{\Delta_x u}{\Delta x}\right)^2+\left(\frac{\Delta_x v}{\Delta x}\right)^2}\\&=0\cdot\sqrt{\left(\frac{\partial u}{\partial x}\right)^2+\left(\frac{\partial v}{\partial x}\right)^2}=0\end{aligned}$$

令 $\Delta x \to 0$，对式(3) 两边取极限，得

$$\frac{\partial z}{\partial x}=\frac{\partial z}{\partial u}\cdot\frac{\partial u}{\partial x}+\frac{\partial z}{\partial v}\cdot\frac{\partial v}{\partial x}.$$

同理可证

$$\frac{\partial z}{\partial y}=\frac{\partial z}{\partial u}\cdot\frac{\partial u}{\partial y}+\frac{\partial z}{\partial v}\cdot\frac{\partial v}{\partial y}.$$

式(1)、式(2) 通常称为二元复合函数的**链导法则**，是二元复合函数求导的基本公式，作为上述情形的特例，我们有

(i) 若 $z=f(u,v)$，而 $u=\varphi(x)$，$v=\psi(x)$ 都在点 x 处可导，函数 $z=f(u,v)$ 在相应点 (u,v) 处可微，则复合函数 $z=f[\varphi(x),\psi(x)]$，其变量间的依赖关系可用图6－23 来表达，在点 x 处可导，且

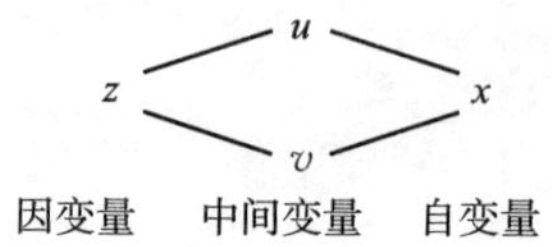

z u v x

因变量　中间变量　自变量

图 6－23

$$\frac{\mathrm{d}z}{\mathrm{d}x}=\frac{\partial z}{\partial u}\cdot\frac{\mathrm{d}u}{\mathrm{d}x}+\frac{\partial z}{\partial v}\cdot\frac{\mathrm{d}v}{\mathrm{d}x}\tag{4}$$

在式(4) 中的导数 $\frac{\mathrm{d}z}{\mathrm{d}x}$ 称为**全导数**．

(ii) 若 $z=f(x,y)$，而 $y=\varphi(x)$ 在点 x 处可导，函数 $z=f(x,y)$ 在相应点处可微，则复合函数 $z=f(x,\varphi(x))$，其变量间的依赖关系可用图 6－24 来表达，对 x 可导，且

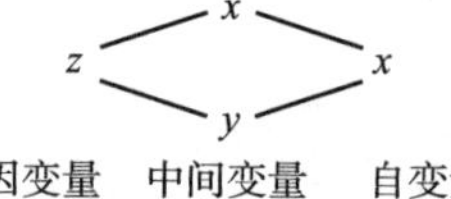

图 6－24

$$\frac{\mathrm{d}z}{\mathrm{d}x}=\frac{\partial z}{\partial x}+\frac{\partial z}{\partial y}\frac{\mathrm{d}y}{\mathrm{d}x}\tag{5}$$

注　式(5) 中 $\frac{\mathrm{d}z}{\mathrm{d}x}$ 与 $\frac{\partial z}{\partial x}$ 是不同的．

链导法则可以推广到三元及三元以上的复合函数，例如

(i) 设 $u=\varphi(x,y)$，$v=\psi(x,y)$，$w=w(x,y)$ 在点 (x,y) 处具有对 x,y 的偏导数，函数 $z=f(u,v,w)$ 在相应点 (u,v,w) 处可微，则复合函数 $z=f[\varphi(x,y),\psi(x,y),w(x,y)]$ 在点 (x,y) 处的偏导数存在，且

$$\frac{\partial z}{\partial x}=\frac{\partial z}{\partial u}\cdot\frac{\partial u}{\partial x}+\frac{\partial z}{\partial v}\cdot\frac{\partial v}{\partial x}+\frac{\partial z}{\partial w}\cdot\frac{\partial w}{\partial x}\tag{6}$$

$$\frac{\partial z}{\partial y}=\frac{\partial z}{\partial u}\cdot\frac{\partial u}{\partial y}+\frac{\partial z}{\partial v}\cdot\frac{\partial v}{\partial y}+\frac{\partial z}{\partial w}\cdot\frac{\partial w}{\partial y}\tag{7}$$

(ii) 如果 $z=f(u,x,y)$ 可微，而 $u=\varphi(x,y)$ 有偏导数，则复合函数 $z=f[\varphi(x,y),x,y]$ 的偏导数存在，且

$$\frac{\partial z}{\partial x}=\frac{\partial f}{\partial u}\cdot\frac{\partial u}{\partial x}+\frac{\partial f}{\partial x}\tag{8}$$

$$\frac{\partial z}{\partial y}=\frac{\partial f}{\partial u}\cdot\frac{\partial u}{\partial y}+\frac{\partial f}{\partial y}\tag{9}$$

注　在式(8) 中 $\frac{\partial z}{\partial x}$ 与 $\frac{\partial f}{\partial x}$ 不同，$\frac{\partial z}{\partial x}$ 是把复合函数 $z=f[\varphi(x,y),x,$

$y]$ 中的 y 看作不变而对 x 求偏导，$\frac{\partial f}{\partial x}$ 是把 $f(u,x,y)$ 中 u 及 y 看作不变而对 x 求偏导．在式(9) 中$\frac{\partial z}{\partial y}$ 与$\frac{\partial f}{\partial y}$ 也有类似的区别．

例 1　设 $z=\mathrm{e}^u\sin v,u=xy,v=x+y$，求$\frac{\partial z}{\partial x},\frac{\partial z}{\partial y}$.

解　利用式(1)、式(2) 得

$$\begin{aligned}\frac{\partial z}{\partial x}&=\frac{\partial z}{\partial u}\cdot\frac{\partial u}{\partial x}+\frac{\partial z}{\partial v}\cdot\frac{\partial v}{\partial x}\\&=\mathrm{e}^u\cdot\sin v\cdot y+\mathrm{e}^u\cdot\cos v\cdot 1\\&=\mathrm{e}^{xy}[y\sin(x+y)+\cos(x+y)].\end{aligned}$$

$$\begin{aligned}\frac{\partial z}{\partial y}&=\frac{\partial z}{\partial u}\cdot\frac{\partial u}{\partial y}+\frac{\partial z}{\partial v}\cdot\frac{\partial v}{\partial y}\\&=\mathrm{e}^u\cdot\sin v\cdot x+\mathrm{e}^u\cdot\cos v\cdot 1\\&=\mathrm{e}^{xy}[x\sin(x+y)+\cos(x+y)].\end{aligned}$$

例 2　设 $z=\arctan\frac{x}{y}$，而 $x=u+v,y=u-v$，验证：

$$\frac{\partial z}{\partial u}+\frac{\partial z}{\partial v}=\frac{u-v}{u^2+v^2}.$$

证　因为$\frac{\partial z}{\partial u}=\frac{\partial z}{\partial x}\cdot\frac{\partial x}{\partial u}+\frac{\partial z}{\partial y}\cdot\frac{\partial y}{\partial u}$

$$=\frac{y}{x^2+y^2}\cdot 1+\frac{-x}{x^2+y^2}\cdot 1=\frac{y-x}{x^2+y^2},$$

$$\begin{aligned}\frac{\partial z}{\partial v}&=\frac{\partial z}{\partial x}\cdot\frac{\partial x}{\partial v}+\frac{\partial z}{\partial y}\cdot\frac{\partial y}{\partial v}\\&=\frac{y}{x^2+y^2}\cdot 1+\frac{-x}{x^2+y^2}\cdot(-1)=\frac{y+x}{x^2+y^2},\end{aligned}$$

所以

$$\frac{\partial z}{\partial u}+\frac{\partial z}{\partial v}=\frac{2y}{x^2+y^2}=\frac{2(u-v)}{(u+v)^2+(u-v)^2}=\frac{u-v}{u^2+v^2}.$$

例 3　设 $z=u^2v+3uv^4,u=\mathrm{e}^t,v=\sin t$，求$\frac{\mathrm{d}z}{\mathrm{d}t}$.

解　$\frac{\mathrm{d}z}{\mathrm{d}t}=\frac{\partial z}{\partial u}\cdot\frac{\mathrm{d}u}{\mathrm{d}t}+\frac{\partial z}{\partial v}\cdot\frac{\mathrm{d}v}{\mathrm{d}t}$

$$\begin{aligned}&=(2uv+3v^4)\mathrm{e}^t+(u^2+12uv^3)\cos t\\&=(2\mathrm{e}^t\sin t+3\sin^4 t)\mathrm{e}^t+(\mathrm{e}^{2t}+12\mathrm{e}^t\sin^3 t)\cos t.\end{aligned}$$

例 4　设 $z=uv+\sin t,u=\mathrm{e}^t,v=\cos t$，求$\frac{\mathrm{d}z}{\mathrm{d}t}$.

解　$\frac{\mathrm{d}z}{\mathrm{d}t}=\frac{\partial z}{\partial u}\cdot\frac{\mathrm{d}u}{\mathrm{d}t}+\frac{\partial z}{\partial v}\cdot\frac{\mathrm{d}v}{\mathrm{d}t}+\frac{\partial z}{\partial t}$

$$\begin{aligned}&=v\mathrm{e}^t+u(-\sin t)+\cos t\\&=\mathrm{e}^t(\cos t-\sin t)+\cos t.\end{aligned}$$

此例中，$\frac{\mathrm{d}z}{\mathrm{d}t}$ 指 z 是 t 的一元函数，因变量 z 对自变量 t 求导，而 $\frac{\partial z}{\partial t}$ 是指三元函数 $z=f(u,v,t)$ 中，z 对中间变量 t 求偏导，u，v 看作常量．

例 5 设 $z=f(xy,x^2+y^2)$，其中 f 具有二阶连续偏导数，求 $\frac{\partial^2 z}{\partial x^2}$，$\frac{\partial^2 z}{\partial x\partial y}$，$\frac{\partial^2 z}{\partial y^2}$．

解 设 $u=xy$，$v=x^2+y^2$，则 $z=f(u,v)$．利用式(1)、式(2)得

$$\frac{\partial z}{\partial x}=\frac{\partial z}{\partial u}\cdot\frac{\partial u}{\partial x}+\frac{\partial z}{\partial v}\cdot\frac{\partial v}{\partial x}=yf'_u+2xf'_v,$$

$$\frac{\partial z}{\partial y}=\frac{\partial z}{\partial u}\cdot\frac{\partial u}{\partial y}+\frac{\partial z}{\partial v}\cdot\frac{\partial v}{\partial y}=xf'_u+2yf'_v,$$

$$\begin{aligned}\frac{\partial^2 z}{\partial x^2}&=(yf'_u+2xf'_v)'_x\\&=y\left(f''_{uu}\frac{\partial u}{\partial x}+f''_{uv}\frac{\partial v}{\partial x}\right)+2f'_v+2x\left(f''_{vu}\frac{\partial u}{\partial x}+f''_{vv}\frac{\partial v}{\partial x}\right)\\&=y(yf''_{uu}+2xf''_{uv})+2f'_v+2x(yf''_{uv}+2xf''_{vv})\\&=y^2f''_{uu}+4xyf''_{uv}+4x^2f''_{vv}+2f'_v,\end{aligned}$$

$$\begin{aligned}\frac{\partial^2 z}{\partial x\partial y}&=(yf'_u+2xf'_v)'_y\\&=f'_u+y\left(f''_{uu}\frac{\partial u}{\partial y}+f''_{uv}\frac{\partial v}{\partial y}\right)+2x\left(f''_{vu}\frac{\partial u}{\partial y}+f''_{vv}\frac{\partial v}{\partial y}\right)\\&=f'_u+y(xf''_{uu}+2yf''_{uv})+2x(xf''_{uv}+2yf''_{vv})\\&=xyf''_{uu}+2(x^2+y^2)f''_{uv}+4xyf''_{vv}+f'_u,\end{aligned}$$

$$\begin{aligned}\frac{\partial^2 z}{\partial y^2}&=(xf'_u+2yf'_v)'_y\\&=x\left(f''_{uu}\frac{\partial u}{\partial y}+f''_{uv}\frac{\partial v}{\partial y}\right)+2f'_v+2y\left(f''_{vu}\frac{\partial u}{\partial y}+f''_{vv}\frac{\partial v}{\partial y}\right)\\&=x(xf''_{uu}+2yf''_{uv})+2f'_v+2y(xf''_{vu}+2yf''_{vv})\\&=x^2f''_{uu}+4xyf''_{uv}+4y^2f''_{vv}+2f'_v.\end{aligned}$$

此例是抽象的复合函数求高阶偏导数问题．在求二阶偏导数时，应注意 f'_u 和 f'_v 仍是 u，v 的二元函数，从而 f'_u 和 f'_v 是 x，y 的复合函数．所以

$$(f'_u)'_x=f''_{uu}\frac{\partial u}{\partial x}+f''_{uv}\frac{\partial v}{\partial x}$$

$$(f'_u)'_y=f''_{uu}\frac{\partial u}{\partial y}+f''_{uv}\frac{\partial v}{\partial y}$$

对 f'_v 也一样．

对于一元函数 $y=f(u)$，具有微分形式不变性．对于二元函数仍具有全微分形式不变性．

设函数 $z=f(u,v)$ 具有连续偏导数，则

$$dz = \frac{\partial z}{\partial u}du + \frac{\partial z}{\partial v}dv.$$

如果u,v又是x,y的函数$u=\varphi(x,y),v=\psi(x,y)$,且这两个函数也具有连续偏导数,则复合函数$z=f[\varphi(x,y),\psi(x,y)]$的全微分为

$$dz = \frac{\partial z}{\partial x}dx + \frac{\partial z}{\partial y}dy$$

其中,$\frac{\partial z}{\partial x},\frac{\partial z}{\partial y}$分别由式(1)、式(2)给出,代入上式得

$$\begin{aligned} dz &= \left(\frac{\partial z}{\partial u}\frac{\partial u}{\partial x} + \frac{\partial z}{\partial v}\frac{\partial v}{\partial x}\right)dx + \left(\frac{\partial z}{\partial u}\frac{\partial u}{\partial y} + \frac{\partial z}{\partial v}\frac{\partial v}{\partial y}\right)dy \\ &= \frac{\partial z}{\partial u}\left(\frac{\partial u}{\partial x}dx + \frac{\partial u}{\partial y}dy\right) + \frac{\partial z}{\partial v}\left(\frac{\partial v}{\partial x}dx + \frac{\partial v}{\partial y}dy\right) \\ &= \frac{\partial z}{\partial u}du + \frac{\partial z}{\partial v}dv. \end{aligned}$$

由此可见,无论z是自变量u,v的函数,还是z是中间变量u,v的函数,全微分dz形式是一样的. 这个性质叫作**全微分形式不变性**.

6.5.2 隐函数的求导公式

在第2章中,我们利用复合函数求导法,可以求出由方程$F(x,y)=0$所确定的隐函数的导数. 现在介绍隐函数存在定理,并根据多元复合函数的求导法则推导出隐函数的导数公式.

先讨论由一个方程确定隐函数情形.

定理6.5.2(隐函数存在定理) 设函数$F(x,y)$在点(x_0,y_0)的某一邻域内有连续的偏导数,且$F(x_0,y_0)=0,F'_y(x_0,y_0)\neq 0$,则方程$F(x,y)=0$在点$(x_0,y_0)$的某一邻域内总能唯一确定一个连续且有连续导数的函数$y=f(x)$,使得$y_0=f(x_0)$,并且

$$\frac{dy}{dx} = -\frac{\frac{\partial F}{\partial x}}{\frac{\partial F}{\partial y}} \quad 或 \quad \frac{dy}{dx} = -\frac{F'_x}{F'_y} \tag{1}$$

证明从略,现仅推导公式(1).

将$y=f(x)$代入$F(x,y)=0$中,得恒等式

$$F(x,f(x))\equiv 0,$$

其左端函数F可看作是以$x,y(=f(x))$为中间变量,而以x为自变量的复合函数. 等式两边分别对x求导数,得

$$\frac{\partial F}{\partial x} + \frac{\partial F}{\partial y}\cdot\frac{dy}{dx} = 0.$$

由于$\frac{\partial F}{\partial y}=F'_y$连续,且$F'_y(x_0,y_0)\neq 0$,所以,存在点$(x_0,y_0)$的一个

邻域，在该邻域内$\frac{\partial F}{\partial y}\neq 0$，于是

$$\frac{\mathrm{d}y}{\mathrm{d}x}=-\frac{\frac{\partial F}{\partial x}}{\frac{\partial F}{\partial y}}=-\frac{F_x'}{F_y'}.$$

例 1 验证方程 $y-xe^y+x=0$ 在点(0,0)的某个邻域内能唯一确定一个有连续导数的函数 $y=f(x)$，使当 $x=0$ 时，$y=0$，并求 $\left.\frac{\mathrm{d}y}{\mathrm{d}x}\right|_{x=0}$.

解 设 $F(x,y)=y-xe^y+x$，则 $F_x'=1-e^y, F_y'=1-xe^y$，且 F_x', F_y' 在点(0,0)的邻域内连续，又 $F(0,0)=0, F_y'(0,0)=1\neq 0$，由定理 6.5.2 知，方程 $y-xe^y+x=0$ 在点(0,0)的某个邻域内能唯一确定一个有连续导数的函数 $y=f(x)$，使得当 $x=0$ 时，$y=0$，且

$$\frac{\mathrm{d}y}{\mathrm{d}x}=-\frac{F_x'}{F_y'}=-\frac{1-e^y}{1-xe^y}$$

又因为当 $x=0$ 时，$y=0$，所以，$\left.\frac{\mathrm{d}y}{\mathrm{d}x}\right|_{x=0}=0$.

例 2 由方程 $xy^2-\ln y=a$ 确定了 y 是 x 的函数，求$\frac{\mathrm{d}y}{\mathrm{d}x}$.

解 [方法一] 利用第 2 章中的复合函数求导法则．方程两边分别对 x 求导，得

$$y^2+x\cdot 2yy'-\frac{1}{y}\cdot y'=0$$

$$\left(2xy-\frac{1}{y}\right)y'=-y^2$$

所以

$$\frac{\mathrm{d}y}{\mathrm{d}x}=y'=\frac{y^3}{1-2xy^2}.$$

[方法二] 利用隐函数求导公式(1)．令 $F(x,y)=xy^2-\ln y-a$，则

$$\frac{\partial F}{\partial x}=y^2,\qquad \frac{\partial F}{\partial y}=2xy-\frac{1}{y},$$

所以

$$\frac{\mathrm{d}y}{\mathrm{d}x}=-\frac{\frac{\partial F}{\partial x}}{\frac{\partial F}{\partial y}}=-\frac{y^2}{2xy-\frac{1}{y}}=\frac{y^3}{1-2xy^2}.$$

隐函数存在定理还可以推广到三元及三元以上方程的情形．

定理 6.5.3 设函数 $F(x,y,z)$ 在点 (x_0,y_0,z_0) 的某一邻域内具有连续的偏导数，且 $F(x_0,y_0,z_0)=0, F_z'(x_0,y_0,z_0)\neq 0$，则方程

$F(x,y,z)=0$ 在点(x_0,y_0,z_0)的某一邻域内总能唯一确定一个连续且具有连续偏导数的二元函数 $z=f(x,y)$，使得 $z_0=f(x_0,y_0)$，并且有

$$\frac{\partial z}{\partial x}=-\frac{\frac{\partial F}{\partial x}}{\frac{\partial F}{\partial z}}=-\frac{F_x'}{F_z'}$$
$$\frac{\partial z}{\partial y}=-\frac{\frac{\partial F}{\partial y}}{\frac{\partial F}{\partial z}}=-\frac{F_y'}{F_z'} \tag{2}$$

证明从略，仅推导公式(2).

由于方程 $F(x,y,z)=0$ 确定 z 是 x,y 的函数 $z=f(x,y)$，所以有

$$F(x,y,f(x,y))\equiv 0,$$

将上式两边分别对 x,y 求偏导，得

$$\frac{\partial F}{\partial x}+\frac{\partial F}{\partial z}\cdot\frac{\partial z}{\partial x}=0,$$
$$\frac{\partial F}{\partial y}+\frac{\partial F}{\partial z}\cdot\frac{\partial z}{\partial y}=0.$$

因为$\frac{\partial F}{\partial z}=F_z'$连续，且 $F_z'(x_0,y_0,z_0)\neq 0$，所以，存在点(x_0,y_0,z_0)的一个邻域，在该邻域内 $F_z'\neq 0$，于是得

$$\frac{\partial z}{\partial x}=-\frac{\frac{\partial F}{\partial x}}{\frac{\partial F}{\partial z}}=-\frac{F_x'}{F_z'},$$
$$\frac{\partial z}{\partial y}=-\frac{\frac{\partial F}{\partial y}}{\frac{\partial F}{\partial z}}=-\frac{F_y'}{F_z'}.$$

例3　求由方程 $e^{-xy}-2z+e^z=0$ 所确定的隐函数的偏导数$\frac{\partial z}{\partial x},\frac{\partial z}{\partial y}$.

解　设 $F(x,y,z)=e^{-xy}-2z+e^z$，则

$$\frac{\partial F}{\partial x}=-ye^{-xy},\qquad \frac{\partial F}{\partial y}=-xe^{-xy},\qquad \frac{\partial F}{\partial z}=-2+e^z.$$

由公式(2)得

$$\frac{\partial z}{\partial x}=\frac{ye^{-xy}}{e^z-2},\quad \frac{\partial z}{\partial y}=\frac{xe^{-xy}}{e^z-2}.$$

下面，将隐函数存在定理做另一方面的推广，讨论由方程组所确定的隐函数情形.

定理6.5.4　设 $F(x,y,u,v)$，$G(x,y,u,v)$ 在点(x_0,y_0,u_0,v_0)的某一邻域内具有对各个变量的连续偏导数，又 $F(x_0,y_0,u_0,v_0)=0$，

$G(x_0, y_0, u_0, v_0) = 0$，且偏导数所组成的雅可比[①]行列式

$$J = \frac{\partial(F,G)}{\partial(u,v)} = \begin{vmatrix} \dfrac{\partial F}{\partial u} & \dfrac{\partial F}{\partial v} \\ \dfrac{\partial G}{\partial u} & \dfrac{\partial G}{\partial v} \end{vmatrix}$$

在点(x_0, y_0, u_0, v_0)不等于零，则方程组

$$\begin{cases} F(x,y,u,v) = 0 \\ G(x,y,u,v) = 0 \end{cases}$$

在点(x_0, y_0, u_0, v_0)的某一邻域内总能唯一确定一组连续且有连续偏导数的函数$u = u(x,y)$，$v = v(x,y)$，它们满足条件$u_0 = u(x_0, y_0)$，$v_0 = v(x_0, y_0)$，且有

$$\frac{\partial u}{\partial x} = -\frac{1}{J} \cdot \frac{\partial(F,G)}{\partial(x,v)} = -\frac{\begin{vmatrix} F'_x & F'_v \\ G'_x & G'_v \end{vmatrix}}{\begin{vmatrix} F'_u & F'_v \\ G'_u & G'_v \end{vmatrix}}$$

$$\frac{\partial v}{\partial x} = -\frac{1}{J} \cdot \frac{\partial(F,G)}{\partial(u,x)} = -\frac{\begin{vmatrix} F'_u & F'_x \\ G'_u & G'_x \end{vmatrix}}{\begin{vmatrix} F'_u & F'_v \\ G'_u & G'_v \end{vmatrix}}$$

$$\frac{\partial u}{\partial y} = -\frac{1}{J} \cdot \frac{\partial(F,G)}{\partial(y,v)} = -\frac{\begin{vmatrix} F'_y & F'_v \\ G'_y & G'_v \end{vmatrix}}{\begin{vmatrix} F'_u & F'_v \\ G'_u & G'_v \end{vmatrix}}$$

$$\frac{\partial v}{\partial y} = -\frac{1}{J} \cdot \frac{\partial(F,G)}{\partial(u,y)} = -\frac{\begin{vmatrix} F'_u & F'_y \\ G'_u & G'_y \end{vmatrix}}{\begin{vmatrix} F'_u & F'_v \\ G'_u & G'_v \end{vmatrix}} \tag{3}$$

雅可比

同样略去定理的证明而仅推导上述公式．

由于

$$F[x,y,u(x,y),v(x,y)] \equiv 0$$
$$G[x,y,u(x,y),v(x,y)] \equiv 0$$

将上两等式的两边分别对x求导，得

$$\begin{cases} F'_x + F'_u \cdot \dfrac{\partial u}{\partial x} + F'_v \cdot \dfrac{\partial v}{\partial x} = 0 \\ G'_x + G'_u \cdot \dfrac{\partial u}{\partial x} + G'_v \cdot \dfrac{\partial v}{\partial x} = 0 \end{cases}$$

① 雅可比(Jacobi, Carl Gustav Jacob, 1804－1851)德国数学家．雅可比是椭圆函数理论开拓者之一，在行列式理论方面做了奠基性的工作，对分析、变分法和数论也作出了重要贡献．

这是关于$\frac{\partial u}{\partial x},\frac{\partial v}{\partial x}$的线性方程组，由假设知，在点$(x_0,y_0,u_0,v_0)$的某邻域内，系数行列式

$$J=\begin{vmatrix} F'_u & F'_v \\ G'_u & G'_v \end{vmatrix}\neq 0,$$

从而可解出$\frac{\partial u}{\partial x},\frac{\partial v}{\partial x}$：

$$\frac{\partial u}{\partial x}=-\frac{1}{J}\begin{vmatrix} F'_x & F'_v \\ G'_x & G'_v \end{vmatrix}=-\frac{1}{J}\frac{\partial(F,G)}{\partial(x,v)},$$

$$\frac{\partial v}{\partial x}=-\frac{1}{J}\begin{vmatrix} F'_u & F'_x \\ G'_u & G'_x \end{vmatrix}=-\frac{1}{J}\frac{\partial(F,G)}{\partial(u,x)}.$$

同理可得

$$\frac{\partial u}{\partial y}=-\frac{1}{J}\frac{\partial(F,G)}{\partial(y,v)},\quad \frac{\partial v}{\partial y}=-\frac{1}{J}\frac{\partial(F,G)}{\partial(u,y)}.$$

例 4　设$xu-yv=0,yu+xv=1$，求$\frac{\partial u}{\partial x},\frac{\partial v}{\partial x},\frac{\partial u}{\partial y},\frac{\partial v}{\partial y}$.

解　[方法一] 直接利用公式(3).

设$F(x,y,u,v)=xu-yv,G(x,y,u,v)=yu+xv-1$，则

$$F'_x=u,F'_y=-v,F'_u=x,F'_v=-y;$$
$$G'_x=v,G'_y=u,G'_u=y,G'_v=x.$$

在$J=\begin{vmatrix} F'_u & F'_v \\ G'_u & G'_v \end{vmatrix}=\begin{vmatrix} x & -y \\ y & x \end{vmatrix}=x^2+y^2\neq 0$的条件下，有

$$\frac{\partial u}{\partial x}=-\frac{1}{J}\frac{\partial(F,G)}{\partial(x,v)}=-\frac{1}{J}\begin{vmatrix} u & -y \\ v & x \end{vmatrix}=-\frac{ux+vy}{x^2+y^2}$$

$$\frac{\partial v}{\partial x}=-\frac{1}{J}\frac{\partial(F,G)}{\partial(u,x)}=-\frac{1}{J}\begin{vmatrix} x & u \\ y & v \end{vmatrix}=-\frac{xv-yu}{x^2+y^2}$$

$$\frac{\partial u}{\partial y}=-\frac{1}{J}\frac{\partial(F,G)}{\partial(y,v)}=-\frac{1}{J}\begin{vmatrix} -v & -y \\ u & x \end{vmatrix}=-\frac{yu-xv}{x^2+y^2}$$

$$\frac{\partial v}{\partial y}=-\frac{1}{J}\frac{\partial(F,G)}{\partial(u,y)}=-\frac{1}{J}\begin{vmatrix} x & -v \\ y & u \end{vmatrix}=-\frac{xu+yv}{x^2+y^2}.$$

[方法二] 根据推导公式的方法来求．

将$\begin{cases} xu-yv=0 \\ yu+xv=1 \end{cases}$中方程两边分别对$x$求导，并移项得

$$\begin{cases} x\frac{\partial u}{\partial x}-y\frac{\partial v}{\partial x}=-u \\ y\frac{\partial u}{\partial x}+x\frac{\partial v}{\partial x}=-v \end{cases}$$

在$J=\begin{vmatrix} x & -y \\ y & x \end{vmatrix}=x^2+y^2\neq 0$的条件下，解上述方程组得

$$\frac{\partial u}{\partial x}=\frac{\begin{vmatrix}-u & -y\\ -v & x\end{vmatrix}}{x^2+y^2}=-\frac{ux+vy}{x^2+y^2},$$

$$\frac{\partial v}{\partial x}=\frac{\begin{vmatrix}x & -u\\ y & -v\end{vmatrix}}{x^2+y^2}=-\frac{xv-yu}{x^2+y^2}.$$

将$\begin{cases}xu-yv=0\\ yu+xv=1\end{cases}$中方程两边对 y 求导，并移项得

$$\begin{cases}x\dfrac{\partial u}{\partial y}-y\dfrac{\partial v}{\partial y}=v\\ y\dfrac{\partial u}{\partial y}+x\dfrac{\partial v}{\partial y}=-u\end{cases}$$

在 $J=\begin{vmatrix}x & -y\\ y & x\end{vmatrix}=x^2+y^2\neq 0$ 的条件下，解上述方程组得

$$\frac{\partial u}{\partial y}=-\frac{yu-xv}{x^2+y^2},\frac{\partial v}{\partial y}=-\frac{xu+yv}{x^2+y^2}.$$

练习 6.5

习题选讲

1. 求下列复合函数的偏导数．

(1) $z=u^2+v^2$，而 $u=x+y,v=x-y$，求 $\frac{\partial z}{\partial x},\frac{\partial z}{\partial y}$.

(2) $z=u^2\ln v$，而 $u=\frac{y}{x},v=3x-2y$，求 $\frac{\partial z}{\partial x},\frac{\partial z}{\partial y}$.

(3) $z=\arctan(u+v)$，而 $u=2x-y^2,v=x^2y$，求 $\frac{\partial z}{\partial x},\frac{\partial z}{\partial y}$.

2. 求下列复合函数的导数．

(1) $z=\frac{y}{x}$，而 $x=e^t,y=1-e^{2t}$，求 $\frac{dz}{dt}$.

(2) $z=\arctan(xy)$，而 $y=e^x$，求 $\frac{dz}{dx}$.

(3) $z=u^2+v^2+w^2$，其中 $u=3x,v=x^2,w=3x+5$，求 $\frac{dz}{dx}$.

3. 求下列函数的偏导数，其中 f 可微．

(1) $u=f\left(\frac{x}{y},\frac{y}{z}\right)$，求 $\frac{\partial u}{\partial x},\frac{\partial u}{\partial y},\frac{\partial u}{\partial z}$.

(2) $z=f(x+y,xy)$，求 $\frac{\partial^2 z}{\partial x^2},\frac{\partial^2 z}{\partial x\partial y},\frac{\partial^2 z}{\partial y^2}$.

4. 求由下列方程所确定的隐函数的偏导数或导数．

(1) $\sin y+e^x-xy^2=0$，求 $\frac{dy}{dx}$.

(2) $\ln\sqrt{x^2+y^2}=\arctan\frac{y}{x}$，求 y',y''.

(3) $z^3-3xyz=a^3$，求 $\frac{\partial z}{\partial x},\frac{\partial z}{\partial y}$.

(4) $x+y+z=\mathrm{e}^z$，求$\dfrac{\partial z}{\partial x},\dfrac{\partial^2 z}{\partial x^2}$.

(5) $\dfrac{x}{z}=\ln\dfrac{z}{y}$，求$\dfrac{\partial z}{\partial x},\dfrac{\partial z}{\partial y},\dfrac{\partial^2 z}{\partial x\partial y}$.

5. 证明下列各题．

(1) 设 $z=x+\varphi(xy)$，φ 是可微函数，求证：$x\dfrac{\partial z}{\partial x}-y\dfrac{\partial z}{\partial y}=x$.

(2) 设 $z=f(x^2+y^2)$，f 是可微的函数，求证：$y\dfrac{\partial z}{\partial x}-x\dfrac{\partial z}{\partial y}=0$.

(3) 设 $u=f(x,y)$，$x=r\cos\theta$，$y=r\sin\theta$，求证：

$$\left(\frac{\partial u}{\partial x}\right)^2+\left(\frac{\partial u}{\partial y}\right)^2=\left(\frac{\partial u}{\partial r}\right)^2+\frac{1}{r^2}\left(\frac{\partial u}{\partial \theta}\right)^2$$

(4) 设 $z=xy+xF(u)$，而 $u=\dfrac{y}{x}$，$F(u)$ 为可导函数，求证：$x\dfrac{\partial z}{\partial x}+y\dfrac{\partial z}{\partial y}=z+xy$.

6. 设 $F(x+y+z,x^2+y^2+z^2)=0$，其中 F 可微，求$\dfrac{\partial z}{\partial x},\dfrac{\partial z}{\partial y}$.

习题选讲

§6.6　二元函数的极值

我们曾用导数解决了一元函数求极值的问题，从而可求得实际问题中的最大值和最小值．仿照这种思路，我们来研究二元函数极值的求法，进而解决实际问题中二元函数求最大值和最小值的问题．

6.6.1　二元函数的极值

定义 6.6.1　设函数 $z=f(x,y)$ 在点 $P_0(x_0,y_0)$ 的某邻域 $U(P_0)$ 内有定义，若对于 $\overset{o}{U}(P_0)$ 内的任一点 (x,y)，都有

$$f(x_0,y_0)>f(x,y)\quad(\text{或 } f(x_0,y_0)<f(x,y)),$$

则称函数 $f(x,y)$ 在点 (x_0,y_0) 处取得**极大值**（或**极小值**）$f(x_0,y_0)$，点 (x_0,y_0) 称为函数 $f(x,y)$ 的**极大值点**（或**极小值点**）.

极大值、极小值统称为**极值**，极大值点、极小值点统称为**极值点**．

例 1　函数 $f(x,y)=\sqrt{1-x^2-y^2}$ 在点 $(0,0)$ 处取得极大值 $f(0,0)=1$. 因为 $f(x,y)=\sqrt{1-x^2-y^2}$ 的定义域为 $D=\{(x,y)\mid x^2+y^2\leqslant 1\}$，对于点 $(0,0)$ 的任一邻域内异于 $(0,0)$ 的点 (x,y)，都有 $f(x,y)<f(0,0)=1$，所以，$f(0,0)$ 是 $f(x,y)$ 的极大值，而点 $(0,0)$ 为函数 $f(x,y)$ 的极大值点．

例 2　函数 $f(x,y)=xy$ 在点 $(0,0)$ 处既不取得极大值也不取得

极小值.因为在点(0,0)处,函数值 $f(0,0)=0$,而在点(0,0)的任一邻域内,总有点(x,y)使$f(x,y)<0$,也有点(x,y)使$f(x,y)>0$. 所以,函数 $f(x,y)=xy$ 在点(0,0)处不取得极值.

类似于一元函数极值的讨论,下面研究二元函数极值存在的必要条件和充分条件.

定理 6.6.1(极值存在的必要条件) 设函数 $z=f(x,y)$ 在点(x_0,y_0)处存在偏导数,且在点(x_0,y_0)处取得极值,则有

$$f_x'(x_0,y_0)=0,f_y'(x_0,y_0)=0.$$

证 不妨设 $z=f(x,y)$ 在点(x_0,y_0)处取得极大值. 由定义 6.6.1 知,对于点(x_0,y_0)的某去心邻域内的所有点(x,y),都有

$$f(x_0,y_0)>f(x,y)$$

特别地,对于该邻域内取 $y=y_0$,而 $x\neq x_0$ 的点,也有 $f(x_0,y_0)>f(x,y_0)$,这表明一元函数 $f(x,y_0)$ 在 $x=x_0$ 处取得极大值,由一元函数极值存在的必要条件知

$$f_x'(x_0,y_0)=0.$$

类似可证 $f_y'(x_0,y_0)=0$.

应该指出的是,函数 $z=f(x,y)$ 的极值点也可能是偏导数不存在的点. 例如,函数 $f(x,y)=\sqrt{x^2+y^2}$ 在点(0,0)的偏导数不存在. 但点(0,0)是它的极小值点. 如图 6－25 所示.

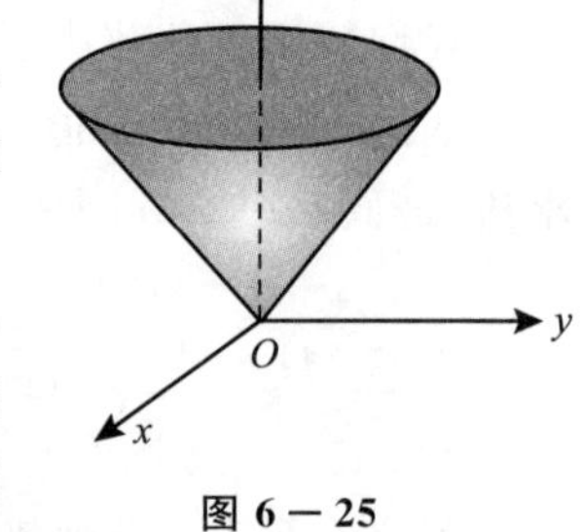

图 6－25

与一元函数相仿,使 $f_x'(x,y)=0$,$f_y'(x,y)=0$ 成立的点(x_0,y_0)称为函数$f(x,y)$的**驻点**.

定理 6.6.1 指出:若函数的偏导数存在,则函数的极值点必是驻点. 但是,函数的驻点不一定是极值点. 如例 2 中,点(0,0)是函数 $z=xy$ 的驻点,但函数在点(0,0)处却不取得极值.

如何判断一个驻点是不是极值点呢?为此给出二元函数取得极值的充分条件.

定理 6.6.2(极值存在的充分条件) 设函数 $z=f(x,y)$ 在点(x_0,y_0)的某邻域内具有一阶和二阶连续偏导数,且(x_0,y_0)是其驻点,记

$$A=f_{xx}''(x_0,y_0),B=f_{xy}''(x_0,y_0),C=f_{yy}''(x_0,y_0)$$

那么

(1) 若 $B^2-AC<0$,且 $A<0$,则 $f(x_0,y_0)$ 是极大值;

若 $B^2-AC<0$,且 $A>0$,则 $f(x_0,y_0)$ 是极小值;

(2) 若 $B^2-AC>0$,则 $f(x_0,y_0)$ 不是极值;

(3) 若 $B^2 - AC = 0$,则 $f(x_0, y_0)$ 是不是极值需另行判断.

证明从略.

例 3 求函数 $f(x,y) = x^3 - y^3 + 3x^2 + 3y^2 - 9x$ 的极值.

解 由方程组

$$\begin{cases} f'_x(x,y) = 3x^2 + 6x - 9 = 0 \\ f'_y(x,y) = -3y^2 + 6y = 0 \end{cases}$$

解得驻点(1,0),(1,2),(−3,0),(−3,2). 再由

$$f''_{xx} = 6x + 6, f''_{xy} = 0, f''_{yy} = -6y + 6,$$

得在驻点(1,0) 处有

$$A = f''_{xx}(1,0) = 12, B = f''_{xy}(1,0) = 0, C = f''_{yy}(1,0) = 6,$$

于是 $B^2 - AC = -72 < 0$,而 $A > 0$,所以函数 $f(x,y)$ 在点(1,0) 处取得极小值 $f(1,0) = -5$;

在驻点(1,2) 处有

$$A = f''_{xx}(1,2) = 12, B = f''_{xy}(1,2) = 0, C = f''_{yy}(1,2) = -6,$$

于是 $B^2 - AC = 72 > 0$,所以 $f(1,2)$ 不是极值;

在驻点(−3,0) 处有

$$A = f''_{xx}(-3,0) = -12, B = f''_{xy}(-3,0) = 0, C = f''_{yy}(-3,0) = 6,$$

于是 $B^2 - AC = 72 > 0$,所以 $f(-3,0)$ 不是极值;

在驻点(−3,2) 处有

$$A = f''_{xx}(-3,2) = -12, B = f''_{xy}(-3,2) = 0, C = f''_{yy}(-3,2) = -6,$$

于是 $B^2 - AC = -72 < 0$,而 $A < 0$,所以函数 $f(x,y)$ 在点(−3,2) 处取得极大值 $f(-3,2) = 31$.

在实际问题中,常常要求一个多元函数在某一区域上的最大值或最小值,同一元函数一样,点(x_0, y_0) 为 $z = f(x,y)$ 在区域 D 上的最大(小) 值点,是指对于区域 D 上的一切点(x,y) 都满足不等式

$$f(x,y) \leqslant f(x_0, y_0) \quad (f(x,y) \geqslant f(x_0, y_0))$$

这时,$f(x_0, y_0)$ 称为函数 $f(x,y)$ 在 D 上的**最大(小) 值**.

最大值与最小值统称为**最值**,最大值点与最小值点统称为**最值点**.

与一元函数类似,我们可以利用二元函数的极值来求二元函数的最大值和最小值.

设在有界闭区域 D 上的连续函数 $z = f(x,y)$,只有有限个驻点和偏导数不存在点,那么,计算函数 $f(x,y)$ 在所有驻点、偏导数不存在点及区域 D 的边界点的函数值,比较这些值,其中最大(小) 者就是函数 $f(x,y)$ 在区域 D 上的最大(小) 值. 但一般来讲,在求 $f(x,y)$ 在 D 的边界点的函数值时,将是极为复杂甚至是困难的. 而在实际问题中,如果已经知道或能够判定函数在区域 D 的内部有最大(或最小) 值,且函数 $f(x,y)$ 在 D 内只有一个驻点,没有偏导数不存在点,则此驻点处的函数值就是 $f(x,y)$ 在区域 D 上的最大(或最小) 值.

例 4 某厂要用铁板做一个体积为 8 立方米的有盖长方体水箱．问怎样选择尺寸，才能使所用的材料最省？

解 设水箱的长、宽、高分别为 x 米、y 米、z 米，则由体积 $V=xyz$，得

$$z=\frac{V}{xy}=\frac{8}{xy}$$

此水箱所用材料，即水箱的表面积

$$S=2(xy+yz+xz)=2\left(xy+\frac{8}{x}+\frac{8}{y}\right)$$

S 是 x，y 的二元函数，其定义域 $D=\{(x,y)\mid x>0,y>0\}$．令

$$\begin{cases} S'_x=2\left(y-\dfrac{8}{x^2}\right)=0 \\ S'_y=2\left(x-\dfrac{8}{y^2}\right)=0 \end{cases}$$

得唯一的驻点(2,2)．根据实际问题可知，S 在 D 内一定存在最小值．因此，当 $x=2$ 米，$y=2$ 米，$z=2$ 米时，表面积 S 取得最小值为 24 平方米．即当水箱的长、宽、高相等时，所用材料最省．

例 5 某工厂生产两种产品，产量分别为 Q_1 和 Q_2 时，总成本函数是

$$C=Q_1^2+2Q_1Q_2+Q_2^2+5$$

两种产品的需求函数分别是

$$Q_1=26-P_1,Q_2=10-\frac{1}{4}P_2$$

工厂为使利润最大，试确定两种产品的产量及最大利润．

解 由需求函数得

$$P_1=26-Q_1,P_2=40-4Q_2,$$

由此得销售两种产品的总收益函数

$$\begin{aligned} R=R(Q_1,Q_2)&=P_1Q_1+P_2Q_2 \\ &=(26-Q_1)Q_1+(40-4Q_2)Q_2 \\ &=26Q_1+40Q_2-Q_1^2-4Q_2^2, \end{aligned}$$

从而，利润函数是

$$\begin{aligned} L(Q_1,Q_2)&=R-C \\ &=26Q_1+40Q_2-2Q_1^2-2Q_1Q_2-5Q_2^2-5 \end{aligned}$$

其中，$0<Q_1<26$，$0<Q_2<10$．令

$$\begin{cases} \dfrac{\partial L}{\partial Q_1}=26-4Q_1-2Q_2=0 \\ \dfrac{\partial L}{\partial Q_2}=40-10Q_2-2Q_1=0 \end{cases}$$

解得 $Q_1=5$，$Q_2=3$．

依题意，该问题应有最大利润，并且最大利润在定义域 D 内取得，又函数在定义域 D 内有唯一驻点 $(5,3)$，所以 $L(5,3)=120$ 是函数 $L(Q_1,Q_2)$ 的最大值．即当两种产品的产量分别为 5 和 3 时，可获得最大利润，最大利润为 120.

6.6.2　条件极值与拉格朗日乘数法

在讨论函数 $f(x,y)$ 的极值问题时，如果自变量除了限制在函数的定义域内以外，不受其他条件约束，此时的极值称为**无条件极值**，简称极值．如果自变量在函数的定义域内取值时，还要满足一定的附加条件——称为**约束条件**，这时所求的极值称为**条件极值**．

例如，求函数

$$z=f(x,y)=\sqrt{1-x^2-y^2},\qquad (x,y)\in D$$

的极大值，其中 $D=\{(x,y)\mid x^2+y^2\leqslant 1\}$. 这是一个无条件极值问题，它是在定义域 D 内求函数的极大值，我们已知道，点 $(0,0)$ 是极大值点，极大值 $f(0,0)=1$. 从几何上看，该问题就是要求出上半球面的顶点 $(0,0,1)$. 参见图 6－26.

又求函数 $z=f(x,y)=\sqrt{1-x^2-y^2}$，$(x,y)\in D$ 在条件 $g(x,y)=x+y-1=0$ 下的极大值．这里，多了一个附加条件：$x+y-1=0$，即 $g(x,y)=0$. 这是一个条件极值问题，一般地，$g(x,y)=0$ 在 xOy 平面上表示一条曲线（这里，$x+y-1=0$ 是一条直线），因此，我们要求的极值点不仅在圆域 $x^2+y^2\leqslant 1$ 内，而且在直线 $x+y-1=0$ 上．由于方程 $x+y-1=0$ 在空间直角坐标系下表示平行于 z 轴的平面，从几何上看，现在的极值问题就是要确定上半球面 $z=\sqrt{1-x^2-y^2}$ 被平面 $x+y-1=0$ 所截得的圆弧的顶点（见图 6－26). 由几何图形不难确定，其极大值点是 $P_0\left(\frac{1}{2},\frac{1}{2}\right)$，极大值是$\frac{\sqrt{2}}{2}$.

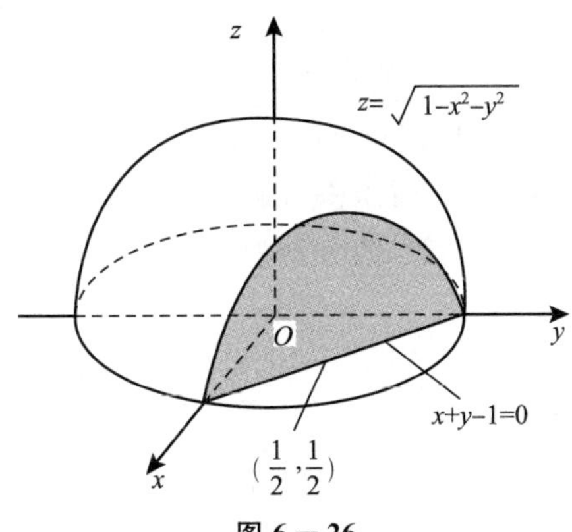

图 6－26

有些实际问题,可以把条件极值转化为无条件极值问题求解.但在很多情形下,将条件极值转化为无条件极值并不简单,有时甚至是不可能的.下面介绍一种直接求条件极值的方法——**拉格朗日乘数法**.

用拉格朗日乘数法求函数 $z=f(x,y)$ 在约束条件 $g(x,y)=0$ 下的极值的步骤如下:

(1) 构造拉格朗日函数

$$L(x,y,\lambda)=f(x,y)+\lambda g(x,y)$$

其中,常数 λ 称为**拉格朗日乘数**.

(2) 求 $L(x,y,\lambda)$ 对 x,y 及 λ 的一阶偏导数,并令它们等于零,得方程组

$$\begin{cases}L'_x=f'_x+\lambda g'_x=0\\L'_y=f'_y+\lambda g'_y=0\\L'_\lambda=g(x,y)=0\end{cases}$$

解得 $x=x_0,y=y_0$,则点 (x_0,y_0) 是函数 $z=f(x,y)$ 在条件 $g(x,y)=0$ 下的可能极值点.

(3) 判断 (x_0,y_0) 是否是极值点.通常是根据具体问题的性质进行判断.一般情况下,若已求得了可能的极值点 (x_0,y_0),而实际问题又确实存在极值,那么,点 (x_0,y_0) 就是极值点.

拉格朗日乘数法还可以推广到二元以上的函数以及约束条件多于一个的情形.例如,求函数 $u=f(x,y,z)$ 在约束条件 $g(x,y,z)=0$, $h(x,y,z)=0$ 下的极值,可先作拉格朗日函数

$$L(x,y,z,\lambda_1,\lambda_2)=f(x,y,z)+\lambda_1 g(x,y,z)+\lambda_2 h(x,y,z)$$

其中,λ_1,λ_2 称为拉格朗日乘数.然后解方程组

$$\begin{cases}L'_x=f'_x+\lambda_1 g'_x+\lambda_2 h'_x=0\\L'_y=f'_y+\lambda_1 g'_y+\lambda_2 h'_y=0\\L'_z=f'_z+\lambda_1 g'_z+\lambda_2 h'_z=0\\L'_{\lambda_1}=g(x,y,z)=0\\L'_{\lambda_2}=h(x,y,z)=0\end{cases}$$

得 $x=x_0,y=y_0,z=z_0$,则函数 $f(x,y,z)$ 可能在解出的点 (x_0,y_0,z_0) 处取得极值.最后,再判断点 (x_0,y_0,z_0) 是否是极值点.

例 1 求表面积为 a^2 而体积为最大的长方体的体积.

解 设长方体的长、宽、高分别为 x,y,z,则问题就是在条件

$$g(x,y,z)=2xy+2yz+2xz-a^2=0$$

下,求函数 $V=xyz \quad (x>0,y>0,z>0)$ 的最大值.

作拉格朗日函数

$$L(x,y,z,\lambda)=xyz+\lambda(2xy+2yz+2xz-a^2).$$

求一阶偏导数,并令它们都等于零,得

$$\begin{cases} L'_x = yz + 2\lambda(y+z) = 0 \\ L'_y = xz + 2\lambda(x+z) = 0 \\ L'_z = xy + 2\lambda(y+x) = 0 \\ L'_\lambda = 2xy + 2yz + 2xz - a^2 = 0. \end{cases}$$

解得 $x = y = z = \frac{\sqrt{6}}{6}a$. 这是唯一可能的极值点，而该问题存在最大值，所以，最大值就在该点处取得，即在表面积为 a^2 的长方体中，长、宽、高相等都为$\frac{\sqrt{6}}{6}a$ 时，体积最大，最大体积 $V = \frac{\sqrt{6}}{36}a^3$.

例 2　求由一定点(x_0, y_0, z_0)到平面 $Ax + By + Cz + D = 0$ 的距离.

解　设(x, y, z)为平面上一点，由两点间的距离公式得，点(x_0, y_0, z_0)到点(x, y, z)的距离

$$\mathrm{d} = \sqrt{(x-x_0)^2 + (y-y_0)^2 + (z-z_0)^2}.$$

为了方便，考虑

$$\mathrm{d}^2 = (x-x_0)^2 + (y-y_0)^2 + (z-z_0)^2$$

所求问题归结为在约束条件 $Ax + By + Cz + D = 0$ 下，求 d^2 的最小值.作拉格朗日函数

$$L(x,y,z,\lambda) = (x-x_0)^2 + (y-y_0)^2 + (z-z_0)^2 + \lambda(Ax + By + Cz + D)$$

对 $L(x,y,z,\lambda)$ 求偏导数，并令它们都为零，得

$$\begin{cases} L'_x = 2(x-x_0) + \lambda A = 0 \\ L'_y = 2(y-y_0) + \lambda B = 0 \\ L'_z = 2(z-z_0) + \lambda C = 0 \\ L'_\lambda = Ax + By + Cz + D = 0 \end{cases}$$

解得 $\mathrm{d}^2 = \frac{\lambda^2}{4}(A^2 + B^2 + C^2)$，$\lambda = \frac{2(Ax_0 + By_0 + Cz_0 + D)}{A^2 + B^2 + C^2}$. 所以，点$(x_0, y_0, z_0)$到平面的距离为

$$\mathrm{d} = \frac{|Ax_0 + By_0 + Cz_0 + D|}{\sqrt{A^2 + B^2 + C^2}}.$$

例 3　销售量 Q 与用于两种广告手段的费用 x 和 y 之间的函数关系为

$$Q = \frac{200x}{5+x} + \frac{100y}{10+y}.$$

利润是销售量的$\frac{1}{5}$ 减去广告成本，而广告预算是 25 万元，试确定如何分配两种手段的广告成本，以使利润最大？

解　由题意知，利润函数为

$$f(x,y) = \frac{1}{5}\left(\frac{200x}{5+x} + \frac{100y}{10+y}\right) - (x+y)$$

$$= \frac{40x}{5+x} + \frac{20y}{10+y} - x - y$$

所求问题归结为在 $x+y=25$ 条件下，求 $f(x,y)$ 的最大值点．

[方法一] 拉格朗日乘数法

作拉格朗日函数

$$L(x,y,\lambda) = \frac{40x}{5+x} + \frac{20y}{10+y} - x - y + \lambda(x+y-25)$$

由方程组

$$\begin{cases} L_x' = \dfrac{200}{(5+x)^2} - 1 + \lambda = 0 \\ L_y' = \dfrac{200}{(10+y)^2} - 1 + \lambda = 0 \\ L_\lambda' = x + y - 25 = 0 \end{cases}$$

解得 $x=15, y=10$. 这是唯一的可能极值点，而问题确有最大值．所以，当两种手段的广告成本分别为 15 万元、10 万元时，利润最大，最大利润是 15 万元．

[方法二] 将条件极值转化为无条件极值计算

由 $x+y=25$，得 $y=25-x$，代入 $f(x,y)$，得利润是 x 的一元函数：

$$f(x) = \frac{40x}{5+x} + \frac{500-20x}{35-x} - 25, x \in [0,25]$$

由

$$f'(x) = \frac{200}{(5+x)^2} + \frac{-200}{(35-x)^2} = 0,$$

得 $f(x)$ 的唯一驻点 $x=15$. 经判断 $f''(15) < 0$，故 $f(x)$ 在 $x=15$ 处取得极大值，同时也是最大值，此时，$y=10$. 即两种手段的广告成本分别为 15 万元、10 万元时，利润最大．

练习 6.6

习题选讲

1. 求下列函数的极值．

(1) $f(x,y) = e^{2x}(x+y^2+2y)$

(2) $f(x,y) = 4(x-y) - x^2 - y^2$

(3) $f(x,y) = x^2 + 5y^2 - 6x + 10y + 6$

(4) $f(x,y) = x^3 + y^3 - 3axy \quad (a > 0)$

2. 求函数 $z = xy$ 在条件 $x+y=1$ 下的极大值．

3. 求由方程 $x^2+y^2+z^2-2x+2y-4z-10=0$ 确定的函数 $z=f(x,y)$ 的极值．

4. 要建一个容积 a 的长方体无盖水池，应如何选择水池的尺寸，使它的表面积最小？

5. 要挖一条灌溉渠道，其横截面是等腰梯形（见图 6－27）. 由于事先对流量有要求，所以横截面积 S 是一定的，应当怎样选择两岸边倾斜角 θ 以及高度 h，使得湿周最小？（所谓湿周，是指断面上与水接触的各边总长．一般湿周越小，所用材料和修建工作量就越省．）

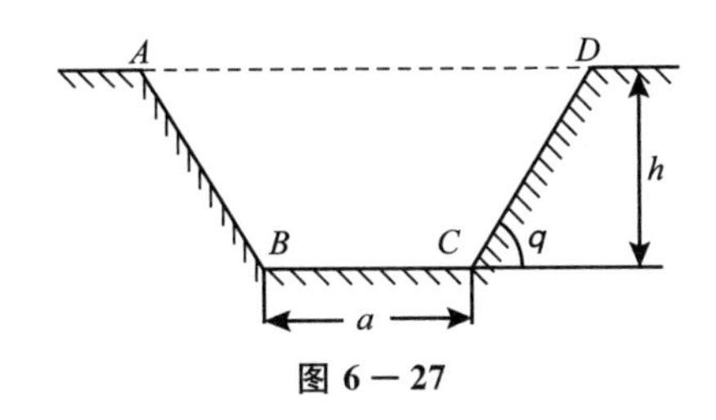

图 6－27

6. 设某企业生产两种产品，总成本函数为

$$C = Q_1^2 + Q_1 Q_2 + Q_2^2,$$

两种产品的需求函数分别为

$$Q_1 = 40 - 2P_1 + P_2, Q_2 = 15 + P_1 - P_2.$$

当两种产品的产量为多少时，企业获得利润最大？最大利润为多少？此时，两种产品的价格分别为多少？

7. 某厂生产 A 产品需用两种原料，其单位价格分别为 2 万元和 1 万元，当这两种原料的投入量分别为 x 千克和 y 千克时，可生产 A 产品 z 千克，$z = 20 - x^2 + 10x - 2y^2 + 5y$. 若 A 产品单位价格为 5 万元/千克，试确定使利润最大的投入量．

习题选讲

§6.7　二重积分的概念与性质

二重积分是定积分的推广，它的定义、性质与定积分的定义、性质类似．

6.7.1　二重积分的概念

1. 曲顶柱体的体积

设函数 $z = f(x,y)$ 在有界闭区域 D 上连续，且 $f(x,y) \geqslant 0$，我们称以曲面 $z = f(x,y)$ 为顶，xOy 平面上的区域 D 为底，以通过 D 的边界且平行于 z 轴的直线为母线的立体为**曲顶柱体**（见图 6－28）. 下面我们来求这个曲顶柱体的体积 V.

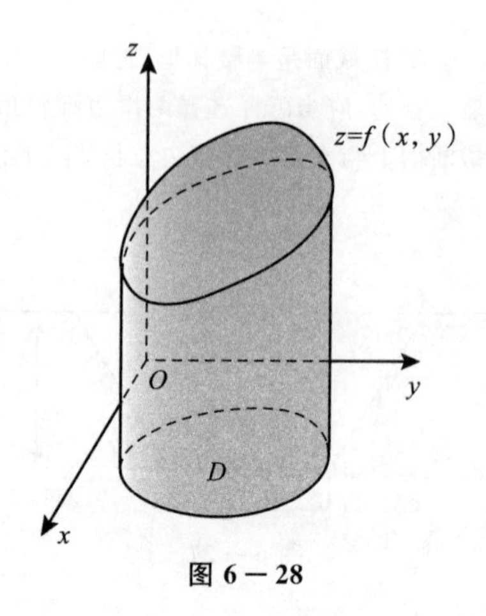

图 6－28

对于平顶柱体，它的体积可用公式

$$体积 = 高 \times 底面积$$

来计算．对于曲顶柱体，由于柱体高是变化的，它的体积不能按上述公式计算．这与我们计算曲边梯形面积时遇到的问题类似．因此，我们可仿照求曲边梯形面积的方法来求曲顶柱体的体积．

(1) 分割：将区域 D 任意分成 n 个小区域 $\Delta\sigma_1, \Delta\sigma_2, \cdots, \Delta\sigma_n$，并以 $\Delta\sigma_i$ 表示第 i 个小区域的面积($i = 1,2,\cdots,n$)，用 d_i 表示小区域 $\Delta\sigma_i$ 内任意两点间距离的最大值，称为该区域的直径($i = 1,2,\cdots,n$)，并记 $\mathrm{d} = \max\limits_i\{\mathrm{d}_i\}$．分别以这些小区域的边界曲线为准线，作母线平行于 z 轴的柱面．这样，就把原曲顶柱体分成了 n 个小曲顶柱体．用 ΔV_i 表示以小区域 $\Delta\sigma_i$ 为底的小曲顶柱体的体积，则有

$$V = \sum_{i=1}^{n} \Delta V_i.$$

(2) 近似求和：由于 $f(x,y)$ 连续，对同一个小区域来说，$f(x,y)$ 变化很小，这时，小曲顶柱体可以近似看作平顶柱体．为此，在每个小区域 $\Delta\sigma_i$($i = 1,2,\cdots,n$) 内任取一点 (x_i, y_i)，把以 $f(x_i, y_i)$ 为高，以 $\Delta\sigma_i$ 为底的平顶柱体的体积 $f(x_i, y_i)\Delta\sigma_i$ 作为相应小曲顶柱体体积 ΔV_i 的近似值，即

$$\Delta V_i \approx f(x_i, y_i)\Delta\sigma_i, i = 1,2,\cdots,n$$

见图 6－29．将所有小曲顶柱体体积的近似值相加，作为整个曲顶柱体体积的近似值，即

$$V \approx \sum_{i=1}^{n} f(x_i, y_i)\Delta\sigma_i.$$

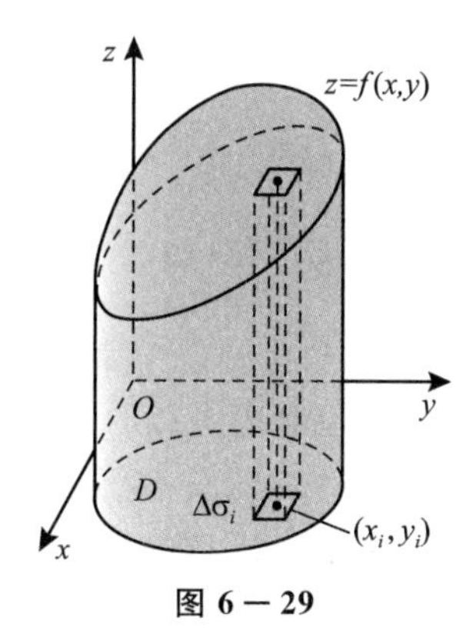

图 6－29

(3) 取极限：当分割越来越细，小区域直径越来越小，$\sum_{i=1}^{n} f(x_i, y_i)\Delta\sigma_i$ 就越接近于 V，即

$$V = \lim_{d\to 0}\sum_{i=1}^{n} f(x_i, y_i)\Delta\sigma_i .$$

实际上，上述这种和式的极限，不仅出现在求曲顶柱体的体积上，还有许多实际问题也用到，我们只从数量关系的共性上加以概括和抽象，就得到了二重积分的概念．

2. 二重积分的定义

定义 6.7.1　设 $f(x,y)$ 在有界闭区域 D 上有定义，将区域 D 任意分成 n 个小区域 $\Delta\sigma_1, \Delta\sigma_2, \cdots, \Delta\sigma_n$，且以 $\Delta\sigma_i$ 和 d_i 分别表示第 i 个小区域的面积和直径，记 $d = \max_i\{d_i\}$. 在每个小区域 $\Delta\sigma_i$ 中任取一点 (x_i, y_i)，作积分和

$$\sum_{i=1}^{n} f(x_i, y_i)\Delta\sigma_i .$$

若极限

$$\lim_{d\to 0}\sum_{i=1}^{n} f(x_i, y_i)\Delta\sigma_i$$

存在，且极限值与区域 D 的分法以及点 (x_i, y_i) 的取法无关，则称 $f(x,y)$ 在区域 D 上**可积**，此极限值称为函数 $f(x,y)$ 在区域 D 上的**二重积分**(double integral)，记作

$$\iint_D f(x,y)\mathrm{d}\sigma$$

即

$$\iint_D f(x,y)\mathrm{d}\sigma = \lim_{d\to 0}\sum_{i=1}^{n} f(x_i, y_i)\Delta\sigma_i$$

其中，$f(x,y)$ 称为**被积函数**，D 称为**积分区域**，$\mathrm{d}\sigma$ 称为**面积元素**，$f(x,y)\mathrm{d}\sigma$

称为**被积表达式**.

在二重积分记号$\iint\limits_D f(x,y)\mathrm{d}\sigma$中，面积元素$\mathrm{d}\sigma$象征着积分和中的$\Delta\sigma_i$. 由定义知，如果函数$f(x,y)$在区域$D$上可积，则$\iint\limits_D f(x,y)\mathrm{d}\sigma$与区域$D$的分法无关. 因此，在直角坐标系中常用平行于坐标轴的直线网来划分D，见图6－30. 除了包含边界点的一些小区域外，其余的小区域都是矩形区域. 设矩形区域$\Delta\sigma_i$的长、宽分别为Δx_j和Δy_k，则$\Delta\sigma_i=\Delta x_j\Delta y_k$. 因此，在直角坐标系中，常把面积元素$\mathrm{d}\sigma$记作$\mathrm{d}x\mathrm{d}y$，而把二重积分记作

$$\iint\limits_D f(x,y)\mathrm{d}x\mathrm{d}y$$

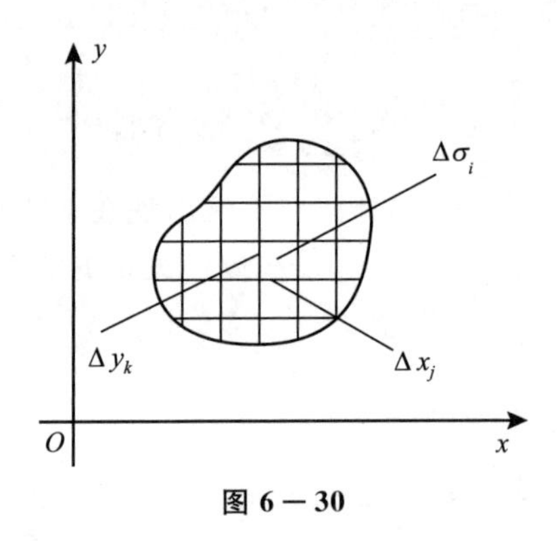

图6－30

其中，$\mathrm{d}x\mathrm{d}y$叫作直角坐标系中的面积元素.

这里需要指出，与一元函数定积分类似，当$f(x,y)$在有界闭区域D上可积时，$f(x,y)$在D上有界；当$f(x,y)$在有界闭区域D上连续时，$f(x,y)$在D上可积. 在以后所讨论的二重积分中，我们总假设被积函数$f(x,y)$在积分区域D上连续.

3. 二重积分的几何意义

由二重积分的定义可知，曲顶柱体的体积$V=\lim\limits_{d\to 0}\sum\limits_{i=1}^{n}f(x_i,y_i)\Delta\sigma_i$就是函数$f(x,y)\geqslant 0$在区域$D$上的二重积分，即$V=\iint\limits_D f(x,y)\mathrm{d}\sigma$. 因此，二重积分$\iint\limits_D f(x,y)\mathrm{d}\sigma$（其中，$f(x,y)\geqslant 0$）在几何上表示：以$z=f(x,y)(\geqslant 0)$为曲顶，以区域$D$为底的曲顶柱体的体积.

如果作为曲顶的曲面方程$z=f(x,y)\leqslant 0$，以区域D为底的曲顶

柱体倒挂在 xOy 平面的下方，这时，二重积分 $\iint\limits_D f(x,y)\mathrm{d}\sigma < 0$，则曲顶柱体的体积 $V = -\iint\limits_D f(x,y)\mathrm{d}\sigma$.

6.7.2　二重积分的性质

比较二重积分与定积分的定义可以看到，二重积分与定积分有类似的性质．下面的叙述中总假设所涉及的二重积分都是存在的．

性质 1　$\iint\limits_D kf(x,y)\mathrm{d}\sigma = k\iint\limits_D f(x,y)\mathrm{d}\sigma$　（k 为常数）.

性质 2　$\iint\limits_D [f(x,y)\pm g(x,y)]\mathrm{d}\sigma = \iint\limits_D f(x,y)\mathrm{d}\sigma \pm \iint\limits_D g(x,y)\mathrm{d}\sigma$.

此性质可以推广到被积函数为有限个函数代数和的情形．

性质 3　**（二重积分的可加性）**若积分区域 D 被一条曲线分成 D_1，D_2 两个区域（见图 6－31），则

$$\iint\limits_D f(x,y)\mathrm{d}\sigma = \iint\limits_{D_1} f(x,y)\mathrm{d}\sigma + \iint\limits_{D_2} f(x,y)\mathrm{d}\sigma.$$

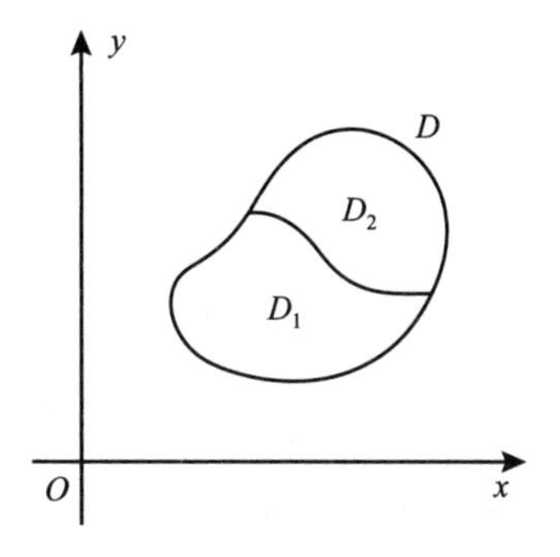

图 6－31

这个性质表示二重积分对积分区域具有可加性，它可以推广到积分区域被分成有限个区域的情形．

性质 4　若在区域 D 上总有 $f(x,y)\leqslant g(x,y)$，则

$$\iint\limits_D f(x,y)\mathrm{d}\sigma \leqslant \iint\limits_D g(x,y)\mathrm{d}\sigma.$$

特别地，

$$\left|\iint\limits_D f(x,y)\mathrm{d}\sigma\right| \leqslant \iint\limits_D |f(x,y)|\mathrm{d}\sigma.$$

性质 5　若在区域 D 上有 $f(x,y)\equiv 1$，σ 表示区域 D 的面积，则

$$\iint\limits_D \mathrm{d}\sigma = \sigma.$$

性质 6　设 m 和 M 分别是函数 $z = f(x,y)$ 在区域 D 上的最小值和最大值，σ 是 D 的面积，则

$$m\sigma \leqslant \iint\limits_D f(x,y)\mathrm{d}\sigma \leqslant M\sigma.$$

性质 6 又称二重积分的**估值定理**．

性质 7 （二重积分的中值定理） 若函数 $f(x,y)$ 在有界闭区域 D 上连续，σ 是 D 的面积，则在区域 D 内至少有一点 (ξ,η)，使得

$$\iint_D f(x,y)\mathrm{d}\sigma = f(\xi,\eta)\sigma.$$

二重积分的中值定理的几何意义是：在有界闭区域 D 上以 $f(x,y)$ 为顶的曲顶柱体的体积等于区域 D 上以某一点 (ξ,η) 的函数值 $f(\xi,\eta)$ 为高的平顶柱体的体积.

通常把 $\frac{1}{\sigma}\iint_D f(x,y)\mathrm{d}\sigma$ 称为函数 $f(x,y)$ 在区域 D 上的平均值，其中 σ 是 D 的面积.

例 1 估计二重积分 $I=\iint_D \frac{\mathrm{d}\sigma}{\sqrt{x^2+y^2+2xy+16}}$ 的值，其中积分区域 D 为矩形闭区域 $\{(x,y)\mid 0\leqslant x\leqslant 1,0\leqslant y\leqslant 2\}$.

解 因为 $f(x,y)=\frac{1}{\sqrt{(x+y)^2+16}}$，区域 D 的面积 $\sigma=2$，且在 D 上 $f(x,y)$ 的最大值和最小值分别为

$$M=\frac{1}{\sqrt{(0+0)^2+4^2}}=\frac{1}{4},m=\frac{1}{\sqrt{(1+2)^2+4^2}}=\frac{1}{5}$$

所以
$$\frac{2}{5}\leqslant I\leqslant\frac{1}{2}.$$

例 2 比较积分

$$\iint_D \ln(x+y)\mathrm{d}\sigma \text{ 与 } \iint_D [\ln(x+y)]^2\mathrm{d}\sigma$$

的大小，其中区域 D 是三角形闭区域，三顶点各为 $(1,0)$，$(1,1)$，$(2,0)$.

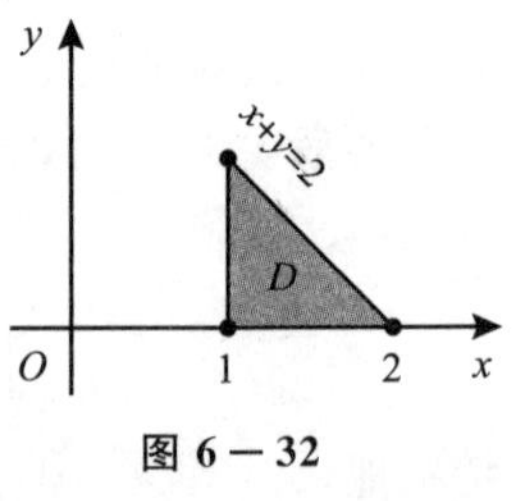

图 6－32

解 如图 6－32 所示，在积分区域 D 内，有 $1\leqslant x+y\leqslant 2<\mathrm{e}$，因此 $0\leqslant \ln(x+y)<1$.

于是 $\ln(x+y)>[\ln(x+y)]^2$，

所以 $\iint_D \ln(x+y)\mathrm{d}\sigma>\iint_D [\ln(x+y)]^2\mathrm{d}\sigma$.

练习 6.7

1. 根据二重积分的性质，比较下列积分的大小.

(1) $\iint_D (x+y)^2\mathrm{d}\sigma$ 与 $\iint_D (x+y)^3\mathrm{d}\sigma$，其中 D 由直线 $x=0$，$y=0$，$x+y=1$ 所围成；

(2) $\iint_D \ln(x+y)\mathrm{d}\sigma$ 与 $\iint_D [\ln(x+y)]^2\mathrm{d}\sigma$，其中 $D=\{(x,y)\mid 3\leqslant x\leqslant 5,0\leqslant y\leqslant 1\}$.

2. 估计二重积分 $\iint_D \sin^2 x\sin^2 y\mathrm{d}\sigma$ 的值，其中 $D=\{(x,y)\mid 0\leqslant x\leqslant \pi,0\leqslant y\leqslant \pi\}$.

习题选讲

3. 设 $f(x,y)=\begin{cases}1, & 0\leqslant x\leqslant 3,0\leqslant y\leqslant 1\\ 2, & 0\leqslant x\leqslant 3,1< y\leqslant 2\\ 3, & 0\leqslant x\leqslant 3,2< y\leqslant 3\end{cases}$，计算 $\iint\limits_D f(x,y)\mathrm{d}\sigma$，其中 $D=\{(x,y)\mid 0\leqslant x\leqslant 3,0\leqslant y\leqslant 3\}$.

4. 证明：若 $f(x,y)\geqslant 0,(x,y)\in D$，则 $\iint\limits_D f(x,y)\mathrm{d}\sigma\geqslant 0$.

习题选讲

§6.8 二重积分的计算

二重积分的计算是把二重积分化为两次定积分来计算．下面，我们分别研究直角坐标系下与极坐标系下的二重积分的计算．

6.8.1 在直角坐标系下计算二重积分

设函数 $z=f(x,y)\geqslant 0$ 在有界闭区域 D 上连续，而积分区域 D 是由两条直线 $x=a,x=b(a<b)$，与两条曲线 $y=\varphi_1(x),y=\varphi_2(x)$ 围成(如图 6－33)．这时，区域 D 可表示为

$$D=\{(x,y)\mid a\leqslant x\leqslant b,\varphi_1(x)\leqslant y\leqslant \varphi_2(x)\}$$

称 D 为 x 型区域．

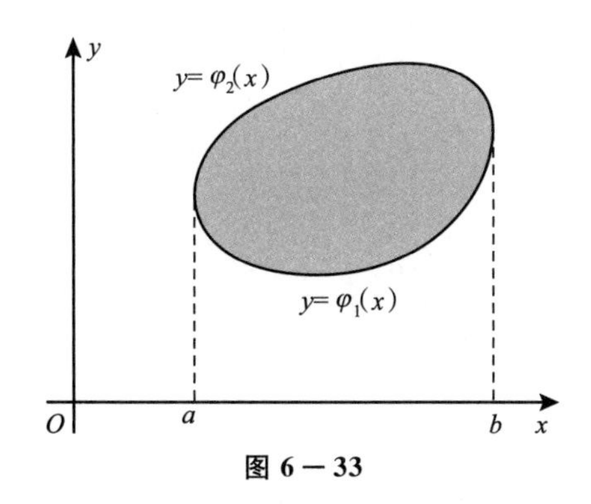

图 6－33

由于 $f(x,y)\geqslant 0$，由二重积分的几何意义知，$\iint\limits_D f(x,y)\mathrm{d}x\mathrm{d}y$ 是区域 D 上以曲面 $z=f(x,y)$ 为顶的曲顶柱体的体积．为了确定曲顶柱体的体积，过区间 $[a,b]$ 上任一点 x，作平行于 yOz 面的平面去截曲顶柱体，所得截面是一曲边梯形(见图 6－34)．设截面面积为 $A(x)$，则曲顶柱体的体积为 $V=\int_a^b A(x)\mathrm{d}x$，从而

$$\iint\limits_D f(x,y)\mathrm{d}x\mathrm{d}y=\int_a^b A(x)\mathrm{d}x$$

又因为$A(x)$是一个曲边梯形的面积(见图6—34)，对固定的x，此曲边梯形的曲边是由方程$z=f(x,y)$确定的关于y的一元函数，而底边沿着y轴方向由$\varphi_1(x)$变到$\varphi_2(x)$，即$\varphi_1(x)\leqslant y\leqslant\varphi_2(x)$，所以，曲边梯形的面积为

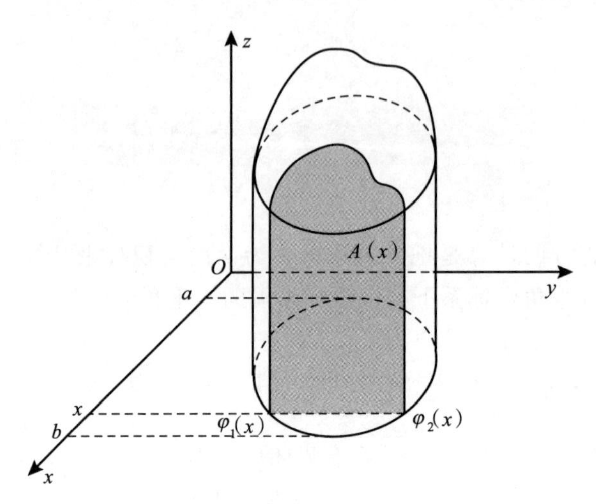

图6—34

$$A(x)=\int_{\varphi_1(x)}^{\varphi_2(x)}f(x,y)\mathrm{d}y$$

于是

$$\iint\limits_D f(x,y)\mathrm{d}x\mathrm{d}y=\int_a^b A(x)\mathrm{d}x=\int_a^b\left[\int_{\varphi_1(x)}^{\varphi_2(x)}f(x,y)\mathrm{d}y\right]\mathrm{d}x$$

或写成

$$\iint\limits_D f(x,y)\mathrm{d}x\mathrm{d}y=\int_a^b\mathrm{d}x\int_{\varphi_1(x)}^{\varphi_2(x)}f(x,y)\mathrm{d}y \tag{1}$$

式(1)右端的积分叫作先对y后对x的两次积分(或累次积分)，即第一次计算定积分$\int_{\varphi_1(x)}^{\varphi_2(x)}f(x,y)\mathrm{d}y$时，$x$应看成常量，$y$是积分变量，积分结果是关于$x$的函数$A(x)$；第二次积分时，$x$是积分变量，这时的积分是关于$x$在$[a,b]$上的定积分.

如果去掉$f(x,y)\geqslant 0((x,y)\in D)$的限制，式(1)仍成立.

如果积分区域D是由直线$y=c$，$y=d(c<d)$，与两条曲线$x=\psi_1(y)$，$x=\psi_2(y)(\psi_1(y)\leqslant\psi_2(y))$所围成(见图6—35)，这时$D$可表示为

$$D=\{(x,y)\mid\psi_1(y)\leqslant x\leqslant\psi_2(y),c\leqslant y\leqslant d\}$$

称这样的区域为y型区域.

类似地，可以得到

$$\iint_D f(x,y)\mathrm{d}x\mathrm{d}y = \int_c^b \mathrm{d}y \int_{\psi_1(y)}^{\psi_2(y)} f(x,y)\mathrm{d}x \tag{2}$$

即将二重积分$\iint_D f(x,y)\mathrm{d}x\mathrm{d}y$化为先对$x$后对$y$的两次积分，见图6－36.

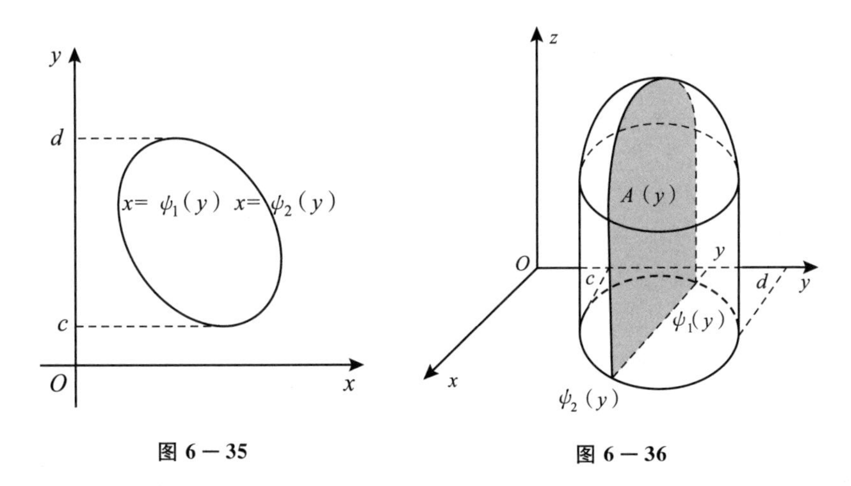

图6－35　　**图6－36**

特别地，(i) 若D是矩形区域，即

$D=\{(x,y)\mid a\leqslant x\leqslant b,c\leqslant y\leqslant d\}$，则式(1)、式(2) 变为

$$\iint_D f(x,y)\mathrm{d}x\mathrm{d}y = \int_a^b \mathrm{d}x \int_c^d f(x,y)\mathrm{d}y = \int_c^d \mathrm{d}y \int_a^b f(x,y)\mathrm{d}x \tag{3}$$

(ii) 若被积函数$f(x,y)=f_1(x)f_2(y)$，且$D=\{(x,y)\mid a\leqslant x\leqslant b, c\leqslant y\leqslant d\}$，则

$$\iint_D f(x,y)\mathrm{d}x\mathrm{d}y = \int_a^b f_1(x)\mathrm{d}x \cdot \int_c^d f_2(y)\mathrm{d}y \tag{4}$$

(iii) 如果积分区域D既不是x型，也不是y型，这时需将D分成几个小区域，使每个小区域是x型区域或y型区域. 例如，在图6－37中，把D分成三部分，各部分上的二重积分求得后，根据二重积分的性质3，它们的和就是在区域D上的二重积分.

将二重积分化为两次积分来计算时，采用不同的积分次序，往往会对计算带来不同的影响，所以应注意根据具体情况，选择恰当的次序. 在计算时确定两次积分的积分限是关键，一般可以先画一个积分区域的草图，然后根据区域的类型确定两次积分的次序并定出相应的积分限.

例1　计算二重积分$\iint_D e^{2x-y}\mathrm{d}x\mathrm{d}y$，其中，区域$D$是由$x=0, x=1, y=0, y=1$围成的矩形，见图6－38.

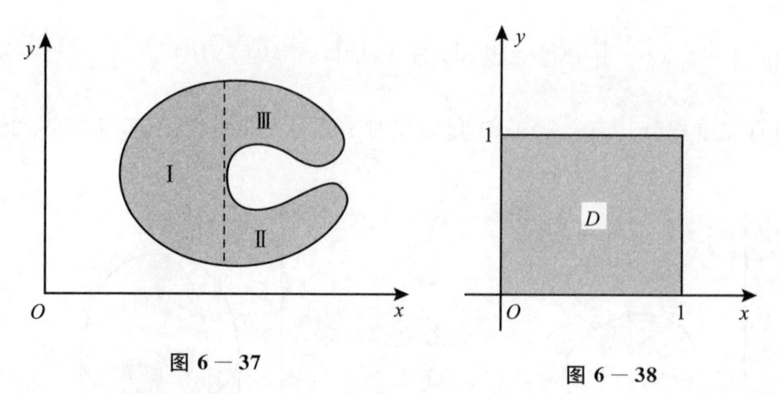

图 6－37　　　　图 6－38

解　因为 $D=\{(x,y)\mid 0\leqslant x\leqslant 1, 0\leqslant y\leqslant 1\}$，且 $e^{2x-y}=e^{2x}\cdot e^{-y}$，所以，由式(4)得

$$\iint_D e^{2x-y}\mathrm{d}x\mathrm{d}y=\int_0^1 e^{2x}\mathrm{d}x\cdot\int_0^1 e^{-y}\mathrm{d}y=\frac{1}{2}(e^2-1)(1-e^{-1}).$$

例 2　计算 $\iint\limits_D xy\mathrm{d}x\mathrm{d}y$，其中 D 是由抛物线 $y^2=x$ 及直线 $y=x-2$ 所围成的闭区域.

解　若将 D 看作 x 型区域，见图 6－39(a)，则 $D=D_1+D_2$，其中

$$D_1=\{(x,y)\mid 0\leqslant x\leqslant 1, -\sqrt{x}\leqslant y\leqslant \sqrt{x}\}$$

$$D_2=\{(x,y)\mid 1\leqslant x\leqslant 4, x-2\leqslant y\leqslant \sqrt{x}\},$$

于是

$$\begin{aligned}\iint_D xy\mathrm{d}x\mathrm{d}y&=\iint_{D_1} xy\mathrm{d}x\mathrm{d}y+\iint_{D_2} xy\mathrm{d}x\mathrm{d}y\\&=\int_0^1\mathrm{d}x\int_{-\sqrt{x}}^{\sqrt{x}}xy\mathrm{d}y+\int_1^4\mathrm{d}x\int_{x-2}^{\sqrt{x}}xy\mathrm{d}y\\&=0+\int_1^4\left(\frac{5}{2}x^2-\frac{1}{2}x^3-2x\right)\mathrm{d}x=\frac{45}{8}.\end{aligned}$$

若按 D 看作 y 型区域，如图 6－39(b) 所示，则

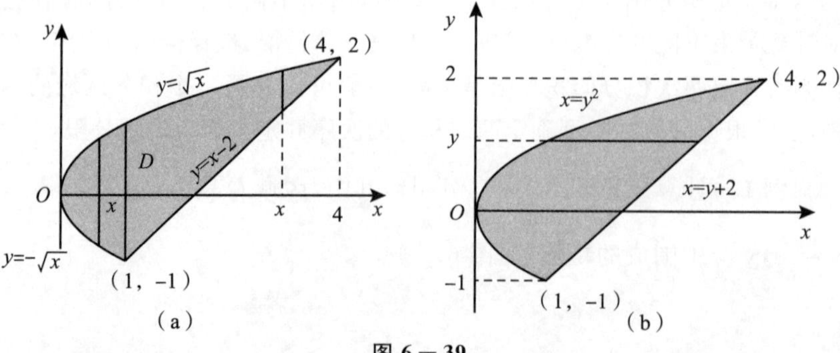

图 6－39

$$D=\{(x,y)\mid y^2\leqslant x\leqslant y+2,-1\leqslant y\leqslant 2\},$$

于是

$$\iint_D xy\,\mathrm{d}x\mathrm{d}y=\int_{-1}^{2}\mathrm{d}y\int_{y^2}^{y+2}xy\,\mathrm{d}x=\int_{-1}^{2}\frac{1}{2}y[(y+2)^2-y^4]\mathrm{d}y=\frac{45}{8}.$$

此例说明，在化二重积分为两次积分时，需要选择恰当的积分顺序．有时，由于积分顺序选择不当，造成计算过程烦琐，甚至可使计算无法进行．

例3　计算$\iint_D x^2\mathrm{e}^{-y^2}\mathrm{d}x\mathrm{d}y$，其中，$D$是由直线$x=0$，$y=1$，$y=x$围成的区域．

解　区域D如图6－40所示．若把D看作x型区域，则

$$D=\{(x,y)\mid 0\leqslant x\leqslant 1,x\leqslant y\leqslant 1\}$$

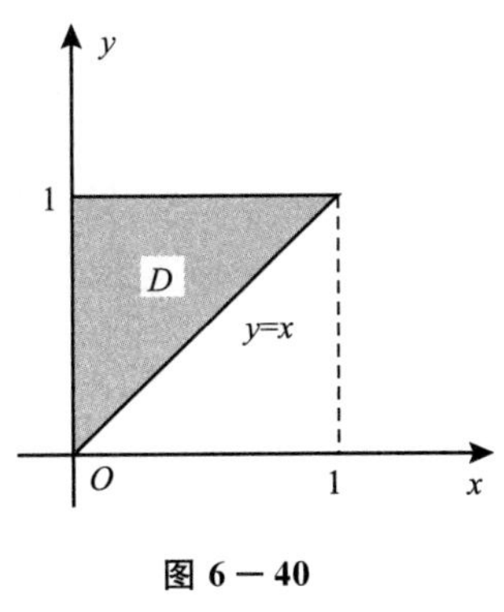

图6－40

于是

$$\iint_D x^2\mathrm{e}^{-y^2}\mathrm{d}x\mathrm{d}y=\int_0^1\mathrm{d}x\int_x^1 x^2\mathrm{e}^{-y^2}\mathrm{d}y=\int_0^1 x^2\left(\int_x^1\mathrm{e}^{-y^2}\mathrm{d}y\right)\mathrm{d}x.$$

由于e^{-y^2}的原函数无法用初等函数表示，所以$\int_x^1\mathrm{e}^{-y^2}\mathrm{d}y$无法计算．这时，按$D$为$y$型区域，则$D=\{(x,y)\mid 0\leqslant x\leqslant y,0\leqslant y\leqslant 1\}$，于是

$$\iint_D x^2\mathrm{e}^{-y^2}\mathrm{d}x\mathrm{d}y=\int_0^1\mathrm{d}y\int_0^y x^2\mathrm{e}^{-y^2}\mathrm{d}x=\int_0^1\mathrm{e}^{-y^2}\cdot\left(\frac{1}{3}x^3\right)\Big|_0^y\mathrm{d}y$$

$$=\frac{1}{3}\int_0^1 y^3\mathrm{e}^{-y^2}\mathrm{d}y=\frac{1}{6}-\frac{1}{3\mathrm{e}}.$$

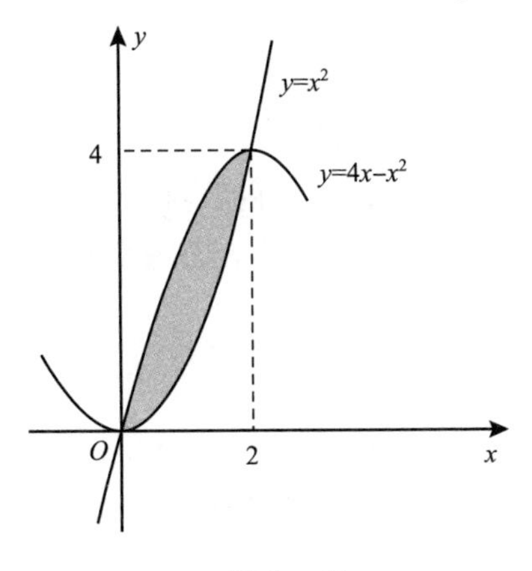

图6－41

例4　应用二重积分，求在xOy平面上由$y=x^2$与$y=4x-x^2$所围的区域D的面积，见图6－41.

解　由二重积分的性质5知，所求区域D的面积$S=\iint_D\mathrm{d}x\mathrm{d}y$，而$D=\{(x,y)\mid 0\leqslant x\leqslant 2,x^2\leqslant y\leqslant 4x-x^2\}$，所以

$$S=\iint_D\mathrm{d}x\mathrm{d}y=\int_0^2\mathrm{d}x\int_{x^2}^{4x-x^2}\mathrm{d}y=\int_0^2(4x-2x^2)\mathrm{d}x=\frac{8}{3}.$$

6.8.2 在极坐标系下计算二重积分

按二重积分的定义，$\iint\limits_D f(x,y)\mathrm{d}\sigma = \lim\limits_{d\to 0}\sum\limits_{i=1}^{n} f(x_i,y_i)\Delta\sigma_i$，下面研究这个和的极限在极坐标系中的形式．

假定从极点O出发的射线与区域D的边界线的交点不多于两点．我们用以极点为中心的一族同心圆：$r=$ 常数，以及从极点出发的一族射线：$\theta=$ 常数，把区域D分成n个小区域，见图 6－42. 除了包含边界点的一些小区域外，其他小区域的面积 $\Delta\sigma_i$ 为

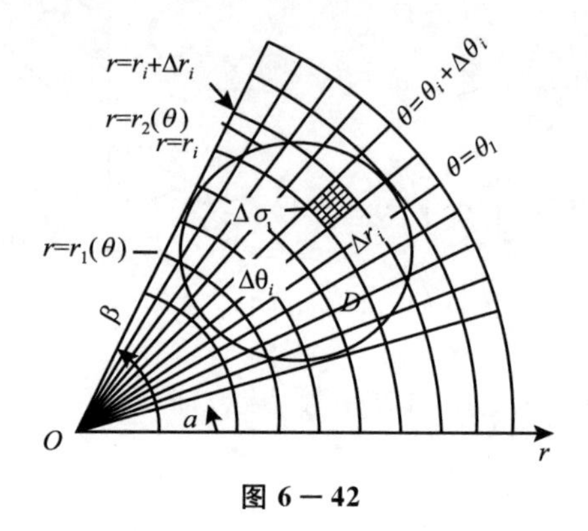

图 6－42

$$
\begin{aligned}
\Delta\sigma_i &= \frac{1}{2}(r_i+\Delta r_i)^2\cdot\Delta\theta_i - \frac{1}{2}r_i^2\cdot\Delta\theta_i \\
&= \frac{1}{2}(2r_i+\Delta r_i)\Delta r_i\Delta\theta_i \\
&= \frac{r_i+(r_i+\Delta r_i)}{2}\cdot\Delta r_i\cdot\Delta\theta_i = \bar{r}_i\cdot\Delta r_i\cdot\Delta\theta_i
\end{aligned}
$$

其中，$\bar{r}_i$ 表示相邻两圆弧的半径的平均值．在该小区域内取圆周 $R=\bar{r}_i$ 的一点$(\bar{r}_i,\bar{\theta}_i)$，该点的直角坐标设为$(x_i,y_i)$，由直角坐标与极坐标之间的关系有

$$x_i=\bar{r}_i\cos\bar{\theta}_i,\quad y_i=\bar{r}_i\sin\bar{\theta}_i.$$

于是

$$\lim_{d\to 0}\sum_{i=1}^{n} f(x_i,y_i)\Delta\sigma_i = \lim_{d\to 0}\sum_{i=1}^{n} f(\bar{r}_i\cos\bar{\theta}_i,\bar{r}_i\sin\bar{\theta}_i)\cdot\bar{r}_i\cdot\Delta r_i\cdot\Delta\theta_i,$$

$$\iint\limits_D f(x,y)\mathrm{d}\sigma = \iint\limits_D f(r\cos\theta,r\sin\theta)r\mathrm{d}r\mathrm{d}\theta.$$

由于在直角坐标系中，$\iint\limits_D f(x,y)\mathrm{d}\sigma = \iint\limits_D f(x,y)\mathrm{d}x\mathrm{d}y$. 所以，上式又可写为

$$\iint\limits_D f(x,y)\mathrm{d}x\mathrm{d}y = \iint\limits_D f(r\cos\theta, r\sin\theta) r\mathrm{d}r\mathrm{d}\theta. \quad (1)$$

式(1) 就是直角坐标系下的二重积分变换为极坐标系下的二重积分的变换公式.

极坐标系下的二重积分的计算,也要将它化为两次积分. 下面,分三种情况予以说明.

(1) 极点 O 在区域 D 之外,见图 6－43. 这时区域 D 在 $\theta=\alpha$ 与 $\theta=\beta$ 两条射线之间,这两条射线与区域 D 的边界的交点把区域边界分为两部分:$r=r_1(\theta)$,$r=r_2(\theta)$,则

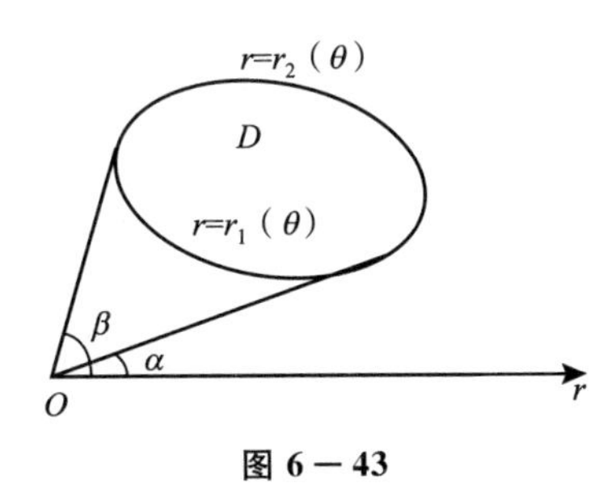

图 6－43

$$D=\{(r,\theta)\,|\,\alpha\leqslant\theta\leqslant\beta, r_1(\theta)\leqslant r\leqslant r_2(\theta)\},$$

于是

$$\iint\limits_D f(r\cos\theta, r\sin\theta) r\mathrm{d}r\mathrm{d}\theta = \int_\alpha^\beta \mathrm{d}\theta\int_{r_1(\theta)}^{r_2(\theta)} f(r\cos\theta, r\sin\theta) r\mathrm{d}r.$$

(2) 极点 O 在区域 D 的边界上,见图 6－44.

设区域 D 的边界方程是 $r=r(\theta)$,则区域 D 可表示为

$$D=\{(r,\theta)\,|\,\alpha\leqslant\theta\leqslant\beta, 0\leqslant r\leqslant r(\theta)\},$$

于是

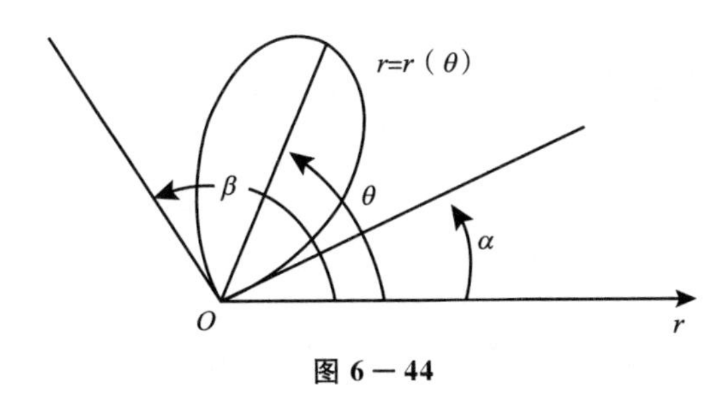

图 6－44

$$\iint\limits_D f(r\cos\theta, r\sin\theta) r\mathrm{d}r\mathrm{d}\theta = \int_\alpha^\beta \mathrm{d}\theta\int_0^{r(\theta)} f(r\cos\theta, r\sin\theta) r\mathrm{d}r.$$

(3) 极点 O 在区域 D 的内部,见图 6－45.

设区域 D 的边界方程为 $r=r(\theta)$,则区域 D 可表示为

$$D=\{(r,\theta)\mid 0\leqslant\theta\leqslant 2\pi,0\leqslant r\leqslant r(\theta)\},$$

于是

$$\iint\limits_D f(r\cos\theta,r\sin\theta)r\mathrm{d}r\mathrm{d}\theta=\int_0^{2\pi}\mathrm{d}\theta\int_0^{r(\theta)}f(r\cos\theta,r\sin\theta)r\mathrm{d}r.$$

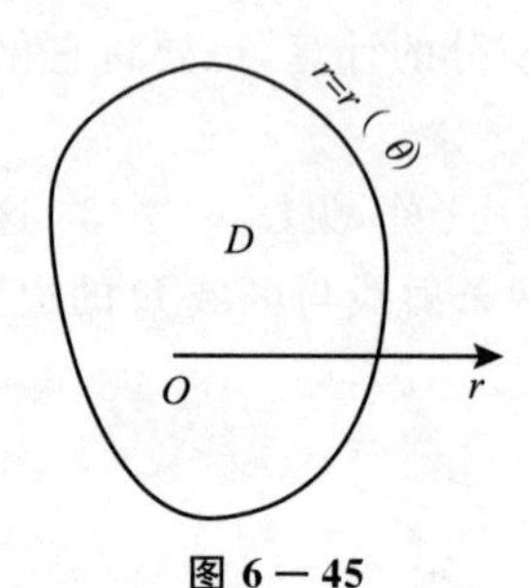

图 6－45

例 1　(1) 计算$\iint\limits_D \mathrm{e}^{-x^2-y^2}\mathrm{d}x\mathrm{d}y$，其中 D 是由 $x^2+y^2\leqslant a^2(a>0)$ 所确定的圆域，见图 6－46；(2) 利用(1) 的结果求$\int_0^{+\infty}\mathrm{e}^{-x^2}\mathrm{d}x$.

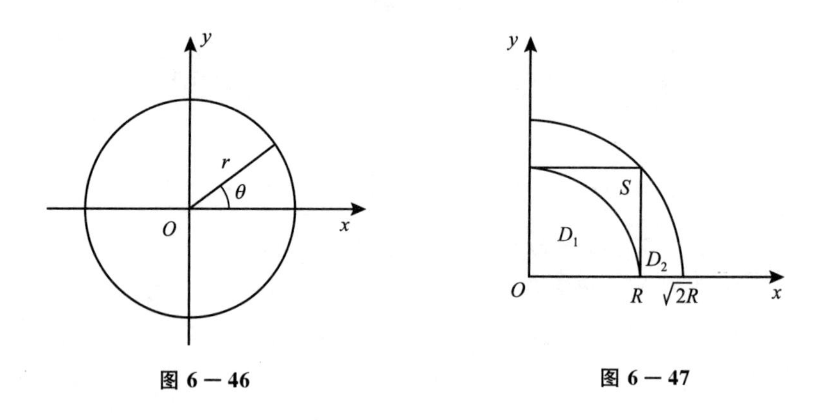

图 6－46　　　　图 6－47

解　(1) 在极坐标系中，区域 D 可表示为

$$D=\{(r,\theta)\mid 0\leqslant\theta\leqslant 2\pi,0\leqslant r\leqslant a\},$$

于是

$$\iint\limits_D \mathrm{e}^{-x^2-y^2}\mathrm{d}x\mathrm{d}y=\iint\limits_D \mathrm{e}^{-r^2}r\mathrm{d}r\mathrm{d}\theta=\int_0^{2\pi}\mathrm{d}\theta\int_0^a\mathrm{e}^{-r^2}r\mathrm{d}r$$

$$=\int_0^{2\pi}\left(\frac{1}{2}-\frac{1}{2}\mathrm{e}^{-a^2}\right)\mathrm{d}\theta=\pi(1-\mathrm{e}^{-a^2}).$$

(2) 设$D_1=\{(x,y)\mid x^2+y^2\leqslant R^2\}$，

$D_2=\{(x,y)\mid x^2+y^2\leqslant 2R^2\}$，

$S=\{(x,y)\mid |x|\leqslant R,|y|\leqslant R\}$，

则 $D_1\subset S\subset D_2$（见图 6－47）. 由于 $\mathrm{e}^{-x^2-y^2}>0$，所以

$$\iint_{D_1} e^{-x^2-y^2}\,dxdy < \iint_{S} e^{-x^2-y^2}\,dxdy < \iint_{D_2} e^{-x^2-y^2}\,dxdy.$$

由(1) 的结果得 $\displaystyle\iint_{D_1} e^{-x^2-y^2}\,dxdy = (1-e^{-R^2})\pi$，

$$\iint_{D_2} e^{-x^2-y^2}\,dxdy = (1-e^{-2R^2})\pi,$$

而 $\displaystyle\iint_{S} e^{-x^2-y^2}\,dxdy = \int_{-R}^{R}\left(\int_{-R}^{R} e^{-x^2-y^2}\,dy\right)dx = \left(\int_{-R}^{R} e^{-x^2}\,dx\right)\left(\int_{-R}^{R} e^{-y^2}\,dy\right)$，

$$= \left(\int_{-R}^{R} e^{-x^2}\,dx\right)^2 = 4\left(\int_{0}^{R} e^{-x^2}\,dx\right)^2,$$

于是

$$\frac{1}{4}(1-e^{-R^2})\pi < \left(\int_{0}^{R} e^{-x^2}\,dx\right)^2 < \frac{1}{4}(1-e^{-2R^2})\pi.$$

令 $R\to+\infty$，上式两端极限为 $\dfrac{\pi}{4}$，于是

$$\int_{0}^{+\infty} e^{-x^2}\,dx = \frac{\sqrt{\pi}}{2}.$$

这一积分在概率论中有着重要应用．

例 2　求 $\displaystyle\iint_{D}\arctan\frac{y}{x}\,dxdy$，$D$ 为圆周 $x^2+y^2=9$ 和 $x^2+y^2=1$ 与直线 $y=x$，$y=0$ 所围成的第一象限部分，见图 6－48.

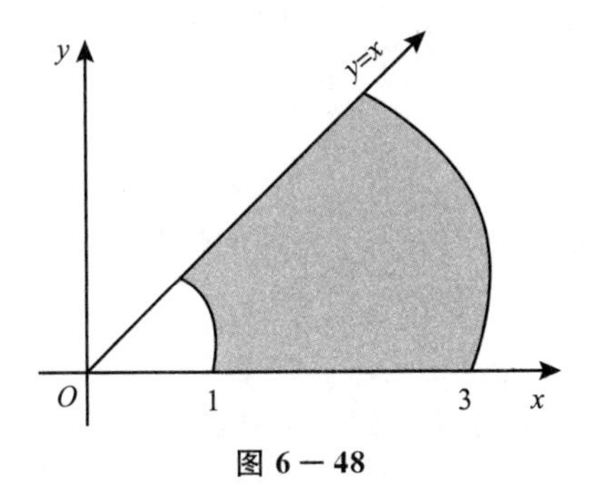

图 6－48

解　在极坐标系下，区域 D 可表示为

$$D=\{(r,\theta)\,|\,0\leqslant\theta\leqslant\frac{\pi}{4},1\leqslant r\leqslant 3\},$$

于是

$$\iint_{D}\arctan\frac{y}{x}\,dxdy = \iint_{D}\theta r\,drd\theta$$

$$= \int_{0}^{\frac{\pi}{4}}d\theta\int_{1}^{3}\theta r\,dr = \int_{0}^{\frac{\pi}{4}}\theta d\theta\int_{1}^{3}r dr = \frac{\pi^2}{8}.$$

例 3 计算$\iint\limits_D \sqrt{x^2+y^2}\,\mathrm{d}x\mathrm{d}y$，其中$D$是由圆$(x-a)^2+y^2=a^2$和直线$y=0$围成的第一象限部分，见图 6－49.

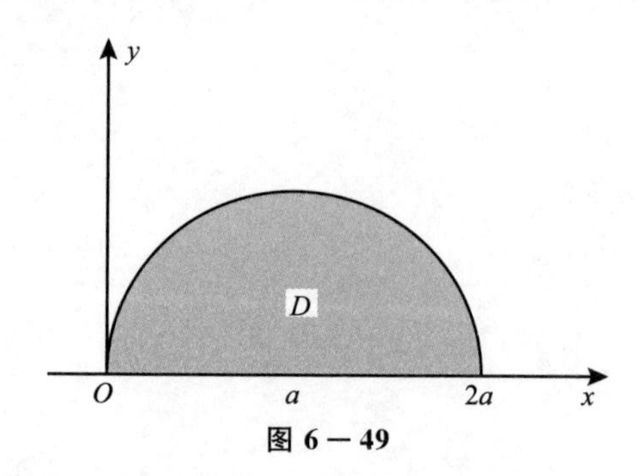

图 6－49

解 在极坐标系下，区域D可表示为

$$D=\left\{(r,\theta)\,|\,0\leqslant\theta\leqslant\frac{\pi}{2},0\leqslant r\leqslant 2a\cos\theta\right\},$$

于是

$$\iint\limits_D \sqrt{x^2+y^2}\,\mathrm{d}x\mathrm{d}y=\iint\limits_D r^2\,\mathrm{d}r\mathrm{d}\theta=\int_0^{\frac{\pi}{2}}\mathrm{d}\theta\int_0^{2a\cos\theta}r^2\,\mathrm{d}r$$

$$=\frac{8}{3}\int_0^{\frac{\pi}{2}}a^3\cos^3\theta\mathrm{d}\theta=\frac{16}{9}a^3.$$

由以上例子可看出，当区域D是圆域或圆域的一部分，或扇形区域，或者区域D的边界方程用极坐标表示极为简单，或者被积函数为$f(x^2+y^2)$，$f\left(\frac{x}{y}\right)$，$f\left(\frac{y}{x}\right)$等形式时，通常采用极坐标计算二重积分.

例 4 求球体$x^2+y^2+z^2\leqslant 4a^2$被圆柱面$x^2+y^2=2ax\,(a>0)$所截得的（含在圆柱面内的部分）立体的体积，如图 6－50(a).

解 由图形的对称性知

$$V=4\iint\limits_D \sqrt{4a^2-x^2-y^2}\,\mathrm{d}x\mathrm{d}y$$

其中，D为半圆周$y=\sqrt{2ax-x^2}$及x轴所围成的闭区域. 在极坐标中，闭区域D形状如图 6－50(b)，且D可表示为

$$D=\{(r,\theta)\,|\,0\leqslant\theta\leqslant\frac{\pi}{2},0\leqslant r\leqslant 2a\cos\theta\}，于是$$

$$V=4\iint\limits_D \sqrt{4a^2-r^2}\,r\mathrm{d}r\mathrm{d}\theta=4\int_0^{\frac{\pi}{2}}\mathrm{d}\theta\int_0^{2a\cos\theta}\sqrt{4a^2-r^2}\,r\mathrm{d}r$$

$$=\frac{32}{3}a^3\int_0^{\frac{\pi}{2}}(1-\sin^3\theta)\mathrm{d}\theta=\frac{32}{3}a^3\left(\frac{\pi}{2}-\frac{2}{3}\right).$$

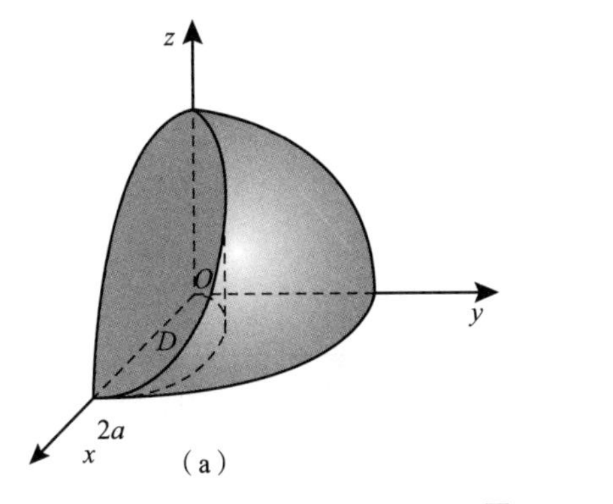

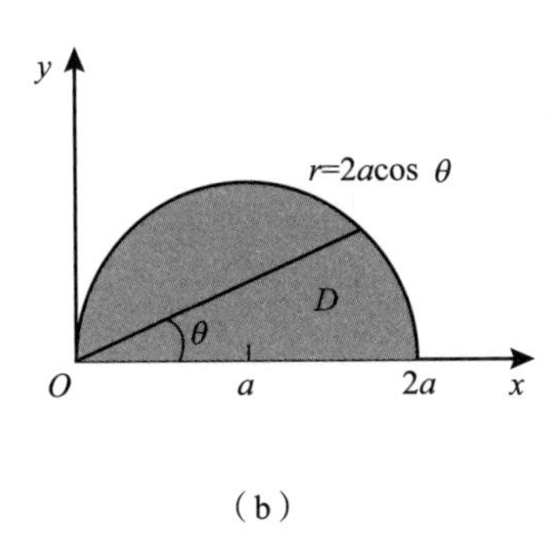

图 6－50

6.8.3　二重积分的换元法

定理 6.8.1　设函数 $f(x,y)$ 在 xOy 平面的闭区域 D 上连续，变换 $T: x = x(u,v), y = y(u,v)$ 将 uv 平面的闭区域 D' 变为 xy 平面的 D，且满足

(1) $x(u,v), y(u,v)$ 在 D' 上具有一阶连续偏导数；

(2) 在 D' 上雅可比式 $J(u,v) = \dfrac{\partial(x,y)}{\partial(u,v)} \neq 0$；

(3) 变换 T 是 D' 与 D 之间的一个一一对应，

则

$$\iint_D f(x,y)\mathrm{d}x\mathrm{d}y = \iint_{D'} f[x(u,v),y(u,v)]\,|J(u,v)|\,\mathrm{d}u\mathrm{d}v \qquad (1)$$

证明从略．

需要指出的是，如果雅可比式 $J(u,v)$ 只在 D' 内个别点上或 D' 的一条曲线上为零，而在其他点上不为零，那么式(1) 仍成立．

在极坐标变换：$x = r\cos\theta, y = r\sin\theta$ 下，雅可比式

$$J = \begin{vmatrix} \dfrac{\partial x}{\partial r} & \dfrac{\partial x}{\partial \theta} \\ \dfrac{\partial y}{\partial r} & \dfrac{\partial y}{\partial \theta} \end{vmatrix} = \begin{vmatrix} \cos\theta & -r\sin\theta \\ \sin\theta & r\cos\theta \end{vmatrix} = r$$

它仅在 $r=0$ 处为零，故不论闭区域 D' 是否含有极点，式(1) 都成立，即

$$\iint_D f(x,y)\mathrm{d}x\mathrm{d}y = \iint_{D'} f(r\cos\theta, r\sin\theta)r\mathrm{d}r\mathrm{d}\theta.$$

例 1　计算 $\iint_D \mathrm{e}^{\frac{y-x}{y+x}}\mathrm{d}x\mathrm{d}y$，其中，$D$ 是由 x 轴，y 轴和直线 $x+y=2$ 所围成的闭区域．

解　令 $u = y-x, v = y+x$，则 $x = \dfrac{v-u}{2}, y = \dfrac{v+u}{2}$. 作变换 T：

$x=\dfrac{v-u}{2}$, $y=\dfrac{v+u}{2}$,则 xy 平面上的闭区域 D 和它在 uv 平面上对应的闭区域 D' 如图 6－51 所示.

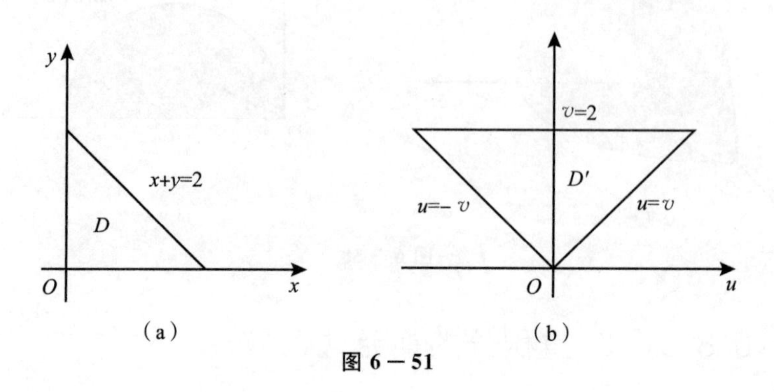

图 6－51

雅可比式

$$J=\begin{vmatrix}\dfrac{\partial x}{\partial u} & \dfrac{\partial x}{\partial v}\\ \dfrac{\partial y}{\partial u} & \dfrac{\partial y}{\partial v}\end{vmatrix}=\begin{vmatrix}-\dfrac{1}{2} & \dfrac{1}{2}\\ \dfrac{1}{2} & \dfrac{1}{2}\end{vmatrix}=-\frac{1}{2}\neq 0.$$

由式(1) 得

$$\iint\limits_{D}\mathrm{e}^{\frac{y-x}{y+x}}\mathrm{d}x\mathrm{d}y=\iint\limits_{D'}\mathrm{e}^{\frac{u}{v}}\cdot\left|-\frac{1}{2}\right|\mathrm{d}u\mathrm{d}v=\frac{1}{2}\int_{0}^{2}\mathrm{d}v\int_{-v}^{v}\mathrm{e}^{\frac{u}{v}}\mathrm{d}u$$

$$=\frac{1}{2}\int_{0}^{2}(\mathrm{e}-\mathrm{e}^{-1})v\mathrm{d}v=\mathrm{e}-\mathrm{e}^{-1}.$$

例 2 计算 $\iint\limits_{D}\sqrt{1-\dfrac{x^2}{a^2}-\dfrac{y^2}{b^2}}\mathrm{d}x\mathrm{d}y$,其中,$D$ 为椭圆 $\dfrac{x^2}{a^2}+\dfrac{y^2}{b^2}=1$ 所围成的区域.

解 作广义极坐标变换 T:

$$\begin{cases}x=ar\cos\theta\\ y=br\sin\theta\end{cases}$$

其中,$a>0$,$b>0$,$r\geqslant 0$,$0\leqslant\theta\leqslant 2\pi$. 在该变换下,与 D 对应的闭区域为 $D'=\{(r,\theta)\mid 0\leqslant r\leqslant 1,0\leqslant\theta\leqslant 2\pi\}$,雅可比式

$$J=\begin{vmatrix}\dfrac{\partial x}{\partial r} & \dfrac{\partial x}{\partial\theta}\\ \dfrac{\partial y}{\partial r} & \dfrac{\partial y}{\partial\theta}\end{vmatrix}=\begin{vmatrix}a\cos\theta & -ar\sin\theta\\ b\sin\theta & br\cos\theta\end{vmatrix}=abr.$$

显然,J 在 D' 内仅当 $r=0$ 时为零,由式(1) 得

$$\iint\limits_{D}\sqrt{1-\frac{x^2}{a^2}-\frac{y^2}{b^2}}\mathrm{d}x\mathrm{d}y=\iint\limits_{D'}\sqrt{1-r^2}\,abr\,\mathrm{d}r\mathrm{d}\theta$$

$$=\int_{0}^{2\pi}\mathrm{d}\theta\int_{0}^{1}ab\sqrt{1-r^2}\,r\mathrm{d}r$$

$$= \int_0^{2\pi} \frac{1}{3} ab\,\mathrm{d}\theta = \frac{2}{3}\pi ab.$$

6.8.4 无界区域上的广义二重积分

如果二重积分的积分区域 D 是无界的，如全平面、半平面等，则与一元函数类似地可以定义积分区域无界的二重积分.

定义 6.8.1 设 D 是平面上一无界区域，函数 $f(x,y)$ 在 D 上有定义. 用任意光滑或分段光滑曲线 C 在 D 中划出有界区域 D_C，如图 6－52 所示，若二重积分 $\iint\limits_{D_C} f(x,y)\mathrm{d}\sigma$ 存在，且当曲线 C 连续变动，使区域 D_C 无限扩展而趋于区域 D，不论 C 的形状如何，也不论 C 的扩展过程怎样，极限

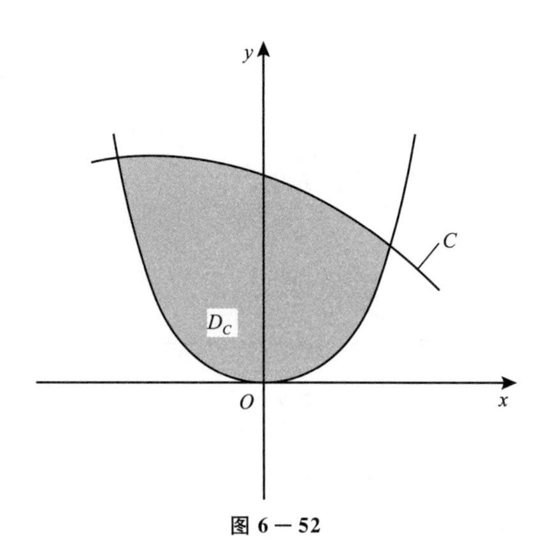

图 6－52

$$\lim_{D_C \to D} \iint\limits_{D_C} f(x,y)\mathrm{d}\sigma$$

总取相同的值 I，则称 I 为函数 $f(x,y)$ 在无界区域 D 上的二重积分，记为

$$\iint\limits_{D} f(x,y)\mathrm{d}\sigma$$

即
$$\iint\limits_{D} f(x,y)\mathrm{d}\sigma = \lim_{D_C \to D} \iint\limits_{D_C} f(x,y)\mathrm{d}\sigma.$$

这时也称 $f(x,y)$ 在 D 上的**积分收敛**或在 D 上**广义可积**. 否则称 $f(x,y)$ 在 D 上的**积分发散**.

例 1　设 D 为全平面，求 $\iint\limits_D \mathrm{e}^{-(x^2+y^2)}\mathrm{d}\sigma$.

解　设 D_R 为中心在原点、半径为 R 的圆域，则有

$$\iint\limits_{D_R} \mathrm{e}^{-(x^2+y^2)}\mathrm{d}\sigma=\int_0^{2\pi}\mathrm{d}\theta\int_0^R \mathrm{e}^{-r^2}r\mathrm{d}r=2\pi\left(-\frac{1}{2}\mathrm{e}^{-r^2}\right)\Big|_0^R=\pi(1-\mathrm{e}^{-R^2}),$$

当 $R\to+\infty$ 时，$D_R\to D$，于是

$$\iint\limits_D \mathrm{e}^{-(x^2+y^2)}\mathrm{d}\sigma=\lim_{R\to+\infty}\iint\limits_{D_R}\mathrm{e}^{-(x^2+y^2)}\mathrm{d}\sigma=\lim_{R\to+\infty}\pi(1-\mathrm{e}^{-R^2})=\pi.$$

例 2　计算二重积分

$$\iint\limits_D x\mathrm{e}^{-y^2}\mathrm{d}x\mathrm{d}y.$$

其中积分区域 D 是曲线 $y=4x^2$ 与 $y=9x^2$ 在第一象限围成的无界区域，见图 6－53.

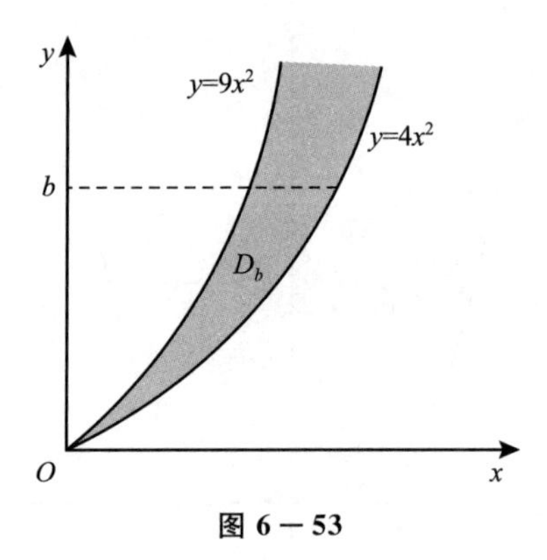

图 6－53

解　区域 D 为无界区域，设

$$D_b=\left\{(x,y)\,|\,0\leqslant y\leqslant b,\frac{\sqrt{y}}{3}\leqslant x\leqslant\frac{\sqrt{y}}{2}\right\}$$

不难发现，当 $b\to+\infty$ 时有 $D_b\to D$，从而

$$\iint\limits_{D_b} x\mathrm{e}^{-y^2}\mathrm{d}x\mathrm{d}y=\int_0^b \mathrm{e}^{-y^2}\mathrm{d}y\int_{\frac{1}{3}\sqrt{y}}^{\frac{1}{2}\sqrt{y}}x\mathrm{d}x=\frac{1}{2}\int_0^b \mathrm{e}^{-y^2}\left(\frac{1}{4}y-\frac{1}{9}y\right)\mathrm{d}y$$

$$=\frac{5}{72}\int_0^b y\mathrm{e}^{-y^2}\mathrm{d}y=\frac{-5}{144}\mathrm{e}^{-y^2}\Big|_0^b=\frac{-5}{144}(\mathrm{e}^{-b^2}-1),$$

$$\iint\limits_D x\mathrm{e}^{-y^2}\mathrm{d}x\mathrm{d}y=\lim_{b\to+\infty}\iint\limits_{D_b}x\mathrm{e}^{-y^2}\mathrm{d}x\mathrm{d}y=\frac{5}{144}\lim_{b\to+\infty}(1-\mathrm{e}^{-b^2})=\frac{5}{144}.$$

广义二重积分的计算，也可化作两次积分进行．如果无界区域 D 有如下形式：

$$D=\{(x,y)\,|\,a\leqslant x<+\infty,b\leqslant y<+\infty\}.$$

则可建立计算形式：

$$\iint_D f(x,y)\mathrm{d}x\mathrm{d}y = \int_a^{+\infty}\mathrm{d}x\int_b^{+\infty} f(x,y)\mathrm{d}y.$$

或

$$\iint_D f(x,y)\mathrm{d}x\mathrm{d}y = \int_b^{+\infty}\mathrm{d}y\int_a^{+\infty} f(x,y)\mathrm{d}x.$$

这里假定右端的两次积分存在．

$\iint_D f(x,y)\mathrm{d}x\mathrm{d}y$ 有时也记作$\int_a^{+\infty}\int_b^{+\infty} f(x,y)\mathrm{d}x\mathrm{d}y$．在计算时，换元法则也可使用．

练习 6.8

1．化二重积分$\iint_D f(x,y)\mathrm{d}x\mathrm{d}y$为两次积分（写出两种积分次序）．

(1)$D=\{(x,y)\mid |x|\leqslant 1, |y|\leqslant 1\}$．

(2)D是由y轴，$y=1$及$y=x$所围成的区域．

(3)D是由$y=x$及抛物线$y^2=4x$所围成的区域．

(4)D是由x轴，圆$x^2+y^2-2x=0$在第一象限的部分及直线$x+y=2$所围成的区域．

(5)D是由x轴与圆$x^2+y^2=r^2$的上半部分所围成的区域．

2．交换两次积分的次序．

(1)$\int_1^{\mathrm{e}}\mathrm{d}x\int_0^{\ln x} f(x,y)\mathrm{d}y$

(2)$\int_0^1\mathrm{d}y\int_y^{\sqrt{y}} f(x,y)\mathrm{d}x$

(3)$\int_0^{\mathrm{e}}\mathrm{d}y\int_1^2 f(x,y)\mathrm{d}x+\int_{\mathrm{e}}^{\mathrm{e}^2}\mathrm{d}y\int_{\ln y}^2 f(x,y)\mathrm{d}x$

(4)$\int_1^2\mathrm{d}x\int_x^{x^2} f(x,y)\mathrm{d}y+\int_2^8\mathrm{d}x\int_x^8 f(x,y)\mathrm{d}y$

3．计算下列二重积分．

(1)$\iint_D x\mathrm{e}^{xy}\mathrm{d}x\mathrm{d}y$，$D=\{(x,y)\mid 0\leqslant x\leqslant 1, 0\leqslant y\leqslant 1\}$．

(2)$\iint_D (3x+2y)\mathrm{d}x\mathrm{d}y$，$D$是由两坐标轴及直线$x+y=2$所围成的区域．

(3)$\iint_D xy^2\mathrm{d}x\mathrm{d}y$，$D$是由抛物线$y^2=2px$和直线$x=\frac{p}{2}(p>0)$所围成的区域．

(4)$\iint_D (x^2+y^2-x)\mathrm{d}x\mathrm{d}y$，$D$是由直线$y=2$，$y=x$及$y=2x$所围成的区域．

(5)$\iint_D (x+6y)\mathrm{d}x\mathrm{d}y$，$D$是由$y=x$，$y=5x$，$x=1$所围成的区域．

(6)$\iint_D \frac{x^2}{y^2}\mathrm{d}x\mathrm{d}y$，$D$是由$x=2$，$y=x$及$xy=1$所围成的区域．

(7)$\iint_D xy\mathrm{d}x\mathrm{d}y$，$D$是由$y^2=2x$及$y=4-x$所围成的区域．

习题选讲

(8) $\iint\limits_D \frac{\sin x}{x}\mathrm{d}x\mathrm{d}y$，$D$ 是由直线 $y=x$ 及抛物线 $y=x^2$ 所围成的区域．

(9) $\iint\limits_D \mathrm{e}^{-y^2}\mathrm{d}x\mathrm{d}y$，$D$ 是由 $x=0$，$y=1$ 和 $y=x$ 围成的区域．

4. 计算下列二重积分．

(1) $\iint\limits_D \mathrm{e}^{x^2+y^2}\mathrm{d}x\mathrm{d}y$，$D$ 是圆域 $x^2+y^2\leqslant 4$.

(2) $\iint\limits_D \sqrt{x}\,\mathrm{d}x\mathrm{d}y$，$D$ 是圆域 $x^2+y^2\leqslant x$.

(3) $\iint\limits_D \sqrt{x^2+y^2}\,\mathrm{d}x\mathrm{d}y$，$D$ 是圆环形闭区域 $a^2\leqslant x^2+y^2\leqslant b^2$.

(4) $\iint\limits_D \ln(1+x^2+y^2)\mathrm{d}x\mathrm{d}y$，$D$ 是由圆 $x^2+y^2=1$ 所围成的第一象限部分．

(5) $\iint\limits_D (1-2x-3y)\mathrm{d}x\mathrm{d}y$，$D$ 是圆域 $x^2+y^2\leqslant 25$.

(6) $\iint\limits_D (4-x-y)\mathrm{d}x\mathrm{d}y$，$D$ 是圆域 $x^2+y^2\leqslant 2y$.

(7) $\iint\limits_D \sqrt{R^2-x^2-y^2}\,\mathrm{d}x\mathrm{d}y$，$D$ 是由圆 $x^2+y^2=Rx$ 围成的区域．

5. 利用二重积分计算下列曲线所围成的面积．

(1) $y=x^2$，$y=x+2$.

(2) $y=\sin x$，$y=\cos x$，$x=0$(第一象限部分).

(3) $y=\frac{1}{x}$，$y=x$，$x=2$，$y=0$.

6. 计算下列曲面所围成立体的体积．

(1) $z=1+x+y$，$z=0$，$x+y=1$，$x=0$，$y=0$.

(2) $z=6-2x-3y$，$z=0$，$x=0$，$y=0$，$x=1$，$y=1$.

(3) $z=x^2+y^2$，$y=1$，$z=0$，$y=x^2$.

7. 作适当的变换，计算下列二重积分．

(1) $\iint\limits_D (x+y)\sin(x-y)\mathrm{d}x\mathrm{d}y$，$D=\{(x,y)\mid 0\leqslant x+y\leqslant\pi, 0\leqslant x-y\leqslant\pi\}$

(2) $\iint\limits_D \mathrm{e}^{\frac{y}{x+y}}\mathrm{d}x\mathrm{d}y$，$D=\{(x,y)\mid x+y\leqslant 1, x\geqslant 0, y\geqslant 0\}$

(3) $\iint\limits_D \left(\frac{x^2}{a^2}+\frac{y^2}{b^2}\right)\mathrm{d}x\mathrm{d}y$，$D$ 是椭圆形闭区域 $\frac{x^2}{a^2}+\frac{y^2}{b^2}\leqslant 1$.

8. 与定积分相似，二重积分也具有如下对称性质：

(i) 设区域 D 关于 x 轴对称，D_1 为 D 在 x 轴的上半部分，则

$$\iint\limits_D f(x,y)\mathrm{d}x\mathrm{d}y=\begin{cases}0 & f(x,y)\text{ 关于 } y \text{ 是奇函数}\\ 2\iint\limits_{D_1} f(x,y)\mathrm{d}x\mathrm{d}y, & f(x,y)\text{ 关于 } y \text{ 是偶函数}\end{cases}$$

(ii) 设区域 D 关于 y 轴对称，D_1 为 D 在 y 轴的右半部分，则

$$\iint\limits_D f(x,y)\mathrm{d}x\mathrm{d}y=\begin{cases}0 & f(x,y)\text{ 关于 } x \text{ 是奇函数}\\ 2\iint\limits_{D_1} f(x,y)\mathrm{d}x\mathrm{d}y, & f(x,y)\text{ 关于 } x \text{ 是偶函数}\end{cases}$$

(iii) 设区域 D 关于原点对称，D_1 为 D 的右半平面部分，则

$$\iint_D f(x,y)\mathrm{d}x\mathrm{d}y=\begin{cases}0 & f(x,y)\text{ 关于 }x、y\text{ 是奇函数}\\ 2\iint_{D_1} f(x,y)\mathrm{d}x\mathrm{d}y, & f(x,y)\text{ 关于 }x、y\text{ 是偶函数}\end{cases}$$

试利用上述性质计算下列二重积分的值：

(1) $\iint_D (x+x^3y^2)\mathrm{d}x\mathrm{d}y$，其中 D 是半圆域：$x^2+y^2\leqslant 4, y\geqslant 0$.

(2) $\iint_D x^2y^2\mathrm{d}x\mathrm{d}y$，其中 $D=\{(x,y)\mid 0\leqslant x\leqslant 1,-1\leqslant y\leqslant 1\}$.

习题选讲

习　题　六

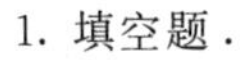

1. 填空题.

(1) 函数 $u=\dfrac{1}{\sqrt{1-x^2-y^2-z^2}}+\dfrac{1}{\sqrt{z}}$ 的连续区域是________.

(2) 已知 $f(x+y,xy)=2x^2+xy+2y^2$，则二元函数 $f(x,y)=$ ________.

(3) $\lim\limits_{(x,y)\to(0,0)}\dfrac{xy}{\sqrt{x^2+y^2}}=$ ________.

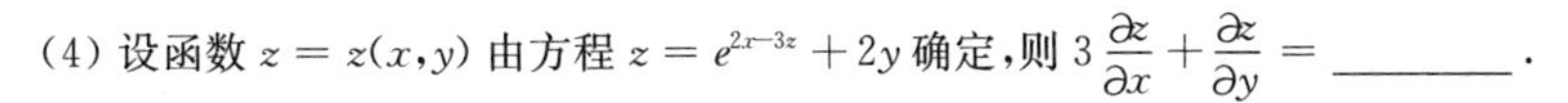

(4) 设函数 $z=z(x,y)$ 由方程 $z=e^{2x-3z}+2y$ 确定，则 $3\dfrac{\partial z}{\partial x}+\dfrac{\partial z}{\partial y}=$ ________.

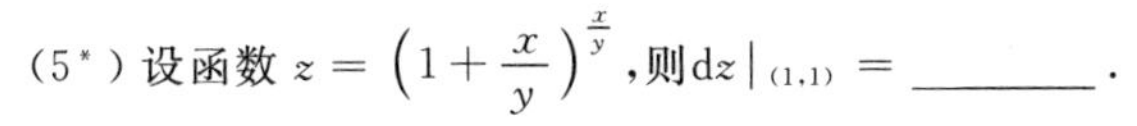

(5*) 设函数 $z=\left(1+\dfrac{x}{y}\right)^{\frac{x}{y}}$，则 $\mathrm{d}z|_{(1,1)}=$ ________.

习题选讲

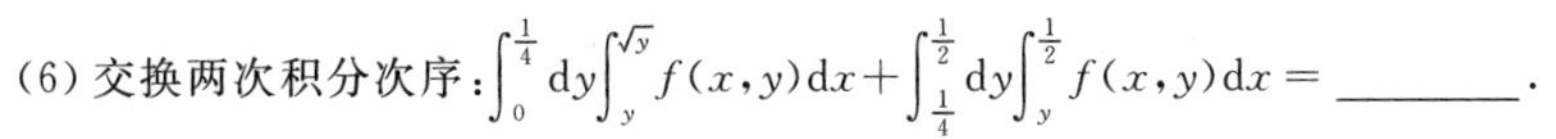

(6) 交换两次积分次序：$\int_0^{\frac{1}{4}}\mathrm{d}y\int_y^{\sqrt{y}}f(x,y)\mathrm{d}x+\int_{\frac{1}{4}}^{\frac{1}{2}}\mathrm{d}y\int_y^{\frac{1}{2}}f(x,y)\mathrm{d}x=$ ________.

2. 选择题.

(1) 对函数 $f(x,y)$，在点 $P_0(x_0,y_0)$，下列结论可成立的是(　　).

(a) 若连续，则偏导数存在

(b) 若两个偏导数存在，则必连续

(c) 两个偏导数或都存在，或都不存在

(d) 两个偏导数存在，但不一定连续

(2) 二元函数 $z=f(x,y)$ 在 (x_0,y_0) 处可微的充分条件是(　　). 式中 $\rho=\sqrt{(\Delta x)^2+(\Delta y^2)}$.

(a) $f'_x(x_0,y_0)$ 及 $f'_y(x_0,y_0)$ 均存在

(b) 在 (x_0,y_0) 的某邻域内 $f'_x(x,y)$ 及 $f'_y(x,y)$ 连续

(c) $\lim\limits_{\rho\to 0}(\Delta z-f'_x(x_0,y_0)\Delta x-f'_y(x_0,y_0)\Delta y)=0$

(d) $\lim\limits_{\rho\to 0}\dfrac{\Delta z-f'_x(x_0,y_0)\Delta x-f'_y(x_0,y_0)\Delta y}{\rho}=0$

(3) 若函数 $f(x,y)$ 在区域 D 内具有二阶偏导数，则结论(　　)正确.

(a) $\dfrac{\partial^2 f}{\partial x\partial y}=\dfrac{\partial^2 f}{\partial y\partial x}$　　(b) $f(x,y)$ 在 D 内必可微

(c) $f(x,y)$ 在 D 内必连续　　(d) 以上三个结论都不对

(4) 点 (x_0,y_0) 使 $f'_x(x,y)=0$ 且 $f'_y(x,y)=0$ 成立，则(　　).

(a) (x_0,y_0) 是 $f(x,y)$ 的驻点

(b)(x_0,y_0) 是 $f(x,y)$ 的极值点

(c)(x_0,y_0) 是 $f(x,y)$ 的最大值点或最小值点

(d)(x_0,y_0) 可能是 $f(x,y)$ 的极值点

习题选讲

(5) 设 $I_1=\iint\limits_D \cos\sqrt{x^2+y^2}\,d\sigma, I_2=\iint\limits_D \cos(x^2+y^2)\,d\sigma, I_3=\iint\limits_D \cos(x^2+y^2)^2\,d\sigma$，其中 $D=\{(x,y)\mid x^2+y^2\leqslant 1\}$，则（　　）.

(a)$I_3>I_2>I_1$　　(b)$I_1>I_2>I_3$

(c)$I_2>I_1>I_3$　　(d)$I_3>I_1>I_2$

(6)$\int_0^1 dy\int_0^y f(x,y)dx=$（　　）.

(a)$\int_0^y dx\int_0^1 f(x,y)dy$　　(b)$\int_0^1 dx\int_x^1 f(x,y)dy$

(c)$\int_0^1 dx\int_0^y f(x,y)dy$　　(d)$\int_0^1 dx\int_0^1 f(x,y)dy$

(7) 设 $D=\{(x,y)\mid x^2+y^2\leqslant a^2\}$，当 $a=$（　　）时，$\iint\limits_D \sqrt{a^2-x^2-y^2}\,dxdy=\pi$.

(a)1　　(b)$\sqrt[3]{\frac{1}{2}}$　　(c)$\sqrt[3]{\frac{3}{4}}$　　(d)$\sqrt[3]{\frac{3}{2}}$

(8) 设 $D=\{(x,y)\mid x^2+y^2\leqslant 1\}$，$D_1$ 为 D 在第一象限部分，则下列等式成立的有（　　）.

(a)$\iint\limits_D f(x,y)dxdy=4\iint\limits_{D_1} f(x,y)dxdy$

(b)$\iint\limits_D f(x^2+y^2)dxdy=4\iint\limits_{D_1} f(x^2+y^2)dxdy$

(c)$\iint\limits_D xy^2 dxdy=4\iint\limits_{D_1} xy^2 dxdy$

(d)$\iint\limits_D (x^3+y^3)dxdy=0$

3. 设 $f(x,y)=x+(y-1)\arcsin\sqrt{\frac{x}{y}}$，求 $f'_x(x,1)$.

4. 求下列复合函数的偏导数.

(1)$z=(x^2+y^2)^{xy}$，求$\frac{\partial z}{\partial x},\frac{\partial z}{\partial y}$.

(2)$z=u^2\ln v$，而 $u=\frac{y}{x}, v=x^2+y^2$，求$\frac{\partial z}{\partial x},\frac{\partial z}{\partial y}$.

(3)$z=u^2v+vw$，而 $u=x+y, v=x-y, w=xy$，求$\frac{\partial z}{\partial x},\frac{\partial z}{\partial y}$.

(4)$u=e^{x^2+y^2+z^2}$，其中 $z=x^2\sin y$，求$\frac{\partial u}{\partial x},\frac{\partial u}{\partial y}$.

5. 设 $u=x^{y^z}$，求 du.

6. 证明下列各题.

(1) 设 $f(x)$ 具有二阶导数，$g(x)$ 有一阶导数，且 $F(x,y)=f[x+g(y)]$，求证：

$$\frac{\partial F}{\partial x}\cdot\frac{\partial^2 F}{\partial x\partial y}=\frac{\partial F}{\partial y}\cdot\frac{\partial^2 F}{\partial x^2}$$

(2) 设函数 $g(r)$ 有二阶导数，$f(x,y)=g(r)$，$r=\sqrt{x^2+y^2}$，求证：

$$\frac{\partial^2 f}{\partial x^2}+\frac{\partial^2 f}{\partial y^2}=g''(r)+\frac{1}{r}g'(r)\quad((x,y)\neq(0,0)).$$

7. 求由下列方程组所确定的函数的导数或偏导数．

(1) $\begin{cases}x+y+z=0\\x^2+y^2+z^2=1\end{cases}$，求$\dfrac{\mathrm{d}x}{\mathrm{d}z},\dfrac{\mathrm{d}y}{\mathrm{d}z}$.

(2) $\begin{cases}u=f(ux,v+y)\\v=g(u-x,v^2y)\end{cases}$，其中 f、g 具有一阶连续偏导数，求$\dfrac{\partial u}{\partial x},\dfrac{\partial u}{\partial y}$.

(3) $\begin{cases}x=\mathrm{e}^u+u\sin v\\y=\mathrm{e}^u-u\cos v\end{cases}$，求$\dfrac{\partial u}{\partial x},\dfrac{\partial u}{\partial y},\dfrac{\partial v}{\partial x},\dfrac{\partial v}{\partial y}$.

8. 求函数 $f(x,y)=xy(x^2+y^2-1)$ 的极值．

9*. 求函数 $u=xy+2yz$ 在约束条件 $x^2+y^2+z^2=10$ 下的最大值和最小值．

10. 在经济学中有个Cobb-Douglas生产函数模型 $f(x,y)=cx^a y^{1-a}$，式中 x 代表劳动力的数量，y 为资本数量(确切地说是 y 个单位资本)，c 与 $a(0<a<1)$ 是常数，由各工厂的具体情形而定．函数值表示生产量．现在已知某制造商的Cobb-Douglas 生产函数为

$$f(x,y)=100x^{3/4}y^{1/4},$$

每个劳动力与每单位资本的成本分别是 150 元及 250 元．该制造商的总预算是 50000 元．问他该如何分配这笔钱用于雇用劳动力与资本，以使生产量最高．

11. 设某工厂生产甲、乙两种产品，产量分别为 x 和 y(单位：千件)，利润函数为

$$L(x,y)=6x-x^2+16y-4y^2-2(\text{单位:万元}).$$

已知生产这两种产品时，每千件产品均需消耗某种原材料 2000kg，现有该原材料 12000kg，问两种产品各生产多少千件时，总利润最大?最大利润为多少?

习题选讲

12. 在元旦联欢晚会上，某一班级准备用 120 元班费购买花生和糖果，假定购买 x 斤花生与 y 斤糖果的效用函数为

$$U(x,y)=0.005x^2y.$$

已知花生的单价为 4 元，糖果的单价为 8 元，请你为这个班级作一购买方案，使购买这两种商品的效用最大?

13. 计算$\iint\limits_D(x+y)\mathrm{d}x\mathrm{d}y$，其中 D 是由曲线 $y=x^2$，$y=4x^2$，$y=1$ 所围成的区域.

14. 计算$\int_0^1\mathrm{d}x\int_{x^2}^1\dfrac{xy}{\sqrt{1+y^3}}\mathrm{d}y$.

15. 计算$\iint\limits_D|y-x^2|\mathrm{d}x\mathrm{d}y$，其中 $D=\{(x,y)\mid -1\leqslant x\leqslant 1,0\leqslant y\leqslant 1\}$.

16*. 计算$\iint\limits_D(x-y)\mathrm{d}x\mathrm{d}y$，其中 $D=\{(x,y)\mid(x-1)^2+(y-1)^2\leqslant 2,y\geqslant x\}$.

17. 已知一个城市的人口密度函数为

$$f(x,y)=\frac{50000}{x+|y|+1},$$

其中 $D=\{(x,y)\mid 0\leqslant x\leqslant 4,-5\leqslant y\leqslant 5\}$．试求这个城市的总人口(已知 $\ln5=1.61$，$\ln3=1.10$，$\ln2=0.69$).

18. 计算下列反常积分.

(1) $\int_0^{+\infty}\mathrm{d}x\int_x^{2x}\mathrm{e}^{-y^2}\mathrm{d}y$　　(2) $\int_0^{+\infty}\mathrm{d}x\int_x^{\sqrt{3}x}\mathrm{e}^{-(x^2+y^2)}\mathrm{d}y$

(3) $\iint\limits_D x\mathrm{e}^{-y}\mathrm{d}x\mathrm{d}y$,其中 $D=\{x,y\}\mid x\geqslant 0,y\geqslant x^2\}$

习题选讲

19. 化下列二次积分为极坐标形式的二次积分,并计算积分值.

(1) $\int_0^2\mathrm{d}x\int_0^{\sqrt{2x-x^2}}(x^2+y^2)\mathrm{d}y$　　(2) $\int_0^1\mathrm{d}x\int_{x^2}^{x}(x^2+y^2)^{-\frac{1}{2}}\mathrm{d}y$

(3) $\int_0^1\mathrm{d}x\int_{1-x}^{\sqrt{1-x^2}}(x^2+y^2)^{-\frac{3}{2}}\mathrm{d}y$　　(4) $\int_1^2\mathrm{d}x\int_0^x\frac{y\sqrt{x^2+y^2}}{x}\mathrm{d}y$

20. 证明:$\iint\limits_D\frac{1}{(1+x^2+y^2)^2}\mathrm{d}x\mathrm{d}y=\frac{\pi}{4}$,其中 $D=\left\{(x,y)\left|\begin{array}{l}0\leqslant x<+\infty\\0\leqslant y<+\infty\end{array}\right.\right\}$.

第7章
无穷级数

无穷级数是微积分学的重要内容之一，是研究函数的性质、表示函数以及进行数值计算的有力工具．它不仅对数学，而且对物理学、生物学、经济学等学科的发展都有着重大的影响．本章将介绍无穷级数的一些基本理论和简单应用．

§7.1 无穷级数的概念与性质

7.1.1 基本概念

设给定一个数列

$$u_1, u_2, \cdots, u_n, \cdots,$$

式子

$$u_1 + u_2 + \cdots + u_n + \cdots$$

称为**无穷级数**(infinite series)，简称级数，记作$\sum_{n=1}^{\infty} u_n$，即

$$\sum_{n=1}^{\infty} u_n = u_1 + u_2 + \cdots + u_n + \cdots \tag{1}$$

其中，第 n 项 u_n 称为级数的**一般项**或**通项**．

常数项无穷级数

上述级数的定义只是形式上表达了无穷多个数的和，应该怎样理解其意义呢？由于任意有限个数的和是可以完全确定的，因此，我们可以通过考察无穷级数的前 n 项的和随 n 的变化趋势来认识这个级数．

级数的前 n 项和

$$S_n = u_1 + u_2 + \cdots + u_n$$

称为级数(1) 的**部分和**．

当 n 依次取 1,2,3,⋯ 时，它们构成一个数列

$$S_1, S_2, \cdots, S_n, \cdots$$

称之为级数(1) 的**部分和数列**，记作 $\{S_n\}$.

定义 7.1.1 若级数 $\sum_{n=1}^{\infty} u_n$ 的部分和数列 $\{S_n\}$ 有极限 S，即

$$\lim_{n \to \infty} S_n = S,$$

则称级数 $\sum_{n=1}^{\infty} u_n$ **收敛**，并称 S 是它的**和**，记作 $S = \sum_{n=1}^{\infty} u_n$. 否则，称级数 $\sum_{n=1}^{\infty} u_n$ **发散**，发散级数没有和.

显然，当级数 $\sum_{n=1}^{\infty} u_n$ 收敛时，其部分和 S_n 是级数和 S 的近似值，它们之间的差

$$R_n = S - S_n = u_{n+1} + u_{n+2} + \cdots$$

叫作级数的**余项**，R_n 也是无穷级数，用 S_n 作为 S 的近似值所产生的误差为 $|R_n|$.

根据定义 7.1.1，无穷级数的敛散性实质上就是其部分和数列的敛散性. 因而，我们可以用已经学过的有关数列极限的知识来研究无穷级数.

例 1 讨论级数

$$\sum_{n=1}^{\infty} aq^{n-1} = a + aq + aq^2 + \cdots + aq^{n-1} + \cdots$$

的敛散性，其中 $a \neq 0$，此级数称为**几何级数**①或**等比级数**，q 称为级数的公比.

解 (1) 当 $|q| \neq 1$ 时，部分和

$$S_n = a + aq + aq^2 + \cdots + aq^{n-1} = \frac{a - aq^n}{1-q} = \frac{a(1-q^n)}{1-q}$$

若 $|q| < 1$，则 $\lim_{n \to \infty} S_n = \frac{a}{1-q}$，从而级数收敛，其和为 $\frac{a}{1-q}$.

若 $|q| > 1$，则 $\lim_{n \to \infty} S_n = \infty$，从而级数发散.

(2) 当 $|q| = 1$ 时，若 $q = 1$，则级数成为

$$a + a + \cdots + a + \cdots$$

这时 $S_n = na$，由于 $a \neq 0$，所以 $\lim_{n \to \infty} S_n = \infty$，从而级数发散；若 $q = -1$，则级数成为

$$a - a + a - \cdots + (-1)^{n-1} a + \cdots$$

几何级数与阿贝尔

① 几何级数是收敛级数中最著名的一个级数，阿贝尔(Abel, Niels Henrik, 1802 ～ 1829，挪威数学家) 曾经指出“除了几何级数外，数学中不存在任何一种它的和已被严格确定的无穷级数”. 几何级数在判断无穷级数的敛散性，求无穷级数的和以及将一个函数展开为无穷级数等方面都有广泛而重要的应用.

这时 $S_n=\begin{cases}a & n\text{为奇数}\\ 0 & n\text{为偶数}\end{cases}$. 由于 $a\neq 0$,所以 $\lim\limits_{n\to\infty}S_n$ 不存在,从而级数发散.

综上所述,几何级数 $\sum\limits_{n=1}^{\infty}aq^{n-1}$,当 $|q|<1$ 时收敛,其和为 $\dfrac{a}{1-q}$;当 $|q|\geqslant 1$ 时发散.

根据上述例1,易知级数

$$\sum_{n=1}^{\infty}2^{n-1}=1+2+4+\cdots+2^{n-1}+\cdots$$

为公比 $q=2$ 的几何级数,故级数发散.

级数

$$\sum_{n=1}^{\infty}(-1)^{n-1}\frac{1}{3^n}=\frac{1}{3}-\frac{1}{9}+\frac{1}{27}-\frac{1}{81}+\cdots+\frac{(-1)^{n-1}}{3^n}+\cdots$$

为公比 $q=-\dfrac{1}{3}$ 的几何级数,故级数收敛,其和为 $\dfrac{1}{4}$.

例 2 判定级数 $\sum\limits_{n=1}^{\infty}\dfrac{1}{(2n-1)(2n+1)}$ 的敛散性.

解 由 $\dfrac{1}{(2n-1)(2n+1)}=\dfrac{1}{2}\left(\dfrac{1}{2n-1}-\dfrac{1}{2n+1}\right)$,得

$$\begin{aligned}S_n&=\frac{1}{1\cdot 3}+\frac{1}{3\cdot 5}+\frac{1}{5\cdot 7}+\cdots+\frac{1}{(2n-1)(2n+1)}\\&=\frac{1}{2}\left(1-\frac{1}{3}\right)+\frac{1}{2}\left(\frac{1}{3}-\frac{1}{5}\right)+\frac{1}{2}\left(\frac{1}{5}-\frac{1}{7}\right)\\&\quad+\cdots+\frac{1}{2}\left(\frac{1}{2n-1}-\frac{1}{2n+1}\right)\\&=\frac{1}{2}\left(1-\frac{1}{2n+1}\right),\end{aligned}$$

于是

$$\lim_{n\to\infty}S_n=\frac{1}{2}\lim_{n\to\infty}\left(1-\frac{1}{2n+1}\right)=\frac{1}{2}.$$

所以,级数 $\sum\limits_{n=1}^{\infty}\dfrac{1}{(2n-1)(2n+1)}$ 收敛,其和为 $\dfrac{1}{2}$.

例 3 判断级数 $\sum\limits_{n=1}^{\infty}\ln\left(1+\dfrac{1}{n}\right)$ 的敛散性.

解 级数的部分和

$$\begin{aligned}S_n&=\ln(1+1)+\ln\left(1+\frac{1}{2}\right)+\cdots+\ln\left(1+\frac{1}{n}\right)\\&=\ln 2+\ln\frac{3}{2}+\cdots+\ln\frac{n+1}{n}\\&=\ln\left(2\cdot\frac{3}{2}\cdot\cdots\cdot\frac{n+1}{n}\right)=\ln(n+1),\end{aligned}$$

由于$\lim\limits_{n\to\infty}S_n=\lim\limits_{n\to\infty}\ln(n+1)=\infty$，所以，级数$\sum\limits_{n=1}^{\infty}\ln\left(1+\frac{1}{n}\right)$发散．

例 4　证明级数

$$\sum_{n=1}^{\infty}\frac{1}{n}=1+\frac{1}{2}+\frac{1}{3}+\cdots+\frac{1}{n}+\cdots$$

发散．此级数称为**调和级数**．①

证　由于$y=\ln x$在$[n,n+1]$上满足拉格朗日中值定理的条件，所以有

$$\frac{1}{n+\theta}=\ln(n+1)-\ln n.\qquad(0<\theta<1)$$

故　$\frac{1}{n}>\ln(n+1)-\ln n$. 于是

$$\begin{aligned}S_n&=1+\frac{1}{2}+\frac{1}{3}+\cdots+\frac{1}{n}\\&>(\ln 2-\ln 1)+(\ln 3-\ln 2)+(\ln 4-\ln 3)+\cdots+[\ln(n+1)-\ln n]\\&=\ln(n+1),\end{aligned}$$

从而$\lim\limits_{n\to\infty}S_n=\infty$，所以，调和级数$\sum\limits_{n=1}^{\infty}\frac{1}{n}$发散．

7.1.2　无穷级数的性质

根据无穷级数敛散性定义，可以得出无穷级数的几个基本性质．

性质 1　若级数

$$\sum_{n=1}^{\infty}u_n=u_1+u_2+\cdots+u_n+\cdots\tag{1}$$

收敛，其和为S，则它的每一项同乘以任意常数a后，得到级数

$$\sum_{n=1}^{\infty}au_n=au_1+au_2+\cdots+au_n+\cdots\tag{2}$$

也收敛，其和为aS.

证　设级数(1)与级数(2)的部分和分别为S_n和W_n，则有

$$\begin{aligned}W_n&=au_1+au_2+\cdots+au_n\\&=a(u_1+u_2+\cdots+u_n)=aS_n,\end{aligned}$$

而$\lim\limits_{n\to\infty}S_n=S$，因此

$$\lim_{n\to\infty}W_n=a\cdot\lim_{n\to\infty}S_n=aS.$$

所以，级数$\sum\limits_{n=1}^{\infty}au_n$收敛，且和为$aS$.

调和级数

① 当n越来越大时，调和级数的项变得越来越小，然而，慢慢地它的和将增大并超过任何有限值．调和级数的发散性是由法国学者尼古拉·奥雷姆(Nicole d'Oresme，1323－1382)在极限概念被完全理解之前约400年首次证明的，它的某些特性至今仍未得到解决．

由关系式 $W_n = aS_n$ 知道，当 $a \neq 0$ 时，部分和数列 $\{S_n\}$ 与 $\{W_n\}$ 具有相同的敛散性，由此得到：级数 $\sum_{n=1}^{\infty} u_n$ 与 $\sum_{n=1}^{\infty} au_n (a \neq 0)$ 有相同的敛散性.

性质2 若级数

$$\sum_{n=1}^{\infty} u_n = u_1 + u_2 + \cdots + u_n + \cdots \tag{3}$$

与级数

$$\sum_{n=1}^{\infty} v_n = v_1 + v_2 + \cdots + v_n + \cdots \tag{4}$$

都收敛，其和分别为 S 和 W，则级数

$$\sum_{n=1}^{\infty} (u_n \pm v_n) = (u_1 \pm v_1) + (u_2 \pm v_2) + \cdots + (u_n \pm v_n) + \cdots \tag{5}$$

也收敛，且其和为 $S \pm W$.

证 设级数(3)、(4)、(5)的部分和分别为 S_n、W_n、T_n，则有

$$\begin{aligned} T_n &= (u_1 \pm v_1) + (u_2 \pm v_2) + \cdots + (u_n \pm v_n) \\ &= (u_1 + u_2 + \cdots + u_n) \pm (v_1 + v_2 + \cdots + v_n) \\ &= S_n \pm W_n, \end{aligned}$$

而 $\lim\limits_{n \to \infty} S_n = S$，$\lim\limits_{n \to \infty} W_n = W$，因此

$$\lim_{n \to \infty} T_n = \lim_{n \to \infty} (S_n \pm W_n) = S \pm W.$$

故级数 $\sum_{n=1}^{\infty} (u_n \pm v_n)$ 收敛，其和为 $S \pm W$.

运用此性质，不难判定级数

$$\sum_{n=1}^{\infty} \left[\left(\frac{2}{3} \right)^{n-1} + \frac{10}{(2n-1)(2n+1)} \right]$$

收敛，且有

$$\begin{aligned} &\sum_{n=1}^{\infty} \left[\left(\frac{2}{3} \right)^{n-1} + \frac{10}{(2n-1)(2n+1)} \right] \\ &= \sum_{n=1}^{\infty} \left(\frac{2}{3} \right)^{n-1} + \sum_{n=1}^{\infty} \frac{10}{(2n-1)(2n+1)} \\ &= \frac{1}{1 - \frac{2}{3}} + 10 \times \frac{1}{2} = 8. \end{aligned}$$

性质3 若一个级数收敛，则任意加括号后所得的级数也收敛，且和不变.

证 设级数 $\sum_{n=1}^{\infty} u_n$ 收敛，和为 S，其部分和数列为 $\{S_n\}$. 对该级数任意加括号后所得级数为 $\sum_{n=1}^{\infty} v_n$，它的部分和数列为 $\{W_n\}$. 显然，$\{W_n\}$

是$\{S_n\}$的一个子数列，于是有

$$\lim_{n\to\infty}W_n=\lim_{n\to\infty}S_n=S,$$

即级数$\sum\limits_{n=1}^{\infty}v_n$收敛，且和为$S$.

性质3也可以叙述为：如果一个级数加括号后所得的级数发散，那么原级数必发散.

需要注意的是，若加括号后的级数收敛，则原级数可能收敛，也可能发散. 例如，对级数

$$1-1+1-1+\cdots+(-1)^{n-1}+\cdots$$

相邻两项加括号后得级数

$$(1-1)+(1-1)+\cdots+(1-1)+\cdots$$

是收敛的，其和为0，但原级数是发散的.

反过来说，收敛级数去括号后未必收敛.

性质4 在级数中去掉、加上或改变有限项，级数的敛散性不变.

证 我们只需证明"在级数的前面去掉或加上有限项，级数的敛散性不变". 因为，其他情形都可以看成在级数的前面先去掉有限项，然后再加上有限项的结果.

设将级数

$$u_1+u_2+\cdots+u_k+u_{k+1}+\cdots+u_{k+n}+\cdots$$

的前k项去掉，得到级数

$$u_{k+1}+u_{k+2}+\cdots+u_{k+n}+\cdots$$

于是，新得级数的前n项部分和为

$$\sigma_n=u_{k+1}+u_{k+2}+\cdots+u_{k+n}=S_{k+n}-S_k$$

其中，S_{k+n}、S_k分别是原来级数的前$k+n$、k项的部分和.

因为S_k是常数，所以，当$n\to\infty$时，σ_n与S_{k+n}具有相同的敛散性，即新级数与原级数具有相同的敛散性.

类似地，可以证明在级数的前面加上有限项，级数的敛散性不变.

性质5 **（级数收敛的必要条件）** 如果级数

$$\sum_{n=1}^{\infty}u_n=u_1+u_2+\cdots+u_n+\cdots$$

收敛，则$\lim\limits_{n\to\infty}u_n=0$.

证 设级数$\sum\limits_{n=1}^{\infty}u_n$的部分和数列为$\{S_n\}$，且和为$S$. 因为$u_n=S_n-S_{n-1}$，所以

$$\lim_{n\to\infty}u_n=\lim_{n\to\infty}(S_n-S_{n-1})=\lim_{n\to\infty}S_n-\lim_{n\to\infty}S_{n-1}=S-S=0.$$

性质5也可以叙述为：如果级数$\sum\limits_{n=1}^{\infty}u_n$的一般项$u_n$不趋于0，即$\lim\limits_{n\to\infty}u_n$不存在或存在但不为零，则级数发散.

例如，级数

$$\frac{1}{3}+\frac{1}{\sqrt{3}}+\frac{1}{\sqrt[3]{3}}+\cdots+\frac{1}{\sqrt[n]{3}}+\cdots$$

它的一般项为 $u_n=\frac{1}{\sqrt[n]{3}}$，由于 $\lim\limits_{n\to\infty}u_n=\lim\limits_{n\to\infty}\frac{1}{\sqrt[n]{3}}=1\neq 0$，所以，级数 $\sum\limits_{n=1}^{\infty}\frac{1}{\sqrt[n]{3}}$ 发散．

应注意的是，$\lim\limits_{n\to\infty}u_n=0$ 只是级数 $\sum\limits_{n=1}^{\infty}u_n$ 收敛的必要条件而非充分条件，有些级数虽然一般项趋于0，但仍是发散的．例如，调和级数 $\sum\limits_{n=1}^{\infty}\frac{1}{n}$，虽然 $\lim\limits_{n\to\infty}\frac{1}{n}=0$，但此级数是发散的．

例1　设级数 $\sum\limits_{n=1}^{\infty}u_n$ 和 $\sum\limits_{n=1}^{\infty}v_n$ 都收敛，试说明下列级数是否收敛(其中，k 是常数且 $k\neq 0$)．

(1) $\sum\limits_{n=1}^{\infty}ku_n$　　　(2) $\sum\limits_{n=1}^{\infty}(u_n-k)$

(3) $\sum\limits_{n=2}^{\infty}(u_n+v_n)$　　　(4) $\sum\limits_{n=1}^{\infty}\frac{1}{u_n+100}$

解　(1) 由于 $\sum\limits_{n=1}^{\infty}u_n$ 收敛，k 为常数，由性质1知，$\sum\limits_{n=1}^{\infty}ku_n$ 收敛．

(2) $\sum\limits_{n=1}^{\infty}(u_n-k)$ 的前 n 项部分和

$$W_n=(u_1-k)+(u_2-k)+\cdots+(u_n-k)=S_n-nk$$

其中，$S_n=u_1+\cdots+u_n$ 是级数 $\sum\limits_{n=1}^{\infty}u_n$ 的前 n 项部分和．因 $\lim\limits_{n\to\infty}S_n$ 存在，$\lim\limits_{n\to\infty}(nk)$ 不存在，所以 $\lim\limits_{n\to\infty}W_n$ 不存在．故 $\sum\limits_{n=1}^{\infty}(u_n-k)$ 发散．

此题还可利用性质5判定级数发散．请读者考虑．

(3) 由于 $\sum\limits_{n=1}^{\infty}u_n$ 与 $\sum\limits_{n=1}^{\infty}v_n$ 都收敛，由性质2知，$\sum\limits_{n=1}^{\infty}(u_n+v_n)$ 收敛，去掉第一项得级数 $\sum\limits_{n=2}^{\infty}(u_n+v_n)$，由性质4知，$\sum\limits_{n=2}^{\infty}(u_n+v_n)$ 也收敛．

(4) 因为 $\sum\limits_{n=1}^{\infty}u_n$ 收敛，由性质5知，$\lim\limits_{n\to\infty}u_n=0$. 而

$$\lim_{n\to\infty}\frac{1}{u_n+100}=\frac{1}{100}\neq 0,$$

所以，级数 $\sum\limits_{n=1}^{\infty}\frac{1}{u_n+100}$ 发散．

练习 7.1

1. 写出下列级数的一般项.

(1)$2-\frac{3}{2}+\frac{4}{3}-\frac{5}{4}+\cdots$

(2)$1+\frac{1}{3}+\frac{1}{5}+\frac{1}{7}+\cdots$

(3) $\frac{1}{2}+\frac{2}{5}+\frac{3}{10}+\frac{4}{17}+\cdots$

(4) $\frac{1}{2}+\frac{1\cdot 3}{2\cdot 4}+\frac{1\cdot 3\cdot 5}{2\cdot 4\cdot 6}+\cdots$

(5) $\frac{\sqrt{x}}{2}+\frac{x}{2\cdot 4}+\frac{x\sqrt{x}}{2\cdot 4\cdot 6}+\frac{x^2}{2\cdot 4\cdot 6\cdot 8}+\cdots$

(6) $\frac{a^2}{3}-\frac{a^3}{5}+\frac{a^4}{7}-\frac{a^5}{9}+\cdots$

2. 已知级数$\sum\limits_{n=1}^{\infty}u_n$的部分和$S_n=\frac{2n}{n+1}$，求$u_1$，$u_2$和$u_n$.

习题选讲

3. 设级数$\sum\limits_{n=1}^{\infty}u_n$和$\sum\limits_{n=1}^{\infty}v_n$都收敛，试说明下列级数是否收敛.

(1) $\sum\limits_{n=1}^{\infty}1000u_n$　　(2) $\sum\limits_{n=1}^{\infty}\left(u_n-\frac{1}{2}\right)$

(3) $\sum\limits_{n=1}^{\infty}(u_n-v_n)$　　(4)$100+\sum\limits_{n=1}^{\infty}u_n$

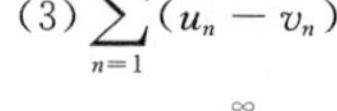

4. 若级数$\sum\limits_{n=1}^{\infty}a_n$与$\sum\limits_{n=1}^{\infty}b_n$中有一个收敛，另一个发散，证明级数$\sum\limits_{n=1}^{\infty}(a_n+b_n)$必发散. 如果所给两个级数都发散，那么级数$\sum\limits_{n=1}^{\infty}(a_n+b_n)$是否必发散？

5. 判断下列级数的敛散性，若收敛，求其和.

(1) $\sum\limits_{n=1}^{\infty}(\sqrt{n+1}-\sqrt{n})$

(2) $\sum\limits_{n=1}^{\infty}\frac{1}{(4n-1)(4n+3)}$

(3) $\sum\limits_{n=1}^{\infty}(-1)^{n-1}\frac{4^n}{5^n}$

(4) $\sum\limits_{n=1}^{\infty}\sin\frac{n\pi}{6}$

(5) $\frac{1}{2}+\frac{3}{4}+\frac{5}{6}+\frac{7}{8}+\cdots$

(6)$0.001+\sqrt{0.001}+\sqrt[3]{0.001}+\cdots+\sqrt[n]{0.001}+\cdots$

(7) $\frac{1}{3}+\frac{1}{6}+\frac{1}{9}+\cdots+\frac{1}{3n}+\cdots$

(8) $\sum\limits_{n=1}^{\infty}(-1)^{n-1}\mathrm{e}^{-n}$

(9) $\sum\limits_{n=1}^{\infty}\frac{n-\sqrt{n}}{2n-1}$

(10) $\left(\frac{1}{2}+\frac{1}{3}\right)+\left(\frac{1}{2^2}+\frac{1}{3^2}\right)+\cdots+\left(\frac{1}{2^n}+\frac{1}{3^n}\right)+\cdots$

(11) $\left(1+\frac{1}{3}\right)+\left(\frac{1}{2}+\frac{1}{3^2}\right)+\cdots+\left(\frac{1}{n}+\frac{1}{3^n}\right)+\cdots$

(12) $\frac{\ln 3}{3}+\frac{\ln 3}{3^2}+\frac{\ln 3}{3^3}+\cdots+\frac{\ln 3}{3^n}+\cdots$

6. 将无限循环小数 0.454545…… 表示为分数．

7. 现拟有 200 亿元的减税计划，假设人们把税后收入的 10% 存入银行，税后收入的 90% 进行消费，试估计这一次的减税所导致的消费支出总额为多少？

习题选讲

§7.2　正项级数

每一项都是非负的级数称为**正项级数**，即如果级数

$$\sum_{n=1}^{\infty}u_n=u_1+u_2+\cdots+u_n+\cdots$$

满足条件 $u_n\geqslant 0(n=1,2,\cdots)$，则称此级数为正项级数．

正项级数是一类重要的级数，因为正项级数在实际应用中经常会遇到，并且一般项级数的敛散性判别问题，往往可归结为正项级数的敛散性判别问题．本节我们专门讨论正项级数的敛散性问题，并介绍常用的判别法．

显然，正项级数的部分和数列 $\{S_n\}$ 是单调增加的，即

$$S_1\leqslant S_2\leqslant\cdots\leqslant S_n\leqslant\cdots$$

由数列极限存在准则知：如果数列 $\{S_n\}$ 有上界，则它收敛；否则发散．由此得到判定正项级数敛散性的基本定理：

定理 7.2.1　(**基本收敛定理**) 正项级数 $\sum_{n=1}^{\infty}u_n$ 收敛的充分必要条件是其部分和数列 $\{S_n\}$ 有界．

根据定理 7.2.1，可以建立判定正项级数敛散性常用的比较判别法.

定理 7.2.2　(**比较判别法**) 如果两个正项级数 $\sum_{n=1}^{\infty}u_n$ 及 $\sum_{n=1}^{\infty}v_n$ 满足关系式

$$u_n\leqslant v_n,(n=1,2,3,\cdots)$$

那么

(1) 当级数 $\sum_{n=1}^{\infty}v_n$ 收敛时，级数 $\sum_{n=1}^{\infty}u_n$ 也收敛；

(2) 当级数 $\sum_{n=1}^{\infty}u_n$ 发散时，级数 $\sum_{n=1}^{\infty}v_n$ 也发散．

证　设 $S_n = u_1 + u_2 + \cdots + u_n$, $W_n = v_1 + v_2 + \cdots + v_n$. 因为 $u_n \leqslant v_n$,所以,$S_n \leqslant W_n$.

(1) 当级数 $\sum\limits_{n=1}^{\infty} v_n$ 收敛时,$\{W_n\}$ 有界,因而 $\{S_n\}$ 也有界,由定理 7.2.1 知,级数 $\sum\limits_{n=1}^{\infty} u_n$ 收敛.

(2) 当级数 $\sum\limits_{n=1}^{\infty} u_n$ 发散时,$\{S_n\}$ 无界,因而 $\{W_n\}$ 也无界,所以级数 $\sum\limits_{n=1}^{\infty} v_n$ 发散.

由于级数的每一项同乘以一个不为零的常数 c,以及去掉或加上级数的有限项,不影响级数的敛散性.因此,可得如下推论.

推论 1　设 $\sum\limits_{n=1}^{\infty} u_n$, $\sum\limits_{n=1}^{\infty} v_n$ 都是正项级数,且存在自然数 N,使当 $n \geqslant N$ 时,有 $u_n \leqslant c v_n$($c > 0$ 常数),则

(1) 当级数 $\sum\limits_{n=1}^{\infty} v_n$ 收敛时,级数 $\sum\limits_{n=1}^{\infty} u_n$ 也收敛;

(2) 当级数 $\sum\limits_{n=1}^{\infty} u_n$ 发散时,级数 $\sum\limits_{n=1}^{\infty} v_n$ 也发散.

应用比较判别法的关键是将要判定的级数与已知收敛或发散的级数作比较,这需要巧妙地放缩不等式.

例 1　证明级数

$$\frac{1}{2+a} + \frac{1}{2^2+a} + \frac{1}{2^3+a} + \cdots + \frac{1}{2^n+a} + \cdots (a > 0)$$

收敛.

证　因为 $0 < u_n = \dfrac{1}{2^n+a} < \dfrac{1}{2^n}$,而级数 $\sum\limits_{n=1}^{\infty} \dfrac{1}{2^n}$ 收敛,由比较判别法知,级数 $\sum\limits_{n=1}^{\infty} \dfrac{1}{2^n+a}$ 收敛.

例 2　讨论级数

$$\sum_{n=1}^{\infty} \frac{1}{n^p} = 1 + \frac{1}{2^p} + \frac{1}{3^p} + \cdots + \frac{1}{n^p} + \cdots \tag{1}$$

的敛散性.此级数称为 P **级数**.

解　当 $p \leqslant 1$ 时,有 $\dfrac{1}{n^p} \geqslant \dfrac{1}{n}$,而级数 $\sum\limits_{n=1}^{\infty} \dfrac{1}{n}$ 发散,由比较判别法知,级数 $\sum\limits_{n=1}^{\infty} \dfrac{1}{n^p}$ 发散.

当 $p > 1$ 时,因为当 $n-1 \leqslant x \leqslant n$ 时,有 $\dfrac{1}{n^p} \leqslant \dfrac{1}{x^p}$,所以

$$\frac{1}{n^p}=\int_{n-1}^{n}\frac{1}{n^p}\mathrm{d}x\leqslant\int_{n-1}^{n}\frac{1}{x^p}\mathrm{d}x=\frac{1}{p-1}\left(\frac{1}{(n-1)^{p-1}}-\frac{1}{n^{p-1}}\right)(n=2,3,\cdots)$$

考虑正项级数

$$\sum_{n=2}^{\infty}\left(\frac{1}{(n-1)^{p-1}}-\frac{1}{n^{p-1}}\right) \tag{2}$$

级数(2) 的部分和

$$S_n=\left(1-\frac{1}{2^{p-1}}\right)+\left(\frac{1}{2^{p-1}}-\frac{1}{3^{p-1}}\right)+\cdots+\left(\frac{1}{n^{p-1}}-\frac{1}{(n+1)^{p-1}}\right)$$

$$=1-\frac{1}{(n+1)^{p-1}}$$

因为 $\lim\limits_{n\to\infty}S_n=\lim\limits_{n\to\infty}\left(1-\frac{1}{(n+1)^{p-1}}\right)=1$，所以级数(2) 收敛．由比较判别法知，级数(1) 收敛．

综上所述，P 级数 $\sum\limits_{n=1}^{\infty}\frac{1}{n^p}$，当 $p\leqslant 1$ 时发散；当 $p>1$ 时收敛．

以后，我们常用 P 级数作为使用比较判别法时的参照级数．

例 3　证明级数 $\sum\limits_{n=1}^{\infty}\frac{1}{\sqrt{n(n+1)}}$ 是发散的．

证　因为 $n(n+1)<(n+1)^2$，所以 $\frac{1}{\sqrt{n(n+1)}}>\frac{1}{n+1}$.

而级数

$$\sum_{n=1}^{\infty}\frac{1}{n+1}=\frac{1}{2}+\frac{1}{3}+\cdots+\frac{1}{n+1}+\cdots$$

是发散的，根据比较判别法可知，级数 $\sum\limits_{n=1}^{\infty}\frac{1}{\sqrt{n(n+1)}}$ 发散．

例 4　判定下列级数的敛散性．

(1) $\sum\limits_{n=1}^{\infty}\frac{1}{n^n}=1+\frac{1}{2^2}+\frac{1}{3^3}+\cdots+\frac{1}{n^n}+\cdots$

(2) $\sum\limits_{n=1}^{\infty}\frac{\ln n}{\sqrt{n}}=\frac{\ln 2}{\sqrt{2}}+\frac{\ln 3}{\sqrt{3}}+\cdots+\frac{\ln n}{\sqrt{n}}+\cdots$

解　(1) 因为 $\frac{1}{n^n}\leqslant\frac{1}{n^2}$，而级数 $\sum\limits_{n=1}^{\infty}\frac{1}{n^2}$ 收敛，由比较判别法知，级数 $\sum\limits_{n=1}^{\infty}\frac{1}{n^n}$ 收敛．

(2) 注意到当 $n\geqslant 3$ 时，$\ln n>1$，从而

$$\frac{\ln n}{\sqrt{n}}\geqslant\frac{1}{\sqrt{n}}\quad n=3,4,5,\cdots$$

由 P 级数敛散性的讨论知，级数 $\sum\limits_{n=1}^{\infty}\frac{1}{\sqrt{n}}$ 是发散的，根据推论 1 知，级数

$\sum_{n=1}^{\infty}\frac{\ln n}{\sqrt{n}}$ 发散.

在实际使用过程中,比较判别法的下述极限形式往往更为方便.

推论 2 设 $\sum_{n=1}^{\infty}u_n$ 和 $\sum_{n=1}^{\infty}v_n$ 都是正项级数,且

$$\lim_{n\to\infty}\frac{u_n}{v_n}=l$$

(1) 若 $0<l<+\infty$,则级数 $\sum_{n=1}^{\infty}u_n$ 与 $\sum_{n=1}^{\infty}v_n$ 同时收敛或同时发散;

(2) 若 $l=0$,且级数 $\sum_{n=1}^{\infty}v_n$ 收敛,则级数 $\sum_{n=1}^{\infty}u_n$ 也收敛;

(3) 若 $l=+\infty$,且级数 $\sum_{n=1}^{\infty}v_n$ 发散,则级数 $\sum_{n=1}^{\infty}u_n$ 也发散.

证 (1) 若 $0<l<+\infty$,则对给定正数 $\varepsilon(\varepsilon<l)$,存在正整数 N,使当 $n>N$ 时,有 $\left|\frac{u_n}{v_n}-l\right|<\varepsilon$,即

$$(l-\varepsilon)v_n<u_n<(l+\varepsilon)v_n$$

利用上述不等式及比较判别法的推论 1 可得到级数 $\sum_{n=1}^{\infty}u_n$ 与 $\sum_{n=1}^{\infty}v_n$ 有相同的敛散性.

(2) 若 $l=0$,由 $\lim_{n\to\infty}\frac{u_n}{v_n}=0$,得对给定正数 ε,存在正整数 N,使当 $n>N$ 时,有 $\frac{u_n}{v_n}<\varepsilon$,即

$$u_n<\varepsilon v_n,$$

又级数 $\sum_{n=1}^{\infty}v_n$ 收敛,由推论 1 知,级数 $\sum_{n=1}^{\infty}u_n$ 也收敛.

(3) 若 $l=+\infty$,由 $\lim_{n\to\infty}\frac{u_n}{v_n}=+\infty$ 知,对给定正数 M,存在正整数 N,使当 $n>N$ 时,有 $\frac{u_n}{v_n}>M$,即

$$u_n>Mv_n.$$

因为级数 $\sum_{n=1}^{\infty}v_n$ 发散,由推论 1 知,级数 $\sum_{n=1}^{\infty}u_n$ 也发散.

例 5 判别级数 $\sum_{n=1}^{\infty}\frac{1}{\sqrt{1+n^2}}$ 的敛散性.

解 因

$$\lim_{n\to\infty}\frac{\frac{1}{\sqrt{1+n^2}}}{\frac{1}{n}}=1,$$

所以，级数$\sum\limits_{n=1}^{\infty}\dfrac{1}{\sqrt{1+n^2}}$与$\sum\limits_{n=1}^{\infty}\dfrac{1}{n}$具有相同的敛散性，而调和的级数$\sum\limits_{n=1}^{\infty}\dfrac{1}{n}$发散，于是$\sum\limits_{n=1}^{\infty}\dfrac{1}{\sqrt{1+n^2}}$发散．

例 6　判别级数$\sum\limits_{n=1}^{\infty}\tan\dfrac{1}{n^2}$的敛散性．

解　级数的通项$u_n=\tan\dfrac{1}{n^2}>0$，且注意到，当$n\to\infty$时，$\tan\dfrac{1}{n^2}$与$\dfrac{1}{n^2}$是等价无穷小，即

$$\lim_{n\to\infty}\frac{\tan\frac{1}{n^2}}{\frac{1}{n^2}}=1.$$

而级数$\sum\limits_{n=1}^{\infty}\dfrac{1}{n^2}$收敛，所以，级数$\sum\limits_{n=1}^{\infty}\tan\dfrac{1}{n^2}$也收敛．

下面给出在实用上非常方便的正项级数的比值判别法和根值判别法.

定理 7.2.3　(达朗贝尔[①]比值判别法) 若正项级数

$$\sum_{n=1}^{\infty}u_n=u_1+u_2+\cdots+u_n+\cdots\qquad(u_n>0,n=1,2,\cdots)$$

满足条件

$$\lim_{n\to\infty}\frac{u_{n+1}}{u_n}=l,$$

则

(1) 当$l<1$时，级数收敛；

(2) 当$l>1$时，级数发散．

证　(1) 当$l<1$时，由极限的定义可知，对于$\varepsilon=\dfrac{1-l}{2}>0$，存在正整数$N$，使得当$n\geqslant N$时，有

$$\frac{u_{n+1}}{u_n}<l+\varepsilon=\frac{1+l}{2}=q<1,$$

因此

$$\begin{aligned}&u_{N+1}<qu_N,\\&u_{N+2}<qu_{N+1}<q^2u_N,\\&\cdots\\&u_{N+n}<qN_{N+n-1}<\cdots<q^nu_N,\\&\cdots\end{aligned}$$

达朗贝尔

① 达朗贝尔(D'Alembert，1717－1783)，法国数学家、力学家、哲学家．

由于$0<q<1$,所以几何级数$\sum_{n=1}^{\infty}q^n u_N$收敛.由比较判别法知,$\sum_{n=1}^{\infty}u_{N+n}$收敛,再由级数性质4可知,级数$\sum_{n=1}^{\infty}u_n$收敛.

(2) 当$l>1$时,由极限定义,对于$\varepsilon=\frac{l-1}{2}>0$,存在正整数$N$,使得当$n\geqslant N$时,有

$$\frac{u_{n+1}}{u_n}>l-\varepsilon=\frac{1+l}{2}>1.$$

因此,有

$$0<u_N<u_{N+1}<\cdots<u_{N+n}<\cdots$$

于是,当$n\to\infty$时,级数的一般项u_n不趋于零,所以,级数$\sum_{n=1}^{\infty}u_n$发散.

需要指出的是,当$l=1$时,级数是否收敛需要进一步判定.

例如,级数$\sum_{n=1}^{\infty}\frac{1}{n^2}$满足

$$\lim_{n\to\infty}\frac{u_{n+1}}{u_n}=\lim_{n\to\infty}\frac{\frac{1}{(n+1)^2}}{\frac{1}{n^2}}=\lim_{n\to\infty}\frac{n^2}{(n+1)^2}=1,$$

而级数$\sum_{n=1}^{\infty}\frac{1}{n^2}$收敛.

再如,调和级数$\sum_{n=1}^{\infty}\frac{1}{n}$满足

$$\lim_{n\to\infty}\frac{u_{n+1}}{u_n}=\lim_{n\to\infty}\frac{\frac{1}{n+1}}{\frac{1}{n}}=\lim_{n\to\infty}\frac{n}{n+1}=1,$$

但$\sum_{n=1}^{\infty}\frac{1}{n}$是发散的.

例7 判断级数$\sum_{n=1}^{\infty}\frac{2^n}{n!}$的敛散性.

解 因为

$$\lim_{n\to\infty}\frac{u_{n+1}}{u_n}=\lim_{n\to\infty}\frac{\frac{2^{n+1}}{(n+1)!}}{\frac{2^n}{n!}}=\lim_{n\to\infty}\frac{2}{n+1}=0<1,$$

所以,级数$\sum_{n=1}^{\infty}\frac{2^n}{n!}$收敛.

例8 判定级数$\sum_{n=1}^{\infty}nr^n\ (r>0)$的敛散性.

解　因为

$$\lim_{n\to\infty}\frac{u_{n+1}}{u_n}=\lim_{n\to\infty}\frac{(n+1)r^{n+1}}{nr^n}=r\cdot\lim_{n\to\infty}\frac{n+1}{n}=r,$$

所以,当 $0<r<1$ 时,级数 $\sum\limits_{n=1}^{\infty}nr^n$ 收敛;当 $r>1$ 时,级数 $\sum\limits_{n=1}^{\infty}nr^n$ 发散;当 $r=1$ 时,级数为 $\sum\limits_{n=1}^{\infty}n$,它是发散的.

例 9　判定级数 $\sum\limits_{n=1}^{\infty}\dfrac{n\cos^2\dfrac{n\pi}{3}}{2^n}$ 的敛散性.

解　由于 $\dfrac{n\cos^2\dfrac{n\pi}{3}}{2^n}\leqslant\dfrac{n}{2^n}$,而级数 $\sum\limits_{n=1}^{\infty}\dfrac{n}{2^n}$ 满足

$$\lim_{n\to\infty}\frac{u_{n+1}}{u_n}=\lim_{n\to\infty}\frac{\dfrac{n+1}{2^{n+1}}}{\dfrac{n}{2^n}}=\lim_{n\to\infty}\frac{n+1}{2n}=\frac{1}{2}<1,$$

因而,级数 $\sum\limits_{n=1}^{\infty}\dfrac{n}{2^n}$ 收敛. 再由比较判别法知,级数 $\sum\limits_{n=1}^{\infty}\dfrac{n\cos^2\dfrac{n\pi}{3}}{2^n}$ 收敛.

定理 7.2.4　**(根值判别法)** 设正项级数 $\sum\limits_{n=1}^{\infty}u_n$ 满足

$$\lim_{n\to\infty}\sqrt[n]{u_n}=\rho,$$

则

(1) 当 $\rho<1$ 时,级数 $\sum\limits_{n=1}^{\infty}u_n$ 收敛;

(2) 当 $\rho>1$ 时,级数 $\sum\limits_{n=1}^{\infty}u_n$ 发散.

证　(1) 当 $\rho<1$ 时,由极限定义知,对于 $\varepsilon=\dfrac{1-\rho}{2}>0$,存在正整数 N,使得当 $n\geqslant N$ 时,有

$$\sqrt[n]{u_n}<\rho+\varepsilon=\frac{1+\rho}{2}=r<1,$$

即

$$u_n<r^n.$$

由于几何级数 $\sum\limits_{n=1}^{\infty}r^n\ (0<r<1)$ 收敛,由比较判别法的推论 1 知,级数 $\sum\limits_{n=1}^{\infty}u_n$ 收敛.

(2) 当 $\rho>1$ 时,根据极限的定义,对于 $\varepsilon=\dfrac{\rho-1}{2}>0$,存在正整数 N,使得当 $n\geqslant N$ 时,有

$$\sqrt[n]{u_n} > \rho - \varepsilon = \frac{\rho+1}{2} > 1,$$

即
$$u_n > 1.$$

于是$\lim\limits_{n\to\infty} u_n \neq 0$，从而级数$\sum\limits_{n=1}^{\infty} u_n$发散．

需要指出的是，当$\rho = 1$时，级数可能收敛也可能发散．

例如，P级数$\sum\limits_{n=1}^{\infty} \frac{1}{n^p}$，不论$p$为何值都有

$$\lim_{n\to\infty} \sqrt[n]{u_n} = \lim_{n\to\infty} \left(\frac{1}{\sqrt[n]{n}}\right)^p = 1,$$

但我们知道，当$p > 1$时级数收敛，当$p \leqslant 1$时级数发散．因此只根据$\rho = 1$不能判别级数的敛散性．

根值判别法又称**柯西判别法**．

例 10　判别级数$\sum\limits_{n=1}^{\infty} \left(1 - \frac{1}{n}\right)^{n^2}$的敛散性．

解　因为

$$\lim_{n\to\infty} \sqrt[n]{u_n} = \lim_{n\to\infty} \left(1 - \frac{1}{n}\right)^n = \mathrm{e}^{-1} < 1,$$

所以，级数$\sum\limits_{n=1}^{\infty} \left(1 - \frac{1}{n}\right)^{n^2}$收敛．

例 11　证明级数

$$1 + \frac{1}{2^2} + \frac{1}{3^3} + \cdots + \frac{1}{n^n} + \cdots$$

收敛，并估计以部分和S_n近似代替和S所产生的误差．

解　因为$\lim\limits_{n\to\infty} \sqrt[n]{u_n} = \lim\limits_{n\to\infty} \sqrt[n]{\frac{1}{n^n}} = \lim\limits_{n\to\infty} \frac{1}{n} = 0 < 1$，所以级数$\sum\limits_{n=1}^{\infty} \frac{1}{n^n}$收敛，其和记为$S$．

以部分和S_n近似代替和S所产生的误差为

$$\begin{aligned} |R_n| &= \frac{1}{(n+1)^{n+1}} + \frac{1}{(n+2)^{n+2}} + \frac{1}{(n+3)^{n+3}} + \cdots \\ &< \frac{1}{(n+1)^{n+1}} + \frac{1}{(n+1)^{n+2}} + \frac{1}{(n+1)^{n+3}} + \cdots \\ &= \frac{1}{n(n+1)^n}. \end{aligned}$$

习题选讲

练习 7.2

1. 用比较判别法，判别下列级数的敛散性．

(1) $1 + \frac{1}{3} + \frac{1}{5} + \cdots + \frac{1}{2n-1} + \cdots$

(2) $1 + \frac{1+2}{1+2^2} + \frac{1+3}{1+3^2} + \cdots + \frac{1+n}{1+n^2} + \cdots$

(3) $\frac{1}{2\cdot 5}+\frac{1}{3\cdot 6}+\cdots+\frac{1}{(n+1)(n+4)}+\cdots$

习题选讲

(4) $\sin\frac{\pi}{2}+\sin\frac{\pi}{2^2}+\cdots+\sin\frac{\pi}{2^n}+\cdots$

(5) $\sum\limits_{n=1}^{\infty}\frac{1}{\ln(n+1)}$

(6) $\frac{2}{1\cdot 3}+\frac{2^2}{3\cdot 3^2}+\frac{2^3}{5\cdot 3^3}+\frac{2^4}{7\cdot 3^4}+\cdots$

(7) $\sum\limits_{n=1}^{\infty}\frac{1}{n\cdot\sqrt[n]{2n}}$

(8) $\sum\limits_{n=1}^{\infty}\frac{1}{\sqrt{2n^3-1}}$

(9) $\sum\limits_{n=1}^{\infty}\frac{1}{1+a^n}\quad(a>0)$

(10) $\sum\limits_{n=1}^{\infty}\left(1-\cos\frac{\pi^2}{3n}\right)$

(11) $\sum\limits_{n=1}^{\infty}\frac{\pi}{n}\sin\frac{\pi}{n}$

(12) $\sum\limits_{n=1}^{\infty}\frac{1}{\sqrt{7n^3-6n^2+5n+1}}$

2. 利用比值判别法,判别下列级数的敛散性.

(1) $\sum\limits_{n=1}^{\infty}\frac{3^n}{n2^n}$　　(2) $\sum\limits_{n=1}^{\infty}\frac{n^2}{3^n}$

(3) $\sum\limits_{n=1}^{\infty}\frac{2^n\cdot n!}{n^n}$　　(4) $\sum\limits_{n=1}^{\infty}n^2\sin\frac{\pi}{2^n}$

(5) $\sum\limits_{n=1}^{\infty}2^{n+1}\tan\frac{\pi}{4n^2}$　　(6) $\sum\limits_{n=1}^{\infty}\frac{2^n}{\sqrt{n^n}}$

(7) $\sum\limits_{n=1}^{\infty}\frac{2\cdot 5\cdot 8\cdots[2+3(n-1)]}{1\cdot 5\cdot 9\cdots[1+4(n-1)]}$　　(8) $\sum\limits_{n=1}^{\infty}\frac{(n!)^2}{(2n)!}$

3. 用根值判别法,判别下列级数敛散性.

(1) $\sum\limits_{n=1}^{\infty}(\frac{n}{2n+1})^n$　　(2) $\sum\limits_{n=1}^{\infty}\frac{1}{[\ln(n+1)]^n}$　　(3) $\sum\limits_{n=1}^{\infty}\left(\frac{n}{3n-1}\right)^{2n-1}$

(4) $\sum\limits_{n=1}^{\infty}\left(\frac{b}{a_n}\right)^n$,其中 $a_n\to a(n\to\infty)$,a_n,b,a 均为正数,且 $a\neq b$.

4. 利用级数收敛的必要条件证明:$\lim\limits_{n\to\infty}\frac{2^n n!}{n^n}=0$.

5. 设 $u_n\leqslant a_n\leqslant v_n(n=1,2,\cdots)$,并且级数 $\sum\limits_{n=1}^{\infty}u_n$ 和 $\sum\limits_{n=1}^{\infty}v_n$ 都收敛,证明级数 $\sum\limits_{n=1}^{\infty}a_n$ 收敛.

6. 一个病人每天服用一剂5单位的某种药物,且长期服用.已知一剂该药在 t 天后仍留在病人体内的比例为 $e^{-0.3t}$,试确定长期服用后,该药物在病人体内的残留数量.

§7.3 任意项级数

有无穷多个正项和无穷多个负项的级数称为**任意项级数**．本节给出任意项级数的敛散性的判别法，下面先来讨论一种特殊的任意项级数——交错级数，然后再讨论一般任意项级数．

定义 7.3.1 形如

$$\sum_{n=1}^{\infty}(-1)^{n-1}u_n = u_1 - u_2 + u_3 - u_4 + \cdots + u_{2k-1} - u_{2k} + \cdots$$

或

$$\sum_{n=1}^{\infty}(-1)^{n}u_n = -u_1 + u_2 - u_3 + u_4 - \cdots + u_{2k} - u_{2k+1} + \cdots$$

的任意项级数，其中，$u_n > 0, n = 1,2,\cdots$，称为**交错级数**．

对于交错级数，有如下定理判定其收敛性．

定理 7.3.1 （莱布尼兹定理） 若交错级数 $\sum\limits_{n=1}^{\infty}(-1)^{n-1}u_n$ 满足条件

(1) $u_n \geqslant u_{n+1} \quad (n = 1,2,3,\cdots)$；

(2) $\lim\limits_{n\to\infty}u_n = 0$，

则该级数收敛，且其和 $S \leqslant u_1$，余项 R_n 的绝对值 $|R_n| \leqslant u_{n+1}$．

证 以 S_n 表示交错级数 $\sum\limits_{n=1}^{\infty}(-1)^{n-1}u_n$ 的部分和，为说明 $\lim\limits_{n\to\infty}S_n$ 存在，我们分别考察 $\{S_n\}$ 的偶数项子列 $\{S_{2n}\}$ 和奇数项子列 $\{S_{2n-1}\}$．

S_{2n} 可写成下面两种形式：

$$S_{2n} = (u_1 - u_2) + (u_3 - u_4) + \cdots + (u_{2n-1} - u_{2n}) \tag{1}$$

及

$$S_{2n} = u_1 - (u_2 - u_3) - (u_4 - u_5) - \cdots - (u_{2n-2} - u_{2n-1}) - u_{2n} \tag{2}$$

由条件(1)可知：式(1)、(2)中所有括号内的差均是非负的，由式(1)知，$\{S_{2n}\}$ 是单调增加的，即 $S_{2n} \leqslant S_{2(n+1)}$；由式(2)知，$\{S_{2n}\}$ 是有界的，即 $S_{2n} \leqslant u_1$．根据极限的存在准则，得

$$\lim_{n\to\infty}S_{2n} = S \leqslant u_1.$$

再由 $S_{2n-1} = S_{2n} - u_{2n}$ 及条件(2)，得

$$\lim_{n\to\infty}S_{2n-1} = \lim_{n\to\infty}S_{2n} - \lim_{n\to\infty}u_{2n} = S - 0 = S.$$

于是，$\lim\limits_{n\to\infty}S_n = S$，级数 $\sum\limits_{n=1}^{\infty}(-1)^{n-1}u_n$ 收敛，且和 $S \leqslant u_1$．

显然，余项 R_n 的绝对值为

$$|R_n| = u_{n+1} - u_{n+2} + u_{n+3} - u_{n+4} + \cdots$$

也是一个交错级数，且满足定理 7.3.1 的两个条件，因此它也收敛，且其和不超过该级数的第一项，即 $|R_n| \leqslant u_{n+1}$.

例 1 判断交错级数

$$\sum_{n=1}^{\infty}(-1)^{n-1}\frac{1}{n} = 1 - \frac{1}{2} + \frac{1}{3} - \frac{1}{4} + \cdots + \frac{(-1)^{n-1}}{n} + \cdots$$

是否收敛．

解 该级数满足条件

(1) $u_n = \dfrac{1}{n} \geqslant u_{n+1} = \dfrac{1}{n+1} \quad (n = 1,2,3,\cdots)$,

(2) $\lim\limits_{n\to\infty} u_n = \lim\limits_{n\to\infty}\dfrac{1}{n} = 0$,

所以，级数 $\sum\limits_{n=1}^{\infty}(-1)^{n-1}\dfrac{1}{n}$ 收敛，其和 $S \leqslant u_1 = 1$. 并且，如果取前 n 项和 S_n 作为 S 的近似值，则误差 $|R_n| \leqslant \dfrac{1}{n+1}$.

例 2 验证交错级数

$$\sum_{n=1}^{\infty}\frac{(-1)^{n+1}}{\ln(n+1)} = \frac{1}{\ln 2} - \frac{1}{\ln 3} + \frac{1}{\ln 4} - \cdots + \frac{(-1)^{n+1}}{\ln(n+1)} + \cdots$$

是收敛的．

证 该交错级数满足条件

(1) $u_n = \dfrac{1}{\ln(n+1)} \geqslant u_{n+1} = \dfrac{1}{\ln(n+2)}$,

(2) $\lim\limits_{n\to\infty} u_n = \lim\limits_{n\to\infty}\dfrac{1}{\ln(n+1)} = 0$,

由定理 7.3.1 知，级数 $\sum\limits_{n=1}^{\infty}\dfrac{(-1)^{n+1}}{\ln(n+1)}$ 收敛．

对于一般任意项级数的敛散性问题，通常是先将其转化为正项级数，再借助于正项级数敛散性的判别法予以解决.

设有任意项级数

$$\sum_{n=1}^{\infty} u_n = u_1 + u_2 + \cdots + u_n + \cdots \tag{3}$$

其各项取绝对值后组成正项级数

$$\sum_{n=1}^{\infty}|u_n| = |u_1| + |u_2| + \cdots + |u_n| + \cdots \tag{4}$$

称级数(4) 为级数(3) 的**绝对值级数.**

上述两级数的敛散性有一定的联系.

定理 7.3.2 若级数 $\sum\limits_{n=1}^{\infty}|u_n|$ 收敛，则级数 $\sum\limits_{n=1}^{\infty}u_n$ 必收敛．

证 令 $v_n = \frac{1}{2}(u_n + |u_n|)$，则显然有

$$0 \leqslant v_n \leqslant |u_n|$$

已知级数 $\sum_{n=1}^{\infty}|u_n|$ 收敛，由比较判别法知，正项级数 $\sum_{n=1}^{\infty}v_n$ 收敛，从而级数 $\sum_{n=1}^{\infty}2v_n$ 也收敛．又因为

$$u_n = 2v_n - |u_n|$$

根据级数的性质 2 得，级数 $\sum_{n=1}^{\infty}u_n$ 也收敛．

定义 7.3.2 若级数 $\sum_{n=1}^{\infty}|u_n|$ 收敛，则称级数 $\sum_{n=1}^{\infty}u_n$ **绝对收敛**；若级数 $\sum_{n=1}^{\infty}u_n$ 收敛，而级数 $\sum_{n=1}^{\infty}|u_n|$ 发散，则称级数 $\sum_{n=1}^{\infty}u_n$ **条件收敛**．

例如，级数 $\sum_{n=1}^{\infty}(-1)^{n-1}\frac{1}{n^2}$ 是绝对收敛的，而级数 $\sum_{n=1}^{\infty}(-1)^{n-1}\frac{1}{n}$ 是条件收敛的．

定理 7.3.2 告诉我们：绝对收敛的级数一定收敛．应当注意的是，当级数 $\sum_{n=1}^{\infty}|u_n|$ 发散时，我们只能判定 $\sum_{n=1}^{\infty}u_n$ 非绝对收敛，而不能由此推出级数也发散．例如，级数 $\sum_{n=1}^{\infty}(-1)^{n-1}\frac{1}{n}$ 不绝对收敛，而它却是收敛的．但是，如果用比值判别法判定了级数 $\sum_{n=1}^{\infty}|u_n|$ 发散 $\left(\text{即}\lim\limits_{n\to\infty}\frac{|u_{n+1}|}{|u_n|} = l > 1\right)$，则必有级数 $\sum_{n=1}^{\infty}u_n$ 发散．定理如下：

定理 7.3.3 如果任意项级数

$$\sum_{n=1}^{\infty}u_n = u_1 + u_2 + \cdots + u_n + \cdots$$

满足条件

$$\lim_{n\to\infty}\left|\frac{u_{n+1}}{u_n}\right| = l$$

那么，当 $l < 1$ 时，级数 $\sum_{n=1}^{\infty}u_n$（绝对）收敛；当 $l > 1$ 时，级数发散．

证 由于 $\sum_{n=1}^{\infty}|u_n|$ 是正项级数，根据条件及定理 7.2.3，当 $l < 1$ 时，$\sum_{n=1}^{\infty}|u_n|$ 收敛，所以级数 $\sum_{n=1}^{\infty}u_n$（绝对）收敛；当 $l > 1$ 时，存在正整数 N，使当 $n > N$ 时，有

$$\left|\frac{u_{n+1}}{u_n}\right| > 1$$

即
$$|u_{n+1}|>|u_n|$$
于是，$\lim\limits_{n\to\infty}u_n\neq 0$，所以级数 $\sum\limits_{n=1}^{\infty}u_n$ 发散．

例 3　证明级数 $\sum\limits_{n=1}^{\infty}\dfrac{\sin na}{n^2}$ 绝对收敛．

证　因为 $\left|\dfrac{\sin na}{n^2}\right|\leqslant\dfrac{1}{n^2}$，而级数 $\sum\limits_{n=1}^{\infty}\dfrac{1}{n^2}$ 收敛，由比较判别法知，级数 $\sum\limits_{n=1}^{\infty}\left|\dfrac{\sin na}{n^2}\right|$ 也收敛，因此，$\sum\limits_{n=1}^{\infty}\dfrac{\sin na}{n^2}$ 绝对收敛．

例 4　判定级数 $\sum\limits_{n=1}^{\infty}(-1)^{n-1}\dfrac{n}{3^{n-1}}$ 的敛散性．

解　因为
$$\lim_{n\to\infty}\left|\frac{u_{n+1}}{u_n}\right|=\lim_{n\to\infty}\frac{\frac{n+1}{3^n}}{\frac{n}{3^{n-1}}}=\lim_{n\to\infty}\frac{n+1}{3n}=\frac{1}{3}<1,$$
由定理 7.3.3 知，级数 $\sum\limits_{n=1}^{\infty}(-1)^{n-1}\dfrac{n}{3^{n-1}}$ 收敛，且绝对收敛．

例 5　判定级数 $\sum\limits_{n=1}^{\infty}n!x^n$ 的敛散性．

解　显然，当 $x=0$ 时，级数收敛，其和为 0；当 $x\neq 0$ 时，
$$\lim_{n\to\infty}\left|\frac{u_{n+1}}{u_n}\right|=\lim_{n\to\infty}\frac{(n+1)!\,|x|^{n+1}}{n!\,|x|^n}=\lim_{n\to\infty}(n+1)|x|=\infty,$$
所以级数发散．

例 6　判定级数 $\sum\limits_{n=1}^{\infty}\dfrac{x^n}{n!}$ 的敛散性．若收敛，指出是绝对收敛还是条件收敛．

解　因为
$$\lim_{n\to\infty}\left|\frac{u_{n+1}}{u_n}\right|=\lim_{n\to\infty}\frac{\frac{|x|^{n+1}}{(n+1)!}}{\frac{|x|^n}{n!}}=\lim_{n\to\infty}\frac{|x|}{n+1}=0<1,$$
所以，不论 x 取何值，级数 $\sum\limits_{n=1}^{\infty}\dfrac{x^n}{n!}$ 收敛，且绝对收敛．

例 7　讨论级数 $\sum\limits_{n=1}^{\infty}\dfrac{(-1)^{n+1}}{n^p}$ 的敛散性，若收敛，指出是哪种收敛．

解　当 $p\leqslant 0$ 时，显然级数发散．

当 $p>0$ 时，所给级数是一个交错级数，且满足条件：

(1) $u_n=\dfrac{1}{n^p}\geqslant u_{n+1}=\dfrac{1}{(n+1)^p}\qquad(n=1,2,3,\cdots)$，

(2) $\lim\limits_{n\to\infty}u_n = \lim\limits_{n\to\infty}\frac{1}{n^p} = 0$，

由定理 7.3.1 知，该级数收敛．又因为

$$\sum_{n=1}^{\infty}\left|\frac{(-1)^{n+1}}{n^p}\right| = \sum_{n=1}^{\infty}\frac{1}{n^p}$$

所以，当 $p>1$ 时，$\sum\limits_{n=1}^{\infty}\left|\frac{(-1)^{n+1}}{n^p}\right|$ 收敛；当 $p\leqslant 1$ 时，$\sum\limits_{n=1}^{\infty}\left|\frac{(-1)^{n+1}}{n^p}\right|$ 发散．

综上所述，级数 $\sum\limits_{n=1}^{\infty}\frac{(-1)^{n+1}}{n^p}$，当 $p\leqslant 0$ 时发散；当 $p>0$ 时收敛，且当 $0<p\leqslant 1$ 时条件收敛；当 $p>1$ 时绝对收敛．

例 8　讨论级数 $\sum\limits_{n=1}^{\infty}\frac{(-1)^{n-1}}{n}x^n$ 的敛散性．

解　由于

$$\lim_{n\to\infty}\left|\frac{u_{n+1}}{u_n}\right| = \lim_{n\to\infty}\left|\frac{\frac{(-1)^n}{n+1}x^{n+1}}{\frac{(-1)^{n-1}}{n}x^n}\right| = \lim_{n\to\infty}\frac{n}{n+1}\cdot|x| = |x|,$$

根据定理 7.3.3 得，当 $|x|<1$ 时，级数 $\sum\limits_{n=1}^{\infty}\frac{(-1)^{n-1}}{n}x^n$（绝对）收敛；当 $|x|>1$ 时，级数 $\sum\limits_{n=1}^{\infty}\frac{(-1)^{n-1}}{n}x^n$ 发散；当 $x=1$ 时，级数成为 $\sum\limits_{n=1}^{\infty}\frac{(-1)^{n-1}}{n}$ 收敛，且条件收敛；当 $x=-1$ 时，级数成为 $\sum\limits_{n=1}^{\infty}\frac{-1}{n}$，它发散.

综上所述，当 $|x|<1$ 时，级数绝对收敛；当 $x=1$ 时，级数条件收敛；当 $|x|>1$ 或 $x=-1$ 时，级数发散．

不论是绝对收敛级数还是条件收敛级数，都具有 §7.1 中级数的基本性质．另外，绝对收敛级数还有一些性质是其他级数所不具备的．下面我们给出绝对收敛级数的两个性质，但不加证明．

性质 1　若级数 $\sum\limits_{n=1}^{\infty}u_n$ 绝对收敛，和为 S，则任意交换此级数的各项顺序后所得级数也收敛，且和不变．

性质 2　若级数 $\sum\limits_{n=1}^{\infty}u_n$ 与 $\sum\limits_{n=1}^{\infty}v_n$ 都绝对收敛，它们的和分别为 S 与 W，则它们的乘积 $\sum\limits_{i,j=1}^{\infty}u_iv_j$ 也绝对收敛，且其和为 $S\cdot W$.

练习 7.3

1. 判别下列级数是否收敛？若收敛，是绝对收敛还是条件收敛？

(1) $1-\frac{1}{\sqrt{2}}+\frac{1}{\sqrt{3}}-\frac{1}{\sqrt{4}}+\cdots$

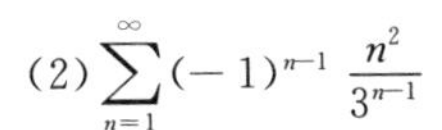

(2) $\sum_{n=1}^{\infty}(-1)^{n-1}\frac{n^2}{3^{n-1}}$

习题选讲

(3) $\frac{1}{3}\cdot\frac{1}{2}-\frac{1}{3}\cdot\frac{1}{2^2}+\frac{1}{3}\cdot\frac{1}{2^3}-\frac{1}{3}\cdot\frac{1}{2^4}+\cdots$

(4) $\sum_{n=1}^{\infty}\frac{(-1)^{n-1}n^3}{2^n}$

(5) $\sum_{n=1}^{\infty}\frac{(-1)^{n-1}}{n!}2^{n^2}$

(6) $\sum_{n=1}^{\infty}(-1)^{n+1}\frac{n}{n+1}$

(7) $\sum_{n=2}^{\infty}(-1)^n\left(\frac{1}{\sqrt{n}-1}-\frac{1}{\sqrt{n}+1}\right)$

(8) $\sum_{n=1}^{\infty}(-1)^{n-1}\frac{2+(-1)^n}{n^{\frac{5}{4}}}$

2. 证明:若级数 $\sum_{n=1}^{\infty}a_n^2$, $\sum_{n=1}^{\infty}b_n^2$ 收敛,则(1) $\sum_{n=1}^{\infty}a_nb_n$ 绝对收敛;(2) $\sum_{n=1}^{\infty}(a_n+b_n)^2$ 收敛;(3) $\sum_{n=1}^{\infty}\frac{a_n}{n}$ 绝对收敛.

3. 证明:若正项级数 $\sum_{n=1}^{\infty}a_n$ 收敛,则 $\sum_{n=1}^{\infty}a_n^2$ 也收敛. 并举例说明其逆命题不成立.

4. 判别级数 $\sum_{n=1}^{\infty}(-1)^n\int_n^{n+1}\frac{e^{-x}}{x}dx$ 的敛散性.

5. 若级数 $\sum_{n=1}^{\infty}u_n$ 收敛,并且 $\lim_{n\to\infty}\frac{u_n}{v_n}=1$,能否断定 $\sum_{n=1}^{\infty}v_n$ 也收敛?

6. 已知 $\sum_{n=1}^{\infty}a_n$ 和 $\sum_{n=1}^{\infty}b_n$ 都收敛,试举例说明 $\sum_{n=1}^{\infty}a_nb_n$ 未必收敛.

§7.4　幂　级　数

7.4.1　函数项级数的一般概念

设给定一个定义在区间 I 上的函数列

$$u_1(x),u_2(x),\cdots,u_n(x),\cdots$$

则式子

$$u_1(x)+u_2(x)\cdots+u_n(x)+\cdots \tag{1}$$

叫作**函数项级数**,记作 $\sum_{n=1}^{\infty}u_n(x)$.

若取定 $x=x_0\in I$,则函数项级数(1) 成为级数

$$\sum_{n=1}^{\infty} u_n(x_0) = u_1(x_0) + u_2(x_0) + \cdots + u_n(x_0) + \cdots \tag{2}$$

如果级数(2)收敛，则称 x_0 是函数项级数(1)的**收敛点**. 否则，称 x_0 为**发散点**. 函数项级数(1)的收敛点的全体称为函数项级数(1)的**收敛域**，记作 D.

对于收敛域 D 内的每一点 x，级数(1)都有一个和 S 与之对应，这样，在收敛域 D 上，和 S 是 x 的函数，记为 $S(x)$，通常称 $S(x)$ 是函数项级数(1)的**和函数**，这个函数的定义域就是级数(1)的收敛域 D，并写成

$$S(x) = \sum_{n=1}^{\infty} u_n(x), x \in D$$

把函数项级数(1)的前 n 项部分和记作 $S_n(x)$，则在收敛域 D 内有

$$\lim_{n\to\infty} S_n(x) = S(x).$$

若记 $R_n(x) = S(x) - S_n(x)$，则称 $R_n(x)$ 为函数项级数(1)的**余项**. 显然，对该级数收敛域 D 内的每一点 x，都有

$$\lim_{n\to\infty} R_n(x) = 0.$$

由此，函数项级数的敛散性问题完全归结为讨论它的部分和函数列 $\{S_n(x)\}$ 的敛散性问题.

例如，函数项级数

$$1 + x + x^2 + \cdots + x^{n-1} + \cdots$$

当 $x \neq \pm 1$ 时，它的部分和函数

$$S_n(x) = 1 + x + x^2 + \cdots + x^{n-1} = \frac{1-x^n}{1-x}.$$

当 $|x| < 1$ 时，$S(x) = \lim_{n\to\infty} S_n(x) = \frac{1}{1-x}$；

当 $|x| > 1$ 时，$\lim_{n\to\infty} S_n(x)$ 不存在，所以，函数项级数发散；

当 $|x| = 1$ 时，所对应的级数显然也发散.

所以，函数项级数 $\sum_{n=1}^{\infty} x^{n-1}$ 的收敛域为 $(-1,1)$，其和函数为 $S(x) = \frac{1}{1-x}$.

幂级数

7.4.2 幂级数及其收敛性

函数项级数

$$\sum_{n=0}^{\infty} a_n(x-x_0)^n = a_0 + a_1(x-x_0) + a_2(x-x_0)^2 + \cdots + a_n(x-x_0)^n + \cdots \tag{1}$$

称为$(x-x_0)$的**幂级数**，其中$a_0,a_1,\cdots,a_n,\cdots$为常数，称为幂级数的**系数**.

当$x_0=0$时，式(1)成为

$$\sum_{n=0}^{\infty}a_nx^n=a_0+a_1x+a_2x^2+\cdots+a_nx^n+\cdots \tag{2}$$

称为x的幂级数.

下面，我们主要讨论形如(2)的幂级数.

将幂级数(2)的各项取绝对值，得正项级数

$$\sum_{n=0}^{\infty}|a_nx^n|=|a_0|+|a_1x|+\cdots+|a_nx^n|+\cdots$$

设
$$\lim_{n\to\infty}\left|\frac{a_{n+1}}{a_n}\right|=l,$$

则

$$\lim_{n\to\infty}\left|\frac{u_{n+1}}{u_n}\right|=\lim_{n\to\infty}\left|\frac{a_{n+1}x^{n+1}}{a_nx^n}\right|=l|x|.$$

于是，由比值判别法可知：

(1) 如果$l|x|<1(l\neq0)$，即$|x|<\dfrac{1}{l}$，则级数(2)(绝对)收敛；

(2) 如果$l|x|>1(l\neq0)$，即$|x|>\dfrac{1}{l}$，则级数(2)发散；

(3) 如果$l|x|=1(l\neq0)$，即$|x|=\dfrac{1}{l}$，则级数(2)可能收敛，也可能发散；

(4) 如果$l=0$，则$l|x|\equiv0<1$，此时级数(2)对任意实数x都(绝对)收敛；

(5) 如果$l=+\infty$，则级数(2)显然只在$x=0$处收敛.

综上所述，对于任何幂级数(2)只能有下面三种情况：

(i) 如果$\lim\limits_{n\to\infty}\left|\dfrac{a_{n+1}}{a_n}\right|=l\neq0$，记$R=\dfrac{1}{l}$，则当$|x|<R$时，幂级数(2)收敛；当$|x|>R$时，它发散；当$|x|=R$时，它可能收敛也可能发散.我们称正数$R$为幂级数(2)的**收敛半径**.此时，幂级数的收敛域是如下4种形式的区间$(-R,R)$、$[-R,R]$、$(-R,R]$、$[-R,R)$之一.

(ii) 如果$\lim\limits_{n\to\infty}\left|\dfrac{a_{n+1}}{a_n}\right|=l=0$，则幂级数(2)对于任何实数$x$都收敛，此时，幂级数的收敛域是$(-\infty,+\infty)$(如$\sum\limits_{n=0}^{\infty}\dfrac{x^n}{n!}$).

(iii) 如果$\lim\limits_{n\to\infty}\left|\dfrac{a_{n+1}}{a_n}\right|=l=+\infty$，则幂级数(2)只在$x=0$点收敛.

此时，收敛域为$\{0\}$$\left(如\sum_{n=0}^{\infty} n!x^n\right)$.

为了方便起见，如果幂级数(2)仅在$x=0$点收敛，则规定收敛半径$R=0$；如果幂级数(2)对任何x都收敛，则规定收敛半径$R=+\infty$.

关于幂级数的收敛半径，不难得出如下求收敛半径的定理.

定理 7.4.1 如果幂级数

$$\sum_{n=0}^{\infty} a_n x^n = a_0 + a_1 x + a_2 x^2 + \cdots + a_n x^n + \cdots$$

的系数满足

$$\lim_{n\to\infty}\left|\frac{a_{n+1}}{a_n}\right| = l,$$

则 (1) 当$0<l<+\infty$时，收敛半径$R=\frac{1}{l}$；

(2) 当$l=0$时，收敛半径$R=+\infty$；

(3) 当$l=+\infty$时，收敛半径$R=0$.

证明从略.

例 1 求幂级数$\sum_{n=0}^{\infty}\frac{2^n}{n^2+1}x^n$的收敛半径和收敛域.

解 由于

$$\lim_{n\to\infty}\left|\frac{a_{n+1}}{a_n}\right| = \lim_{n\to\infty}\frac{\frac{2^{n+1}}{(n+1)^2+1}}{\frac{2^n}{n^2+1}} = \lim_{n\to\infty}\frac{2(n^2+1)}{(n+1)^2+1} = 2,$$

所以，收敛半径$R=\frac{1}{2}$.

当$x=\frac{1}{2}$时，幂级数成为$\sum_{n=0}^{\infty}\frac{1}{n^2+1}$，它收敛；当$x=-\frac{1}{2}$时，幂级数成为$\sum_{n=0}^{\infty}(-1)^n\frac{1}{n^2+1}$，它也收敛.

综上所述，所求幂级数的收敛域为$\left[-\frac{1}{2},\frac{1}{2}\right]$.

例 2 求级数

$$\sum_{n=1}^{\infty}(-1)^{n-1}x^{n-1} = 1 - x + x^2 - x^3 + \cdots + (-1)^{n-1}x^{n-1} + \cdots$$

的收敛域及和函数.

解 由于

$$\lim_{n\to\infty}\left|\frac{a_{n+1}}{a_n}\right| = \lim_{n\to\infty}\left|\frac{(-1)^n}{(-1)^{n-1}}\right| = 1,$$

所以，收敛半径$R=1$.

当$x=1$时，级数成为$\sum_{n=1}^{\infty}(-1)^{n-1}$，它发散；当$x=-1$时，级数成为

$\sum_{n=1}^{\infty}(-1)^{2n-2}$，它发散．所以幂级数 $\sum_{n=1}^{\infty}(-1)^{n-1}x^{n-1}$ 的收敛域为$(-1,1)$.

在收敛域$(-1,1)$内，当 x 每取一个值，级数 $\sum_{n=1}^{\infty}(-1)^{n-1}x^{n-1}$ 都有一个确定的和$\frac{1}{1+x}$与之对应，故幂级数 $\sum_{n=1}^{\infty}(-1)^{n-1}x^{n-1}$ 的和函数为

$$S(x)=\frac{1}{1+x},\quad x\in(-1,1).$$

例 3　求幂级数 $\sum_{n=0}^{\infty}\sqrt{n!}\,x^n$ 的收敛域．

解　由

$$\lim_{n\to\infty}\left|\frac{a_{n+1}}{a_n}\right|=\lim_{n\to\infty}\frac{\sqrt{(n+1)!}}{\sqrt{n!}}=+\infty$$

得，收敛半径 $R=0$. 所以，所求幂级数的收敛域退化成一点 $x=0$.

例 4　求幂级数

$$\sum_{n=0}^{\infty}(-1)^n\frac{x^{2n+1}}{(2n+1)!}=x-\frac{x^3}{3!}+\frac{x^5}{5!}-\cdots+(-1)^n\frac{x^{2n+1}}{(2n+1)!}+\cdots$$

的收敛域．

解　这是缺少偶次幂项的幂级数，所以不能直接利用定理 7.4.1 求收敛半径．下面用正项级数的比值判别法求收敛半径．

因为

$$\lim_{n\to\infty}\left|\frac{u_{n+1}}{u_n}\right|=\lim_{n\to\infty}\left|\frac{(-1)^n\dfrac{x^{2n+1}}{(2n+1)!}}{(-1)^{n-1}\dfrac{x^{2n-1}}{(2n-1)!}}\right|$$

$$=\lim_{n\to\infty}\frac{|x|^2}{(2n+1)\cdot 2n}=0<1,$$

即不论 x 取何值，级数都收敛，所以，收敛半径 $R=+\infty$，收敛域为$(-\infty,+\infty)$.

例 5　求级数

$$\sum_{n=1}^{\infty}\frac{(2n-1)x^{2n}}{3^n}=\frac{x^2}{3}+\frac{3\cdot x^4}{3^2}+\cdots+\frac{(2n-1)x^{2n}}{3^n}+\cdots$$

的收敛域．

解　级数缺少奇次项，需用比值判别法求收敛半径．

由于

$$\lim_{n\to\infty}\left|\frac{u_{n+1}}{u_n}\right|=\lim_{n\to\infty}\left|\frac{\dfrac{(2n+1)x^{2(n+1)}}{3^{n+1}}}{\dfrac{(2n-1)x^{2n}}{3^n}}\right|$$

$$=\frac{1}{3}\lim_{n\to\infty}\frac{2n+1}{2n-1}\cdot|x|^2=\frac{1}{3}|x|^2,$$

当$\frac{1}{3}|x|^2<1$,即$|x|<\sqrt{3}$时,级数收敛;当$\frac{1}{3}|x|^2>1$,即$|x|>\sqrt{3}$时,级数发散. 所以,收敛半径为$R=\sqrt{3}$.

当$x=-\sqrt{3}$时,级数成为$\sum_{n=1}^{\infty}(2n-1)$,它发散;当$x=\sqrt{3}$时,级数成为$\sum_{n=1}^{\infty}(2n-1)$,它发散. 所以,幂级数$\sum_{n=1}^{\infty}\frac{(2n-1)x^{2n}}{3^n}$的收敛域为$(-\sqrt{3},\sqrt{3})$.

例 6 求级数$\sum_{n=1}^{\infty}\frac{(2x+1)^n}{n}$的收敛域.

分析 这是形如$\sum_{n=0}^{\infty}a_n(x-x_0)^n$的幂级数. 先通过变量替换$t=x-x_0$化成形如$\sum_{n=0}^{\infty}a_nx^n$的幂级数,再用定理7.4.1求$\sum_{n=0}^{\infty}a_nx^n$的收敛半径,进而求出收敛域,最后,确定出所给级数的收敛域.

解 令$t=2x+1$,上述级数变为$\sum_{n=1}^{\infty}\frac{t^n}{n}$. 因为

$$\lim_{n\to\infty}\left|\frac{a_{n+1}}{a_n}\right|=\lim_{n\to\infty}\left|\frac{\frac{1}{n+1}}{\frac{1}{n}}\right|=1,$$

所以,幂级数$\sum_{n=1}^{\infty}\frac{t^n}{n}$的收敛半径$R=1$.

当$t=-1$时,级数成为$\sum_{n=1}^{\infty}\frac{(-1)^n}{n}$,收敛;当$t=1$时,级数成为$\sum_{n=1}^{\infty}\frac{1}{n}$,发散. 所以,级数$\sum_{n=1}^{\infty}\frac{t^n}{n}$的收敛域为$[-1,1)$,即原级数的收敛域为$-1\leqslant 2x+1<1$,或写成$[-1,0)$.

7.4.3 幂级数的性质

下面,我们给出有关幂级数运算的几个性质,但不予以证明.

性质 1 设幂级数$\sum_{n=0}^{\infty}a_nx^n$和$\sum_{n=0}^{\infty}b_nx^n$的收敛半径分别为$R_1(>0)$和$R_2(>0)$,它们的和函数分别为$S_1(x)$和$S_2(x)$,则

$$\sum_{n=0}^{\infty}(a_n\pm b_n)x^n=\sum_{n=0}^{\infty}a_nx^n\pm\sum_{n=0}^{\infty}b_nx^n=S_1(x)\pm S_2(x)\quad |x|<R$$

其中$R\geqslant\min(R_1,R_2)$.

性质 2 设幂级数$\sum_{n=0}^{\infty}a_nx^n$的收敛半径$R>0$,其和函数为$S(x)$,则在区间$(-R,R)$内,和函数$S(x)$是连续函数,且若幂级数在$x=$

R(或 $x=-R$) 也收敛,则和函数 $S(x)$ 在 $x=R$(或 $x=-R$) 处左连续(或右连续).

性质3　设幂级数 $\sum_{n=0}^{\infty}a_nx^n$ 的收敛半径 $R>0$,和函数为 $S(x)$,则 $S(x)$ 在区间 $(-R,R)$ 内可导,且有逐项求导公式

$$S'(x)=\left(\sum_{n=0}^{\infty}a_nx^n\right)'=\sum_{n=0}^{\infty}(a_nx^n)'=\sum_{n=1}^{\infty}na_nx^{n-1} \tag{1}$$

逐项求导后所得到幂级数 $\sum_{n=1}^{\infty}na_nx^{n-1}$ 与原级数 $\sum_{n=0}^{\infty}a_nx^n$ 有相同的收敛半径 R.

性质4　设幂级数 $\sum_{n=0}^{\infty}a_nx^n$ 的收敛半径 $R>0$,和函数为 $S(x)$,则 $S(x)$ 在区间 $(-R,R)$ 内可积,且有逐项求积分公式

$$\int_0^x S(t)\mathrm{d}t=\int_0^x\left(\sum_{n=0}^{\infty}a_nt^n\right)\mathrm{d}t=\sum_{n=0}^{\infty}\int_0^x a_nt^n\mathrm{d}t=\sum_{n=0}^{\infty}\frac{a_n}{n+1}x^{n+1} \tag{2}$$

逐项积分后得到的级数 $\sum_{n=0}^{\infty}\frac{a_n}{n+1}x^{n+1}$ 与原级数 $\sum_{n=0}^{\infty}a_nx^n$ 有相同的收敛半径 R.

注意,如果逐项积分或逐项求导后所得的幂级数在 $x=R$ 或 $x=-R$ 处收敛,则在 $x=R$ 或 $x=-R$ 处,等式(1) 和(2) 仍然成立.

例1　求幂级数 $\sum_{n=1}^{\infty}\frac{(-1)^{n-1}}{n}x^n$ 的收敛域,并求和函数.

解　由

$$\lim_{n\to\infty}\left|\frac{a_{n+1}}{a_n}\right|=\lim_{n\to\infty}\frac{n}{n+1}=1$$

得级数的收敛半径 $R=1$.

当 $x=-1$ 时,级数成为 $\sum_{n=1}^{\infty}\frac{(-1)^{2n-1}}{n}=\sum_{n=1}^{\infty}\frac{-1}{n}$,它发散;当 $x=1$ 时,级数成为 $\sum_{n=1}^{\infty}\frac{(-1)^{n-1}}{n}$,它收敛. 所以,级数的收敛域为 $(-1,1]$.

设幂级数的和函数为 $S(x)$,即

$$S(x)=x-\frac{1}{2}x^2+\frac{1}{3}x^3-\frac{1}{4}x^4+\cdots+\frac{(-1)^{n-1}}{n}x^n+\cdots,$$

则在 $x\in(-1,1)$ 内有

$$S'(x)=1-x+x^2-x^3+\cdots+(-1)^{n-1}x^{n-1}+\cdots=\frac{1}{1+x}$$

对上式从 0 到 x 积分,并注意到 $S(0)=0$,得

$$S(x)=\int_0^x\frac{1}{1+x}\mathrm{d}x=\ln(1+x),x\in(-1,1].$$

例 2 求幂级数 $\sum_{n=1}^{\infty} nx^{n-1}$ 的收敛域及和函数，并求级数 $\sum_{n=1}^{\infty} \frac{n}{2^n}$ 的和．

解 由

$$\lim_{n\to\infty}\left|\frac{a_{n+1}}{a_n}\right| = \lim_{n\to\infty}\frac{n+1}{n} = 1$$

得级数的收敛半径 $R = 1$.

当 $x=-1$ 时，级数成为 $\sum_{n=1}^{\infty}(-1)^{n-1}n$，它发散；当 $x=1$ 时，级数成为 $\sum_{n=1}^{\infty}n$，它发散．所以，幂级数的收敛域为 $(-1,1)$.

设级数的和函数为 $S(x)$，即

$$S(x) = \sum_{n=1}^{\infty} nx^{n-1} = 1 + 2x + 3x^2 + \cdots + nx^{n-1} + \cdots$$

则在 $x \in (-1,1)$，有

$$\begin{aligned}\int_0^x S(x)\mathrm{d}x &= \sum_{n=1}^{\infty}\int_0^x nx^{n-1}\mathrm{d}x \\ &= x + x^2 + x^3 + \cdots + x^n + \cdots \\ &= \frac{x}{1-x},\end{aligned}$$

所以

$$S(x) = \left[\int_0^x S(x)\mathrm{d}x\right]' = \left(\frac{x}{1-x}\right)' = \frac{1}{(1-x)^2},$$

即 $$\sum_{n=1}^{\infty} nx^{n-1} = \frac{1}{(1-x)^2}, x \in (-1,1).$$

令 $x = \frac{1}{2}$，有 $\sum_{n=1}^{\infty} n\left(\frac{1}{2}\right)^{n-1} = \frac{1}{\left(1-\frac{1}{2}\right)^2} = 4$，所以

$$\sum_{n=1}^{\infty} n\left(\frac{1}{2}\right)^n = \frac{1}{2}\sum_{n=1}^{\infty} n\left(\frac{1}{2}\right)^{n-1} = \frac{1}{2}\times 4 = 2.$$

练习 7.4

1. 求下列幂级数的收敛域．

(1) $x + 2x^2 + 3x^3 + \cdots + nx^n + \cdots$

(2) $-x + \frac{x^2}{2^2} - \cdots + (-1)^n \frac{x^n}{n^2} + \cdots$

(3) $\frac{x}{2} + \frac{x^2}{2\cdot 4} + \frac{x^3}{2\cdot 4\cdot 6} + \cdots + \frac{x^n}{2\cdot 4\cdots(2n)} + \cdots$

(4) $\frac{2}{2}x + \frac{2^2}{5}x^2 + \frac{2^3}{10}x^3 + \cdots + \frac{2^n}{n^2+1}x^n + \cdots$

(5) $\sum_{n=1}^{\infty} \frac{(-1)^n}{\sqrt{n}}x^n$

习题选讲

(6) $\sum_{n=1}^{\infty}5^n x^n$

(7) $\sum_{n=1}^{\infty}\frac{\ln(n+1)}{n+1}x^{n+1}$

(8) $\sum_{n=1}^{\infty}\frac{(-1)^{n-1}}{n^2}(x-2)^n$

(9) $\sum_{n=1}^{\infty}\left[\frac{(-1)^n}{2^n}+3^n\right]x^n$

(10) $\sum_{n=1}^{\infty}(-1)^{n-1}\frac{(2x-3)^n}{2n-1}$

习题选讲

2. 求下列级数的收敛域及和函数.

(1) $\sum_{n=1}^{\infty}\frac{1}{n}x^n$

(2) $\sum_{n=1}^{\infty}n^2 x^{n-1}$

(3) $\sum_{n=1}^{\infty}\frac{1}{2^n}x^n$

(4) $\sum_{n=1}^{\infty}\frac{1}{2n+1}x^{2n+1}$

(5) $\sum_{n=1}^{\infty}\left(\frac{1}{n}x^n-\frac{1}{n+1}x^{n+1}\right)$

(6) $\sum_{n=1}^{\infty}n(x-1)^n$

(7) $\sum_{n=1}^{\infty}\frac{(-1)^{n-1}}{2n-1}x^{2n-1}$

(8) $\sum_{n=1}^{\infty}\frac{x^n}{n(n+1)}$

3. 求幂级数 $\sum_{n=1}^{\infty}n(n+1)x^n$ 的收敛域及和函数,并求 $\sum_{n=1}^{\infty}\frac{n(n+1)}{2^n}$ 的和.

4. 求幂级数 $\sum_{n=1}^{\infty}\frac{2n-1}{2^n}x^{2n-2}$ 的收敛域及和函数,并求 $\sum_{n=1}^{\infty}\frac{2n-1}{2^n}$ 的和.

5. 设 $f(x)=\sum_{n=0}^{\infty}a_n x^n=\sum_{n=0}^{\infty}b_n x^n$, $x\in(-R,R)$,证明:$a_n=b_n$, $n=0,1,2,\cdots$.

§7.5 函数的幂级数展开

由上一节看到,幂级数在收敛域内可以表示一个函数,这就使人们想到,对于给定函数 $f(x)$,能否找到这样一个幂级数,在其收敛域内其和函数恰为给定函数 $f(x)$. 解决这个问题有很重要的应用价值,因为它给出了函数 $f(x)$ 的一种新的表达方式,并使我们可以用简单函数—多项式来逼近一般函数 $f(x)$.

7.5.1 泰勒级数

设 $f(x)$ 在区间 I 内有任意阶导数,$x_0\in I$,如果存在幂级数 $\sum_{n=0}^{\infty}a_n(x-x_0)^n$ 在区间 I 内的和函数为 $f(x)$,即

$$f(x)=\sum_{n=0}^{\infty}a_n(x-x_0)^n,\quad x\in I.$$

则称函数 $f(x)$ 在区间 I 内可以展开成幂级数,并称 $\sum\limits_{n=0}^{\infty}a_n(x-x_0)^n$ 为 $f(x)$ 在区间 I 内的幂级数展开式.

假设函数 $f(x)$ 在区间 I 内可以展开成幂级数 $\sum\limits_{n=0}^{\infty}a_n(x-x_0)^n$,那么如何求系数 $a_n(n=0,1,2,\cdots)$ 呢?我们有如下定理.

定理 7.5.1 若函数 $f(x)$ 在区间 I 内可展成幂级数 $\sum\limits_{n=0}^{\infty}a_n(x-x_0)^n$,即

$$f(x)=\sum_{n=0}^{\infty}a_n(x-x_0)^n,\quad x\in I.$$

则

$$a_n=\frac{f^{(n)}(x_0)}{n!}\qquad n=0,1,2,\cdots.$$

证 由 $f(x)=\sum\limits_{n=0}^{\infty}a_n(x-x_0)^n$,运用幂级数的性质得

$$f'(x)=a_1+2a_2(x-x_0)+\cdots+na_n(x-x_0)^{n-1}+\cdots$$

$$f''(x)=2a_2+3\cdot 2a_3(x-x_0)+\cdots+n(n-1)a_n(x-x_0)^{n-2}+\cdots$$

……

$$f^{(n)}(x)=n!a_n+(n+1)n\cdots 2a_{n+1}(x-x_0)+\cdots$$

将 $x=x_0$ 代入到 $f(x),f'(x),f''(x),\cdots,f^{(n)}(x),\cdots$ 中得

$$f(x_0)=a_0,f'(x_0)=a_1,f''(x_0)=2a_2,\cdots,f^{(n)}(x_0)=n!a_n,\cdots$$

即

$$a_n=\frac{f^{(n)}(x_0)}{n!}\qquad n=0,1,2,\cdots$$

定理 7.5.1 告诉我们:如果函数 $f(x)$ 在区间 I 内可展成 $(x-x_0)$ 的幂级数,则幂级数一定是

$$\sum_{n=0}^{\infty}\frac{f^{(n)}(x_0)}{n!}(x-x_0)^n.$$

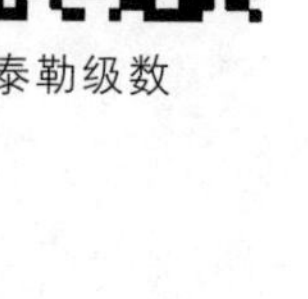

泰勒级数

定义 7.5.1 设函数 $f(x)$ 在 $x=x_0$ 处有任意阶导数,则称幂级数

$$\sum_{n=0}^{\infty}\frac{f^{(n)}(x_0)}{n!}(x-x_0)^n=f(x_0)+\frac{f'(x_0)}{1!}(x-x_0)+\frac{f''(x_0)}{2!}(x-x_0)^2+\cdots+\frac{f^{(n)}(x_0)}{n!}(x-x_0)^n+\cdots$$

为函数 $f(x)$ 在点 $x=x_0$ 处的**泰勒级数**(Taylor series),其系数 $\frac{f^{(n)}(x_0)}{n!}(n=0,1,2,\cdots)$ 称为**泰勒系数**.

特别地,当 $x_0=0$ 时,有级数

$$\sum_{n=0}^{\infty}\frac{f^{(n)}(0)}{n!}x^n = f(0)+\frac{f'(0)}{1!}x+\frac{f''(0)}{2!}x^2+\cdots+\frac{f^{(n)}(0)}{n!}x^n+\cdots$$

称此级数为函数 $f(x)$ 的**马克劳林级数**.

如果幂级数 $\sum\limits_{n=0}^{\infty}\frac{f^{(n)}(x_0)}{n!}(x-x_0)^n$ 在区间 I 内的和函数为 $f(x)$，即

$$f(x) = \sum_{n=0}^{\infty}\frac{f^{(n)}(x_0)}{n!}(x-x_0)^n,\quad x\in I.$$

则称函数 $f(x)$ 在区间 I 内可以展成泰勒级数，并称级数 $\sum\limits_{n=0}^{\infty}\frac{f^{(n)}(x_0)}{n!}(x-x_0)^n$ 为 $f(x)$ 在区间 I 内的泰勒展开式；如果幂级数 $\sum\limits_{n=0}^{\infty}\frac{f^{(n)}(0)}{n!}x^n$ 在区间 I 内的和函数为 $f(x)$，即 $f(x)=\sum\limits_{n=0}^{\infty}\frac{f^{(n)}(0)}{n!}x^n$，则称函数 $f(x)$ 在 I 内可以展成马克劳林级数，并称级数 $\sum\limits_{n=0}^{\infty}\frac{f^{(n)}(0)}{n!}x^n$ 为 $f(x)$ 区间 I 内的马克劳林展开式.

如何判定函数 $f(x)$ 在区间 I 内是否能展成泰勒级数呢？这就归结为判定 $f(x)$ 的泰勒级数的和函数是否就是 $f(x)$. 我们有下面定理.

定理 7.5.2 设函数 $f(x)$ 在区间 I 内有任意阶导数，$x_0\in I$，则函数 $f(x)$ 在 I 内能展开成泰勒级数，即

$$f(x) = \sum_{n=0}^{\infty}\frac{f^{(n)}(x_0)}{n!}(x-x_0)^n,\quad x\in I.$$

的充要条件是

$$\lim_{n\to\infty}R_n(x) = 0,\quad x\in I.$$

其中，$R_n(x)$ 是 $f(x)$ 在 $x=x_0$ 点 n 阶泰勒公式中的余项，其拉格朗日形式为

$$R_n(x) = \frac{f^{(n+1)}(\xi)}{(n+1)!}(x-x_0)^{n+1},\xi \text{ 介于 } x \text{ 与 } x_0 \text{ 之间}.$$

证 必要性

设
$$\begin{aligned} f(x) &= \sum_{n=0}^{\infty}\frac{f^{(n)}(x_0)}{n!}(x-x_0)^n \\ &= f(x_0)+\frac{f'(x_0)}{1!}(x-x_0)+\frac{f''(x_0)}{2!}(x-x_0)^2 \\ &\quad +\cdots+\frac{f^{(n)}(x_0)}{n!}(x-x_0)^n+\cdots \end{aligned}$$

这时把 $f(x)$ 在 $x=x_0$ 点的 n 阶泰勒公式写成

$$f(x)-\left[f(x_0)+\frac{f'(x_0)}{1!}(x-x_0)+\cdots+\frac{f^{(n)}(x_0)}{n!}(x-x_0)^n\right]=R_n(x),$$

或

$$f(x)-S_{n+1}(x) = R_n(x),$$

其中 $S_{n+1}(x)$ 是幂级数 $\sum\limits_{n=0}^{\infty}\frac{f^{(n)}(x_0)}{n!}(x-x_0)^n$ 的前 $n+1$ 项部分和.

由于 $\lim\limits_{n\to\infty}S_{n+1}(x)=f(x)$，所以

$$\lim_{n\to\infty}R_n(x)=\lim_{n\to\infty}[f(x)-S_{n+1}(x)]=0,\quad x\in I.$$

充分性

设 $\lim\limits_{n\to\infty}R_n(x)=0, x\in I$，由泰勒公式得

$$\lim_{n\to\infty}[f(x)-S_{n+1}(x)]=0,$$

即

$$\lim_{n\to\infty}S_{n+1}(x)=f(x),\quad x\in I.$$

这表明级数 $\sum\limits_{n=0}^{\infty}\frac{f^{(n)}(x_0)}{n!}(x-x_0)^n$ 的和函数为 $f(x)$，即函数 $f(x)$ 在区间 I 内可以展成在 $x=x_0$ 处的泰勒级数.

7.5.2 函数的幂级数展开

由前面所述，如果函数 $f(x)$ 在区间 $I(x_0\in I)$ 能展开成 $(x-x_0)$ 的幂级数的话，那么这个幂级数必定是泰勒级数. 这就是说，$f(x)$ 的幂级数展开式是唯一的. 下面我们讨论如何求函数 $f(x)$ 的幂级数展开式.

将函数 $f(x)$ 展开成 x 的幂级数 $\sum\limits_{n=0}^{\infty}\frac{f^{(n)}(0)}{n!}x^n$，可以按下列步骤进行：

第一步　求出函数 $f(x)$ 及其各阶导数在 $x=0$ 处的值：

$$f(0),f'(0),f''(0),\cdots,f^{(n)}(0),\cdots$$

如果 $f(x)$ 在 $x=0$ 处某阶导数不存在，则 $f(x)$ 不能展成 x 的幂级数.

第二步　写出幂级数

$$\sum_{n=0}^{\infty}\frac{f^{(n)}(0)}{n!}x^n=f(0)+f'(0)x+\frac{f''(0)}{2!}x^2+\cdots+\frac{f^{(n)}(0)}{n!}x^n+\cdots,$$

并求出其收敛域 I.

第三步　考察在收敛域 I 内余项 $R_n(x)$ 的极限

$$\lim_{n\to\infty}R_n(x)=\lim_{n\to\infty}\frac{f^{(n+1)}(\theta x)}{(n+1)!}x^{n+1}(0<\theta<1)$$

是否为零. 如果 $\lim\limits_{n\to\infty}R_n(x)=0$，则函数 $f(x)$ 在收敛域 I 内可以展成 x 的幂级数，即

$$f(x)=f(0)+f'(0)x+\frac{f''(0)}{2!}x^2+\cdots+\frac{f^{(n)}(0)}{n!}x^n+\cdots,\quad x\in I.$$

否则，$f(x)$ 在 I 内不能展成 x 的幂级数.

例 1 将函数 $f(x)=\mathrm{e}^x$ 展成 x 的幂级数.

解 因为 $f^{(n)}(x)=\mathrm{e}^x$，所以 $f^{(n)}(0)=1, n=0,1,2,\cdots$. 于是得到幂级数

$$\sum_{n=0}^{\infty}\frac{f^{(n)}(0)}{n!}x^n=\sum_{n=0}^{\infty}\frac{1}{n!}x^n=1+x+\frac{1}{2!}x^2+\cdots+\frac{1}{n!}x^n+\cdots$$

由于 $\lim\limits_{n\to\infty}\left|\frac{a_{n+1}}{a_n}\right|=\lim\limits_{n\to\infty}\frac{n!}{(n+1)!}=0$，所以，收敛半径 $R=+\infty$，级数 $\sum\limits_{n=0}^{\infty}\frac{x^n}{n!}$ 的收敛域为 $(-\infty,+\infty)$.

对于任何有限实数 x，有

$$|R_n(x)|=\left|\frac{\mathrm{e}^{\theta x}}{(n+1)!}x^{n+1}\right|\leqslant \mathrm{e}^{|x|}\cdot\frac{|x|^{n+1}}{(n+1)!}$$

因为 $\mathrm{e}^{|x|}$ 有限，而 $\frac{|x|^{n+1}}{(n+1)!}$ 是收敛级数 $\sum\limits_{n=0}^{\infty}\frac{|x|^{n+1}}{(n+1)!}$ 的一般项，所以，

$$\lim_{n\to\infty}\frac{|x|^{n+1}}{(n+1)!}=0.$$

从而

$$\lim_{n\to\infty}R_n(x)=0,$$

于是得到函数 $f(x)=\mathrm{e}^x$ 的幂级数展开式

$$\mathrm{e}^x=\sum_{n=0}^{\infty}\frac{x^n}{n!}=1+x+\frac{x^2}{2!}+\cdots+\frac{x^n}{n!}+\cdots \tag{1}$$

例 2 将函数 $f(x)=\sin x$ 展成 x 的幂级数.

解 因为 $f^{(n)}(x)=\sin\left(x+\frac{n\pi}{2}\right), n=1,2,3,\cdots$，所以

$$f^{(2k)}(0)=0, f^{(2k+1)}(0)=(-1)^k, k=0,1,2,\cdots$$

于是得到级数

$$\begin{aligned}\sum_{n=0}^{\infty}\frac{f^{(n)}(0)}{n!}x^n&=\sum_{k=0}^{\infty}(-1)^k\frac{x^{2k+1}}{(2k+1)!}\\&=x-\frac{x^3}{3!}+\frac{x^5}{5!}-\cdots+(-1)^k\frac{x^{2k+1}}{(2k+1)!}+\cdots,\end{aligned}$$

它的收敛域为 $(-\infty,+\infty)$.

对于任何有限数 x，有

$$\begin{aligned}|R_n(x)|&=\left|\sin\left(\theta x+\frac{n+1}{2}\pi\right)\cdot\frac{x^{n+1}}{(n+1)!}\right|\\&\leqslant\frac{|x|^{n+1}}{(n+1)!}\to 0\quad(n\to\infty)\end{aligned}$$

因此得到展开式

$$\sin x=\sum_{n=0}^{\infty}(-1)^n\frac{x^{2n+1}}{(2n+1)!}$$

$$= x - \frac{1}{3!}x^3 + \frac{1}{5!}x^5 - \cdots + (-1)^n \frac{x^{2n+1}}{(2n+1)!} + \cdots. \quad (2)$$

例 3 将函数 $f(x) = (1+x)^\alpha$ 展开成 x 的幂级数，其中 α 为任意常数 .

解 函数 $f(x) = (1+x)^\alpha$ 的幂级数展开式是一个重要的展开式，这里我们略去过程，只给出结果 .

$$(1+x)^\alpha = 1 + \alpha x + \frac{\alpha(\alpha-1)}{2!}x^2 + \cdots + \frac{\alpha(\alpha-1)\cdots(\alpha-n+1)}{n!}x^n + \cdots \quad (-1 < x < 1) \quad (3)$$

在区间的端点，展开式是否成立要看 α 的数值而定 .

特别地，当 α 是正整数 n 时，级数成为 x 的 n 次多项式，这就是代数学中的二项式公式

$$(1+x)^n = 1 + nx + \frac{n(n-1)}{2!}x^2 + \cdots + nx^{n-1} + x^n,$$

当 $\alpha = -1$ 时，有

$$\frac{1}{1+x} = 1 - x + x^2 - \cdots + (-1)^n x^n + \cdots \quad (-1 < x < 1);$$

当 $\alpha = \frac{1}{2}$ 时，有

$$\sqrt{1+x} = 1 + \frac{1}{2}x - \frac{1}{2 \cdot 4}x^2 + \frac{1 \cdot 3}{2 \cdot 4 \cdot 6}x^3 - \frac{1 \cdot 3 \cdot 5}{2 \cdot 4 \cdot 6 \cdot 8}x^4 + \cdots \quad (-1 \leqslant x \leqslant 1);$$

当 $\alpha = -\frac{1}{2}$ 时，有

$$\frac{1}{\sqrt{1+x}} = 1 - \frac{1}{2}x + \frac{1 \cdot 3}{2 \cdot 4}x^2 - \frac{1 \cdot 3 \cdot 5}{2 \cdot 4 \cdot 6}x^3 + \frac{1 \cdot 3 \cdot 5 \cdot 7}{2 \cdot 4 \cdot 6 \cdot 8}x^4 - \cdots \quad (-1 < x \leqslant 1).$$

以上将函数展开成幂级数的例子，是直接利用公式 $a_n = \frac{f^{(n)}(0)}{n!}$ 计算幂级数系数，然后考察余项 $R_n(x)$ 是否趋于零，这种方法叫**直接展开法** . 这种直接求函数幂级数展开式的方法计算量大，而且研究余项也比较困难 . 下面，我们以一些已知函数的幂级数展开式为基础，利用幂级数的性质、变量替换等方法求所给函数的幂级数展开式，这种方法称为**间接展开法** .

例 4 由 § 7.1 中的几何级数可知

$$\frac{1}{1-q} = 1 + q + q^2 + \cdots + q^{n-1} + \cdots \quad (-1 < q < 1),$$

令 $q=-x,-x^2$,分别可得

$$\frac{1}{1+x}=1-x+x^2-x^3+\cdots+(-1)^{n-1}x^{n-1}+\cdots \quad (-1<x<1) \tag{4}$$

$$\frac{1}{1+x^2}=1-x^2+x^4-x^6+\cdots+(-1)^{n-1}x^{2n-2}+\cdots \quad (-1<x<1) \tag{5}$$

将上面两式的等号两边分别取 0 到 x 的积分,得

$$\ln(1+x)=x-\frac{1}{2}x^2+\frac{1}{3}x^3-\cdots+\frac{(-1)^{n-1}}{n}x^n+\cdots \quad (-1<x\leqslant 1). \tag{6}$$

$$\arctan x=x-\frac{1}{3}x^3+\frac{1}{5}x^5-\cdots+\frac{(-1)^{n-1}}{2n-1}x^{2n-1}+\cdots \quad (-1\leqslant x\leqslant 1). \tag{7}$$

例 5 将函数 e^{-x^2} 展开成 x 的幂级数.

解 因为

$$e^x=1+x+\frac{1}{2!}x^2+\cdots+\frac{1}{n!}x^n+\cdots \quad (-\infty<x<+\infty),$$

所以,将 x 换成 $-x^2$ 得

$$e^{-x^2}=1-x^2+\frac{1}{2!}x^4-\cdots+(-1)^n\frac{1}{n!}x^{2n}+\cdots \quad (-\infty<x<+\infty).$$

例 6 将函数 $\cos x$ 展开成 x 的幂级数.

解 因为 $(\sin x)'=\cos x$,利用式(2)得

$$\begin{aligned}\cos x=(\sin x)'&=\left[\sum_{n=0}^{\infty}(-1)^n\frac{x^{2n+1}}{(2n+1)!}\right]'\\&=\sum_{n=0}^{\infty}(-1)^n\frac{x^{2n}}{(2n)!}\\&=1-\frac{x^2}{2!}+\frac{x^4}{4!}-\cdots+(-1)^n\frac{x^{2n}}{(2n)!}+\cdots\\&\qquad(-\infty<x<+\infty)\end{aligned} \tag{8}$$

例 7 将 $\frac{d}{dx}\left(\frac{e^x-1}{x}\right)$ 展开成为 x 的幂级数,并推出 $\sum_{n=1}^{\infty}\frac{n}{(n+1)!}=1$.

解 因为

$$e^x=1+x+\frac{x^2}{2!}+\cdots+\frac{x^n}{n!}+\cdots \quad (-\infty<x<+\infty),$$

所以

$$\frac{e^x-1}{x}=1+\frac{x}{2!}+\frac{x^2}{3!}+\cdots+\frac{x^{n-1}}{n!}+\cdots \quad (x\neq 0).$$

从而

$$\frac{d}{dx}\left(\frac{e^x-1}{x}\right)=\frac{1}{2!}+\frac{2}{3!}x+\cdots+\frac{n-1}{n!}x^{n-2}+\cdots \quad (x\neq 0),$$

而

$$\frac{\mathrm{d}}{\mathrm{d}x}\left(\frac{\mathrm{e}^x-1}{x}\right)=\frac{x\mathrm{e}^x-(\mathrm{e}^x-1)}{x^2},$$

于是

$$\begin{aligned}\frac{x\mathrm{e}^x-(\mathrm{e}^x-1)}{x^2}&=\frac{1}{2!}+\frac{2}{3!}x+\cdots+\frac{n-1}{n!}x^{n-2}+\cdots\\&=\sum_{n=1}^{\infty}\frac{n}{(n+1)!}x^{n-1}\qquad(x\neq 0).\end{aligned}$$

令 $x=1$，代入上式得

$$\sum_{n=1}^{\infty}\frac{n}{(n+1)!}=1.$$

例 8 将函数 $f(x)=\dfrac{1}{(x-1)(x-2)}$ 展成 x 的幂级数．

解 因为

$$f(x)=\frac{1}{(x-1)(x-2)}=\frac{1}{1-x}-\frac{1}{2-x},$$

而

$$\frac{1}{1-x}=1+x+x^2+\cdots+x^n+\cdots=\sum_{n=0}^{\infty}x^n\qquad(-1<x<1),$$

$$\frac{1}{2-x}=\frac{1}{2}\cdot\frac{1}{1-\frac{x}{2}}=\frac{1}{2}\sum_{n=0}^{\infty}\left(\frac{x}{2}\right)^n=\sum_{n=0}^{\infty}\frac{x^n}{2^{n+1}}\qquad(-2<x<2),$$

根据幂级数的性质，有

$$f(x)=\frac{1}{(x-1)(x-2)}=\sum_{n=0}^{\infty}\left[1-\frac{1}{2^{n+1}}\right]x^n\qquad(-1<x<1).$$

本段最后举例说明如何用间接展开法把函数展开成 $(x-x_0)$ 的幂级数．

例 9 将函数 $\ln x$ 展开成 $(x-2)$ 的幂级数．

解 因为

$$\ln x=\ln[2+(x-2)]=\ln 2+\ln\left(1+\frac{x-2}{2}\right),$$

又

$$\ln(1+x)=x-\frac{x^2}{2}+\frac{x^3}{3}-\cdots+(-1)^{n-1}\frac{x^n}{n}+\cdots\qquad(-1<x\leqslant 1),$$

于是

$$\begin{aligned}\ln\left(1+\frac{x-2}{2}\right)&=\frac{x-2}{2}-\frac{1}{2}\left(\frac{x-2}{2}\right)^2+\frac{1}{3}\left(\frac{x-2}{2}\right)^3-\cdots\\&\quad+\frac{(-1)^{n-1}}{n}\left(\frac{x-2}{2}\right)^n+\cdots\\&=\sum_{n=1}^{\infty}\frac{(-1)^{n-1}}{n\cdot 2^n}(x-2)^n\qquad(0<x\leqslant 4).\end{aligned}$$

所以

$$\ln x=\ln 2+\sum_{n=1}^{\infty}\frac{(-1)^{n-1}}{n\cdot 2^{n}}(x-2)^{n}\qquad(0<x\leqslant 4).$$

例 10 将函数 $\sin x$ 展成 $\left(x-\frac{\pi}{4}\right)$ 的幂级数 .

解 因为

$$\begin{aligned}\sin x&=\sin\left[\frac{\pi}{4}+\left(x-\frac{\pi}{4}\right)\right]\\&=\sin\frac{\pi}{4}\cdot\cos\left(x-\frac{\pi}{4}\right)+\cos\frac{\pi}{4}\cdot\sin\left(x-\frac{\pi}{4}\right)\\&=\frac{\sqrt{2}}{2}\left[\cos\left(x-\frac{\pi}{4}\right)+\sin\left(x-\frac{\pi}{4}\right)\right],\end{aligned}$$

而由式(2)、式(8)得

$$\begin{aligned}\sin\left(x-\frac{\pi}{4}\right)&=\sum_{n=0}^{\infty}(-1)^{n}\frac{\left(x-\frac{\pi}{4}\right)^{2n+1}}{(2n+1)!}\\&=\left(x-\frac{\pi}{4}\right)-\frac{1}{3!}\left(x-\frac{\pi}{4}\right)^{3}+\frac{1}{5!}\left(x-\frac{\pi}{4}\right)^{5}-\cdots\\&\qquad(-\infty<x<+\infty)\end{aligned}$$

$$\begin{aligned}\cos\left(x-\frac{\pi}{4}\right)&=\sum_{n=0}^{\infty}(-1)^{n}\frac{\left(x-\frac{\pi}{4}\right)^{2n}}{(2n)!}\\&=1-\frac{1}{2!}\left(x-\frac{\pi}{4}\right)^{2}+\frac{1}{4!}\left(x-\frac{\pi}{4}\right)^{4}-\cdots\\&\qquad(-\infty<x<+\infty)\end{aligned}$$

所以

$$\begin{aligned}\sin x&=\frac{\sqrt{2}}{2}\left[1+\left(x-\frac{\pi}{4}\right)-\frac{1}{2!}\left(x-\frac{\pi}{4}\right)^{2}-\frac{1}{3!}\left(x-\frac{\pi}{4}\right)^{3}\right.\\&\qquad\left.+\frac{1}{4!}\left(x-\frac{\pi}{4}\right)^{4}+\cdots+\frac{(-1)^{\frac{n(n-1)}{2}}}{n!}\left(x-\frac{\pi}{4}\right)^{n}+\cdots\right]\\&=\sum_{n=0}^{\infty}\frac{\sqrt{2}}{2}\frac{(-1)^{\frac{n(n-1)}{2}}}{n!}\left(x-\frac{\pi}{4}\right)^{n}\qquad(-\infty<x<+\infty).\end{aligned}$$

7.5.3 幂级数在近似计算中的应用

有了函数的幂级数展开式,就可用它来进行近似计算,即在函数的幂级数展开式成立的区间上,函数值可以近似地利用这个级数按精确度要求计算出来,下面举例说明 .

例 1 求 e 的近似值,精确到六位小数 .

解 在 e^{x} 的幂级数展开式

$$e^x = 1 + x + \frac{1}{2!}x^2 + \frac{1}{3!}x^3 + \cdots + \frac{1}{n!}x^n + \cdots$$

中,令 $x = 1$ 得

$$e = 1 + 1 + \frac{1}{2!} + \frac{1}{3!} + \cdots + \frac{1}{n!} + \cdots,$$

取前 $n+1$ 项作 e 的近似值,则级数的余项

$$\begin{aligned} R_n &= \frac{1}{(n+1)!} + \frac{1}{(n+2)!} + \cdots \\ &= \frac{1}{(n+1)!}\left[1 + \frac{1}{n+2} + \frac{1}{(n+2)(n+3)} + \cdots\right] \\ &< \frac{1}{(n+1)!}\left[1 + \frac{1}{n+1} + \frac{1}{(n+1)^2} + \cdots\right] = \frac{1}{n \cdot n!}. \end{aligned}$$

经过计算知道,只要取 $n = 9$,并取七位小数进行计算,得

$$e \approx 2.718281.$$

例 2 计算 $I = \int_0^1 e^{-x^2} dx$ 的近似值,精确到 0.0001.

解 由 7.5.2 小节中的例 5 知

$$e^{-x^2} = 1 - \frac{x^2}{1!} + \frac{x^4}{2!} - \frac{x^6}{3!} + \cdots,$$

两边取 0 到 1 的积分,得

$$\begin{aligned} \int_0^1 e^{-x^2} dx = 1 &- \frac{1}{3 \cdot 1!} + \frac{1}{5 \cdot 2!} - \frac{1}{7 \cdot 3!} + \frac{1}{9 \cdot 4!} \\ &- \frac{1}{11 \cdot 5!} + \frac{1}{13 \cdot 6!} - \frac{1}{15 \cdot 7!} + \cdots, \end{aligned}$$

这是交错级数,余项 R_n 满足 $|R_n| < u_{n+1}\,(u_{n+1} > 0)$. 由于

$$\frac{1}{15 \cdot 7!} < 1.5 \times 10^{-5},$$

故取前 7 项即可,经计算可得

$$I = \int_0^1 e^{-x^2} dx \approx 0.7486.$$

例 3 计算 $\sin 10°$ 的近似值,使其误差不超过 10^{-5}.

解 $10° = \frac{\pi}{180} \times 10 = \frac{\pi}{18}$(弧度)

由 $\sin x = x - \frac{1}{3!}x^3 + \frac{1}{5!}x^5 - \cdots + \frac{(-1)^n}{(2n+1)!}x^{2n+1} + \cdots$

将 $x = \frac{\pi}{18}$ 代入,得

$$\sin\frac{\pi}{18} = \frac{\pi}{18} - \frac{1}{3!}\left(\frac{\pi}{18}\right)^3 + \cdots + \frac{(-1)^n}{(2n+1)!}\left(\frac{\pi}{18}\right)^{2n+1} + \cdots,$$

这是交错级数,取前 n 项之和作为 $\sin\frac{\pi}{18}$ 的近似值,则误差

$$|R_n| \leqslant \frac{1}{(2n+1)!}\left(\frac{\pi}{18}\right)^{2n+1}.$$

当 $n=2$ 时，$|R_2| \leqslant \frac{1}{5!}\left(\frac{\pi}{18}\right)^5 < 10^{-5}$，于是

$$\sin\frac{\pi}{18} \approx \frac{\pi}{18} - \frac{1}{3!}\left(\frac{\pi}{18}\right)^3 \approx 0.173646.$$

这时误差不超过 10^{-5}.

练习 7.5

1. 求下列函数的马克劳林级数展开式.

习题选讲

(1) $f(x)=\sin x^2$　　(2) $f(x)=\dfrac{x^2}{1+x}$

(3) $f(x)=\ln(a+x)\quad(a>0)$　　(4) $f(x)=a^x$

(5) $f(x)=\dfrac{1}{3-x}$　　(6) $f(x)=\dfrac{1}{\sqrt{1-x^2}}$

(7) $f(x)=\dfrac{x}{x^2-2x-3}$　　(8) $f(x)=(1+x)\ln(x+1)$

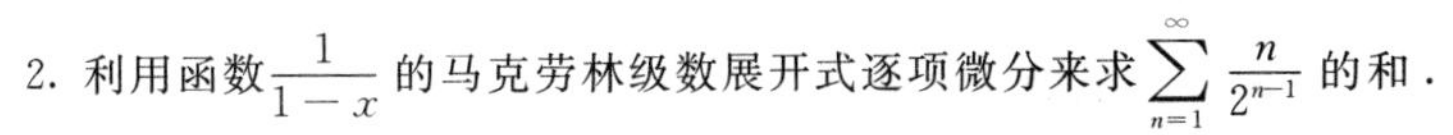

2. 利用函数 $\dfrac{1}{1-x}$ 的马克劳林级数展开式逐项微分来求 $\sum\limits_{n=1}^{\infty}\dfrac{n}{2^{n-1}}$ 的和.

3. 将下列函数展开成 $(x-1)$ 的幂级数.

(1) e^x　　(2) $\dfrac{1}{x}$　　(3) $\ln x$

4. 求下列函数在指定点的幂级数展开式.

(1) $\sin x, x_0=a$　　(2) $\cos x, x_0=\dfrac{\pi}{4}$　　(3) $\dfrac{1}{4-x}, x_0=2$

5. 求下列各数的近似值.

(1) $\sqrt{\mathrm{e}}$(误差不超过 0.001)

(2) $\sqrt[9]{522}$(误差不超过 0.00001)

(3) $\cos 2^\circ$(误差不超过 0.0001)

(4) $\int_0^{\frac{1}{2}}\dfrac{1}{1+x^4}\mathrm{d}x$(误差不超过 0.0001)

(5) $\int_0^{\frac{1}{2}}\dfrac{\arctan x}{x}\mathrm{d}x$(误差不超过 0.001)

习　题　七

1. 填空题.

习题选讲

(1) 级数 $\sum\limits_{n=1}^{\infty}(\sqrt[2n+1]{a}-\sqrt[2n-1]{a})$ 的和为________$(a>0)$.

(2) 级数 $\sum\limits_{n=0}^{\infty}\dfrac{(\ln 3)^n}{2^n}$ 的和为________.

(3) 设 a 为常数，则级数 $\sum\limits_{n=1}^{\infty}\left(\dfrac{\sin na}{n^2}-\dfrac{1}{\sqrt{n}}\right)$________(填“收敛”或“发散”).

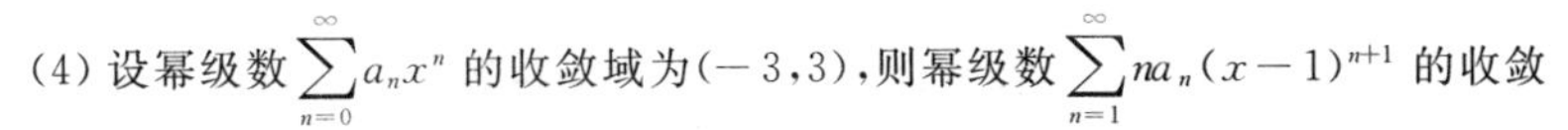

(4) 设幂级数 $\sum\limits_{n=0}^{\infty}a_nx^n$ 的收敛域为 $(-3,3)$，则幂级数 $\sum\limits_{n=1}^{\infty}na_n(x-1)^{n+1}$ 的收敛

域为________.

(5) 幂级数 $\sum_{n=1}^{\infty}\frac{(x-2)^{2n}}{n4^n}$ 的收敛域是________.

2. 选择题.

(1) 若级数 $\sum_{n=1}^{\infty}(u_n+v_n)$ 收敛，则(　　).

(a) $\sum_{n=1}^{\infty}u_n$ 和 $\sum_{n=1}^{\infty}v_n$ 都收敛

(b) $\sum_{n=1}^{n}u_n$ 和 $\sum_{n=1}^{\infty}v_n$ 中至少有一个收敛

(c) $\sum_{n=1}^{\infty}u_n$ 与 $\sum_{n=1}^{\infty}v_n$ 不一定收敛

(d) $u_1+v_1+u_2+v_2+u_3+v_3+\cdots$ 收敛

(2) 正项级数 $\sum_{n=1}^{\infty}u_n$ 收敛的充分必要条件是(　　).

(a) $\lim\limits_{n\to\infty}u_n=0$　　(b) $\lim\limits_{n\to\infty}u_n=0$，且 $u_{n+1}\leqslant u_n, n=1,2,\cdots$

(c) $\lim\limits_{n\to\infty}\frac{u_{n+1}}{u_n}=\rho<1$　　(d) 部分和数列有界

习题选讲

(3) 下列说法正确的是(　　).

(a) 若 $\sum_{n=1}^{\infty}u_n(u_n>0)$ 收敛，则 $\sum_{n=1}^{\infty}u_n^2$ 收敛

(b) 若 $\sum_{n=1}^{\infty}u_n^2(u_n>0)$ 收敛，则 $\sum_{n=1}^{\infty}u_n$ 收敛

(c) 若 $\lim\limits_{n\to\infty}\frac{u_{n+1}}{u_n}<1$，则 $\sum_{n=1}^{\infty}u_n$ 收敛

(d) 若 $\sum_{n=1}^{\infty}u_n$ 收敛，则 $\sum_{n=1}^{\infty}(-1)^{n-1}u_n$ 条件收敛.

(4) 设级数 $\sum_{n=1}^{\infty}u_n$ 绝对收敛，则级数 $\sum_{n=1}^{\infty}\left(1+\frac{1}{n}\right)^n u_n$(　　).

(a) 条件收敛　　(b) 绝对收敛

(c) 发散　　(d) 敛散性不能判定

(5) 若正项级数 $\sum_{n=1}^{\infty}u_n$ 收敛，则级数(　　)一定收敛.

(a) $\sum_{n=1}^{\infty}\sqrt{u_{n+10}}$　　(b) $\sum_{n=1}^{\infty}u_n^2$

(c) $\sum_{n=1}^{\infty}\frac{1}{u_n+10}$　　(d) $\sum_{n=1}^{\infty}\left(\frac{1}{10+u_n}\right)^n$

(6) 设 $0\leqslant u_n<\frac{1}{n}(n=1,2,\cdots)$，则在下列级数中一定收敛的是(　　).

(a) $\sum_{n=1}^{\infty}u_n$　　(b) $\sum_{n=1}^{\infty}(-1)^n u_n$

(c) $\sum_{n=1}^{\infty}\sqrt{u_n}$　　(d) $\sum_{n=1}^{\infty}(-1)^n u_n^n$

3. 判断下列命题是否正确,并说明理由.

(1) 若 $\sum_{n=1}^{\infty}u_n$, $\sum_{n=1}^{\infty}v_n$ 都发散,则 $\sum_{n=1}^{\infty}(u_n+v_n)$ 也发散.

(2) 若 $\sum_{n=1}^{\infty}u_n$ 收敛,则 $\sum_{n=1}^{\infty}\frac{1}{u_n}$ 发散.

(3) 若 $\sum_{n=1}^{\infty}u_n$ 发散,则 $\sum_{n=1}^{\infty}\frac{1}{u_n}$ 收敛.

4. 若正项级数 $\sum_{n=1}^{\infty}u_n$ 和 $\sum_{n=1}^{\infty}v_n$ 都收敛,证明:级数 $\sum_{n=1}^{\infty}\sqrt{u_nv_n}$, $\sum_{n=1}^{\infty}\frac{1}{n}\sqrt{u_n}$, $\sum_{n=1}^{\infty}u_nv_n$ 都收敛.

5. 判断下列级数的敛散性.

(1) $\sum_{n=1}^{\infty}(e^{\frac{1}{n^2}}-1)$　　(2) $\sum_{n=1}^{\infty}\frac{1}{(3n+1)(n+3)}$

(3) $\sum_{n=1}^{\infty}\frac{2^n}{n^2 5^n}$　　(4) $\sum_{n=2}^{\infty}(-1)^n\ln\frac{n+1}{n}$

(5) $\sum_{n=1}^{\infty}\frac{n^3\left[\sqrt{2}+(-1)^n\right]^n}{3^n}$　　(6) $\sum_{n=2}^{\infty}\frac{\ln n}{n(\sqrt{n}-1)}$

(7) $\sum_{n=1}^{\infty}\frac{(n+1)!}{n^{n+1}}$　　(8) $\sum_{n=1}^{\infty}\frac{n^2}{\left(n+\frac{1}{n}\right)^n}$

6. 判断下列级数是绝对收敛还是条件收敛?

(1) $\sum_{n=1}^{\infty}\frac{\cos n}{n^2}$　　(2) $\sum_{n=1}^{\infty}\frac{\sin n\alpha}{3^n}$($\alpha$ 为非零常数)

(3) $\sum_{n=1}^{\infty}(-1)^{n-1}\frac{1}{n!}$　　(4) $\sum_{n=1}^{\infty}(-1)^{n-1}\frac{1}{n^2\sqrt{n}}$

7. 设 $a_n\geqslant 0$,$\{na_n\}$ 有界,证明 $\sum_{n=1}^{\infty}a_n^2$ 收敛.

8. 设 $\sum_{n=1}^{\infty}a_n$ 与 $\sum_{n=1}^{\infty}b_n$ 均收敛,且 $a_n<b_n(n=1,2,\cdots)$,试证明:$\sum_{n=1}^{\infty}a_n$ 绝对收敛的充分必要条件是 $\sum_{n=1}^{\infty}b_n$ 绝对收敛.

9. 讨论级数 $\sum_{n=1}^{\infty}\frac{(-1)^n}{n}\cdot\frac{a}{1+a^n}(a>0)$ 的敛散性.

10. 试证阿贝尔定理:若幂级数 $\sum_{n=0}^{\infty}a_nx^n$ 在点 $x_0(\neq 0)$ 处收敛,则当 $|x|<|x_0|$ 时幂级数 $\sum_{n=0}^{\infty}a_nx^n$ 绝对收敛;反之,若幂级数 $\sum_{n=0}^{\infty}a_nx^n$ 在点 x_0 处发散,则当 $|x|>|x_0|$ 时幂级数 $\sum_{n=0}^{\infty}a_nx^n$ 发散.

11. 设幂级数 $\sum_{n=1}^{\infty}a_n(x-2)^n$ 在点 $x=0$ 处收敛,在点 $x=4$ 处发散,求幂级数 $\sum_{n=1}^{\infty}a_nx^n$ 的收敛半径与收敛域.

习题选讲

习题选讲

12. 设幂级数$\sum_{n=0}^{\infty}a_n(x-3)^n$在点$x=-1$处收敛. 试说明为什么该幂级数在$x=6$处收敛?能否确定该幂级数在$x=7$处也收敛?

13. 求下列幂级数的收敛域.

(1) $\sum_{n=1}^{\infty}\frac{3^n+5^n}{n}x^n$　　　　(2) $\sum_{n=1}^{\infty}\frac{n}{2^n}x^{2n}$

14. 求幂级数$\sum_{n=1}^{\infty}(-1)^n(2n+1)x^{2n-1}$的和函数.

15. 求幂级数$\sum_{n=0}^{\infty}\frac{(-4)^n+1}{4^n(2n+1)}x^{2n}$的收敛域及和函数$S(x)$.

16. 将下列函数展开成x的幂级数.

(1) $\frac{1}{(2-x)^2}$　　　　(2) $\frac{x+5}{2x^2-x-6}$

17*. 设$f(x)=\begin{cases}\frac{1+x^2}{x}\arctan x, & x\neq 0\\ 1, & x=0\end{cases}$,试将$f(x)$展开成$x$的幂级数,并求级数$\sum_{n=1}^{\infty}\frac{(-1)^n}{1-4n^2}$的和.

第8章
微分方程与差分方程

函数是客观事物的内部联系在数量方面的反映,利用函数关系又可以对客观事物的规律性进行研究. 因此,如何寻求函数关系,在实践中具有重要意义. 在许多问题中,往往不能直接找出所需要的函数关系,而要通过建立实际问题的数学模型,找出未知函数来. 本章主要介绍两类常见数学模型—微分方程和差分方程的一些基本概念和几种常见的解法.

§8.1 微分方程的基本概念

下面我们通过几个具体例题来说明微分方程的基本概念.

例1 设一曲线通过点(1,3),且在该曲线上任一点 $M(x,y)$ 处切线的斜率为 $2x$,求该曲线的方程.

解 设所求曲线方程为 $y=y(x)$,根据导数的几何意义,可知 $y=y(x)$ 应满足

$$\begin{cases} \dfrac{dy}{dx} = 2x & (1) \\ y(1) = 3 & (2) \end{cases}$$

由式(1)两端积分,得

$$y=x^2+c(c\text{ 为任意常数}),$$

再由式(2)定出 $c=2$,得所求曲线为 $y=x^2+2$.

例2 已知某产品的总成本变化率为 $C'(x)=50x-x^2$,其固定成本为 $C_0=100$,试求总成本函数 $C(x)$.

解 由题意知,总成本函数 $C(x)$ 满足

$$C'(x) = 50x - x^2 \tag{3}$$

$$C(0) = 100 \tag{4}$$

式(3)两端积分,得

$$C(x)=25x^2-\frac{1}{3}x^3+c,$$

由式(4)得 $c=100$,于是

$$C(x)=25x^2-\frac{1}{3}x^3+100.$$

例 3 以初始速度 v_0 垂直上抛一物体,设此物体的运动只受重力的影响,试确定该物体的运动路程 s 与时间 t 的函数关系 $s=s(t)$.

解 因为物体运动的加速度是路程 s 对时间 t 的二阶导数,且题设只受重力的影响,由牛顿第二定律得 $ms''(t)=-mg$,即

$$s''(t)=-g \tag{5}$$

其中设物体的质量为 m,重力加速度为 g,且垂直向上的方向为正方向.

因为物体的运动速度 $v=s'(t)$,所以上式又可写成

$$\frac{\mathrm{d}v}{\mathrm{d}t}=-g \text{ 或 } \mathrm{d}v=-g\mathrm{d}t \tag{6}$$

对式(6)积分,得

$$v=-gt+c_1 \text{ 或 } \frac{\mathrm{d}s}{\mathrm{d}t}=-gt+c_1 \tag{7}$$

对式(7)积分,得

$$s=-\frac{1}{2}gt^2+c_1t+c_2 \tag{8}$$

其中 c_1,c_2 为任意常数,这是一簇曲线. 如果假设物体开始上抛时路程为 s_0,则依题有 $v(0)=v_0,s(0)=s_0$,代入式(8)得 $c_1=v_0,c_2=s_0$. 于是

$$s=-\frac{1}{2}gt^2+v_0t+s_0.$$

上述三个例子中的关系式(1)、(3)、(5)都含有未知函数的导数,称它们为微分方程.

定义 8.1.1 含有未知函数的导数或微分的方程,称为**微分方程**(differential equation).

未知函数为一元函数的微分方程,称为**常微分方程**. 未知函数为多元函数,从而含有偏导数的微分方程,称为**偏微分方程**. 例如,微分方程(1)、(3)、(5)都是常微分方程,而 $yz'_x-xz'_y=0$ 是偏微分方程.

本章只讨论常微分方程. 下面提到的微分方程,都指常微分方程,简称方程.

定义 8.1.2 微分方程中出现的未知函数导数的最高阶数,称为微分方程的**阶**(order).

例如,$y'=2x$ 是一阶微分方程,$s''=-g$ 是二阶微分方程.

定义 8.1.3 如果一个函数代入微分方程后,方程两端恒等,则称这个函数为微分方程的**解**(solution).

例如,$y=x^2+c$,$y=x^2+2$ 都是 $y'=2x$ 的解. 而 $s=-\frac{1}{2}gt^2+c_1t+c_2$,

$s=-\frac{1}{2}gt^2+v_0t+s_0$ 都是 $s''=-g$ 的解．

如果微分方程的解中含有任意常数，且所含独立的任意常数的个数等于微分方程的阶数，则称此解为微分方程的**通解**．在通解中给予任意常数以确定的值而得到的解，称为**特解**．由通解确定特解的条件称为**初始条件**．求出微分方程解的过程称为**解微分方程**．

例如，$y=x^2+c$ 为 $y'=2x$ 的通解，$y=x^2+2$ 为 $y'=2x$ 满足初始条件 $y(1)=3$ 的特解．

例 4 验证：函数 $y=c_1\cos2x+c_2\sin2x$ 是微分方程

$$\frac{d^2y}{dx^2}+4y=0$$

的解；并求该方程满足 $y(0)=1, y'(0)=2$ 的特解．

解 由 $y=c_1\cos2x+c_2\sin2x$，得

$$\frac{dy}{dx}=-2c_1\sin2x+2c_2\cos2x$$

$$\frac{d^2y}{dx^2}=-4c_1\cos2x-4c_2\sin2x$$

于是 $\frac{d^2y}{dx^2}+4y=0$. 因此，$y=c_1\cos2x+c_2\sin2x$ 为方程 $\frac{d^2y}{dx^2}+4y=0$ 的解.

又 $y=c_1\cos2x+c_2\sin2x$ 中含有两个独立的任意常数 c_1, c_2，故该解为 $\frac{d^2y}{dx^2}+4y=0$ 的通解．

由 $y=c_1\cos2x+c_2\sin2x, y'=-2c_1\sin2x+2c_2\cos2x$ 及 $y(0)=1$, $y'(0)=2$，得

$$c_1=1, c_2=1$$

故所求特解为 $y=\cos2x+\sin2x$.

应该指出，微分方程的求解是一个困难的事情，只有为数不多的几种类型的微分方程可以求出精确解，读者在后面的学习中，要特别注意分辨微分方程的类型．

练习 8.1

1. 指出下列微分方程的阶数．

(1) $x(y')^2-2yy'+x=0$　　(2) $xy''+2y''+x^2y=0$

(3) $xy'''+2y''+x^2y=0$　　(4) $(7x-6y)dx+(x+y)dy=0$

(5) $L\frac{d^2Q}{dt^2}+R\frac{dQ}{dt}+\frac{Q}{C}=0$　　(6) $\frac{d\rho}{d\theta}+\rho=\sin^2\theta$

2. 验证下列各给定函数是其对应微分方程的解(c, c_1, c_2 是任意常数).

(1) $xy'+3y=0$　　$y=cx^{-3}$

(2) $yy'+x=0$　　$x^2+y^2=c^2$

(3) $y''-5y'+6y=0$ $\qquad y=c_1e^{2x}+c_2e^{3x}$

(4) $y''+2y=4x$ $\qquad y=2x$

(5) $\frac{dy}{dx}=\frac{y^2-1}{2}$ $\qquad y_1=\frac{1+ce^x}{1-ce^x}, y_2=1, y_3=-1$

习题选讲

3. 设曲线在点(x,y)处的切线的斜率等于该点横坐标的平方，试建立曲线所满足的微分方程．

4. 验证 $y=(c_1+c_2x)e^{-x}$（c_1，c_2 为任意常数）是微分方程 $y''+2y'+y=0$ 的通解，并求满足初始条件 $y|_{x=0}=4, y'|_{x=0}=-2$ 的特解．

5. 一物体的运动速度为 $v=3t$m/s，当 $t=2$s 时物体经过的路程为 9m，求此物体的运动方程．

6. 某商品的销售量 x 是价格 P 的函数，如果要使该商品的销售收入在价格变化的情况下保持不变，则销售量 x 关于价格 P 的函数关系满足什么样的微分方程？在这种情况下，该商品的需求量相对价格 P 的弹性是多少？

可分离变量的一阶微分方程

§8.2 一阶微分方程

一阶微分方程的一般形式是

$$F(x,y,y')=0.$$

初始条件记作

$$y(x_0)=y_0 \text{ 或 } y|_{x=x_0}=y_0.$$

本节介绍 4 种类型的一阶微分方程的解法．

8.2.1 可分离变量的一阶微分方程

形如

$$M(x)dx=N(y)dy \tag{1}$$

的微分方程，称为**变量已分离的微分方程**．等式(1)两边同时积分，得

$$\int M(x)dx=\int N(y)dy+c. \tag{2}$$

其中 c 为任意常数．式(2)就是微分方程(1)的通解表达式．

注意，这里把 $\int M(x)dx$、$\int N(y)dy$ 分别理解为 $M(x)$、$N(y)$ 的某一个原函数，而把积分常数 c 单独写出来．

形如

$$\frac{dy}{dx}=f(x)g(y) \tag{3}$$

或

$$M_1(x)M_2(y)dx=N_1(x)N_2(y)dy \tag{4}$$

的微分方程，称为**可分离变量的微分方程**．因为经过简单的代数运算，式(3)或式(4)可化为

$$\frac{\mathrm{d}y}{g(y)}=f(x)\mathrm{d}x \qquad (g(y)\neq 0)$$

或
$$\frac{M_1(x)}{N_1(x)}\mathrm{d}x=\frac{N_2(y)}{M_2(y)}\mathrm{d}y \quad (N_1(x)\neq 0, M_2(y)\neq 0)$$

这样,变量就"分离"开来了,两边积分即可得到(3)或(4)的通解.

例 1 解微分方程

$$\frac{\mathrm{d}y}{\mathrm{d}x}=2xy.$$

解 若 $y\neq 0$,分离变量,得

$$\frac{\mathrm{d}y}{y}=2x\mathrm{d}x,$$

两端积分,得

$$\ln|y|=x^2+c_1,$$

即

$$|y|=\mathrm{e}^{x^2+c_1}=\mathrm{e}^{c_1}\mathrm{e}^{x^2}.$$

如果记 $c=\pm\mathrm{e}^{c_1}$,则有

$$y=c\mathrm{e}^{x^2},$$

显然 $y=0$ 也是方程的解,它可以被认为包含在上式中($c=0$). 所以原方程的解为

$$y=c\mathrm{e}^{x^2}.$$

为简便起见,运算过程中可将 $\ln|y|$ 写成 $\ln y$,在最后的结果中,用任意常数 c 进行调节,补回用 y 代替 $|y|$ 造成的损失.

例 2 求微分方程$\frac{\mathrm{d}y}{\mathrm{d}x}=-\frac{x}{y}$的通解.

解 分离变量,得

$$y\mathrm{d}y=-x\mathrm{d}x,$$

两边积分,得

$$\frac{1}{2}y^2=-\frac{1}{2}x^2+\frac{1}{2}c,$$

即 $x^2+y^2=c$ 为所给方程的通解.

需指出的是,微分方程的解可以用隐函数表示,并且通解中所含的任意常数有时也要有一定的限制.

下面的例子是微分方程在实际中的应用.

例 3 设时刻 t 某渔场鱼的总量为 $x(t)$,渔场资源所能容纳的最大鱼量为 M(常数). 已知鱼量的平均增长率与剩余资源成正比,比例系数为 r. 若开始时渔场中的鱼量为 x_0,求 $x(t)$的表达式.

解 设渔场资源总量为 1,则每一单位的鱼量占据的资源为$\frac{1}{M}$,所以 t 时刻的剩余资源为 $1-\frac{x(t)}{M}$. 于是

$$\begin{cases} \dfrac{1}{x}\dfrac{\mathrm{d}x}{\mathrm{d}t} = r\left(1-\dfrac{x}{M}\right) & (5) \\ x(0) = x_0 & (6) \end{cases}$$

式(5)是一个可分离变量的微分方程，分离变量，得

$$\frac{M}{x(M-x)}\mathrm{d}x = r\mathrm{d}t,$$

即

$$\left(\frac{1}{x}+\frac{1}{M-x}\right)\mathrm{d}x = r\mathrm{d}t,$$

两端积分，得

$$\ln\frac{x}{M-x} = rt + \ln c,$$

即
$$\frac{x}{M-x} = c\mathrm{e}^{rt} \tag{7}$$

由初始条件(6)，得 $c=\dfrac{x_0}{M-x_0}$. 代入式(7)，得到特解

$$x=\frac{M}{1+\left(\dfrac{M}{x_0}-1\right)\mathrm{e}^{-rt}},$$

即为所求 $x(t)$表达式.

例 4 根据冷却定律:物体温度的变化率与物体和当时空气温度之差成正比(比例系数$-k<0$). 若一物体的温度为 100℃，将其放置在空气温度为 20℃的环境中冷却. 试求物体温度随时间 t 的变化规律.

解 设物体的温度 T 与时间 t 的函数关系为 $T=T(t)$，依题意，得微分方程

$$\begin{cases} \dfrac{\mathrm{d}T}{\mathrm{d}t} = -k(T-20), & (8) \\ T|_{t=0} = 100. & (9) \end{cases}$$

将方程(8)分离变量，得

$$\frac{\mathrm{d}T}{T-20} = -k\mathrm{d}t,$$

两边积分
$$\int\frac{1}{T-20}\mathrm{d}T = \int -k\mathrm{d}t,$$

得
$$\ln|T-20| = -kt + c_1 \text{（其中 } c_1 \text{ 为任意常数）},$$

即
$$T-20 = \pm\mathrm{e}^{-kt+c_1} = \pm\mathrm{e}^{c_1}\mathrm{e}^{-kt} = c\mathrm{e}^{-kt} \text{（其中 } c=\pm\mathrm{e}^{c_1}\text{）},$$

从而
$$T = 20 + c\mathrm{e}^{-kt}.$$

再将条件(9)代入，得 $c=100-20=80$，于是，所求规律为

$$T = 20 + 80\mathrm{e}^{-kt}.$$

物体冷却的数学模型在多个领域有着广泛的应用. 例如，警方破

案时，法医要根据尸体当时的温度推断这个人的死亡时间，就可以利用这个模型来计算解决.

例 5 （人口增长模型）设 $N(t)$ 表示某国在时间 t 的人口总数，且函数 $N(t)$ 可导. 记 $r=r(t,N)$ 为人口增长率（即出生率与死亡率之差），则

$$r(t,N)=\lim_{\Delta t\to 0}\frac{N(t+\Delta t)-N(t)}{tN(t)}=\frac{1}{N(t)}\frac{\mathrm{d}N(t)}{\mathrm{d}t}.$$

由此可得人口总数 $N(t)$ 满足的微分方程

$$\frac{\mathrm{d}N}{\mathrm{d}t}=rN$$

对人口增长率 $r(t,N)$ 作不同的假设，就导致不同的人口增长模型.

在最简单的人口增长模型中，假设人口增长率 r 等于常数 $k>0$. 若已知当 $t=t_0$ 时人口总数为 $N(t_0)=N_0$，解初值问题

$$\begin{cases}\dfrac{\mathrm{d}N}{\mathrm{d}t}=kN\\ N(t_0)=N_0\end{cases}$$

可得人口总数 $N(t)=N_0\mathrm{e}^{k(t-t_0)}$.

由此得出人口将按照指数函数增长，这就是马尔萨斯①人口论的数学依据. 实践已经证明马尔萨斯人口论是错误的.

后来有人提出了一种改进的模型，其根据是随着人口基数的增大人口增长率会下降，从而可设人口增长率

$$r=a-bN,$$

其中正的常数 a 与 b 称为生命系数，且测得 a 的自然值为 0.029，而 b 的值由各国的社会经济条件所确定. 于是已知当 $t=t_0$ 时人口总数为 $N(t_0)=N_0$，解初值问题

$$\begin{cases}\dfrac{\mathrm{d}N}{\mathrm{d}t}=N(a-bN)\\ N(t_0)=N_0\end{cases}$$

可得人口总数

$$N(t)=\frac{aN_0\mathrm{e}^{a(t-t_0)}}{a-bN_0+bN_0\mathrm{e}^{a(t-t_0)}}.$$

据文献记载，一些西方国家曾用这个模型预报过人口总数的变化，结果比较符合实际情况.

马尔萨斯

8.2.2 齐次微分方程

形如

$$\frac{\mathrm{d}y}{\mathrm{d}x}=f\left(\frac{y}{x}\right)\tag{1}$$

① 马尔萨斯(Thomas Robert Malthus，1766—1834)，英国人口学家和政治经济学家.

的微分方程，称为**齐次微分方程**.

例如

$$\frac{dy}{dx}=\frac{y^2}{xy-x^2}\quad,\quad (xy-y^2)dx-(x^2-2xy)dy=0$$

分别可化为

$$\frac{dy}{dx}=\frac{\left(\frac{y}{x}\right)^2}{\frac{y}{x}-1}\quad,\quad \frac{dy}{dx}=\frac{\frac{y}{x}-\left(\frac{y}{x}\right)^2}{1-2\left(\frac{y}{x}\right)}.$$

所以它们都是齐次微分方程.

解齐次微分方程(1)的常用方法是通过变量变换将其化为可分离变量的微分方程，然后再求解．具体做法是

令

$$u=\frac{y}{x} \tag{2}$$

于是

$$y=xu,\quad \frac{dy}{dx}=x\frac{du}{dx}+u. \tag{3}$$

代入式(1)，得

$$u+x\frac{du}{dx}=f(u). \tag{4}$$

分离变量，得

$$\frac{du}{f(u)-u}=\frac{dx}{x}.$$

两端积分，得(4)的通解

$$\int\frac{du}{f(u)-u}=\ln x-\ln c.$$

即

$$x=ce^{\int\frac{du}{f(u)-u}}. \tag{5}$$

求出积分 $\int\frac{du}{f(u)-u}$ 后，将 u 还原为 $\frac{y}{x}$ 代入式(5)即得方程(1)的通解.

例 1 解微分方程

$$\frac{dy}{dx}=2\sqrt{\frac{y}{x}}+\frac{y}{x}$$

解 令 $u=\frac{y}{x}$，则原方程可变为

$$x\frac{du}{dx}+u=2\sqrt{u}+u,$$

即

$$x\frac{du}{dx}=2\sqrt{u}.$$

显然，$u=0$ 是该方程的一个解，从而 $y=0$ 是原方程的一个解．若 $u\neq 0$，分离变量，得

$$\frac{\mathrm{d}u}{2\sqrt{u}}=\frac{\mathrm{d}x}{x}$$

两端积分，得

$$\sqrt{u}=\ln|x|+c$$

所以，原方程的通解为

$$y=x(\ln|x|+c)^2.$$

例 2　求微分方程

$$\frac{\mathrm{d}y}{\mathrm{d}x}=\frac{y^2}{xy-x^2}$$

的通解．

解　原方程可化为

$$\frac{\mathrm{d}y}{\mathrm{d}x}=\frac{\left(\frac{y}{x}\right)^2}{\left(\frac{y}{x}\right)-1} \tag{6}$$

它是齐次微分方程．令 $u=\frac{y}{x}$，则

$$y=xu, \frac{\mathrm{d}y}{\mathrm{d}x}=x\frac{\mathrm{d}u}{\mathrm{d}x}+u$$

代入式(6)，得

$$u+x\frac{\mathrm{d}u}{\mathrm{d}x}=\frac{u^2}{u-1}$$

分离变量，得

$$\frac{u-1}{u}\mathrm{d}u=\frac{1}{x}\mathrm{d}x$$

两端积分，得

$$u-\ln|u|+c=\ln|x|$$

即

$$\ln|xu|=u+c$$

所以，原方程的通解为

$$\ln|y|=\frac{y}{x}+c.$$

8.2.3　一阶线性微分方程

形如

$$y'+p(x)y=q(x) \tag{1}$$

的微分方程，称为**一阶线性微分方程**(first-order linear differential equation)．当$q(x)=0$时，式(1)变为

$$y'+p(x)y=0 \tag{2}$$

称为**一阶线性齐次微分方程**．当 $q(x)\neq 0$ 时，式(1)称为**一阶线性非齐**

次微分方程．

1. 齐次方程的通解

一阶线性齐次方程(2)是一个变量可分离的微分方程．分离变量，得

$$\frac{\mathrm{d}y}{y}=-p(x)\mathrm{d}x$$

两端积分，得

$$\ln y=-\int p(x)\mathrm{d}x+\ln c$$

所以，方程(2)的通解为

$$y=c\mathrm{e}^{-\int p(x)\mathrm{d}x} \tag{3}$$

式(3)可作为公式使用．

例 1 求微分方程

$$y'+3x^2y=0$$

满足 $y(0)=2$ 的特解．

解 把 $p(x)=3x^2$ 代入式(3)，得

$$y=c\mathrm{e}^{-\int 3x^2\mathrm{d}x}=c\mathrm{e}^{-x^3},$$

由 $y(0)=2$ 得 $c=2$，故所求特解为 $y=2\mathrm{e}^{-x^3}$．

2. 非齐次方程的通解

把方程(1)改写为

$$\frac{\mathrm{d}y}{y}=\frac{q(x)}{y}\mathrm{d}x-p(x)\mathrm{d}x$$

两端积分，注意到 y 是 x 的函数，得

$$\ln y=\int\frac{q(x)}{y}\mathrm{d}x-\int p(x)\mathrm{d}x+c_1,$$

即
$$y=\mathrm{e}^{c_1}\mathrm{e}^{\int\frac{q(x)}{y}\mathrm{d}x}\mathrm{e}^{-\int p(x)\mathrm{d}x}.$$

令 $c(x)=\mathrm{e}^{c_1}\mathrm{e}^{\int\frac{q(x)}{y}\mathrm{d}x}$，则上式变为

$$y=c(x)\mathrm{e}^{-\int p(x)\mathrm{d}x} \tag{4}$$

于是，求非齐次方程(1)通解问题，变为确定(4)中 $c(x)$ 的问题．

在式(4)两端对 x 求导，得

$$y'=c'(x)\mathrm{e}^{-\int p(x)\mathrm{d}x}-c(x)p(x)\mathrm{e}^{-\int p(x)\mathrm{d}x}$$

代入方程(1)，得

$$c'(x)\mathrm{e}^{-\int p(x)\mathrm{d}x}-c(x)p(x)\mathrm{e}^{-\int p(x)\mathrm{d}x}+p(x)c(x)\mathrm{e}^{-\int p(x)\mathrm{d}x}=q(x)$$

化简，得

$$c'(x)=q(x)\mathrm{e}^{\int p(x)\mathrm{d}x}$$

于是
$$c(x)=\int q(x)\mathrm{e}^{\int p(x)\mathrm{d}x}\mathrm{d}x+c$$

代入(4)，得方程(1)的通解

$$y = e^{-\int p(x)dx}\left[\int q(x)e^{\int p(x)dx}dx + c\right] \tag{5}$$

比较(3)、(4)可以发现，(3)中常数 c 在(4)中变易为 x 的函数 $c(x)$，然后确定 $c(x)$，得线性非齐次方程的通解，这种通过将齐次方程通解中任意常数变为待定函数 $c(x)$ 的求解方法，称为**常数变易法**．在解线性非齐次微分方程时，可直接使用公式(5)．

注意，式(5)可改写成两项之和

$$y = ce^{-\int p(x)dx} + e^{-\int p(x)dx}\int q(x)e^{\int p(x)dx}dx$$

上式右端第一项是对应线性齐次方程(2)的通解，第二项是线性非齐次方程(1)的一个特解(在式(1)的通解中取 $c=0$ 便得到这个特解)．由此可知，线性非齐次方程的通解等于对应的齐次方程的通解与非齐次方程的一个特解之和．

例 2　求微分方程

$$\frac{dy}{dx}+2xy=2xe^{-x^2}$$

的通解．

解　由公式(5)，得方程的通解

$$\begin{aligned} y &= e^{-\int 2xdx}\left(\int 2xe^{-x^2}e^{\int 2xdx}dx + c\right) \\ &= e^{-x^2}\left(\int 2xe^{-x^2}e^{x^2}dx + c\right) \\ &= e^{-x^2}(x^2+c). \end{aligned}$$

例 3　解微分方程

$$ydx+(x-y^3)dy=0.$$

解　若将上式改写为

$$\frac{dy}{dx}+\frac{y}{x-y^3}=0$$

关于 y，这不是一个线性微分方程．如果把 x 看作 y 的函数，将上式改写为

$$\frac{dx}{dy}+\frac{x}{y}=y^2$$

这是一个线性方程，其中 $p(y)=\frac{1}{y}$，$q(y)=y^2$，由公式(5)得到通解

$$\begin{aligned} x &= e^{-\int \frac{1}{y}dy}\left(\int y^2e^{\int \frac{1}{y}dy}dy + c\right) = \frac{1}{y}\left(\int y^3dy + c\right) \\ &= \frac{1}{y}\left(\frac{1}{4}y^4 + c\right) = \frac{1}{4}y^3 + \frac{c}{y}. \end{aligned}$$

注意，微分方程的通解可以把 x 表示为 y 的函数．

例 4 已知连续函数 $f(x)$ 满足 $f(x)=\int_0^{3x} f\left(\frac{t}{3}\right)\mathrm{d}t+\mathrm{e}^{2x}$，求 $f(x)$ 的表达式．

解 方程两端对 x 求导，并整理得

$$f'(x)-3f(x)=2\mathrm{e}^{2x},$$

于是，由公式(5)，得

$$f(x)=\mathrm{e}^{3x}(c-2\mathrm{e}^{-x})=c\mathrm{e}^{3x}-2\mathrm{e}^{2x},$$

由题设方程知 $f(0)=1$，得 $c=3$，故所求表达式为 $f(x)=3\mathrm{e}^{3x}-2\mathrm{e}^{2x}$．

8.2.4 伯努利方程

形如

$$y'+p(x)y=q(x)y^{\alpha} \qquad (\alpha\neq 0,1) \tag{1}$$

的微分方程称为**伯努利**[①]**方程**．

当 $\alpha=0$ 或 1 时，方程(1)变为线性方程．对伯努利方程(1)可以借助变量变换化为线性方程求解．

事实上，以 y^{α} 除方程(1)的两端，得

$$y^{-\alpha}\frac{\mathrm{d}y}{\mathrm{d}x}+p(x)y^{1-\alpha}=q(x) \tag{2}$$

容易看出，上式左端第一项与 $\frac{\mathrm{d}}{\mathrm{d}x}(y^{1-\alpha})$ 只差一个常数因子 $1-\alpha$，因此我们引入新的未知函数

$$z=y^{1-\alpha},$$

则

$$\frac{\mathrm{d}z}{\mathrm{d}x}=(1-\alpha)y^{-\alpha}\frac{\mathrm{d}y}{\mathrm{d}x}.$$

用 $(1-\alpha)$ 乘方程(2)的两端，再通过上述代换便得线性方程

$$\frac{\mathrm{d}z}{\mathrm{d}x}+(1-\alpha)p(x)z=(1-\alpha)q(x)$$

求出这个方程的通解后，以 $y^{1-\alpha}$ 代替 z 便得伯努利方程(1)的通解．

例 1 求微分方程

$$y'+\frac{1}{x}y=(\ln x)y^2$$

的通解．

伯努利

解 令 $z=y^{1-2}=y^{-1}$，则

$$\frac{\mathrm{d}y}{\mathrm{d}x}=-y^2\frac{\mathrm{d}z}{\mathrm{d}x},$$

代入原方程，得

① 伯努利(Jakob Bernoulli，1654—1705)，瑞士数学家．

$$\frac{\mathrm{d}z}{\mathrm{d}x}-\frac{1}{x}z=-\ln x,$$

由 8.2.3 小节中公式(5)，得其通解为

$$\begin{aligned} z &= \mathrm{e}^{-\int -\frac{1}{x}\mathrm{d}x}\left[\int(-\ln x)\mathrm{e}^{-\int\frac{1}{x}\mathrm{d}x}\mathrm{d}x+c\right] \\ &= x\left(-\int\frac{\ln x}{x}\mathrm{d}x+c\right)=x\left[-\frac{1}{2}(\ln x)^2+c\right]. \end{aligned}$$

于是，原方程的通解为 $y=\dfrac{1}{x\left[-\frac{1}{2}(\ln x)^2+c\right]}$.

例 2　求微分方程

$$y'-\frac{4}{x}y=x\sqrt{y}$$

的通解．

解　令 $z=y^{1-\frac{1}{2}}=\sqrt{y}$，则

$$\frac{\mathrm{d}y}{\mathrm{d}x}=2\sqrt{y}\frac{\mathrm{d}z}{\mathrm{d}x},$$

代入原方程，得

$$\frac{\mathrm{d}z}{\mathrm{d}x}-\frac{2}{x}z=\frac{x}{2},$$

由 8.2.3 小节中公式(5)，得通解为

$$\begin{aligned} z &= \mathrm{e}^{\int\frac{2}{x}\mathrm{d}x}\left(\int\frac{x}{2}\mathrm{e}^{-\int\frac{2}{x}\mathrm{d}x}\mathrm{d}x+c\right) \\ &= x^2\left(\int\frac{1}{2x}\mathrm{d}x+c\right)=x^2\left(\frac{1}{2}\ln|x|+c\right). \end{aligned}$$

于是，原方程的通解为 $y=x^4\left(\dfrac{1}{2}\ln|x|+c\right)^2$.

练习 8.2

1. 求通解或特解．

(1) $x\mathrm{d}y+y\mathrm{d}x=0$　　(2) $\dfrac{\mathrm{d}y}{\mathrm{d}x}=\dfrac{y^2+1}{y(x^2-1)}$

(3) $(1-x)\mathrm{d}y=(1+y)\mathrm{d}x$　　(4) $xy\mathrm{d}x+\sqrt{1-x^2}\mathrm{d}y=0$

(5) $\dfrac{x}{1+y}\mathrm{d}x-\dfrac{y}{1+x}\mathrm{d}y=0,y(0)=1$

2. 求通解或特解．

(1) $y'=\dfrac{y}{y-x}$　　(2) $x\dfrac{\mathrm{d}y}{\mathrm{d}x}-y+\sqrt{x^2+y^2}=0(x>0)$

(3) $x\dfrac{\mathrm{d}y}{\mathrm{d}x}=y(\ln y-\ln x)$　　(4) $xy^2\mathrm{d}y=(x^3+y^3)\mathrm{d}x$

(5) $(x^2+y^2)\mathrm{d}x-xy\mathrm{d}y=0,y(1)=0$

习题选讲

3. 某林区现有木材 10 万 m^3，如果在每一瞬时木材的变化率与当时木材数成正比，假使 10 年内此林区能有木材 20 万 m^3，试确定木材数 p 与时间 t 的关系．

习题选讲

4. 某商品的需求量 x 对价格 p 的弹性为 $\eta=-3p^3$，市场对该产品的最大需求量为1(万件)，求需求函数.

5. 求通解或特解.

(1) $y'-\frac{2}{x+1}y=(x+1)^3$ (2) $y'+3y=e^{-2x}$

(3) $y'-\frac{2}{x}y=x^2\sin 3x$ (4) $(2x-y^2)dy-ydx=0$

(5) $\frac{dy}{dx}=\frac{\ln x}{x}y^2+\frac{1}{x}y$ (6) $y'-xy=-e^{-x^2}y^3$

(7) $xy'+y=3, y(1)=0$ (8) $xy'-2y=x^3e^x, y(1)=0$

§8.3 高阶微分方程

二阶或二阶以上的微分方程称为**高阶微分方程**. n 阶微分方程的一般形式是

$$F(x,y,y',y'',\cdots,y^{(n)})=0.$$

一般地说，要求出上述方程解的解析表达式是很困难的，本节只讨论一些特殊形式的高阶微分方程的求解问题.

8.3.1 可降阶的高阶微分方程

对于有些高阶微分方程，我们可以通过代换将它们化成较低阶的方程来解. 下面介绍三种容易降阶的高阶微分方程的求解方法.

1. $y^{(n)}=f(x)$ 型

微分方程

$$y^{(n)}=f(x) \tag{1}$$

的特点是左端只含最高阶导数，右端只含自变量 x 的函数. 容易看出，对这类方程，只要把 $y^{(n-1)}$ 作为新的未知函数，那么式(1)就是新未知函数的一阶微分方程，两边积分，就得到 $n-1$ 阶微分方程

$$y^{(n-1)}=\int f(x)dx+c_1$$

依此法继续进行，接连积分 n 次，便得方程(1)的含有 n 个任意常数的通解.

例1 求微分方程

$$y'''=\sin x+e^{2x}$$

的通解.

解 对所给方程接连积分3次，得

$$y''=-\cos x+\frac{1}{2}e^{2x}+c_1.$$

$$y'=-\sin x+\frac{1}{4}e^{2x}+c_1x+c_2.$$

$$y=\cos x+\frac{1}{8}e^{2x}+\frac{c_1}{2}x^2+c_2x+c_3.$$

这就是所求的通解．

例 2 （交通事故的勘查）在公路交通事故的现场，常会发现事故车辆的车轮底下留有一段拖痕．这是紧急刹车后制动片抱紧制动箍使车轮停止了转动，由于惯性的作用，车轮在地面上摩擦滑动而留下的．如果在事故现场测得拖痕的长度为10m（见图8－1），那么事故调查人员是如何判定事故车辆在紧急刹车前的车速的？

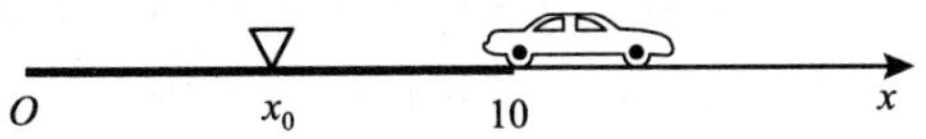

图 8－1

解 调查人员首先测定出现场的路面与事故车辆之车轮的摩擦系数为$\lambda=1.02$（此系数由路面质地、车轮与地面接触面积等因素决定），然后设拖痕所在的直线为x轴，并令拖痕的起点为原点，车辆的滑动位移为x，滑动速度为v. 当$t=0$时，$x=0$，$v=v_0$；当$t=t_1$时（t_1是滑动停止的时刻），$x=10$，$v=0$.

在滑动过程中，车辆受到与运动方向相反的摩擦力f的作用，如果车辆的质量为m，则摩擦力f的大小为λmg. 根据牛顿第二定律，有

$$m\frac{d^2x}{dt^2}=-\lambda mg,$$

即

$$\frac{d^2x}{dt^2}=-\lambda g.$$

积分得

$$\frac{dx}{dt}=-\lambda gt+c_1,$$

根据条件，当$t=0$时，$v=\frac{dx}{dt}=v_0$，定出$c_1=v_0$，即有

$$\frac{dx}{dt}=-\lambda gt+v_0 \qquad (2)$$

再一次积分，得

$$x=\frac{-\lambda g}{2}t^2+v_0t+c_2.$$

根据条件，当$t=0$时$x=0$，定出$c_2=0$，即有

$$x=\frac{-\lambda g}{2}t^2+v_0t. \qquad (3)$$

最后根据条件 $t=t_1$ 时，$x=10$，$v=0$，由式(2)和式(3)，得

$$\begin{cases} -\lambda g t_1+v_0=0, \\ -\dfrac{\lambda g}{2}t_1^2+v_o t_1=10. \end{cases}$$

在此方程组中消去 t_1，得

$$v_0=\sqrt{2\lambda g\times 10}.$$

代入 $\lambda=1.02$，$g\approx 9.81\mathrm{m/s^2}$，计算得

$$v_0=14.15(\mathrm{m/s})\approx 50.9(\mathrm{km/h}).$$

这是车辆开始滑动时的初速度，而实际上在车轮开始滑动之前车辆还有一个滚动减速的过程，因此车辆在刹车前的速度要远大于 50.9km/h. 此外，如果根据勘查，确定了事故发生的临界点（即事故发生瞬时的确切位置）在距离拖痕起点 x_0(m)处，由方程(3)还可以计算出 t_0 的值，这就是驾驶员因突发事件而紧急制动的提前反应时间．可见依据刹车拖痕的长短，调查人员可以判断驾驶员的行驶速度是否超出规定以及他对突发事件是否作出了及时的反应．

2. $y^{(n)}=f(x,y^{(n-1)})$ 型

微分方程

$$y^{(n)}=f(x,y^{(n-1)}) \tag{4}$$

的特点是未知函数的 n 阶导数表示为 $n-1$ 阶导数与自变量的函数，方程不含其他阶导数，也不含未知函数 y. 如果我们设 $u=y^{(n-1)}$，则 $u'=y^{(n)}$，于是方程化为

$$u'=f(x,u)$$

这是一个关于变量 x,u 的一阶微分方程，设其通解为

$$u=\varphi(x,c_1),$$

即

$$y^{(n-1)}=\varphi(x,c_1).$$

此为形式(1)的微分方程，对它进行 $n-1$ 次积分，得方程(4)的通解．

例 3 求微分方程

$$y'''=\frac{1}{x}y''+2x^2$$

的通解．

解 令 $u=y''$，则 $u'=y'''$，方程化为

$$u'-\frac{1}{x}u=2x^2,$$

这是一阶线性方程，它的解为

$$\begin{aligned} u &= \mathrm{e}^{\int\frac{1}{x}\mathrm{d}x}\left(\int 2x^2\mathrm{e}^{-\int\frac{1}{x}\mathrm{d}x}\mathrm{d}x+c_1\right) \\ &= x\left(\int 2x^2\cdot\frac{1}{x}\mathrm{d}x+c_1\right)=x(x^2+c_1)=x^3+c_1x, \end{aligned}$$

即

$$y''=x^3+c_1x.$$

所以

$$y'=\frac{1}{4}x^4+\frac{c_1}{2}x^2+c_2,$$

$$y=\frac{1}{20}x^5+\frac{c_1}{6}x^3+c_2x+c_3$$

此为所求的通解.

3. $y''=f(y,y')$ 型

微分方程

$$y''=f(y,y') \tag{5}$$

的特点是不显含自变量 x. 令 $u=y'$,并把 y''化为 u 对 y 的导数,有

$$y''=\frac{du}{dx}=\frac{du}{dy}\cdot\frac{dy}{dx}=u\cdot\frac{du}{dy}.$$

于是方程(5)可化为

$$u\frac{du}{dy}=f(y,u)$$

这是以 y 为自变量,以 u 为未知函数的一阶微分方程. 如果能求出它的通解

$$u=\varphi(y,c_1),$$

即

$$y'=\varphi(y,c_1).$$

分离变量并积分可求出方程(5)的通解

$$x=\int\frac{dy}{\varphi(y,c_1)}+c_2.$$

例 4 求微分方程

$$yy''=(y')^2$$

的通解.

解 令 $u=y'$,则 $y''=u\frac{du}{dy}$,代入原方程,得

$$yu\frac{du}{dy}=u^2.$$

若 $u\neq0$,分离变量,得

$$\frac{du}{u}=\frac{dy}{y}$$

两端积分,得

$$\ln u=\ln y+\ln c_1,$$

即

$$u=c_1y,y'=c_1y.$$

所以,原方程的通解为

$$y=c_2e^{c_1x}.$$

注意,当 $u=0$ 时 y 为常数,这一常数解也包含在通解中($c_1=0$).

8.3.2 二阶常系数线性微分方程

二阶常系数线性微分方程的一般形式是

$$y''+py'+qy=f(x), \tag{1}$$

其中 p、q 是常数,$f(x)$是 x 的已知函数.当 $f(x)\neq0$ 时,称(1)为二阶常系数线性非齐次微分方程.当 $f(x)=0$ 时,称(1)为二阶常系数线性齐次微分方程.在方程(1)中,令 $f(x)=0$,则式(1)变为

$$y''+py'+qy=0 \tag{2}$$

称为对应于式(1)的二阶常系数线性齐次微分方程.

1. 齐次方程的通解

定理 8.3.1 设 y_1,y_2 是方程(2)的两个解,且$\frac{y_1}{y_2}\neq c$(c 为常数),则

$$y=c_1y_1+c_2y_2 \qquad (c_1,c_2\text{ 为任意常数}) \tag{3}$$

是方程(2)的通解.

证 先验证式(3)是方程(2)的解.因 y_1,y_2 是方程(2)的解,所以

$$y''_1+py'_1+qy_1=0,$$
$$y''_2+py'_2+qy_2=0.$$

将式(3)两端求导数,代入式(2)左端,得

$$\begin{aligned}&(c_1y''_1+c_2y''_2)+p(c_1y'_1+c_2y'_2)+q(c_1y_1+c_2y_2)\\&=c_1(y''_1+py'_1+qy_1)+c_2(y''_2+py'_2+qy_2)=0,\end{aligned}$$

所以,式(3)是方程(2)的解.

在$\frac{y_1}{y_2}\neq c$(c 为常数)的条件下,可以证明 $y=c_1y_1+c_2y_2$ 中含有两个任意常数 c_1,c_2,所以,$c_1y_1+c_2y_2$ 是方程(2)的通解.

注意,$\frac{y_1}{y_2}$不等于常数这一条件很重要.如果$\frac{y_1}{y_2}=k$(k 是常数),则 $y_1=ky_2$,于是

$$y=(c_1k+c_2)y_2=cy_2$$

其中 $c=c_1k+c_2$,因而 y 中只含一个任意常数,所以式(3)不是(2)的通解.

一般地,设函数 $f(x)$与 $g(x)$在某区间内有定义,若$\frac{f(x)}{g(x)}$或$\frac{g(x)}{f(x)}$是常数,则称 $f(x)$与 $g(x)$线性相关,否则称线性无关.

例如,$\sin x$ 与 $\cos x$,e^x 与 xe^x 是线性无关的;而 e^x 与 $2e^x$,0 与任意

函数$f(x)$是线性相关的．

由定理8.3.1知，求方程(2)的通解归结为求它的两个线性无关的特解．为求出方程(2)的两个线性无关的解，我们分析一下方程(2)有些什么特点．方程(2)左端是y''、py'与qy三项之和，而右端为0. 如果能找到一个函数$y\neq 0$，使得$y'=by$，$y''=ay$，且$a+pb+q=0$，则$y''+py'+qy=(a+pb+q)y=0$. 由于指数函数有这个特点，因此，我们用$y=e^{rx}$(r为常数)来尝试，看能否通过选择r，使$y=e^{rx}$是方程(2)的解．将$y=e^{rx}$求导，得$y'=re^{rx}$，$y''=r^2e^{rx}$，代入方程(2)后得

$$e^{rx}(r^2+pr+q)=0$$

由于$e^{rx}\neq 0$，所以$y=e^{rx}$是方程(2)的解的充要条件是r满足

$$r^2+pr+q=0 \tag{4}$$

我们把代数方程(4)称为微分方程(2)的**特征方程**．

下面讨论如何利用特征方程(4)来求方程(2)的通解．

因特征方程是r的二次代数方程，故可能有两个根，记为r_1，r_2. 求方程(2)通解时，要根据(4)的两个根r_1与r_2是相异实根、重根和共轭复根3种情形分别讨论.

(i)两个互异实根

这时$p^2-4q>0$，特征方程(4)两个互异实根为

$$r_1=\frac{-p+\sqrt{p^2-4q}}{2},r_2=\frac{-p-\sqrt{p^2-4q}}{2}$$

于是，方程(2)有两个相应的解

$$y_1=e^{r_1x},y_2=e^{r_2x}$$

由$r_1\neq r_2$知，$\frac{y_1}{y_2}=e^{(r_1-r_2)x}$不为常数，所以$y_1$与$y_2$线性无关．于是方程(2)的通解为

$$y=c_1e^{r_1x}+c_2e^{r_2x} \tag{5}$$

(ii)两个相同实根

这时$p^2-4q=0$，特征方程(4)两个相同实根为

$$r_1=r_2=r=-\frac{p}{2}$$

于是，我们得到方程(2)的一个解$y_1=e^{rx}$. 为了求方程(2)的通解，还需求另一个解y_2，并且$\frac{y_2}{y_1}$不是常数．

设$y_2=y_1u(x)=e^{rx}u(x)$，且$u(x)$不是常数，下面求$u(x)$.

将y_2求导，得

$$y'_2=e^{rx}(u'+ru)$$
$$y''_2=e^{rx}(u''+2ru'+r^2u)$$

将y_2，y'_2，y''_2，代入方程(2)，得

$$e^{rx}[(u''+2ru'+r^2u)+p(u'+ru)+qu]=0$$

从而

$$u''+(2r+p)u'+(r^2+pr+q)=0$$

由于 $r^2+pr+q=0, 2r+p=0$，于是得

$$u''=0.$$

因此只要 $u''=0$ 且 $u(x)\neq c$，$y^2=u(x)e^{rx}$ 就是(2)的一个解，且 y_1 与 y_2 线性无关．所以不妨选取 $u=x$，因此得微分方程组(2)另一个解

$$y_2=xe^{rx}.$$

于是方程(2)的通解为

$$y=c_1e^{rx}+c_2xe^{rx} \tag{6}$$

(iii)共轭复根

这时 $p^2-4q<0$，特征方程(4)两个共轭复根为

$$r_1=\alpha+i\beta, r_2=\alpha-i\beta$$

其中 $\alpha=-\frac{p}{2}, \beta=\frac{\sqrt{4q-p^2}}{2}, i=\sqrt{-1}$.

可以证明

$$y_1=e^{\alpha x}\cos\beta x, y_2=e^{\alpha x}\sin\beta x$$

是方程(2)的两个线性无关的解，所以，方程(2)的通解为

$$y=e^{\alpha x}(c_1\cos\beta x+c_2\sin\beta x) \tag{7}$$

现将二阶常系数线性齐次方程通解形式列表如下：

表 8－1

特征方程 $r^2+pr+q=0$ 根的判别式	特征方程 $r^2+pr+q=0$ 的根	微分方程 $y''+py'+q=0$ 的通解
$p^2-4q>0$	$r_{1,2}=\frac{1}{2}(-p\pm\sqrt{p^2-4q})$（相异实根）	$y=c_1e^{r_1x}+c_2e^{r_2x}$
$p^2-4q=0$	$r_1=r_2=-\frac{p}{2}$（重根）	$y=(c_1+c_2x)e^{r_1x}$
$p^2-4q<0$	$r_{1,2}=\alpha\pm i\beta$ $=-\frac{p}{2}\pm\frac{i}{2}\sqrt{4q-p^2}$（复根）	$y=e^{\alpha x}(c_1\cos\beta x+c_2\sin\beta x)$

例 1 求方程

$$y''-5y'+6y=0$$

的通解．

解 所给方程的特征方程为 $r^2-5r+6=0$，其两个根为 $r_1=2$，$r_2=3$，所以微分方程的通解为

$$y=c_1e^{2x}+c_2e^{3x}.$$

例 2 求方程

$$y''-y'=0$$

的通解．

解 所给方程的特征方程为 $r^2-r=0$，其两个根为 $r_1=0, r_2=1$，所以微分方程的通解为

$$y=c_1+c_2e^x.$$

例 3 求方程

$$y'=\frac{y''+y}{2}$$

的通解．

解 方程化为

$$y''-2y'+y=0$$

它的特征方程 $r^2-2r+1=0$ 两个根：$r_1=r_2=1$，所以，方程的通解为

$$y=c_1e^x+c_2xe^x.$$

例 4 求方程

$$y''-2y'+2y=0$$

的通解．

解 所给方程的特征方程为 $r^2-2r+2=0$，其两个根为 $r_1=1+i$，$r_2=1-i$，所以微分方程的通解为

$$y=e^x(c_1\cos x+c_2\sin x).$$

2. 非齐次方程的通解

定理 8.3.2 设 y^* 是非齐次方程(1)的一个解，$\overline{y}$ 是方程(1)对应的齐次方程(2)的通解，则方程(1)的通解为

$$y=y^*+\overline{y}. \tag{8}$$

证 因 y^* 是方程(1)的解，所以

$$(y^*)''+p(y^*)'+qy^*=f(x).$$

又 $\overline{y}$ 是方程(2)的通解，所以

$$(\overline{y})''+p(\overline{y})'+q\overline{y}=0.$$

将两式相加，得

$$(y^*+\overline{y})''+p(y^*+\overline{y})'+q(y^*+\overline{y})=f(x).$$

即 $y=y^*+\overline{y}$ 是方程(1)的解．

因 $\overline{y}$ 中含有两个任意常数($\overline{y}$ 为方程(2)的通解)，从而 $y=y^*+\overline{y}$ 中也含有两个任意常数，所以，$y=y^*+\overline{y}$ 是非齐次方程(1)的通解．

由定理 8.3.2 可知，求非齐次方程(1)的通解，归结为求它的一个特解 y^* 及对应的齐次方程(2)的通解 $\overline{y}$，然后取和式 $y=y^*+\overline{y}$，即求得(1)的通解．求齐次方程(2)的通解，前面已讲过．现在，剩下的问题

是如何求方程(1)的一个特解.

这里,介绍三种方法.

(i) 观察法

例 5 求非齐次方程

$$y''-2y'+y=2$$

的通解.

解 因为常数的一阶导数,二阶导数都为0,所以方程有一个明显的解 $y=2$. 方程对应的齐次方程的特征方程 $r^2-2r+1=0$ 的根为 $r_1=r_2=1$,所以方程的通解为

$$y=2+c_1\mathrm{e}^x+c_2x\mathrm{e}^x.$$

例 6 求非齐次方程

$$y''-y=2x$$

的通解.

解 方程不含一阶导数,而一次函数的二阶导数为0,所以,方程有一个明显的解 $y=-2x$. 方程对应的齐次方程的特征方程 $r^2-1=0$ 的根为 $r_1=1,r_2=-1$,所以方程的通解为

$$y=-2x+c_1\mathrm{e}^x+c_2\mathrm{e}^{-x}.$$

注意,用观察法找非齐次方程特解,对比较简单的情形是可行的. 但是,对于比较复杂的情形,特别是对于初学者,要用观察法"看出"一个非齐次方程的特解来,是不容易的.

(ii) 常数变易法

设齐次方程(2)的通解为

$$y=c_1y_1+c_2y_2$$

同解一阶非齐次线性微分方程的想法一样,用 $c_1(x),c_2(x)$ 去替换上式中的 c_1,c_2,得到

$$y^*=c_1(x)y_1+c_2(x)y_2$$

把 y^* 看作非齐次方程(1)的解,代入方程,确定出 $c_1(x),c_2(x)$. 可以证明 $c_1(x),c_2(x)$ 可由方程组

$$\begin{cases}y_1c'_1(x)+y_2c'_2(x)=0\\ y'_1c'_1(x)+y'_2c'_2(x)=f(x)\end{cases}\tag{9}$$

求出.

例 7 求方程

$$y''-3y'-4y=5\mathrm{e}^{2x}$$

的通解.

解 所给方程对应的齐次方程的特征方程 $r^2-3r-4=0$ 的根为 $r_1=4,r_2=-1$,因此齐次方程的通解为

$$y=c_1\mathrm{e}^{4x}+c_2\mathrm{e}^{-x}$$

令 $y^*=\mathrm{e}^{4x}c_1(x)+\mathrm{e}^{-x}c_2(x)$,按式(9)有

$$\begin{cases} e^{4x}c'_1(x)+e^{-x}c'_2(x)=0 \\ 4e^{4x}c'_1(x)-e^{-x}c'_2(x)=5e^{2x} \end{cases}$$

解之，得

$$c'_1(x)=e^{-2x}, c'_2(x)=-e^{3x}$$

积分，得

$$c_1(x)=-\frac{1}{2}e^{-2x}, c_2(x)=-\frac{1}{3}e^{3x}$$

于是求得原方程的一个解

$$y^*=-\frac{1}{2}e^{-2x}e^{4x}-\frac{1}{3}e^{3x}e^{-x}=-\frac{5}{6}e^{2x}$$

所以，原方程的通解为

$$y=-\frac{5}{6}e^{2x}+c_1e^{4x}+c_2e^{-x}$$

常数变易法是求非齐次方程的特解最常用的方法之一．式(9)可以当作公式用．另外，常数变易法也可直接演变为求非齐次方程的通解的方法．若令 $c_1(x)=\int c'_1(x)dx+c_1, c_2(x)=\int c'_2(x)dx+c_2$，则非齐次方程(1) 的通解为

$$\begin{aligned} y &= \left(\int c'_1(x)dx+c_1\right)y_1+\left(\int c'_2(x)dx+c_2\right)y_2 \\ &= c_1y_1+c_2y_2+y_1\int c'_1(x)dx+y_2\int c'_2(x)dx. \end{aligned}$$

(iii)待定系数法

求非齐次线性方程(1)特解也常用待定系数法，其基本思想是，用与(1)中非齐次项函数 $f(x)$形式相同但含有待定系数的函数作为(1)的特解(称为试解函数)，然后将试解函数代入方程(1)确定待定系数值，从而求出方程(1)的一个特解.

下面给出 $f(x)$的 3 种常见类型的设试解函数 y^* 方法．

(i)若 $f(x)=p_n(x)$，$p_n(x)$为 x 的 n 次多项式，则

当 0 不是(2)特征方程的根时，设试解函数

$$y^*=R_n(x)=A_0+A_1x+\cdots+A_nx^n;$$

当 0 是(2)的特征方程单根时，设试解函数

$$y^*=xR_n(x)=A_0x+A_1x^2+\cdots+A_nx^{n+1};$$

当 0 是(2)的特征方程重根时，设试解函数

$$y^*=x^2R_n(x)=A_0x^2+A_1x^3+\cdots+A_nx^{n+2}.$$

(ii)若 $f(x)=e^{\alpha x}p_n(x)(\alpha\neq 0)$，则

当 α 不是(2)的特征方程根时，设试解函数 $y^*=e^{\alpha x}R_n(x)$；

当 α 是(2)的特征方程单根时，设试解函数 $y^*=xe^{\alpha x}R_n(x)$；

当 α 是(2)的特征方程重根时，设试解函数 $y^*=x^2e^{\alpha x}R_n(x)$.

(iii)若 $f(x)=e^{\alpha x}(a_1\cos\beta x+a_2\sin\beta x)$，则

当 $\alpha\pm\beta i$ 不是(2)的特征方程根时，设试解函数

$$y^*=e^{\alpha x}(A_1\cos\beta x+A_2\sin\beta x);$$

当 $\alpha\pm\beta i$ 是(2)的特征方程根时，设试解函数

$$y^*=xe^{\alpha x}(A_1\cos\beta x+A_2\sin\beta x).$$

例 8 求微分方程

$$y''-2y'+3y=x^2-x+2$$

的通解.

解 特征方程 $r^2-2r+3=0$ 的根为 $r_1=1+\sqrt{2}i, r_2=1-\sqrt{2}i$，故方程对应的齐次方程的通解为

$$\overline{y}=e^x(c_1\cos\sqrt{2}x+c_2\sin\sqrt{2}x)\qquad (c_1,c_2 \text{ 为任意常数})$$

由于 0 不是特征方程的根，故设方程的特解为 $y^*=A_0+A_1x+A_2x^2$，则

$$(y^*)'=A_1+2A_2x,(y^*)''=2A_2$$

代入方程，得

$$3A_2x^2+(3A_1-4A_2)x+3A_0-2A_1+2A_2=x^2-x+2$$

比较两端系数，得

$$A_0=\frac{14}{27},A_1=\frac{1}{9},A_2=\frac{1}{3}$$

即特解 $y^*=\frac{1}{3}x^2+\frac{1}{9}x+\frac{14}{27}$，从而，方程通解为

$$y=e^x(c_1\cos\sqrt{2}x+c_2\sin\sqrt{2}x)+\frac{1}{3}x^2+\frac{1}{9}x+\frac{14}{27}.$$

例 9 求下列方程的一个特解.

(1) $y''-3y'+2y=xe^x$　　(2) $y''+5y'+6y=3e^{-x}$

(3) $y''+3y'+3y=\sin x+\cos x$

解 (1)由 $r^2-3r+2=0$，得 $r_1=1,r_2=2$. 因 $r_1=1$ 为单特征根，故设特解为 $y^*=xe^x(B_0+B_1x)=B_0xe^x+B_1x^2e^x$. 将 $y^*,(y^*)',(y^*)''$ 代入方程可得

$$B_0=-1,B_1=-\frac{1}{2}$$

所以，特解 $y^*=-\left(\frac{1}{2}x^2+x\right)e^x$.

(2)由 $r^2+5r+6=0$，得 $r_1=-2,r_2=-3$. 设特解为 $y^*=Ae^{-x}$，代入方程易得 $A=\frac{3}{2}$，故所求特解为

$$y^*=\frac{3}{2}e^{-x}.$$

(3)由 $r^2+3r+3=0$，得 $r=-\frac{3}{2}\pm\frac{\sqrt{3}}{2}i$. 设特解为 $y^*=A_1\cos x+$

$A_2\sin x$，代入方程可得 $A_1=-\frac{1}{13}$，$A_2=\frac{5}{13}$，故方程的特解为

$$y^*=-\frac{1}{13}\cos x+\frac{5}{13}\sin x.$$

练习 8.3

习题选讲

1. 求下列微分方程的通解．

(1) $y''=x+\sin x$　　(2) $y''=xe^x$

(3) $y''-y'=x$　　(4) $xy''=y'-x(y')^2$

(5) $y''=1+(y')^2$　　(6) $y^3y''-1=0$

2. 试求 $y''=x$ 的经过点 $M(0,1)$ 且在此点与直线 $y=\frac{x}{2}+1$ 相切的积分曲线．

3. 求通解或特解．

(1) $y''+y'-2y=0$　　(2) $y''-4y'=0$

(3) $4\frac{d^2x}{dt^2}-20\frac{dx}{dt}+25x=0$　　(4) $y''+6y'+13y=0$

(5) $y''-4y'+3y=0,y(0)=6,y'(0)=10$

(6) $4y''+4y'+y=0,y(0)=2,y'(0)=0$

4. 求通解或特解．

(1) $2y''+y'-y=2e^x$　　(2) $2y''+5y'=5x^2-2x-1$

(3) $y''+3y'+2y=3xe^{-x}$　　(4) $y''-2y'+5y=e^x\sin 2x$

(5) $y''-4y'=5,y(0)=1,y'(0)=0$

5. 设二阶常系数线性微分方程 $y''+\alpha y'+\beta y=\gamma e^x$ 的一个特解为 $y=e^{2x}+(1+x)e^x$．试确定 α,β,γ，并求该方程的通解．

§8.4　差分方程

在经济、管理及其他许多实际问题中，变量的数据往往是按等间隔时间周期统计的. 例如，银行的定期存款按设定的时间等间隔计息、国民收入按年统计、国家的财政预算按年制定等. 这类变量通常称为离散型变量. 根据客观事物或经济变量间的作用建立起的离散型变量之间的数学模型称为离散型模型. 求解这类模型就可以得到描述离散型变量的变化规律. 本节要介绍的差分方程提供了研究这类离散模型的有力工具.

8.4.1　差分

设变量 y 是时间 t 的函数，如果函数 $y=y(t)$ 不仅连续而且还可

导，则变量 y 对时间 t 的变化速率用 $\frac{dy}{dt}$ 来刻画；但在某些场合，时间 t 只能离散地取值，从而变量 y 也只能按规定的离散时间而相应地离散地变化，这时常用规定的时间区间上的差商 $\frac{\Delta y}{\Delta t}$ 来刻画 y 的变化速率. 若取 $\Delta t=1$，那么 $\Delta y=y(t+1)-y(t)$ 就可近似地代表变量 y 的变化速率.

定义 8.4.1 设有函数 $y_t=y(t)$，称改变量 $y_{t+1}-y_t$ 为函数 y_t 在点 t 的一**阶差分**，简称**差分**，记作 Δy，即

$$\Delta y_t=y_{t+1}-y_t=y(t+1)-y(t) \qquad (t=0,1,2,\cdots).$$

函数 $y_t=y(t)$ 在点 t 的一阶差分的差分称为该函数在点 t 的**二阶差分**，记作 $\Delta^2 y_t$，即

$$\begin{aligned}\Delta^2 y_t &=\Delta(\Delta y_t)=\Delta y_{t+1}-\Delta y_t=(y_{t+2}-y_{t+1})-(y_{t+1}-y_t)\\ &=y_{t+2}-2y_{t+1}+y_t.\end{aligned}$$

类似地，可定义三阶差分、四阶差分、…. 一般地，函数 y_t 的 $n-1$ 阶差分的差分称为 ***n* 阶差分**，记为 $\Delta^n y_t$，即

$$\begin{aligned}\Delta^n y_t &=\Delta(\Delta^{n-1} y_t)=\Delta^{n-1} y_{t+1}-\Delta^{n-1} y_t\\ &=\sum_{k=0}^{n}(-1)^k C_n^k y_{n+t-k}.\end{aligned}$$

通常把二阶及二阶以上的差分称为**高阶差分**.

由定义可知，差分具有以下性质：

(i) $\Delta c=0$（c 为常数）；

(ii) $\Delta(cy_t)=c\Delta y_t$（c 为常数）；

(iii) $\Delta(x_t+y_t)=\Delta x_t+\Delta y_t$；

(iv) $\Delta(x_t y_t)=x_t\Delta y_t+y_{t+1}\Delta x_t$；

(v) $\Delta\left(\frac{x_t}{y_t}\right)=\frac{y_t\Delta x_t-x_t\Delta y_t}{y_t y_{t+1}}$（$y_t\neq 0$）.

以上性质读者自证.

例 1 设 $y_t=t^2$，求 Δy_t，$\Delta^2 y_t$，$\Delta^3 y_t$.

解 $\Delta y_t=y_{t+1}-y_t=(t+1)^2-t^2=2t+1$，

$\Delta^2 y_t=\Delta(2t+1)=2\Delta t=2(t+1-t)=2$，

$\Delta^3 y_t=\Delta(\Delta^2 y_t)=\Delta(2)=0$.

例 2 设 $y_0=0$，$y_t=1^3+2^3+\cdots+t^3$（$t=1,2,\cdots$），求 Δy_0，$\Delta^2 y_0$，$\Delta^3 y_0$.

解 $\Delta y_0=y_1-y_0=1-0=1$，

$\Delta^2 y_0=y_2-2y_1+y_0=1^3+2^3-2\times 1^3+0=7$，

$$\begin{aligned}\Delta^3 y_0 &=\Delta(\Delta^2 y_0)=\Delta(y_2-2y_1+y_0)\\ &=\Delta y_2-2\Delta y_1+\Delta y_0=y_3-y_2-2(y_2-y_1)+y_1-y_0\end{aligned}$$

$$=y_3-3y_2+3y_1-y_0=12.$$

在利用差分进行动态分析时，显然，当 $\Delta y_t>0$ 时，表明函数 y_t 是单调增加的；当 $\Delta y_t<0$ 时，表明函数 y_t 是单调减少的. 当 $\Delta^2 y_t>0$ 时，表明函数 y_t 变化的速度在增大；当 $\Delta^2 y_t<0$ 时，表明函数 y_t 变化的速度在减小.

8.4.2 差分方程的一般概念

设有一种商品，t 时期的价格为 $P_t(t=0,1,2,\cdots)$，不同时期的价格有如下关系：

$$P_{t+1}=aP_t+b(a,b\text{ 为常数}) \tag{1}$$

这种方程就称为差分方程. 它也可以写为

$$P_{t+1}-P_t=(a-1)P_t+b$$

即

$$\Delta P_t=(a-1)P_t+b \tag{2}$$

式(2)含有差分，是一阶差分；式(1)含有未知函数不同时期的值，时期的差距是 1. 所以，式(2)或式(1)称作一阶差分方程.

再例如，对 $t=0,1,2,\cdots$，有 $y_{t+2}-2y_{t+1}-y_t=3^t$ (3)

也是一个差分方程. 如果式(3)改写为差分的形式，则有

$$(y_{t+2}-y_{t+1})-(y_{t+1}-y_t)-2y_t=3^t$$

即

$$\Delta y_{t+1}-\Delta y_t-2y_t=3^t$$

亦即

$$\Delta^2 y_t-2y_t=3^t \tag{4}$$

式(4)含有二阶差分，式(3)中时期的差距是 2，所以，称作二阶差分方程.

定义 8.4.2 含有未知函数的差分或未知函数若干个时期的值的方程称为**差分方程**. 方程中差分的阶数或时期的最大差距称为差分方程的**阶**.

若差分方程中所含未知函数及未知函数的各阶差分均为一次的，则称该差分方程为**线性差分方程**.

例如，$-3\Delta y_t=3y_t+a^t$ 不是差分方程，$y_{t+3}-y_{t-2}+y_{t-4}=0$ 与 $5y_{t+5}+3y_{t+1}=7$ 分别是 7 阶和 4 阶差分方程，且均为线性差分方程.

定义 8.4.3 如果一个函数代入差分方程后方程两端恒等，则称此函数为差分方程的**解**.

例如，对于差分方程 $y_{t+1}-y_t=2$，将 $y_t=2t$ 代入该方程，有

$$y_{t+1}-y_t=2(t+1)-2t=2,$$

故 $y_t=2t$ 是该方程的解. 易见对任意常数 c，

$$y_t=2t+c$$

都是差分方程 $y_{t+1}-y_t=2$ 的解.

如果差分方程的解中含有相互独立的任意常数的个数恰好等于方程的阶数,则称这个解为该差分方程的**通解**.

在实际应用中,我们往往要根据系统在初始时刻所处的状态对差分方程附加一定的条件,这种附加条件称为**初始条件**,满足初始条件的解称为**特解**.

从前面的讨论中可以看到关于差分方程及其解的概念与微分方程十分相似,因此,差分方程和微分方程无论在方程结构、解的结构还是在求解方法上都有很多相似之处.下面介绍一阶、二阶常系数线性差分方程的解法.对于函数 $y_t=y(t)$,当不特意说明时,t 的取值范围是 0,1,2,$\cdots$. 通解中的 c,c_1,c_2 等指任意常数(有时在一定范围内).

8.4.3 一阶常系数线性差分方程

形如

$$y_{t+1}-ay_t=0 \quad (a\neq 0,\text{常数}) \tag{1}$$

或

$$y_{t+1}-ay_t=f(t) \quad (a\neq 0,\text{常数}) \tag{2}$$

的方程称为**一阶常系数线性差分方程**.式(1)称为齐次的,式(2)称为非齐次的.

1. 齐次方程的通解

将方程(1)写成

$$y_{t+1}=ay_t$$

逐次迭代,得 $y_1=ay_0,y_2=ay_1=a^2y_0,y_3=ay_2=a^3y_0,\cdots$,最后得到

$$y_t=a^ty_0$$

如果 y_0 未知,把它看作任意常数,上式就是方程(1)的通解,如果 y_0 已知,即给了初值条件,上式就是特解.为符号统一,还是把通解记作

$$y_t=ca^t(c\text{ 为任意常数}) \tag{3}$$

式(3)可以当作公式使用.

例 1 解差分方程

$$\begin{cases}\Delta y_t=\dfrac{1}{2}y_t,\\ y_0=2.\end{cases}$$

解 将方程第一式改写为 $y_{t+1}=\dfrac{3}{2}y_t$,由公式(3)得差分方程的通解:

$$y_t=c\left(\frac{3}{2}\right)^t.$$

由 $y_0=2$ 定出 $c=2$，所以方程的特解为

$$y_t=2\left(\frac{3}{2}\right)^t.$$

例 2 求差分方程 $y_{t+1}-5y_t=0$ 的通解

解 用公式(3)得，方程通解为 $y_t=c5^t$.

例 3 (**存款模型**)设 S_t 为 t 年末存款总额，r 为年利率，设 $S_{t+1}=S_t+rS_t$，且初始存款为 S_0，求 t 年末的本利和.

解 $$S_{t+1}=S_t+rS_t,$$

即 $$S_{t+1}-(1+r)S_t=0$$

这是一个一阶常系数线性齐次差分方程.

用公式(3)得方程的通解为

$$S_t=c(1+r)^t.$$

将初始条件代入，得 $c=S_0$. 因此，t 年末的本利和为

$$S_t=S_0(1+r)^t.$$

这就是一笔本金 S_0 存入银行后，年利率为 r，按年复利计息，t 年末的本利和.

2. 非齐次方程的通解

定理 8.4.1 关于互相对应的一阶常系数线性差分方程(1)与(2)，如果 y_t^* 是(2)的一个解，$\overline{y}_t$ 是(1)的通解，则(2)的通解为

$$y_t=y_t^*+\overline{y}_t \tag{4}$$

证 将式(4)代入方程(2)左端，得

$$y_{t+1}^*+\overline{y}_{t+1}-a(y_t^*+\overline{y}_t)=(y_{t+1}^*-ay_t^*)+(\overline{y}_{t+1}-a\,\overline{y}_t)=f(t)$$

所以式(4)是方程(2)的解. 因 $\overline{y}_t$ 是方程(1)的通解，故含任意常数. 显然这一常数可由方程(2)的初值确定，从而式(4)是方程(2)的通解.

由定理 8.4.1 知，欲求非齐次方程的通解，只需求出它的一个解及对应齐次方程的通解.

求非齐次差分方程的一个特解的方法主要有迭代法与待定系数法.

下面通过例子说明非齐次方程特解的迭代求法.

例 4 设非齐次方程为

$$y_{t+1}-ay_t=\beta \qquad (\beta\text{为常数}) \tag{5}$$

求它初值为 y_0 的特解.

解 设给定初始值 y_0，将方程写成 $y_{t+1}=ay_t+\beta$ 的形式进行迭代，得

$y_1=ay_0+\beta$,

$y_2=ay_1+\beta=a(ay_0+\beta)+\beta=a^2y_0+\beta(1+a)$,

$$y_3=ay_2+\beta=a[a^2y_0+\beta(1+a)]+\beta=a^3y_0+\beta(1+a+a^2),$$

……

$$y_t=a^ty_0+\beta(1+a+a^2+\cdots+a^{t-1}) \tag{6}$$

又 $1+a+a^2+\cdots+a^{t-1}=\begin{cases}\dfrac{1-a^t}{1-a} & a\neq 1\\ t & a=1\end{cases}$

因此式(6)归结为

$$y_t=\begin{cases}\left(y_0-\dfrac{\beta}{1-a}\right)a^t+\dfrac{\beta}{1-a} & a\neq 1\\ y_0+\beta t & a=1\end{cases} \tag{7}$$

可以验证(7)是方程 $y_{t+1}-ay_t=\beta$ 的解.

注意,在式(7)中,当取 $y_0=c$(c 为任意常数)时,可直接得方程的通解

$$y_t=\begin{cases}\left(c-\dfrac{\beta}{1-a}\right)a^t+\dfrac{\beta}{1-a} & a\neq 1\\ c+\beta t & a=1\end{cases}$$

在式(2)中,对 $f(t)$ 的一些特殊形式,常用待定系数法求其特解,其基本思想是,设想待求特解形式与非齐次项函数 $f(t)$ 的形式相同,但含有待定系数,然后将试解函数代入方程(2),确定出待定系数,从而求出方程(2)的一个特解.

下面给出 $f(t)$ 两种常见类型的求特解的特定系数法.

(i)若 $f(t)=\beta t^n$,则

(1)当 $a\neq 1$ 时,设特解为 $y_t^*=B_0+B_1t+\cdots+B_nt^n$;

(2)当 $a=1$ 时,设特解为 $y_t^*=t(B_0+B_1t+\cdots+B_nt^n)$.

例 5 解差分方程 $y_{t+1}-2y_t=5t^2$.

解 由式(3)得对应齐次方程的通解为

$$\overline{y}_t=c2^t.$$

由于 $a=2\neq 1$,令非齐次方程的特解为 $y_t^*=B_0+B_1t+B_2t^2$,将其代入方程得

$$B_0+B_1(t+1)+B_2(t+1)^2-2(B_0+B_1t+B_2t^2)=5t^2$$

比较等式两端可得

$$\begin{cases}-B_0+B_1+B_2=0\\ 2B_2-B_1=0\\ -B_2=5\end{cases}$$

解得 $B_2=-5$,$B_1=-10$,$B_0=-15$. 于是方程的特解为

$$y_t^*=-15-10t-5t^2$$

故方程通解为

$$y_t=c2^t-5t^2-10t-15.$$

例 6　求差分方程 $y_{t+1}-y_t=2t^2$ 通解．

解　由式(3)得对应齐次方程的通解为

$$\overline{y}_t=c(1)^t=c.$$

由于 $a=1$，设非齐次方程的特解为 $y_t^*=t(B_0+B_1t+B_2t^2)$，代入方程并整理得

$$B_0+B_1+B_2+(2B_1+3B_2)t+3B_2t^2=2t^2$$

比较等式两端得

$$\begin{cases}B_0+B_1+B_2=0\\2B_1+3B_2\quad=0\\3B_2\qquad\quad=2\end{cases}$$

解得 $B_2=\frac{2}{3}$，$B_1=-1$，$B_0=\frac{1}{3}$.

即给定方程特解为 $y_t^*=\frac{2}{3}t^3-t^2+\frac{1}{3}t$，故方程的通解为

$$y_t=c+\frac{2}{3}t^3-t^2+\frac{1}{3}t.$$

(ii)若 $f(t)=b^tt^n$，则

(1)当 $b-a\neq0$ 时，则设其特解为 $y_t^*=b^t(B_0+B_1t+\cdots+B_nt^n)$；

(2)当 $b-a=0$ 时，则设其特解为 $y_t^*=b^tt(B_0+B_1t+\cdots+B_nt^n)$.

特别地，若 $f(t)=\beta b^t$，则

当 $b-a\neq0$ 时，设其特解为 $y_t^*=B_0b^t$，可以解得

$$y_t^*=\frac{\beta}{b-a}b^t\tag{8}$$

当 $b-a=0$ 时，设其特解为 $y_t^*=B_0tb^t$，可以解得

$$y_t^*=\beta tb^{t-1}\tag{9}$$

例 7　求差分方程 $y_{t+1}-y_t=t2^t$ 的通解．

解　由式(3)得方程对应的齐次方程的通解为 $\overline{y}_t=c$.

由于 $b-a=2-1=1$，设非齐次方程的特解为 $y_t^*=2^t(B_0+B_1t)$，代入方程，得

$$2^{t+1}[B_0+B_1(t+1)]-2^t(B_0+B_1t)=t2^t$$

比较等式两端，得 $B_1=1$，$B_0=-2$，于是方程的特解为 $y_t^*=2^t(t-2)$.

所以，所求方程的通解为

$$y_t=c+2^t(t-2).$$

例 8　求差分方程 $y_{t+1}-2y_t=t2^t$ 的通解．

解　由式(3)得方程对应的齐次方程的通解为 $\overline{y}_t=c2^t$.

由于 $b-a=2-2=0$，设非齐次方程的特解为 $y_t^*=t2^t(B_0+B_1t)$，代入方程，得

$$(t+1)2^{t+1}[B_0+B_1(t+1)]-2t2^t(B_0+B_1t)=t2^t$$

比较系数，得 $B_1=\frac{1}{4}$，$B_0=-\frac{1}{4}$，于是

$$y_t^*=t2^t\left(-\frac{1}{4}+\frac{1}{4}t\right)=\frac{t}{4}2^t(t-1)$$

故所求通解为 $y_t=c2^t+\frac{t}{4}2^t(t-1)$.

例 9 解差分方程 $y_{t+1}-2y_t=\left(\frac{1}{3}\right)^t$.

解 由式(3)得方程对应的齐次方程的通解为 $\overline{y}_t=c2^t$.

由于 $b-a=\frac{1}{3}-2\neq 0$，故由式(8)得方程的特解为

$$y_t^*=-\frac{3}{5}\left(\frac{1}{3}\right)^t$$

于是，所求方程的通解为 $y_t=c2^t-\frac{3}{5}\left(\frac{1}{3}\right)^t$.

8.4.4 二阶常系数线性差分方程

形如

$$y_{t+2}+ay_{t+1}+by_t=f(t) \tag{1}$$

(其中 $a,b\neq 0$ 均为常数，$f(t)$为已知函数)的差分方程，称为**二阶常系数线性差分方程**．当 $f(t)\neq 0$ 时，称为非齐次的．否则，称为齐次的．

$$y_{t+2}+ay_{t+1}+by_t=0 \tag{2}$$

称为对应于(1)的齐次差分方程．

1. 齐次方程的通解

对于齐次差分方程(2)有与定理 8.3.1 完全类似的结论，即若 $y_1(t)$，$y_2(t)$为(2)的两个线性无关的解，则(2)的通解为

$$y_t=c_1y_1(t)+c_2y_2(t).$$

为求齐次方程(2)的通解，我们设方程(2)有特解 $y_t=\lambda^t$，λ 为非零待定常数．将 λ^t 代入(2)，得

$$\lambda^t(\lambda^2+a\lambda+b)=0$$

因 $\lambda^t\neq 0$，故 $y_t=\lambda^t$ 为方程(2)特解的充分必要条件为

$$\lambda^2+a\lambda+b=0 \tag{3}$$

称代数方程(3)为差分方程(2)的**特征方程**．设特征方程(2)的根为 λ_1 与 λ_2，则可以证明差分方程(2)的通解为

(i)当 λ_1 与 λ_2 为互异实根时，$y_t=c_1\lambda_1{}^t+c_2\lambda_2{}^t$； (4)

(ii)当 $\lambda_1=\lambda_2=\lambda$ 时，$y_t=c_1\lambda^t+c_2t\lambda^t$； (5)

(iii)当 $\lambda_1=\alpha+i\beta$，$\lambda_2=\alpha-i\beta$ 时，$y_t=r^t(c_1\cos\theta t+c_2\sin\theta t)$ (6)

其中 $r=\sqrt{\alpha^2+\beta^2}$，$\tan\theta=\dfrac{\beta}{\alpha}$.

2. 非齐次方程的通解

同一阶情形类似，二阶常系数线性差分方程的通解等于它的一个特解与相应的齐次方程的通解的和．

当 $f(t)$ 为某些特殊情形时，采用与一阶常系数线性非齐次差分方程类似的待定系数法，可求出非齐次方程(1)的一个特解 y_t^*．

(i)若 $f(t)=\beta t^n$（β 为常数），则

当 $1+a+b\neq0$ 时，设特解为 $y_t^*=B_0+B_1t+\cdots+B_nt^n$；

当 $1+a+b=0$ 且 $a\neq-2$ 时，设特解为

$$y_t^*=t(B_0+B_1t+\cdots+B_nt^n);$$

当 $1+a+b=0$ 且 $a=-2$ 时，设特解为

$$y_t^*=t^2(B_0+B_1t+\cdots+B_nt^n).$$

以上各种情形，分别把所设特解代入式(1)，比较两端同次项的系数，确定出 $B_0,B_1,\cdots,B_n$，即可得式(1)的特解．

特别地，若 $f(t)=\beta$（此时可认为 $n=0$），则(1)当 $1+a+b\neq0$ 时，设其特解为 $y_t^*=B_0$，代入方程可得 $B_0=\dfrac{\beta}{1+a+b}$，即有特解 $y_t^*=\dfrac{\beta}{1+a+b}$；(2)当 $1+a+b=0$ 且 $a\neq-2$ 时，设其特解为 $y_t^*=B_0t$，代入方程可得 $B_0=\dfrac{\beta}{2+a}$，即有特解 $y_t^*=\dfrac{\beta}{2+a}t$；(3)当 $1+a+b=0$ 且 $a=-2$ 时，设其特解为 $y_t^*=B_0t^2$，代入方程可得 $B_0=\dfrac{1}{2}\beta$，即有特解

$$y_t^*=\frac{1}{2}\beta t^2.$$

例 1 求差分方程 $y_{t+2}+5y_{t+1}+4y_t=t$ 的通解．

解 由 $\lambda^2+5\lambda+4=0$，得 $\lambda_1=-1,\lambda_2=-4$，故对应的齐次方程的通解为 $\overline{y}_t=c_1(-1)^t+c_2(-4)^t$.

因 $1+a+b=1+5+4=10\neq0$，故设特解为 $y_t^*=B_0+B_1t$，代入方程

$$B_0+B_1(t+2)+5[B_0+B_1(t+1)]+4(B_0+B_1t)=t$$

比较系数可得 $B_0=-\dfrac{7}{100},B_1=\dfrac{1}{10}$，即 $y_t^*=-\dfrac{7}{100}+\dfrac{1}{10}t$. 故通解为

$$y_t=-\frac{7}{100}+\frac{1}{10}t+c_1(-1)^t+c_2(-4)^t.$$

例 2 求差分方程 $y_{t+2}+3y_{t+1}-4y_t=t$ 的通解．

解 由 $\lambda^2+3\lambda-4=0$，得 $\lambda_1=1,\lambda_2=-4$. 故方程对应的齐次方程有通解

$$\overline{y}_t=c_1+c_2(-4)^t$$

因 $1+a+b=1+3-4=0$，$a=3\neq-2$，故设特解为 $y_t^*=t(B_0+B_1t)$，代入方程

$$B_0(t+2)+B_1(t+2)^2+3B_0(t+1)+3B_1(t+1)^2-4B_0t-4B_1t^2=t$$

比较两端系数，得

$$B_0=-\frac{7}{50},B_1=\frac{1}{10}$$

所以，所求方程的通解为

$$y_t=-\frac{7}{50}t+\frac{1}{10}t^2+c_1+c_2(-4)^t.$$

(ii)若 $f(t)=\beta q^t$（β,q 为常数，且 $q\neq1$），则

当 $q^2+aq+b\neq0$ 时，设其特解为 $y_t^*=kq^t$，代入方程可得 $k=\frac{\beta}{q^2+aq+b}$，即有特解 $y_t^*=\frac{\beta}{q^2+aq+b}q^t$.

当 $q^2+aq+b=0$，$2q+a\neq0$ 时，设其特解为 $y_t^*=ktq^t$，代入方程可得特解为 $y_t^*=\frac{\beta tq^{t-1}}{2q+a}$.

当 $q^2+aq+b=0$，$2q+a=0$ 时，设其特解为 $y_t^*=kt^2q^t$，代入方程可得特解为

$$y_t^*=\frac{\beta t^2q^{t-1}}{4q+a}.$$

例 3 求差分方程 $y_{t+2}+4y_{t+1}+3y_t=2^t$ 的通解．

解 由 $\lambda^2+4\lambda+3=0$，得 $\lambda_1=-1$，$\lambda_2=-3$. 从而，方程对应的齐次方程通解为 $\overline{y}_t=c_1(-1)^t+c_2(-3)^t$.

因 $q^2+a+b=2^2+4\times2+3=15\neq0$，故有特解 $y_t^*=\frac{1}{15}2^t$. 于是所求方程的通解为

$$y_t=\frac{1}{15}2^t+c_1(-1)^t+c_2(-3)^t.$$

例 4 **（萨缪尔森[①]乘数—加速数模型）**设 Y_t 为第 t 期国民收入，C_t 为第 t 期消费，I_t 为第 t 期投资，G 为政府支出（各期相同）. 第 t 期的国民收入主要用于该期内的消费、再生产投资和政府用于公共设施的支出，第 t 期的消费水平与前一期的国民收入水平有关，第 t 期的生产投资应取决于消费水平的变化．因此，萨缪尔森建立了如下的宏观经济模型（称为乘数—加速数模型）：

萨缪尔森

$$\begin{cases}Y_t=C_t+I_t+G, & \\ C_t=\alpha Y_{t-1}, & 0<\alpha<1\\ I_t=\beta(C_t-C_{t-1}), & \beta>0,\end{cases}$$

① 萨缪尔森（Paul Samuelson，1915－2009），美国著名经济学家，1970 年诺贝尔经济学奖得主．

其中 α 为边际消费倾向(常数),β 为加速数(常数),求 Y_t.

解 首先将模型中的后两个方程代入第一个方程,有

$$Y_t=\alpha Y_{t-1}+\alpha\beta(Y_{t-1}-Y_{t-2})+G,$$

或写成标准形式

$$Y_{t+2}-\alpha(1+\beta)Y_{t+1}+\alpha\beta Y_t=G.$$

这是关于 Y_t 的二阶常系数非齐次线性差分方程.

(1)先求其对应的齐次方程的通解 $Y_c(t)$. 原方程对应的齐次方程为

$$Y_{t+2}-\alpha(1+\beta)Y_{t+1}+\alpha\beta Y_t=0,$$

其特征方程为

$$\lambda^2-\alpha(1+\beta)\lambda+\alpha\beta=0. \tag{7}$$

特征方程的判别式为

$$\Delta=\alpha^2(1+\beta)^2-4\alpha\beta.$$

讨论如下:

若 $\Delta>0$,则方程(7)有两个互异的特征根

$$\lambda_1=\frac{1}{2}\left[\alpha(1+\beta)+\sqrt{\Delta}\right],\lambda_2=\frac{1}{2}\left[\alpha(1+\beta)-\sqrt{\Delta}\right].$$

于是

$$Y_c(t)=c_1\lambda_1^t+c_2\lambda_2^t.$$

若 $\Delta=0$,则方程(7)有两个相等的特征根

$$\lambda=\lambda_{1,2}=\frac{1}{2}\alpha(1+\beta)=\sqrt{\alpha\beta}.$$

于是

$$Y_c(t)=(c_1+c_2t)\lambda^t.$$

若 $\Delta<0$,则方程(7)有一对共轭复根

$$\lambda_1=\frac{1}{2}\left[\alpha(1+\beta)+i\sqrt{-\Delta}\right],\lambda_2=\frac{1}{2}\left[\alpha(1+\beta)-i\sqrt{-\Delta}\right].$$

于是

$$Y_c(t)=r^t(c_1\cos\theta t+c_2\sin\theta t),$$

其中 $r=\sqrt{\alpha\beta},\theta=\arctan\dfrac{\sqrt{-\Delta}}{\alpha(1+\beta)}\in(0,\pi)$.

(2)再求原方程的一个特解 Y_t^*. 对于非齐次方程

$$Y_{t+2}-\alpha(1+\beta)Y_{t+1}+\alpha\beta Y_t=G,$$

由于 1 不是特征方程的根,于是可设特解的形式为 $Y_t^*=A$. 将其代入原方程,解出 $A=\dfrac{G}{1-\alpha}$. 从而

$$Y_t^*=\frac{G}{1-\alpha}.$$

(3)原方程的通解为

$$Y_t=Y_c(t)+Y_t^*=\begin{cases}c_1\lambda_1^t+c_2\lambda_2^t+\dfrac{G}{1-\alpha}, & \Delta>0,\\ (c_1+c_2t)\lambda^t+\dfrac{G}{1-\alpha}, & \Delta=0,\\ r^t(c_1\cos\theta t+c_2\sin\theta t)+\dfrac{G}{1-\alpha}, & \Delta<0.\end{cases}$$

这说明，随 α,β 的取值不同，国民收入 Y_t 随时间的变化将呈现出各种不同的发展规律．例如，若 $\alpha=\dfrac{1}{2},\beta=1,G=1,Y_0=2,Y_1=3$，则

$$Y_t=\sqrt{2}\sin\left(\frac{\pi}{4}t\right)+2.$$

结果表明，在上述条件下，国民收入将在 2 个单元上下波动，且波动幅度为$\sqrt{2}$.

练习 8.4

1. 设 $y_t=t^3$，求 $\Delta y_t,\Delta^2 y_t,\Delta^3 y_t,\Delta^4 y_t$.
2. 设 $y_0=0,y_t=1^2+2^2+\cdots+t^2$，求 $\Delta y_0,\Delta^2 y_0,\Delta^3 y_0,\Delta^4 y_0$.
3. 指出下列差分方程的阶．

(1) $y_{t+3}-t^2y_{t+1}+3y_t=2$

(2) $y_{t-2}-y_{t-4}=y_{t+2}$

4. 求下列差分方程的通解或特解．

(1) $y_{t+1}-2y_t=0$

(2) $y_{t+1}-5y_t=3$

(3) $y_{t+1}+y_t=2^t\qquad(y_0=2)$

(4) $y_{t+2}-4y_{t+1}+16y_t=0$

(5) $y_{t+2}-2y_{t+1}+2y_t=0\qquad(y_0=2,y_1=2)$

(6) $y_{t+2}+3y_{t+1}-\dfrac{7}{4}y_t=9\qquad(y_0=6,y_1=3)$

习题选讲

5. 设某产品在 t 时期的价格 P_t，总供给 S_t 与总需求 D_t 满足如下关系

$$\begin{cases}S_t=3P_t+2\\ D_t=-5P_{t-1}+6\\ S_t=D_t\end{cases}$$

其中 $t=1,2,\cdots$

(1)推导价格 P_t 满足的差分方程；

(2)若初始价格 $P_0=\dfrac{15}{2}$，求价格 P_t 的变化规律．

习　题　八

1. 填空题．

(1)微分方程 $y''+4y=0$ 的通解为________．

(2)微分方程 $y''-2y'=0$ 的通解为________．

(3)微分方程 $y''-2y'+5y=0$ 的通解为________．

(4)某公司每年的工资额在上一年增加20%的基础上再追加2百万元．若以W_t表示第t年的工资总额(单位:百万元)，则W_t满足的差分方程是________．

(5)已知$y_1(t)=4t^3$，$y_2(t)=3t^2$是差分方程$y_{t+1}+a(t)y_t=f(t)$的两个特解，则方程$y_{t+1}+a(t)y_t=0$的一个特解为________，通解为________，方程$y_{t+1}+a(t)y_t=f(t)$的通解为________．

2. 选择题．

(1)(　　)是一阶线性齐次微分方程．

(a)$y''+xy=0$　　(b)$y'+xy^2=0$

(c)$(y')^2+xy=0$　　(d)$y'+xy=0$

(2)微分方程$y''+y=0$的通解是(　　)．

(a)$y=A\sin x$　　(b)$y=B\cos x$

(c)$y=\sin x+B\cos x$　　(d)$y=A\sin x+B\cos x$

(3)微分方程$\frac{dy}{dx}=\frac{1}{y(y-2x)}$是(　　)．

(a)一阶可分离变量方程　　(b)一阶线性齐次方程

(c)一阶线性非齐次方程　　(d)二阶常系数方程

(4)当$x\to+\infty$，方程(　　)的通解趋于零．

(a)$y''-y'+y=0$　　(b)$y''-y'-2y=0$

(c)$y''+3y'+2y=0$　　(d)$y''-2y'+y=0$

(5)设α,β为待定常数，则微分方程$y''-y=e^x+1$的一个特解应具有形式(　　)．

(a)$\alpha e^x+\beta$　　(b)$\alpha xe^x+\beta$

(c)$\alpha e^x+\beta x$　　(d)$\alpha xe^x+\beta x$

(6)差分方程$y_t-3y_{t-1}-4y_{t-2}=0$的通解是(　　)．

(a)$y_t=A4^t$　　(b)$y_t=A(-1)^t$

(c)$y_t=(-1)^t+B4^t$　　(d)$y_t=A(-1)^t+B4^t$

(7)$y_t=A2^t+8$是(　　)的通解．

(a)$y_{t+2}-3y_{t+1}+2y_t=0$　　(b)$y_t-3y_{t-1}+2y_{t-2}=0$

(c)$y_{t+1}-2y_t=-8$　　(d)$y_{t+1}-2y_t=8$

3. 求方程$2xydx=dy$满足初始条件$y(0)=0$的特解．

4. 求方程$y'=1+x+y^2+xy^2$通解．

5. 求方程$3e^x\tan y dx+(1+e^x)\sec^2 y dy=0$满足初始条件$y(0)=\frac{\pi}{4}$的特解．

6. 求方程$y'=\frac{x-y}{x+y}$的通解．

7. 求方程$xy'=y(1-\ln x+\ln y)(x>0)$的通解．

8. (1)$y''=e^{3x}$　　(2)$xy''+y'=0$

(3)$y''=3\sqrt{y}$，$y(0)=1$，$y'(0)=2$　　(4)$y^3y''+1=0$，$y(1)=1$，$y'(1)=0$

9. 求通解或特解．

(1)$y''-4y'+3y=0$　　(2)$y''-4y'+4y=0$

(3)$y''-4y'+13y=0$　　(4)$y''+y'-2y=0$，$y'(0)=0$，$y(0)=3$

(5)$y''-6y'+13y=14$　　(6)$y''-2y'-3y=2x+1$

习题选讲

(7) $y''+4y'=8\sin 2x$　　　　(8) $y''-5y'+6y=2e^x, y'(0)=1, y(0)=1$

10. 求微分方程 $y''-3y'+2y=2xe^x$ 的通解.

11. 设 $f(x)$ 在 $[1,+\infty)$ 内为连续函数,且满足条件

$$x^2 f(x)-\int_1^x (1-t)f(t)\mathrm{d}t=1$$

求 $f(x)$.

12. 设有微分方程 $y'-2y=\varphi(x)$,其中 $\varphi(x)=\begin{cases}2, & x<1\\ 0, & x>1\end{cases}$. 试求在 $(-\infty,+\infty)$ 内的连续函数 $y=y(x)$,使之在 $(-\infty,1)$ 和 $(1,+\infty)$ 内都满足所给方程且满足条件 $y(0)=0$.

13. 设 $y=e^x$ 是微分方程 $xy'+p(x)y=x$ 的一个解,求此方程满足 $y\big|_{x=\ln 2}=0$ 的特解.

14*. 设 $f(u,v)$ 具有连续偏导数,且满足 $f'_u(u,v)+f'_v(u,v)=uv$. 求 $y(x)=e^{-2x}f(x,x)$ 所满足的一阶微分方程,并求其通解.

15. 求下列差分方程的通解或特解.

(1) $y_{t+2}-5y_{t+1}+6y_t=0$　　　　(2) $y_{t+2}+\frac{1}{9}y_t=0$

(3) $y_{t+2}+y_{t+1}-12y_t=0, y_0=1, y_1=10$　　　　(4) $y_{t+2}+3y_{t+1}-4y_t=5$

(5) $\Delta^2 y_t=4, y_0=3, y_1=8$.

16. 求下列差分方程的通解.

(1) $y_{t+1}+3y_t=3^t$　　　　(2) $y_{t+1}-2y_t=t2^t$

17. 设 S_t 是 t 年末存款总额,r 为年利率,设 $S_{t+1}=S_t+rS_t$,且初始存款为 S_0,求 t 年末的本利和.

18. 某公司由银行贷款 5000 万元购买设备. 银行年利率为 6%,该公司计划 10 年内用分期付款方式还清贷款,试问该公司每年需要向银行付款多少万元?

19. 在商业贸易中,生产先于产品及产品出售一个适当的时期,t 时期该产品价格为 P_t,它决定着下一个时期提供市场产量 S_{t+1};P_t 还决定着本期的需求量 D_t,且有

$$D_t=a-bP_t, S_t=-c+dP_{t-1}$$

a,b,c,d 为大于 0 的常数. 求价格 P_t 随时间变动的规律.

20. (1) 验证函数 $y(x)=1+\frac{x^3}{3!}+\frac{x^6}{6!}+\frac{x^9}{9!}+\cdots+\frac{x^{3n}}{(3n)!}+\cdots$ 满足微分方程 $y''+y'+y=e^x$;

(2) 利用(1)的结果求幂级数 $\sum_{n=0}^{\infty}\frac{x^{3n}}{(3n)!}$ 的和函数.

21*. 设数列 $\{a_n\}$ 满足条件: $a_0=3, a_1=1, a_{n-2}-n(n-1)a_n=0\ (n\geqslant 2)$. $S(x)$ 是幂级数 $\sum_{n=0}^{\infty}a_n x^n$ 的和函数.

(1) 证明: $S''(x)-S(x)=0$;

(2) 求 $S(x)$ 的表达式.

附录　预备知识

一、常用初等代数公式

1. 对数的运算性质

(1)若 $a^y=x$,则 $y=\log_a x$;

(2)$\log_a a=1,\log_a 1=0,\ln e=1,\ln 1=0$;

(3)$\log_a(x\cdot y)=\log_a x+\log_a y$;

(4)$\log_a \frac{x}{y}=\log_a x-\log_a y$;

(5)$\log_a x^b=b\log_a x$;

(6)$a^{\log_a x}=x,e^{\ln x}=x$.

2. 常用二项展开及分解公式

(1)$(a+b)^2=a^2+2ab+b^2$;

(2)$(a-b)^2=a^2-2ab+b^2$;

(3)$(a+b)^3=a^3+3a^2b+3ab^2+b^3$;

(4)$(a-b)^3=a^3-3a^2b+3ab^2-b^3$;

(5)$a^2-b^2=(a+b)(a-b)$;

(6)$a^3-b^3=(a-b)(a^2+ab+b^2)$;

(7)$a^3+b^3=(a+b)(a^2-ab+b^2)$;

(8)$a^n-b^n=(a-b)(a^{n-1}+a^{n-2}b+a^{n-3}b^2+\cdots+b^{n-1})$;

(9)$(a+b)^n=C_n^0a^n+C_n^1a^{n-1}b+C_n^2a^{n-2}b^2+\cdots+C_n^ka^{n-k}b^k+\cdots+C_n^nb^n$,

其中 $C_n^m=\frac{n(n-1)(n-2)\cdots(n-m+1)}{m!}$,$C_n^0=1,C_n^n=1$.

3. 常用数列公式

(1)等差数列 $a_1,a_1+d,a_1+2d,\cdots,a_1+(n-1)d,\cdots$的前 n 项和为

$$s_n=a_1+(a_1+d)+(a_1+2d)+\cdots+[a_1+(n-1)d]=\frac{(a_1+a_n)n}{2}.$$

(2)等比数列 $a_1,a_1q,a_1q^2,\cdots,a_1q^{n-1},\cdots$的前 n 项和为

$$s_n=a_1+a_1q+a_1q^2+\cdots+a_1q^{n-1}=\frac{a_1(1-q^n)}{1-q}.$$

(3)一些常见数列的前 n 项和

$1+2+3+\cdots+n=\frac{1}{2}n(n+1)$；

$2+4+6+\cdots+2n=n(n+1)$；

$1+3+5+\cdots+(2n-1)=n^2$；

$1^2+2^2+3^2+\cdots+n^2=\frac{1}{6}n(n+1)(2n+1)$；

$1^2+3^2+5^2+\cdots+(2n-1)^2=\frac{1}{3}n(4n^2-1)$；

$1\cdot2+2\cdot3+3\cdot4+\cdots+n(n+1)=\frac{1}{3}n(n+1)(n+2)$；

$\frac{1}{1\cdot2}+\frac{1}{2\cdot3}+\frac{1}{3\cdot4}+\cdots+\frac{1}{n(n+1)}=1-\frac{1}{n+1}$.

4. 阶乘 $n!=n(n-1)(n-2)\cdots2\cdot1$.

二、常用基本三角公式

1. 基本公式

$\sin^2x+\cos^2x=1$；$1+\tan^2x=\sec^2x$；$1+\cot^2x=\csc^2x$.

2. 倍角公式

$\sin2x=2\sin x\cos x$；

$\cos2x=\cos^2x-\sin^2x=1-2\sin^2x=2\cos^2x-1$；

$\tan2x=\frac{2\tan x}{1-\tan^2x}$.

3. 半角公式

$\sin^2\frac{x}{2}=\frac{1-\cos x}{2}$；$\cos^2\frac{x}{2}=\frac{1+\cos x}{2}$；$\tan\frac{x}{2}=\frac{1-\cos x}{\sin x}$.

4. 加法公式

$\sin(x\pm y)=\sin x\cos y\pm\cos x\sin y$；

$\cos(x\pm y)=\cos x\cos y\pm\sin x\sin y$；

$\tan(x\pm y)=\frac{\tan x\pm\tan y}{1\pm\tan x\tan y}$.

5. 和差化积公式

$\sin x+\sin y=2\sin\frac{x+y}{2}\cos\frac{x-y}{2}$；

$\sin x-\sin y=2\cos\frac{x+y}{2}\sin\frac{x-y}{2}$；

$\cos x+\cos y=2\cos\frac{x+y}{2}\cos\frac{x-y}{2}$；

$\cos x-\cos y=-2\sin\frac{x+y}{2}\sin\frac{x-y}{2}$.

6. 积化和差公式

$\sin x\cos y=\frac{1}{2}[\sin(x+y)+\sin(x-y)]$；

$\cos x\sin y=\frac{1}{2}[\sin(x+y)-\sin(x-y)]$；

$\cos x\cos y=\frac{1}{2}[\cos(x+y)+\cos(x-y)]$；

$\sin x\sin y=-\frac{1}{2}[\cos(x+y)-\cos(x-y)]$.

三、极坐标系与直角坐标系

1. 极坐标系

在平面内取一个定点 O，叫极点，引一条射线 Ox，叫作极轴，再选定一个长度单位和角度的正方向（通常取逆时针方向）（见图 1）. 对于平面内任何一点 M，用 r 表示线段 OM 的长度，θ 表示从 Ox 到 OM 的角度，r 叫作点 M 的极径，θ 叫作点 M 的极角，有序数对 (r,θ) 就叫点 M 的极坐标，这样建立的坐标系叫作极坐标系．极坐标为 r,θ 的点 M，可表示为 $M(r,\theta)$. 极点 O 的坐标为 $O(0,0)$.

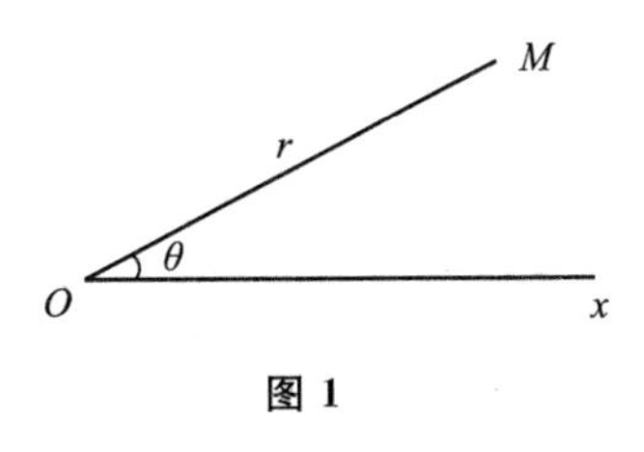

图 1

一般地，限定 $r>0,0\leqslant\theta<2\pi$，那么平面内的点和极坐标就可以一一对应了．

2. 曲线的极坐标方程

在极坐标系中，曲线可以用含有 r、θ 这两个变量的方程 $\varphi(r,\theta)=0$ 来表示，这种方程叫作曲线的极坐标方程．

求曲线的极坐标方程就是将已知条件用曲线上的点的极坐标 r、θ 的关系式 $\varphi(r,\theta)=0$ 表示出来，就得到曲线的极坐标方程．

如从极点出发，倾角为 $\frac{\pi}{4}$ 的射线的极坐标方程为 $\theta=\frac{\pi}{4}$（见图 2）；

圆心在极点，半径为 a 的圆的极坐标方程为 $r=a$（见图 3）；

圆心在 $C(a,0)$，半径为 a 的极坐标方程为 $r=2a\cos\theta$（见图 4）.

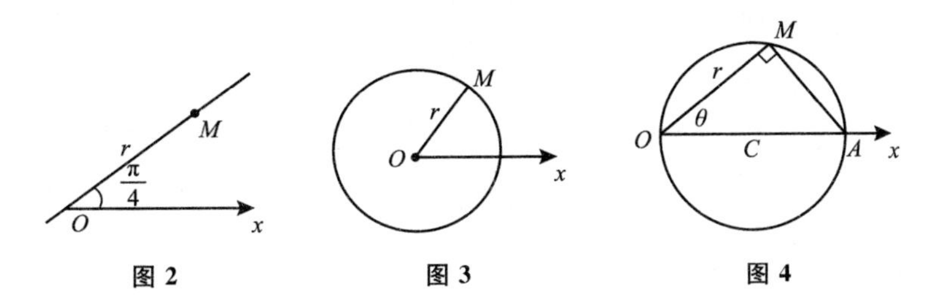

图 2　　图 3　　图 4

3．极坐标和直角坐标的互化

极坐标系和直角坐标系是两种不同的坐标系，同一个点可以有极坐标，也可以有直角坐标；同一条曲线可以有极坐标方程，也可以有直角坐标方程．为了研究问题方便，有时需要把一种坐标系中的方程转化为在另一种坐标系中的方程．

如图 5 所示，把直角坐标系的原点作为极点，x 轴的正半轴作为极轴，并在两种坐标系中取相同的长度单位，设 M 是平面内任意一点，它的直角坐标是 (x, y)，其极坐标是 (r, θ)，从点 M 作 $MN \perp Ox$，由三角函数定义，可以得到 x、y 与 r、θ 之间的关系：

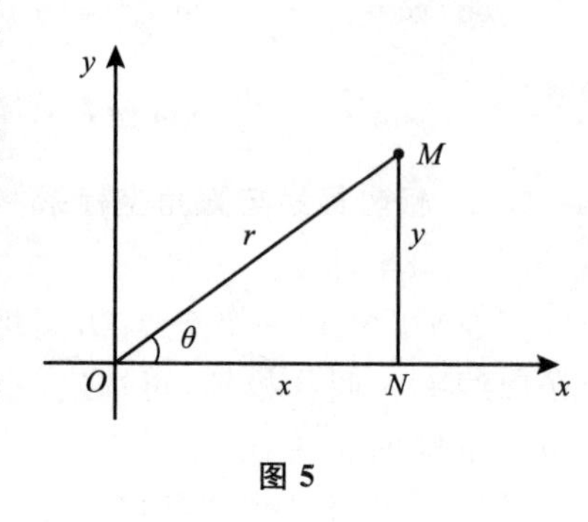

图 5

$$x = r\cos\theta, y = r\sin\theta$$

$$r^2 = x^2 + y^2, \tan\theta = \frac{y}{x} (x \neq 0)$$

通过上述公式，曲线的极坐标方程和直角坐标方程可以相互转化．

例如，在直角坐标系下圆的方程 $x^2 + y^2 - 2ax = 0$ 中，将 $x = r\cos\theta$，$y = r\sin\theta$ 代入方程，得到 $r^2\cos^2\theta + r^2\sin^2\theta - 2ar\cos\theta = 0$，即 $r = 2a\cos\theta$，这就是该圆在极坐标系下的方程．

习题参考答案

练习 1.1

1. $A\cap B=\{2,3\}$，$\overline{A}\cup\overline{B}=\{0,1,4\}$.

2. $A\cup B=(-\infty,5]\cup(9,+\infty)$，$A\cap B=[-15,-9)$，
   $A-B=(-\infty,-15)\cup(9,+\infty)$，$A-(A-B)=[-15,-9)$.

3. $\{(1,2)\}$.

4. $a=0$，或 $a=\frac{1}{2}$，或 $a=-1$.

5. (1)$(-5,-1)$；(2)$(-1,1)\cup(3,5)$.

练习 1.2

1. (2)，(3)，(4).

2. (2)，(4).

3. (1)不相同；(2)不相同；(3)不相同；(4)相同.

4. (1)$(-\infty,0)\cup(0,3]$；(2)$(1,+\infty)$；(3)$(-1,2]\cup(3,+\infty)$；
   (4)$(-\infty,+\infty)$.

5. 定义域 $D=\{0,1,4,9,16\}$，$y=\sqrt{x}-1$，$x\in D$.

6. (1)$f(x)=5x+\frac{2}{x^2}$，$f(x^2+1)=5(x^2+1)+\frac{2}{(x^2+1)^2}$；

   (2)$\varphi(x)=\begin{cases}(x-1)^2, & 1\leqslant x\leqslant 2\\ 2(x-1), & 2<x\leqslant 3\end{cases}$.

7. (1)$y=\frac{2+2x}{x-1}$；(2)$y=e^{x-1}+1$；(3)$y=\frac{2}{3}\sin x$，$x\in\left[-\frac{\pi}{2},\frac{\pi}{2}\right]$.

8. (1)$y=u^5$，$u=2x+3$；(2)$y=\sin u$，$u=x^n$；(3)$y=u^5$，$u=\sin v$，$v=3x$；

   (4)$y=u^2$，$u=\arcsin v$，$v=\frac{x}{2}$；(5)$y=e^u$，$u=-\frac{1}{x}$；

   (6)$y=u^{-\frac{1}{2}}$，$u=a^2+x^2$.

练习 1.3

1. (1)$y=200+15x$；　　(2)$x\approx 13.3$(km).

2. $P_0=5$.

3. $Q=6000-8P$.

4. $R(Q)=200Q-\frac{1}{5}Q^2$，32000.

5. 400 元/套，最大房租收入 16000 元，空房 20 套.

6. $L(x)=\begin{cases}125x-200, 0\leqslant x\leqslant 700\\112x+8900, 700<x\leqslant 1000\end{cases}$.

7. (1)$C(Q)=40000+8Q$;

(2)$R(Q)=12Q$;

(3)$L(Q)=4Q-40000$;

(4)当月生产 8000 件时，亏损 8000 元；当月生产 12000 件时，利润 8000 元．

练习 1.4

1. (1)是，是；(2)是，否；(3)否，是；(4)是，是．

2. (1)收敛于 0；(2)收敛于 0；(3)发散；(4)发散；(5)收敛于 1；(6)发散；(7)收敛于 1；(8)发散；(9)收敛于 0；(10)收敛于 1.

3. (1)发散；(2)收敛于 0.

4. 略．

5. $\lim\limits_{n\to\infty}x_n=0, N=1000$.

练习 1.5

1. (1)×；(2)×；(3)√；(4)×；(5)×.

2. (1)不存在；(2)存在，0；(3)存在，4；(4)不存在．

3. 略．

4. $f(x)$的图形略，$\lim\limits_{x\to 3^-}f(x)=3$，$\lim\limits_{x\to 3^+}f(x)=8$.

5. (1)$f(-3)=1$；(2)$\lim\limits_{x\to -3}f(x)=2$；(3)$f(-1)$不存在；(4)$\lim\limits_{x\to -1}f(x)=3$；(5)$f(1)=2$；(6)$\lim\limits_{x\to 1^-}f(x)=2$；(7)$\lim\limits_{x\to 1^+}f(x)=1$；(8)$\lim\limits_{x\to 1}f(x)$不存在．

6. 略．

7. 略．

练习 1.6

1. (1)(2)(4)(6)为无穷小，(3)(5)为无穷大，(7)(8)既不是无穷大，也不是无穷小．

2. 略．

3. (1)当 $x\to\infty$时，$y=\frac{1}{x^2}$为无穷小；当 $x\to 0$ 时，$y=\frac{1}{x^2}$为无穷大．

(2)当 $x\to\infty$时，$y=\frac{1}{(x-1)^2}$为无穷小；当 $x\to 1$ 时，$y=\frac{1}{(x-1)^2}$为无穷大．

(3)当 $x\to 1$ 时，$y=\ln x$ 为无穷小；当 $x\to 0^+$ 或 $x\to +\infty$时，$y=\ln x$ 为无穷大．

(4)当 $x\to 0^-$ 时，$y=e^{\frac{1}{x}}$ 为无穷小；当 $x\to 0^+$ 时，$y=e^{\frac{1}{x}}$ 为无穷大．

4. (1)0；(2)0；(3)0；(4)0.

练习 1.7

1. (1)伪；(2)真；(3)伪；(4)伪；(5)伪．

2. (1)$\frac{3}{2}$；(2)-6；(3)$\frac{1}{3}$；(4)-1；(5)$\frac{1}{3}$；(6)2^{15}.

3. (1)0;(2)$\frac{1}{3}$;(3)1;(4)$\frac{\pi}{2}$.

4. $\lim\limits_{x\to 0}f(x)=1$;$\lim\limits_{x\to 2^-}f(x)=5$,$\lim\limits_{x\to 2^+}f(x)=\frac{6}{5}$,$\lim\limits_{x\to 2}f(x)$不存在;$\lim\limits_{x\to +\infty}f(x)=1$.

5. $a=-7,b=6$.

6. (1)1000000;(2)不会,会,会.

练习 1.8

1. 1.

2. 略.

3. (1)8;(2)x;(3)$\frac{1}{3}$;(4)0.

4. (1)e^{-2};(2)e^2;(3)$e^{-\frac{1}{2}}$;(4)1.

5. $c=\frac{1}{2}\ln 3$.

6. 105;$100\left(1+\frac{1}{n}\times 5\%\right)^n$;$100e^{0.05}$;0.127.

练习 1.9

1. (1)当 $x\to 0$ 时,$x+\tan 2x$ 与 x 为同阶无穷小;
   (2)当 $x\to 0$ 时,$1-\cos x$ 是比 x 较高阶的无穷小;
   (3)当 $x\to 0$ 时,$\ln(1+x)$与 x 为等价无穷小;
   (4)当 $x\to 0$ 时,$\sin\sqrt{|x|}$是比 x 较低阶的无穷小;
   (5)当 $x\to 0$ 时,$x+\sin x^2$ 与 x 为等价无穷小;
   (6)当 $x\to 0$ 时,$\sqrt{1+x}-\sqrt{1-x}$与 x 为等价无穷小.

2. 略.

3. 略.

4. $a=0,b=1,c$ 为任意常数.

5. (1)$\lim\limits_{x\to 0}\frac{\sin(x^n)}{(\sin x)^m}=\begin{cases}0, & n>m\\ 1, & n=m;\\ \infty, & n<m\end{cases}(2)\lim\limits_{x\to 0}\frac{\ln(1+x^n)}{\ln^m(1+x)}=\begin{cases}0, & n>m\\ 1, & n=m;\\ \infty, & n<m\end{cases}$

   (3)$\frac{1}{2}$;(4)-1;(5)$\frac{1}{2}\pi^2$;(6)2.

练习 1.10

1. $x=-4$ 是可去间断点;$x=-2$ 是跳跃间断点,左连续;
$x=0$ 是连续点;$x=2$ 是跳跃间断点,右连续;
$x=4$ 是无穷间断点,右连续;$x=6$ 是连续点.

2. 不连续.

3. (1)补充定义 $f(0)=1$;(2)补充定义 $f(0)=0$.

4. $a=1,b=1$.

5. (1)$x=-2$,可去间断点;(2)$x=0$,第二类间断点(振荡间断点);(3)$x=1$,第二类间断点;(4)$x=0$,跳跃间断点.

6. (1)$(-\infty,2)$；(2)$[4,6]$；(3)$(-\infty,0)$和$(0,+\infty)$.

7. (1)$\sqrt{3}$；(2)0；(3)$1-e^2$；(4)$\frac{2}{\pi}$；(5)1；(6)3.

8. 略.

9. 略.

习 题 一

1. (1)2；(2)* $\frac{6}{5}$；(3)1；(4)$(-\infty,+\infty)$；(5)* $x=1$.

2. (1)c；(2)d；(3)b；(4)a；(5)a,b,d；(6)b,c；(7)d；(8)a；(9)d；(10)b；(11)d.

3. (1)$(-\infty,4)\cup(4,5)\cup(5,6)\cup(6,+\infty)$；(2)$[-1,3]$；

   (3)$\{x\mid 2k\pi<x<(2k+1)\pi, k$ 取整数$\}$；(4)$[2,+\infty)$.

4. $f(x^2)$的定义域$[-1,1]$；$f(\sin x)$的定义域$\{x\mid 2k\pi\leqslant x\leqslant(2k+1)\pi, k=0,\pm1,\pm2,\cdots\}$；$f(x+2)$的定义域$[-2,-1]$.

5. $f(0)=1$；$f(-1)=0$；$f\left(\frac{3}{2}\right)=6$；$f\left(-\frac{3}{2}\right)=-\frac{1}{2}$；

   $f(1+x)=\begin{cases}x+2, x\leqslant 0\\ 2x+5, x>0\end{cases}$；$f(1+\Delta x)-f(1)=\begin{cases}2\Delta x+3, & \Delta x>0\\ \Delta x, & \Delta x\leqslant 0\end{cases}$；

   $f(1-\Delta x)-f(1)=\begin{cases}-\Delta x, & \Delta x\geqslant 0\\ -2\Delta x+3, & \Delta x<0\end{cases}$.

6. $y=\begin{cases}2x+4, x<\frac{1}{2}\\ -2x+6, x\geqslant\frac{1}{2}.\end{cases}$ 其图像略.

7. $\varphi(x)=2x^2-3$，$\psi(x)=6x$；$\varphi(x)$是偶函数，$\psi(x)$是奇函数.

8. 每天至少应生产 400 台计算器才不亏本.

9. (1)$C(x)=60000+20x$；(2)$R(x)=x\left(60-\frac{x}{1000}\right)$；

   (3)$L(x)=-\frac{x^2}{1000}+40x-60000$.

10. (1)9；(2)9；(3)因利润小于 0.

11. (1)均衡价格 $P_0=80$，$D(P_0)=S(P_0)=70$；(2)略；(3)$P=10$，价格低于 10，无人愿意供货.

12. (1)$\frac{5}{4}$；(2)$\frac{3}{4}$；(3)$\frac{2}{3}$；(4)$\frac{1}{2}$；(5)$\frac{1}{4}$；(6)-2；(7)-2；(8)1；(9)1；

    (10)$\frac{1}{2}$；(11)$\frac{3}{2}$；(12)0.

13. $a=4$，$l=10$.

14. $a=1$，$b=-1$.

15. (1)$\frac{2}{3}$；(2)1；(3)$\frac{2}{3}$；(4)$\frac{2}{5}$；(5)2.

16. (1)e^3；(2)e^{-2}；(3)e；(4)1；(5)* $\frac{1}{1-2a}$.

17. (1)2；(2)$\frac{1}{2}$；(3)-1；(4)-3.

18. (1)$x=1$ 为第一类间断点，$x=2$ 为第二类间断点；(2)$x=1$ 为第一类间断点；(3)$x=0$ 为第二类间断点；(4)$x=0$ 为第一类间断点，$x=k\pi+\frac{\pi}{2}$，$k=0,\pm1,\pm2,\cdots$为第二类间断点.

19. (1)$k=2$；(2)$k=\pm1$；(3)* $k=1$.

20. (1)1；(2)2；(3)$\frac{2}{3}$；(4)0；(5)$\sqrt{2}$.

21. $a=b$.

22. $a=1,b=2$.

23. 略.

24. 略.

25. 略.

26. 略.

27. 略.

练习 2.1

1. (1)0；(2)9；(3)10.
2. 略.
3. (1)切线方程：$y=x+1$，法线方程：$y=-x+1$；(2)12m/s.
4. (1)$f'(a)$；(2)$2f'(a)$；(3)$2f'(a)$；(4)$4f'(a)$.
5. $f(x)$在 $x=1$ 处不可导.
6. (1)10；(2)-1；(3)$8\ln2$.
7. 略.
8. a 点不连续、不可导；b、c 点连续、不可导；d 点连续、可导.

练习 2.2

1. (1)$3x^2-2$；(2)$\frac{1}{2\sqrt{x}}+\frac{2}{x^2}$；(3)$\cos x+\sin x$；(4)$\frac{1}{x\ln2}+\frac{1}{x}$；

   (5)$2x\ln x+x$；(6)$-\frac{2}{(x-1)^2}$；(7)$-\frac{1}{2\sqrt{x}}-\frac{1}{2x\sqrt{x}}$；(8)$\frac{2\sin x}{(1+\cos x)^2}$.

2. (1)$\frac{\sqrt{2}}{8}(2+\pi)$；(2)$\frac{3}{25}$.

3. (1)$3^{\sin x}\cdot\ln3\cdot\cos x$；(2)$\frac{1}{2\sin\frac{x}{2}}$；(3)$(\ln a)^2\cdot a^x\cdot a^{a^x}$；(4)$y=\frac{1+\sqrt{\ln x}}{2x\sqrt{\ln x}}$；

   (5)$\frac{1}{x\cdot\ln x\cdot\ln\ln\ln x}$；(6)$-100(1-5x)^{19}$.

4. (1)$2xf'(x^2)$；(2)$e^{f(x)}[f'(e^x)\cdot e^x+f(e^x)\cdot f'(x)]$.

5. $f'(x)=\begin{cases}1, & x<0\\ 4x, & 0<x\leqslant1\\ 4, & x>1\end{cases}$.

6. $-\frac{1}{(1+x)^2}$.

7. $a=\frac{1}{2e}$.

8. 50km/h.

9. 略.

练习 2.3

1. (1)$\frac{e^{x+y}-y}{x-e^{x+y}}$;(2)$-\frac{1+y\sin(xy)}{1+x\sin(xy)}$;(3)$\frac{y^2\sin x}{2y\cos x-3\cos(3y)}$;(4)$\frac{y-x^2}{y^2-x}$.

2. 切线方程 $y=\sqrt[3]{4}$;法线方程 $x=\sqrt[3]{2}$.

3. (1)$x^{\frac{1}{x}}\left(\frac{1}{x^2}-\frac{1}{x^2}\ln x\right)$;(2)$(\ln x)^x\left(\ln\ln x+\frac{1}{\ln x}\right)$;

(3)$x\sqrt{\frac{1-x}{1+x}}\left(\frac{1}{x}-\frac{1}{2(1-x)}-\frac{1}{2(1+x)}\right)$;

(4)$(x-1)(x-2)^2\cdots(x-n)^n\left(\frac{1}{x-1}+\frac{2}{x-2}+\cdots+\frac{n}{x-n}\right)$.

4. (1)$\frac{3b}{2a}t$;(2)$\frac{\sin t+\cos t}{\cos t-\sin t}$.

5. 略.

6. 0.14 弧度/分.

练习 2.4

1. (1)$-2\sin x-x\cos x$;(2)$2x(3+2x^2)e^{x^2}$;(3)$(\cos^2x+\sin x)e^{-\sin x}$;

(4)$-\frac{x}{(1+x^2)^{\frac{3}{2}}}$.

2. $-\frac{1}{4\pi^2}$.

3. $y^{(n)}=\frac{2-\ln x}{x\ln^3x}$.

4. (1)$e^x\cos x+40e^x\cos\left(x+\frac{\pi}{2}\right)+\cdots+C_{40}e^x\cos\left(x+\frac{i\cdot\pi}{2}\right)+\cdots+e^x\cos\left(x+\frac{40\pi}{2}\right)$;

(2)$-2^{50}\sin2x\cdot x^2+50\cdot2^{50}\cos2x\cdot x+C_{50}^2 2^{49}\sin2x$.

5. (1)$a^x(\ln a)^n$;(2)$(-1)^n n!\left[x^{-(n+1)}-(1+x)^{-(n+1)}\right]$;

(3)$(-1)^n(n-2)!\ x^{1-n}(n\geqslant2)$,$y'=\ln x+1$;

(4)$2^{n-1}\sin\left[2x+(n-1)\cdot\frac{\pi}{2}\right]$.

练习 2.5

1. 当 $\Delta x=1$ 时,$\Delta y=4$,$dy=3$;当 $\Delta x=0.1$ 时,$\Delta y=0.314$,$dy=0.3$;当 $\Delta x=0.01$ 时,$\Delta y=0.0301$,$dy=0.03$.

2. (1)$dy=\frac{x}{x^2-1}dx$;(2)$dy=\left(\frac{1}{\sqrt{x}}-\frac{1}{x^2}\right)dx$;(3)$dy=2x(1+x)e^{2x}dx$;

(4)$dy=\frac{-2x}{1+x^4}dx$.

3. $dy=\frac{2-ye^{xy}}{xe^{xy}-3y^2}dx$,$\frac{dy}{dx}=\frac{2-ye^{xy}}{xe^{xy}-3y^2}$.

4.(1)0.4849;(2)0.98;(3)1.01;(4)0.01.

5. 精确值 $\Delta V=30.301\text{m}^3$，近似值 $\Delta V\approx 30\text{m}^3$.

6. 绝对误差 0.24m^2，相对误差 4.17%.

习 题 二

1. (1)$(-1,2)$,$(1,-2)$;(2)* $(-1)^{n-1}(n-1)!$;(3)1;(4)$-k$;

   (5)$\mathrm{d}y=f'(\mathrm{e}^x)\mathrm{e}^x\mathrm{d}x$.

2. (1)d;(2)c;(3)a,b,c,d;(4)a,b,c;(5)c.

3. 略.

4. $f'(a)=\varphi(a)$.

5. $f(x)$在 $x=0$ 处连续、可导，且 $f'(0)=0$.

6. $a=2,b=-1$.

7. 可导，$f'(0)=2$.

8*. $-f'(0)$.

9*. $y+2x-f(1)-2=0$.

10. (1)$\frac{3}{4}x^{-\frac{1}{4}}+\frac{3}{2}x^{\frac{1}{2}}-\frac{4}{3}x^{-\frac{7}{3}}$;(2)$-\frac{3}{2}x^{-\frac{5}{2}}+e^x-x^{-2}$;

    (3)$2x\sin x+x^2\cos x$;

    (4)$xa^x(2\ln x+\ln a\cdot x\cdot\ln x+1)$;(5)$\ln a\cdot a^x\cdot\operatorname{arccot}x-\frac{a^x}{1+x^2}$;

    (6)$2x\tan x+x^2\sec^2 x+\ln x+1$;(7)$\frac{2}{(\sin x+\cos x)^2}$;(8)$-\frac{4x}{3(x^2-1)^2}$;

    (9)$\tan x\ln x+x\sec^2 x\ln x+\tan x$;(10)$\sec x+x\sec x\tan x$;

    (11)$2xe^x\cos x+x^2e^x\cos x-x^2e^x\sin x$;

    (12)$\frac{x^4+9x^2\ln x-3x^2+2x-4x\ln x}{(3\ln x+x^2)^2}$;

    (13)$4^x\ln 4+9^x\ln 9+2\cdot 6^x\ln 6$;(14)$\cos x$.

11. (1)$\frac{1}{2\sqrt{x}}\cos\sqrt{x}$;(2)$\frac{2x}{x^2-a^2}$;(3)$\mathrm{e}^{-x^2}(1-2x^2)$;(4)$\frac{1}{(1-x^2)\sqrt{1-x^2}}$;

    (5)$2\sec^2 x\tan x-2\csc^2 x\cot x$;(6)$-\frac{1}{1+x^2}$;(7)$\frac{1}{\sqrt{4-x^2}}$;(8)$\frac{1}{\sin x}$;

    (9)$\frac{1}{\sqrt{x^2-1}}$;(10)$\frac{-2x^2}{\sqrt{1-x^2}}$;(11)$-\frac{4x}{3(\sqrt[3]{1-2x^2})^2}$;

    (12)$\frac{1}{2\sqrt{x}(1+x)}\mathrm{e}^{\arctan\sqrt{x}}$;

    (13)$-3\mathrm{e}^{-3x}(\sin 3x+\cos 3x)$;(14)$n\sin^{n-1}x\cos^{n+1}x-n\sin^{n+1}x\cos^{n-1}x$;

    (15)$\sin\ln x$;(16)$\arctan x$.

12. (1)$x^x(\ln x+1)+2x\mathrm{e}^{x^2}$;(2)$-f'\left(\arcsin\frac{1}{x}\right)\frac{1}{|x|\sqrt{x^2-1}}$;

    (3)$(\mathrm{e}^x+\mathrm{e}\cdot x^{\mathrm{e}-1})f'(\mathrm{e}^x+x^{\mathrm{e}})$;(4)0.

13. $f'(-x_0)=\frac{3}{2}$.

14*. (1)$\frac{3\pi}{4}$;(2)4.

15. (1)$\frac{y\ln y}{y-x}$;(2)$\frac{e^y}{1-xe^y}$;(3)$\frac{y-2x}{2y-x}$;

(4)$\frac{2(y-x)-2-y(y-x)\cos(xy)}{x(y-x)\cos(xy)-2}$;(5)$\frac{xy\ln y-y^2}{xy\ln x-x^2}$;(6)$\frac{\sin y}{1-x\cos y}$.

16. (1)$\frac{x^2}{1-x}\sqrt[3]{\frac{3-x}{(3+x)^2}}\left[\frac{2}{x}+\frac{1}{1-x}-\frac{1}{3(3-x)}-\frac{2}{3(3+x)}\right]$;

(2)$x^{a^x}\cdot a^x\left(\ln a\ln x+\frac{1}{x}\right)$;(3)$x^{x^x}x^x\ln x\left[\ln x+1+\frac{1}{x\ln x}\right]$;

(4)$(\sin x)^{\cos x}(\cos x\cot x-\sin x\ln\sin x)$;

(5)$x(\sin x)^{x^2}\left(\frac{1}{x}+2x\ln\sin x+x^2\cot x\right)$;(6)$\frac{(\ln x)^x}{x^{\ln x}}\left[\ln\ln x+\frac{1}{\ln x}-\frac{2\ln x}{x}\right]$.

17. (1)$\frac{2-2x^2}{(1+x^2)^2}$;(2)$-2e^x\sin x$;(3)$-\frac{1}{y^3}$;(4)$-2\csc^2(x+y)\cdot\cot^3(x+y)$;

(5)$\frac{2(x^2+y^2)}{(x-y)^3}$;(6)$\frac{4}{9}e^{3t}$;(7)$\frac{1}{f''(t)}$.

18. (1)$f''(e^{-x})e^{-2x}+f'(e^{-x})e^{-x}$;(2)$\frac{f''(x)f(x)-[f'(x)]^2}{f^2(x)}$.

19. (1)$y^{(n)}=\frac{(-1)^{n-1}(n-1)!}{(1+x)^n}$, $n=1,2,3,\cdots$;

(2)$y^{(n)}=(-1)^n e^{-x}$, $n=1,2,3,\cdots$;

(3)$y^{(n)}=m(m-1)(m-2)\cdots[m-(n-1)](1+x)^{m-n}$, $n=1,2,3,\cdots,m$. 当$n>m$时，$y^{(n)}=0$;(4)$y^{(n)}=e^x(n+x)$, $n=1,2,3,\cdots$.

20. (1)$e^x(\sin^2 x+\sin 2x)dx$;(2)$\frac{e^x}{1+e^{2x}}dx$;(3)$\frac{2x}{\sqrt{2x^2-x^4}}dx$;(4)$-\frac{4}{x^2}dx$;

(5)$\frac{1}{2}\sec\frac{x}{2}\tan\frac{x}{2}dx$;(6)$\frac{1+x^2}{(1-x^2)^2}dx$;(7)$\frac{\sqrt{1-y^2}}{2y\sqrt{1-y^2}+1}dx$;

(8)$-\frac{b^2x}{a^2y}dx$.

21. $dy=\frac{1}{x}dx$.

22. 半径相对误差不超过1%.

23. 300千元.

练习 3.1

1. (1)$\xi=0$;(2)$\xi=2$;(3)不满足罗尔定理条件;(4)不满足罗尔定理条件.

2. (1)$\xi=\frac{\sqrt{3}}{3}$;(2)$\xi=\frac{1}{\ln 2}$.

3. $x=\frac{\pi}{4}\in\left(0,\frac{\pi}{2}\right)$.

4. 有三个不同实根，分别位于(1,2),(2,3),(3,4)区间内.

5. 提示：令$g(x)=xf(x)$.

6. 提示：令$F(x)=f(x)-\ln x$，利用零点存在定理和罗尔定理.

7. (1)提示：令$f(x)=e^x-ex$;(2)提示：令$f(x)=\sin x$.

8. 提示：令$f(x)=\arcsin x+\arccos x$.

9. 略.

10. $\sqrt{x}=2+\frac{1}{4}(x-4)-\frac{1}{64}(x-4)^2+\frac{1}{512}(x-4)^3-\frac{5}{128}(x-4)^4\xi^{-\frac{7}{2}},\xi\in(x,4)$.

11. (1) $\sqrt[3]{30}=3+\frac{1}{27}(30-27)-\frac{1}{3^7}(30-27)^2+\frac{5}{3^{12}}(30-27)^3\approx 3.10725$,

$|R_4(x)|=\frac{|f^{(4)}(\xi)|}{4!}(30-27)^4<0.00002,\xi\in(27,30)$.

(2) $\sin\frac{\pi}{10}=\sin 0+\cos 0\ \frac{\pi}{10}+\frac{-\sin 0}{2}\left(\frac{\pi}{10}\right)^2+\frac{-\cos 0}{6}\left(\frac{\pi}{10}\right)^3=\frac{\pi}{10}-$

$\frac{1}{6}\left(\frac{\pi}{10}\right)^3$, $|R_3(x)|=\frac{|f^{(4)}(\xi)|}{4!}\left(\frac{\pi}{10}-0\right)^4\leqslant 0.0004,\xi\in\left(0,\frac{\pi}{10}\right)$.

练习 3.2

1. (1)1;(2)∞;(3)1;(4)1;(5)$\frac{4}{e}$;(6)2;(7)1;(8)2.

2. (1)0;(2)1;(3)3;(4)0.

3. (1)0;(2)1/2;(3)1;(4)e;(5)1;(6)1;(7)$+\infty$;(8)$e^{-\frac{1}{3}}$.

4. 0.

5. $e^{f'(0)}$.

练习 3.3

1. (1)单调减少区间是$(-1,3)$;单调增加区间是$(-\infty,-1)$和$(3,+\infty)$.

(2)单调增加区间是$(2,+\infty)$;单调减少区间是$(0,2)$.

(3)单调减少区间是$\left(0,\frac{1}{2}\right)$;单调增加区间是$\left(\frac{1}{2},+\infty\right)$.

(4)单调增加区间是$(0,+\infty)$;单调减少区间是$(-\infty,0)$.

2. 提示:(1)令 $f(x)=x-\ln(1+x)$;(2)令 $f(x)=\sin x+\tan x-2x$;

(3)令 $f(x)=2^x-x^2$.

3. (1)凸区间是$(-\infty,-1)$和$(1,+\infty)$,凹区间是$(-1,1)$,拐点$(\pm 1,\ln 2)$.

(2)凸区间是$\left(0,\frac{\pi}{2}\right)$,凹区间是$\left(-\frac{\pi}{2},0\right)$,拐点$(0,0)$.

(3)凹区间是$(-\infty,0)$和$(1,+\infty)$,凸区间是$(0,1)$,拐点$(0,1)$,$(1,0)$.

(4) 凹区间是$(-\infty,-1)$和$(1,+\infty)$,凸区间是$(-1,1)$,拐点$\left(\pm 1,\frac{1}{\sqrt{2\pi e}}\right)$.

(5)凹区间是$(-\infty,+\infty)$,无拐点.

4. $a=-\frac{3}{2}$, $b=\frac{9}{2}$.

5. 提示:(1)设 $f(x)=t^n$;(2)设 $f(x)=e^t$.

6. 提示:令 $f(x)=x^5+x-1$.

练习 3.4

1. (1)极小值 $f(1)=0$,极大值 $f\left(\frac{1}{5}\right)=\frac{3456}{3125}$.

(2)极小值 $f(2)=-2$,极大值 $f(3)=-\frac{3}{2}$.

(3)极小值 $f(-1)=-1$,极大值 $f(1)=1$.

(4)无极小值,极大值 $f(-1)=-\frac{1}{4}$.

2. 提示:当 $b^2-3ac<0$ 时,$f'(x)$没有实根.

3. (1)最小值 $f(0)=-4$,最大值 $f(3)=2$;(2)最小值 $f\left(\frac{1}{2}\right)=3$;

(3)最小值 $f(0)=2$.

4. 当 $r=\sqrt[3]{\frac{150}{\pi}}$时,造价最低,此时 $h=2\sqrt[3]{\frac{150}{\pi}}$.

5. 1000.

6. $a=2$,$f\left(\frac{\pi}{3}\right)=\sqrt{3}$为极大值.

7. 略.

练习 3.5

1. (1)垂直渐近线 $x=1$,水平渐近线 $y=-2$;

(2)垂直渐近线 $x=0$,水平渐近线 $y=0$;

(3)水平渐近线 $y=1$,$y=0$;

(4)垂直渐近线 $x=1$,斜渐近线 $y=\frac{1}{4}x-\frac{5}{4}$.

2. 略.

3. $f(x)$的图形略. $f(x)$的单增区间为$(0,1)$和$(3,+\infty)$. 单减区间为$(-\infty,0)$和$(1,3)$. 极小值点 0、3,极大值点 1;凸区间为$(-1,2)$,凹区间为$(-\infty,-1)$和$(2,+\infty)$;拐点为$(-1,f(-1))$、$(2,0)$.

4. 略.

练习 3.6

1. (1)边际成本 $C'(x)=5$;(2)边际收益 $R'(x)=20-0.02x$;

(3)当产量为 750 时,总利润最大.

2. (1)$C(10)=185$,$C'(10)=11$,$\overline{C}(10)=18.5$;

(2)产量为 20 时,平均成本最小,其值为 16.

3. 最大利润 $L(18)=112$.

4. (1)$\eta(P)=\frac{-P}{250-P}$;

(2)$\eta(10)\approx-0.04$,$P=10$ 时,价格上升 1%,需求量下降 0.04%;

(3)$P=40$ 时,$\frac{ER}{EP}\approx0.81$,价格上升 1%,收益增加约 0.81%;

(4)$P=125$ 时,总收益最大.

5. 当 $x=2000$ 时,y 取得最小值,此时批次为 5 批.

习 题 三

1. (1)$a=2$.(2)单增区间为$(-\infty,+\infty)$,拐点为$(0,0)$.(3)不盈不亏时,$Q=2$ 千袋或 $Q=5$ 千袋;利润最大时,$Q=3.5$ 千袋.(4)水平渐近线为 $y=\frac{\pi}{4}$;垂

直渐近线为 $x=0$. (5)* $p=40$.

2. (1)a,b,d;(2)c;(3)d;(4)b;(5)c.

3. 略.

4. 略.

5. 当 $0\leqslant x\leqslant\frac{100}{3}$时,销售量增加.

6. 当产量为 3 万台时,总利润最大,最大利润为$\frac{5}{2}$.

7*. 提示:令 $\varphi(x)=x\sin x+2\cos x, x\in[0,\pi]$.

8. $(-\infty,0)$.

9. 略.

10*. (1)$\frac{3}{2}$;(2)$-\frac{1}{6}$;(3)$\frac{3e}{2}$;(4)$\frac{4}{3}$.

11. e^2.

12. 凹区间为$(-\infty,0),(1,+\infty)$;凸区间为$(0,1)$;拐点为$(0,0),\left(1,\frac{10}{9}\right)$.

13. 水平渐近线为 $y=0$,垂直渐近线为 $x=0$,斜渐近线为 $y=x$.

14. 8000 元.

15*. 提示:$f'(a)=0, f''(a)=-1$.

16. (1)当 $0<p<\sqrt{\frac{ab}{c}}-\sqrt{b^2}$时,增加;当 $p>\sqrt{\frac{ab}{c}}-\sqrt{b^2}$时,减少;

(2)$p=\sqrt{\frac{ab}{c}}-\sqrt{b^2}$;最大销售额为$(\sqrt{a}-\sqrt{bc})^2$.

练习 4.1

1. (1)$y=\frac{1}{2}x^2+2x-1$;(2)$y=\sin x$;(3)$P(t)=t^2+3t$;(4)$Q=1000\left(\frac{1}{3}\right)^P$.

2. (1)$\frac{1}{a}$;(2)2;(3)$\frac{1}{2k}$;(4)$\frac{1}{12}$;(5)$\frac{1}{a}$;(6)$\frac{2}{3}$;(7)$-\frac{1}{b}$;(8)$\frac{1}{3}$;(9)-1;(10)-1;

(11)$\frac{1}{2}$;(12)$\frac{1}{2}$;(3)$-\frac{1}{3}$;(14)-2.

3. (1)$\frac{2}{3}x^{\frac{3}{2}}+2\sqrt{x}+c$;(2)$\frac{1}{\ln 2}2^x+\frac{1}{3}x^3+c$;(3)$\frac{3}{2}x^2+\frac{3}{7}x^{\frac{7}{3}}+c$;

(4)$x-\arctan x+c$;(5)$\frac{8}{15}x^{\frac{15}{8}}+c$;(6)$e^x-x+c$;

(7)e^t+t+c;(8)$\sin x-\cos x+c$;(9)$\frac{1}{2}t-\frac{1}{2}\sin t+c$.

4. (1)$f'(0)=5$;(2)$f(x)=x+e^x+c$.

练习 4.2

1. (1)$-\frac{2}{7}(2-x)^{\frac{7}{2}}+c$;(2)$-\frac{(3x+7)^{-7}}{21}+c$;(3)$\frac{1}{200}(2x-9)^{100}+c$;

(4)$-e^{-x}+c$;(5)$\ln(1+x^2)+c$;(6)$-e^{\frac{1}{x}}+c$;(7)$-2\cos\sqrt{t}+c$;

(8)$\frac{1}{4}(\ln x)^4+c$;(9)$\frac{1}{2}\ln|1+2t|+c$;(10)$\ln(x^2-x+3)+c$;

(11) $\ln|\ln x|+c$；(12) $\arctan e^{x}+c$；(13) $\frac{1}{6}\arctan\frac{3x}{2}+c$；(14) $\frac{1}{3}\arcsin\frac{3x}{2}+c$；

(15) $\frac{3}{2}\sin\frac{2x}{3}+c$；(16) $e^{\sin x}+c$；(17) $\sin e^{x}+c$；(18) $-\frac{1}{3}\cos^{3}x+\frac{1}{5}\cos^{5}x+c$；

(19) $\frac{3}{8}x-\frac{1}{4}\sin 2x+\frac{1}{32}\sin 4x+c$；(20) $-\frac{1}{10}\sin 5x+\frac{1}{2}\sin x+c$.

2. (1) $\frac{2}{5}\sqrt{(x+1)^{5}}-\frac{2}{3}\sqrt{(x+1)^{3}}+c$；(2) $\frac{1}{9}\sqrt[4]{(2x+3)^{9}}-\frac{3}{5}\sqrt[4]{(2x+3)^{5}}+c$；

(3) $-\arcsin\frac{1}{x}+c$；(4) $\sqrt{x^{2}-9}-3\arccos\frac{3}{x}+c$；

(5) $8\arcsin\frac{x}{4}-\frac{x}{2}\sqrt{16-x^{2}}+c$；(6) $\frac{1}{3}\ln\left|3x+\sqrt{9x^{2}-4}\right|+c$；

(7) $2\sqrt{x}-4\sqrt[4]{x}+4\ln(1+\sqrt[4]{x})+c$.

3. (1) $x\arcsin x+\sqrt{1-x^{2}}+c$；(2) $x\arctan x-\frac{1}{2}\ln(1+x^{2})+c$；

(3) $2x\sin\frac{x}{2}+4\cos\frac{x}{2}+c$；(4) $\frac{1}{2}e^{-x}(\sin x-\cos x)+c$；

(5) $-(t^{2}+2t+2)e^{-t}+c$；(6) $\frac{1}{2}x^{2}\ln(x-1)-\frac{1}{4}x^{2}-\frac{1}{2}x-\frac{1}{2}\ln(x-1)+c$；

(7) $\ln x(\ln\ln x-1)+c$；(8) $\frac{1}{n+1}x^{n+1}(\ln x-\frac{1}{n+1})+c$；

(9) $x\tan x+\ln|\cos x|+c$.

4. (1) $\cos x-\frac{2\sin x}{x}+c$；(2) $\left(1-\frac{2}{x}\right)e^{x}+c$.

练习 4.3

(1) $\frac{1}{3}x^{3}-\frac{3}{2}x^{2}+9x-27\ln|x+3|+c$；(2) $\ln|x|-\frac{1}{2}\ln(1+x^{2})+c$；

(3) $x^{3}+\arctan x+c$；

(4) $\frac{1}{3}\ln|x+1|-\frac{1}{6}\ln(x^{2}-x+1)+\frac{1}{\sqrt{3}}\arctan\frac{2}{\sqrt{3}}\left(x-\frac{1}{2}\right)+c$.

习　题　四

1. (1) $f'(x)dx$；(2) $-2x$；(3) $\frac{1}{2a}F(ax^{2}+b)+c$；(4) $x\ln x+c$；

(5) $x^{2}\cos x-4x\sin x-6\cos x+c$.

2. (1) b,d；(2) c；(3) d；(4) a；(5) a.

3. $y=\frac{1}{2}x^{4}-\frac{1}{2}x+2$.

4. (1) $C(Q)=3+2Q+0.2Q^{2}$；(2) $Q=10$（百台），37 万元．

5. (1) $x+3\ln|x|-\frac{3}{x}-\frac{1}{2x^{2}}+c$；(2) $\frac{147^{x}}{\ln 147}+c$；(3) $x+x^{3}+\frac{3}{5}x^{5}+\frac{1}{7}x^{7}+c$；

(4) $\frac{2}{5}x^{\frac{5}{2}}+\frac{6}{5}x^{\frac{5}{6}}+4x^{\frac{1}{2}}+c$；(5) $\frac{1}{3}x^{3}+\arctan x+c$；(6) $-\frac{10^{-x}}{\ln 10}-\frac{4^{-x}}{\ln 4}+c$；

(7) $-\frac{1}{x}-\arctan x+c$；(8) $-\cot x-\tan x+c$；(9) $-\cot u-u+c$.

6. (1) $-\frac{1}{3}\sqrt{2-3x^2}+c$; (2) $\frac{1}{3}(u^2-5)^{\frac{3}{2}}+c$; (3) $\ln|\tan x|+c$;

(4) $(x^3-5)^{\frac{1}{3}}+c$; (5) $\ln|\ln(\ln x)|+c$; (6) $\ln(1+e^x)+c$;

(7) $\frac{1}{2}\ln(1+x^2)-\arctan x+c$; (8) $\frac{1}{4}\arctan\left(x+\frac{1}{2}\right)+c$;

(9) $\frac{1}{12}\ln\left|\frac{2+3x}{2-3x}\right|+c$; (10) $\frac{1}{5}\ln\left|\frac{x-3}{x+2}\right|+c$; (11) $\frac{\sqrt{2}}{2}\arctan(\frac{\sqrt{2}}{2}\tan x)+c$;

(12) $\frac{1}{2}\arctan x^2+\frac{1}{4}\ln(1+x^4)+c$; (13) $\frac{1}{2}\arcsin\frac{2x}{3}+\frac{1}{4}\sqrt{9-4x^2}+c$;

(14) $\arcsin\frac{x+1}{\sqrt{6}}+c$; (15) $\frac{\tan^4 x}{4}+c$; (16) $\frac{1}{2}x-\frac{1}{12}\sin 6x+c$;

(17) $\frac{1}{5}\sin^5 x-\frac{2}{3}\sin^3 x+\sin x+c$; (18) $\frac{1}{7}\sin^7 x-\frac{2}{5}\sin^5 x+\frac{1}{3}\sin^3 x+c$;

(19) $\frac{1}{3}\tan^3 x-\tan x+x+c$.

7. (1) $18\ln(\sqrt[6]{x}+1)+c$; (2) $6\sqrt[6]{x}-6\arctan\sqrt[6]{x}+c$;

(3) $x-\ln(1+e^x)+c$; (4) $\ln\frac{\sqrt{1+e^x}-1}{\sqrt{1+e^x}+1}+c$; (5) $\frac{x}{a^2\sqrt{a^2+x^2}}+c$;

(6) $\frac{1}{3}\ln\left|\sqrt{9x^2-6x+7}+3x-1\right|+c$.

8. (1) $\frac{1}{3}x^3\arctan x-\frac{1}{6}x^2+\frac{1}{6}\ln(1+x^2)+c$; (2) $\frac{1}{2}x(\sin\ln x-\cos\ln x)+c$;

(3) $\frac{1}{8}\sin 2x-\frac{1}{4}x\cos 2x+c$; (4) $\frac{1}{5}e^{-x}(-\sin^2 x-\sin 2x-2)+c$;

(5) $\frac{1}{2}x^2e^{x^2}+c$; (6) $-\frac{1}{2}(x\csc^2 x+\cot x)+c$;

(7) $x\ln(x+\sqrt{1+x^2})-\sqrt{1+x^2}+c$;

(8) $\frac{1}{2}\sec x\tan x+\frac{1}{2}\ln|\sec x+\tan x|+c$;

(9) $-2\sqrt{1-x}\arcsin\sqrt{x}+2\sqrt{x}+c$.

9. (1) $\ln|x^2+3x-10|+c$; (2) $\frac{1}{6}\ln\frac{x^2+1}{x^2+4}+c$;

(3) $\ln\sqrt{\frac{x^2+x+1}{x^2+1}}+\frac{1}{\sqrt{3}}\arctan\frac{2x+1}{\sqrt{3}}+c$;

(4) $\frac{\sqrt{2}}{8}\ln\frac{x^2+\sqrt{2}x+1}{x^2-\sqrt{2}x+1}+\frac{\sqrt{2}}{4}\arctan(\sqrt{2}x+1)+\frac{\sqrt{2}}{4}\arctan(\sqrt{2}x-1)+c$.

10. (1) $(3\sqrt[3]{x^2}-6\sqrt[3]{x}+6)e^{\sqrt[3]{x}}+c$; (2) $x^2\sqrt{1+x^2}-\frac{2}{3}(1+x^2)^{\frac{3}{2}}+c$;

(3) $\tan x-\sec x+c$; (4) $\frac{1}{4}\ln|1+\sin 2x|+\frac{1}{2}x+c$; (5) $\arcsin x-\sqrt{1-x^2}+c$;

(6) $\frac{e^x}{1+x}+c$; (7) $e^x\tan\frac{x}{2}+c$; (8) $\frac{1}{2}\ln\left|\frac{e^x-1}{e^x+1}\right|+c$;

(9) $x-\ln(1+e^x)+\frac{1}{1+e^x}+c$; (10) $\frac{1}{a}f(ax+b)+c$; (11) $xf'(x)-f(x)+c$.

11. $f(x)=-\frac{1}{x-2}-\frac{1}{3}(x-2)^3+c$.

12. $\int f(x)\mathrm{d}x = \ln|x| - \frac{1}{2}\ln(1+x^2)+c$.

13. $\int f(x)\mathrm{d}x = \begin{cases} x^2+x+1+c & x<0 \\ \mathrm{e}^x+c & x\geqslant 0 \end{cases}$.

14. $xf^{-1}(x)-F[f^{-1}(x)]+c$.

练习 5.1

1. (1)$s=\int_0^1(\sqrt{x}-x)\mathrm{d}x$;(2)$s=\int_0^{60}(3t^2+2t)\mathrm{d}t$.

2. (1) $\frac{3}{2}$;(2) $\frac{5}{2}$;(3) $\frac{1}{4}\pi a^2$;(4)0.

3. (1)$\int_0^1 x^2\mathrm{d}x \geqslant \int_0^1 x^3\mathrm{d}x$;(2)$\int_1^2 x^2\mathrm{d}x \leqslant \int_1^2 x^3\mathrm{d}x$;(3)$\int_1^2 \ln x\mathrm{d}x \geqslant \int_1^2 (\ln x)^2\mathrm{d}x$;

   (4)$\int_0^1 \mathrm{e}^x\mathrm{d}x \geqslant \int_0^1 (1+x)\mathrm{d}x$;(5) $\int_0^{\frac{\pi}{4}} \sin x\mathrm{d}x \leqslant \int_0^{\frac{\pi}{4}} \cos x\mathrm{d}x$;

   (6) $\int_0^1 x\mathrm{d}x \geqslant \int_0^1 \ln(1+x)\mathrm{d}x$.

4. (1)$6\leqslant\int_0^1(1+x^2)\mathrm{d}x\leqslant 51$;　　(2)$\pi\leqslant\int_{\frac{\pi}{4}}^{\frac{5\pi}{4}}(1+\sin^2 x)\mathrm{d}x\leqslant 2\pi$;

   (3)$0\leqslant\int_1^2(2x^3-x^4)\mathrm{d}x\leqslant\frac{27}{16}$;　(4) $\frac{1}{2}\leqslant\int_{\frac{\pi}{4}}^{\frac{\pi}{2}}\frac{\sin x}{x}\mathrm{d}x\leqslant\frac{\sqrt{2}}{2}$.

5. 略.

6. 略.

7. 略.

8. 行驶路程 16m,平均行驶速度 4m/s.

练习 5.2

1. (1)$x^2\sqrt{1+x}$;(2)$-x\mathrm{e}^{-x}$;(3)$2x\sqrt{1+x^4}$;(4)$\frac{3x^2}{\sqrt{1+x^{12}}}-\frac{2x}{\sqrt{1+x^8}}$;

   (5)$-\sin x\cos(\pi\cos^2 x)-\cos x\cos(\pi\sin^2 x)$;(6)$-\frac{\sin 2x}{1+\sin^4 x}$.

2. $y'=-\frac{\cos x}{\mathrm{e}^y}$.

3. $f(\pi)=2\mathrm{e}^{2\pi}-1$.

4. 极小值 $F(0)=0$.

5. (1)e^2;(2)2;(3)1/2;(4)1/2.

6. (1)$12.5-\frac{1}{2}\ln 26$;(2)$10+4\ln\frac{8}{3}$;(3)$\mathrm{e}-\sqrt{\mathrm{e}}$;(4)ln2;

   (5)$\frac{1}{5}(\mathrm{e}-1)^5$;(6)$\frac{1}{2}(a-b)^2$;(7)4;(8)$10-\frac{8}{3}\sqrt{2}$;(9)5/6;(10)4/5.

7. 5/6.

8. (1)$\frac{219}{220}$gal;(2)110h.

练习 5.3

1. (1)$4-2\arctan2$;(2)$\frac{\pi}{6}$;(3)$2-\frac{\pi}{2}$;(4)$\frac{a^4\pi}{16}$;(5)$\frac{3\pi}{16}$;

(6)$\ln\frac{\sqrt{5}-1}{2\sqrt{2}-2}$;(7)$\sqrt{3}-\frac{\pi}{3}$;(8)0;(9)0;(10)$2\ln(2+\sqrt{3})$.

2. $\tan\frac{1}{2}-\frac{1}{2}e^{-4}+\frac{1}{2}$

3. $\int_a^b f(x)dx$.

4. 略.

5. $f(x)$在$(-\infty,+\infty)$上单调增加,奇函数.

6. (1)$\ln2-2+\frac{\pi}{2}$;(2)$2-\frac{2}{e}$;(3)$1-2e^{-1}$;(4)$\pi-2$;(5)$\frac{1}{2}e^{\frac{\pi}{2}}+\frac{1}{2}$;

(6)$\frac{1}{2}e^{\frac{\pi}{2}}-\frac{1}{2}$;(7)$8e-16$;(8)$\frac{\pi}{4}+\ln\frac{\sqrt{2}}{2}$;(9)$\frac{e^{\pi}-2}{5}$;(10)$\frac{\sqrt{2}\pi}{8}+1-\frac{\sqrt{2}}{2}$.

7. 8.

8. (1)$\frac{9}{2}\pi$;(2)$\frac{\pi}{2}$;(3)-6π.

9. (1)变换后积分区间错误;(2)当$t\in\left[\frac{\pi}{2},\pi\right]$时,$\cos t<0$,$|\cos t|=-\cos t$;

(3)变换$x=\frac{1}{t}$在区间$[-1,1]$内有间断点$t=0$.

练习 5.4

1. (1)$2\pi+\frac{4}{3}$,$6\pi-\frac{4}{3}$;(2)$\frac{3}{2}-\ln2$;(3)3/4;(4)$\frac{\pi}{2}-1$;(5)9/2;(6)1;(7)$e+e^{-1}-2$.

2. $t=\frac{1}{2}$.

3. (1)$\frac{3\pi}{10}$;(2)$\frac{128\pi}{7}$,$\frac{64\pi}{5}$;(3)$\frac{31\pi}{5}$,7.5π;(4)$160\pi^2$;(5)$4\pi-\frac{1}{2}\pi^2$.

4. $\left(2-\frac{2}{3}e\right)\pi$.

5. 66.

6. 约 28756.4 元.

7. 销售量 $Q=11$ 单位时利润最大,最大利润约为 666.33.

8. (1)9987.5;(2)19850.

9. $F(t)=2\sqrt{t}+100$.

练习 5.5

1. (1)1;(2)1;(3)$\frac{a}{a^2+b^2}$;(4)$\frac{1}{\ln2}$;(5)$-\ln(\sqrt{2}-1)$;(6)π;

(7)π;(8)当$0<\alpha<1$时,收敛于$\frac{1}{1-\alpha}$;当$\alpha\geqslant1$时,发散.

(9)2;(10)π;(11)-1;(12)$2-2\ln2$.

2. 当$k\leqslant1$时发散,当$k>1$时收敛.

3.(1)不正确;(2)不正确.

4. 4000.

5. $\frac{\pi}{2}$.

习 题 五

1. (1)$I_1>I_2$;(2)$e-e^{-1}$;(3)$af(a)$;(4)$-\frac{1}{2}$;(5)* $2-\frac{4}{e}$.

2.(1)b,c;(2)a;(3)c;(4)d;(5)d.

3.(1)成立;(2)成立.

4.(1)$\frac{\pi}{4}$;(2)$2(\sqrt{2}-1)$.

5. 略.

6.$\Phi(x)=\begin{cases} 0, & x<0 \\ \frac{1}{2}x^2, & 0\leqslant x<1 \\ 2x-\frac{1}{2}x^2-1, & 1\leqslant x<2 \\ 1, & x\geqslant 2 \end{cases}$

7.$F(x)=\begin{cases} \frac{1}{3}x^3, & 0\leqslant x\leqslant 1 \\ \frac{1}{2}x^2-\frac{1}{6}, & 1<x\leqslant 2 \end{cases}$,$F(x)$在区间$(0,2)$内连续.

8.$f(x)=15x^2,a=-2$.

9. $\frac{\pi}{4-\pi}$.

10. 略.

11. 最大值$F(2)=10$,最小值$F(1)=0$.

12. 极小值$F(0)=0$.

13. $\frac{1}{2}(e^{-1}-1)$.

14.(1)～(4)略,(5)$\frac{\pi^2}{4}$.

15. 略.

16. 8.

17. $2e^2$.

18. 略.

19. $\frac{27}{4}$.

20.$(4,2\ln 2)$.

21.$7\frac{1}{8}$.

22. $\frac{2}{3}R^3\tan\alpha$.

23. (1)$\int_a^b[f(x)-g(x)]dx$;

(2)$\pi\int_a^b[f^2(x)-g^2(x)]\mathrm{d}x$；

(3)$2\pi\int_a^b x[f(x)-g(x)]\mathrm{d}x$.

24*. (1)$V_1=\frac{4\pi}{5}(32-a^5)$，$V_2=\pi a^4$；(2)$a=1$ 时，V_1+V_2 取得最大值，最大值等于 $\frac{129}{5}\pi$.

25. (1)$100t+5t^2-0.15t^3$；(2)572.8.

26. 97 万元.

27. 若按年计算利息，现值为 438 万元；若按连续复利计算，现值为 424 万元.

28. (1)发散；(2)收敛；(3)收敛；(4)发散.

29. (1)30；(2)$\frac{\sqrt{2\pi}}{16}$；(3)1；(4)$\frac{1}{6}$.

30. $\frac{5}{2}$.

31. $\pi\left(\frac{a}{\ln a}\right)^2$.

32. 略.

练习 6.1

1. 各卦限中的点的坐标有如下特征：

Ⅰ	Ⅱ	Ⅲ	Ⅳ	Ⅴ	Ⅵ	Ⅶ	Ⅷ
(+,+,+)	(−,+,+)	(−,−,+)	(+,−,+)	(+,+,−)	(−,+,−)	(−,−,−)	(+,−,−)

Ⅳ；Ⅷ；Ⅶ；Ⅵ.

2. xOy 面上的点：$(x,y,0)$；yOz 面上的点：$(0,y,z)$；xOz 面上的点：$(x,0,z)$.
x 轴上的点：$(x,0,0)$；y 轴上的点：$(0,y,0)$；z 轴上的点：$(0,0,z)$.
P 在 yOz 面上；Q 在 xOy 面上；R 在 x 轴上；S 在 y 轴上.

3. (1)关于 xOy 面、yOz 面和 xOz 面的对称点分别是 $(a,b,-c)$，$(-a,b,c)$，$(a,-b,c)$；
(2)关于 x 轴、y 轴和 z 轴的对称点分别是 $(a,-b,-c)$，$(-a,b,-c)$，$(-a,-b,c)$；
(3)关于原点的对称点为 $(-a,-b,-c)$.

4. xOy 面：$(x_0,y_0,0)$，$d=|z_0|$；yOz 面：$(0,y_0,z_0)$，$d=|x_0|$；
xOz 面：$(x_0,0,z_0)$，$d=|y_0|$.
x 轴：$(x_0,0,0)$，$d=\sqrt{y_0^2+z_0^2}$；y 轴：$(0,y_0,0)$，$d=\sqrt{x_0^2+z_0^2}$；
z 轴：$(0,0,z_0)$，$d=\sqrt{x_0^2+y_0^2}$.

5. 平行于 z 轴的直线上的点：(x_0,y_0,z)；
平行于 xOy 面的平面上的点：(x,y,z_0).

6. (1)过点 $(2,0,0)$ 平行于 yOz 的平面；
(2)通过 xOy 坐标面内的直线 $y=x+1$，平行于 Oz 轴的平面；

(3)平行于 Oz 轴的直线沿着 xOy 平面内的圆 $\left(x-\frac{a}{2}\right)^2+y^2=\left(\frac{a}{2}\right)^2$ 旋转一周形成的圆柱面；

(4)过点(2,0,0),(0,3,0),(0,0,5)的一平面；

(5)球心在(1,−2,−1)半径为$\sqrt{6}$的球面．

练习 6.2

1. (1)$D_f=\{(x,y)\mid y^2-4x+8>0\}$；(2)$D_f=\{(x,y)\mid x\geqslant0,x^2\geqslant y\geqslant0\}$；

(3)$D_f=\{(x,y)\mid x\neq0,y\neq0\}$；(4)$D_f=\{(x,y)\mid 1\leqslant x^2+y^2\leqslant4\}$；

(5)$D_f=\{(x,y)\mid x\in R,y\in R\}$；(6)$D_f=\{(x,y,z)\mid r^2\leqslant x^2+y^2+z^2\leqslant R^2\}$.

2. (1)$(xy)^{x+y}+(x+y)xy$；(2)$\frac{2x}{x^2-y^2}$；(3)$\frac{x^2(1-y)}{1+y}$.

3. 略．

4. (1)1；(2)$-\frac{1}{4}$；(3)2；(4)0.

5. (1)$\{(x,y)\mid x\neq y\}$；(2)$\{(x,y)\mid 4<x^2+y^2<16\}$.

练习 6.3

1. (1)$3x^2y-y^3,x^3-3xy^2$；(2)$-\frac{y}{x^2+y^2},\frac{x}{x^2+y^2}$；(3)$ye^{xy},xe^{xy}$；

(4)$[y+xy^2\cos(xy)]e^{\sin(xy)},[x+x^2y\cos(xy)]e^{\sin(xy)}$；

(5)$\frac{x}{\sqrt{x^2+y^2+z^2}},\frac{y}{\sqrt{x^2+y^2+z^2}},\frac{z}{\sqrt{x^2+y^2+z^2}}$；

(6)$yz(xy)^{z-1},xz(xy)^{z-1},(xy)^z\ln(xy)$；

(7)$-\frac{2x}{(x^2+y^2)^2}e^{xy}+\frac{y}{x^2+y^2}e^{xy},-\frac{2y}{(x^2+y^2)^2}e^{xy}+\frac{x}{x^2+y^2}e^{xy}$；

(8)$y^zx^{y^z-1},x^{y^z}zy^{z-1}\ln x,x^{y^z}y^z\ln x\ln y$.

2. (1)0,1；(2)0,0；(3)$\frac{1}{2},1,\frac{1}{2}$.

3. 1,0.

4. 1.

5. (1)$12x^2-8y^2,12y^2-8x^2,-16xy,-16xy$；

(2)$(2\sin y+\cos y+x\sin y)e^x,(-\sin y+\cos y+x\cos y)e^x,(-\cos y-x\sin y)e^x,$
$(-\sin y+\cos y+x\cos y)e^x$；

(3)$\frac{2xy}{(x^2+y^2)^2},\frac{y^2-x^2}{(x^2+y^2)^2},\frac{-2xy}{(x^2+y^2)^2},\frac{y^2-x^2}{(x^2+y^2)^2}$；

(4)$2a^2\cos2(ax+by),2b^2\cos2(ax+by),2ab\cos2(ax+by),2ab\cos2(ax+by)$；

(5)$0,-\frac{1}{y^2}$；(6)$\frac{e^xe^y}{(e^x+e^y)^2},\frac{e^xe^y}{(e^x+e^y)^2},-\frac{e^xe^y}{(e^x+e^y)^2},-\frac{e^xe^y}{(e^x+e^y)^2}$.

6. 略．

7. 当 $c_1>0,b_2>0$ 时，两种商品是相互竞争的；当 $c_1<0,b_2<0$ 时，两种商品是相互补充的．

练习 6.4

1. (1)$y\cos(x+y)\mathrm{d}x+[\sin(x+y)+y\cos(x+y)]\mathrm{d}y$;

(2)$2x\mathrm{e}^{x^2+y^2}\mathrm{d}x+2y\mathrm{e}^{x^2+y^2}\mathrm{d}y$;(3)$\dfrac{x}{x^2+y^2}\mathrm{d}x+\dfrac{y}{x^2+y^2}\mathrm{d}y$;

(4)$\dfrac{1}{x^2+y^2+z^2}(2x\mathrm{d}x+2y\mathrm{d}y+2z\mathrm{d}z)$.

2. (1)0,$\mathrm{d}x$;(2)0.25e.

3. $\Delta z=0.625$,$\mathrm{d}z=0.5$.

4. (1)2.95;(2)0.502.

5. 减少 0.05.

6. 近似值 14.8m^3,精确值 13.632m^3.

练习 6.5

1. (1)$4x$,$4y$;

(2)$-\dfrac{2y^2}{x^3}\ln(3x-2y)+\dfrac{3y^2}{x^2(3x-2y)}$,$\dfrac{2y}{x^2}\ln(3x-2y)-\dfrac{2y^2}{x^2(3x-2y)}$;

(3)$\dfrac{2+2xy}{1+(2x-y^2+x^2y)^2}$,$\dfrac{-2y+x^2}{1+(2x-y^2+x^2y)^2}$.

2. (1)$-\mathrm{e}^{-t}-\mathrm{e}^{t}$;(2)$\dfrac{\mathrm{e}^x(1+x)}{1+x^2\mathrm{e}^{2x}}$;(3)$4x^3+36x+30$.

3. (1)$f'_u\left(\dfrac{1}{y}\right)$,$f'_u\left(-\dfrac{x}{y^2}\right)+f'_v\,\dfrac{1}{z}$,$-\dfrac{y}{z^2}f'_v$;

(2)$f''_{uu}+yf''_{uv}+y(f''_{vu}+yf''_{vv})$,$f''_{uu}+xf''_{uv}+f'_v+y(f''_{vu}+xf''_{vv})$,

$f''_{uu}+xf''_{uv}+x(f''_{vu}+xf''_{vv})$.

4. (1)$-\dfrac{\mathrm{e}^x-y^2}{\cos y-2xy}$;(2)$\dfrac{x+y}{x-y}$,$\dfrac{2x^2+2y^2}{(x-y)^3}$;(3)$\dfrac{yz}{z^2-xy}$,$\dfrac{xz}{z^2-xy}$;

(4)$\dfrac{1}{\mathrm{e}^z-1}$,$-\dfrac{\mathrm{e}^z}{(\mathrm{e}^z-1)^3}$;(5)$\dfrac{z}{z+x}$,$\dfrac{z^2}{xy+yz}$,$\dfrac{xz^2}{y(x+z)^3}$.

5. 略.

6. $\dfrac{\partial z}{\partial x}=-\dfrac{F'_1+2xF'_2}{F'_1+2zF'_2}$,$\dfrac{\partial z}{\partial y}=-\dfrac{F'_1+2yF'_2}{F'_1+2zF'_2}$.

练习 6.6

1. (1)极小值 $f\left(\dfrac{1}{2},-1\right)=-\dfrac{\mathrm{e}}{2}$;(2)极大值 $f(2,-2)=8$;

(3)极小值 $f(3,-1)=-8$;(4)极小值 $f(a,a)=-a^3$.

2. 在点$\left(\dfrac{1}{2},\dfrac{1}{2}\right)$取极大值$\dfrac{1}{4}$.

3. 极小值 $f(1,-1)=-2$,极大值 $f(1,-1)=6$.

4. 最小值点$\left(\sqrt[3]{2a},\sqrt[3]{2a},\dfrac{\sqrt[3]{2a}}{2}\right)$,最小表面积为 $3\sqrt[3]{4a^2}$.

5. 倾斜角 $\theta=\dfrac{\pi}{3}$,高度 $h=\dfrac{\sqrt{S}}{\sqrt[4]{3}}$.

6. 当 $Q_1=8$,$Q_2=\dfrac{23}{3}$,$P_1=\dfrac{118}{3}$,$P_2=\dfrac{140}{3}$时,最大利润为 $448\dfrac{1}{3}$.

7. 利润最大值点(4.8,1.2).

练习 6.7

1. (1) $\iint\limits_D (x+y)^2 \mathrm{d}\sigma \geqslant \iint\limits_D (x+y)^3 \mathrm{d}\sigma$; (2) $\iint\limits_D \ln(x+y) \mathrm{d}\sigma \leqslant \iint\limits_D [\ln(x+y)]^2 \mathrm{d}\sigma$.

2. $0 \leqslant \iint\limits_D \sin^2 x \sin^2 y \mathrm{d}\sigma \leqslant \pi^2$.

3. 18.

4. 略.

练习 6.8

1. (1) $\int_{-1}^1 \mathrm{d}y \int_{-1}^1 f(x,y)\mathrm{d}x = \int_{-1}^1 \mathrm{d}x \int_{-1}^1 f(x,y)\mathrm{d}y$;

(2) $\int_0^1 \mathrm{d}x \int_x^1 f(x,y)\mathrm{d}y = \int_0^1 \mathrm{d}y \int_0^y f(x,y)\mathrm{d}x$;

(3) $\int_0^4 \mathrm{d}x \int_x^{2\sqrt{x}} f(x,y)\mathrm{d}y = \int_0^4 \mathrm{d}y \int_{\frac{y^2}{4}}^y f(x,y)\mathrm{d}x$;

(4) $\int_0^1 \mathrm{d}x \int_0^{\sqrt{2x-x^2}} f(x,y)\mathrm{d}y + \int_1^2 \mathrm{d}x \int_0^{2-x} f(x,y)\mathrm{d}y = \int_0^1 \mathrm{d}y \int_{1-\sqrt{1-y^2}}^{2-y} f(x,y)\mathrm{d}x$;

(5) $\int_{-r}^r \mathrm{d}x \int_0^{\sqrt{r^2-x^2}} f(x,y)\mathrm{d}y = \int_0^r \mathrm{d}y \int_{-\sqrt{r^2-y^2}}^{\sqrt{r^2-y^2}} f(x,y)\mathrm{d}x$.

2. (1) $\int_1^{\mathrm{e}} \mathrm{d}x \int_0^{\ln x} f(x,y)\mathrm{d}y = \int_0^1 \mathrm{d}y \int_{\mathrm{e}^y}^{\mathrm{e}} f(x,y)\mathrm{d}x$;

(2) $\int_0^1 \mathrm{d}y \int_y^{\sqrt{y}} f(x,y)\mathrm{d}x = \int_0^1 \mathrm{d}x \int_{x^2}^x f(x,y)\mathrm{d}y$;

(3) $\int_0^{\mathrm{e}} \mathrm{d}y \int_1^2 f(x,y)\mathrm{d}x + \int_e^{\mathrm{e}^2} \mathrm{d}y \int_{\ln y}^2 f(x,y)\mathrm{d}x = \int_1^2 \mathrm{d}x \int_0^{\mathrm{e}^x} f(x,y)\mathrm{d}y$;

(4) $\int_1^2 \mathrm{d}x \int_x^{x^2} f(x,y)\mathrm{d}y + \int_2^8 \mathrm{d}x \int_x^8 f(x,y)\mathrm{d}y$

$= \int_1^4 \mathrm{d}y \int_{\sqrt{y}}^y f(x,y)\mathrm{d}x + \int_4^8 \mathrm{d}y \int_2^y f(x,y)\mathrm{d}x$.

3. (1) $\mathrm{e}-2$; (2) $20/3$; (3) $\frac{p^5}{21}$; (4) $13/6$; (5) $76/3$; (6) $9/4$; (7) -90;

(8) $1-\sin 1$; (9) $\frac{1}{2}-\frac{1}{2\mathrm{e}}$.

4. (1) $\pi(\mathrm{e}^4-1)$; (2) $8/15$; (3) $\frac{2\pi}{3}(b^3-a^3)$; (4) $\left(\frac{\ln 2}{2}-\frac{1}{4}\right)\pi$;

(5) 25π; (6) 3π; (7) $\frac{1}{3}\pi R^3-\frac{4}{9}R^3$.

5. (1) $9/2$; (2) $\sqrt{2}-1$; (3) $\frac{1}{2}+\ln 2$.

6. (1) $5/6$; (2) $7/2$; (3) $88/105$.

7. (1) $\frac{1}{2}\pi^2$; (2) $\frac{1}{2}(\mathrm{e}-1)$; (3) $\frac{1}{2}\pi ab$.

8. (1) 0; (2) $2/9$.

习 题 六

1. (1)$\{(x,y,z)\mid x^2+y^2+z^2<1 \text{且} z>0\}$;(2)$2x^2-3y$;(3)0;(4)2;

   (5)* $(1+2\ln 2)(\mathrm{d}x-\mathrm{d}y)$;(6)$\int_0^{\frac{1}{2}}\mathrm{d}x\int_{x^2}^{x}f(x,y)\mathrm{d}y$.

2. (1)d;(2)b,d;(3)d;(4)a,d;(5)a;(6)b;(7)d;(8)b,d.

3. 1.

4. (1)$(x^2+y^2)^{xy}\left[y\ln(x^2+y^2)+\frac{2x^2y}{x^2+y^2}\right]$,$(x^2+y^2)^{xy}\left[x\ln(x^2+y^2)+\frac{2xy^2}{x^2+y^2}\right]$;

   (2)$-\frac{2y^2}{x^3}\ln(x^2+y^2)+\frac{2y^2}{x(x^2+y^2)}$,$\frac{2y}{x^2}\ln(x^2+y^2)+\frac{2y^3}{x^2(x^2+y^2)}$;

   (3)$3x^2-2y^2+4xy$,$2x^2-3y^2-4xy$;

   (4)$e^{x^2+y^2+x^4\sin^2 y}2x(1+2x^2\sin^2 y)$,$e^{x^2+y^2+x^4\sin^2 y}(2y+2x^4\sin y\cos y)$.

5. $\mathrm{d}u=x^{y^z}y^z\left(\frac{1}{x}\mathrm{d}x+\frac{z\ln x}{y}\mathrm{d}y+\ln x\ln y\mathrm{d}z\right)$.

6. 略.

7. (1)$\frac{-y+z}{y-x}$,$\frac{-z+x}{y-x}$;

   (2)$\frac{uf'_1(1-2yvg'_2)-f'_2g'_1}{(1-xf'_1)(1-2yvg'_2)-g'_1f'_2}$,$\frac{-g'_1(1-xf'_1)+uf'_1g'_1}{(1-xf'_1)(1-2yvg'_2)-g'_1f'_2}$;

   (3)$\frac{\sin v}{e^u(\sin v-\cos v)+1}$,$\frac{\cos v-e^u}{u[e^u(\sin v-\cos v)+1]}$,$\frac{-\cos v}{e^u(\sin v-\cos v)+1}$,

   $\frac{\sin v+e^u}{u[e^u(\sin v-\cos v)+1]}$.

8. 极小值:$f\left(\frac{1}{2},\frac{1}{2}\right)=-\frac{1}{8}$,$f\left(-\frac{1}{2},-\frac{1}{2}\right)=-\frac{1}{8}$;

   极大值:$f\left(\frac{1}{2},-\frac{1}{2}\right)=\frac{1}{8}$,$f\left(-\frac{1}{2},\frac{1}{2}\right)=\frac{1}{8}$.

9*. 最大值 $5\sqrt{5}$,最小值 $-5\sqrt{5}$.

10. $x=250$,$y=50$,最高产量 $f(250,50)=16719$.

11. 甲、乙两种产品分别生产 3.8 千件和 2.2 千件时总利润最大,最大利润为 22.2 万元.

12. 购买 20 斤花生,5 斤糖的效果最大.

13. $\frac{2}{5}$.

14. $\frac{1}{3}(\sqrt{2}-1)$.

15. $\frac{11}{15}$.

16*. $-\frac{8}{3}$.

17. 约 422810 人.

18. (1)$\frac{1}{4}$;(2)$\frac{\pi}{24}$;(3)$\frac{1}{2}$.

19. (1)$\frac{3}{4}\pi$;(2)$\sqrt{2}-1$;(3)$2-\frac{\pi}{2}$;(4)$\frac{14\sqrt{2}-7}{9}$.

20. 略.

练习 7.1

1. (1)$(-1)^{n+1}\frac{n+1}{n}$;(2)$\frac{1}{2n-1}$;(3)$\frac{n}{n^2+1}$;(4)$\frac{1\cdot 3\cdot 5\cdot \cdots \cdot (2n-1)}{2\cdot 4\cdot 6\cdot \cdots \cdot (2n)}$;

   (5)$\frac{x^{\frac{n}{2}}}{2\cdot 4\cdot 6\cdot \cdots \cdot (2n)}$;(6)$(-1)^{n+1}\frac{a^{n+1}}{2n+1}$.

2. $u_1=1, u_n=\frac{2}{n(n+1)}$.

3. (1)收敛;(2)发散;(3)收敛;(4)收敛.

4. 略.

5. (1)发散;(2)收敛,$\frac{1}{12}$;(3)收敛,$\frac{4}{9}$;(4)发散;(5)发散;(6)发散;

   (7)发散;(8)收敛,$\frac{1}{e+1}$;(9)发散;(10)收敛,$\frac{3}{2}$;(11)发散;

   (12)收敛,$\frac{1}{2}\ln 3$.

6. $\frac{5}{11}$.

7. 1800 亿元.

练习 7.2

1. (1)发散;(2)发散;(3)收敛;(4)收敛;(5)发散;(6)收敛;(7)发散;(8)收敛;(9)当 $a>1$ 时,收敛;当 $a\leqslant 1$ 时,发散;(10)收敛;(11)收敛;(12)收敛.

2. (1)发散;(2)收敛;(3)收敛;(4)收敛;(5)发散;(6)收敛;(7)收敛;(8)收敛.

3. (1)收敛;(2)收敛;(3)收敛;(4)当 $a>b$ 时,收敛;当 $a<b$ 时,发散.

4. 略.

5. 略.

6. $\frac{5e^{-0.3}}{1-e^{-0.3}}\approx 14.29$ 单位.

练习 7.3

1. (1)条件收敛;(2)绝对收敛;(3)绝对收敛;(4)绝对收敛;(5)发散;(6)发散;(7)条件收敛;(8)绝对收敛.

2. 略.

3. 略.

4. 绝对收敛.

5. 略.

6. 略.

练习 7.4

1. (1)$(-1,1)$;(2)$[-1,1]$;(3)$(-\infty,+\infty)$;(4)$[-1/2,1/2]$;(5)$(-1,1]$;

(6)$(-1/5,1/5)$;(7)$[-1,1)$;(8)$[1,3]$;(9)$(-1/3,1/3)$;(10)$(1,2]$.

2. (1)收敛域$[-1,1)$,和函数 $S(x)=-\ln(1-x),x\in[-1,1)$;

(2)收敛域$(-1,1)$,和函数 $S(x)=\dfrac{1+x}{(1-x)^3},x\in(-1,1)$;

(3)收敛域$(-2,2)$,和函数 $S(x)=\dfrac{x}{2-x},x\in(-2,2)$;

(4)收敛域$(-1,1)$,和函数 $S(x)=\dfrac{1}{2}\ln\dfrac{1+x}{1-x}-x,x\in(-1,1)$;

(5)收敛域$[-1,1]$,和函数 $S(x)=x,x\in[-1,1]$;

(6)收敛域$(0,2)$,和函数 $S(x)=\dfrac{x-1}{(2-x)^2},x\in(0,2)$;

(7)收敛域$[-1,1]$,$S(x)=\arctan x,x\in[-1,1]$;

(8)收敛域$[-1,1]$,

$$\sum_{n=1}^{\infty}\frac{x^n}{n(n+1)}=\begin{cases}\dfrac{1-x}{x}\ln(1-x)+1, & x\in[-1,0)\cup(0,1)\\ 0, & x=0\\ 1, & x=1\end{cases}$$

3. 收敛域$(-1,1)$,和函数 $S(x)=\dfrac{2x}{(1-x)^3},x\in(-1,1)$,级数的和为 8.

4. 收敛域$(-\sqrt{2},\sqrt{2})$,和函数 $S(x)=\dfrac{2+x^2}{(2-x^2)^2}$, $x\in(-\sqrt{2},\sqrt{2})$,级数的和为 $S(1)=3$.

5. 略.

练习 7.5

1. (1)$x^2-\dfrac{1}{3!}x^6+\dfrac{1}{5!}x^{10}-\cdots+(-1)^n\dfrac{x^{4n+2}}{(2n+1)!}+\cdots$;

(2)$x^2-x^3+x^4-x^5+\cdots+(-1)^{n-1}x^{n+1}+\cdots\quad(-1<x<1)$;

(3)$\ln a+\dfrac{1}{a}x-\dfrac{1}{2a^2}x^2+\dfrac{1}{3a^3}x^3-\cdots+(-1)^{n-1}\dfrac{x^n}{na^n}+\cdots\quad(-a<x\leqslant a)$;

(4)$1+(\ln a)x+\dfrac{1}{2!}(\ln a)^2x^2+\cdots+\dfrac{1}{n!}(\ln a)^nx^n+\cdots$;

(5)$\dfrac{1}{3}+\dfrac{1}{3^2}x+\dfrac{1}{3^3}x^2+\cdots+\dfrac{x^{n-1}}{3^n}+\cdots\quad(-3<x<3)$;

(6)$1+\dfrac{1}{2}x^2+\dfrac{1\cdot3}{2\cdot4}x^4+\dfrac{1\cdot3\cdot5}{2\cdot4\cdot6}x^6+\cdots\quad(-1<x<1)$;

(7)$-\dfrac{1}{3}x+\dfrac{2}{9}x^2-\dfrac{7}{27}x^3+\cdots+\left[(-1)^n-\dfrac{1}{3^n}\right]\dfrac{x^n}{4}+\cdots(-1<x<1)$;

(8)$x+\dfrac{1}{2}x^2-\dfrac{1}{2\cdot3}x^3+\dfrac{1}{3\cdot4}x^4-\cdots+(-1)^{n-1}\dfrac{x^{n+1}}{n(n+1)}+\cdots(-1<x\leqslant1)$.

2. 4.

3. (1)$e+e(x-1)+\dfrac{e}{2!}(x-1)^2+\cdots+\dfrac{e}{n!}(x-1)^n+\cdots$;

(2)$1-(x-1)+(x-1)^2-(x-1)^3+\cdots+(-1)^{n-1}(x-1)^{n-1}+\cdots(0<x<2)$;

(3) $\ln10(x-1)-\frac{\ln10}{2}(x-1)^2+\frac{\ln10}{3}(x-1)^3-\cdots+(-1)^{n-1}\frac{\ln10}{n}(x-1)^{n-1}+\cdots(0<x\leqslant2)$.

4. (1) $\sum_{n=0}^{\infty}\sin\left(a+\frac{n\pi}{2}\right)\frac{1}{n!}(x-a)^n, x\in(-\infty,+\infty)$;

(2) $\sum_{n=0}^{\infty}\frac{\sin\left(\frac{\pi}{4}+\frac{n\pi}{2}\right)}{(n-1)!}\left(x-\frac{\pi}{4}\right)^{n-1}, x\in(-\infty,+\infty)$;

(3) $\sum_{n=0}^{\infty}\frac{1}{2^{n+1}}(x-2)^n, x\in(0,4)$.

5. (1)1.6484;(2)2.00430;(3)0.99939;(4)0.493967013;(5)0.487361.

习 题 七

1. (1) $1-a$;(2) $\frac{2}{2-\ln3}$;(3)发散;(4) $(-2,4)$;(5) $(0,4)$.
2. (1)c;(2)d;(3)a;(4)b;(5)b,d;(6)d.
3. (1)错误;(2)正确;(3)错误.
4. 略.
5. (1)收敛;(2)收敛;(3)收敛;(4)收敛;
   (5)收敛. 提示:先放大整理,再用比值判别法;
   (6)收敛. 提示:用比较判别法的极限形式;
   (7)收敛. 提示:用比值判别法;
   (8)收敛. 提示: $u_n\sim\frac{1}{n^{n-2}}$.
6. (1)绝对收敛;(2)绝对收敛;(3)绝对收敛;(4)绝对收敛.
7. 略. 提示: n 足够大时 $0<a_n<\frac{M}{n}$.
8. 提示:比较判别法.
9. 当 $a>1$ 时,绝对收敛. 当 $a\leqslant1$ 时,条件收敛.
10. 略.
11. 收敛半径 $R=2$,收敛域 $[-2,2)$.
12. 略.
13. (1) $\left[-\frac{1}{5},\frac{1}{5}\right)$;(2) $(-\sqrt{2},\sqrt{2})$.
14. $\ln(1+x^2)+\frac{2x^2}{1+x^2}, x\in(-1,1)$. 提示:先逐项积分,再求导.
15. 收敛域为 $[-1,1]$,和函数为

$$S(x)=\begin{cases}\frac{1}{x}\arctan x+\frac{1}{x}\ln\frac{2+x}{2-x}, & -1\leqslant x\leqslant1, x\neq0\\ 2, & x=0\end{cases}$$

16. (1) $\sum_{n=0}^{\infty}\frac{nx^{n-1}}{2^{n+1}}, (|x|<2)$;(2) $\sum_{n=0}^{\infty}\left[(-1)^{n-1}\frac{2^n}{3^{n+1}}-\frac{1}{2^{n+1}}\right]x^n, |x|<\frac{3}{2}$.
17. $f(x)=1+\sum_{n=1}^{\infty}\frac{(-1)^n 2}{1-4n^2}x^{2n}, -1\leqslant x\leqslant1$; $\sum_{n=1}^{\infty}\frac{(-1)^n}{1-4n^n}=\frac{\pi}{4}-\frac{1}{2}$.

练习 8.1

1. (1)1 阶;(2)2 阶;(3)3 阶;(4)1 阶;(5)2 阶;(6)1 阶.

2. 略.

3. $y'=x^2$.

4. 略.

5. $S=\frac{3}{2}t^2+3$.

6. $x(p)+p\cdot x'(p)=0, \frac{Ex}{Ep}=\frac{p}{x}\frac{dx}{dp}=-1$.

练习 8.2

1. (1)$xy=c$;(2)$y^2=c\frac{x-1}{x+1}-1$;

(3)$(1-x)(1+y)=c$;(4)$y=ce^{\sqrt{1-x^2}}$;

(5)$3y^2+2y^3-3x^2-2x^3=5$.

2. (1)$y^2-2xy=c$;(2)$y+\sqrt{x^2+y^2}=c$;

(3)$y=xe^{cx+1}$;(4)$x^3=ce^{\frac{y^3}{x^3}}$;

(5)$x^2=ce^{\frac{y^2}{x^2}}$.

3. $p=10\times 2^{\frac{t}{10}}$(万 m^3).

4. $x=e^{-p^3}$.

5. (1)$y=c(x+1)^2+\frac{1}{2}(x+1)^4$;

(2)$y=ce^{-3x}+e^{-2x}$;

(3)$y=cx^2-\frac{1}{3}x^2\cos 3x$;

(4)$x=cy^2-y^2\ln|y|$;

(5)$y=\frac{x}{c-x\ln x+x}$;

(6)$y^2=\frac{e^{x^2}}{2x+c}$;

(7)$y=3-\frac{3}{x}$;

(8)$y=x^2e^x-ex^2$.

练习 8.3

1. (1)$y=\frac{x^3}{6}-\sin x+c_1x+c_2$;　(2)$y=(x-2)e^x+c_1x+c_2$;

(3)$y=c_1e^x-\frac{1}{2}x^2-x+c_2$;　(4)$y=\ln|c_1+x^2|+c_2$;

(5)$y=-\ln|\cos(x+c_1)|+c_2$;　(6)$c_1y^2-1=(c_1x+c_2)^2$.

2. $y=\frac{x^3}{6}+\frac{x}{2}+1$.

3. (1)$y=c_1e^x+c_2e^{-2x}$;　(2)$y=c_1+c_2e^{4x}$;

(3) $x=(c_1+c_2t)e^{\frac{5t}{2}}$； (4) $y=e^{-3x}(c_1\cos 2x+c_2\sin 2x)$；

(5) $y=4e^x+2e^{3x}$； (6) $y=(2+x)e^{-\frac{x}{2}}$.

4. (1) $y=c_1e^{\frac{x}{2}}+c_2e^{-x}+e^x$； (2) $y=c_1+c_2e^{-\frac{5x}{2}}+\frac{1}{3}x^3-\frac{3}{5}x^2+\frac{7}{25}x$；

(3) $y=c_1e^{-x}+c_2e^{-2x}+\left(\frac{3}{2}x^2-3x\right)e^{-x}$；

(4) $y=e^x(c_1\cos 2x+c_2\sin 2x)-\frac{1}{4}xe^x\cos 2x$；

(5) $y=\frac{11}{16}+\frac{5}{16}e^{4x}-\frac{5}{4}x$.

5. $\alpha=-3,\beta=2,\gamma=-1,y=c_1e^x+c_2e^{2x}+xe^x$.

练习 8.4

1. $\Delta y_t=3t^2+3t+1,\Delta^2 y_t=6t+6,\Delta^3 y_t=6,\Delta^4 y_t=0$.

2. $\Delta y_0=1,\Delta^2 y_0=3,\Delta^3 y_0=2,\Delta^4 y_0=0$.

3. (1) 3 阶；(2) 6 阶.

4. (1) $y_t=c2^t$；

(2) $y=-\frac{3}{4}+\left(c+\frac{3}{4}\right)5^t$；

(3) $y=\frac{1}{3}2^t+\frac{5}{3}(-1)^t$；

(4) $y=4^t\left(c_1\cos\frac{\pi t}{3}+c_2\sin\frac{\pi t}{3}\right)$；

(5) $y=(\sqrt{2})^t 2\cos\frac{\pi t}{4}$；

(6) $y=4+\frac{3}{2}\left(\frac{1}{2}\right)^t+\frac{1}{2}\left(-\frac{7}{2}\right)^t$.

5. (1) $P_{t+1}+\frac{5}{3}P_t=\frac{4}{3}$；(2) $P_t=7\left(-\frac{5}{3}\right)^t+\frac{1}{2}$.

习　题　八

1. (1) $y=c_1\cos 2x+c_2\sin 2x$；(2) $y=c_1+c_2e^{2x}$；(3) $y=e^x(c_1\cos 2x+c_2\sin 2x)$；

(4) $W_t=1.2W_{t-1}+2$；(5) $4t^3-3t^2$, $c(4t^3-3t^2)$, $c(4t^3-3t^2)+3t^2$

或 $c(4t^3-2t^2)+4t^3$.

2. (1) d；(2) d；(3) c；(4) c；(5) b；(6) d；(7) c.

3. $y=0$.

4. $y=\tan\left(\frac{x^2}{2}+x+c\right)$.

5. $8\cot y=(1+e^x)^3$.

6. $x^2-2xy-y^2=c$.

7. $y=xe^{cx}$.

8. (1) $y=\frac{1}{9}e^{3x}+c_1x+c_2$；

(2) $y=c_1\ln|x|+c_2$；

(3) $y=\left(\frac{1}{2}x+1\right)^2$；

(4) $y=\sqrt{2x-x^2}$.

9. (1) $y=c_1e^x+c_2e^{3x}$；

(2) $y=c_1e^{2x}+c_2xe^{2x}$；

(3) $y=e^{2x}(c_1\cos3x+c_2\sin3x)$；

(4) $y=e^{-2x}+2e^x$；

(5) $y=\frac{14}{13}+e^{3x}(c_1\cos2x+c_2\sin2x)$；

(6) $y=-\frac{2}{3}x+\frac{1}{9}+c_1e^{3x}+c_2e^{-x}$；

(7) $y=c_1\cos2x+c_2\sin2x-2x\cos2x$；

(8) $y=e^x$.

10. $y=c_1e^x+c_2e^{2x}-(x^2+2x)e^x$.

11. $f(x)=\frac{1}{x^3}e^{1-\frac{1}{x}}$. 提示：方程两端对 x 求导.

12. $y=\begin{cases} e^{2x}-1, & x\leqslant 1 \\ (1-e^{-2})e^{2x}, & x>1 \end{cases}$.

13. $y=e^x-e^{x+e^{-x}-\frac{1}{2}}$.

14. * $y'=-2y+x^2e^{-2x}$，$y=e^{-2x}\left(\frac{x^3}{3}+c\right)$. 提示：方程两端同时求全微分.

15. (1) $y_t=c_12^t+c_23^t$；(2) $y_t=\left(\frac{1}{3}\right)^t\left(c_1\cos\frac{\pi}{2}t+c_2\sin\frac{\pi}{2}t\right)$；

(3) $y_t=(-1)(-4)^t+2\cdot3^x$；

(4) $y_t=c_1+c_2(-4)^x+x$；(5) $y_t=3+3t+2t^2$.

16. (1) $y_t=c(-3)^t+\frac{3t}{6}$；

(2) $y_t=c2^t+2^t\cdot\frac{t}{4}(t-1)$.

17. $s_t=s_0(1+r)^t$.

18. 679.34 万元. 提示：$y_{t+1}=y_t\cdot0.06-p$.

19. $P_t=\left(P_0-\frac{a+c}{b+d}\right)\left(-\frac{d}{b}\right)^t+\frac{a+c}{b+d}$.

20. (1) 略；(2) $\frac{2}{3}e^{-\frac{x}{2}}\cos\frac{\sqrt{3}}{2}x+\frac{1}{3}e^x$，$-\infty<x<+\infty$.

21*. (1) 略；(2) $S(x)=2e^x+e^{-x}$.

参考文献

[1]同济大学应用数学系．微积分(第二版)．北京:高等教育出版社,2003.

[2]吴传生等．经济数学——微积分．北京:高等教育出版社,2003.

[3]范培华等．微积分．北京:中国商业出版社,2006.

[4]严文勇,柯善军．高等应用数学．北京:高等教育出版社,2008.

[5]邱学绍．微织分及其应用(经济管理类)．北京:机械工业出版社,2008.

[6]吴赣昌．微积分(经管类·第四版)(上、下册)．北京:中国人民大学出版社,2011.

[7]黄秋灵,郭磊．应用微积分．北京:经济科学出版社,2013.

[8][美]芬尼(Ross Finnney),韦尔(Maurice Weir),焦尔当诺(Frank Giordano)．托马斯微积分(第10版)．北京:高等教育出版社,2003.

[9][美]沃伯格(Varberg,D.),柏塞尔(Purcell,E.J),里格登(Rigdon,S.E.)．微积分(英文版　原书第9版)．北京:机械工业出版社,2009.